科学与工程计算技术丛书

张德丰 / 编著

MATLAB
函数及应用

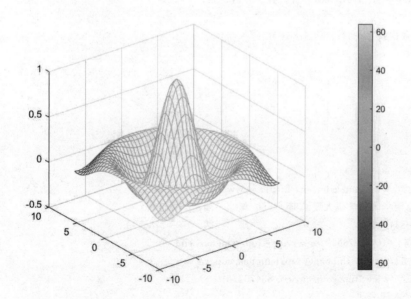

清华大学出版社

北京

内 容 简 介

本书以 MATLAB R2020 为平台编写,介绍 MATLAB 常用工具箱中常用的函数,并对每个函数的语法格式和应用进行详细介绍,让读者了解每个函数的功能与用法,从而领略 MATLAB 简单易用、处理功能强大等特点。

全书共 14 章,分别介绍矩阵相关操作函数、数据可视化函数、数据分析函数、概率统计函数、偏微分方程函数、优化函数、图像处理函数、神经网络函数、信号处理函数、控制系统函数、样条函数、小波变换函数、模糊逻辑函数、计算机视觉函数等内容。

本书适合 MATLAB 初级、中级和高级用户学习使用,也适合作为深入研究 MATLAB 软件的开发者的参考用书,同时也可作为一本全面涵盖 MATLAB 各项内容的快速查询手册。

图书在版编目(CIP)数据

MATLAB 函数及应用/张德丰编著.—北京:清华大学出版社,2022.1(2023.7重印)
(科学与工程计算技术丛书)
ISBN 978-7-302-58616-6

Ⅰ. ①M… Ⅱ. ①张… Ⅲ. ①Matlab 软件 Ⅳ. ①TP317

中国版本图书馆 CIP 数据核字(2021)第 131684 号

责任编辑:刘 星
封面设计:吴 刚
责任校对:刘玉霞
责任印制:曹婉颖

出版发行:清华大学出版社
    网 址:http://www.tup.com.cn,http://www.wqbook.com
    地 址:北京清华大学学研大厦 A 座   邮 编:100084
    社 总 机:010-83470000   邮 购:010-62786544
    投稿与读者服务:010-62776969,c-service@tup.tsinghua.edu.cn
    质量反馈:010-62772015,zhiliang@tup.tsinghua.edu.cn
    课件下载:http://www.tup.com.cn,010-83470236
印 装 者:三河市铭诚印务有限公司
经 销:全国新华书店
开 本:185mm×260mm   印 张:34.75   字 数:892 千字
版 次:2022 年 1 月第 1 版   印 次:2023 年 7 月第 2 次印刷
印 数:2001~2500
定 价:129.00 元

产品编号:091932-01

MATLAB 是由美国 MathWorks 公司出品的商业数学软件,用于数据分析、概率统计、样条拟合、优化算法、偏微分方程求解、神经网络、小波分析、信号处理、图像处理、机器人、控制系统等领域。

MATLAB 将数值分析、矩阵计算、科学数据可视化以及非线性动态系统的建模和仿真等诸多强大功能集成在一个易于使用的视窗环境中,为科学研究、工程设计以及必须进行有效数值计算的众多科学领域提供了一种全面的解决方案,并在很大程度上摆脱了传统非交互式程序设计语言(如 C、FORTRAN 等)的编辑模式,代表了当今国际科学计算软件的先进水平。

由于 MATLAB 功能强大、简单易学,对许多专门的领域都开发了功能强大的模块集和工具箱,并且 MATLAB 对问题的描述和求解符合人们的思维方式和数学表达习惯,因此它得到广泛应用,已成为高校教师、科研人员和工程技术人员的必学软件。

MATLAB 软件包括三十多个工具箱,这些工具箱使 MATLAB 在各个领域得到了广泛的应用,越来越多的用户迫切需要尽快掌握 MATLAB 工具箱中的各函数,从而利用这些函数解决基本或复杂的问题。但目前市场上专门介绍 MATLAB 工具箱函数的图书较少,为了适应市场需求,编者编写了本书。

本书编写着眼点

(1) 内容全面。

详细地介绍了 MATLAB 常用的工具箱中的常用函数,适用于各个领域的科学工作者。

(2) 易学易懂。

对每个函数的语法格式进行了详细介绍,同时结合实例分析说明函数的应用,有助于读者简单、明了、快速地掌握工具箱中的各函数用法。

(3) 从需求出发。

对 MATLAB 常用工具箱中的常用函数进行了详细的介绍,基本能满足解决各研究领域实际问题的需要。

本书特色

(1) 内容系统、全面、简单、易学。

为了便于读者掌握 MATLAB,本书从最基本的 MATLAB 函数——矩阵的相关操作出发。因为 MATLAB 是以矩阵为单位的,通过介绍矩阵的相关操作函数,让读者体会到 MATLAB 语言可移植性好、可拓展性极强等特点。

(2) 详细介绍了 MATLAB 工具箱。

MATLAB 工具箱的使用,可以为各个领域的用户带来诸多方便。MATLAB 拥有强大的工具箱,可快速解决信号处理、神经网络、小波分析、计算机视觉等复杂问题。本书详细地介绍了 MATLAB 常用工具箱中的常用函数,可使用户在最短的时间内解决最复杂的问题。

（3）实例丰富、图文并茂。

书中对每个常用函数的语法格式都进行了详细介绍，并且对每个函数配备的相应实例进行了说明，供读者演练，让读者能举一反三，快速地掌握各个函数并会利用常用的函数解决实际的复杂问题。

书中的大部分例子都给出了结果图，让读者可以更直观地观察结果，进一步去理解各个函数的用法。

配套资源

本书提供程序代码，可以关注"人工智能科学与技术"微信公众号，在"知识"→"资源下载"→"配书资源"菜单中获取，也可以到清华大学出版社网站本书页面下载。

本书由佛山科学技术学院张德丰编写。由于时间仓促，加之作者水平有限，书中错误和疏漏之处在所难免。在此，诚恳地期望得到各领域的专家和广大读者的批评指正，可发送邮件到 workemail6@163.com。

编　者

2021 年 6 月

目录

目录

目录

目录

目录

第1章 矩阵相关操作函数

1. logspace 函数

logspace 函数用于创建一维数组,该函数的语法格式为:

y = logspace(a,b):生成一个由在 10^a 和 10^b(10 的 N 次幂)之间的 50 个对数间距点组成的行向量 y。logspace 函数对于创建频率向量特别有用。该函数是 linspace 和":"运算符的对数等价函数。

y = logspace(a,b,n):在 10 的幂 10^a 和 10^b(10 的 N 次幂)之间生成 n 个点。

y = logspace(a,pi):在 10^a 和 pi 之间生成 50 个点,这对于在[10^a, pi]上的创建对数间距频率的数字信号处理很有用。

y = logspace(a,pi,n):在 10^a 和 pi 之间生成 n 个点。

【例 1-1】 创建一个由区间[10^1,10^5]上的 7 个对数间距点组成的向量。

```
>> y1 = logspace(1,5,7)
y1 =
  1.0e + 05 *
   0.0001    0.0005    0.0022    0.0100    0.0464    0.2154    1.0000
```

2. linspace 函数

linspace 函数用于创建一维数组,该函数的语法格式为:

y = linspace(x1,x2):返回包含 x1 和 x2 之间的 100 个等间距点的行向量。

y = linspace(x1,x2,n):生成 n 个点,这些点的间距为(x2 − x1)/(n−1)。

linspace 类似于冒号运算符":",但可以直接控制点数并始终包括端点。"linspace"名称中的"lin"指示生成线性间距值而不是同级函数 logspace,后者会生成对数间距值。

【例 1-2】 对数等分向量与线性等分向量的比较。

```
a = linspace(1,10,20);        % 线性等分向量
b = logspace(0,1,20);         % 对数等分向量
x = 1:length(a);
plot(x,a,' * ',x,b,'o');        % 作图
```

运行程序,效果如图 1-1 所示。图 1-1 中的星点坐标为线性等分向量,圆点坐标为对数等分向量。

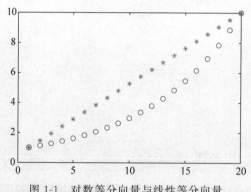

图 1-1　对数等分向量与线性等分向量

3. dot 函数

dot 函数可实现数组的点积运算,但是运算规则要求数组 A 和 B 的维数相同,该函数的语法格式为:

C = dot(A,B):返回 A 和 B 的标量点积。

- 如果 A 和 B 是向量,则它们的长度必须相同。
- 如果 A 和 B 为矩阵或多维数组,则它们必须具有相同大小。在【例 1-3】中,dot 函数将 A 和 B 视为向量集合。该函数计算对应向量沿大小不等于 1 的第一个数组维度的叉积。

C = dot(A,B,dim):计算 A 和 B 沿维度 dim 的点积。dim 输入是一个正整数标量。

考虑两个二维输入数组:A 和 B。

- dot(A,B,1):将 A 和 B 的列视为向量,并返回对应列的点积,如图 1-2 所示。
- dot(A,B,2):将 A 和 B 的行视为向量,并返回对应行的点积,过程如图 1-2 所示。

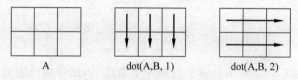

图 1-2　dim 沿其运算的维度

【例 1-3】 点积运算。

(1) 创建两个简单的三元素向量。

```
>> A = [4 -1 2];
B = [2 -2 -1];
>> %计算 A 和 B 的点积
>> C = dot(A,B)
C =
     8
```

结果为 8,因为 C = A(1) * B(1) + A(2) * B(2) + A(3) * B(3)。

(2) 创建两个复数向量。

```
>> A = [1+i 1-i -1+i -1-i];
```

```
B = [3 - 4i 6 - 2i 1 + 2i 4 + 3i];
>> C = dot(A,B)
C =
    1.0000 - 5.0000i
```

结果为一个复数标量,因为 A 和 B 是复数。通常,两个复数向量的点积也是复数,获取一个复数向量与其自身的点积除外。

（3）计算 A 与自身的内积。

```
>> D = dot(A,A)
D =
    8
```

结果为一个实数标量。向量与自身的内积与向量 norm(A)的长度相关。

（4）矩阵的点积。

```
>> % 创建两个矩阵
A = [1 2 3;4 5 6;7 8 9];
B = [9 8 7;6 5 4;3 2 1];
>> C = dot(A,B)
C =
    54    57    54
```

结果 C 包含三个不同的点积。dot 将 A 和 B 的各列视为向量,并计算对应列的点积,如 C(1) = 54 是 A(:,1)与 B(:,1)的点积。

计算 A 和 B 的点积,并将 rows 视为向量。

```
>> D = dot(A,B,2)
D =
    46
    73
    46
```

在本例中,D(1) = 46 是 A(1,:)与 B(1,:)的点积。

4. compan 函数

compan 函数用于生成伴随矩阵。该函数的语法格式为:

A = compan(u):返回第一行为 $-u(2:n)/u(1)$ 的对应伴随矩阵,其中 u 是多项式系数向量。compan(u)的特征值是多项式的根。

【例 1-4】 计算多项式 $(x-1)(x-2)(x+3)=x^3-7x+6$ 对应的伴随矩阵。

```
>> u = [1 0 - 7 6];
A = compan(u)
A =
    0    7   - 6
    1    0     0
    0    1     0
% A 的特征值是多项式的根
>> eig(A)
ans =
   - 3.0000
    2.0000
    1.0000
```

5. hadamard 函数

hadamard 函数用于生成 Hadamard 矩阵。该函数的语法格式为：

H = hadamard(n)：返回阶次为 n 的 Hadamard 矩阵。

H = hadamard(n,classname)：返回 classname 类的矩阵,该类可以是'single'或'double'。

【例 1-5】 计算 4×4 Hadamard 矩阵。

```
>> H = hadamard(4)
H =
    1     1     1     1
    1    -1     1    -1
    1     1    -1    -1
    1    -1    -1     1
```

6. hankel 函数

Hankel 矩阵是跨过反对角线的对称恒定矩阵,包含元素 $h(i,j) = p(i+j-1)$,其中向量 $p = [c\ r(2:end)]$完全决定着 Hankel 矩阵。在 MATLAB 中,提供了 hankel 函数用于生成 Hankel 矩阵。该函数的语法格式为：

H = hankel(c)：返回其第一列是 c 并且其第一个反对角线下方的元素为零的 Hankel 矩阵。

H = hankel(c,r)：返回其第一列是 c 并且其最后一行是 r 的 Hankel 矩阵。如果 c 的最后一个元素与 r 的第一个元素不同,则 c 的最后一个元素优先。

【例 1-6】 创建其第一列是 c 并且其最后一行是 r 的 Hankel 矩阵。

```
>> c = 1:3;
r = 3:6;
h = hankel(c,r)
h =
    1     2     3     4
    2     3     4     5
    3     4     5     6
```

7. magic 函数

magic 函数用于生成魔方矩阵。函数的语法格式为：

M = magic(n)：返回由 1 到 n^2 之间的整数构成的并且总行数和总列数相等的 n×n 矩阵。阶次 n 必须为大于或等于 3 的标量。

魔方矩阵的阶次,指定为大于或等于 3 的整数标量。如果 n 是复数,不是整数,也不是标量,则 magic 会使用 $floor(real(double(n(1))))$ 将其转换为可使用的整数。

如果我们提供的 n 小于 3,则 magic 将返回非魔方矩阵或退化魔方矩阵 1 和[]。

【例 1-7】 使用 imagesc 观察 9 阶到 24 阶魔方矩阵的图案。这些图案表明 magic 使用了三种不同的算法,取决于 mod(n,4) 的值是 0、2 还是奇数。

```
>> for n = 1:16
    subplot(4,4,n)
    ord = n+8;
```

```
m = magic(ord);
imagesc(m)
    title(num2str(ord))
    axis equal
    axis off
end
```

运行程序,效果如图 1-3 所示。

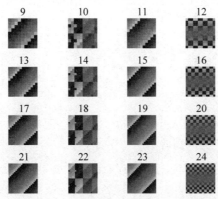

图 1-3　不同阶数的魔方矩阵的图案

8. pascal 函数

pascal 函数生成帕斯卡矩阵。帕斯卡三角形是由多行数字构成的三角形。第一行包含项
1。后面每一行通过将前一行的相邻项相加而得出,如果不存在相邻项,则用 0 代替。pascal
函数通过选择帕斯卡三角形中对应于指定矩阵维度的部分来生成帕斯卡矩阵,如图 1-4 所示,
它的矩阵对应于 MATLAB 命令 pascal(4)。

pascal 函数的语法格式为:

P = pascal(n):返回 n 阶帕斯卡矩
阵,其整数项来自帕斯卡三角形。P 的逆矩阵具有整数项。

P = pascal(n,1):返回帕斯卡矩阵的下三角 Cholesky 因子。
P 是对合矩阵,即该矩阵是它自身的逆矩阵。

P = pascal(n,2):返回 pascal(n,1) 的转置和置换版本。在
这种情况下,P 是单位矩阵的立方根。

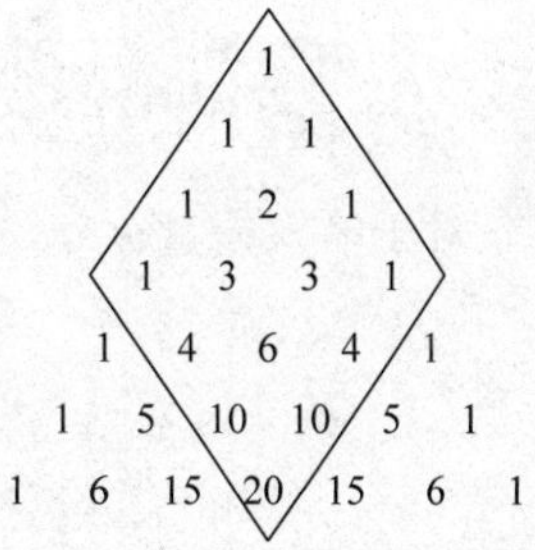

图 1-4　pascal(4)效果图

P = pascal(____,classname):使用上述语法中的任何输入参
数组合返回 classname 类的矩阵。classname 可以是'single'或'double'。

【例 1-8】　计算三阶帕斯卡矩阵的下三角 Cholesky 因子,并验证它是否为对合矩阵。

```
>> A = pascal(3,1)
A =
     1     0     0
     1    -1     0
     1    -2     1
>> % 验证
>> inv(A)
ans =
     1     0     0
```

```
    1    -1    0
    1    -2    1
```

9. rosser 函数

rosser 函数用于创建 Rosser 矩阵，Rosser 矩阵是一个著名的矩阵，比如用于计算特征值算法；同时它也是一个经典对称特征测试问题。该矩阵是一个包含整数元素的 8×8 矩阵，特点如下：

- 双精度特征值。
- 三个几乎相等的特征值。
- 异号占优特征值。
- 一个零特征值。
- 一个小的非零特征值，它的大小是 8×8。

【例 1-9】 生成"单精度"类的矩阵。

```
>> % 将 classname 指定为 single 可返回该类的 Rosser 矩阵
>> Y = rosser('single')
Y =
  8×8 "单精度"矩阵
   611    196   -192    407    - 8    - 52   - 49    29
   196    899    113   -192   - 71    - 43   - 8    - 44
  -192    113    899    196     61     49      8     52
   407   -192    196    611      8     44     59    - 23
   - 8    - 71     61      8    411   - 599   208    208
   - 52   - 43     49     44   - 599   411    208    208
   - 49   - 8       8     59    208    208     99   - 911
    29   - 44     52    - 23    208    208  - 911    99
```

10. vander 函数

对于输入向量 $\boldsymbol{v} = [v_1, v_2, \cdots, v_N]$，Vandermonde 矩阵为：

$$\begin{bmatrix} v_1^{N-1} & \cdots & v_1^1 & v_1^0 \\ v_2^{N-1} & \cdots & v_2^1 & v_2^0 \\ \vdots & \ddots & \vdots & \vdots \\ v_N^{N-1} & \cdots & v_N^1 & v_N^0 \end{bmatrix}$$

该矩阵用公式 $A(i,j) = v(i)^{(N-j)}$ 进行描述，以使其列是向量 $\boldsymbol{v}$ 的幂。

在 MATLAB 中，提供了 vander 函数用于生成一个 Vandermonde 矩阵。函数的语法格式为：

A = vander(v)：返回 Vandermonde 矩阵以使其列是向量 v 的幂。

【例 1-10】 求出向量输入的 Vandermonde 矩阵。

```
>> % 使用冒号运算符创建向量 v,求出 v 的 Vandermonde 矩阵
>> v = 1:.5:3
v =
    1.0000    1.5000    2.0000    2.5000    3.0000
>> A = vander(v)
```

```
A =
    1.0000    1.0000    1.0000    1.0000    1.0000
    5.0625    3.3750    2.2500    1.5000    1.0000
   16.0000    8.0000    4.0000    2.0000    1.0000
   39.0625   15.6250    6.2500    2.5000    1.0000
   81.0000   27.0000    9.0000    3.0000    1.0000
```

11. wilkinson 函数

wilkinson 函数用于创建 Wilkinson 的特征值测试矩阵。函数的语法格式为：

W = wilkinson(n)：返回 J. H. Wilkinson 的 n×n 特征值测试矩阵之一。W 是一个对称的三对角矩阵，具有几乎相等的特征值对。

W = wilkinson(n,classname)：返回类 classname 的矩阵，该类可以是'single'或'double'。

【例 1-11】 Wilkinson 测试矩阵。

计算 7×7 的 Wilkinson 特征值测试矩阵。最常用的测试矩阵是 wilkinson(21)，它的两个最大的特征值约等于 10.746。这两个特征值的前 14 位小数位均相同，第 15 位不同。

```
>> W = wilkinson(7)
W =
    3    1    0    0    0    0    0
    1    2    1    0    0    0    0
    0    1    1    1    0    0    0
    0    0    1    0    1    0    0
    0    0    0    1    1    1    0
    0    0    0    0    1    2    1
    0    0    0    0    0    1    3
```

12. hilb 函数

希尔伯特（Hilbert）矩阵，也称 **H** 矩阵，其元素为 $H_{ij} = \dfrac{1}{i+j-1}$。hilb 函数可创建希尔伯特矩阵，函数的语法格式为：

H = hilb(n)：返回阶数为 n 的 Hilbert 矩阵。Hilbert 矩阵是病态矩阵的典型示例。

H = hilb(n,classname)：返回 classname 类的矩阵，该类可以是'single'或'double'。

【例 1-12】 计算四阶 Hilbert 矩阵及其条件数，以查看它的病态状况。

```
>> H = hilb(4)
H =
    1.0000    0.5000    0.3333    0.2500
    0.5000    0.3333    0.2500    0.2000
    0.3333    0.2500    0.2000    0.1667
    0.2500    0.2000    0.1667    0.1429
>> % 查看病态
>> cond(H)
ans =
   1.5514e + 04
```

13. toeplitz 函数

另外一个比较重要的矩阵为托普利兹（Toeplitz）矩阵，它由两个向量定义，一个行向量和一个列向量。对称的托普利兹矩阵由单一向量来定义。利用 toeplitz 函数可生成托普利兹矩阵。函数的语法格式为：

T ＝ toeplitz(c,r)：返回非对称托普利兹矩阵，其中 c 作为第一列，r 作为第一行。如果 c 和 r 的首个元素不同，toeplitz 将发出警告并使用列元素作为对角线。

T ＝ toeplitz(r)：返回对称的托普利兹矩阵，其中：

- 如果 r 是实数向量，则 r 定义矩阵的第一行。
- 如果 r 是第一个元素为实数的复数向量，则 r 定义第一行，r'定义第一列。
- 如果 r 的第一个元素是复数，则托普利兹矩阵是抽取了主对角线的 Hermitian 矩阵，这意味着对于 $i \neq j$ 的情况，$T_{i,j} = conj(T_{j,i})$。主对角线的元素会被设置为 r(1)。

【例 1-13】 创建托普利兹矩阵。

```
>> %创建对称的托普利兹矩阵
>> r = [1 2 3];
toeplitz(r)
ans =
     1     2     3
     2     1     2
     3     2     1
>> %创建具有指定的列和行向量的非对称托普利兹矩阵。因为列向量和行向量的首个元素不匹配，
   %toeplitz 发出警告并使用列作为对角线上的元素
>> c = [1  2  3  4];
r = [4 5 6];
toeplitz(c,r)
```

警告：输入列的第一个元素与输入行的第一个元素不匹配。

在对角线冲突中，列具有更高优先级。

```
> In toeplitz (line 31)
ans =
     1     5     6
     2     1     5
     3     2     1
     4     3     2
```

14. rand 函数

rand 函数可产生 0～1 区间均匀分布的随机矩阵。函数的语法格式为：

X ＝ rand：返回一个在区间(0,1)内均匀分布的随机数。

X ＝ rand(n)：返回一个 $n \times n$ 的随机数矩阵。

X ＝ rand(sz1,…,szN)：返回由随机数组成的 sz1×…×szN 矩阵，其中 sz1,…,szN 指示每个维度的大小，指定为包含整数值的单独参数。

- 如果任何维度的大小为 0，则 X 为空数组。
- 如果任何维度的大小为负值，则其将被视为 0。
- 对于第二个维度以上的维度，rand 忽略大小为 1 的尾部维度。例如，rand(3,1,1,1) 生成由随机数组成的 3×1 向量。

X ＝ rand(sz)：返回由随机数组成的数组，其中大小由向量 sz 指定。例如，rand([3 4]) 返回一个 3×4 的矩阵。

X = rand（＿＿，typename）：返回由 typename 数据类型的随机数组成的矩阵。typename 输入可以是'single'或'double'。可以使用上述语法中的任何输入参数。

X = rand(＿＿,'like',p)：返回由 p 等随机数组成的矩阵,也就是与 p 同一对象类型。可以指定 typename 或'like',但不能同时指定两者。

注意：不建议对 rand 函数使用'seed'、'state'和'twister'输入,而是改用 rng 函数。

【例 1-14】 创建均匀分布的矩阵。

（1）生成一个由介于 0 和 1 之间的均匀分布的随机数组成的 4×4 矩阵。

```
>> r = rand(4)
r =
    0.0975    0.9649    0.4854    0.9157
    0.2785    0.1576    0.8003    0.7922
    0.5469    0.9706    0.1419    0.9595
    0.9575    0.9572    0.4218    0.6557
```

（2）生成一个由区间（−4,4）内均匀分布的数字组成的 10×1 列向量。

```
>> r = -4 + (4+4) * rand(10,1)
r =
  - 3.7143
    2.7930
    3.4719
    1.4299
    2.0619
    1.9451
  - 0.8622
    1.2438
  - 2.6305
    1.6484
```

一般来说,可以使用公式 r = a +（b−a）.＊rand(N,1)生成区间(a,b)内的 N 个随机数。

15．randn 函数

randn 函数产生均值为 0、方差为 1 的随机矩阵。函数的语法格式为：

X = randn：返回一个从标准正态分布中得到的随机标量。

X = randn(n)：返回由正态分布的随机数组成的 n×n 矩阵。

X = randn(sz1,…,szN)：返回由随机数组成的 sz1×…×szN 矩阵,其中 sz1,…,szN 指定每个维度的大小,是由整数组成的行向量。

- 如果任何维度的大小为 0,则 X 为空数组。
- 如果任何维度的大小为负值,则其将被视为 0。
- 对于第二个维度以上的维度,randn 忽略大小为 1 的尾部维度。例如,randn([3,1,1,1])生成由随机数组成的 3×1 向量。

X = randn(sz)：返回由随机数组成的矩阵,其中大小由向量 sz 定义。例如,randn([3 4])返回一个 3×4 的矩阵。

X = randn（＿＿，typename）：返回由 typename 数据类型的随机数组成的矩阵。typename 输入可以是'single'或'double'。可以使用上述语法中的任何输入参数。

X = randn（＿＿,'like',p)：返回由 p 等随机数组成的矩阵,也就是与 p 同一对象类型。

可以指定 typename 或'like',但不能同时指定两者。

【例 1-15】 通过指定的平均向量和协方差矩阵,并基于二元正态分布生成值。

```
>> mu = [1 2];
sigma = [1 0.5; 0.5 2];
R = chol(sigma);
z = repmat(mu,10,1) + randn(10,2) * R
z =
    - 0.1471     1.1071
    - 0.0689     1.8878
      0.1905     2.0091
    - 1.9443   - 0.6163
      2.4384     2.6794
      1.3252     1.9445
      0.2451     2.4529
      2.3703     4.1314
    - 0.7115     2.6117
      0.8978     0.8064
```

16. find 函数

find 函数的作用是进行矩阵元素的查找,它通常与关系函数和逻辑运算相结合。函数的语法格式为:

k = find(X):返回一个包含数组 X 中每个非零元素的线性索引的向量。

- 如果 X 为向量,则 find 返回与 X 相同的向量。
- 如果 X 为多维数组,则 find 返回由结果的线性索引组成的列向量。
- 如果 X 包含非零元素或为空,则 find 返回一个空数组。

k = find(X,n):返回与 X 中的非零元素对应的前 n 个索引。

k = find(X,n,direction):(其中 direction 为'last')查找与 X 中的非零元素对应的最后 n 个索引。direction 的默认值为'first',即查找与非零元素对应的前 n 个索引。

[row,col] = find(____):同时返回数组 X 中每个非零元素的行和列下标。

[row,col,v] = find(____):还返回包含 X 的非零元素的向量 v。

【例 1-16】 在 4×4 魔方矩阵中查找前 5 个小于 10 的元素。

```
>> X = magic(4)
X =
    16     2     3    13
     5    11    10     8
     9     7     6    12
     4    14    15     1
>> k = find(X<10,5)
k =
     2
     3
     4
     5
     7
>> % 查看 X 的对应元素
>> X(k)
ans =
```

```
5
9
4
2
7
```

17．sum 函数

sum 函数的作用是对矩阵的元素求和。函数的语法格式为：

S = sum(A)：返回 A 沿大小不等于 1 的第一个数组维度的元素之和。

- 如果 A 是向量，则 sum(A)返回元素之和。
- 如果 A 是矩阵，则 sum(A)将返回包含每列总和的行向量。
- 如果 A 是多维数组，则 sum(A)沿大小不等于 1 的第一个数组维度计算，并将这些元素视为向量。此维度会变为 1，而所有其他维度的大小保持不变。

S = sum(A,'all')：计算 A 的所有元素的总和。此语法适用于 MATLAB R2018b 及更高版本。

S = sum(A,dim)：沿维度 dim 返回总和。以一个二维输入数组 A 为例：

- sum(A,1)，对 A 的列中的连续元素进行求和并返回一个包含每列之和的行向量，效果如图 1-5 所示。
- sum(A,2)，对 A 的行中的连续元素进行求和并返回一个包含每行之和的列向量，效果如图 1-6 所示。

当 dim 大于 ndims(A)或者 size(A,dim)为 1 时，sum 返回 A。

S = sum(A,vecdim)根据向量 vecdim 中指定的维度对 A 的元素求和。以 $2\times3\times3$ 输入数组 A 为例。sum(A,[1 2])返回 $1\times1\times3$ 数组，其元素是 A 的每个页面的总和，效果如图 1-7 所示。

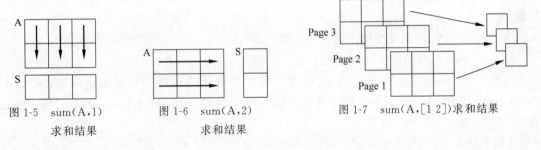

图 1-5　sum(A,1)　　图 1-6　sum(A,2)　　图 1-7　sum(A,[1 2])求和结果
　　求和结果　　　　　求和结果

S = sum(____,outtype)：返回指定数据类型的总和。outtype 可以是'default'、'double' 或'native'。

S = sum(____,nanflag)：指定在上述任意语法的计算中包括还是忽略 NaN 值。NaN 条件，指定为下列值之一：

- 'includenan'：计算总和时包括 NaN 值，生成 NaN。
- 'omitnan'：忽略输入中的所有 NaN 值。

sum(A,'includenan')：在计算中包括所有 NaN 值，而 sum(A,'omitnan')则忽略这些值。

【例 1-17】　创建一个由 1 值组成的 $4\times2\times3$ 数组，并计算沿第三个维度的总和。

```
>> A = ones(4,2,3);
```

```
S = sum(A,3)
S =
     3     3
     3     3
     3     3
     3     3
```

18. cumsum 函数

cumsum 函数用于求矩阵的累积和。函数的语法格式为：

B = cumsum(A)：从 A 中的第一个其大小不等于 1 的数组维度开始返回 A 的累积和。

• 如果 A 是向量，则 cumsum(A)返回包含 A 元素累积和的向量。

• 如果 A 是矩阵，则 cumsum(A)返回包含 A 每列的累积和的矩阵。

• 如果 A 为多维数组，则 cumsum(A)沿第一个非单一维运算。

B = cumsum(A,dim)：沿其指定的维度 dim 进行运算，dim 指定为正整数。如果未指定 dim 值，则默认值是大小不等于 1 的第一个数组维度。

以一个二维输入数组 A 为例，整体效果如图 1-8 所示。

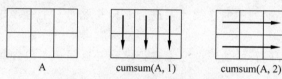

图 1-8 dim 取不同值的累积效果

cumsum(A,1)对 A 的列中的连续元素进行求和并返回一个包含每列累积和的行向量。

cumsum(A,2)对 A 的行中的连续元素进行求和并返回一个包含每行累积和的列向量。

如果 dim 大于 ndims(A)，则 cumsum 返回 A。

B = cumsum(____,direction)：direction 为指定方向，其值为 'forward'（默认值）或 'reverse'。

• 'forward'从活动维度的 1 到 end 运算。

• 'reverse'从活动维度的 end 到 1 运算。

B = cumsum(____,nanflag)：指定在上述任意语法的计算中包括还是忽略 NaN 值。cumsum(A,'includenan')，即会在计算中包括所有 NaN 值，cumsum(A,'omitnan')则忽略这些值。

【例 1-18】 计算矩阵中每列、每行的累积和。

```
>> A = [1 4 7; 2 5 8; 3 6 9]    % 定义其元素与其线性索引对应的 3×3 矩阵
A =
     1     4     7
     2     5     8
     3     6     9
% 计算 A 的列的累积和,元素 B(5)是 A(4)和 A(5)的和,而 B(9)是 A(7)、A(8)和 A(9)的和
>> B = cumsum(A)    % 每行累积和
B =
     1     4     7
     3     9    15
     6    15    24
>> C = cumsum(A,2)    % 每列累积和
```

```
C =
     1      5     12
     2      7     15
     3      9     18
```

19. prod 函数

prod 函数的语法格式与 sum 函数类似,下面通过实例来演示 prod 的用法。

【例 1-19】 求每列、每行中元素的乘积。

```
>> A = [1:3:7;2:3:8;3:3:9]
A =
     1      4      7
     2      5      8
     3      6      9
% 计算每列中元素的乘积,第一个维度的长度为1,第二个维度的长度与 size(A,2) 匹配
>> B = prod(A)
B =
     6    120    504
>> C = prod(A,2)
C =
    28
    80
   162
```

20. cumprod 函数

cumprod 函数的语法格式与 sumprod 函数类似,不同的是其返回值为矩阵。

【例 1-20】 对累积乘积求反。

```
% 创建一个包含介于 1 到 10 的随机整数的 3×3 的矩阵
>> rng default;
A = randi([1,10],3)
A =
     9     10      3
    10      7      6
     2      1     10
% 沿各列计算累积乘积,指定'reverse'选项,即在各列中从下而上运行
% 结果的大小与 A 相同
>> B = cumprod(A,'reverse')
B =
   180     70    180
    20      7     60
     2      1     10
```

21. diff 函数

diff 函数的作用是计算矩阵的差分。函数的语法格式为:

$Y = diff(X)$:计算沿大小不等于 1 的第一个数组维度的 X 相邻元素之间的差分:

- 如果 X 是长度为 m 的向量,则 $Y = diff(X)$ 返回长度为 m−1 的向量。Y 的元素是 X 相邻元素之间的差分。

$$Y = [X(2) - X(1)X(3) - X(2)\cdots X(m) - X(m-1)]$$

- 如果 X 是不为空的非向量 p×m 矩阵,则 Y = diff(X)返回大小为(p−1)×m 的矩阵,其元素是 X 的行之间的差分。

$$Y = [X(2,:) - X(1,:); X(3,:) - X(2,:); \cdots; X(p,:) - X(p-1,:)]$$

- 如果 X 是 0×0 的空矩阵,则 Y = diff(X) 返回 0×0 的空矩阵。

Y = diff(X,n):通过递归应用 diff(X)运算符 n 次来计算第 n 个差分。在实际操作中,这表示 diff(X,2)与 diff(diff(X))相同。

Y = diff(X,n,dim):沿 dim 指定的维计算的第 n 个差分。dim 输入是一个正整数标量。以一个二维 p×m 输入数组 A 为例,其效果如图 1-9 所示。

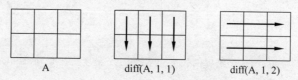

图 1-9 diff(X,n,dim)差分效果

diff(A,1,1),对 A 的列中的连续元素进行处理,然后返回(p−1)×m 的差分矩阵。

diff(A,1,2),对 A 的行中的连续元素进行处理,然后返回 p×(m−1)的差分矩阵。

【例 1-21】 使用差分求导数近似值。

使用 diff 函数和语法 Y = diff(f)/h 求偏导数近似值,其中 f 是函数值在某些域 X 上计算的向量,h 是一个相应的步长大小。

例如,sin(x)相对于 x 的第一个导数为 cos(x),相对于 x 的第二个导数值为 −sin(x)。可以使用 diff 求这些导数的近似值。

```
h = 0.001;        % 步长
X = -pi:h:pi;     % 域
f = sin(X);       % 范围
Y = diff(f)/h;    % 一阶导数
Z = diff(Y)/h;    % 二阶导数
plot(X(:,1:length(Y)),Y,'r:',X,f,'b-.', X(:,1:length(Z)),Z,'k')
```

运行程序,效果如图 1-10 所示。

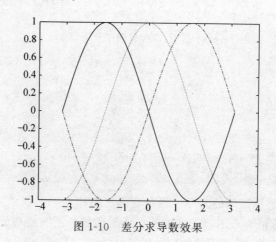

图 1-10 差分求导数效果

22．norm 函数

（1）欧几里得范数。

具有 N 个元素的向量 $\boldsymbol{v}$ 的欧几里得范数（也称为向量模、欧几里得长度或 2-范数）的定义如下：

$$\parallel \boldsymbol{v} \parallel = \sqrt{\sum_{k=1}^{N} \mid v_k \mid^2}$$

（2）常规向量范数。

具有 N 个元素的向量 $\boldsymbol{v}$ 的 p-范数的常规定义为：

$$\parallel \boldsymbol{v} \parallel_p = \left[\sum_{k=1}^{N} \mid v_k \mid^p\right]^{\frac{1}{p}}$$

其中 p 是任何正的实数值、Inf 或-Inf。一些值得关注的 p 值如下。

- 如果 $p = 1$，则所得的 1-范数是向量元素的绝对值之和。
- 如果 $p = 2$，则所得的 2-范数是向量的模或欧几里得长度。
- 如果 $p = \text{Inf}$，则 $\parallel \boldsymbol{v} \parallel_{\infty} = \max\limits_{i}(\mid v(i) \mid)$。
- 如果 $p = -\text{Inf}$，则 $\parallel \boldsymbol{v} \parallel_{-\infty} = \min\limits_{i}(\mid v(i) \mid)$。

（3）最大绝对列之和。

$m \times n$ 矩阵 $\boldsymbol{X}(m, n \geqslant 2)$ 的最大绝对列之和由 $\parallel \boldsymbol{X} \parallel_1 = \max\limits_{1 \leqslant j \leqslant n}\left(\sum\limits_{i=1}^{m} \mid a_{ij} \mid\right)$ 定义。

（4）最大绝对行之和。

$m \times n$ 矩阵 $\boldsymbol{X}(m, n \geqslant 2)$ 的最大绝对行之和由 $\parallel \boldsymbol{X} \parallel_{\infty} = \max\limits_{1 \leqslant i \leqslant n}\left(\sum\limits_{j=1}^{m} \mid a_{ij} \mid\right)$ 定义。

（5）Frobenius 范数。

$m \times n$ 矩阵 $\boldsymbol{X}(m, n \geqslant 2)$ 的 Frobenius 范数由 $\parallel \boldsymbol{X} \parallel_F = \max\limits_{1 \leqslant j \leqslant n} \sqrt{\sum\limits_{i=1}^{m}\sum\limits_{j=1}^{n} \mid a_{ij} \mid^2}$ 定义。

在 MATLAB 中提供了 norm 函数用于求向量和矩阵的范数。函数的语法格式为：

n ＝ norm(v)：返回向量 v 的欧几里得范数。此范数也称为 2-范数、向量模或欧几里得长度。

n ＝ norm(v,p)：返回广义向量 p-范数。

n ＝ norm(X)：返回矩阵 X 的 2-范数或最大奇异值，该值近似于 max(svd(X))。

n ＝ norm(X,p)：返回矩阵 X 的 p-范数，其中 p 为 1、2 或 Inf：

- 如果 p ＝ 1，则 n 是矩阵的最大绝对列之和。
- 如果 p ＝ 2，则 n 近似于 max(svd(X))，这相当于 norm(X)。
- 如果 p ＝ Inf，则 n 是矩阵的最大绝对行之和。

n ＝ norm(X,'fro')：返回矩阵 X 的 Frobenius 范数。

【例 1-22】　计算两个点之间的欧几里得距离（计算两个点之间的距离作为向量元素之差的范数）。

>> % 创建两个向量,表示欧几里得平面上两个点的(x,y)坐标

```
>> a = [0 3];
b = [-2 1];
>> d = norm(b-a)    %使用 norm 来计算点之间的距离
d =
    2.8284
```

23. rank 函数

矩阵中线性无关列的个数是矩阵的秩。一个矩阵的行秩和列秩始终相等。如果一个矩阵的秩是具有相同大小的矩阵能达到的最高秩,则该矩阵为满秩;如果矩阵不具有满秩,则该矩阵为秩亏。秩用于度量矩阵的范围或列空间的维度,它是所有列的线性组合的集合。

在 MATLAB 中,提供了 rank 函数来计算矩阵的秩。函数的语法格式为:

k = rank(A):返回矩阵 A 的秩。

提示:使用 sprank 确定稀疏矩阵的结构秩。

k = rank(A,tol):指定在秩计算中使用另一个容差。秩计算为 A 中大于 tol 的奇异值的个数。

【**例 1-23**】 确定矩阵是否满秩。

```
>> %创建一个 3×3 矩阵.第三列中的值是第二列中的值的两倍
>> A = [3 2 4; -1 1 2; 9 5 10]
A =
    3    2    4
   -1    1    2
    9    5   10
>> %计算矩阵的秩.如果矩阵满秩,则秩等于列数,size(A,2)
>> rank(A)
ans =
    2
>> size(A,2)
ans =
    3
```

由于列是线性相关的,因此该矩阵秩亏。

24. det 函数

矩阵 $\boldsymbol{A} = \{a_{ij}\}_{n \times n}$ 的行列式定义如下:

$$\|\boldsymbol{A}\| = \det(\boldsymbol{A}) = \sum_{k=1}^{n} (-1)^k a_1 k_1 a_2 k_2 \cdots a_n k_n$$

其中,$k_1, k_2, \cdots, k_n$ 是将序列 $1, 2, \cdots, n$ 交换 k 次所得的序列。在 MATLAB 中,用 det 函数来计算矩阵的行列式。函数语法格式为:

d = det(A):返回方阵 A 的行列式。

【**例 1-24**】 创建一个 13×13 的对角占优奇异矩阵 A,并查看非零元素的模式。

检查一个具有较大非零行列式的精确奇异矩阵。从理论上讲,任何奇异矩阵的行列式都为零,但由于浮点计算的性质,这个目标并非总能实现。

```
A = diag([24 46 64 78 88 94 96 94 88 78 64 46 24]);
S = diag([-13 -24 -33 -40 -45 -48 -49 -48 -45 -40 -33 -24],1);
A = A + S + rot90(S,2);
```

```
spy(A)
```

A 是奇异矩阵,因为各行线性相关。例如,sum(A)生成一个由零值组成的向量。

```
%计算 A 的行列式
d = det(A)
```

运行程序,输出如下,效果如图 1-11 所示。

```
d =
    1.1127e + 05
```

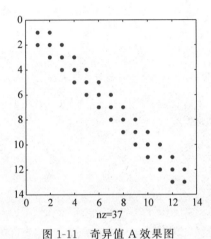

图 1-11　奇异值 A 效果图

25．trace 函数

矩阵的迹定义为矩阵的对角元素之和。trace 提取对角线元素,并使用命令 sum(diag(A))将其相加。迹的值与矩阵特征值之和 sum(eig(A))相同(基于舍入误差)。trace 函数的语法格式为:

b = trace(A)：计算矩阵 A 的对角线元素之和。

【例 1-25】　计算矩阵对角线之和。

```
>> %创建一个 3×3 矩阵,并计算对角线元素之和
>> A = [1 - 5 2;-3 7 9;4 -1 6];
b = trace(A)
b =
    14
```

结果 trace(A)=14,与人工笔算结果一致:

$$\boldsymbol{A} = \begin{bmatrix} a_{11} & a_{12} & a_{13} \\ a_{21} & a_{22} & a_{23} \\ a_{31} & a_{32} & a_{33} \end{bmatrix} = \begin{bmatrix} 1 & -5 & 2 \\ -1 & 7 & 9 \\ 4 & -1 & 6 \end{bmatrix}$$

$$trace(\boldsymbol{A}) = \sum_{i=1}^{3} a_{ii} = a_{11} + a_{22} + a_{33} = 1 + 7 + 6 = 14$$

26．null 函数

使用 null 函数计算矩阵的零空间的标准正交基和有理基向量。矩阵的零空间包含满足

Ax＝0 的向量 x。null 函数的语法格式为：

Z = null(A)：返回 A 的零空间的标准正交基。

Z = null(A,'r')：返回 A 的零空间的"有理"基，它通常不是正交基。如果 A 是具有小整数元素的小矩阵，则 Z 的元素是小整数的比率。此方法在数值上不如 null(A)准确。

【例 1-26】 矩阵的零空间。

```
>> %创建一个 4×4 魔方矩阵.此矩阵秩亏,其中一个奇异值等于零
>> A = magic(4)
A =
    16     2     3    13
     5    11    10     8
     9     7     6    12
     4    14    15     1
%计算 A 的零空间的标准正交基,确认 Ax₁ = 0(在舍入误差内)
>> x1 = null(A)
x1 =
    -0.2236
    -0.6708
     0.6708
     0.2236
>> norm(A * x1)
ans =
     3.0652e-15
%现在计算零空间的有理基,确认 Ax₂ = 0
>> x2 = null(A,'r')
x2 =
    -1
    -3
     3
     1
>> norm(A * x2)
ans =
     0
```

x_1 和 x_2 相似，但归一化不同。

27. orth 函数

矩阵 A 的正交空间 Q 具有 $Q' \cdot Q = I$ 的性质，并且 Q 的列向量构成的线性空间与矩阵 A 的列向量构成的线性空间相同，且正交空间 Q 与矩阵 A 具有相同的秩。在 MATLAB 中，提供了 orth 函数来求正交空间 Q。函数的语法格式为：

Q = orth(A)：返回适用于 A 的范围的一个标准正交基。Q 的各列为向量，涵盖了 A 的范围。Q 中列的数量等于 A 的秩。

【例 1-27】 计算并验证适用于满秩矩阵范围的标准正交基向量。

```
>> %定义一个矩阵并计算它的秩
>> A = [1 0 1;-1 -2 0;0 1 -1];
r = rank(A)
r =
     3
```

由于 A 是一个满秩方阵，orth(A)计算出的标准正交基与奇异值分解［U，S］＝svd(A，'econ')中计算出的矩阵 U 一致。这是因为 A 的奇异值均不为零。

```
>> % 使用 orth 计算适用于 A 的范围的标准正交基
>> Q = orth(A)
Q =
   - 0.1200    - 0.8097    0.5744
     0.9018      0.1531    0.4042
   - 0.4153      0.5665    0.7118
```

Q 中的列数等于 rank(A)。由于 A 为满秩矩阵,Q 和 A 具有相同的大小。

```
>> % 在合理误差界限内验证基向量 Q 是正交、归一化向量
>> E = norm(eye(r) - Q' * Q,'fro')
E =
   9.4147e - 16
```

误差与 eps 的量级相当。

28. rref 函数

矩阵的约化行阶梯形式是用高斯-约旦(Gauss-Jordan)消元法解线性方程组的结果,其形式为:

$$\begin{pmatrix} 1 & K & 0 & * \\ M & O & M & * \\ 0 & L & 1 & * \end{pmatrix}$$

在 MATLAB 中,提供了 rref 函数来求矩阵的约化行阶梯形式。函数语法格式为:

R = rref(A):使用高斯-约旦消元法和部分主元消元法返回约化行阶梯形式的 A。

R = rref(A,tol):指定算法用于确定可忽略列的主元容差。

[R,p] = rref(A):还返回非零主元 p。

【例 1-28】　利用 rref 函数求解以下包含四个方程和三个未知数的线性方程组。

$$\begin{cases} x_1 + x_2 + 5x_3 = 6 \\ 2x_1 + x_2 + 8x_3 = 8 \\ x_1 + 2x_2 + 7x_3 = 10 \\ - x_1 + x_2 - x_3 = 2 \end{cases}$$

```
>> % 创建一个表示该方程组的增广矩阵
>> A = [1  1  5;2  1  8;1  2  7;-1  1 -1];
b = [6 8 10 2]';
M = [A b];
>> % 使用 rref 以约化行阶梯形式矩阵表示该方程组
>> R = rref(M)
R =
     1     0     3     2
     0     1     2     4
     0     0     0     0
     0     0     0     0
```

R 的前两行包含表示 x_1 和 x_2 关于 x_3 的方程。接下来的两行表示存在至少一个适合右侧向量的解(否则其中一个方程将显示为 1=0)。第三列不包含主元,因此 x_3 是自变量,因此,x_1 和 x_2 的解有无限多个,可以自由选择 x_3。

例如,如果 $x_3 = 1$,则 $x_1 = -1$ 且 $x_2 = 2$。

从数值的角度来看,求解该方程组的更高效方法是使用 x0＝A\b,此方法(对于矩阵 A)计算最小二乘解。在这种情况下,可以使用 norm(A＊x0－b)/norm(b)检查解的精确度,通过检查 rank(A)是否等于未知数的数目来确定解的唯一性。如果存在多个解,则它们都具有 x＝x0＋nt,其中 n 是零空间 null(A)且 t 可以自由选择。

29. subspace 函数

矩阵空间之前的夹角代表两个矩阵线性相关的程度。如果夹角很小,它们之间的线性相关度就很高;反之,它们之间的线性相关度就不大。在 MATLAB 中用 subspace 函数来实现求矩阵空间之间的夹角。函数的语法格式为:

theta ＝ subspace(A,B):计算 A 和 B 的列指定的两个子空间之间的角度。如果 A 和 B 是单位长度的列向量,则此角度与 acos(abs(A'＊B))相同。

提示:如果两个子空间之间的角度较小,则这两个空间几乎线性相关。在由一些观测值 A 描述的物理试验以及第二次实现由 B 描述的试验中,subspace(A,B)给出了与统计的浮动误差不相关的第二个试验所提供的新信息量的测量值。

【例 1-29】 求以列为正交的 Hadamard 矩阵的两个子空间的夹角。

```
>> H = hadamard(8);
A = H(:,2:4);
B = H(:,5:8);
```

请注意,矩阵 A 和 B 的大小不同:A 具有 3 列,B 具有 4 列。要计算两个子空间之间的角度,它们的大小无须相同。在几何上,该角度是嵌入更高维度空间中的两个超平面之间的角度。

```
>> theta = subspace(A,B)
theta =
    1.5708
```

30. chol 函数

在 MATLAB 中,利用 chol 函数实现 Cholesky 分解。函数的语法格式为:

R ＝ chol(A):将对称正定矩阵 A 分解成满足 A ＝ R'＊R 的上三角 R。如果 A 是非对称矩阵,则 chol 将矩阵视为对称矩阵,并且只使用 A 的对角线和上三角形。

R ＝ chol(A,triangle):指定在计算分解时使用 A 的哪个三角因子。例如,如果 triangle 是'lower',则 chol 仅使用 A 的对角线和下三角部分来生成满足 A ＝ R＊R'的下三角矩阵 R。triangle 的默认值是'upper'。

[R,flag] ＝ chol(＿＿＿):还返回输出 flag,指示 A 是否为对称正定矩阵。可以使用上述语法中的任何输入参数组合。当指定 flag 输出时,如果输入矩阵不是对称正定矩阵,chol 不会生成错误。

- 如果 flag ＝ 0,则输入矩阵是对称正定矩阵,分解成功。
- 如果 flag 不为零,则输入矩阵不是对称正定矩阵,flag 为整数,表示分解失败的主元位置的索引。

[R,flag,P] ＝ chol(S):另外返回一个置换矩阵 P,这是 amd 获得的稀疏矩阵 S 的预先排序。如果 flag ＝ 0,则 S 是对称正定矩阵,R 是满足 R'＊R ＝ P'＊S＊P 的上三角矩阵。

[R,flag,P] = chol(____,outputForm)：使用上述语法中的任何输入参数组合，指定是以矩阵还是向量形式返回置换信息 P。此选项仅可用于稀疏矩阵输入。例如，如果 outputForm 是'vector'且 flag = 0，则 S(p,p) = R'∗R。outputForm 的默认值是'matrix'，满足 R'∗R = P'∗S∗P。

【例 1-30】 计算矩阵的上下 Cholesky 分解，并验证结果。

```
>> % 使用 gallery 函数创建一个 6×6 对称正定测试矩阵
>> A = gallery('lehmer',6);
>> % 使用 A 的上三角形计算 Cholesky 因子
>> R = chol(A)
R =
    1.0000    0.5000    0.3333    0.2500    0.2000    0.1667
         0    0.8660    0.5774    0.4330    0.3464    0.2887
         0         0    0.7454    0.5590    0.4472    0.3727
         0         0         0    0.6614    0.5292    0.4410
         0         0         0         0    0.6000    0.5000
         0         0         0         0         0    0.5528
>> % 验证上三角因子满足 R'∗R - A = 0(在舍入误差内)
>> norm(R'∗R - A)
ans =
    2.8886e - 16
>> % 指定 'lower' 选项以使用 A 的下三角形计算 Cholesky 因子
>> L = chol(A,'lower')
L =
    1.0000         0         0         0         0         0
    0.5000    0.8660         0         0         0         0
    0.3333    0.5774    0.7454         0         0         0
    0.2500    0.4330    0.5590    0.6614         0         0
    0.2000    0.3464    0.4472    0.5292    0.6000         0
    0.1667    0.2887    0.3727    0.4410    0.5000    0.5528
>> % 验证下三角因子满足 L∗L' - A = 0(在舍入误差内)
>> norm(L∗L' - A)
ans =
    2.1158e - 16
```

此外，也可以用 chol 函数来对稀疏矩阵进行 Cholesky 分解。

【例 1-31】 计算稀疏矩阵的 Cholesky 因子，并使用置换输出创建具有较少非零元素的 Cholesky 因子。

```
% 基于 west0479 矩阵创建一个稀疏正定矩阵
load west0479
A = west0479;
S = A'∗A;
% 用两种不同方法计算矩阵的 Cholesky 因子,首先指定两个输出,
% 然后指定三个输出以支持行和列重新排序
[R,flag] = chol(S);
[RP,flagP,P] = chol(S);
% 对于每次计算,都检查 flag = 0 以确认计算成功
if ～flag && ～flagP
    disp('Factorizations successful.')
else
    disp('Factorizations failed.')
end
% 比较 chol(S)和经过重新排序的矩阵 chol(P'∗S∗P) 中非零元素的个数
```

```
subplot(1,2,1)
spy(R)
title('chol(S)的归一化')
subplot(1,2,2)
spy(RP)
title('chol(P''*S*P)归一化')
```

运行程序,效果如图 1-12 所示。

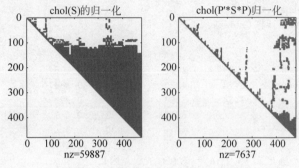

图 1-12 稀疏矩阵的 Cholesky 分解

31. lu 函数

使用高斯消去法的变体计算 LU 分解。计算精确解取决于原始矩阵 cond(A) 的条件数的值。如果矩阵具有较大的条件数(接近奇异矩阵),则计算的分解可能不准确。

LU 分解是使用 inv 得到逆矩阵和使用 det 得到行列式的关键步骤。同时,它还是使用运算符"\"和"/"求线性方程解或矩阵除法的基础。这意味着 lu 的这些数值限制也会存在于依赖它的这些函数中。在 MATLAB 中,利用 lu 函数实现 LU 分解。函数的语法格式为:

[L,U] = lu(A):将满矩阵或稀疏矩阵 A 分解为一个上三角矩阵 U 和一个经过置换的下三角矩阵 L,使得 A = L * U。

[L,U,P] = lu(A):还返回一个置换矩阵 P,并满足 A = P' * L * U。在此语法中,L 是单位下三角矩阵,U 是上三角矩阵。

[L,U,P] = lu(A,outputForm):以 outputForm 指定的格式返回 P。将 outputForm 指定为 'vector' 会将 P 返回为一个置换向量,并满足 A(P,:) = L * U。

[L,U,P,Q] = lu(S):将稀疏矩阵 S 分解为一个单位下三角矩阵 L、一个上三角矩阵 U、一个行置换矩阵 P 以及一个列置换矩阵 Q,并满足 P * S * Q = L * U。

[L,U,P,Q,D] = lu(S):还返回一个对角缩放矩阵 D,并满足 P * (D\S) * Q = L * U。行缩放通常会使分解更为稀疏和稳定。

[___] = lu(S,thresh):可结合上述任意输出参数组合指定 lu 使用的主元消去策略的阈值。根据指定的输出参数的数量,对 thresh 输入的要求及其默认值会有所不同:

- 当输出为 3 个或少于 3 个时,thresh 必须是标量,默认值为 1.0。
- 当输出为 4 个或多于 4 个时,thresh 可以是标量或二元素向量。默认值为[0.1 0.001]。如果将 thresh 指定为标量,则仅替换向量中的第一个值。

[___] = lu(___,outputForm):以 outputForm 指定的格式返回 P 和 Q。将 outputForm 指定为'vector'以将 P 和 Q 返回为置换向量。

【例 1-32】 用 LU 分解对线性方程组求解。

```
>> % 创建一个 5×5 魔方矩阵并求解线性方程组 Ax = b,其中 b 的所有元素等于 65,即幻数和
>> A = magic(5);
b = 65 * ones(5,1);
x = A\b
x =
    1.0000
    1.0000
    1.0000
    1.0000
    1.0000
% 对于泛型方阵,反斜杠运算符使用 LU 分解计算线性方程组的解
% LU 分解将 A 表示为三角矩阵的乘积,它可以通过代换公式轻松求解涉及三角矩阵的线性方程组
>> [L,U,P] = lu(A)
L =
    1.0000         0         0         0         0
    0.7391    1.0000         0         0         0
    0.4783    0.7687    1.0000         0         0
    0.1739    0.2527    0.5164    1.0000         0
    0.4348    0.4839    0.7231    0.9231    1.0000
U =
   23.0000    5.0000    7.0000   14.0000   16.0000
         0   20.3043   -4.1739   -2.3478    3.1739
         0         0   24.8608   -2.8908   -1.0921
         0         0         0   19.6512   18.9793
         0         0         0         0  -22.2222
P =
     0     1     0     0     0
     1     0     0     0     0
     0     0     0     0     1
     0     0     1     0     0
     0     0     0     1     0
% 要重新创建由反斜杠运算符计算的答案,请计算 A 的 LU 分解
% 然后,使用因子来求解两个三角线性方程组
>> y = L\(P * b);
x = U\y
x =
    1.0000
    1.0000
    1.0000
    1.0000
    1.0000
% 在使用专用分解来求解线性方程组时 decomposition 对象也很有用
% 使用 'lu' 类型的分解对象重新创建相同的结果
>> dA = decomposition(A,'lu');
x = dA\b
x =
    1.0000
    1.0000
    1.0000
    1.0000
    1.0000
```

此外,也可以用 lu 函数对稀疏矩阵进行 LU 分解。

【例 1-33】 将在使用和不使用列置换的情况下计算稀疏矩阵的 LU 分解的结果进行比较。

```
% 加载 west0479 矩阵,这是一个实数值 479×479 稀疏矩阵
load west0479
A = west0479;
% 通过调用带三个输出的 lu 来计算 A 的 LU 分解,生成 L 因子和 U 因子的 spy 图
[L,U,P] = lu(A);
figure;subplot(1,2,1)
spy(L)
title('分解前的 L 因子')
subplot(1,2,2)
spy(U)
title('分解前的 U 因子')
% 使用带四个输出的 lu 计算 A 的 LU 分解,这将置换 A 的列以减少因子中的非零元素数
% 如果不使用列置换,则产生的因子更为稀疏
[L,U,P,Q] = lu(A);
figure;subplot(1,2,1)
spy(L)
title('分解后的 L 因子')
subplot(1,2,2)
spy(U)
title('分解后的 U 因子')
```

运行程序,效果如图 1-13 及图 1-14 所示。

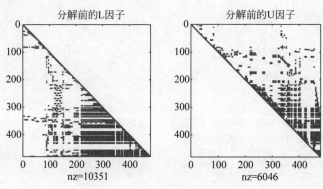

图 1-13　稀疏矩阵的 L、U 因子

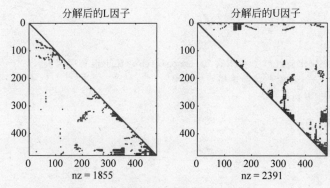

图 1-14　稀疏矩阵分解后的 L、U 因子

32. qr 函数

矩阵的正交分解又称 QR 分解。QR 分解把一个 m×n 的矩阵 A 分解为一个正交矩阵 Q 和一个上三角矩阵 R 的乘积，即 A＝Q·R。在 MATLAB 中用 qr 函数实现矩阵的 QR 分解。函数的语法格式为：

X ＝ qr(A)：返回 QR 分解 A ＝ Q * R 的上三角 R 因子。如果 A 为满矩阵，则 R ＝ triu(X)。如果 A 为稀疏矩阵，则 R ＝ X。

[Q,R] ＝ qr(A)：对 m×n 矩阵 A 执行 QR 分解，满足 A ＝ Q * R。因子 R 是 m×n 上三角矩阵，因子 Q 是 m×m 正交矩阵。

[Q,R,P] ＝ qr(A)：还返回一个置换矩阵 P，满足 A * P ＝ Q * R。

[＿＿＿] ＝ qr(A,0)：使用上述任意输出参数组合进行精简分解。输出的大小取决于 m×n 矩阵 A 的大小：

- 如果 m＞n，则 qr 仅计算 Q 的前 n 列和 R 的前 n 行。
- 如果 m≤n，则精简分解与常规分解相同。

[Q,R,P] ＝ qr(A,outputForm)：outputForm 指定为'matrix'或'vector'。此标志控制置换输出 P 是以置换矩阵还是置换向量形式返回。要使用此选项，必须指定 qr 的三个输出参数。

- 如果 outputForm 是'vector'，则 P 是满足 A(:,P) ＝ Q * R 的置换向量。
- outputForm 的默认值为'matrix'，满足 A * P ＝ Q * R。

[C,R] ＝ qr(S,B)：计算 C ＝ Q' * B 和上三角因子 R。可以使用 C 和 R 计算稀疏线性方程组 S * X ＝ B 和 X ＝ R\C 的最小二乘解。

[C,R,P] ＝ qr(S,B)：还返回置换矩阵 P。可以使用 C、R 和 P 计算稀疏线性方程组 S * X ＝ B 和 X ＝ P * (R\C) 的最小二乘解。

[＿＿＿] ＝ qr(S,B,0)：使用上述任意输出参数组合进行精简分解。输出的大小取决于 m×n 稀疏矩阵 S 的大小：

- 如果 m＞n，则 qr 仅计算 C 和 R 的前 n 行。
- 如果 m≤n，则精简分解与常规分解相同。

[C,R,P] ＝ qr(S,B,outputForm)：指定置换信息 P 是以矩阵还是向量形式返回。例如，如果 outputForm 是'vector'，则 S * X ＝ B 的最小二乘解是 X(P,:) ＝ R\C。outputForm 的默认值为'matrix'，此时 S * X ＝ B 的最小二乘解是 X ＝ P * (R\C)。

【例 1-34】 使用系数矩阵的精简 QR 分解来求解线性方程组 Ax＝b。

```
>> %使用 magic(10) 的前五列创建一个 10×5 系数矩阵.对于线性方程 Ax＝b 的右侧,
>> %使用矩阵的行总和.在这种设置下,方程 x 的解应为由 1 组成的向量
>> A = magic(10);
A = A(:,1:5)
A =
    92    99     1     8    15
    98    80     7    14    16
     4    81    88    20    22
    85    87    19    21     3
    86    93    25     2     9
    17    24    76    83    90
```

```
            23       5       82      89      91
            79       6       13      95      97
            10      12       94      96      78
            11      18      100      77      84
>> b = sum(A,2)
b =
    215
    215
    215
    215
    215
    290
    290
    290
    290
    290
>> %计算 A 的精简 QR 分解,然后用 x(p,:) = R\(Q\b)求解线性方程组 QRx = b
>> [Q,R,p] = qr(A,0)
Q =
    -0.0050    -0.4775    -0.0504     0.5193     0.0399
    -0.0349    -0.5001    -0.0990    -0.1954    -0.2006
    -0.4384     0.1059    -0.4660     0.4464     0.0628
    -0.0947    -0.4151    -0.2923    -0.2542     0.5274
    -0.1246    -0.4117    -0.2812    -0.1326    -0.4130
    -0.3787     0.0209     0.2702     0.4697     0.0390
    -0.4085    -0.0017     0.2217    -0.2450    -0.2015
    -0.0648    -0.3925     0.6939     0.0669     0.1225
    -0.4683     0.0833     0.0283    -0.3038     0.5265
    -0.4982     0.0867     0.0394    -0.1822    -0.4138
R =
  -200.7112   -55.5026  -167.6040   -84.7237  -168.7997
         0  -192.1053   -40.3557  -152.4040   -39.2814
         0          0   101.3180   -89.4254    96.0172
         0          0          0    41.0248   -14.9083
         0          0          0          0    24.6386
p =
     3     1     5     2     4
>> x(p,:) = R\(Q\b)    %方程求解
x =
    1.0000
    1.0000
    1.0000
    1.0000
    1.0000
>> %生成 R 的对角线的半对数图,以确认置换分解产生的 R 因子的
%abs(diag(R))是递减的
>> semilogy(abs(diag(R)),'-.o')
>> hold on
semilogy(svd(A),'r-o')
legend('R 的对角线','A 的奇异值')
```

运行程序,效果如图 1-15 所示。

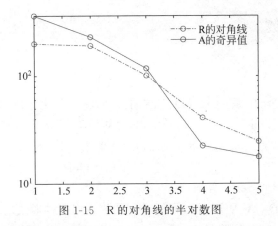

图 1-15 R 的对角线的半对数图

与 chol、lu 函数一样，qr 函数同样可对稀疏矩阵进行分解。

【例 1-35】 计算 west0479 稀疏矩阵的 QR 分解。

```
>> load west0479
A = west0479;
[Q,R,P] = qr(A);
% 在计算机精度范围内验证置换矩阵 P 满足 A * P = Q * R
norm(A * P − Q * R,'fro')
ans =
   3.5451e − 10
>> % 指定 'vector' 选项以将 p 以置换向量形式返回
>> [Q,R,p] = qr(A,'vector');
>> % 在计算机精度范围内验证置换向量 p 满足 A(:,p) = Q * R
>> norm(A(:,p) − Q * R,'fro')
ans =
   3.5451e − 10
>> % 验证对于稀疏输入,在分解中使用置换矩阵或置换向量所得的 R 因子的非零项比使用非置换分解
   % 的少
>> [Q1,R1] = qr(A);
spy(R1)                 % 效果如图 1-16 所示
>> spy(R)               % 效果如图 1-17 所示
```

结果表明置换分解产生的 R 因子的非零值明显减少。

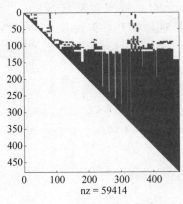

图 1-16 分解前的 R1 因子图

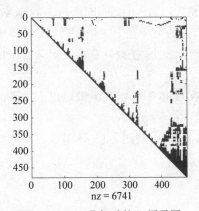

图 1-17 QR 分解后的 R 因子图

33. schur 函数

舒尔分解定义为：

$$A = U \cdot S \cdot U'$$

其中，A 必须是一个方阵，U 是一个酉矩阵，S 是一个块对角化矩阵，由对角线上的 1×1 和 2×2 块组成。特征值可以由矩阵 S 的对角给出，而矩阵 U 给出比特征向量更多的数值特征。此外，对缺陷矩阵也可以进行舒尔分解。MATLAB 中用函数 schur 来进行舒尔分解，函数的语法格式为：

T = schur(A)：返回 Schur 矩阵 T。

T = schur(A,flag)：A 为实矩阵，根据 flag 的值返回两种形式之一的 Schur 矩阵 T：

- 'complex'：T 是三角矩阵且为复数（如果 A 是实数），并具有复数特征值。
- 'real'：T 的实数特征值在对角线上，复数特征值在对角线上的 2×2 块中。当 A 为实数时，'real' 是默认值。

如果 A 为复数，则 schur 在矩阵 T 中返回复数 Schur 形式并且忽略 flag。复数 Schur 形式是对角线上为 A 的特征值的上三角矩阵。

[U,T] = schur(A,…)：也返回酉矩阵 U 以使 A = U * T * U'且 U' * U = eye(size(A))。

【例 1-36】 对创建的矩阵进行舒尔分解。

```
>> %H 是 3×3 特征值测试矩阵
>> H = [ -149     -50     -154;537     180     546; -27     -9     -25 ];
>> schur(H)
ans =
    1.0000     -7.1119   815.8706
         0      2.0000    55.0236
         0           0     3.0000
```

特征值（即本例中的 1、2 和 3）在对角线上。非对角线元素太大这一事实指示此矩阵包含病态特征值；矩阵元素的细微变化会使其特征值产生较大变化。

34. rsf2csf 函数

在 MATLAB 中，提供了 rsf2csf 函数将实数 Schur 形式转换为复数 Schur 形式。复数 Schur 形式的矩阵是上三角矩阵，该矩阵的特征值在其对角线上。实数 Schur 形式的实数特征值在对角线上，复数特征值在对角线上的 2×2 块中。函数的语法格式为：

[U,T] = rsf2csf(U,T)：将实数 Schur 形式转换为复数形式。

参数 U 和 T 分别表示满足以下关系的酉矩阵和 Schur 形式的矩阵 A：A = U * T * U'和 U' * U = eye(size(A))。

【例 1-37】 利用 rsf2csf 函数将实数生成的实数 Schur 形式转换为复数形式。

```
>> A = [ 1     1     1     3
         1     2     1     1
         1     1     3     1
        -2     1     1     4];
>> %生成 Schur 形式的 A 并转换为复数 Schur 形式
>> [u,t] = schur(A);
[U,T] = rsf2csf(u,t)
```

运行程序，生成上三角矩阵 T，其对角线包含 A 的特征值。

```
U =
  - 0.4916 + 0.0000i  - 0.2756 - 0.4411i    0.2133 + 0.5699i  - 0.3428 + 0.0000i
  - 0.4980 + 0.0000i  - 0.1012 + 0.2163i  - 0.1046 + 0.2093i    0.8001 + 0.0000i
  - 0.6751 + 0.0000i    0.1842 + 0.3860i  - 0.1867 - 0.3808i  - 0.4260 + 0.0000i
  - 0.2337 + 0.0000i    0.2635 - 0.6481i    0.3134 - 0.5448i    0.2466 + 0.0000i
T =
    4.8121 + 0.0000i  - 0.9697 + 1.0778i  - 0.5212 + 2.0051i  - 1.0067 + 0.0000i
    0.0000 + 0.0000i    1.9202 + 1.4742i    2.3355 - 0.0000i    0.1117 + 1.6547i
    0.0000 + 0.0000i    0.0000 + 0.0000i    1.9202 - 1.4742i    0.8002 + 0.2310i
    0.0000 + 0.0000i    0.0000 + 0.0000i    0.0000 + 0.0000i    1.3474 + 0.0000i
```

35. ordschur 函数

在 MATLAB 中，提供了 ordschur 函数实现在 Schur 分解中将特征值重新排序。函数的语法格式为：

$[US, TS] = ordschur(U, T, select)$：对 $[U, T] = schur(X)$ 生成的 Schur 分解 $X = U * T * U'$ 重新排序，并返回重新排序后的 Schur 矩阵 TS 以及正交矩阵 US，从而使得 $X = US * TS * US'$。

在此重新排序中，选定的特征值组出现在拟三角 Schur 矩阵 TS 的主（左上方）对角块中。对应的不变子空间为 US 的前导列所涵盖。逻辑向量 select 指定选定的组为 e(select)，其中 $e = ordeig(T)$。

$[US, TS] = ordschur(U, T, keyword)$：设置选定的组以包含 keyword 指定的区域中的所有特征值。

$[US, TS] = ordschur(U, T, clusters)$：同时对多个组重新排序。ordschur 沿 TS 的对角线按降序排列指定的组，具有最高索引的组位于左上角。

【例 1-38】　计算一个矩阵的 Schur 分解因子，然后根据指定的特征值顺序对因子进行重新排序。

```
>> %计算矩阵 X 的 Schur 分解. Schur 分解生成上拟三角矩阵 T 和酉矩阵 U,
%从而使得 X = UTU'
>> X = magic(5);
>> [U,T] = schur(X)
U =
  - 0.4472    0.0976  - 0.6331    0.6145  - 0.1095
  - 0.4472    0.3525    0.7305    0.3760    0.0273
  - 0.4472    0.5501  - 0.2361  - 0.6085    0.2673
  - 0.4472  - 0.3223    0.0793  - 0.3285  - 0.7628
  - 0.4472  - 0.6780    0.0594  - 0.0535    0.5778
T =
   65.0000    0.0000  - 0.0000    0.0000  - 0.0000
        0  - 21.2768  - 2.5888    2.1871  - 3.4893
        0         0  - 13.1263  - 3.3845  - 2.8239
        0         0         0   21.2768    2.6287
        0         0         0         0   13.1263
```

由于 T 是三角矩阵，因此 T 的对角线包含原始矩阵 X 的特征值。对 Schur 分解进行重新排序，使特征值位于两个组中，负特征值组在 TS 的对角线上先出现。

```
>> [US,TS] = ordschur(U,T,'lhp')
US =
   - 0.0976    - 0.6331      0.4472      0.6145    - 0.1095
   - 0.3525      0.7305      0.4472      0.3760      0.0273
   - 0.5501    - 0.2361      0.4472    - 0.6085      0.2673
     0.3223      0.0793      0.4472    - 0.3285    - 0.7628
     0.6780      0.0594      0.4472    - 0.0535      0.5778
TS =
  - 21.2768      2.5888    - 0.0000    - 2.1871      3.4893
         0     - 13.1263    - 0.0000    - 3.3845    - 2.8239
         0           0      65.0000    - 0.0000      0.0000
         0           0           0      21.2768      2.6287
         0           0           0           0      13.1263
```

36. eig 函数

假设 A 是一个 $n \times n$ 的矩阵, A 的特征值问题就是找到下面方程组的解:

$$A \cdot V = \lambda \cdot V$$

其中, λ 为标量, V 为向量, 如果把矩阵 A 的 n 个特征值放在矩阵 P 的对角线上, 相应的特征向量按照与特征值对应的顺序排列, 作为矩阵 V 的列, 特征值问题可以改为:

$$A \cdot V = V \cdot D$$

如果 V 为非奇异的, 该问题可以认为是一个特征值分解的问题。此时关系如下:

$$A = V \cdot D \cdot V^{-1}$$

广义特征值问题是指方程 $A \cdot x = \lambda \cdot B \cdot x$ 的非平凡解, 其中 A、B 都是 $n \times n$ 的矩阵, λ 为标量。满足此方程的 λ 为广义特征值, 对应的向量 x 为广义特征向量。

如果 X 是一个列向量为 a 的特征向量的矩阵, 并且它的秩为 n, 那么特征向量线性无关。如果不是这样, 则称矩阵为缺陷矩阵。如果 $X \cdot X' = I$, 则特征向量正交, 这对于对称矩阵是成立的。

在 MATLAB 中, 利用 eig 函数可求矩阵特征值与特征向量。函数的语法格式为:

e = eig(A): 返回一个列向量, 其中包含方阵 A 的特征值。

[V,D] = eig(A): 返回特征值的对角矩阵 D 和矩阵 V, 其列是对应的右特征向量, 使得 A * V = V * D。

[V,D,W] = eig(A): 还返回满矩阵 W, 其列是对应的左特征向量, 使得 W' * A = D * W'。

特征值问题是用来确定方程 Av=λv 的解, 其中, A 是 n×n 矩阵, v 是长度为 n 的列向量, λ 是标量。满足方程的 λ 的值即特征值。满足方程的 v 的对应值即右特征向量。左特征向量 w 满足方程 w'A=λw'。

e = eig(A,B): 返回一个列向量, 其中包含方阵 A 和 B 的广义特征值。

[V,D] = eig(A,B): 返回广义特征值的对角矩阵 D 和满矩阵 V, 其列是对应的右特征向量, 使得 A * V = B * V * D。

[V,D,W] = eig(A,B): 还返回满矩阵 W, 其列是对应的左特征向量, 使得 W' * A = D * W' * B。

广义特征值问题是用来确定方程 Av =λBv 的解, 其中, A 和 B 是 n×n 矩阵, v 是长度为 n 的列向量, λ 是标量。满足方程的 λ 值即广义特征值。对应的 v 值即广义右特征向量。左特征向量 w 满足方程 w'A =λw'B。

[_____] = eig(A,balanceOption)：其中，balanceOption 为 'nobalance' 表示禁用该算法中的初始均衡步骤。balanceOption 的默认值是 'balance'，表示启用均衡步骤。eig 函数可以返回先前语法中的任何输出参数。

[_____] = eig(A,B,algorithm)：其中，algorithm 为 'chol' 表示使用 B 的 Cholesky 分解计算广义特征值。algorithm 的默认值取决于 A 和 B 的属性，但通常是 'qz'，表示使用 QZ 算法。

如果 A 为 Hermitian 并且 B 为 Hermitian 正定矩阵，则 algorithm 的默认值为 'chol'。

[_____] = eig(_____,eigvalOption)：使用先前语法中的任何输入或输出以 eigvalOption 指定的形式返回特征值。将 eigvalOption 指定为 'vector' 可返回列向量中的特征值，指定为 'matrix' 可返回对角矩阵中的特征值。

【例 1-39】 求矩阵排序的特征值和特征向量。

默认情况下，eig 并不总是返回已排序的特征值和特征向量。可以使用 sort 函数将特征值按升序排序，并重新排序相应的特征向量。

```
>> %计算 5×5 魔方矩阵的特征值和特征向量
>> A = magic(5)
A =
    17    24     1     8    15
    23     5     7    14    16
     4     6    13    20    22
    10    12    19    21     3
    11    18    25     2     9
>> [V,D] = eig(A)
V =
   -0.4472    0.0976   -0.6330    0.6780   -0.2619
   -0.4472    0.3525    0.5895    0.3223   -0.1732
   -0.4472    0.5501   -0.3915   -0.5501    0.3915
   -0.4472   -0.3223    0.1732   -0.3525   -0.5895
   -0.4472   -0.6780    0.2619   -0.0976    0.6330
D =
   65.0000         0         0         0         0
         0  -21.2768         0         0         0
         0         0  -13.1263         0         0
         0         0         0   21.2768         0
         0         0         0         0   13.1263
```

A 的特征值位于 D 的对角线上。但是，特征值并未排序。使用 diag(D) 从 D 的对角线上提取特征值，然后按升序对得到的向量进行排序。sort 的第二个输出返回索引的置换向量。

```
>> [d,ind] = sort(diag(D))
d =
  -21.2768
  -13.1263
   13.1263
   21.2768
   65.0000
ind =
    2
    3
    5
    4
    1
```

使用 ind 对 D 的对角线元素进行重新排序。由于 D 中的特征值对应于 V 的各列中的特征向量,因此还必须使用相同的索引对 V 的列进行重新排序。

```
>> Ds = D(ind,ind)
Ds =
  - 21.2768         0          0          0          0
         0  - 13.1263          0          0          0
         0         0    13.1263          0          0
         0         0          0    21.2768          0
         0         0          0          0    65.0000
>> Vs = V(:,ind)
Vs =
    0.0976   - 0.6330   - 0.2619     0.6780   - 0.4472
    0.3525     0.5895   - 0.1732     0.3223   - 0.4472
    0.5501   - 0.3915     0.3915   - 0.5501   - 0.4472
  - 0.3223     0.1732   - 0.5895   - 0.3525   - 0.4472
  - 0.6780     0.2619     0.6330   - 0.0976   - 0.4472
```

(V,D)和(Vs,Ds)都会生成 A 的特征值分解。A * V−V * D 和 A * Vs−Vs * Ds 的结果一致(基于舍入误差)。

```
>> e1 = norm(A * V − V * D);
e2 = norm(A * Vs − Vs * Ds);
e = abs(e1 − e2)
e =
   1.2622e−29
```

37. eigs 函数

eigs 函数用于计算矩阵的特征值和特征向量的子集。函数的语法格式为:

d = eigs(A):返回一个向量,其中包含矩阵 A 的 6 个模最大的特征值。当使用 eig 计算所有特征值的计算量很大时(如对于大型稀疏矩阵来说),这是非常有用的。

d = eigs(A,k):返回 k 个模最大的特征值。

d = eigs(A,k,sigma):基于 sigma 的值返回 k 个特征值。例如,eigs(A,k,'smallestabs')返回 k 个模最小的特征值。

d = eigs(A,k,sigma,Name,Value):使用一个或多个名称-值对组参数指定其他选项。例如,eigs(A,k,sigma,'Tolerance',1e−3)将调整算法的收敛容差。

d = eigs(A,k,sigma,opts):使用结构体指定选项。

d = eigs(A,B,____):解算广义特征值问题 A * V = B * V * D。可以选择指定 k、sigma、opts 或名称-值对组作为额外的输入参数。

d = eigs(Afun,n,____):指定函数句柄 Afun,而不是矩阵。第二个输入 n 求出 Afun 中使用的矩阵 A 的大小。可以选择指定 B、k、sigma、opts 或名称-值对组作为额外的输入参数。

[V,D] = eigs(____):返回对角矩阵 D 和矩阵 V,前者包含主对角线上的特征值,后者的各列中包含对应的特征向量。可以使用上述语法中的任何输入参数组合。

[V,D,flag] = eigs(____):也返回一个收敛标志。如果 flag 为 0,则表示已收敛所有特征值。

【例 1-40】 求稀疏矩阵的最大与最小特征值。

矩阵 A = delsq(numgrid('C',15))是一个对称正定矩阵,特征值合理分布在区间(0,8)内。

```
>> % 计算模最大的 6 个特征值
>> A = delsq(numgrid('C',15));
d = eigs(A)
d =
    7.8666
    7.7324
    7.6531
    7.5213
    7.4480
    7.3517
>> % 指定第二个输入,以计算特定数量的最大特征值
>> d = eigs(A,3)
d =
    7.8666
    7.7324
    7.6531
>> % 计算 5 个最小的特征值
>> A = delsq(numgrid('C',15));
d = eigs(A,5,'smallestabs')
d =
    0.1334
    0.2676
    0.3469
    0.4787
    0.5520
```

38. ordeig 函数

在 MATLAB 中,提供了 ordeig 函数求拟三角矩阵的特征值。函数的语法格式为:

E = ordeig(T):接收一个拟三角 Schur 矩阵 T(通常由 schur 生成),并按特征值沿 T 的对角线自上而下出现的顺序返回特征值向量 E。

E = ordeig(AA,BB):接收一个拟三角矩阵对 AA 和 BB(通常由 qz 生成),并按广义特征值沿 AA-λ＊BB 的对角线自上而下出现的顺序返回广义特征值。

ordeig 是 eig 的保留顺序的版本,可配合 ordschur 和 ordqz 使用。对于拟三角矩阵它比 eig 更快。

【例 1-41】 利用 ordeig 函数求拟三角矩阵的特征值。

```
>> A = rand(10);
[U, T] = schur(A);
abs(ordeig(T))
ans =
    5.1180
    0.9359
    0.9359
    0.8030
    0.8030
    0.7668
    0.7668
    0.3712
    0.3712
    0.0424
```

39. qz 函数

在 MATLAB 中，提供了 qz 函数实现广义特征值的 QZ 分解。函数的语法格式为：

$[AA,BB,Q,Z] = qz(A,B)$：（对于方阵 A 和 B）生成上三角矩阵 AA 和 BB 以及单位矩阵 Q 和 Z，这样 $Q*A*Z = AA$ 并且 $Q*B*Z = BB$。对于复矩阵，AA 和 BB 都是三角矩阵。

$[AA,BB,Q,Z,V,W] = qz(A,B)$：还生成矩阵 V 和 W，其列是广义特征值。

$qz(A,B,flag)$：（对于实矩阵 A 和 B）生成两种分解中的一种，具体取决于 flag 的值：

- flag= 'complex'：通过三角 AA 可能会生成复数分解。为了与以前的版本兼容，其默认值为 'complex'.
- flag= 'real'：通过拟三角 AA 生成实数分解，包含其对角上的 $1×1$ 和 $2×2$ 块。

40. ordqz 函数

在 MATLAB 中，提供了 ordqz 函数实现在 QZ 分解中将特征值重新排序。

$[AAS,BBS,QS,ZS] = ordqz(AA,BB,Q,Z,select)$：对由 $[AA,BB,Q,Z] = qz(A,B)$ 生成的 QZ 分解 $Q*A*Z = AA$ 和 $Q*B*Z = BB$ 重新排序，并返回重新排序后的矩阵对组 (AAS,BBS) 以及正交矩阵 (QS,ZS)，从而使得 $QS*A*ZS = AAS$, $QS*B*ZS = BBS$。

在此重新排序中，选定的特征值组出现在拟三角对组 (AAS,BBS) 的主（左上方）对角块中。对应的不变子空间为 ZS 的前导列所涵盖。逻辑向量 select 指定选定的组为 e(select)，其中 $e = ordeig(AA,BB)$。

$[AAS,BBS,QS,ZS] = ordqz(AA,BB,Q,Z,keyword)$：设置选定的组以包含 keyword 指定的区域中的所有特征值。

$[AAS,BBS,QS,ZS] = ordqz(AA,BB,Q,Z,clusters)$：同时对多个组重新排序。ordqz 沿 (AAS,BBS) 的对角线按降序排列指定的组，具有最高索引的群集位于左上角。

【例 1-42】 计算一对矩阵的 QZ 分解，然后根据指定的特征值顺序对因子重新排序。

```
>> % 计算一对矩阵 A 和 B 的 QZ 分解或广义 Schur 分解
>> % 此分解生成因子 AA = QAZ 和 BB = QBZ
>> A = magic(5);
B = hilb(5);
[AA,BB,Q,Z] = qz(A,B)
AA =
    14.5272   - 2.3517      8.5757   - 0.2350   - 1.4432
         0   - 19.7471      2.1824     4.5417     7.2059
         0          0    - 17.9538     8.9292   - 9.6961
         0          0           0     30.3449   - 47.9191
         0          0           0          0      32.4399

BB =
     0.0000     0.0005     0.0018     0.0465     0.2304
         0     0.0008     0.0199     0.1662     0.7320
         0          0     0.0210     0.1006   - 0.1341
         0          0          0     0.0623   - 1.1380
         0          0          0          0     0.7434

Q =
   - 0.1743   - 0.1099   - 0.0789   - 0.4690     0.8552
```

```
      - 0.7567    - 0.1151    - 0.0846      0.6172      0.1617
      - 0.4010      0.6782      0.5478    - 0.2664    - 0.0901
        0.4178    - 0.0297      0.6473      0.4883      0.4089
      - 0.2484    - 0.7168      0.5173    - 0.2995    - 0.2593
Z =
        0.0057    - 0.0424    - 0.2914    - 0.5860    - 0.7549
      - 0.1125      0.4109      0.7635      0.1734    - 0.4533
        0.4995    - 0.6746      0.1486      0.4053    - 0.3303
      - 0.7694    - 0.2140    - 0.2614      0.4749    - 0.2616
        0.3818      0.5731    - 0.4917      0.4866    - 0.2173
>> %将特征值分成组,由正实数特征值(e>0)构成起始组.根据此特征值顺序,
>> %对矩阵 AA、BB、Q 和 Z 重新排序
[AAS,BBS,QS,ZS] = ordqz(AA,BB,Q,Z,'rhp')
AAS =
      14.5272    - 1.2849      1.0391    - 7.6821      4.4119
            0      21.7128    - 19.1784    - 1.8380      9.1187
            0            0      60.3083      8.4452    - 6.4304
            0            0            0    - 18.2081      3.3783
            0            0            0            0    - 14.6375
BBS =
        0.0000      0.0114      0.1908      0.1119      0.0788
            0      0.0446      0.0377      0.1107      0.1978
            0            0      1.3820      0.6325      0.2807
            0            0            0      0.0007    - 0.0137
            0            0            0            0      0.0171
QS =
      - 0.1743    - 0.1099    - 0.0789    - 0.4690      0.8552
      - 0.6353      0.1853      0.4099      0.5765      0.2483
      - 0.7034    - 0.4518    - 0.3456    - 0.2295    - 0.3591
        0.1415    - 0.2036    - 0.7054      0.6065      0.2703
      - 0.2263      0.8414    - 0.4568    - 0.1647    - 0.0705
ZS =
        0.0057    - 0.0088    - 0.5288    - 0.3591    - 0.7690
      - 0.1125    - 0.6095    - 0.3858    - 0.4737      0.4926
        0.4995      0.6478    - 0.2711    - 0.3644      0.3529
      - 0.7694      0.4176    - 0.4090      0.1750      0.1890
        0.3818    - 0.1855    - 0.5752      0.6952      0.0758
>> %检查新的特征值顺序
>> E2 = ordeig(AAS,BBS)
E2 =
    1.0e + 06  *
      2.8871
      0.0005
      0.0000
    - 0.0257
    - 0.0009
```

41. sparse 函数

在许多问题中提到了含有大量零元素的矩阵,这样的矩阵称为稀疏矩阵。为了节省存储空间和计算时间,MATLAB 考虑到矩阵的稀疏性,在对它进行运算时有特殊的命令。

一个稀疏矩阵中有许多元素等于零,这便于矩阵的计算和保存。如果 MATLAB 把一个矩阵当作稀疏矩阵,那么只需在 $m \times 3$ 的矩阵中存储 m 个非零项,第 1 列是行下标,第 2 列是

列下标,第 3 列是非零元素值,不必保存零元素。如果存储每个浮点数需要 8 字节,存储每个下标需要 4 字节,那么整个矩阵在内存中存储需要 $16\times m$ 字节。

在 MATLAB 中提供了多种创建稀疏矩阵的方法。

- 利用 sparse 函数从满矩阵转换得到稀疏矩阵。
- 利用一些特定函数创建包括单位稀疏矩阵在内的特殊稀疏矩阵。

sparse 函数建立一般稀疏矩阵的语法格式为:

S = sparse(A):通过挤出任何零元素将满矩阵转换为稀疏格式。如果矩阵包含许多零,将矩阵转换为稀疏存储空间可以节省内存。

S = sparse(m,n):生成 m×n 全零稀疏矩阵。

S = sparse(i,j,v):根据 i、j 和 v 三元组生成稀疏矩阵 S,以便 S(i(k),j(k)) = v(k)。max(i)×max(j)输出矩阵为 length(v)非零元素分配了空间。sparse 将 v 中下标重复(在 i 和 j 中)的元素加到一起。

如果输入 i、j 和 v 为向量或矩阵,则它们必须具有相同数量的元素。参数 v、i 或 j 的其中一个参数可以是标量。

S = sparse(i,j,v,m,n):将 S 的大小指定为 m×n。

S = sparse(i,j,v,m,n,nz):为 nz 非零元素分配空间。可以使用此语法为构造后要填充的非零值分配额外空间。

【例 1-43】 使用稀疏存储空间节省内存。

```
>> %创建一个 10000×10000 的满存储单位矩阵
>> A = eye(10000);
whos A
  Name          Size                  Bytes  Class      Attributes
  A          10000x10000          800000000  double
```

此矩阵使用 800MB 内存。

```
>> %将矩阵转换为稀疏存储
>> S = sparse(A);
whos S
  Name          Size                  Bytes  Class      Attributes
  S          10000x10000             240008  double     sparse
```

采用稀疏形式时,同一矩阵只使用约 0.25MB 内存。在这种情况下,可以使用 speye 函数来避免满存储,该函数可以直接创建稀疏单位矩阵。

此外,sparse 函数还可以将一个满矩阵转换成一个稀疏矩阵,例如:

```
>> %创建一个数据列向量和两个下标列向量
>> i = [6 6 6 5 10 10 9 9]';
j = [1 1 1 2 3 3 10 10]';
v = [100 202 173 305 410 550 323 121]';
>> [i,j,v]   %并排显示下标和值
ans =
      6      1    100
      6      1    202
      6      1    173
      5      2    305
     10      3    410
     10      3    550
      9     10    323
```

```
         9    10    121
>> % 使用 sparse 函数将具有相同下标的值累加
>> S = sparse(i,j,v)
S =
   (6,1)        475
   (5,2)        305
   (10,3)       960
   (9,10)       444
```

42. full 函数

在 MATLAB 中,提供 full 函数把稀疏矩阵转换为满矩阵。函数的语法格式为:

A = full(S):将稀疏矩阵 S 转换为满存储结构,这样 issparse(A)返回逻辑 0(false)。

【例 1-44】 将稀疏矩阵转换为满存储。

```
>> % 创建一个随机稀疏矩阵.在 MATLAB 中,稀疏矩阵的显示会忽略所有零,
>> % 只显示非零元素的位置和值
>> rng default     % 为再现性
>> S = sprand(6,6,0.3)
S =
   (3,1)        0.6160
   (6,1)        0.5497
   (4,2)        0.3517
   (5,2)        0.8308
   (3,4)        0.4733
   (2,5)        0.1966
   (1,6)        0.3500
   (2,6)        0.2511
   (5,6)        0.5853
>> % 将矩阵转换为满存储,矩阵的 MATLAB 显示会反映新存储格式
>> A = full(S)
A =
        0        0        0        0        0   0.3500
        0        0        0        0   0.1966   0.2511
   0.6160        0        0   0.4733        0        0
        0   0.3517        0        0        0        0
        0   0.8308        0        0        0   0.5853
   0.5497        0        0        0        0        0
```

比较两种格式的存储要求可知,A 存储 36 个双精度值(每个值使用 8 个字节),占用 $36 \times 8 = 288$ 个字节。S 存储 12 个非零元素以及 18 个说明其位置的整数,占用 $20 \times 10 = 200$ 个字节。

```
>> whos
  Name      Size        Bytes  Class     Attributes
  A         6x6           288  double
  S         6x6           200  double    sparse
  ans       8x3           192  double
  i         8x1            64  double
  j         8x1            64  double
  v         8x1            64  double
```

43. bicg 函数

在 MATLAB 中,提供了 bicg 函数用于实现双共轭梯度法。函数的语法格式为:

x = bicg(A,b)：针对 x 对线性方程组 A * x = b 求解。n×n 系数矩阵 A 必须是方阵，并且应为大型稀疏矩阵。列向量 b 的长度必须为 n。A 可以是函数句柄 afun，这样,afun(x, 'notransp') 返回 A * x,afun(x, 'transp') 返回 A' * x。

如果 bicg 收敛,则会显示一条关于该结果的消息。如果 bicg 无法在达到最大迭代次数后收敛或出于任何原因暂停,则会输出一条包含相对残差 norm(b−A * x)/norm(b) 以及该方法停止或失败时所达到的迭代数的警告消息。

bicg(A,b,tol)：指定该方法的容差。如果 tol 为[],bicg 使用默认值 1e−6。

bicg(A,b,tol,maxit)：指定最大迭代次数。如果 maxit 为[],bicg 使用默认值 min(n,20)。

bicg(A,b,tol,maxit,M) 和 bicg(A,b,tol,maxit,M1,M2)：使用预设子条件 M 或 M= M1 * M2,并高效求解关于 x 的方程组 inv(M) * A * x = inv(M) * b。如果 M 为[],bicg 不会应用预设子条件。M 可以是函数句柄 mfun,这样,mfun(x,'notransp') 返回 M\x,mfun(x, 'transp') 返回 M'\x。

bicg(A,b,tol,maxit,M1,M2,x0)：指定初始估计值。如果 x0 为[],bicg 使用默认值（即全部为零的向量）。

[x,flag] = bicg(A,b,…)：也返回一个收敛标志 flag,其取值见表 1-1。

表 1-1　flag 取值

取　值	描　　述
0	bicg 在 maxit 次迭代内收敛至所需容差 tol
1	bicg 迭代 maxit 次,但未收敛
2	预设子条件 M 是病态的
3	bicg 已停滞（两次连续迭代相同）
4	在执行 bicg 时计算的某个标量太小或太大,以致无法继续计算

提示：如果 flag 不为 0,返回的解 x 具有在所有迭代中最小的范数残差。如果指定 flag 输出,则不会显示消息。

[x,flag,relres] = bicg(A,b,…)：如果 flag 为 0,relres≤tol,还返回相对残差 norm(b−A * x)/norm(b)。

[x,flag,relres,iter] = bicg(A,b,…)：其中 0≤iter≤maxit,还返回计算 x 时所达到的迭代数。

[x,flag,relres,iter,resvec] = bicg(A,b,…)：还返回每次迭代中的残差范数的向量（包括 norm(b−A * x0)）。

【例 1-45】 实例演示如何使用预设子条件。

```
% 加载 A = west0479,它是一个非对称的 479×479 实稀疏矩阵
load west0479;
A = west0479;
% 定义 b 以使实际解是全为 1 的向量
b = full(sum(A,2));
% 设置容差和最大迭代次数
tol = 1e−12;
maxit = 20;
% 使用 bicg 根据请求的容差和迭代次数求解
```

```
[x0,fl0,rr0,it0,rv0] = bicg(A,b,tol,maxit);
```

bicg 未在请求的 20 次迭代内收敛至请求的容差 1e−12,因此 fl0 为 1。实际上,bicg 的行为太差,因此初始估计值($x0 = zeros(size(A,2),1)$)是最佳解,并会返回最佳解(如 it0 = 0 所示)。MATLAB 将残差历史记录存储在 rv0 中。

```
%绘制 bicg 的行为
semilogy(0:maxit,rv0/norm(b),'-o');
xlabel('迭代数');
ylabel('相对残差');
```

运行程序,效果如图 1-18 所示。

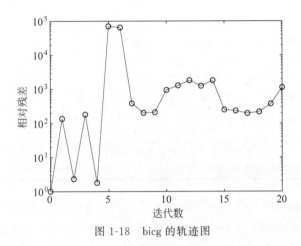

图 1-18 bicg 的轨迹图

图 1-18 表明该解未收敛,可以使用预设子条件改进结果,将在例 1-47 中讲解。

44. ilu 函数

在 MATLAB 中,提供了 ilu 函数实现矩阵的不完全 LU 分解,ilu 生成一个单位下三角矩阵、一个上三角矩阵和一个置换矩阵。函数的语法格式为:

ilu(A,setup):计算 A 的不完全 LU 分解。setup 是一个最多包含五个设置选项的输入结构体。这些字段必须严格按照表 1-2 所示方法命名。可以在此结构体中包含任意数目的字段,并以任意顺序定义这些字段。忽略任何其他字段。

表 1-2 setup 的五个设置选项

字段名称	说 明
type	分解的类型。type 的值包括: 'nofill'(默认):执行具有 0 填充级别的 ILU 分解(称为 ILU(0))。如果将 type 设置为 'nofill',则仅使用 milu 设置选项;所有其他字段都将被忽略。 'crout':执行 ILU 分解的 Crout 版本,称为 ILUC。如果将 type 设置为 'crout',则仅使用 droptol 和 milu 设置选项;所有其他字段都将被忽略。 'ilutp':执行带阈值和选择主元的 ILU 分解。 如果未指定 type,则会执行 0 填充级别的 ILU 分解。在将 type 设置为 'ilutp' 的情况下,仅会执行选择主元的分解

字段名称	说　　明
droptol	不完全 LU 分解的调降公差。droptol 是一个非负标量。默认值为 0,这会生成完全的 LU 分解。 U 的非零元满足: $abs(U(i,j)) >= droptol * norm(A(:,j))$, 但对角线元除外(无论是否满足标准,系统都保留了这些元)。在使用主元调整 L 的元之前,将根据局部调降公差检验这些元,这同样适用于 L 中的非零值。 $abs(L(i,j)) >= droptol * norm(A(:,j))/U(j,j)$
milu	修改后的不完全 LU 分解。milu 的值包括: 'row':生成行总和修正的不完全 LU 分解。新构成的因子行中的条目从上三角因子 U 的对角线中减去,并保留行总和。也即 $A*e = L*U*e$,其中 e 是由 1 组成的向量。 'col':生成列总和修正的不完全 LU 分解。新构成的因子列中的条目从上三角因子 U 的对角线中减去,并保留列总和。也即 $e'*A = e'*L*U$。 'off'(默认值):不生成修正的不完全 LU 分解
udiag	如果 udiag 为 1,上三角因子的对角线上的任何零都将替换为局部调降公差。默认值为 0
thresh	0(强制对角线数据透视)和 1 之间的主元阈值(默认值),该阈值始终选择数据透视表中的列的最大量值条目

ilu(A,setup):返回 L+U-speye(size(A)),其中 L 为单位下三角矩阵,U 为上三角矩阵。

[L,U] = ilu(A,setup):分别在 L 和 U 中返回单位下三角矩阵和上三角矩阵。

[L,U,P] = ilu(A,setup):返回 L 中的单位下三角矩阵、U 中的上三角矩阵和 P 中的置换矩阵。

【例 1-46】　根据例 1-45,下面继续分析。

```
% 由于矩阵 A 不对称,请使用 ilu 创建预设子条件
>> [L,U] = ilu(A,struct('type','ilutp','droptol',1e-5));
```

运行程序,输出错误提示如下:

```
错误使用 ilu
存在等于零的主元,请考虑减小调降容差或考虑使用'udiag'选项。
```

MATLAB 无法构造不完全 LU,因为它将生成奇异因子,奇异因子作为预设子条件使用时毫无用处。

可以使用减小的调降公差重试,如错误消息所示。

```
>> [L,U] = ilu(A,struct('type','ilutp','droptol',1e-6));
[x1,fl1,rr1,it1,rv1] = bicg(A,b,tol,maxit,L,U);
```

由于 bicg 使相对残差趋向于 4.1410e-014(rr1 的值),因此 fl1 为 0。当通过不完全 LU 分解(使用调降公差 1e-6)预调节时,在第 6 次迭代(it1 的值)中,相对残差小于规定容差 1e-12。输出 rv1(1)为 norm(b),输出 rv1(7)为 norm(b-A*x2)。

通过从初始估计值(迭代数 0)起在每次迭代中绘制相对残差,可以跟踪 bicg 的进度。

```
>> semilogy(0:it1,rv1/norm(b),'-o');
>> xlabel('迭代数');
ylabel('相对残差');
```

运行程序,效果如图 1-19 所示。

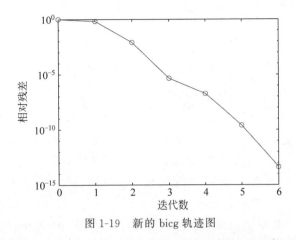

图 1-19　新的 bicg 轨迹图

45. bicgstabl 函数

在 MATLAB 中,提供了 bicgstabl 函数实现双共轭梯度稳定法。函数的语法格式为:

x = bicgstabl(A,b):针对 x 对线性方程组 A＊x＝b 求解。n×n 系数矩阵 A 必须是方阵,并且右侧列向量 b 的长度必须为 n。

x = bicgstabl(afun,b):接收函数句柄 afun 而不是矩阵 A。afun(x)接收向量输入 x,并返回矩阵与向量积 A＊x。在以下所有语法中,可以使用 afun 替换 A。

x = bicgstabl(A,b,tol):指定该方法的容差。如果 tol 为[],bicgstabl 使用默认值 1e−6。

x = bicgstabl(A,b,tol,maxit):指定最大迭代次数。如果 maxit 为[],bicgstabl 使用默认值 min(N,20)。

x = bicgstabl(A,b,tol,maxit,M)和 x = bicgstabl(A,b,tol,maxit,M1,M2):使用预设子条件 M 或 M＝M1＊M2,并高效求解方程组 A＊inv(M)＊x＝b。如果 M 为[],则不会应用预设子条件。M 可以是返回 M\x 的函数句柄。

x = bicgstabl(A,b,tol,maxit,M1,M2,x0):指定初始估计值。如果 x0 为[],bicgstabl 使用默认值(即全部为零的向量)。

[x,flag] = bicgstabl(A,b,…):也返回一个收敛 flag,其取值及值的含义与表 1-1 相同。

[x,flag,relres] = bicgstabl(A,b,…):如果 flag 为 0,relres≤tol,还返回相对残差 norm(b−A＊x)/norm(b)。

[x,flag,relres,iter] = bicgstabl(A,b,…):还返回计算 x 时所达到的迭代次数,其中 0≤iter≤maxit。iter 可以为 k/4,其中 k 是某个整数,指示迭代执行到指定的 1/4 时收敛。

[x,flag,relres,iter,resvec] = bicgstabl(A,b,…):还返回每次迭代执行到 1/4 时的残差范数的向量(包括 norm(b−A＊x0))。

【例 1-47】　使用带有输入或函数的 bicgstabl。

```
>>%可以将输入直接传递给 bicgstabl
>> n = 21;
A = gallery('wilk',n);
b = sum(A,2);
tol = 1e−12;
```

```
maxit = 15;
M = diag([10:-1:1 1 1:10]);
x = bicgstabl(A,b,tol,maxit,M);
```

运行程序,输出如下:

bicgstabl 在解的迭代 6.3 处收敛,并且相对残差为 1.4e-16。

46. cgs 函数

在 MATLAB 中,提供了 cgs 函数实现共轭梯度二乘法。函数的语法格式为:

$x = cgs(A, b)$:针对 x 对线性方程组 $A * x = b$ 求解。$n \times n$ 系数矩阵 A 必须是方阵,并且为大型稀疏矩阵。列向量 b 必须具有长度 n。可以将 A 指定为函数句柄 afun,这样 afun(x) 将返回 $A * x$。

如果 cgs 收敛,则会显示一条有关该结果的消息。如果 cgs 无法在达到最大迭代次数后收敛或出于任何原因暂停,则会输出一条显示相对残差 $norm(b - A * x) / norm(b)$ 以及该方法停止或失败时所达到的迭代数的警告消息。

$cgs(A, b, tol)$:指定方法 tol 的容差。如果 tol 为[],cgs 使用默认值 1e-6。

$cgs(A, b, tol, maxit)$:指定最大迭代次数 maxit。如果 maxit 为[],则 cgs 使用默认值 $min(n, 20)$。

$cgs(A, b, tol, maxit, M)$ 和 $cgs(A, b, tol, maxit, M1, M2)$:使用预设子条件 M 或 $M = M1 * M2$,并高效求解关于 x 的方程组 $inv(M) * A * x = inv(M) * b$。如果 M 为[],cgs 不会应用预设子条件。M 可以是函数句柄 mfun,这样,mfun(x) 返回 M\x。

$cgs(A, b, tol, maxit, M1, M2, x0)$:指定初始估计值 x0。如果 x0 为[],cgs 使用默认值(即全部为零的向量)。

$[x, flag] = cgs(A, b, \cdots)$:返回解 x 和描述 cgs 的收敛的标志,flag 的取值及说明见表 1-1。

如果 flag 不为 0,返回的解 x 具有在所有迭代中最小的范数残差。如果指定 flag 输出,则不会显示消息。

$[x, flag, relres] = cgs(A, b, \cdots)$:还返回相对残差 $norm(b - A * x) / norm(b)$。如果 flag 为 0,则 $relres \leqslant tol$。

$[x, flag, relres, iter] = cgs(A, b, \cdots)$:还返回计算 x 时所达到的迭代数,其中 $0 \leqslant iter \leqslant maxit$。

$[x, flag, relres, iter, resvec] = cgs(A, b, \cdots)$:还返回每次迭代中的残差范数的向量(包括 $norm(b - A * x0)$)。

【例 1-48】 使用带有矩阵输入的 cgs。

```
>> clear all;
A = gallery('wilk',21);
b = sum(A,2);
tol = 1e-12;  maxit = 15;
M1 = diag([10:-1:1 1 1:10]);
x = cgs(A,b,tol,maxit,M1);
```

运行程序,输出如下:

cgs 在解的迭代 11 处收敛,并且相对残差为 5.5e - 13。

47. pcg 函数

在 MATLAB 中,提供了 pcg 函数实现预处理共轭梯度法。函数的语法格式为:

x = pcg(A,b):对 x 对线性方程组 A * x=b 求解。n×n 系数矩阵 A 必须是对称正定矩阵,还应当是大型稀疏矩阵。列向量 b 必须具有长度 n。还可以将 A 指定为函数句柄 afun,这样 afun(x) 将返回 A * x。

如果 pcg 收敛,则会显示一条有关该结果的消息。如果 pcg 无法在达到最大迭代次数后收敛或出于任何原因暂停,则会输出一条显示相对残差 norm(b−A * x)/norm(b) 以及该方法停止或失败时所达到的迭代数的警告消息。

pcg(A,b,tol):指定该方法的容差。如果 tol 为[],pcg 使用默认值 1e - 6。

pcg(A,b,tol,maxit):指定最大迭代次数。如果 maxit 为[],pcg 使用默认值 min(n,20)。

pcg(A,b,tol,maxit,M) 和 pcg(A,b,tol,maxit,M1,M2):使用对称正定预设子条件 M 或 M = M1 * M2,并高效求解关于 x 的方程组 inv(M) * A * x = inv(M) * b。如果 M 为[],pcg 不会应用预设子条件。M 可以是函数句柄 mfun,这样,mfun(x) 返回 M\x。

pcg(A,b,tol,maxit,M1,M2,x0):指定初始估计值。如果 x0 为[],pcg 使用默认值(即全部为零的向量)。

[x,flag] = pcg(A,b,…):也返回一个收敛标志,其取值及含义见表 1-1。

如果 flag 不为 0,返回的解 x 具有在所有迭代中最小的范数残差。如果指定 flag 输出,则不会显示消息。

[x,flag,relres] = pcg(A,b,…):还返回相对残差 norm(b−A * x)/norm(b)。如果 flag 为 0,relres≤tol。

[x,flag,relres,iter] = pcg(A,b,…):还返回计算 x 时所达到的迭代数,其中 0≤iter≤maxit。

[x,flag,relres,iter,resvec] = pcg(A,b,…):还返回每次迭代中的残差范数的向量(包括 norm(b−A * x0))。

48. ichol 函数

在 MATLAB 中,提供了 ichol 函数实现不完全 Cholesky 分解。函数的语法格式为:

L = ichol(A):使用零填充对 A 执行不完全 Cholesky 分解。

L = ichol(A,opts):使用 opts 指定的选项对 A 执行不完全 Cholesky 分解。

默认情况下,ichol 引用 A(稀疏矩阵)的下三角并生成下三角因子,其取值见表 1-3。

表 1-3　opts 的取值及含义

opts 取值	含　义
type(分解的类型)	指示要执行的不完全 Cholesky 分解类型。此字段的有效值为 'nofill' 和 'ict'。'nofill' 变体执行零填充的不完全 Cholesky 分解(IC(0))。'ict' 变体执行使用阈值调降的不完全 Cholesky 分解(ICT)。默认值为 'nofill'

opts 取值	含　义
droptol（类型为 ict 时的调降公差）	执行 ICT 时用作调降公差的非负标量。量值小于局部调降公差的元素将从生成的因子中删除，但对角线元素除外，该元素永不会被删除。分解的第 j 步的局部调降公差为 norm(A(j:end,j),1) * droptol。如果 'type' 为 'nofill'，则会忽略 'droptol'。默认值为 0
michol（指示是否执行修正的不完全 Cholesky 分解）	指示是否执行修正的不完全 Cholesky 分解（MIC）。该字段可能为 'on' 或 'off'执行 MIC 时，将为对角线补偿所删除的元素，以实施关系 A * e = L * L' * e，其中 e = ones(size(A,2),1)。默认值为 'off'
diagcomp（使用指定的系数执行补偿的不完全 Cholesky 分解）	构造不完全 Cholesky 因子时用作全局对角线偏移量 alpha 的非负实数标量。也就是说，不必对 A 执行不完全 Cholesky 分解，即可构造 A + alpha * diag(diag(A))分解。默认值为 0
shape（确定引用并返回的三角矩阵）	有效值为 'upper' 和 'lower'。如果指定 'upper'，则仅引用 A 的上三角矩阵并且会构造 R，以使 A 接近 R' * R。如果指定 'lower'，则仅引用 A 的下三角矩阵并且会构造 L，以使 A 接近 L * L'。默认值为 'lower'

【例 1-49】　本示例演示如何结合 pcg 使用预设子系统矩阵。

```
% 创建一个输入矩阵并尝试使用 pcg 求解方程组
A = delsq(numgrid('S',100));
b = ones(size(A,1),1);
[x0,fl0,rr0,it0,rv0] = pcg(A,b,1e-8,100);
```

由于 pcg 未在请求的最多 100 次迭代内收敛至请求的容差 $1e-8$，因此 fl0 为 1。预设子条件可以使方程组更快地收敛。

```
% 使用只带一个输入参数的 ichol 构造一个含有零填充值的不完全 Cholesky 分解
L = ichol(A);
[x1,fl1,rr1,it1,rv1] = pcg(A,b,1e-8,100,L,L');
```

当使用零填充不完全 Cholesky 分解进行预调节时，由于 pcg 使相对残差在第 77 次迭代（it1 的值）时趋于 $9.8e-09$（rr1 的值），且该值小于请求的容差 $1e-8$，因此 fl1 为 0。$rv1(1) = norm(b)$，$rv1(78) = norm(b-A*x1)$。

前一矩阵表示基于 100×100 网格、带 Dirichlet 边界条件的拉普拉斯算子离散化。这意味着使用修正的不完全 Cholesky 预设子条件可能获得更好效果。

```
% 使用 michol 选项创建修正的不完全 Cholesky 预设子条件
L = ichol(A,struct('michol','on'));
[x2,fl2,rr2,it2,rv2] = pcg(A,b,1e-8,100,L,L');
```

在这种情况下，只需要进行 47 次迭代就能获得收敛。

```
% 通过绘制从初始估计值(迭代数 0)开始的每次残差历史记录
% 可以查看预设子条件如何影响 pcg 的收敛速度
figure;
semilogy(0:it0,rv0/norm(b),'b.');
hold on;
semilogy(0:it1,rv1/norm(b),'r.');
semilogy(0:it2,rv2/norm(b),'k.');
legend('没有预设子条件','IC(0)','MIC(0)');
xlabel('迭代次数');
```

```
ylabel('相对残差');
hold off;
```

运行程序,效果如图 1-20 所示。

彩色图片

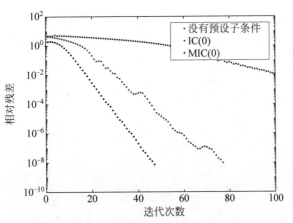

图 1-20　预设子条件影响 pcg 收敛速度效果

49. qmr 函数

在 MATLAB 中,提供了 qmr 函数实现拟最小残差法。函数的语法格式为:

x ＝ qmr(A,b):针对 x 对线性方程组 A * x＝b 求解。n×n 系数矩阵 A 必须是方阵,并且应为大型稀疏矩阵。列向量 b 必须具有长度 n。可以将 A 指定为函数句柄 afun,这样 afun(x,'notransp') 将返回 A * x,afun(x,'transp')将返回 A' * x。

如果 qmr 收敛,则会显示一条有关该结果的消息。如果 qmr 无法在达到最大迭代次数后收敛或出于任何原因暂停,则会输出一条显示相对残差 norm(b－A * x)/norm(b) 以及该方法停止或失败时所达到的迭代数的警告消息。

qmr(A,b,tol):指定该方法的容差。如果 tol 为[],qmr 使用默认值 1e－6。

qmr(A,b,tol,maxit):指定最大迭代次数。如果 maxit 为[],qmr 使用默认值 min(n,20)。

qmr(A,b,tol,maxit,M)和 qmr(A,b,tol,maxit,M1,M2):使用预设子条件 M 或 M ＝ M1 * M2,并高效求解关于 x 的方程组 inv(M) * A * x ＝ inv(M) * b。如果 M 为[],qmr 不会应用预设子条件。M 可以是函数句柄 mfun,这样,mfun(x,'notransp')返回 M\x,mfun(x,'transp')返回 M'\x。

qmr(A,b,tol,maxit,M1,M2,x0):指定初始估计值。如果 x0 为[],qmr 使用默认值(即全部为零的向量)。

[x,flag] ＝ qmr(A,b,…):也返回一个收敛标志,其取值及含义见表 1-1。

如果 flag 不为 0,返回的解 x 具有在所有迭代中最小的范数残差。如果指定 flag 输出,则不会显示消息。

[x,flag,relres] ＝ qmr(A,b,…):还返回相对残差 norm(b－A * x)/norm(b)。如果 flag＝0,relres≤tol。

[x,flag,relres,iter] ＝ qmr(A,b,…):还返回计算 x 时所达到的迭代数,其中 0≤iter≤maxit。

[x,flag,relres,iter,resvec] ＝ qmr(A,b,…):还返回每次迭代中的残差范数的向量(包

括 norm(b−A * x0))。

【例 1-50】 本示例演示如何使用带有矩阵输入的 qmr。

```
n = 100;
on = ones(n,1);
A = spdiags([ − 2 * on 4 * on − on], − 1:1,n,n);
b = sum(A,2);
tol = 1e − 8; maxit = 15;
M1 = spdiags([on/( − 2) on], − 1:0,n,n);
M2 = spdiags([4 * on − on],0:1,n,n);
x = qmr(A,b,tol,maxit,M1,M2);
```

运行程序,输出如下:

qmr 在解的迭代 9 处收敛,并且相对残差为 5.6e − 09。

50. lsqr 函数

在 MATLAB 中,提供了 lsqr 函数实现 LSQR 方法。函数的语法格式为:

x = lsqr(A,b):针对 x 对线性方程组 A * x=b 求解,否则将计算使得 norm(b−A * x) 为 x 的最小二乘解。m×n 系数矩阵 A 无须为方阵,但应为大型稀疏矩阵。列向量 b 必须具有长度 m。可以将 A 指定为函数句柄 afun,这样 afun(x,'notransp')将返回 A * x,afun(x,'transp')将返回 A' * x。

如果 lsqr 收敛,则会显示一条有关该结果的消息。如果 lsqr 无法在达到最大迭代次数后收敛或出于任何原因暂停,则会输出一条显示相对残差 norm(b−A * x)/norm(b)以及该方法停止或失败时所达到的迭代数的警告消息。

lsqr(A,b,tol):指定该方法的容差。如果 tol 为[],lsqr 使用默认值 1e−6。

lsqr(A,b,tol,maxit):指定最大迭代次数。

lsqr(A,b,tol,maxit,M)和 lsqr(A,b,tol,maxit,M1,M2):使用 n×n 预设子条件 M 或 M = M1 * M2,并高效求解关于 y 的方程组 A * inv(M) * y = b,其中 y = M * x。如果 M 为[],lsqr 不会应用预设子条件。M 可以是函数 mfun,这样 mfun(x,'notransp')返回 M\x, mfun(x,'transp') 返回 M'\x。

lsqr(A,b,tol,maxit,M1,M2,x0):指定 n×1 初始估计解。如果 x0 为[],lsqr 使用默认值(即全部为零的向量)。

[x,flag] = lsqr(A,b,tol,maxit,M1,M2,x0):也返回一个收敛标志,其取值及含义见表 1-1。

如果 flag 不为 0,返回的解 x 具有在所有迭代中最小的范数残差。如果指定 flag 输出,将不会显示任何消息。

[x,flag,relres] = lsqr(A,b,tol,maxit,M1,M2,x0):还返回相对残差 norm(b−A * x)/norm(b)的估计值。如果 flag 为 0,relres≤tol。

[x,flag,relres,iter] = lsqr(A,b,tol,maxit,M1,M2,x0):还返回计算 x 时所达到的迭代数,其中 0≤iter≤maxit。

[x,flag,relres,iter,resvec] = lsqr(A,b,tol,maxit,M1,M2,x0):还返回每次迭代中的残差范数估计值的向量(包括 norm(b−A * x0))。

[x,flag,relres,iter,resvec,lsvec] = lsqr(A,b,tol,maxit,M1,M2,x0):还返回每次迭代中的缩放标准方程残差的估计值向量:norm((A * inv(M))' * (B−A * X))/norm(A * inv(M),'fro')。

请注意,norm(A * inv(M),'fro') 的估计值在每次迭代中都会改变,可以进行改进。

【例 1-51】 本示例演示如何使用带有矩阵输入的 lsqr。

```
>> n = 100;
on = ones(n,1);
A = spdiags([-2 * on 4 * on - on], -1:1,n,n);
b = sum(A,2);
tol = 1e-8;
maxit = 15;
M1 = spdiags([on/(-2) on], -1:0,n,n);
M2 = spdiags([4 * on - on],0:1,n,n);
x = lsqr(A,b,tol,maxit,M1,M2);
```

运行程序,输出如下:

lsqr 在解的迭代 11 处收敛,并且相对残差为 3e-09。

51. symmlq 函数

在 MATLAB 中,提供了 symmlq 函数实现对称的 LQ 方法。函数的语法格式为:

x = symmlq(A,b):针对 x 对线性方程组 A * x=b 求解。n×n 系数矩阵 A 必须是对称的,但无须是正定的。此外,它还应是大型稀疏矩阵。列向量 b 必须具有长度 n。可以将 A 指定为函数句柄 afun,这样 afun(x) 将返回 A * x。

如果 symmlq 收敛,则会显示一条有关该结果的消息。如果 symmlq 无法在达到最大迭代次数后收敛或出于任何原因暂停,则会输出一条显示相对残差 norm(b-A * x)/norm(b) 以及该方法停止或失败时所达到的迭代数的警告消息。

symmlq(A,b,tol):指定该方法的容差。如果 tol 为[],symmlq 使用默认值 1e-6。

symmlq(A,b,tol,maxit):指定最大迭代次数。如果 maxit 为[],symmlq 使用默认值 min(n,20)。

symmlq(A,b,tol,maxit,M) 和 symmlq(A,b,tol,maxit,M1,M2):使用对称正定预设子条件 M 或 M = M1 * M2,并高效求解关于 y 的方程组 inv(sqrt(M)) * A * inv(sqrt(M)) * y = inv(sqrt(M)) * b,然后返回 x = in(sqrt(M)) * y。如果 M 为[],symmlq 不会应用预设子条件。M 可以是函数句柄 mfun,这样,mfun(x)返回 M\x。

symmlq(A,b,tol,maxit,M1,M2,x0):指定初始估计值。如果 x0 为[],symmlq 使用默认值(即全部为零的向量)。

[x,flag] = symmlq(A,b,…):也返回一个收敛标志,其取值见表 1-4。

表 1-4 flag 取值

取 值	描 述
0	symmlq 在 maxit 次迭代内收敛至所需容差 tol
1	symmlq 迭代 maxit 次,但未收敛
2	预设子条件 M 是病态的
3	symmlq 已停滞(两次连续迭代相同)
4	在执行 symmlq 时计算的某个标量太小或太大,以致无法继续计算
5	预设子条件 M 不是对称正定的

如果 flag 不为 0,返回的解 x 具有在所有迭代中最小的范数残差。如果指定 flag 输出,则不会显示消息。

[x,flag,relres] = symmlq(A,b,…):还返回相对残差 norm(b−A∗x)/norm(b)。如果 flag=0,则 relres≤tol。

[x,flag,relres,iter] = symmlq(A,b,…):还返回计算 x 时所达到的迭代数,其中 0≤iter≤maxit。

[x,flag,relres,iter,resvec] = symmlq(A,b,…):还返回每次迭代中的 symmlq 残差范数估计值的向量(包括 norm(b−A∗x0))。

[x,flag,relres,iter,resvec,resveccg] = symmlq(A,b,…):还返回每次迭代中的共轭梯度残差范数的估计值向量。

【例 1-52】 本示例演示如何使用带有矩阵输入的 symmlq。

```
>> n = 100;
on = ones(n,1);
A = spdiags([− 2 * on 4 * on − 2 * on], − 1:1,n,n);
b = sum(A,2);
tol = 1e − 10;
maxit = 50; M1 = spdiags(4 * on,0,n,n);
x = symmlq(A,b,tol,maxit,M1);
```

运行程序,输出如下:

```
symmlq converged at iteration 49 to a solution with relative
residual 4.3e − 015
symmlq 在解的迭代 49 处收敛,并且相对残差为 4.3e − 15。
```

52. gmres 函数

在 MATLAB 中,提供了 gmres 函数实现广义最小残差法。函数的语法格式为:

x = gmres(A,b):针对 x 对线性方程组 A∗x = b 求解。n×n 系数矩阵 A 必须是方阵,并且应为大型稀疏矩阵。列向量 b 的长度必须为 n。A 可以是函数句柄 afun,这样,afun(x) 返回 A∗x。对于此语法,gmres 不会重新启动;最大迭代次数为 min(n,10)。

如果 gmres 收敛,则会显示一条有关该结果的消息。如果 gmres 无法在达到最大迭代次数后收敛或出于任何原因暂停,则会输出一条显示相对残差 norm(b−A∗x)/norm(b) 以及该方法停止或失败时所达到的迭代数的警告消息。

gmres(A,b,restart):每 restart 次内迭代重新启动该方法一次。最大外迭代次数为 min(n/restart,10)。最大总迭代次数为 restart∗min(n/restart,10)。如果 restart 为 n 或[],则 gmres 不重新启动,最大总迭代次数为 min(n,10)。

gmres(A,b,restart,tol):指定该方法的容差。如果 tol 为[],gmres 使用默认值 1e−6。

gmres(A,b,restart,tol,maxit):指定最大外迭代次数,即,总迭代次数不超过 restart∗maxit。如果 maxit 为[],gmres 使用默认值 min(n/restart,10)。如果 restart 为 n 或[],则最大总迭代次数为 maxit(而非 restart∗maxit)。

gmres(A,b,restart,tol,maxit,M)和 gmres(A,b,restart,tol,maxit,M1,M2):使用预设子条件 M 或 M = M1∗M2,并高效求解关于 x 的方程组 inv(M)∗A∗x = inv(M)∗b。如果 M 为[],gmres 不会应用预设子条件。M 可以是函数句柄 mfun,这样,mfun(x) 返回 M\x。

gmres(A,b,restart,tol,maxit,M1,M2,x0)：指定第一个初始估计值。如果 x0 为 [ ]，gmres 使用默认值(即全部为零的向量)。

[x,flag] = gmres(A,b,…)：也返回一个收敛标志,其取值及含义见表 1-5。

如果 flag 不为 0,返回的解 x 具有在所有迭代中最小的范数残差。如果指定 flag 输出,则不会显示消息。

[x,flag,relres] = gmres(A,b,…)：还返回相对残差 norm(b−A * x)/norm(b)。如果 flag=0,则 relres≤tol。第三个输出 relres 是预调节方程组的相对残差。

表 1-5　flag 取值

取值	描　　　述
0	gmres 在 maxit 次迭代内收敛至所需容差 tol
1	gmres 迭代 maxit 次,但未收敛
2	预设子条件 M 是病态的
3	gmres 已停滞(两次连续迭代相同)

[x,flag,relres,iter] = gmres(A,b,…)：还返回计算 x 时所达到的外和内迭代数,其中 0≤iter(1)≤maxit 且 0≤iter(2)≤restart。

[x,flag,relres,iter,resvec] = gmres(A,b,…)：还返回每次内迭代中的残差范数的向量。这些是预调节方程组的残差范数。

【例 1-53】 此示例演示如何使用预设子条件并重新启动 gmres。

```
% 加载 west0479,它是一个非对称的 479×479 实稀疏矩阵
load west0479;
A = west0479;
% 定义 b 以使实际解是全为 1 的向量
b = full(sum(A,2));
% 构造一个不完全 LU 预设子条件
[L,U] = ilu(A,struct('type','ilutp','droptol',1e-6));
```

使用重新启动的 gmres 的好处是限制执行该方法所需的内存量。如果不重新启动,gmres 需要存储 maxit 向量来保存基本 Krylov 子空间。此外,gmres 必须在每一步与以前的所有向量正交。重新启动可限制使用的工作区间以及每次外迭代执行的工作量。请注意,即使预调节的 gmres 在以上 6 次迭代中收敛,该算法也允许多达 20 个基向量,因此应事先分配所有这些空间。

```
% 请执行 gmres(3)、gmres(4) 和 gmres(5)
tol = 1e-12;
maxit = 20;
re3 = 3;
[x3,fl3,rr3,it3,rv3] = gmres(A,b,re3,tol,maxit,L,U);
re4 = 4;
[x4,fl4,rr4,it4,rv4] = gmres(A,b,re4,tol,maxit,L,U);
re5 = 5;
[x5,fl5,rr5,it5,rv5] = gmres(A,b,re5,tol,maxit,L,U);
```

fl3、fl4 和 fl5 均为 0,因为在每种情况下重新启动的 gmres 使相对残差趋向小于 1e−12 的规定公差。

```
% 下列绘图显示了每个重新启动的 gmres 方法的收敛历史记录。gmres(3)收敛于外迭代 5、
% 内迭代 3 (it3 = [5, 3]),这将与外迭代 6、内迭代 0 相同,因此最终刻度线上的标记是 6
subplot(3,1,1);semilogy(1:1/3:6,rv3/norm(b),'-o');
h1 = gca;
h1.XTick = [1:1/3:6];
h1.XTickLabel = ['1';'';'';'2';'';'';'3';'';'';'4';'';'';'5';'';'';'6';];
title('gmres(3)')
```

```
xlabel('迭代次数');
ylabel('相对残差');
subplot(3,1,2);semilogy(1:1/4:3,rv4/norm(b),'-o');
h2 = gca;
h2.XTick = [1:1/4:3];
h2.XTickLabel = ['1';'';'';'';'2';'';'';'';'3'];
title('gmres(4)')
xlabel('迭代次数');
ylabel('相对残差');
subplot(3,1,3);semilogy(1:1/5:2.8,rv5/norm(b),'-o');
h3 = gca;
h3.XTick = [1:1/5:2.8];
h3.XTickLabel = ['1';'';'';'';'';'2';'';'';'';''];
title('gmres(5)')
xlabel('迭代次数');
ylabel('相对残差');
```

运行程序,效果如图 1-21 所示。

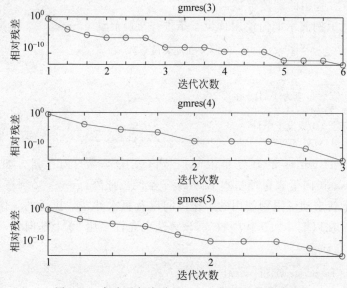

图 1-21　每个重新启动的 gmres 方法的收敛曲线

第2章 数据可视化函数

1. plot 函数

在 MATLAB 中,提供了 plot 函数用于绘制二维数据图。该函数可以带有不同数目的参数。最简单的形式就是将数据传递给 plot,但是线条的类型和颜色可以通过使用字符串来指定,这里用 str 表示。线型的默认类型是实线型。plot 函数的一般语法格式为:

plot(X, Y):创建 Y 中数据对应 X 中数据的二维线图。

- 如果 X 和 Y 都是向量,则它们的长度必须相同。plot 函数绘制 Y 对 X 的图。
- 如果 X 和 Y 均为矩阵,则它们的大小必须相同。plot 函数绘制 Y 的列对 X 的列的图。
- 如果 X 或 Y 中的一个是向量而另一个是矩阵,则矩阵的各维中必须有一维与向量的长度相等。如果矩阵的行数等于向量长度,则 plot 函数绘制矩阵中的每一列对向量的图。如果矩阵的列数等于向量长度,则该函数绘制矩阵中的每一行对向量的图。如果矩阵为方阵,则该函数绘制每一列对向量的图。
- 如果 X 或 Y 之一为标量,而另一个为标量或向量,则 plot 函数会绘制离散点。但是,要查看这些点,必须指定标记符号,如 plot(X, Y, 'o')。

plot(X, Y, LineSpec):设置线型、标记符号和颜色,指定为包含符号的字符向量或字符串。符号可以按任意顺序显示。不需要同时指定所有三个特征(线型、标记和颜色)。表 2-1～表 2-3 列出了线型、标记符号和颜色。

表 2-1　线型

线　型	说　明	线　型	说　明
-	实线(默认)	..	点线
--	虚线	-.	点画线

表 2-2　标记符号

标记符号	说　明	标记符号	说　明
o	圆圈	d	菱形
+	加号	^	上三角
*	星号	v	下三角

续表

标 记 符 号	说 明	标 记 符 号	说 明
.	点	>	右三角
x	叉号	<	左三角
s	方形	p	五角形
h	六角形		

表 2-3 颜色

颜 色	说 明	颜 色	说 明
y	黄色	g	绿色
m	品红色	b	蓝色
c	青蓝色	w	白色
r	红色	k	黑色

plot(X1,Y1,…,Xn,Yn)：绘制多个 X、Y 对组的图，所有线条都使用相同的坐标区。

plot(X1,Y1,LineSpec1,…,Xn,Yn,LineSpecn)：设置每个线条的线型、标记符号和颜色。可以混用 X、Y、LineSpec 三元组和 X、Y 对组，如 plot(X1,Y1,X2,Y2,LineSpec2,X3,Y3)。

plot(Y)：创建 Y 中数据对每个值索引的二维线图。

- 如果 Y 是向量，x 轴的刻度范围是从 1 至 length(Y)。
- 如果 Y 是矩阵，则 plot 函数绘制 Y 中各列对其行号的图。x 轴的刻度范围是从 1 到 Y 的行数。
- 如果 Y 是复数，则 plot 函数绘制 Y 的虚部对 Y 的实部的图，使得 plot(Y) 等效于 plot(real(Y),imag(Y))。

plot(Y,LineSpec)：设置线型、标记符号和颜色。

plot(____,Name,Value)：使用一个或多个 Name-Value 对组参数指定线条属性。可以将此选项与前面语法中的任何输入参数组合一起使用。名称-值对组设置将应用于绘制的所有线条。

plot(ax,____)：将在由 ax 指定的坐标区中，而不是在当前坐标区(gca)中创建线条。选项 ax 可以位于前面的语法中的任何输入参数组合之前。

h = plot(____)：返回由图形线条对象组成的列向量。在创建特定的图形线条后，可以使用 h 修改其属性。

彩色图片
（图 2-1 和
图 2-2）

【例 2-1】 绘制三条正弦曲线，每条曲线之间存在较小的相移。第一条正弦曲线使用绿色实线条，不带标记；第二条正弦曲线使用蓝色虚线，带圆形标记；第三条正弦曲线只使用青蓝色星号标记。

```
>> clear all
x = 0:pi/10:2 * pi;
y1 = sin(x);
y2 = sin(x - 0.25);
y3 = sin(x - 0.5);
figure
plot(x,y1,'g',x,y2,'b-- o',x,y3,'c * ')
```

运行程序，效果如图 2-1 所示。

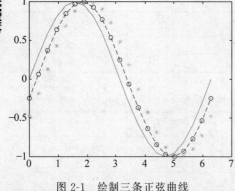

图 2-1 绘制三条正弦曲线

此外,在 MATLAB 中,还提供了相关函数用于为图形添加标注,如添加标题 title、添加 x 轴坐标 xlabel、添加 y 轴坐标 ylabel、添加图例说明 legend、为图形添加文字说明 text 函数等,下面通过一个实例来演示各函数的用法。

【例 2-2】　图窗内文字说明综合实例。

```
x = 0:0.01 * pi:pi * 0.5;
y = cos(x) + sqrt( - 1) * sin(x);
plot(y * 2,'r','LineWidth',5);
hold on;
x = pi * 0.5:0.01 * pi:pi;
y = cos(x) + sqrt( - 1) * sin(x);
plot(y * 2,'y','LineWidth',5);
hold on;
x = - pi:0.01 * pi: - pi * 0.5;
y = cos(x) + sqrt( - 1) * sin(x);
plot(y * 2,'b','LineWidth',5);
hold on;    % 图形添加
x = - pi * 0.5:0.01 * pi:0;
y = cos(x) + sqrt( - 1) * sin(x);
plot(y * 2,'g','LineWidth',5);
hold on;
title('极坐标系')    % 添加标题
text([1.5, - 3,1.5, - 3],[2,2, - 2, - 2],{'第一象限','第二象限','第三象限','第四象限'})
legend({'第一象限[0 0.5\pi]','第二象限[0.5\pi,\pi]','第三象限[\pi,1.5\pi]','第四象限[1.5\pi,
2\pi]'})
xlim([ - 5 5]);
ylim([ - 5,5]);
plot([ - 4,4],[0,0],'k','LineWidth',3);
hold on;
plot([0 0],[ - 4 4],'k','LineWidth',3);
hold on;
axis off
```

运行程序,效果如图 2-2 所示。

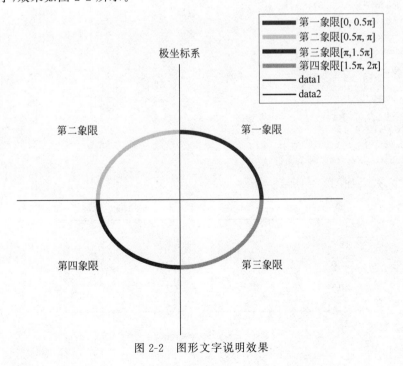

图 2-2　图形文字说明效果

2. subplot 函数

MATLAB 允许用户在同一个图形窗中同时绘制多幅相互独立的子图,这需要应用到 subplot 函数。函数的语法格式为:

subplot(m,n,p):将当前图窗划分为 m×n 网格,并在 p 指定的位置创建坐标区。MATLAB 按行号对子图位置进行编号。第一个子图是第一行的第一列,第二个子图是第一行的第二列,以此类推。如果指定的位置已存在坐标区,则此命令会将该坐标区设为当前坐标区。

subplot(m,n,p,'replace'):删除位置 p 处的现有坐标区并创建新坐标区。

subplot(m,n,p,'align'):创建新坐标区,以便对齐图框。此选项为默认行为。

subplot(m,n,p,ax):将现有坐标区 ax 转换为同一图窗中的子图。

subplot('Position',pos):在 pos 指定的自定义位置创建坐标区。使用此选项可定位未与网格位置对齐的子图。指定 pos 作为[left bottom width height]形式的四元素向量。如果新坐标区与现有坐标区重叠,新坐标区将替换现有坐标区。

subplot(____,Name,Value):使用一个或多个名称-值对组参数修改坐标区属性。在所有其他输入参数之后设置坐标区属性。

ax = subplot(____):创建一个 Axes 对象、PolarAxes 对象或 GeographicAxes 对象。以后可以使用 ax 修改坐标区。

subplot(ax):将 ax 指定的坐标区设为父图窗的当前坐标区。如果父图窗尚不是当前图窗,此选项不会使父图窗成为当前图窗。

【例 2-3】 创建一个包含三个子图的图窗。在图窗的上半部分创建两个子图,在图窗的下半部分创建第三个子图,并在每个子图上添加标题。

```matlab
subplot(2,2,1);
x = linspace( - 3.8,3.8);
y_cos = cos(x);
plot(x,y_cos);
title('Subplot 1: 余弦')
subplot(2,2,2);
y_poly = 1 - x.^2./2 + x.^4./24;
plot(x,y_poly,'g');
title('Subplot 2: 多项式')
subplot(2,2,[3,4]);
plot(x,y_cos,'b',x,y_poly,'g');
title('Subplot 3 and 4: 两个图形')
```

运行程序,效果如图 2-3 所示。

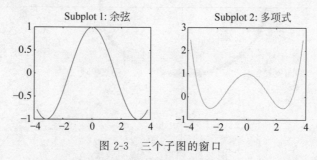

图 2-3 三个子图的窗口

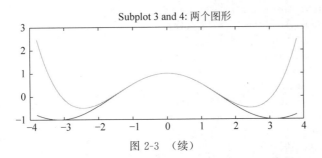

图 2-3 （续）

3. plotyy 函数

在实际应用中,常常需要把同一自变量的两个不同量纲、不同量级的函数量的变化同时绘制在同一个图窗中,例如在同一张图中同时展示空间一点上的电磁波的幅度和相位随时间的变化;不同时间内的降雨量和温湿度的变化;放大器的输入\输出计算机的变化曲线等。MATLAB 中,提供了 plotyy 函数实现上述功能。函数的语法格式为:

plotyy(X1,Y1,X2,Y2):绘制 Y1 对 X1 的图,在左侧显示 y 轴标签,并同时绘制 Y2 对 X2 的图,在右侧显示 y 轴标签。

plotyy(X1,Y1,X2,Y2,function):使用指定的绘图函数生成图形。

function 可以是指定 plot、semilogx、semilogy、loglog、stem 的函数句柄或字符向量,或者是能接收以下语法的任意 MATLAB 函数:

```
h = function(x,y)
```

例如,

```
plotyy(x1,y1,x2,y2,@loglog) % function handle
plotyy(x1,y1,x2,y2,'loglog') % character vector
```

函数句柄能够用于访问用户定义的局部函数,并能提供其他优势。

plotyy(X1,Y1,X2,Y2,'function1','function2'):使用 function1(X1,Y1)绘制左轴的数据,使用 function2(X2,Y2)绘制右轴的数据。

plotyy(AX1,____):使用第一组数据的 AX1 指定的坐标区(而不是使用当前坐标区)绘制数据。将 AX1 指定为单个坐标区对象或由以前调用 plotyy 所返回的两个坐标区对象的向量。如果指定向量,则 plotyy 使用向量中的第一个坐标区对象。可以将此选项与前面语法中的任何输入参数组合一起使用。

[AX,H1,H2] = plotyy(____):返回 AX 中创建的两个坐标区的句柄,以及 H1 和 H2 中每个绘图的图形对象的句柄。AX(1)是左边的坐标区,AX(2)是右边的坐标区。

【例 2-4】 制作一个双坐标系用来表现高压和低温两个不同量的过渡过程。

```
tp = (0:100)/100 * 5;yp = 8 + 4 * (1 - exp( - 0.8 * tp). * cos(3 * tp));    % 压力数据
tt = (0:500)/500 * 40;yt = 120 + 40 * (1 - exp( - 0.05 * tt). * cos(tt)); % 温度数据
% 产生双坐标系图形
clf reset,h_ap = axes('Position',[0.13,0.13,0.7,0.75]);
set(h_ap,'Xcolor','b','Ycolor','b','Xlim',[0,5],'Ylim',[0,15]);
nx = 10;ny = 6;
pxtick = 0:((5 - 0)/nx):5;pytick = 0:((15 - 0)/ny):15;
set(h_ap,'Xtick',pxtick,'Ytick',pytick,'Xgrid','on','Ygrid','on')
```

```
h_linet = line(tp, yp, 'Color', 'b');
set(get(h_ap, 'Xlabel'), 'String', '时间 /(分) ')
set(get(h_ap, 'Ylabel'), 'String', '压力 /(/times10 ^{5} Pa )')
h_at = axes('Position', get(h_ap, 'Position'));
set(h_at, 'Color', 'none', 'Xcolor', 'r', 'Ycolor', 'r');
set(h_at, 'Xaxislocation', 'top')
set(h_at, 'Yaxislocation', 'right', 'Ydir', 'rev')
set(get(h_at, 'Xlabel'), 'String', '时间→(分) ')
set(get(h_at, 'Ylabel'), 'String', '( {/circ}C )/零下温度 ')
set(h_at, 'Ylim', [0, 210])
line(tt, yt, 'Color', 'r', 'Parent', h_at)
xpm = get(h_at, 'Xlim');
txtick = xpm(1):((xpm(2) − xpm(1))/nx):xpm(2);
tytick = 0:((210 − 0)/ny):210;
set(h_at, 'Xtick', txtick, 'Ytick', tytick)
```

运行程序,效果如图 2-4 所示。

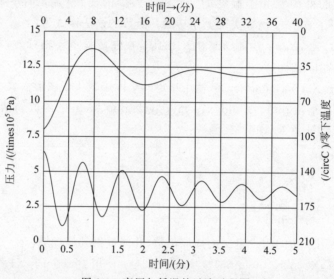

图 2-4　高压与低温的过渡过程图

4. fplot 函数

之前应用到的 plot 函数均是将用户指定的或是计算而得到的数据转换为图形。而在实际应用中,函数随着自变量的变化趋势是未知的,此时在 plot 命令下,如果自变量的离散间隔不合理,则无法显示出函数的变化趋势。

fplot 函数可以很好地解决以上问题,该函数通过 MATLAB 平台内部设置的自适应算法来动态决定自变量的离散间隔,当函数值变化缓慢时,离散间隔取大一些;当函数值变化剧烈时,离散间隔取小一些。fplot 函数的语法格式为:

fplot(f):在默认区间[−5　5](对于 x)绘制由函数 $y = f(x)$ 定义的曲线。

fplot(f, xinterval):指定绘图区间 xinterval,将区间指定为[xmin xmax]形式的二元素向量。

fplot(funx, funy):在默认区间[−5　5](对于 t)绘制由 $x = funx(t)$ 和 $y = funy(t)$ 定义

的曲线。

$fplot(funx, funy, tinterval)$：指定绘图区间 xinterval，将区间指定为 $[tmin, tmax]$ 形式的二元素向量。

$fplot(\underline{\quad}, LineSpec)$：指定线型、标记符号和线条颜色。例如，'$-r$' 绘制一个红色线条。在前面语法中的任何输入参数组合后使用此选项。

$fplot(\underline{\quad}, Name, Value)$：使用一个或多个名称-值对组参数指定线条属性。例如，'LineWidth', 2 指定 2 磅的线宽。

$fplot(ax, \underline{\quad})$：将图形绘制到 ax 指定的坐标区中，而不是当前坐标区（gca）中。指定坐标区作为第一个输入参数。

$fp = fplot(\underline{\quad})$：返回 FunctionLine 对象或 ParameterizedFunctionLine 对象，具体情况取决于输入。使用 fp 查询和修改特定线条的属性。

$[x, y] = fplot(\underline{\quad})$：返回函数的纵坐标和横坐标，而不创建绘图。在以后的版本中将会删除该语法。请改用线条对象 fp 的 XData 和 YData 属性。

注意：fplot 不再支持用于指定误差容限或计算点数量的输入参数。要指定计算点数，请使用 MeshDensity 属性。

【例 2-5】 已知分段函数 $\begin{cases} e^x & -3 < x < 0 \\ \cos(x) & 0 < x < 3 \end{cases}$，使用 hold on 绘制多个线条。

使用 fplot 的第二个输入参数指定绘图区间。使用 'b' 将绘制的线条颜色指定为蓝色。在相同坐标区中绘制多个线条时，坐标轴范围会调整以容纳所有数据。

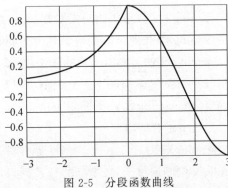

彩色图片
（图 2-5 和
图 2-6）

```
fplot(@(x) exp(x),[-3 0],'b')
hold on
fplot(@(x) cos(x),[0 3],'b')
hold off
grid on
```

图 2-5　分段函数曲线

运行程序，效果如图 2-5 所示。

5．ezplot 函数

ezplot 函数用于绘制函数在某一自变量区域的图形。与 fplot 函数相同的是，ezplot 函数中也需要对自变量的范围进行规定。函数的语法格式为：

$ezplot(fun)$：绘制表达式 fun(x) 在默认定义域 $-2\pi < x < 2\pi$ 上的图形，其 fun(x) 仅是 x 的显函数。

fun 可以是函数句柄、字符向量或字符串。

$ezplot(fun, [xmin, xmax])$：绘制 fun(x) 在以下域上的图形：$xmin < x < xmax$。

$ezplot(fun2)$：在认域 $-2\pi < x < 2\pi$ 和 $-2\pi < y < 2\pi$ 中绘制 $fun2(x, y) = 0$。

$ezplot(fun2, [xymin, xymax])$：在 $xymin < x < xyma$ 和 $xymin < y < xymax$ 域中绘制 $fun2(x, y) = 0$。

$ezplot(fun2, [xmin, xmax, ymin, ymax])$：在 $xmin < x < xmax$ 和 $ymin < y < ymax$ 域中绘制 $fun2(x, y) = 0$。

ezplot(funx,funy)：绘制以参数定义的平面曲线 funx(t) 和 funy(t) 在默认域 $0 < t < 2\pi$ 上的图形。

ezplot(funx,funy,[tmin,tmax])：绘制 funx(t) 和 funy(t) 在 tmin < t < tmax 上的图形。

ezplot(…,fig)：将图窗绘制到由 fig 标识的图窗窗口中。使用包含一个域的上述语法中的任意输入参数组合。域选项是[xmin xmax]、[xymin xymax]、[xmin xmax ymin ymax] 和 [tmin tmax]。

ezplot(ax,…)：将图形绘制到坐标区 ax 中，而不是当前坐标区(gca)中。

h ＝ ezplot(…)：返回图形线条或等高线对象。

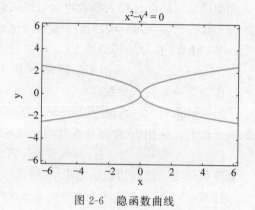

图 2-6　隐函数曲线

【例 2-6】　在域$[-2\pi, 2\pi]$中绘制隐式定义的函数 $x^2 - x^4 = 0$。

```
>> ezplot('x^2 - y^4')
```

运行程序，效果如图 2-6 所示。

6. semilogx 函数

semilogx 函数用于绘制半对数图，函数的语法格式：

semilogx：按照 x 轴的对数刻度绘制数据。

semilogx(Y)：使用 x 轴的以 10 为基数的对数刻度和 y 轴的线性刻度创建一个绘图。它绘制 Y 的列对其索引的图。Y 的值可以是数值、日期时间、持续时间或分类值。如果 Y 包含复数值，则 semilogx(Y) 等同于 semilogx(real(Y),imag(Y))。semilogx 函数在此函数的其他所有用法中将忽略虚部。

semilogx(X1,Y1,…)：绘制所有 Yn 与 Xn 对组。如果只有 Xn 或 Yn 之一为矩阵，semilogx 绘制向量变量、矩阵的行及列，以及长度与向量长度一致的矩阵的维度。如果矩阵是方阵，当矩阵长度与向量长度一致时，将绘制矩阵的列对该向量的图。Yn 的值可以是数值、日期时间、持续时间或分类值。Xn 中的值必须为数值。

semilogx(X1,Y1,LineSpec,…)：绘制由 Xn,Yn,LineSpec 三重线定义的所有线条。LineSpec 确定线型、标记符号及绘制的线条的颜色。

semilogx(…,'PropertyName',PropertyValue,…)：为 semilogx 创建的所有制图线条设置属性值。

semilogx(ax,…)：将在由 ax 指定的坐标区中，而不是在当前坐标区(gca)中创建线条。选项 ax 可以位于前面的语法中的任何输入参数组合之前。

h ＝ semilogx(…)：返回由图形线条对象组成的向量。

【例 2-7】　semilogx 函数与 plot 函数对比。

```
>> x = 0:.1:10;
y = 2 * x + 3;
subplot(211);
plot(x,y);
```

```
grid on
subplot(212);
semilogx(x,y);grid on
```

运行程序,效果如图 2-7 所示。

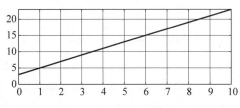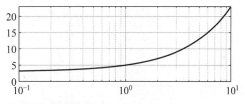

图 2-7　semilogx 与 plot 函数对比效果

7. semilogy 函数

semilogy 函数使用的语法格式与 semilogx 相同,绘制图形时,y 轴采用对数坐标。如果没有指定使用的颜色,当所画线条较多时,semilogy 将自动使用由当前的 ColorOrder 和 LineStyleOrder 属性所指定的颜色顺序和线型顺序来绘制线条。

8. loglog 函数

loglog 函数使用的语法格式与 semilogx 相同,绘制图形时,x 轴与 y 轴均采用对数坐标。

【例 2-8】　使用 x 轴和 y 轴的对数刻度创建绘图。使用带正方形标记的线条,并显示网格。

```
x = logspace( - 1,2);
y = exp(x);
loglog(x,y,' - s')
grid on
```

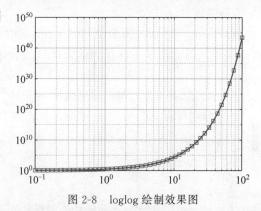

图 2-8　loglog 绘制效果图

运行程序,效果如图 2-8 所示。

9. bar 函数

bar 函数用于绘制二维直条形图,用垂直条形显示向量或矩阵中的值。函数的语法格式为:

bar(y):创建一个条形图,y 中的每个元素对应一个条形。如果 y 是 m×n 矩阵,则 bar 创建每组包含 n 个条形的 m 个组。

bar(x,y):在 x 指定的位置绘制条形。

bar(____,width):设置条形的相对宽度以控制组中各个条形的间隔。将 width 指定为标量值。可以将此选项与前面语法中的任何输入参数组合一起使用。

bar(____,style):指定条形组的样式。其取值见表 2-4。

bar(____,color):设置所有条形的颜色,其取值见表 2-5。

表 2-4   style 的取值

样 式	结 果
'grouped'	将每组显示以对应的 x 值为中心的相邻条形
'stacked'	将每组显示为一个多色条形。条形的长度是组中各元素之和。如果 y 是向量,则结果与 'grouped' 相同
'histc'	以直方图格式显示条形,同一组中的条形紧挨在一起。每组的尾部边缘与对应的 x 值对齐
'hist'	以直方图格式显示条形。每组以对应的 x 值为中心

表 2-5   color 的取值

取 值	对 应 颜 色	取 值	对 应 颜 色
'b'	蓝色	'm'	品红色
'r'	红色	'y'	黄色
'g'	绿色	'k'	黑色
'c'	青蓝色	'w'	白色

bar(____,Name,Value):使用一个或多个名称-值对组参数指定条形图的属性。仅使用默认'grouped'或'stacked'样式的条形图支持设置条形属性。在所有其他输入参数之后指定名称-值对组参数。

bar(ax,____):将图形绘制到 ax 指定的坐标区中,而不是当前坐标区(gca)中。选项 ax 可以位于前面的语法中的任何输入参数组合之前。

b = bar(____):返回一个或多个 Bar 对象。如果 y 是向量,则 bar 将创建一个 Bar 对象。如果 y 是矩阵,则 bar 为每个序列返回一个 Bar 对象。显示条形图后,使用 b 设置条形的属性。

【例 2-9】   将 vals 定义为一个包含两个数据集的值的矩阵。在条形图中显示值,并指定输出参数。由于有两个数据集,bar 返回包含两个 Bar 对象的向量。

```
>> x = [1 2 3];
vals = [2 3 6; 11 23 26];
b = bar(x,vals);
% 在第一个条形序列的末端显示值,通过获取第一
% 个 Bar 对象的 XEndPoints 和 YEndPoints 属性,获
% 取条形末端的坐标,将这些坐标传递给 text 函数,
% 并指定垂直和水平对齐方式,让值显示在条形末端
% 上方居中处
xtips2 = b(2).XEndPoints;
ytips2 = b(2).YEndPoints;
labels2 = string(b(2).YData);
text(xtips2,ytips2,labels2,'HorizontalAlignment',
'center','VerticalAlignment','bottom')
```

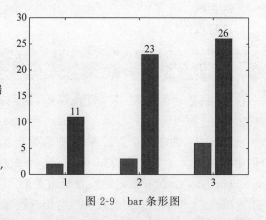

图 2-9   bar 条形图

运行程序,效果如图 2-9 所示。

10. pie 函数

pie 函数用于绘制饼形图。函数的语法格式为:

pie(X):使用 X 中的数据绘制饼图,饼图的每个扇区代表 X 中的一个元素。

- 如果 sum(X)≤1,X 中的值直接指定饼图扇区的面积。如果 sum(X)<1,pie 仅绘制部分饼图。
- 如果 sum(X)>1,则 pie 通过 X/sum(X)对值进行归一化,以确定饼图的每个扇区的面积。
- 如果 X 为 categorical 数据类型,则扇区对应于类别。每个扇区的面积是类别中的元素数除以 X 中的元素数的结果。

pie(X,explode):explode 为偏移扇区,指定为数值向量、矩阵、字符向量元胞数组或字符串数组。

- 如果 X 为数值,则 explode 必须是逻辑向量或数值向量,或由对应于 X 的零或非零值组成的矩阵。一个真(非零)值从饼图中心将相应的扇区偏移一定位置,这样如果 explode(i,j)是非零值,则 X(i,j)将从中心偏移。explode 和 X 的大小必须相同。
- 如果 X 是分类数组,则 explode 可以是由类别名称组成的字符向量元胞数组或字符串数组。pie 将与 explode 中的类别对应的扇区偏移一定的位置。
- 如果 X 是分类数组,explode 也可以是逻辑向量或数值向量,其中包含与 X 中的每个类别对应的元素。pie 函数按类别顺序将对应于 true(非零)的扇区偏移一定的位置。

pie(X,labels):指定扇区的文本标签。X 必须是数值数据类型。标签数必须等于 X 中的元素数。

pie(X,explode,labels):偏移扇区并指定文本标签。X 可以是数值或分类数据类型。对于数值数据类型的 X,标签数必须等于 X 中的元素数。对于分类数据类型的 X,标签数必须等于分类数。

pie(ax,____):将图形绘制到 ax 指定的坐标区中,而不是当前坐标区(gca)中。选项 ax 可以位于前面的语法中的任何输入参数组合之前。

p = pie(____):返回一个由补片和文本图形对象组成的向量。该输入可以是先前语法中的任意输入参数组合。

【例 2-10】　创建包含两年财务数据的向量 y2010 和 y2011。然后创建一个包含值标签的元胞数组。

```
y2010 = [50 0 100 95];
y2011 = [65 22 97 121];
labels = {'投资','现金','运营','销售'};
% 创建一个 2×1 分块图布局,并在第一个图块中显示 y2010 数据的饼图和图例
% 然后在第二个图块中显示 y2011 数据的饼图和图例
t = tiledlayout(2,1);
ax1 = nexttile;
pie(ax1,y2010)
legend(labels)
title('2010 年')
ax2 = nexttile;
pie(ax2,y2011)
legend(labels)
title('2011 年')
```

运行程序,效果如图 2-10 所示。

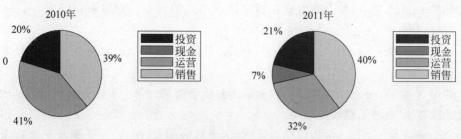

图 2-10　两个财务报表图

11. histogram 函数

直方图属于数值数据的条形图类型，将数据分组为 bin。创建 Histogram 对象后，可以通过更改直方图的属性值修改它的各个方面。这对快速修改 bin 属性或更改显示特别有用。在 MATLAB 中，提供了 histogram 创建直方图，函数的语法格式为：

histogram(X)：基于 X 创建直方图。histogram 函数使用自动 bin 划分算法，然后返回均匀宽度的 bin，这些 bin 可涵盖 X 中的元素范围并显示分布的基本形状。histogram 将 bin 显示为矩形，这样每个矩形的高度就表示 bin 中的元素数量。

histogram(X,nbins)：使用标量 nbins 指定的 bin 数量。

histogram(X,edges)：将 X 划分到由向量 edges 来指定 bin 边界的 bin 内。每个 bin 都包含左边界，但不包含右边界，除了同时包含两个边界的最后一个 bin 外。

histogram('BinEdges',edges,'BinCounts',counts)：手动指定 bin 边界和关联的 bin 计数。histogram 绘制指定的 bin 计数，而不执行任何数据的 bin 划分。

histogram(C)：（其中 C 为分类数组）通过为 C 中的每个类别绘制一个条形来绘制直方图。

histogram(C,Categories)：仅绘制 Categories 指定的类别的子集。

histogram('Categories',Categories,'BinCounts',counts)：手动指定类别和关联的 bin 计数。histogram 绘制指定的 bin 计数，而不执行任何数据的 bin 划分。

histogram(____,Name,Value)：使用前面的任何语法指定具有一个或多个名称-值对组参数的其他选项。例如，可以指定 'BinWidth' 和一个标量以调整 bin 的宽度，或指定 'Normalization' 和一个有效选项（'count'、'probability'、'countdensity'、'pdf'、'cumcount' 或 'cdf'）以使用不同类型的归一化。

histogram(ax,____)：将图形绘制到 ax 指定的坐标区中，而不是当前坐标区（gca）中。选项 ax 可以位于前面的语法中的任何输入参数组合之前。

h = histogram(____)：返回 Histogram 对象。使用此语法可检查并调整直方图的属性。

【例 2-11】 绘制分类直方图。

```
>> % 创建一个表示投票的分类向量，该向量中的类别是 'yes'、'no' 或 'undecided'
>> A = [0 0 1 1 1 0 0 0 0 NaN NaN 1 0 0 0 1 0 1 0 1 0 0 0 1 1 1 1];
C = categorical(A,[1 0 NaN],{'yes','no','undecided'})
C =
  1×27 categorical 数组
列 1 至 17
    no  no  yes  yes  yes  no  no  no  no  undecided  undecided  yes  no  no  no  yes  no
```

列 18 至 27

yes no yes no no no yes yes yes yes
>> % 使用相对条形宽度 0.5 绘制投票的分类直方图
>> h = histogram(C,'BarWidth',0.5)
　　　　　　　　　　　　　% 效果如图 2-11 所示
h =
　Histogram – 属性:
　　　　　　　　　　Data: [1 × 27 categorical]
　　　　　　　　Values: [11 14 2]
　　NumDisplayBins: 3
　　　　Categories: {'yes'　'no'　'undecided'}
　　　DisplayOrder: 'data'
　　Normalization: 'count'
　　　DisplayStyle: 'bar'
　　　　FaceColor: 'auto'
　　　　EdgeColor: [0 0 0]
显示所有属性

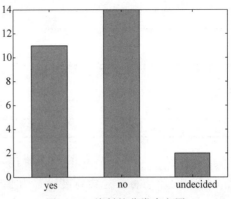

图 2-11　绘制的分类直方图

12. scatter 函数

在 MATLAB 中,提供了 scatter 函数用于绘制散点图。函数的语法格式为:

scatter(x,y):在向量 x 和 y 指定的位置创建一个包含圆形的散点图。该类型的图形也称为气泡图。

scatter(x,y,sz):指定圆大小。要绘制大小相等的圆圈,请将 sz 指定为标量。要绘制大小不等的圆,请将 sz 指定为长度等于 x 和 y 的长度的向量。

scatter(x,y,sz,c):指定圆颜色。要以相同的颜色绘制所有圆圈,请将 c 指定为颜色名称或 RGB 三元组。要使用不同的颜色,请将 c 指定为向量或由 RGB 三元组组成的三列矩阵,c 的取值见表 2-6。

表 2-6　标记颜色

选　　项	说　　明	对应的 RGB 三元组
'red'或'r'	红色	[1 0 0]
'green'或'g'	绿色	[0 1 0]
'blue'或'b'	蓝色	[0 0 1]
'yellow'或'y'	黄色	[1 1 0]
'magenta'或'm'	品红色	[1 0 1]
'cyan'或'c'	青蓝色	[0 1 1]
'white'或'w'	白色	[1 1 1]
'black'或'k'	黑色	[0 0 0]

scatter(____,'filled'):用于填充标记内部的选项,指定为 'filled'。此选项和具有一个面的标记(如'o' 或 'square')一起使用。没有面而只有边的标记无法填充,如 '+'、'*'、'.'和'x'。

'filled'选项将 Scatter 对象的 MarkerFaceColor 属性设置为'flat',并将 MarkerEdgeColor 属性设置为'none',这样便可只填充标记的面,而不绘制边。

scatter(____,mkr):指定标记类型,指定为表 2-7 中列出的值之一。

表 2-7 标记类型

值	说 明	值	说 明
'o'	圆圈	'^'	上三角
'+'	加号	'v'	下三角
'*'	星号	'>'	右三角
'.'	点	'<'	左三角
'x'	叉号	'pentagram'或'p'	五角星（五角形）
'square'或's'	方形	'hexagram'或'h'	六角星（六角形）
'diamond'或'd'	菱形	'none'	无标记

scatter(____,Name,Value)：使用一个或多个名称-值对组参数修改散点图。例如，
'LineWidth',2 将标记轮廓宽度设置为 2 磅。

scatter(ax,____)：将在 ax 指定的坐标区中，而不是在当前坐标区中绘制图形。选项 ax
可以位于前面的语法中的任何输入参数组合之前。

s = scatter(____)：返回 Scatter 对象。在创建散点图后，以后可使用 s 对其进行修改。

【例 2-12】 创建一个散点图并改变圆圈的颜色。

```
>> x = linspace(0,3 * pi,200);
y = cos(x) + rand(1,200);
c = linspace(1,10,length(x));
scatter(x,y,[],c)
```

运行程序，效果如图 2-12 所示。

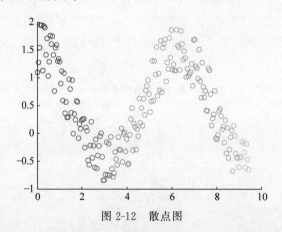

图 2-12 散点图

13. plot3 函数

在已经学习的 plot 函数基础上，在三维图形指令中，plot3 指令十分易于理解，其语法格
式与 plot 函数类似，格式为：

plot3(X,Y,Z)：绘制三维空间中的坐标。

- 要绘制由线段连接的一组坐标，请将 X、Y、Z 指定为相同长度的向量。
- 要在同一组坐标轴上绘制多组坐标，请将 X、Y 或 Z 中的至少一个指定为矩阵，其他指
  定为向量。

plot3(X,Y,Z,LineSpec)：使用指定的线型、标记和颜色创建绘图。

plot3(X1,Y1,Z1,…,Xn,Yn,Zn)：在同一组坐标轴上绘制多组坐标。使用此语法作为将多组坐标指定为矩阵的替代方法。

plot3(X1,Y1,Z1,LineSpec1,…,Xn,Yn,Zn,LineSpecn)：可为每个 XYZ 三元组指定特定的线型、标记和颜色。可以对某些三元组指定 LineSpec，而对其他三元组省略它。例如，plot3(X1,Y1,Z1,'o',X2,Y2,Z2) 对第一个三元组指定标记，但没有对第二个三元组指定标记。

plot3(____,Name,Value)：使用一个或多个名称-值对组参数指定 Line 属性。在所有其他输入参数后指定属性。

plot3(ax,____)：在目标坐标区上显示绘图。将坐标区指定为上述任一语法中的第一个参数。

p = plot3(____)：返回一个 Line 对象或 Line 对象数组。创建绘图后，使用 p 修改该绘图的属性。

【例 2-13】 利用 plot3 绘图，并指定等间距刻度单位和轴标签。

```
% 创建向量 xt、yt 和 zt
t = 0:pi/500:40 * pi;
xt = (3 + cos(sqrt(32) * t)). * cos(t);
yt = sin(sqrt(32) * t);
zt = (3 + cos(sqrt(32) * t)). * sin(t);
% 绘制数据，并使用 axis equal 命令沿每个轴等间距隔开
% 刻度单位，然后为每个轴指定标签
plot3(xt,yt,zt)
axis equal
xlabel('x(t)')
ylabel('y(t)')
zlabel('z(t)')
```

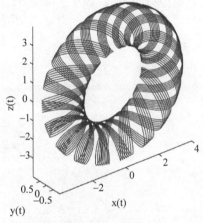

图 2-13 plot3 绘图效果

运行程序，效果如图 2-13 所示。

14. mesh 函数

mesh 函数用于绘制网格图。函数的语法格式为：

mesh(X,Y,Z)：创建一个网格图，该网格图为三维网格图。该函数将矩阵 Z 中的值绘制为由 X 和 Y 定义的 x-y 平面中的网格上方的高度。边颜色因 Z 指定的高度而异。

mesh(Z)：创建一个网格图，并将 Z 中元素的列索引和行索引用作 x 坐标和 y 坐标。

mesh(Z,C)：指定为颜色图索引的 m×n 矩阵或 RGB 三元组的 m×n×3 数组，Z 的大小为 m×n。

- 要使用颜色图颜色，应将 C 指定为矩阵。对于网格曲面上的每个网格点，C 指示颜色图中的一种颜色。曲面对象的 CDataMapping 属性控制 C 中的值如何对应颜色图中的颜色。
- 要使用真彩色，应将 C 指定为 RGB 三元组数组。

mesh(____,C)：进一步指定边的颜色。

mesh(ax,____)：将图形绘制到 ax 指定的坐标区中，而不是当前坐标区中。指定坐标区作为第一个输入参数。

mesh(____,Name,Value)：使用一个或多个名称-值对组参数指定网格图属性。例如，'FaceAlpha',0.5 创建半透明网格图。

s = mesh(____)：将返回一个网格图对象。在创建网格图后，使用 s 修改网格图。

【例 2-14】 为网格图指定颜色图颜色。

通过包含第四个矩阵输入 C 来指定网格图的颜色。网格图使用 Z 确定高度，使用 C 确定颜色。使用颜色图指定颜色，该颜色图使用单个数字表示色谱上的颜色。使用颜色图时，C 与 Z 大小相同，向图中添加颜色栏以显示 C 中的数据值如何对应于颜色图中的颜色。

```
>> [X,Y] = meshgrid( -8:.5:8);
R = sqrt(X.^2 + Y.^2) + eps;
Z = sin(R)./R;
C = X.*Y;
mesh(X,Y,Z,C)
colorbar
```

运行程序，效果如图 2-14 所示。

彩色图片
（图 2-14～
图 2-16）

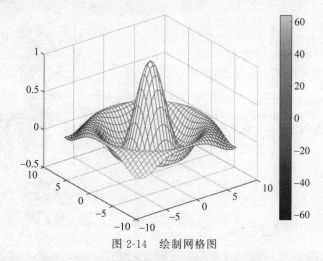

图 2-14　绘制网格图

15. surf 函数

曲面图的绘制由 surf 函数完成，该函数的调用格式与 mesh 函数类似。函数的语法格式为：

surf(X,Y,Z)：创建一个三维曲面图，该函数将矩阵 Z 中的值绘制为由 X 和 Y 定义的 x-y 平面中的网格上方的高度。曲面的颜色根据 Z 指定的高度而变化。

此外，surf(X,Y,Z,C)还指定曲面的颜色。

surf(Z)：创建一个曲面图，并将 Z 中元素的列索引和行索引用作 x 坐标和 y 坐标。

此外，surf(Z,C)还指定曲面的颜色。

surf(ax,____)：将图形绘制到 ax 指定的坐标区中，而不是当前坐标区中。指定坐标区作为第一个输入参数。

surf(____,Name,Value)：使用一个或多个名称-值对组参数指定曲面属性。例如，'FaceAlpha',0.5 创建半透明曲面。

s = surf(____)：将返回一个图曲面对象。在创建曲面之后可使用 s 对其进行修改。

mesh 函数所绘制的图形是网格划分的曲面图，而 surf 函数绘制得到的是平滑着色的三维曲面图,着色的方式是在得到相应的网格点后,对每一个网格依据该网格所代表的节点的色值(由变量C控制)来定义这一网格的颜色。

【例2-15】 创建曲面,并指定曲面图的颜色图颜色。

```
>> [X,Y] = meshgrid(1:0.5:10,1:20);
Z = sin(X) + cos(Y);
C = X.*Y;
surf(X,Y,Z,C)
colorbar
```

运行程序,效果如图2-15所示。

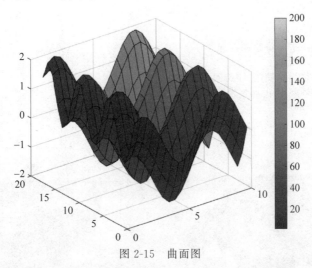

图2-15 曲面图

16. surfl 函数

基于运用反射、镜面反光和环境照明模型,MATLAB中还内置了surfl函数,可以画出类似于函数surf产生的带彩色的曲面。使用一个单色颜色映像(如灰色、纯白、铜黄或粉红色)和插值色彩,会画出效果更好的曲面。函数的语法格式为:

surfl(X,Y,Z):创建一个带光源高光的三维曲面图。该函数将矩阵Z中的值绘制为由X和Y定义的x-y平面中的网格上方的高度。该函数使用光源的默认方向和着色模型的默认光照系数。这会将曲面的颜色数据设置为曲面的反射颜色。

由于曲面法向量的计算方式的原因,surfl需要大小至少为3×3的矩阵。

surfl(Z):创建曲面,并将Z中元素的列索引和行索引用作x坐标和y坐标。

surfl(____,'light'):创建一个由MATLAB光源对象提供高光的曲面。这与默认的基于颜色图的光照方法产生的结果不同。将'light'对象指定为最后一个输入参数。

surfl(____,s):从曲面到光源的方向,指定为一个二元素或三元素向量。该向量的形式为[sx sy sz]或[azimuth elevation]。默认方向是从当前视图方向逆时针旋转45°的角。

surfl(X,Y,Z,s,k):反射常量,指定为一个四元素向量。该向量以[ka kd ks shine]的形式定义环境光、漫反射、镜面反射和镜面发光系数的相对贡献度。默认情况下,k为[.55 .6 .4 10]。

surfl(ax,____):将图形绘制到ax指定的坐标区中,而不是当前坐标区中。指定坐标区作为第一个输入参数。

s = surfl(____)：将返回一个图曲面对象。如果使用'light'选项将光源指定为光源对象，则 s 将以图形数组形式返回，其中包含图曲面对象和光源对象。在创建曲面和光源对象后，可使用 s 对其进行修改。

【例 2-16】　指定曲面图的光源方向和反射。

创建三个大小相同的矩阵以绘制为一个曲面。指定光源的方向，使方位角为 45°，仰角为 20°。通过增加环境光贡献度和减少漫反射与镜面反射贡献度来提高曲面的反射值。

```
clear all;
[X,Y] = meshgrid(1:0.5:10,1:20);
Z = sin(X) + cos(Y);
s = [ − 45 20];
k = [.65 .4 .3 10];
% 使用光源向量和反射向量绘制数据
sl = surfl(X,Y,Z,s,k);
% 在创建曲面对象之后可使用 sl 访问并修改其属性
% 例如，通过设置 EdgeColor 属性来隐藏边
sl.EdgeColor = 'none';
```

运行程序，效果如图 2-16 所示。

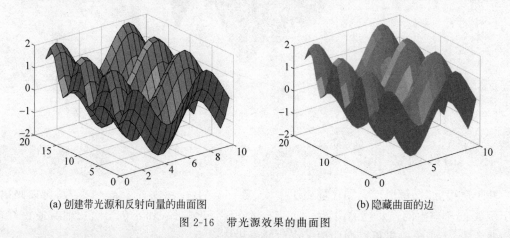

(a) 创建带光源和反射向量的曲面图　　　　　　(b) 隐藏曲面的边

图 2-16　带光源效果的曲面图

17. contour 函数

等值线图又叫作等高线图，绘制等值线图需要用到 contour 函数。函数的语法格式为：

contour(Z)：创建一个包含矩阵 Z 的等高线图，其中 Z 包含 x-y 平面上的高度值。MATLAB 会自动选择要显示的等高线。Z 的列和行索引分别是平面中的 x 和 y 坐标。

contour(X,Y,Z)：指定 Z 中各值的 x 和 y 坐标。

contour(____,levels)：levels 为等高线层级，指定为整数标量或向量。使用此参数可控制等高线的数量和位置。如果未指定层级，contour 函数会自动选择层级。

- 要在 n 个自动选择的高度绘制等高线，请将 levels 指定为标量值 n。
- 要在某些特定高度绘制等高线，请将 levels 指定为单调递增值的向量。
- 要在单个高度 k 处绘制等高线，请将 levels 指定为二元素行向量 [k,k]。

contour(____,LineSpec)：指定等高线的线型和颜色。

contour(____,Name,Value)：使用一个或多个名称-值对组参数指定等高线图的其他选

项。请在所有其他输入参数之后指定这些选项。

contour(ax，___)：在目标坐标区中显示等高线图。将坐标区指定为上述任一语法中的第一个参数。

M ＝ contour(___)：返回等高线矩阵 M，其中包含每个层级的顶点的(x，y)坐标。

[M，c] ＝ contour(___)：返回等高线矩阵和等高线对象 c。显示等高线图后，使用 c 设置属性。

【例 2-17】 绘制带标签的等高线。

```
% 将 Z 定义为两个变量 X 和 Y 的函数.然后创建该函数的等高线图,
% 并通过将 ShowText 属性设置为'on'来显示标签
>> x = -2:0.2:2;
y = -2:0.2:3;
[X,Y] = meshgrid(x,y);
Z = X. * exp( - X.^2 - Y.^2);
contour(X,Y,Z,'ShowText','on')
```

运行程序，效果如图 2-17 所示。

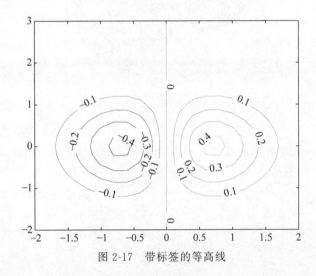

图 2-17 带标签的等高线

18. slice 函数

slice 函数是实现三维切面图,是通过颜色来表示存在于第四维空间中的值。函数的语法格式为：

slice(X，Y，Z，V，xslice，yslice，zslice)：为三维体数据 V 绘制切片。指定 X、Y 和 Z 作为坐标数据。使用以下形式之一指定 xslice、yslice 和 zslice 作为切片位置：

• 要绘制一个或多个与特定轴正交的切片平面,请将切片参数指定为标量或向量。

• 要沿曲面绘制单个切片,请将所有切片参数指定为定义曲面的矩阵。

slice(V，xslice，yslice，zslice)：使用 V 的默认坐标数据绘图，V 中每个元素的(x,y,z)位置分别基于列、行和页面索引。

slice(___，method)：指定插值方法,其 method 可以是'linear'(默认值)、'cubic'或'nearest'。可将此选项与上述语法中的任何输入参数一起使用。

slice(ax，___)：在指定坐标区 ax 中绘图,而不是当前坐标区(gca)中绘图。

s = slice(____)：返回创建的 Surface 对象，slice 为每个切片返回一个 Surface 对象。

【例 2-18】 沿曲面的三维体数据绘图。

根据 $v = x\mathrm{e}^{-x^2-y^2-z^2}$ 定义的三维体创建三维体数组 V，其中 x, y 和 z 的范围是 $[-5,5]$。然后，沿 $z = x^2 - y^2$ 定义的曲面显示三维体数据的一个切片。

```
[X,Y,Z] = meshgrid(-5:0.2:5);
V = X.*exp(-X.^2-Y.^2-Z.^2);
[xsurf,ysurf] = meshgrid(-2:0.2:2);
zsurf = xsurf.^2-ysurf.^2;
slice(X,Y,Z,V,xsurf,ysurf,zsurf)
```

运行程序，效果如图 2-18 所示。

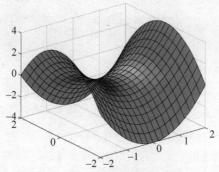

图 2-18　三维体数据切片图

第3章 数据分析函数

1. roots 函数

找出多项式的根,也就是使多项式为 0 的值,可能是许多学科共同的问题。MATLAB 能求解这个问题,并提供了特定函数 roots 求解一个多项式的根。函数的语法格式为:

r = roots(p):以列向量的形式返回 p 表示的多项式的根。输入 p 是一个包含 n+1 多项式系数的向量,以 x^n 系数开头,0 系列表示方程中不存在的中间幂。例如:p=[3,2,-2]表示多项式 $3x^2+2x-2$。

roots 函数对 $p_1x^n + \cdots + p_{n^x} + p_{n+1} = 0$ 格式的多项式方程求解,包含带有非负指数的单一变量的多项式方程。

【例 3-1】 利用 roots 求四次方程 $x^4-1=0$ 的解。

```
>> p = [1 0 0 0 -1];
r = roots(p)
```

运行程序,输出如下:

```
r =
   -1.0000 + 0.0000i
    0.0000 + 1.0000i
    0.0000 - 1.0000i
    1.0000 + 0.0000i
```

2. poly 函数

在 MATLAB 中,无论是一个多项式还是它的根,都是以向量形式存储的。按照惯例,多项式是行向量,根是列向量。因此当我们给出一个多项式的根时,MATLAB 也可以构造出相应的多项式,这个过程需要使用函数 poly。函数的语法格式为:

p = poly(r):(r 是向量)返回多项式的系数,其中多项式的根是 r 的元素。

p = poly(A):(A 是 n×n 矩阵)返回矩阵 $\det(\lambda I - A)$ 的特征多项式的 n+1 个系数。

【例 3-2】 使用 poly 来计算矩阵 A 的特征多项式。

```
>> A = [1 2 3;4 5 6;7 8 0]    % 创建矩阵 A
```

```
A =
    1    2    3
    4    5    6
    7    8    0
>> p = poly(A)
p =
    1.0000   -6.0000  -72.0000  -27.0000
>> % 使用 roots 计算 p 的根,特征多项式的根是矩阵 A 的特征值
>> r = roots(p)
r =
    12.1229
   -5.7345
   -0.3884
```

3. conv 函数

在 MATLAB 中,函数 conv 支持多项式乘法(运算法则为执行两个数组的卷积)。函数的语法格式为:

w = conv(u,v): 返回向量 u 和 v 的卷积。如果 u 和 v 是多项式系数的向量,对其卷积与将这两个多项式相乘等效。

w = conv(u,v,shape): 返回 shape 指定的卷积的分段。例如,conv(u,v,'same')仅返回与 u 等大小的卷积的中心部分,而 conv(u,v,'valid')仅返回计算的没有补零边缘的卷积部分。

【例 3-3】 创建两个向量并求其卷积。

```
>> u = [1 1 1];
v = [1 1 0 0 0 1 1];
w = conv(u,v)
w =
    1    2    2    1    0    1    2    2    1
```

w 的长度为 length(u)+length(v)-1,在本例中为 9。

4. deconv 函数

在 MATLAB 中,提供了 deconv 函数实现去卷积和多项式除法。函数的语法格式为:

[q,r] = deconv(u,v): 使用长除法将向量 v 从向量 u 中去卷积,并返回商 q 和余数 r,以使 u = conv(v,q)+r。如果 u 和 v 是由多项式系数组成的向量,则对它们去卷积相当于将 u 表示的多项式除以 v 表示的多项式。

【例 3-4】 多项式除法。

创建两个向量 u 和 v,分别包含多项式 $2x^2+7x^2+4x+9$ 和 x^2+1 的系数。通过将 v 从 u 中去卷积,将第一个多项式除以第二个多项式,得出与多项式 $2x+7$ 对应的商系数以及与 $2x+2$ 对应的余数系数。

```
>> u = [2 7 4 9];
v = [1 0 1];
[q,r] = deconv(u,v)
q =
    2    7
r =
    0    0    2    2
```

5. polyder 函数

MATLAB 为多项式求导提供了函数 polyder。函数的语法格式为：

k = polyder(p)：返回 p 中的系数表示的多项式的导数

$$k(x) = \frac{\mathrm{d}}{\mathrm{d}x}p(x)$$

k = polyder(a,b)：返回多项式 a 和 b 的乘积的导数

$$k(x) = \frac{\mathrm{d}}{\mathrm{d}x}[a(x)b(x)]$$

[q,d] = polyder(a,b)：返回多项式 a 和 b 的商的导数

$$\frac{q(x)}{d(x)} = \frac{\mathrm{d}}{\mathrm{d}x}\left[\frac{a(x)}{b(x)}\right]$$

【例 3-5】 求导多项式 $\dfrac{x^4 - 3x^1 - 1}{x + 4}$ 的商。

```
>> %创建两个向量来表示商中的多项式
>> p = [1 0 - 3 0 - 1];
v = [1 4];
>> %使用包含两个输出参数的 polyder 来计算
>> [q,d] = polyder(p,v)
q =
    3    16    - 3    - 24    1
d =
    1    8    16
```

即结果为：$\dfrac{q(x)}{d(x)} = \dfrac{3x^4 + 16x^3 - 3x^2 - 24x + 1}{x^2 + 8x + 16}$。

6. polyval 函数

根据多项式系数的行向量，可以对多项式进行加、减、乘、除和求导运算，也能对它们进行估值。在 MATLAB 中，这由函数 polyval 来完成。函数的语法格式为：

y = polyval(p,x)：计算多项式 p 在 x 的每个点处的值。参数 p 是长度为 n+1 的向量，其元素是 n 次多项式的系数（降幂排序）：

$$p(x) = p_1 x^n + p_2 x^{n-1} + \cdots + p_n x + p_{n+1}$$

不仅可以为不同目的使用 polyint、polyder 和 polyfit 等函数计算 p 中的多项式系数，还可以为系数指定任何向量。

要以矩阵方式计算多项式，请改用 polyvalm。

[y,delta] = polyval(p,x,S)：使用 polyfit 生成的可选输出结构体 S 来生成误差估计值。delta 是使用 p(x) 预测 x 处的未来观测值时的标准误差估计值。

y = polyval(p,x,[],mu) 或 [y,delta] = polyval(p,x,S,mu)：使用 polyfit 生成的可选输出 mu 来中心化和缩放数据。mu(1) 为 mean(x)，mu(2) 为 std(x)。使用这些值时，polyval 将 x 的中心置于零值处并缩放为具有单位标准差。

$$\hat{x} = \frac{x - \bar{x}}{\sigma_x}$$

这种中心化和缩放变换可改善多项式的数值属性。

【例 3-6】 创建一个由 1750 年至 2000 年的人口数据组成的表,并绘制数据点。

```
>> clear all;
year = (1750:25:2000)';
pop = 1e6 * [791 856 978 1050 1262 1544 1650 2532 6122 8170 11560]';
T = table(year, pop)
T =
  11 × 2 table
    year      pop

    1750    7.91e + 08
    1775    8.56e + 08
    1800    9.78e + 08
    1825    1.05e + 09
    1850    1.262e + 09
    1875    1.544e + 09
    1900    1.65e + 09
    1925    2.532e + 09
    1950    6.122e + 09
    1975    8.17e + 09
    2000    1.156e + 10
>> plot(year,pop,'o')    % 效果如图 3-1 所示
```

使用带三个输入的 polyfit 拟合一个使用中心化和缩放的 5 次多项式,这将改善问题的数值属性。polyfit 将 year 中的数据以 0 为平均数进行中心化,并缩放为具有标准差 1,这可避免在拟合计算中出现病态的 Vandermonde 矩阵。

```
>> [p, ~ , mu] = polyfit(T.year, T.pop, 5);
>> % 使用带四个输入的 polyval,根据缩放后的年份(year − mu(1))/mu(2)计算 p
  % 绘制结果对原始年份的图,如图 3-2 所示
>> f = polyval(p,year,[],mu);
hold on
plot(year,f)
hold off
```

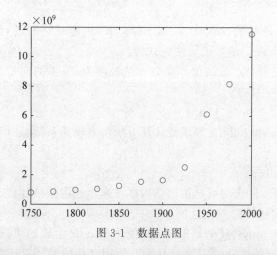

图 3-1 数据点图

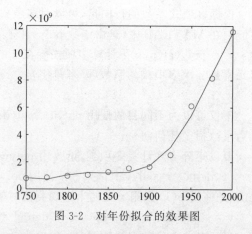

图 3-2 对年份拟合的效果图

7. polyint 函数

MATLAB 提供了 polyint 函数实现多项式积分。函数的语法格式为:

q = polyint(p,k):使用积分常量 k 返回 p 中系数所表示的多项式积分。

q = polyint(p)：假定积分常量 k = 0。

【例 3-7】 计算两个多项式的乘积求积分 $I = \int_0^2 (x^5 - x^3 + 1)(x^2 + 1)\mathrm{d}x$ 。

```
>> % 创建向量来表示多项式 p(x) = x⁵ − x³ + 1 和 v(x) = (x² + 1)
>> p = [1 0 −1 0 0 1];
v = [1 0 1];
% 多项式相乘,并使用积分常量 k = 3 对所生成的表达式求积分
>> k = 3;
q = polyint(conv(p,v),k)
q =
   0.1250      0      0      0    −0.2500    0.3333      0    1.0000    3.0000
>> % 通过在积分极限上计算 q 来求解 I 的值
>> a = 0;
b = 2;
I = diff(polyval(q,[a b]))
I =
  32.6667
```

8. residue 函数

在许多应用中,如傅里叶(Fourier)变换、拉普拉斯(Laplace)变换和 Z 变换中,都出现了两个多项式之比。在 MATLAB 中,有理多项式由它们的分子多项式和分母多项式表示。对有理多项式进行运算的两个函数是 residue 和 polyder。residue 执行部分分式展开的运算。函数的语法格式为：

[r,p,k] = residue(b,a)：计算以如下形式展开的两个多项式之比的部分分式展开的留数、极点和直项

$$\frac{b(s)}{a(s)} = \frac{b_m s^m + b_{m-1} s^{m-1} + \cdots + b_1 s + b_0}{a_n s^n + a_{n-1} s^{n-1} + \cdots + a_1 s + a_0} = \frac{r_n}{s - p_n} + \cdots + \frac{r_2}{s - p_2} + \frac{r_1}{s - p_1} + k(s)$$

residue 的输入是由多项式 $b = [b_m, \cdots, b_1, b_0]$ 和 $a = [a_n, \cdots, a_1, a_0]$ 的系数组成的向量。输出为留数 $r = [r_n, \cdots, r_2, r_1]$、极点 $p = [p_n, \cdots, p_2, p_1]$ 和多项式 k。

[b,a] = residue(r,p,k)：将部分分式展开式转换回两个多项式之比,并将系数返回给 b 和 a。

【例 3-8】 使用 residue 求以下多项式之比 $F(s)$ 的部分分式展开式。

$$F(s) = \frac{b(s)}{a(s)} = \frac{-4s + 8}{s^2 + 6s + 8}$$

```
>> b = [−4 8];
a = [1 6 8];
[r,p,k] = residue(b,a)
r =
   −12
     8
p =
   −4
   −2
k =
   []
```

此结果代表以下部分分式展开式：

$$\frac{-4s+8}{s^2+6s+8}=\frac{-12}{s+4}+\frac{8}{s+2}$$

```
>> % 使用 residue 将部分分式展开转换回多项式系数
>> [b,a] = residue(r,p,k)
b =
    -4    8
a =
     1    6    8
```

此结果表示初始分式 $F(s)$。

9. interp1 函数

当被插值函数 $y=f(x)$ 为一元函数时,为一维插值。MATLAB 使用 interp1 函数来实现一维插值。函数的语法格式为:

vq = interp1(x,v,xq):使用线性插值返回一维函数在特定查询点的插入值。向量 x 包含样本点,v 包含对应值 v(x)。向量 xq 包含查询点的坐标。

如果有多个在同一点坐标采样的数据集,则可以将 v 以数组的形式进行传递。数组 v 的每一列都包含一组不同的一维样本值。

vq = interp1(x,v,xq,method):method 为插值方法,指定为表 3-1 中的选项之一。

表 3-1　插值方法

方　法	说　明	连续性	注　释
'linear'	线性插值。在查询点插入的值基于各维中邻点网格点处数值的线性插值。这是默认插值方法	C^0	需要至少 2 个点; 比最近邻点插值需要更多内存和计算时间
'nearest'	最近邻点插值。在查询点插入的值是距样本网格点最近的值	不连续	需要至少 2 个点; 最低内存要求; 最快计算时间
'next'	下一个邻点插值。在查询点插入的值是下一个抽样网格点的值	不连续	需要至少 2 个点; 内存要求和计算时间与 'nearest' 相同
'previous'	上一个邻点插值。在查询点插入的值是上一个抽样网格点的值	不连续	需要至少 2 个点; 内存要求和计算时间与 'nearest' 相同
'pchip'	分段三次插值。在查询点插入的值基于邻点网格点处数值的分段三次插值	C^1	需要至少 4 个点; 比'linear'需要更多内存和计算时间
'cubic'	与'pchip'相同	C^1	此方法目前返回与'pchip'相同的结果
'v5cubic'	使用 MATLAB 的三次卷积	C^1	点之间的间距必须均匀。'cubic' 将在以后的版本中替代 'v5cubic'
'makima'	修正 Akima 三次 Hermite 插值。在查询点插入的值基于次数最大为 3 的多项式的分段函数	C^1	需要至少 2 个点; 产生的波动比'spline'小,但不像 'pchip' 那样急剧变平; 计算成本高于'pchip',但通常低于'spline'; 内存要求与 'spline' 类似
'spline'	使用非终止条件的样条插值。在查询点插入的值基于各维中邻点网格点处数值的三次插值	C^2	需要至少 4 个点; 比'pchip'需要更多内存和计算时间

vq ＝ interp1(x,v,xq,method,extrapolation)：用于指定外插策略,来计算落在 x 域范围外的点。如果希望使用 method 算法进行外插,可将 extrapolation 设置为'extrap'。也可以指定一个标量值,这种情况下,interp1 将为所有落在 x 域范围外的点返回该标量值。

vq ＝ interp1(v,xq)：返回插入的值,并假定一个样本点坐标默认集。默认点是从 1 到 n 的数字序列,其中 n 取决于 v 的形状:

- 当 v 是向量时,默认点是 1:length(v)。
- 当 v 是数组时,默认点是 1:size(v,1)。

如果不在意点之间的绝对距离,则可使用此语法。

vq ＝ interp1(v,xq,method)：指定备选插值方法中的任意一种,并使用默认样本点。

vq ＝ interp1(v,xq,method,extrapolation)：指定外插策略,并使用默认样本点。

pp ＝ interp1(x,v,method,'pp')：使用 method 算法返回分段多项式形式的 v(x)。

【例 3-9】　基于粗略采样的正弦函数进行插值。

```
>> % 定义样本点 x 及其对应样本值 v
x = 0:pi/4:2 * pi;
v = sin(x);
% 将查询点定义为 x 范围内更精细的采样点
xq = 0:pi/16:2 * pi;
% 在查询点插入函数并绘制结果
figure
vq1 = interp1(x,v,xq);
plot(x,v,'o',xq,vq1,':.');      % 效果如图 3-3 所示
xlim([0 2 * pi]);
title('(默认)线性插值');
% 现在使用 'spline' 方法计算相同点处的 v
figure
vq2 = interp1(x,v,xq,'spline');
plot(x,v,'o',xq,vq2,':.');      % 效果如图 3-4 所示
xlim([0 2 * pi]);
title('样条插值');
```

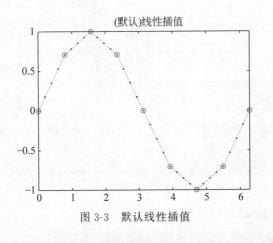

图 3-3　默认线性插值

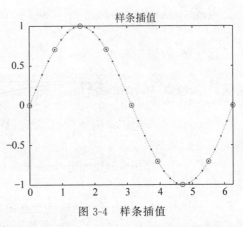

图 3-4　样条插值

10．interpft 函数

一维快速傅里叶插值通过函数 interpft 来实现。该函数用傅里叶变换把输入数据变换到频域,然后用更多点的傅里叶逆变换变回时域,其结果是对数据进行增采样。函数的语法格

式为：

$y = interpft(X, n)$：在 X 中内插函数值的傅里叶变换以生成 n 个等间距的点。interpft 对第一个大小不等于 1 的维度进行运算。

$y = interpft(X, n, dim)$：沿维度 dim 运算。例如，如果 X 是矩阵，interpft(X, n, 2) 将在 X 行上进行运算。

【例 3-10】 利用 interpft 对数据进行插值。

```
%生成由正态分布的随机数组成的三个单独的数据集。假定在正整数 1:N 这些点处进行数据采样。将
%数据集存储为矩阵中的行
A = randn(3,20);
x = 1:20;
%对每一个矩阵行插入 500 个查询点的值
%指定 dim = 2 以便 interpft 对 A 的行进行插值
N = 500;
y = interpft(A,N,2);
%计算插值数据点之间的间距 dy。截断 y 中的数据以匹配 x2 的采样密度
dy = length(x)/N;
x2 = 1:dy:20;
y = y(:,1:length(x2));
%绘制结果
subplot(3,1,1)
plot(x,A(1,:)','o');
hold on
plot(x2,y(1,:)','-- ')
title('第 1 行')
subplot(3,1,2)
plot(x,A(2,:)','o');
hold on
plot(x2,y(2,:)','-- ')
title('第 2 行')
subplot(3,1,3)
plot(x,A(3,:)','o');
hold on
plot(x2,y(3,:)','-- ')
title('第 3 行')
```

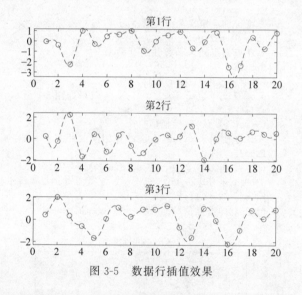

图 3-5　数据行插值效果

运行程序，效果如图 3-5 所示。

11．griddedInterpolant 函数

使用 griddedInterpolant 对一维、二维、三维或 N 维网格数据集进行插值。griddedInterpolant 返回给定数据集的插值 F。可以计算一组查询点（如二维(xq,yq)）处的 F 值，以得出插入的值 $vq = F(xq, yq)$。使用 scatteredInterpolant 执行散点数据插值。griddedInterpolant 函数的语法格式为：

$F = griddedInterpolant$：创建一个空的网格数据插值对象。

$F = griddedInterpolant(x, v)$：根据样本点向量 x 和对应的值 v 创建一维插值。

$F = griddedInterpolant(X1, X2, \cdots, Xn, V)$：使用一组 n 维数组 X1,X2,…,Xn 传递的样本点的完整网格创建二维、三维或 N 维插值。V 数组包含与 X1,X2,…,Xn 中的点位置关联的样本值。每个数组 X1,X2,…,Xn 的大小都必须与 V 相同。

$F = griddedInterpolant(V)$：使用默认网格创建插值。使用此语法时，griddedInterpolant 将

网格定义为第 i 维上间距为 1 且范围为[1, size(V,i)]的点集。如果希望节省内存且不在意点之间的绝对距离,则可使用此语法。

F = griddedInterpolant(gridVecs,V):指定一个元胞数组 gridVecs,它包含 n 个网格向量,描述一个 n 维样本点网格。在要使用特定网格而且希望节省内存时可使用此语法。

F = griddedInterpolant(____,Method):指定备选插值方法:'linear'、'nearest'、'next'、'previous'、'pchip'、'cubic'、'makima' 或 'spline'。可以在上述任意语法中指定 Method 作为最后一个输入参数。

F = griddedInterpolant(____,Method,ExtrapolationMethod):指定内插和外插方法。当查询点位于样本点域之外时,griddedInterpolant 使用 ExtrapolationMethod 估计值。

【例 3-11】 比较使用完整网格和网格向量的三维插值。

使用这两种方法插入三维数据以指定查询点。创建并绘制一个三维数据集,表示函数
$z(x,y) = \dfrac{\sin(x^2+y^2)}{x^2+y^2}$ 在[-5,5]范围内的一组网格样本点处计算的结果。

```
[x,y] = ndgrid(-5:0.8:5);
z = sin(x.^2 + y.^2) ./ (x.^2 + y.^2);
figure;surf(x,y,z)    % 效果如图 3-6(a)所示
% 为数据创建网格插值对象
F = griddedInterpolant(x,y,z);
% 使用更精细的网格查询插值并提高分辨率
[xq,yq] = ndgrid(-5:0.1:5);
vq = F(xq,yq);
figure;surf(xq,yq,vq)     % 效果如图 3-6(b)所示
```

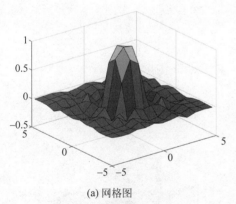 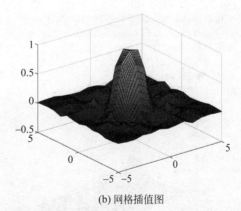

(a) 网格图　　　　　　　　　　　　　(b) 网格插值图

图 3-6 网格向量三维插值效果

12. interp2 函数

当被插值函数 $y=f(x)$ 为二元函数时,为二维插值。MATLAB 使用 interp2 函数来实现二维插值。interp2 函数的语法格式为:

Vq = interp2(X,Y,V,Xq,Yq):使用线性插值返回双变量函数在特定查询点的插入值。结果始终穿过函数的原始采样。X 和 Y 包含样本点的坐标。V 包含各样本点处的对应函数值。Xq 和 Yq 包含查询点的坐标。

Vq = interp2(V,Xq,Yq):默认网格点覆盖矩形区域 X=1:n 和 Y=1:m,其中[m,n]=

size(V)。如果希望节省内存且不在意点之间的绝对距离,则可使用此语法。

Vq = interp2(V):将每个维度上样本值之间的间隔分割一次,形成优化网格,并在这些网格上返回插入值。

Vq = interp2(V,k):将每个维度上样本值之间的间隔反复分割 k 次,形成优化网格,并在这些网格上返回插入值。这将在样本值之间生成 2^k-1 个插入点。

Vq = interp2(____,method):指定备选插值方法:'linear'、'nearest'、'cubic'、'makima'或 'spline'。默认方法为 'linear'。

Vq = interp2(____,method,extrapval):还指定标量值 extrapval,此参数会为处于样本点域范围外的所有查询点赋予该标量值。

如果为样本点域范围外的查询,即省略 extrapval 参数,则基于 method 参数,interp2 返回下列值之一:

- 对于 'spline' 和 'makima' 方法,返回外插值。
- 对于其他内插方法,返回 NaN 值。

【例 3-12】 使用三次插值方法在网格中插入值。

```
% 对 peaks 函数进行粗略采样
[X,Y] = meshgrid(-3:3);
V = peaks(7);
% 绘制粗略采样
figure
surf(X,Y,V)                              % 效果如图 3-7(a)所示
title('原始采样');
% 创建间距为 0.25 的查询网格
[Xq,Yq] = meshgrid(-3:0.25:3);
% 在查询点处插入值,并指定三次插值
Vq = interp2(X,Y,V,Xq,Yq,'cubic');
% 绘制结果
figure
surf(Xq,Yq,Vq);                          % 效果如图 3-7(b)所示
title('更细网格上的三次插值');
```

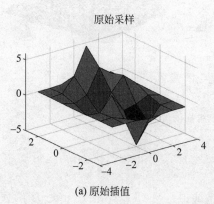
(a) 原始插值

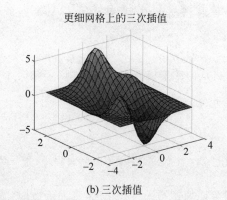
(b) 三次插值

图 3-7　网格的三次插值效果图

13. mkpp 函数

在 MATLAB 中,提供了 mkpp 函数生成分段多项式。函数的语法格式为:

pp = mkpp(breaks,coefs):根据其间断数和系数生成分段多项式 pp。使用 ppval 计算

特定点处的分段多项式,或使用 unmkpp 提取有关分段多项式的详细信息。

pp = mkpp(breaks,coefs,d):指定分段多项式为向量值,以使其每个系数的值都是长度为 d 的向量。

14. ppval 函数

在 MATLAB 中,提供了 ppval 函数计算分段多项式。函数的语法格式为:

v = ppval(pp,xq):在查询点 xq 处计算分段多项式 pp。

【例 3-13】　创建一个分段多项式,它在区间[0,4]上具有三次多项式,在区间[4,10]上具有二次多项式,在区间[10,15]上具有四次多项式。

```
>> breaks = [0 4 10 15];
coefs = [0 1 −1 1 1; 0 0 1 −2 53; −1 6 1 4 77];
pp = mkpp(breaks,coefs)
pp =
包含以下字段的 struct:
      form: 'pp'
    breaks: [0 4 10 15]
     coefs: [3×5 double]
    pieces: 3
     order: 5
       dim: 1
>> %计算区间[0,15]上多个点处的分段多项式,并绘制结果图
>> %在多项式汇合的断点处绘制垂直虚线
>> xq = 0:0.01:15;
plot(xq,ppval(pp,xq))    %效果如图 3-8 所示
line([4 4],ylim,'LineStyle','−−','Color','k')
line([10 10],ylim,'LineStyle','−−','Color','k')
```

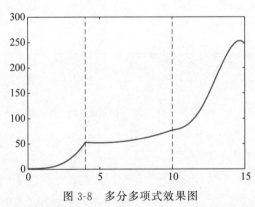

图 3-8　多分多项式效果图

15. unmkpp 函数

在 MATLAB 中,提供了 unmkpp 函数用于提取分段多项式的详细信息。函数的语法格式为:

[breaks,coefs,L,order,dim] = unmkpp(pp):从分段多项式结构体 pp 的字段中提取信息。

【例 3-14】　为区间[0 3]内的多项式 $f(x)=x^2+x+1$ 创建分段多项式结构,然后从该结

构的字段中提取信息。

```
>> pp = mkpp([0 3],[1 1 1]);
>> [breaks,coefs,L,order,dim] = unmkpp(pp)
breaks =
     0    3
coefs =
     1    1    1
L =
     1
order =
     3
dim =
     1
```

16. spline 函数

在 MATLAB 中,提供了 spline 函数实现三次方样条数据插值。函数的语法格式为:

s = spline(x,y,xq):返回与 xq 中的查询点对应的插值 s 的向量。s 的值由 x 和 y 的三次样条插值确定。

pp = spline(x,y):返回一个分段多项式结构体以用于 ppval 和样条实用工具 unmkpp。

【例 3-15】 具有指定端点斜率的分布的样条插值。

```
>> % 当端点斜率已知时,使用 clamped 或 complete 样条插值
>> % 此示例在插值的终点处强制实施零斜率
>> x = -4:4;
y = [0 .15 1.12 2.36 2.36 1.46 .49 .06 0];
cs = spline(x,[0 y 0]);
xx = linspace(-4,4,101);
plot(x,y,'o',xx,ppval(cs,xx),'-');
```

运行程序,效果如图 3-9 所示。

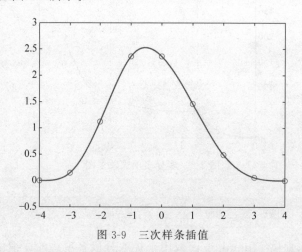

图 3-9 三次样条插值

17. pchip 函数

在 MATLAB 中,提供了 pchip 函数实现分段三次 Hermite 插值多项式(PCHIP)。函数的语法格式为:

p = pchip(x,y,xq)：返回与 xq 中的查询点对应的插值 p 的向量。p 的值由 x 和 y 的分段三次插值确定。

pp = pchip(x,y)：返回一个分段多项式结构体以用于 ppval 和样条实用工具 unmkpp。

【例 3-16】 使用分段多项式结构体进行插值。

```
>> % 创建 x 值及其函数值 y 的向量,然后使用 pchip 来构造一个分段多项式结构体
x = -5:5;
y = [1 1 1 1 0 0 1 2 2 2 2];
p = pchip(x,y);
% 结合 ppval 使用该结构体以计算几个查询点处的插值,绘制结果
xq = -5:0.2:5;
pp = ppval(p,xq);
plot(x,y,'o',xq,pp,'-.')
ylim([-0.2 2.2])
```

运行程序,效果如图 3-10 所示。

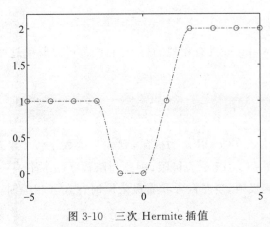

图 3-10 三次 Hermite 插值

18. makima 函数

在 MATLAB 中,提供了 makima 函数实现修正 Akima 分段三次 Hermite 插值。函数的语法格式为：

yq = makima(x,y,xq)：使用采样点 x 处的值 y 执行修正 Akima 插值,以求出查询点 xq 处的插值 yq。

pp = makima(x,y)：返回一个分段多项式结构体以用于 ppval 和样条实用工具 unmkpp。

【例 3-17】 使用 spline、pchip 和 makima 进行数据插值。

```
% 创建由 x 值、点 y 处的函数值以及查询点 xq 组成的向量
x = -3:3;
y = [-1 -1 -1 0 1 1 1];
xq1 = -3:.01:3;
% 使用 spline、pchip 和 makima 计算查询点处的插值
p = pchip(x,y,xq1);
s = spline(x,y,xq1);
m = makima(x,y,xq1);
% 绘制查询点处的插值函数值以进行比较
plot(x,y,'o',xq1,p,'-',xq1,s,'-.',xq1,m,'--')
```

```
legend('样本点','pchip','spline','makima','Location','SouthEast')
```
运行程序,效果如图 3-11 所示。

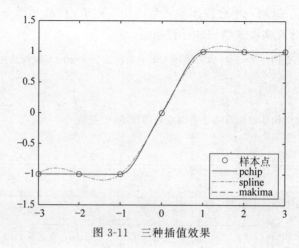

图 3-11 三种插值效果

在实例中,pchip 和 makima 具有相似的行为,它们都可以避免过冲,并且可以准确地连接平台区。

19. limit 函数

当 $x \rightarrow x_0^-$ 时,如果函数 $f(x)$ 以 a 为极限,则称为函数 $f(x)$ 当 $x \rightarrow x_0^-$ 时,以 a 为左极限;$x \rightarrow x_0^+$ 时,如果函数 $f(x)$ 以 a 为极限,则称为函数 $f(x)$ 当 $x \rightarrow x_0^+$ 时,以 a 为右极限。左极限和右极限统称单侧极限,当左极限和右极限同时存在且相等时,称 $\lim_{n \rightarrow x_0^+} f(x)$ 存在且等于 a。

在 MATLAB 中,采用 limit 函数求某个具体函数的极限。函数的语法格式为:

limit(expr,x,a):当 x→a 时,对函数 expr 求极限,返回值为函数极限。

limit(expr):默认当 x→0 时,对函数 expr 求极限,返回值为函数极限。

limit(expr,x,a, 'left'):当 x→a 时,对函数 expr 求其左极限,返回值为函数左极限。

limit(expr,x,a, 'right'):当 x→a 时,对函数 expr 求其右极限,返回值为函数右极限。

【例 3-18】 求极限 $\lim_{n \rightarrow 0} \dfrac{\sin(\sin(x))}{x} - 1$。

```
>> clear all;
>> syms x;
>> f = sin(sin(x))/x - 1;
>> z = limit(f,x,0)
z =
0
```

20. quad 函数

quad 采用遍历的自适应辛普森(Simpson)法计算函数的数值积分,适用于精度要求低、被积函数平滑性较好的数值积分。函数的语法格式为:

q = quad(fun,a,b):尝试使用递归自适应 Simpson 积分法求取函数 fun 从 a 到 b 的近似积分,误差小于 1e－6。fun 是函数句柄。范围 a 和 b 必须是有限的。函数 y＝fun(x)应接收向量参数 x 并返回向量结果 y,即在每个 x 元素处计算的被积函数。

q＝quad(fun,a,b,tol):使用绝对误差容限 tol 代替默认值 1.0e－6。tol 值越大,函数计算量越少并且计算速度加快,但结果不太精确。在 MATLAB 5.3 及较早版本中,quad 函数使用不太可靠的算法和默认的相对误差 1.0e－3。

[q,fcnt]＝quad(…):返回函数计算数。

【例 3-19】　计算 $\int_0^2 \dfrac{1}{x^3-2x-5}\mathrm{d}x$ 的积分。

根据需要,编写一个用于计算被积函数的函数 fun1.m:

```
function y = fun1(x)
y = 1./(x.^3 - 2 * x - 5)
>>然后将 fun1 的函数句柄@myfun 以及 0 至 2 的积分范围一起传递到 quad
>> Q = quad(@fun1,0,2)
```

另外,也可以将被积函数作为匿名函数句柄 F 传递到 quad:

```
F = @(x)1./(x.^3 - 2 * x - 5);
Q = quad(F,0,2);
```

21. quadl 函数

quadl 函数采用遍历的自适应 Lobatto 法计算函数的数值积分,适用于精度要求高、被积函数曲线比较平滑的数值积分。函数的语法格式为:

q＝quadl(fun,a,b):使用递归自适应 Lobatto 积分法求取函数 fun 从 a 到 b 的积分,误差小于 1.0e－6。fun 是函数句柄。它接收向量 x 并返回向量 y,即在每个 x 元素处计算的函数 fun。范围 a 和 b 必须是有限的。

q＝quadl(fun,a,b,tol):使用绝对误差容限 tol 代替默认值 1.0e－6。tol 值越大,函数计算量越少并且计算速度加快,但结果不太精确。

具有非零 trace 的 quadl(fun,a,b,tol,trace)在递归期间显示[fcnt a b－a q]的值。

[q,fcnt]＝quadl(..函数.):返回函数计算数。

【例 3-20】　利用 quadl 函数求解例 3-19 的积分。

```
>> F = @(x) 1./(x.^3 - 2 * x - 5);
>> Q = quadl(F,0,2)
Q =
   - 0.4605
```

22. quadv 函数

有的时候,被积函数 $f(x)$ 是一系列的函数,例如下述积分:

$$\int_0^1 x^k \mathrm{d}x, \quad k=1,2,\cdots,n$$

当 k 取不同的数值时,该积分的结果也不尽相同。针对这种情况,MATLAB 提供了 quadv 函数,可以一次计算多个一元函数的数值积分值。

quadv 函数是 quad 函数的向量扩展,因此也称为向量积分。函数的语法格式为:

Q = quadv(fun,a,b)：使用递归自适应 Simpson 积分法求取复数数组值函数 fun 从 a 到 b 的近似积分，误差小于 1.0e−6。fun 是函数句柄。函数 Y = fun(x)应接收标量参数 x 并返回数组结果 Y，其分量是在 x 处计算的被积函数。范围 a 和 b 必须是有限的。

参数化函数解释了如何为函数 fun 提供其他参数（如果需要）。

Q = quadv(fun,a,b,tol)：对所有积分使用绝对误差容限 tol 代替默认值 1.0e−6。

注意：它对所有分量使用相同容限，因此使用 quadv 得到的结果与对各个分量应用 quad 所获得的结果不同。

具有非零 trace 的 Q = quadv(fun,a,b,tol,trace)在递归期间显示[fcnt a b−a Q(1)]的值。

[Q,fcnt] = quadv(…)：返回函数计算数。

【例 3-21】 利用 quadl 函数求解例 3-19 的积分。

```
>> F = @(x) 1./(x.^3 − 2 * x − 5);
>> Q = quadv(F,0,2)
Q =
    − 0.4605
```

23. quadgk 函数

quadgk 函数用于计算高斯-勒让德积分法。函数的语法格式为：

q = quadgk(fun,a,b)：使用高阶全局自适应积分和默认误差容限在 a 至 b 间对函数句柄 fun 求积分。

[q,errbnd] = quadgk(fun,a,b)：同时返回绝对误差|q − I|的逼近上限，其中 I 是积分的确切值。

[____] = quadgk(fun,a,b,Name,Value)：使用上述任一输出参数组合，指定具有一个或多个名称-值对组参数的其他选项。例如，指定'Waypoints'，后跟实数或复数向量，为要使用的积分器指示特定点。

【例 3-22】 计算复围道积分 $q = \oint \dfrac{dz}{2z−1}$。

```
>> % 被积函数在 z = 1/2 处有一个简单极点，因此使用包围该点的矩形围道。围道在
>> % 实数线上的 x = 1 处开始和结束。使用'Waypoints'名称 − 值对组指定围道中的分段
>> f = @(z) 1./(2.*z − 1);
contour_segments = [1 + 1i 0 + 1i 0 − 1i 1 − 1i];
q = quadgk(f,1,1,'Waypoints',contour_segments)
q =
   − 0.0000 + 3.1416i
```

24. dblquad 函数

dblquad 函数可以用来计算被积函数在矩形区域 $x \in [x_{min}, x_{max}]$，$y \in [y_{min}, y_{max}]$ 内的数值积分值。该函数先计算内积分值，然后利用内积分的中间结果来计算二重积分。根据 $dx\,dy$ 的顺序，称 x 为内积分变量，y 为外积分变量。函数的语法格式为：

q = dblquad(fun,xmin,xmax,ymin,ymax)：调用 quad 函数来计算 xmin≤x≤xmax，ymin≤y≤ymax 矩形区域上的二重积分 fun(x,y)。输入参数 fun 是一个函数句柄，它接收向

量 x 及标量 y,并返回被积函数值的向量。

参数化函数解释了如何为函数 fun 提供其他参数(如果需要)。

q = dblquad(fun,xmin,xmax,ymin,ymax,tol):使用容差 tol 代替默认值 1.0e−6。

q = dblquad(fun,xmin,xmax,ymin,ymax,tol,method):使用指定为 method 的求积法函数代替默认值 quad。method 的有效值为@quadl 或用户指定的求积法的函数句柄,该句柄与 quad 和 quadl 具有相同的调用顺序。

【例 3-23】 计算积分 $\int_0^\pi \int_\pi^{2\pi} (y\sin x + 3\cos y - 1)\mathrm{d}x\,\mathrm{d}y$ 。

```
>> f = @(x,y)y * sin(x) + 3 * cos(y) - 1;
>> xmin = pi;
>> xmax = 2 * pi;
>> ymin = 0;
>> ymax = pi;
>> q = dblquad(f,xmin,xmax,ymin,ymax)
q =
   - 19.7392
```

25. triplequad 函数

triplequad 函数可以用来计算被积函数在空间区域 $x \in [x_{min}, x_{max}]$,$y \in [y_{min}, y_{max}]$,$z \in [z_{min}, z_{max}]$ 内的数值积分值。函数的语法格式为:

q = triplequad(fun,xmin,xmax,ymin,ymax,zmin,zmax):对三维矩形区域 xmin≤x≤xmax、ymin≤y≤ymax、zmin≤z≤zmax 求三重积分 fun(x,y,z)。第一个输入 fun 是一个函数句柄。fun(x,y,z)必须接收向量 x、标量 y 和 z,并返回被积函数的值向量。

参数化函数解释了如何为函数 fun 提供其他参数(如果需要)。

q = triplequad(fun,xmin,xmax,ymin,ymax,zmin,zmax,tol):使用容差 tol 代替默认值 1.0e−6。

q = triplequad(fun,xmin,xmax,ymin,ymax,zmin,zmax,tol,method):使用指定为 method 的求积法函数代替默认值 quad。method 的有效值为@quadl 或用户指定的求积法的函数句柄,该句柄与 quad 和 quadl 具有相同的调用顺序。

【例 3-24】 利用 triplequad 计算三重积分。

```
>> f = @(x,y,z) x * y * z;
xmin = 0;
xmax = 1;
ymin = 0;
ymax = 1;
zmin = 0;
zmax = 1;
triplequad(f,xmin,xmax,ymin,ymax,zmin,zmax)
ans =
   0.1250
```

新版本的 MATLAB 中,计算数值的一、二、三重积分建议使用 integral、integra2 和 integra3 函数。下面通过一个例子来演示它们的用法。

【例 3-25】 使用对 integral3 和 integral 的嵌套调用来计算四维球体的体积。

半径为 r 的四维球体的体积为

$$v_4(r) = \int_0^{2\pi} \int_0^\pi \int_0^\pi \int_0^r r^3 \sin^2(\theta) \sin(\phi) \, \mathrm{d}r \, \mathrm{d}\theta \, \mathrm{d}\phi \, \mathrm{d}\xi$$

MATLAB 中的 integral 求积法函数直接支持一维、二维和三维积分。然而,要求解四维和更高阶积分,需要嵌套对求解器的调用。

使用按元素运算符(.^和 .＊)为被积函数创建函数句柄 $f(r, \theta, \phi, \xi)$。

```
>> f = @(r,theta,phi,xi) r.^3 .* sin(theta).^2 .* sin(phi);
>> %接下来,创建一个函数句柄,它使用 integral3 计算三个积分
>> Q = @(r) integral3(@(theta,phi,xi) f(r,theta,phi,xi),0,pi,0,pi,0,2*pi);
>> %最后,在对 integral 的调用中使用 Q 作为被积函数
>> %求解此积分需要为半径 r 选择一个值,因此请使用 r = 2
>> I = integral(Q,0,2,'ArrayValued',true)
I =
   78.9568
```

确切的答案是 $\dfrac{\pi^2 r^4}{2\Gamma(2)}$。

```
>> I_exact = pi^2 * 2^4/(2 * gamma(2))
I_exact =
   78.9568
```

26. trapz 函数

在 MATLAB 中,利用 trapz 函数实现梯形数值积分。函数的语法格式为:

Q = trapz(Y):通过梯形法计算 Y 的近似积分(采用单位间距)。Y 的大小确定求积分所沿用的维度:

- 如果 Y 为向量,则 trapz(Y)是 Y 的近似积分。
- 如果 Y 为矩阵,则 trapz(Y)对每列求积分并返回积分值的行向量。
- 如果 Y 为多维数组,则 trapz(Y)对其大小不等于1的第一个维度求积分。该维度的大小变为1,而其他维度的大小保持不变。

Q = trapz(X,Y):根据 X 指定的坐标或标量间距对 Y 进行积分。

- 如果 X 是坐标向量,则 length(X)必须等于 Y 的大小不等于1的第一个维度的大小。
- 如果 X 是标量间距,则 trapz(X,Y)等于 X * trapz(Y)。

Q = trapz(____,dim):沿维度 dim 求积分。必须指定 Y,也可以指定 X。如果指定 X,则它可以是长度等于 size(Y,dim)的标量或向量。例如,如果 Y 为矩阵,则 trapz(X,Y,2)对 Y 的每行求积分。

【例 3-26】 多个数值积分。

```
>> %创建一个由域值构成的网格
x = -3:.1:3;
y = -5:.1:5;
[X,Y] = meshgrid(x,y);
```

计算网格上的函数 $f(x,y) = x^2 + y^2$。

```
>> F = X.^2 + Y.^2;
```

trapz 为对数值数据而不是函数表达式求积分,因此表达式通常无须已知,可对数据矩阵使用 trapz。在已知函数表达式的情况下,可以改用 integral、integral2 或 integral3。

使用 trapz 求二重积分的近似值 $I = \int_{-5}^{5}\int_{-3}^{3}(x^2 + y^2)\mathrm{d}x\,\mathrm{d}y$。

```
>> % 要对数值的数组执行二重或三重积分运算,请嵌套对 trapz 的函数调用
>> I = trapz(y,trapz(x,F,2))
I =
   680.2000
```

trapz 先对 x 求积分以生成列向量。然后,y 上的积分可将列向量减少为单个标量。trapz 稍微高估计确切答案 680,因为 f(x,y) 是向上凹的。

1. binornd 函数

在 MATLAB 中,使用 binornd 函数可以产生二项分布随机数据。函数的语法格式为:

R = binornd(N,P):N、P 为二项分布的两个参数,返回服从参数为 N、P 的二项分布的随机数,N、P 大小相同。

R = binornd(N,P,m):m 指定随机数的个数,与 R 同维数。

R = binornd(N,P,m,n):m,n 分别表示 R 的行数和列数。

【例 4-1】 二项分布的随机数据的产生。

```
>> %保存随机数生成器的当前状态.然后基于均值为 3、标准差为 10 的正态分布
>> %创建由正态随机数组成的 1×5 向量
>> s = rng;
r = normrnd(3,10,[1,5])
r =
  -10.0769  -1.3359   6.4262   38.7840   30.6944
>> %将随机数生成器的状态恢复为 s,然后创建一个由随机数组成的 1×5 向量,
>> %其值与之前相同
>> rng(s);
r1 = normrnd(3,10,[1,5])
r1 =
  -10.0769  -1.3359   6.4262   38.7840   30.6944
```

2. normrnd 函数

使用 normrnd 函数可以产生参数为 μ、σ 的正态分布的随机数据。函数的语法格式为:

r = normrnd(mu,sigma):从均值参数为 mu 和标准差参数为 sigma 的正态分布中生成随机数。

r = normrnd(mu,sigma,sz1,…,szN) 或 r = normrnd(mu,sigma, [sz1,…,szN]):生成一个由正态随机数组成的 sz1×…×szN 数组。

【例 4-2】 创建一个由正态分布的随机数组成并且大小与现有数组相同的矩阵。

```
>> A = [3 2; -2 1];
sz = size(A);
R = normrnd(0,1,sz)
```

```
R =
   - 1.3499      0.7254
     3.0349    - 0.0631
>> % 可以将前两行代码合并成一行
>> R = normrnd(1,0,size(A))
R =
     1     1
     1     1
```

3. pdf 函数

在 MATLAB 中,使用 pdf 函数可以计算概率密度。函数的语法格式为:

y = pdf('name',x,A):返回由'name'和分布参数 A 指定的单参数分布族的概率密度函数(pdf),在 x 中的值处计算函数值。

y = pdf('name',x,A,B):返回由'name'以及分布参数 A 和 B 指定的双参数分布族的 pdf,在 x 中的值处计算函数值。

y = pdf('name',x,A,B,C):返回由'name'以及分布参数 A、B 和 C 指定的三参数分布族的 pdf,在 x 中的值处计算函数值。

y = pdf('name',x,A,B,C,D):返回由'name'以及分布参数 A、B、C 和 D 指定的四参数分布族的 pdf,在 x 中的值处计算函数值。

y = pdf(pd,x):返回概率分布对象 pd 的 pdf,在 x 中的值处计算函数值。

【例 4-3】 计算正态分布 pdf。

```
>> % 创建均值 μ 等于 0、标准差 σ 等于 1 的标准正态分布对象
>> mu = 0;
sigma = 1;
pd = makedist('Normal','mu',mu,'sigma',sigma);
>> % 定义输入向量 x 以包含用于计算 pdf 的值
>> x = [- 2 - 1 0 1 2];
>> % 计算标准正态分布在 x 中的值处的 pdf 值
>> y = pdf(pd,x)
y =
     0.0540    0.2420    0.3989    0.2420    0.0540
```

结果 y 中的每个值对应于输入向量 x 中的一个值。例如,在值 x 等于 1 处,y 中对应的 pdf 值等 0.2420。

或者,不用创建概率分布对象,也可以计算此 pdf 值。使用 pdf 函数,再使用同样的 μ 和 σ 参数值指定一个标准正态分布。

```
>> y2 = pdf('Normal',x,mu,sigma)
y2 =
     0.0540    0.2420    0.3989    0.2420    0.0540
```

pdf 值与使用概率分布对象计算的值相同。

4. ksdensity 函数

通过函数计算概率密度的方法还可以推广到任意函数/数据的情况。在 MATLAB 中,可以使用 ksdensity 函数求取一般函数/数据的概率密度函数。函数的语法格式为:

[f,xi] = ksdensity(x):计算样本向量 x 的概率密度估计,返回在 xi 点的概率密度 f,此

时我们使用 plot(xi,f)就可以绘制出概率密度曲线。该函数,首先统计样本 x 在各个区间的概率(与 hist 有些相似),再自动选择 xi,计算对应的 xi 点的概率密度。

f = ksdensity(x,xi):与上面的相似,只是这时 xi 已被选定,ksdesity 直接计算对应点的概率密度。

【例 4-4】 创建随机数据,绘制其概率密度估计图。

```
rng('default')   % 重复性
x = [randn(30,1); 5 + randn(30,1)];
% 绘制估计的密度
[f,xi] = ksdensity(x);
figure
plot(xi,f);
```

运行程序,效果如图 4-1 所示。

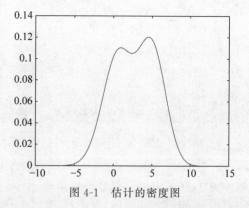

图 4-1　估计的密度图

5. binopdf 函数

在 MATLAB 中,使用 binopdf 函数可以计算函数的概率密度值。函数的语法格式为:

y = binopdf(x,n,p):x 为计算点;n 为试验总次数;p 为每次试验中事件发生的概率;y 为概率密度值。

提示:该函数等同于 Y＝pdf('bino',x,n,p)。

【例 4-5】 计算正态分布函数概率密度。

```
>> mu = [0:0.1:2];
>> [y,i] = max(normpdf(1.5,mu,1));
>> MLE = mu(i)
MLE =
    1.5000
```

6. cdf 函数

使用 cdf 函数计算随机变量 $x \leqslant X$ 的概率之和(累积概率值)。函数的语法格式为:

y = cdf('name',x,A):基于 x 中的值计算并返回由 'name'和分布参数 A 指定的单参数分布族的累积分布函数(cdf)值。

y = cdf('name',x,A,B):基于 x 中的值计算并返回由 'name'以及分布参数 A 和 B 指定的双参数分布族的 cdf。

y = cdf('name',x,A,B,C):基于 x 中的值计算并返回由 'name'以及分布参数 A、B 和 C 指定的三参数分布族的 cdf。

y = cdf('name',x,A,B,C,D):基于 x 中的值计算并返回由'name'以及分布参数 A、B、C 和 D 指定的四参数分布族的 cdf。

y = cdf(pd,x):基于 x 中的值计算并返回概率分布对象 pd 的 cdf。

y = cdf(____,'upper'):使用更精确计算极值上尾概率的算法返回 cdf 的补函数。'upper'可以跟在上述语法中的任何输入参数之后。

【例 4-6】 绘制 gamma 分布 cdf。

```
>> %创建 3 个 gamma 分布对象,第一个使用默认参数值,第二个指定 a = 1 和 b = 2,
>> %第三个指定 a = 2 和 b = 1
pd_gamma = makedist('Gamma')
pd_gamma =
  GammaDistribution
  Gamma 分布
    a = 1
    b = 1
>> pd_12 = makedist('Gamma','a',1,'b',2)
pd_12 =
  GammaDistribution
  Gamma 分布
    a = 1
    b = 2
>> pd_21 = makedist('Gamma','a',2,'b',1)
pd_21 =
  GammaDistribution
  Gamma 分布
    a = 2
    b = 1
>> %指定 x 值,并计算每个分布的 cdf
x = 0:.1:5;
cdf_gamma = cdf(pd_gamma,x);
cdf_12 = cdf(pd_12,x);
cdf_21 = cdf(pd_21,x);
>> %创建一个绘图,该绘图用于可视化为形状参数 a 和 b 指定不同值时 gamma 分布的 cdf 变化
figure;
J = plot(x,cdf_gamma);
hold on;
K = plot(x,cdf_12,'r-- ');
L = plot(x,cdf_21,'k-.');
set(J,'LineWidth',2);
set(K,'LineWidth',2);
legend([J K L],'a = 1, b = 1','a = 1, b = 2','a = 2, b = 1','Location','southeast');
hold off;
```

运行程序,效果如图 4-2 所示。

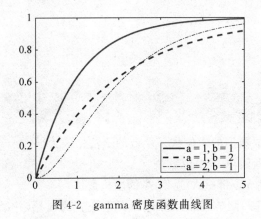

图 4-2　gamma 密度函数曲线图

7. mean 函数

在 MATLAB 中，可使用 mean 函数求取数据的平均值。函数的语法格式为：

M = mean(A)：返回 A 沿大小不等于 1 的第一个数组维度的元素的均值。

- 如果 A 是向量，则 mean(A)返回元素均值。
- 如果 A 为矩阵，那么 mean(A)返回包含每列均值的行向量。
- 如果 A 是多维数组，则 mean(A)沿大小不等于 1 的第一个数组维度计算，并将这些元素视为向量。此维度会变为 1，而所有其他维度的大小保持不变。

M = mean(A,'all')：计算 A 的所有元素的均值。此语法适用于 MATLAB R2018b 及更高版本。

M = mean(A,dim)：返回维度 dim 上的均值。例如，如果 A 为矩阵，则 mean(A,2)是包含每一行均值的列向量。

M = mean(A,vecdim)：计算向量 vecdim 所指定的维度上的均值。例如，如果 A 是矩阵，则 mean(A,[1 2])是 A 中所有元素的均值，因为矩阵的每个元素都包含在由维度 1 和 2 定义的数组切片中。

M = mean(____,outtype)：使用前面语法中的任何输入参数返回指定的数据类型的均值。outtype 可以是'default'、'double' 或 'native'。

M = mean(____,nanflag)：指定在上述任意语法的计算中包括还是忽略 NaN 值。这里，mean(A,'includenan')会在计算中包括所有 NaN 值，而 mean(A,'omitnan')则忽略这些值。

【例 4-7】 计算矩阵的行均值。

```
>> % 创建一个矩阵并计算每行的均值
A = [0 1 1; 2 3 2; 3 0 1; 1 2 3]
A =
     0     1     1
     2     3     2
     3     0     1
     1     2     3
>> M = mean(A,2)
M =
    0.6667
    2.3333
    1.3333
    2.0000
```

8. median 函数

median 函数用于求取数据的中位数。函数的语法格式为：

M = median(A)：返回 A 的中位数值。

- 如果 A 为向量，则 median(A)返回 A 的中位数值。
- 如果 A 为非空矩阵，则 median(A)将 A 的各列视为向量，并返回中位数值的行向量。
- 如果 A 为 0×0 空矩阵，median(A)返回 NaN。
- 如果 A 为多维数组，则 median(A)将沿大小不等于 1 的第一个数组维度的值视为向量。此维度的大小将变为 1,而所有其他维度的大小保持不变。

median 本身在 A 的数值类中计算,如 class(M) = class(A)。

M = median(A,'all'):计算 A 的所有元素的中位数。此语法适用于 MATLAB R2018b 及更高版本。

M = median(A,dim):返回维度 dim 上元素的中位数。例如,如果 A 为矩阵,则 median(A,2) 是包含每一行的中位数值的列向量。

M = median(A,vecdim):计算向量 vecdim 所指定的维度上的中位数。例如,如果 A 是矩阵,则 median(A,[1 2])是 A 中所有元素的中位数,因为矩阵的每个元素都包含在由维度 1 和 2 定义的数组切片中。

M = median(____,nanflag):可指定在任何先前语法的中位数计算中包括还是忽略 NaN 值,该选项为可选。例如,median(A,'omitnan')忽略 A 中的所有 NaN 值。

【例 4-8】 计算矩阵行的中位数。

```
>> % 定义一个 2×3 矩阵
>> A = [0 1 1; 2 3 2]
A =
     0     1     1
     2     3     2
>> % 计算每一行的中位数值
M = median(A,2)
M =
     1
     2
```

9. prctile 函数

prctile 函数用于求取数据集的百分位数。函数的语法格式为:

Y = prctile(X,p):根据区间[0,100]中的百分比 p 返回数据向量或数组 X 中元素的百分位数。

- 如果 X 是向量,则 Y 是标量或向量,向量长度等于所请求百分位数的个数(length(p))。Y(i)包含第 p(i)个百分位数。
- 如果 X 是矩阵,则 Y 是行向量或矩阵,其中 Y 的行数等于所请求百分位数的个数(length(p))。Y 的第 i 行包含 X 的每一列的第 p(i)个百分位数。
- 对于多维数组,prctile 在 X 的第一个非单一维度上进行运算。

Y = prctile(X,p,'all'):返回 X 的所有元素的百分位数。

Y = prctile(X,p,dim):返回运算维度 dim 上的百分位数。

Y = prctile(X,p,vecdim):基于向量 vecdim 所指定的维度返回百分位数。例如,如果 X 是矩阵,则 prctile(X,50,[1 2])返回 X 的所有元素的第 50 个百分位数,因为矩阵的每个元素都包含在由维度 1 和 2 定义的数组切片中。

Y = prctile(____,'Method',method):使用上述任一语法中的输入参数组合,根据 method 的值,返回精确或近似百分位数。

【例 4-9】 沿数据矩阵的行和列计算与指定百分比对应的百分位数。

```
>> % 生成 5×5 数据矩阵
X = (1:5)' * (2:6)
```

```
X =
     2     3     4     5     6
     4     6     8    10    12
     6     9    12    15    18
     8    12    16    20    24
    10    15    20    25    30
>> % 沿 X 的列计算第 25、50 和 75 个百分位数
>> Y = prctile(X,[25 50 75],1)
Y =
    3.5000    5.2500    7.0000    8.7500   10.5000
    6.0000    9.0000   12.0000   15.0000   18.0000
    8.5000   12.7500   17.0000   21.2500   25.5000
```

Y 的每一列对应于 X 的每一列上的各个百分位数。例如,具有元素(4、8、12、16、20)的 X 的第三列的第 25、50 和 75 个百分位数分别为 7、12 和 17。Y = prctile(X,[25 50 75]) 返回相同的百分位数矩阵。

```
>> % 沿 X 的行计算第 25、50 和 75 个百分位数
>> Y = prctile(X,[25 50 75],2)
Y =
    2.7500    4.0000    5.2500
    5.5000    8.0000   10.5000
    8.2500   12.0000   15.7500
   11.0000   16.0000   21.0000
   13.7500   20.0000   26.2500
```

10. quantile 函数

quantile 函数用于求取数据集的分位数。函数的语法格式为:

Y = quantile(X,p):返回数据向量或数组 X 中元素的分位数,p 表示在区间[0,1]上的累积概率或概率。

- 如果 X 是一个向量,那么 Y 是一个标量或者是一个和 p 长度相同的向量。
- 如果 X 是一个矩阵,那么 Y 是一个行向量或者是一个矩阵,其中 Y 的行数等于 p 的长度。
- 对于多维数组,分位数沿着 X 的第一个非单维操作。

Y = quantile(X,N):返回分位数为 N(N>1 为整数)均匀间隔的累积概率($1/(N+1)$, $2/(N+1)$,…,$N/(N+1)$)。

- 如果 X 是一个向量,那么 Y 是一个标量或者是一个长度为 N 的向量。
- 如果 X 是一个矩阵,那么 Y 是一个 Y 的行数等于 N 的矩阵。
- 对于多维数组,分位数沿着 X 的第一个非单维操作。

Y = quantile(____,'all'):返回 X 的所有元素的分位数。

Y = quantile(____,dim):返回操作维为 dim 的分位数。

Y = quantile(____,vecdim):返回向量 vecdim 指定的维上的分位数。例如,如果 X 是一个矩阵,那么分位数(X,0.5,[1 2])将返回 X 所有元素的 0.5 分位数,因为矩阵的每个元素都包含在维度 1 和 2 定义的数组切片中。

Y = quantile(____,'Method',method):根据方法 method 的值返回精确或近似分位数。

【例 4-10】 沿着数据矩阵的列和行计算指定概率的分位数。

```
>> % 生成一个 4 × 6 的数据矩阵
>> rng default    % 重复性
X = normrnd(0,1,4,6)
X =
     0.5377      0.3188      3.5784      0.7254     -0.1241      0.6715
     1.8339     -1.3077      2.7694     -0.0631      1.4897     -1.2075
    -2.2588     -0.4336     -1.3499      0.7147      1.4090      0.7172
     0.8622      0.3426      3.0349     -0.2050      1.4172      1.6302
>> % 为 X 的每个列计算 0.3 分位数(dim = 1)
>> y = quantile(X,0.3,1)
y =
    -0.3013     -0.6958      1.5336     -0.1056      0.9491      0.1078
```

当为矩阵的每一列计算分位数时,返回行向量 y。例如,-0.3013 是包含元素(0.5377,1.8339,-2.2588,0.8622)的 X 第一列的 0.3 分位数。因为 dim 的默认值是 1,所以可以使用 $y = \text{quantile}(X,0.3)$ 返回相同的结果。

```
>> % 为 X 的每一行计算 0.3 分位数(dim = 2)
>> y = quantile(X,0.3,2)
y =
     0.3844
    -0.8642
    -1.0750
     0.4985
```

当为矩阵的每一行计算一个分位数时,返回一个列向量 y。例如,0.3844 是包含元素(0.5377,0.3188,3.5784,0.7254,-0.1241,0.6715)的 X 的第一行的 0.3 分位数。

11. geomean 函数

geoman 函数用于求取数值的几何平均数。函数的语法格式为:

M=geomean(X):X 为向量,返回 X 中各元素的几何平均数。

M=geomean(A):A 为矩阵,返回 A 中各列元素的几何平均数构成的向量。

【例 4-11】　利用 geomean 计算数据的几何平均数。

```
>> % 设置随机种子以保证结果的重现性
>> rng('default')
>> % 创建一个 5 行 4 列的指数随机数矩阵
>> X = exprnd(1,5,4)
X =
    1.3661    0.6029    1.3693    1.6266
    0.6813    1.9760    0.2054    1.3820
    0.3580    1.9018    1.4125    0.4844
    0.1155    1.3567    0.0734    0.7480
    0.0416    0.1735    1.0499    1.0451
>> 计算 X 列的几何平均数
>> geometric = geomean(X)
geometric =
    0.2759    0.8819    0.4979    0.9683
```

12. sort 函数

数据比较是指由数据比较引发的各种数据操作,常见的有普通排序,在 MATLAB 中,可以通过 sort 实现普通排序。函数的语法格式为:

B = sort(A)：按升序对 A 的元素进行排序。

- 如果 A 是向量,则 sort(A)对向量元素进行排序。
- 如果 A 是矩阵,则 sort(A)会将 A 的列视为向量并对每列进行排序。
- 如果 A 是多维数组,则 sort(A)会沿大小不等于 1 的第一个数组维度计算,并将这些元素视为向量。

B = sort(A,dim)：如果维度指定为正整数标量,即沿着对应的维度进行排序。如果未指定值,则默认值是沿着大小不等于 1 的第一个数组维度排序。

- 假定有矩阵 A。sort(A,1)对 A 的列元素进行排序效果如图 4-3 所示。
- sort(A,2)对 A 的行元素进行排序效果如图 4-4 所示。

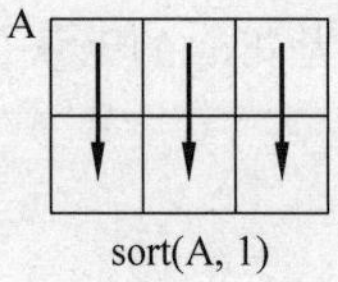

sort(A, 1)

sort(A, 2)

图 4-3　sort(A,1)排序效果 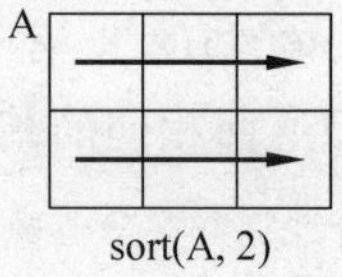　　　　图 4-4　sort(A,2)排序效果

B = sort(____,direction)：返回按 direction 指定的顺序显示的 A 的有序元素。'ascend' 表示升序(默认值),'descend' 表示降序。

B = sort(____,Name,Value)：指定用于排序的其他参数。例如,sort(A,'ComparisonMethod', 'abs')按模对 A 的元素进行排序。

[B,I] = sort(____)：还返回一个索引向量的集合。I 的大小与 A 的大小相同,它描述了 A 的元素沿已排序的维度在 B 中的排列情况。例如,如果 A 是一个向量,则 B = A(I)。

【例 4-12】　按降序对矩阵列排序。

```
>> % 创建一个矩阵,并按降序对每一列排序
>> A = [10 -12 4 8; 6 -9 8 0; 2 3 11 -2; 1 1 9 3]
A =
    10    -12      4      8
     6     -9      8      0
     2      3     11     -2
     1      1      9      3
>> B = sort(A,'descend')
B =
    10      3     11      8
     6      1      9      3
     2     -9      8      0
     1    -12      4     -2
```

13．sortrows 函数

在 MATLAB 中,利用 sortrows 函数对矩阵行或表行进行排序。函数的语法格式为：

B = sortrows(A)：基于第一列中的元素按升序对矩阵行进行排序。当第一列包含重复的元素时,sortrows 会根据下一列中的值进行排序,并对后续的相等值重复此行为。

B = sortrows(A,column)：基于向量 column 中指定的列对 A 进行排序。例如, sortrows(A,4)会基于第四列中的元素按升序对 A 的行进行排序。sortrows(A,[4 6])首先基于第四列中的元素,然后基于第六列中的元素,对 A 的行进行排序。

B = sortrows(＿＿,Name,Value)：指定用于对行进行排序的其他参数。例如,sortrows(A,'ComparisonMethod','abs') 按模对 A 的元素进行排序。

[B,index] = sortrows(＿＿)：还会返回描述行的重新排列的索引向量,以便 B = A(index,:)。

tblB = sortrows(tblA)：基于第一个变量中的值按升序对表行进行排序。如果第一个变量中的元素重复,则 sortrows 按第二个变量中的元素排序,以此类推。

tblB = sortrows(tblA,'RowNames')：基于表的行名称对表进行排序。表的行名称沿表的第一个维度标记行。如果 tblA 不包含行名称,即,tblA. Properties. RowNames 为空,则 sortrows 返回 tblA。

tblB = sortrows(tblA,rowDimName)：沿第一个维度按行标签 rowDimName 对 tblA 进行排序。

tblB = sortrows(tblA,vars)：按 vars 指定的变量中的元素对表进行排序。例如,sortrows(tblA,{'Var1','Var2'}) 首先基于 Var1 中的元素,然后基于 Var2 中的元素对 tblA 的行进行排序。

tblB = sortrows(＿＿,Name,Value)：指定用于对表或时间表的行进行排序的其他参数。例如,sortrows(tblA,'Var1','MissingPlacement','first') 基于 Var1 中的元素进行排序,将 NaN 等缺失的元素排在表的开头。

[tblB,index] = sortrows(＿＿)：还返回一个索引向量以使 tblB = tblA(index,:)。

【例 4-13】 对矩阵进行行排序。

```
>> %创建矩阵,并基于第一列中的元素按升序对矩阵行进行排序。当第一列包含重复
>> %的元素时,sortrows 会基于第二列中的元素进行排序。对于第二列中的重复元素,
>> %sortrows 会基于第三列进行排序,以此类推
>> A = floor(gallery('uniformdata',[6 7],0) * 100);
A(1:4,1) = 95;  A(5:6,1) = 76;  A(2:4,2) = 7;  A(3,3) = 73
A =
    95    45    92    41    13     1    84
    95     7    73    89    20    74    52
    95     7    73     5    19    44    20
    95     7    40    35    60    93    67
    76    61    93    81    27    46    83
    76    79    91     0    19    41     1
>> B = sortrows(A)
B =
    76    61    93    81    27    46    83
    76    79    91     0    19    41     1
    95     7    40    35    60    93    67
    95     7    73     5    19    44    20
    95     7    73    89    20    74    52
    95    45    92    41    13     1    84
>> %基于第二列中的值对 A 的行排序,当指定的列包含重复元素时,对应的行将保持其原始顺序
>> C = sortrows(A,2)
C =
    95     7    73    89    20    74    52
    95     7    73     5    19    44    20
```

95	7	40	35	60	93	67
95	45	92	41	13	1	84
76	61	93	81	27	46	83
76	79	91	0	19	41	1

14. range 函数

在 MATLAB 中,提供了 range 函数用于求数据的最大值与最小值之差。函数的语法格式为:

Y＝range(X):X 为向量,返回 X 中的最大值与最小值之差。

Y＝range(A):A 为矩阵,返回 A 中各列元素的最大值与最小值之差。

【例 4-14】 求以下矩阵的最大值与最小值之差。

```
>> A = [5, - 3,2,7;11,0 - 4,9;1,4,6,10; - 12,8,50,3];
>> r = range(A)
r =
    23    11    54     7
```

15. var 函数

在 MATLAB 中,提供了 var 函数计算数据的方差。函数的语法格式为:

V ＝ var(A):返回 A 中沿大小不等于 1 的第一个数组维度的元素的方差。

- 如果 A 是一个观测值向量,则方差为标量。
- 如果 A 是一个其各列为随机变量、其各行为观测值的矩阵,则 V 是一个包含对应于每列的方差的行向量。
- 如果 A 是一个多维数组,则 var(A)会将沿大小不等于 1 的第一个数组维度的值视为向量。此维度的大小将变为 1,而所有其他维度的大小保持不变。
- 默认情况下,方差按观测值数量－1 实现归一化。
- 如果 A 是一个标量,则 var(A)返回 0。如果 A 是一个 0×0 的空数组,则 var(A)将返回 NaN。

V ＝ var(A,w):指定权重 w。如果 w ＝ 0(默认值),则 V 按观测值数量－1 实现归一化。如果 w ＝ 1,则它按观测值数量实现归一化。w 也可以是包含非负元素的权重向量。在这种情况下,w 的长度必须等于 var 将作用于维度的长度。

当 w 为 0 或 1 时,V ＝ var(A,w,'all')计算 A 的所有元素的方差。此语法适用于 MATLAB R2018b 及更高版本。

V ＝ var(A,w,dim):返回沿维度 dim 的方差。要维持默认归一化并指定操作的维度,请在第二个参数中设置 w ＝ 0。

当 w 为 0 或 1 时,V ＝ var(A,w,vecdim)计算向量 vecdim 中指定维度的方差。例如,如果 A 是矩阵,则 var(A,0,[1 2])计算 A 中所有元素的方差,因为矩阵的每个元素包含在由维度 1 和 2 定义的数组切片中。

V ＝ var(____,nanflag):指定在上述任意语法的计算中包括还是忽略 NaN 值。例如,var(A,'includenan') 包括 A 中的所有 NaN 值,而 var(A,'omitnan')则会忽略这些值。

【例 4-15】 利用 var 计算矩阵指定方差的维度。

```
>> %创建一个矩阵并沿第一个维度计算其方差
>> A = [4 -2 1; 9 5 7];
var(A,0,1)
ans =
    12.5000   24.5000   18.0000
>> %沿第二个维度计算 A 的方差
>> var(A,0,2)
ans =
     9
     4
```

16. std 函数

在 MATLAB 中,提供了 std 函数用于计算数据的标准差。函数的语法格式为:

$S = std(A)$:返回 A 沿大小不等于 1 的第一个数组维度的元素的标准差。

- 如果 A 是观测值的向量,则标准差为标量。
- 如果 A 是一个列为随机变量且行为观测值的矩阵,则 S 是一个包含对应于每列标准差的行向量。
- 如果 A 是一个多维数组,则 std(A) 会沿大小不等于 1 的第一个数组维度计算,并将这些元素视为向量。此维度的大小将变为 1,而所有其他维度的大小保持不变。
- 默认情况下,按标准差 N−1 实现归一化,其中 N 是观测值数量。

$S = std(A,w)$:指定一个权重 w。当 w = 0 时(默认值),S 按 N−1 进行归一化。当 w = 1 时,S 按观测值数量 N 进行归一化。w 也可以是包含非负元素的权重向量。在这种情况下,w 的长度必须等于 std 将作用于的维度的长度。

当 w 为 0 或 1 时,$S = std(A,w,'all')$ 计算 A 的所有元素的标准差。此语法适用于 MATLAB R2018b 及更高版本。

$S = std(A,w,dim)$:沿维度 dim 返回标准差。要维持默认归一化并指定操作的维度,请在第二个参数中设置 w = 0。

当 w 为 0 或 1 时,$S = std(A,w,vecdim)$ 计算向量 vecdim 中指定维度的标准差。例如,如果 A 是矩阵,则 std(A,0,[1 2]) 计算 A 中所有元素的标准差,因为矩阵的每个元素包含在由维度 1 和维度 2 定义的数组切片中。

$S = std(\_\_\_\_,nanflag)$:指定在计算中包括还是忽略 NaN 值。例如,std(A,'includenan') 包括 A 中的所有 NaN 值,而 std(A,'omitnan') 则会忽略这些值。

【例 4-16】 利用 std 函数计算矩阵行的标准差。

```
>> %创建一个矩阵,并计算每一行的标准差
>> A = [6 4 23 -3; 9 -10 4 11; 2 8 -5 1];
S = std(A,0,2)
S =
    11.0303
     9.4692
     5.3229
```

17. skewness 函数

在 MATLAB 中,提供了 skewness 函数求解三阶统计量斜度。函数的语法格式为:

y = skewness(X)：X 为向量,返回 X 的元素的偏斜度；X 为矩阵,返回 X 各列元素的偏斜度构成的行向量。

y = skewness(X,flag)：flag=0 表示偏斜纠正,flag=1(默认)表示偏斜不纠正。

说明：偏斜度样本数据是关于均值不对称的一个测度,如果偏斜度为负,说明均值左边的数据比均值右边的数据更散；如果偏斜度为正,说明均值右边的数据比均值左边的数据更散,因而正态分布的偏斜度为 0。

【例 4-17】 求随机矩阵的三阶统计量斜度。

```
>> rng('default')
>> X = randn(4,4)
X =
     0.5377      0.3188      3.5784      0.7254
     1.8339    - 1.3077      2.7694    - 0.0631
   - 2.2588    - 0.4336    - 1.3499      0.7147
     0.8622      0.3426      3.0349    - 0.2050
>> %求三阶统计量斜度
>> y = skewness(X)
y =
   - 0.8084    - 0.5578    - 1.0772    - 0.0403
>> y = skewness(X,0)
y =
   - 1.4002    - 0.9661    - 1.8658    - 0.0699
```

18. cov 函数

在 MATLAB 中,提供了 cov 函数用于计算数据的协方差。函数的语法格式为：

C = cov(A)：返回协方差。

- 如果 A 是由观测值组成的向量,则 C 为标量值方差。
- 如果 A 是其列表示随机变量或行表示观测值的矩阵,则 C 为对应的列方差沿着对角线排列的协方差矩阵。
- C 按观测值数量−1 实现归一化。如果仅有一个观测值,应按 1 进行归一化。
- 如果 A 是标量,则 cov(A)返回 0。如果 A 是空数组,则 cov(A)返回 NaN。

C = cov(A,B)：返回两个随机变量 A 和 B 之间的协方差。

- 如果 A 和 B 是长度相同的观测值向量,则 cov(A,B)为 2×2 协方差矩阵。
- 如果 A 和 B 是观测值矩阵,则 cov(A,B)将 A 和 B 视为向量,并等价于 cov(A(:),B(:))。A 和 B 的大小必须相同。
- 如果 A 和 B 为标量,则 cov(A,B)返回零的 2×2 块。如果 A 和 B 为空数组,则 cov(A,B)返回 NaN 的 2×2 块。

C = cov(____,w)：指定归一化权重 w。如果 w = 0(默认值),则 C 按观测值数量−1 实现归一化。如果 w = 1 时,则按观测值数量对它实现归一化。

C = cov(____,nanflag)：指定一个条件 nanflag,用于在计算中忽略 NaN 值。例如,cov(A,'omitrows')将忽略 A 的具有一个或多个 NaN 元素的所有行。

【例 4-18】 计算两个矩阵的协方差。

```
>> %创建两个向量并计算它们的 2×2 协方差矩阵
>> A = [3 6 4];
```

```
B = [7 12 -9];
cov(A,B)
ans =
    2.3333    6.8333
    6.8333  120.3333
```

19. corrcoef 函数

在 MATLAB 中,提供了 corrcoef 函数用于计算数据的相关系数。函数的语法格式为:

R = corrcoef(A):返回 A 的相关系数的矩阵,其中 A 的列表示随机变量,行表示观测值。

R = corrcoef(A,B):返回两个随机变量 A 和 B 之间的系数。

[R,P] = corrcoef(____):返回相关系数的矩阵和 P 值矩阵,用于测试观测到的现象之间没有关系的假设(原假设)。此语法可与上述语法中的任何参数结合使用。如果 P 的非对角线元素小于显著性水平(默认值为 0.05),则 R 中的相应相关性被视为显著。如果 R 包含复数元素,则此语法无效。

[R,P,RL,RU] = corrcoef(____):返回包含每个系数的 95% 置信区间的下界和上界。如果 R 包含复数元素,则此语法无效。

____ = corrcoef(____,Name,Value):通过一个或多个名称-值对组参数指定其他选项以返回任意输出参数。例如,corrcoef(A,'Alpha',0.1)指定 90% 置信区间,corrcoef(A,'Rows', 'complete')省略 A 的包含一个或多个 NaN 值的所有行。

【例 4-19】　计算两个随机矩阵的相关系数。

```
>> %计算两个正态分布随机向量(其中每个包含 10 个观测值)之间的相关系数矩阵
>> A = randn(10,1);
B = randn(10,1);
R = corrcoef(A,B)
R =
    1.0000    0.1484
    0.1484    1.0000
```

20. xcorr 函数

在 MATLAB 中,提供了 xcorr 函数计算数据的互相关。函数的语法格式为:

r = xcorr(x,y):返回两个离散时间序列的互相关。互相关测量向量 x 和移位(滞后)副本向量 y 之间的相似性,形式为滞后的函数。如果 x 和 y 的长度不同,函数会在较短向量的末尾添加零,使其长度与另一个向量相同。

r = xcorr(x):返回 x 的自相关序列。如果 x 是矩阵,则 r 也是矩阵,其中包含 x 的所有列组合的自相关和互相关序列。

r = xcorr(____,maxlag):将滞后范围限制为 -maxlag 到 maxlag。

r = xcorr(____,scaleopt):还为互相关或自相关指定归一化选项 scaleopt。除 'none'(默认值)以外的任何选项都要求 x 和 y 具有相同的长度。

[r,lags] = xcorr(____):还返回用于计算相关性的滞后。

【例 4-20】　使用单位峰值计算并绘制向量 x 和 y 的归一化互相关,并指定最大滞后为 10。

```
>> n = 0:15;
x = 0.84.^n;
y = circshift(x,5);
[c,lags] = xcorr(x,y,10,'normalized');
stem(lags,c)
```

运行程序,效果如图 4-5 所示。

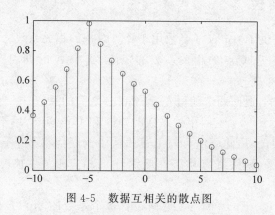

图 4-5   数据互相关的散点图

21. xcov 函数

在 MATLAB 中,提供了 xcov 函数计算数据的互协方差。函数的语法格式为:

c = xcov(x,y):返回两个离散时间序列的互协方差。互协方差测量向量 x 和移位(滞后)副本向量 y 之间的相似性,形式为滞后的函数。如果 x 和 y 的长度不同,函数会在较短向量的末尾添加零,使其长度与另一个向量相同。

c = xcov(x):返回 x 的自协方差序列。如果 x 是矩阵,则 c 是矩阵,其列包含 x 所有列组合的自协方差和互协方差序列。

c = xcov(____,maxlag):将滞后范围设置为−maxlag 到 maxlag。

c = xcov(____,scaleopt):还为互协方差或自协方差指定归一化选项。除 'none'(默认值)以外的任何选项都要求输入 x 和 y 具有相同的长度。

[c,lags] = xcov(____):还返回用于计算协方差的滞后。

【例 4-21】   两个移位信号的有偏互协方差。

```
>> %创建一个由两个信号组成的信号,这两个信号彼此循环移位 50 个样本
rng default
shft = 50;
s1 = rand(150,1);
s2 = circshift(s1,[shft 0]);
x = [s1 s2];
%计算并绘制自协方差和互协方差序列的有偏估计。输出矩阵 c 的形式为四个列向量,
%满足 c = (c_{s_1s_1},c_{s_1s_2},c_{s_2s_1},c_{s_2s_2})。由于循环移位,c_{s_1s_2} 在 − 50 和 + 100 处有最大值,
%c_{s_2s_1} 在 + 50 和 − 100 处有最大值。
[c,lags] = xcov(x,'biased');
plot(lags,c)
legend('c_{s_1s_1}','c_{s_1s_2}','c_{s_2s_1}','c_{s_2s_2}')
```

运行程序,效果如图 4-6 所示。

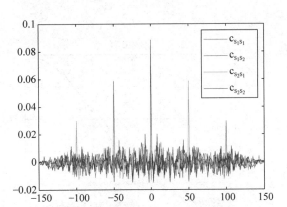

图 4-6　两个信号的互协方差效果图

22. tabulate 函数

在 MATLAB 中,利用 tabulate 函数可以得到正整数频率表。函数的语法格式为:

table = tabulate(X):X 为正整数构成的向量,返回 3 列:第 1 列中包含 X 的值,第 2 列为这些值的个数,第 3 列为这些值的频率。

【例 4-22】　向量的正整数统计频率。

```
>> T = ceil(5 * rand(1,10))
T =
     4     2     5     1     3     2     4     4     1     3
>> table = tabulate(T)    % 统计频率
table =
     1     2    20
     2     2    20
     3     2    20
     4     3    30
     5     1    10
```

在 table 输出结果中,左列为数据,中列为出现次数,右列为百分比。

23. cdfplot 函数

在 MATLAB 中,使用 cdfplot 函数可以绘制累积分布函数的图形。函数的语法格式为:

cdfplot(X):作样本 X(向量)的累积分布函数图形。

h = cdfplot(X):h 表示曲线的环柄。

[h,stats] = cdfplot(X):stats 表示样本的一些特征。

【例 4-23】　绘制一个极值分布向量的实际概率分布图形和理论概率分布图形。

```
rng('default')   % 设置重复性
y = evrnd(0,3,100,1);
cdfplot(y)
hold on
x = linspace(min(y),max(y));
plot(x,evcdf(x,0,3))
legend('经验概率分布图','实际概率分布图','Location','best')
hold off
```

运行程序,效果如图 4-7 所示。

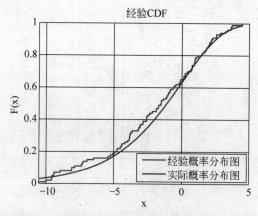

图 4-7 概率的分布图形

24. lsline 函数

在 MATLAB 中,使用 lsline 函数可以实现离散数据的最小二乘拟合。函数的语法格式为:

lsline:最小二乘拟合直线。

h = lsline:h 为直线的句柄。

【例 4-24】 使用 lsline 函数实现离散数据的最小二乘拟合。

```
x = 1:10;
rng default;    % 重复性
figure;
y1 = x + randn(1,10);
scatter(x,y1,25,'b','*')
hold on
y2 = 2 * x + randn(1,10);
plot(x,y2,'mo')
y3 = 3 * x + randn(1,10);
plot(x,y3,'rx:')
```

运行程序,效果如图 4-8 所示。

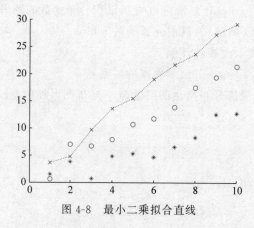

图 4-8 最小二乘拟合直线

从图 4-8 中可以看出,对添加了随机数据的曲线数据,lsline 函数很好地实现了拟合。

25. boxplot 函数

在 MATLAB 中,使用 boxplot 函数可以绘制样本数据的盒图。函数的语法格式为:

boxplot(x):创建 x 中数据的盒图。如果 x 是向量,boxplot 绘制一个盒子。如果 x 是矩阵,boxplot 为 x 的每列绘制一个盒子。

在每个盒子上,中心标记表示中位数,盒子的底边和顶边分别表示第 25 个和 75 个百分位数。盒线会延伸到不是离群值的最远端数据点,离群值会以'+'符号单独绘制。

boxplot(x,g):使用 g 中包含的一个或多个分组变量创建盒图。boxplot 为具有相同的一个或多个 g 值的各组 x 值创建一个单独的盒子。

boxplot(ax,＿＿＿＿):在指定的坐标轴 ax 上创建盒图。

boxplot(＿＿＿＿,Name,Value):使用由一个或多个名称-值对组参数指定的附加选项创建盒图。例如,可以指定盒子样式或顺序。

【例 4-25】 创建盒图。

```
% 加载样本数据
load carsmall
% 根据样本数据创建每加仑英里数(MPG)测量值的盒图,按车辆的原产国(Origin)分组,添加标题并为
% 坐标区加标签
boxplot(MPG,Origin)
title('按车辆来源计算的每加仑英里数')
xlabel('原产国')
ylabel('每加仑英里数')
```

运行程序,效果如图 4-9 所示。

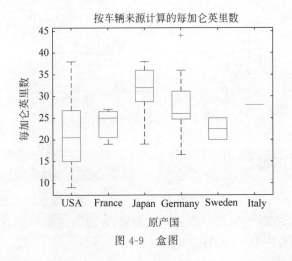

图 4-9 盒图

26. refline 函数

在 MATLAB 中,可以使用 refline 函数绘制一条参考直线。函数的语法格式为:

refline(m,b):在当前坐标区中添加一条斜率为 m 和截距为 b 的参考线。

refline(coeffs):将由向量 coeffs 的元素定义的线添加到图窗中。

没有输入参数的 refline 等效于 lsline。

refline(ax,＿＿＿)：向 ax 所指定坐标区中的图上添加一条参考线。

hline = refline(＿＿＿)：返回参考线对象 hline。在创建参考线后,使用 hline 修改其属性。

【例 4-26】 指定要添加最小二乘线和参考线的坐标区。

```
% 定义用于绘图的 x 变量和两个不同的 y 变量
rng default    % 重复性
x = 1:10;
y1 = x + randn(1,10);
y2 = 2 * x + randn(1,10);
% 将 ax1 定义为图窗的上半部分,ax2 定义为图窗的下半部分。使用 y1 在顶部坐标区
% 中创建第一个散点图,使用 y2 在底部坐标区中创建第二个散点图
figure
ax1 = subplot(2,1,1);
ax2 = subplot(2,1,2);
scatter(ax1,x,y1)
scatter(ax2,x,y2)
% 在顶部绘图上叠加一条最小二乘线,在底部绘图上 y2 值的均值处叠加一条参考线
lsline(ax1)  % 这就等于 refline(ax1)
mu = mean(y2);
refline(ax2,[0 mu])
```

运行程序,效果如图 4-10 所示。

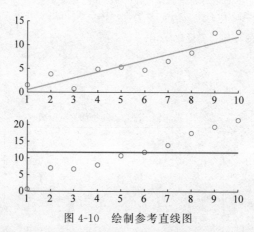

图 4-10　绘制参考直线图

27. refcurve 函数

在 MATLAB 中,refcurve 函数用于绘制一条参考曲线。函数的语法格式为:

h = refcurve(p)：在图中加入一条多项式曲线,h 为曲线的环柄,p 为多项式系数向量,
p＝[p1,p2, p3,…,pn],其中 p1 为最高幂项系数。

【例 4-27】 绘制参考曲线。

```
% 生成具有多项式趋势的数据
p = [1 - 2 - 1 0];
t = 0:0.1:3;
rng default   % 重复性
y = polyval(p,t) + 0.5 * randn(size(t));
% 用 refcurve 绘制数据并添加总体均值函数
```

```
plot(t,y,'ro')
h = refcurve(p);
h.Color = 'r';
%同时加入拟合均值函数
q = polyfit(t,y,3);
refcurve(q)
legend('数据','总体均值','拟合均值','Location','NW')
```

运行程序,效果如图 4-11 所示。

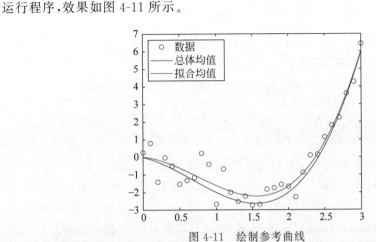

图 4-11 绘制参考曲线

28. capaplot 函数

使用 capaplot 函数可以绘制样本的概率图形。函数的语法格式为:

p = capaplot(data,specs):data 为所给样本数据,specs 为指定范围,p 表示在指定范围内的概率。

提示:该函数返回来自估计分布的随机变量落在指定范围内的概率。

【例 4-28】 绘制数据的样本概率图。

```
>> %从均值为 3,标准差为 0.005 的正常过程中随机生成样本数据
rng default; %重复性
data = normrnd(3,0.005,100,1);
S = capability(data,[2.99 3.01])
S =
包含以下字段的 struct:
        mu: 3.0006
     sigma: 0.0058
         P: 0.9129
        Pl: 0.0339
        Pu: 0.0532
        Cp: 0.5735
       Cpl: 0.6088
       Cpu: 0.5382
       Cpk: 0.5382
%绘制样本概率图形
>> capaplot(data,[2.99 3.01]);   %效果如图 4-12 所示
grid on
```

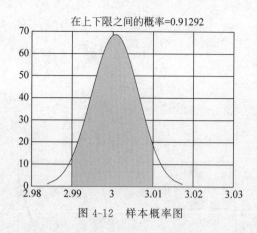

图 4-12 样本概率图

29. fitdist 函数

在 MATLAB 中,提供了 fitdist 函数对数据进行概率分布对象拟合。函数的语法格式为:

pd = fitdist(x, distname):通过对列向量 x 中的数据进行 distname 指定的分布拟合,创建概率分布对象。

pd = fitdist(x, distname, Name, Value):使用一个或多个名称-值对组参数指定的附加选项创建概率分布对象。例如,可以为迭代拟合算法指示删数据或指定控制参数。

[pdca, gn, gl] = fitdist(x, distname, 'By', groupvar):基于分组变量 groupvar 对 x 中的数据进行 distname 指定的分布拟合,以创建概率分布对象。它返回拟合后的概率分布对象的元胞数组 pdca、组标签的元胞数组 gn 以及分组变量水平的元胞数组 gl。

[pdca, gn, gl] = fitdist(x, distname, 'By', groupvar, Name, Value):使用一个或多个名称-值对组参数来指定的附加选项。

【例 4-29】 对分组数据进行正态分布拟合。

```
>> % 加载样本数据,创建包含患者体重数据的向量
>> load hospital
x = hospital.Weight;
>> % 通过对按患者性别分组的数据进行正态分布拟合来创建正态分布对象
gender = hospital.Sex;
[pdca,gn,gl] = fitdist(x,'Normal','By',gender)
pdca =
  1×2 cell 数组
    {1×1 prob.NormalDistribution}    {1×1 prob.NormalDistribution}
gn =
  2×1 cell 数组
    {'Female'}
    {'Male'  }
gl =
  2×1 cell 数组
    {'Female'}
    {'Male'  }
```

元胞数组 pdca 包含两个概率分布对象,分别对应每个性别组。元胞数组 gn 包含两个组标签。元胞数组 gl 包含两个组水平。

```
>> % 查看元胞数组 pdca 中的各个分布,比较各性别的均值 mu 和标准差 sigma
```

```
female = pdca{1}                  % 女性分布
female =
  NormalDistribution
正态分布
        mu = 130.472    [128.183, 132.76]
     sigma = 8.30339    [6.96947, 10.2736]
>> male = pdca{2}                 % 男性分布
male =
  NormalDistribution
正态分布
        mu = 180.532    [177.833, 183.231]
     sigma = 9.19322    [7.63933, 11.5466]
>> % 计算每个分布的 pdf
x_values = 50:1:250;
femalepdf = pdf(female,x_values);
malepdf = pdf(male,x_values);
>> % 对 pdf 绘图,以直观地比较各性别的体重分布
figure
plot(x_values,femalepdf,'LineWidth',2)
hold on
plot(x_values,malepdf,'Color','r','LineStyle',':','LineWidth',2)
legend(gn,'Location','NorthEast')
hold off
```

运行程序,效果如图 4-13 所示。

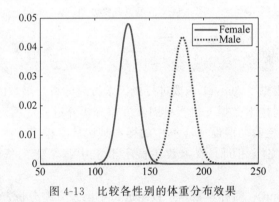

图 4-13　比较各性别的体重分布效果

30. histfit 函数

在 MATLAB 中,使用 histfit 函数可以绘制含有正态拟合曲线的直方图。函数的语法格式为:

histfit(data):绘制 data 中的值的直方图并拟合正态密度函数,直方图的 bin 个数等于 data 中元素个数的平方根。

histfit(data,nbins):使用 nbins 个 bin 绘制直方图,并拟合正态密度函数。

histfit(data,nbins,dist):使用 nbins 个 bin 绘制直方图,并根据 dist 指定的分布拟合密度函数。

h = histfit(____):返回句柄向量 h,其中 h(1)是直方图的句柄,h(2)是密度曲线的句柄。

【例 4-30】　使用正态分布拟合绘制的直方图。

>> % 用均值为 10,方差为 1 的正态分布生成大小为 100 的样本

```
rng default; % 重复性
r = normrnd(10,1,100,1);
>> % 构建具有正态分布拟合的直方图
histfit(r)                                    % 效果如图 4-14 所示
>> % histfit 使用 fitdist 对数据进行分布拟合,使用 fitdist 获得在拟合中使用的参数
pd = fitdist(r,'Normal')
pd =
  NormalDistribution
正态分布
      mu = 10.1231   [9.89244, 10.3537]
   sigma =  1.1624   [1.02059, 1.35033]
```

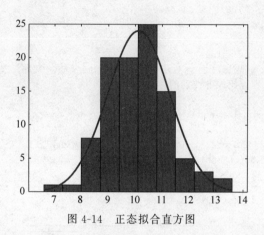

图 4-14 正态拟合直方图

31. anova1 函数

在 MATLAB 中,提供了 anova1 函数进行单因素方差分析。函数的语法格式为:

p = anova1(y):对样本数据 y 执行单因素方差分析并返回 p 值。anova1 将 y 的每一列作为单独的一组。函数检验的假设是,y 列中的样本是从具有相同均值的总体中抽取的,而备择假设是,总体均值不完全相同。该函数还显示了 y 中每个组的框图和标准方差分析表(tbl)。

p = anova1(y,group):对样本数据 y 按组进行单因素方差分析。

p = anova1(y,group,displayopt):是否显示 ANOVA 表和盒图,当 displayopt 为'on(默认)时显示;displayopt 为'off'时,则不显示。

[p,tbl] = anova1(___):返回单元格数组 tbl 中的 ANOVA 表(包括列和行标签)。

[p,tbl,stats] = anova1(___):返回结构 stats,可用于执行多重比较测试。

32. multcompare 函数

在 MATLAB 中,提供了 multcompare 函数实现单因素方差的多重比较检验。函数的语法格式为:

c = multcompare(stats):使用 stats 结构中包含的信息返回多个比较测试的两两比较结果的矩阵 c。multcompare 还显示估计和比较间隔的交互式图形。每一组的平均值用一个符号表示,间隔用从符号延伸出来的一条线表示。间隔不相交时,两组均值有显著差异;如果它们的间隔重叠,则它们之间没有显著差异。

c = multcompare(stats,Name,Value)：使用由一个或多个名称-值对参数指定的附加选项，返回一个两两比较结果的矩阵 c。

[c,m] = multcompare(____)：返回一个矩阵 m，其中包含每组平均值的估计值（或正在比较的统计数据）以及相应的标准误差。

[c,m,h] = multcompare(____)：还返回比较图的句柄 h。

[c,m,h,gnames] = multcompare(____)：还返回一个单元格数组 gnames，其中包含组的名称。

【例 4-31】　实现单因素方差分析的多重比较。

```
% p 值 0.0002 较小,说明梁的强度不相同
% 输入示例数据
strength = [82 86 79 83 84 85 86 87 74 82 …
            78 75 76 77 79 79 77 78 82 79];
alloy = {'st','st','st','st','st','st','st','st', …
         'al1','al1','al1','al1','al1','al1', …
         'al2','al2','al2','al2','al2','al2'};
```

数据来自霍格(1987)对结构梁强度的研究。向量强度以千分之一英寸来衡量在 3000 磅的力下梁的挠度。向量合金识别每个梁为钢(st)、合金 1 (al1)或合金 2 (al2)。

```
% 使用 anova1 执行单向方差分析,返回结构统计信息,其中包含执行多重比较所需的
% 统计信息
[~,~,stats] = anova1(strength,alloy);
```

运行程序，得到 ANOVA 表如图 4-15 所示，得到盒图如图 4-16 所示。

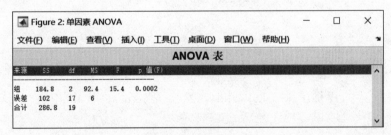

图 4-15　ANOVA 表

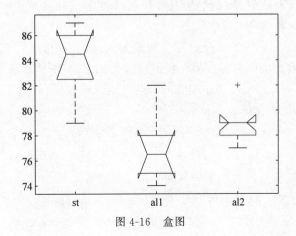

图 4-16　盒图

```
% 对梁的平均强度进行多重比较
[c,∼,∼,gnames] = multcompare(stats);
```

运行程序,效果如图 4-17 所示。

```
% 显示相应组名的比较结果
>> [gnames(c(:,1)), gnames(c(:,2)), num2cell(c(:,3:6))]
ans =
  3×6 cell 数组
    {'st' }    {'al1'}    {[ 3.6064]}    {[ 7]}    {[10.3936]}    {[1.6831e−04]}
    {'st' }    {'al2'}    {[ 1.6064]}    {[ 5]}    {[ 8.3936]}    {[    0.0040]}
    {'al1'}    {'al2'}    {[−5.6280]}    {[−2]}    {[ 1.6280]}    {[    0.3560]}
```

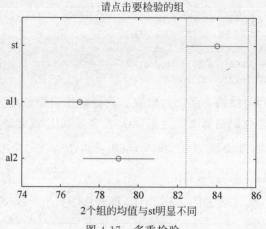

图 4-17   多重检验

33. kruskalwallis 函数

在 MATLAB 中,提供了 kruskalwallis 函数实现 Kruskal-Wallis 检验。函数的语法格式为:

p = kruskalwallis(x):使用 Kruskal-Wallis 检验,返回原假设的 p 值,即矩阵 x 的每一列中的数据来自相同的分布。备择假设是,并非所有样本都来自同一分布。kruskalwallis 还返回一个方差分析表和一个盒图。

p = kruskalwallis(x,group):返回用于检验零假设的 p 值,即分组变量 group 指定的每个分类组中的数据来自相同的分布。另一种假设是,并非所有群体都来自相同的分布。

p = kruskalwallis(x,group,displayopt):返回测试的 p 值,并允许显示或不显示方差分析表和盒图。

[p,tbl,stats] = kruskalwallis(____):还返回 ANOVA 表和包含测试统计信息的结构 stats。

【例 4-32】   测试样本相同的数据的分布。

```
% 创建两个不同的正态概率分布对象:第一种分布是 mu = 0 和 sigma = 1,
% 第二种分布是 mu = 2 和 sigma = 1
pd1 = makedist('Normal');
pd2 = makedist('Normal','mu',2,'sigma',1);
% 从这两个分布中生成随机数来创建一个样本数据矩阵
```

```
rng('default'); % 可重复性
x = [random(pd1,20,2),random(pd2,20,1)];
% 检验原假设,即 x 中每一列的样本数据来自相同的分布
p = kruskalwallis(x)
```

运行程序,得到的 ANOVA 表如图 4-18 所示,得到的盒图如图 4-19 所示。

图 4-18　ANOVA 表

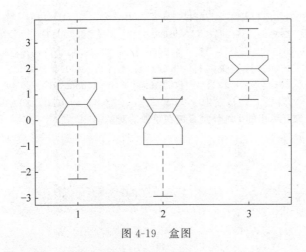

图 4-19　盒图

34. anova2 函数

在 MATLAB 中,提供了 anova2 函数采用平衡设计进行双因素方差分析(ANOVA)。函数的语法格式为:

p = anova2(y,reps):返回用于比较 y 中两个或更多列和两个或更多行观察值的平衡双向方差分析的 p 值。reps 是每个因子组组合的重复次数,必须是恒定的,表明设计是平衡的。对于不平衡的设计,使用 anovan。anova2 函数测试列和行因子为主要影响及其交互影响。为了检验交互效应,reps 必须大于 1。

p = anova2(y,reps,displayopt):当 displayopt 为'on'(默认)时,则显示 ANOVA 表,为'off'时,则不显示 ANOVA 表。

[p,tbl] = anova2(____):返回单元格数组的方差分析表 tbl(包括列和行标签)。

[p,tbl,stats] = anova2(____):返回一个 stats 结构,可以使用该结构执行多个比较测试。

【例 4-33】　对数据实现双因素方差分析。

```
>> % 载入数据
>> % 数据来自一项关于爆米花品牌和爆米花机类型的研究(Hogg 1987)
```

```
>> load popcorn
popcorn
popcorn =
      5.5000      4.5000      3.5000
      5.5000      4.5000      4.0000
      6.0000      4.0000      3.0000
      6.5000      5.0000      4.0000
      7.0000      5.5000      5.0000
      7.0000      5.0000      4.5000
```

```
>> % 进行双因素方差分析,将方差分析表保存在 cell array tbl 中,以便访问结果
>> [p,tbl] = anova2(popcorn,3);    % 效果如图 4-20 所示
>> % 显示包含方差分析表的单元格数组
>> tbl
tbl =
  6×6 cell 数组
    {'来源'}    {'SS'}       {'df'}    {'MS'  }    {'F'       }    {'p 值(F)' }
    {'列'}      {[15.7500]}  {[ 2]}    {[ 7.8750]} {[ 56.7000]}   {[7.6790e-07]}
    {'行'} {[ 4.5000]}      {[ 1]}    {[  4.5000]} {[ 32.4000]}   {[1.0037e-04]}
    {'交互效应'} {[ 0.0833]} {[ 2]} {[  0.0417]}   {[   0.3000]}  {[      0.7462]}
    {'误差'}    {[ 1.6667]}  {[12]}    {[0.1389]}   {0×0 double}   {0×0 double }
    {'合计'}    {[ 22]}      {[17]}    {0×0 double} {0×0 double}   {0×0 double }
```

```
>> % 将因子和因子交互作用的 f 统计量存储在单独的变量中
>> Fbrands = tbl{2,5}
Fbrands =
   56.7000
>> Fpoppertype = tbl{3,5}
Fpoppertype =
   32.4000
>> Finteraction = tbl{4,5}
Finteraction =
    0.3000
```

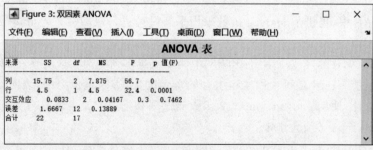

图 4-20　ANOVA 表

35. anovan 函数

在 MATLAB 中,提供了 anovan 函数实现多因素方差分析。函数的语法格式为:

p = anovan(y,group):返回一个 p 值的向量,其中每一个项都用于多路(多因素)方差分析(ANOVA),以测试多因素对向量 y 的平均值的影响。anovan 还显示了一个标准方差分

析表。

p = anovan(y,group,Name,Value)：使用由一个或多个名称-值对参数来指定的附加选项。

[p,tbl] = anovan(____)：同时返回方差分析表 tal(包括因子标签)。

[p,tbl,stats] = anovan(____)：返回可用于执行多重比较测试的 stats 结构，该结构能够确定哪些组的平均值有显著差异。通过提供 stats 结构作为输入，可以使用 multcompare 函数进行这样的测试。

【例 4-34】 对数据进行三因素方差分析，并进行多重比较。

```
>> % 加载示例数据
>> y = [52.7 57.5 45.9 44.5 53.0 57.0 45.9 44.0]';
g1 = [1 2 1 2 1 2 1 2];
g2 = {'hi';'hi';'lo';'lo';'hi';'hi';'lo';'lo'};
g3 = {'may';'may';'may';'may';'june';'june';'june';'june'};
```

以上代码中，y 为响应向量，g1、g2、g3 为分组变量(因子)。每个因素都有两个层次，y 中的每个观察结果都是通过因素层次的组合来确定的。例如，观察 y(1)与因子 g1 的 1 级、因子 g2 的 hi 级、因子 g3 的 may 级的相关性。同样，观察 y(6)与因子 g1 的 2 级、因子 g2 的 hi 级、因子 g3 的 june 级的相关性。

```
>> % 测试所有因素水平的反应是否相同，还要计算多次比较测试所需的统计信息
>> [~,~,stats] = anovan(y,{g1 g2 g3},'model','interaction','varnames',{'g1','g2','g3'});
```

运行程序，效果如图 4-21 所示。

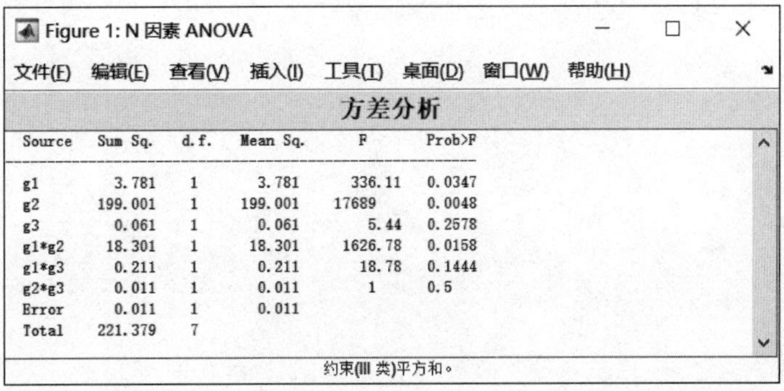

Source	Sum Sq.	d.f.	Mean Sq.	F	Prob>F
g1	3.781	1	3.781	336.11	0.0347
g2	199.001	1	199.001	17689	0.0048
g3	0.061	1	0.061	5.44	0.2578
g1*g2	18.301	1	18.301	1626.78	0.0158
g1*g3	0.211	1	0.211	18.78	0.1444
g2*g3	0.011	1	0.011	1	0.5
Error	0.011	1	0.011		
Total	221.379	7			

约束(III 类)平方和。

图 4-21　ANOVA 表

ANOVA 表中的 p 值为 0.2578，说明 g3 因子"may"和"june"两个水平的平均反应差异不显著。p 值为 0.0347，说明 g1 因子 1、2 两个水平的平均反应差异显著。同样，p 值为 0.0048，说明 g2 因子的"hi"和"lo"两个水平的平均反应差异显著。

```
>> % 进行多重比较检验，找出哪组因素与 g1、g2 有显著差异
>> results = multcompare(stats,'Dimension',[1 2])   % 效果如图 4-22 所示
results =
    1.0000    2.0000   -6.8604   -4.4000   -1.9396    0.0280
    1.0000    3.0000    4.4896    6.9500    9.4104    0.0177
    1.0000    4.0000    6.1396    8.6000   11.0604    0.0143
    2.0000    3.0000    8.8896   11.3500   13.8104    0.0108
    2.0000    4.0000   10.5396   13.0000   15.4604    0.0095
    3.0000    4.0000   -0.8104    1.6500    4.1104    0.0745
```

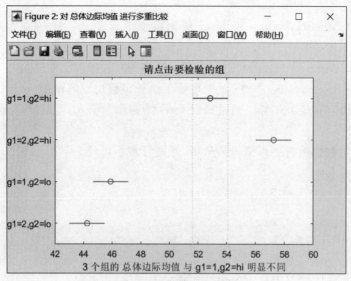

图 4-22 多重比较检验

1. adaptmesh 函数

在 MATLAB 中,提供了 adaptmesh 函数用于生成自适应网格及偏微分方程的解。函数的调用格式为:

$[u,p,e,t] = $ adaptmesh(g,b,c,a,f):求解椭圆偏微分方程,其中 g 为几何区域,b 为边界条件,c、a 和 f 为偏微分方程的系数;输出变量 u 为解向量,p、e、t 为网格数据。

$[u,p,e,t] = $ adaptmesh$(g,b,c,a,f,'$PropertyName$',$PropertyValue,)$: PropertyName 为属性名,PropertyValue 为相应的属性值,其属性见表 5-1。

表 5-1　adaptmesh 属性

属性名	属性值	默认值	说　　明
Maxt	正整数	Inf	生成新三角的最大个数
Ngen	正整数	10	生成三角形网格的最大次数
Mesh	p1,e1,t1	initmesh	初始网格
Tripick	MATLAB 函数	pdeadworst	三角形选择方法
Par	数值	0.5	函数的参数
Rmethod	longest|regular	longest	三角形网格的加密方法
Nonlin	on|off	off	使用非线性求解器
Toln	数值	$1e-4$	非线性允许误差
Init	u0	0	非线性初始值
Jac	Fixed|lumped|full	fixed	非线性 Jacobian 矩阵的计算
Norm	Numeric|inf	inf	非线性残差范数
MesherVersion	'R2013a'|'preR2013a'	'preR2013a'	产生初始网格算法

【例 5-1】 解一个扇面上的 Laplace 方程,并将结果与精确解进行比较。直线上边界条件为 $u=0$,弧上为 Drichet 边界条件 $u=\cos(2/3$atan$2(y,x))$,精密网格使用最大误差标准,直到得到一个具有 699 个三角形的网格。

```
>> clear all;
c45 = cos(pi/4);
L1 = [2 - c45 0  c45 0 1 0 0 0 0]';
L2 = [2 - c45 0 - c45 0 1 0 0 0 0]';
C1 = [1 - c45  c45 - c45 - c45 1 0 0 0 1]';
C2 = [1  c45  c45 - c45  c45 1 0 0 0 1]';
C3 = [1  c45 - c45  c45  c45 1 0 0 0 1]';
g = [L1 L2 C1 C2 C3];
[u,p,e,t] = adaptmesh(g,'cirsb',1,0,0,'maxt',500,'tripick','pdeadworst','ngen',inf);
Number of triangles: 204
Number of triangles: 208
Number of triangles: 217
Number of triangles: 230
Number of triangles: 265
Number of triangles: 274
Number of triangles: 332
Number of triangles: 347
Number of triangles: 460
Number of triangles: 477
Number of triangles: 699
Maximum number of triangles obtained.
% 找出最大绝对误差
x = p(1,:); y = p(2,:);
exact = ((x.^2 + y.^2).^(1/3).*cos(2/3*atan2(y,x)))';
max(abs(u - exact))
ans =
    0.0028
% 此时三角形的数量为:
size(t,2)
ans =
    699
% 绘制网格
pdemesh(p,e,t)                        % 效果如图 5-1 所示
```

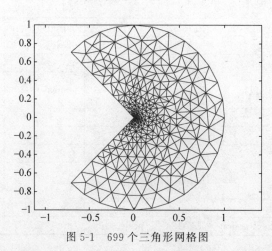

图 5-1　699 个三角形网格图

2. assembleFEMatrices 函数

在 MATLAB 中，新版本逐渐利用 assembleFEMatrices 函数替代 assemb 函数，该函数用于生成边界质量和刚度矩阵。函数的语法格式为：

FEM ＝ assembleFEMatrices(model)：返回包含有限元矩阵的结构数组。模型属性有传热系数、材料属性、边界条件等。

FEM ＝ assembleFEMatrices(model,bcmethod)：使用 bcmethod 指定的方法创建有限元矩阵，并为有限元施加边界条件。

【例 5-2】　创建二维问题的有限元矩阵。

```
>> %建立具有零狄利克雷边界条件的 L 形膜上泊松方程的 PDE 模型
>> model = createpde(1);
geometryFromEdges(model,@lshapeg);
specifyCoefficients(model,'m',0,'d',0,'c',1,'a',0,'f',1);
applyBoundaryCondition(model,'edge',1:model.Geometry.NumEdges,'u',0);
>> %生成一个网格,并获得问题和网格的默认有限元矩阵
>> generateMesh(model,'Hmax',0.2);
FEM = assembleFEMatrices(model)
FEM =
包含以下字段的 struct:
    K: [401×401 double]
    A: [401×401 double]
    F: [401×1 double]
    Q: [401×401 double]
    G: [401×1 double]
    H: [80×401 double]
    R: [80×1 double]
    M: [401×401 double]
    T: [401×401 double]
```

3. solvepde 函数

在 MATLAB 中,逐渐利用 solvepde 函数替代 assempde 函数,用于求解偏微分方程的矩阵。函数的语法格式为：

result ＝ solvepde(model)：返回模型中表示的平稳型偏微分方程的解。平稳型偏微分方程具有 IsTimeDependent ＝ false 的特性,即模型中的时间导数系数为 m 和 d。方程系数必须为 0。

result ＝ solvepde(model,tlist)：返回偏微分方程模型中表示的 PDE 的解决方案。模型中至少有一个时间导数系数 m 或 d,方程系数必须是非零的。

【例 5-3】　求解一个定常问题：L 形膜的泊松方程。

有泊松方程为

$$- \nabla \cdot \nabla u = 1$$

利用工具箱求解器处理该形式的方程为

$$m \frac{\partial^2 u}{\partial t^2} + d \frac{\partial u}{\partial t} - \nabla (c \nabla u) + au = f$$

```
%创建一个 PDE 模型,并包括 L 形膜的几何形状
model = createpde();
geometryFromEdges(model,@lshapeg);
%查看带有边缘标签的几何图形
pdegplot(model,'EdgeLabels','on')          %效果如图 5-2 所示
ylim([-1.1,1.1])
axis equal
```

```
% 在所有边上设置狄利克雷条件
applyBoundaryCondition(model,'dirichlet','Edge',1:model.Geometry.NumEdges,'u',0);
% 在模型中加入泊松方程的系数
specifyCoefficients(model,'m',0,'d',0,'c',1,'a',0,'f',1);
% 对模型进行网格化,求解偏微分方程
generateMesh(model,'Hmax',0.25);
results = solvepde(model);
% 查看解决办法
pdeplot(model,'XYData',results.NodalSolution)    % 效果如图 5-3 所示
```

彩色图片

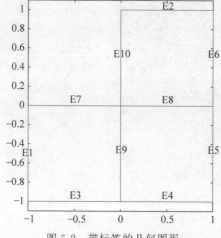

图 5-2　带标签的几何图形

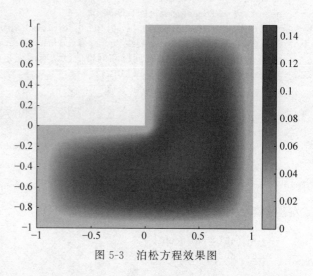

图 5-3　泊松方程效果图

4. solvepdeeig 函数

在 MATLAB 中,利用 solvepdeeig 函数用于求解 PDE 模型中指定的 PDE 特征值问题。函数的语法格式为:

result = solvepdeeig(model,evr):解决模型中特征值在 evr 范围内的 PDE 特征值问题。如果范围不包含任何特征值,solvepdeeig 将返回一个特征值对象,该特征值对象具有空的特征向量、特征值和网格属性。

【例 5-4】　用三维几何解决一个特征值问题。

求解 BracketTwoHoles 几何结构的几种振动模式。弹性方程有三个分量,因此,创建一个包含三个组件的 PDE 模型。

```
% 导入并查看 BracketTwoHoles 几何图形
>> model = createpde(3);
importGeometry(model,'BracketTwoHoles.stl');
pdegplot(model,'FaceLabels','on','FaceAlpha',0.5)
                        % 效果如图 5-4 所示
>> % 设置 F1,并设置为零偏转
>> applyBoundaryCondition(model,'dirichlet',
'Face',1,'u',[0;0;0]);
>> % 设置模型系数表示钢支架
>> E = 200e9; % 钢的弹性模量
```

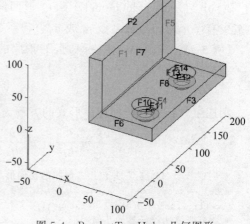

图 5-4　BracketTwoHoles 几何图形

```
nu = 0.3; % 泊松比
specifyCoefficients(model,'m',0, …
                                'd',1, …
                                'c',elasticityC3D(E,nu), …
                                'a',0, …
                                'f',[0;0;0]); % 假设所有物体的力都为零
```

```
>> % 求 1e7 之前的特征值
>> evr = [ − Inf,1e7];
>> % 对模型进行网格化并求解特征值问题
>> generateMesh(model);
results = solvepdeeig(model,evr);
                  Basis = 10,   Time =     4.30,   New conv eig =    0
                  Basis = 11,   Time =     4.38,   New conv eig =    0
                  Basis = 12,   Time =     4.48,   New conv eig =    0
                  Basis = 13,   Time =     4.55,   New conv eig =    0
                  Basis = 14,   Time =     4.67,   New conv eig =    1
                  Basis = 15,   Time =     4.72,   New conv eig =    2
                  Basis = 16,   Time =     4.83,   New conv eig =    2
                  Basis = 17,   Time =     4.89,   New conv eig =    3
                  Basis = 18,   Time =     4.94,   New conv eig =    4
End of sweep: Basis = 18,   Time =     4.95,   New conv eig =    4
                  Basis = 14,   Time =     5.48,   New conv eig =    0
End of sweep: Basis = 14,   Time =     5.48,   New conv eig =    0
>> % solvepdeeig 返回了多少结果
>> length(results.Eigenvalues)
ans =
     3
>> % 在最小特征值的几何边界上绘制解,效果如图 5-5 所示
>> V = results.Eigenvectors;
subplot(2,2,1)
pdeplot3D(model,'ColorMapData',V(:,1,1))
title('x 偏转,模式 1')
subplot(2,2,2)
pdeplot3D(model,'ColorMapData',V(:,2,1))
title('y 偏转,模式 1')
subplot(2,2,3)
pdeplot3D(model,'ColorMapData',V(:,3,1))
title('z 偏转,模式 1')
>> % 绘制最高特征值的解,效果如图 5-6 所示
>> figure
subplot(2,2,1)
pdeplot3D(model,'ColorMapData',V(:,1,3))
title('x 偏转,模式 3')
subplot(2,2,2)
pdeplot3D(model,'ColorMapData',V(:,2,3))
title('y 偏转,模式 3')
subplot(2,2,3)
pdeplot3D(model,'ColorMapData',V(:,3,3))
title('z 偏转,模式 3')
```

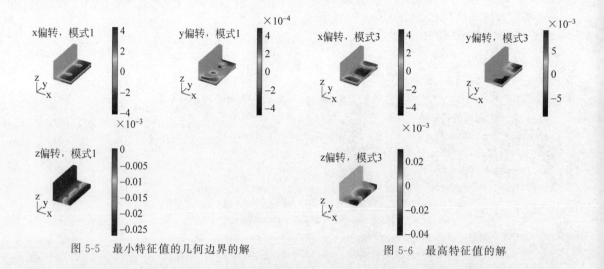

图 5-5　最小特征值的几何边界的解　　　　　图 5-6　最高特征值的解

5. pdenonlin 函数

在 MATLAB 中,提供了 pdenonlin 函数用于求解非线性微分方程。函数的调用格式为:

[u,res]=pdenonlin(b,p,e,t,c,a,f):求定义在 Ω 上的特征值偏微分方程的解,b 为边界条件,p、e、t 为区域的网格数据,c、a、f 为方程的系数,u 为解向量,res 为牛顿步残差向量的范数。

[u,res] = pdenonlin (b, p, e, t, c, a, f, ' PropertyName ' , ' PropertyValue ' , …):
PropertyName 为属性名,PropertyValue 为对应的属性值,其取值见表 5-2。

表 5-2　pdenonlin 属性

属　性　名	属　性　值	默　认　值	说　　明
Jacobian	Fixed│lumped│full	fixed	Jacobian 逼近
u0	字符串或数字	0	估计的初始解
Tol	整数	1e−4	残差值
MaxIter	正整数	25	Guass-Newton 迭代的最大次数
MinStep	正数	1/2^16	搜索方向的最小阻尼
Report	on│off	off	是否输出的收敛信息
Norm	字符串或数字	inf	残差范数

【例 5-5】　求解非线性微分方程 $-\nabla\left(\dfrac{1}{\sqrt{1+|\nabla u|^2}}\nabla u\right)=0, \Omega=\{(x,y)\,|\,x^2+y^2\leqslant 1\}, u=x^2$,方程系数为 $c=\dfrac{1}{\sqrt{1+|\nabla u|^2}}, a=0, f=1$。

```
>> clear all;
% circleg 为 MATLAB 偏微分方程工具箱中自带的边界条件 M 文件
g = 'circleg';
% circleb2 为 MATLAB 偏微分方程工具箱中自带的边界条件 M 文件
b = 'circleb2';
c = '1./sqrt(1 + ux.^2 + uy.^2)';
rtol = 1e − 3;
[p,e,t] = initmesh(g);
```

```
[p,e,t] = refinemesh(g,p,e,t);
u = pdenonlin(b,p,e,t,c,0,0,'Tol',rtol);
pdesurf(p,t,u)
set(gcf,'color','w');
```

运行程序,效果如图 5-7 所示。

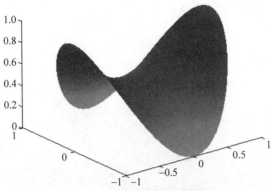

图 5-7 非线性微分方程曲面图

6. pdeellip 函数

在 MATLAB 中,提供了 pdeellip 函数用于绘制椭圆。函数的调用格式为:

pdeellip(xc,yc,a,b,phi):绘制以(xc,yc)为圆心,以 a、b 为半轴的椭圆。椭圆的旋转(弧度)由 phi 给出。

pdeellip(xc,yc,a,b,phi,label):可选项 label 给该椭圆命名(否则将选第一个默认值作为该椭圆名)。

【例 5-6】 利用 pdeellip 函数绘制两个椭圆。

```
>> clear all;
pdeellip(0,0,1,0.3,pi/4)
% 下面代码将第二个椭圆添加到应用程序窗口,而不删除第一个椭圆
>> pdeellip(0,0,1,0.3,pi/2)
```

运行程序,效果如图 5-8 所示。

7. pdecirc 函数

在 MATLAB 中,提供了 pdecirc 函数用于画圆。函数的调用格式为:

pdecirc(xc,yc,radius):用于绘制一个以(xc,yc)为圆心,以 radius 为半径的圆。如果 pdetool GUI 处于被激活状态,可自动激活,且该圆画在一个空的几何模型中。

pdecirc(xc,yc,radius,label):可选项 label 给该圆命名(否则将选第一个默认值作为该圆名)。

【例 5-7】 利用 pdecirc 函数绘制两个半径不相同的圆。

```
>> % 绘制一个圆心为(0,0)、半径为 1 的圆
>> pdecirc(0,0,1)
>> % 再绘制一个圆心为(0,0.25)、半径为 0.5 的圆
>> % pdecirc 命令将第二个循环添加到应用程序窗口,而不删除第一个循环
>> pdecirc(0,0.25,0.5)
```

运行程序,效果如图 5-9 所示。

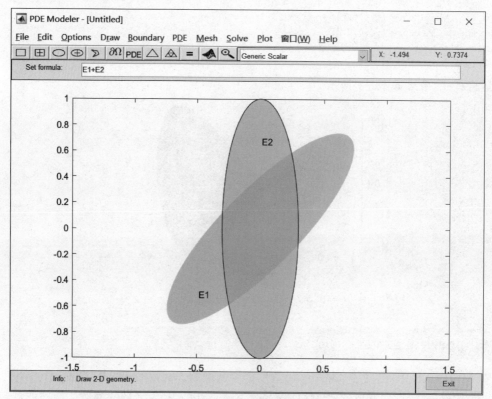

图 5-8 绘制两个椭圆

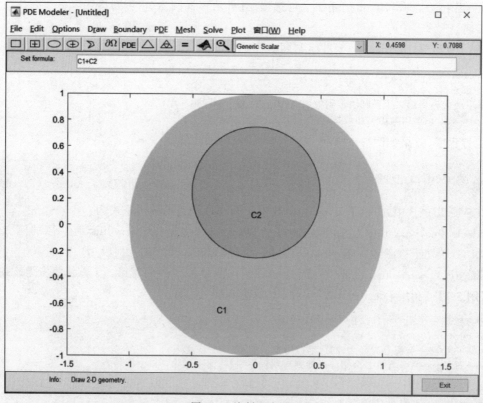

图 5-9 绘制两个圆

8. pdepoly 函数

在 MATLAB 中,提供了 pdepoly 函数用于绘制多边形。函数的调用格式为:

pdepoly(x,y): 绘制一个多边形,顶点坐标由向量 x 和 y 决定。

pdepoly(x,y,label): 可选项 label 将为多边形命令(否则将选择一个默认名)。

【例 5-8】 在 PDE 建模应用程序中绘制多边形。

```
>> % 绘制 1 形膜几何形状的多边形
>> pdepoly([-1 0 0 1 1 -1],[0 0 1 1 -1 -1])
>> % 绘制角为(0.5,0)、(1,-0.5)、(0.5,-1)和(0,-0.5)的菱形区域
>> % pdepoly 命令将第二个多边形添加到应用程序窗口,而不删除第一个多边形
>> pdepoly([0.5 1 0.5 0],[0 -0.5 -1 -0.5])
```

运行程序,效果如图 5-10 所示。

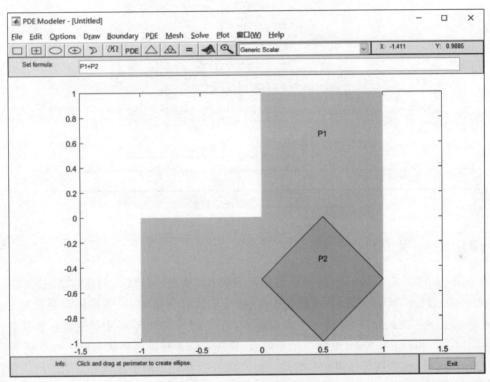

图 5-10 绘制两个多边形

9. pderect 函数

在 MATLAB 中,提供了 pderect 函数用于绘制矩形。函数的调用格式为:

pderect(xy): 绘制一个矩形,顶点坐标由 xy=[xmin,xmax,ymin,ymax]确定。

pderect(xy,label): 可选项 label 给该矩形命名(否则将选第一个默认值作为该矩形名)。

【例 5-9】 在 PDE 建模中绘制两个矩形。

```
>> % 绘制第一个矩形,矩形的角位于(-1,-0.5)、(-1,0.5)、(1,0.5)和(1,-0.5)
>> pderect([-1 1 -0.5 0.5])
>> % 绘制第二个矩形,绘制一个角为(-0.25,-0.25)、(-0.25,0.25)、(0.25,0.25)
```

```
>> % 和(0.25, − 0.25)的正方形,pderect 命令在不删除矩形的情况下将正方形添加到应用程序窗口
>> pderect([ − 0.25 0.25 − 0.25 0.25])
```

运行程序,效果如图 5-11 所示。

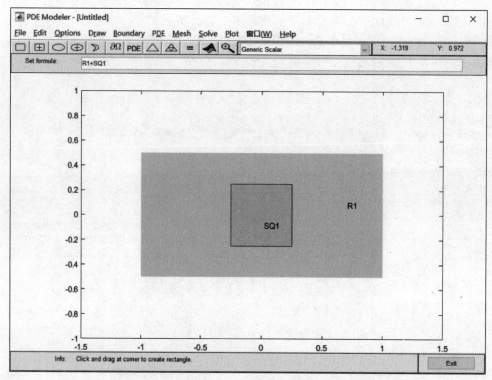

图 5-11　绘制两个矩形

10. decsg 函数

在 MATLAB 中,decsg 函数将固定的几何区域分解为最小区域。函数的调用格式为:

dl = decsg(gd,sf,ns):将几何描述矩阵 gd 分解为几何矩阵 dl,并返回满足集合公式 sf 的最小区域。名称空间矩阵 ns 是一个文本矩阵,它将 gd 中的列与 sf 中的变量名联系起来。

[dl,bt] = decsg(___):返回一个布尔表(矩阵),该表将原始形状与最小区域联系起来。bt 中的列对应于 gd 中具有相同索引的列。bt 中的一行对应于最小区域的索引。可以使用 bt 消除子域之间的边界。

【例 5-10】　利用 decsg 函数将绘制的椭圆进行分解。

```
>> clear all;
e1 = [4;0;0;1;.5;0];            % 椭圆外
e2 = [4;0;0;.5;.25;0];          % 椭圆内
ee = [e1 e2];                   % 两个椭圆
lbls = char('outside','inside'); % 椭圆形标签
lbls = lbls';                   % 更改列
sf = 'outside − inside';        % 采用算法
dl = decsg(ee,sf,lbls)          % 几何分解
pdegplot(dl,'edgeLabels','on');
```

运行程序,效果如图 5-12 所示。

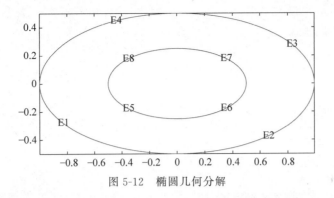

图 5-12　椭圆几何分解

11．initmesh 函数

在 MATLAB 中，提供了 initmesh 函数实现网格化。函数的调用格式为：

[p,e,t]＝initmesh(g)：返回一个三角形网格数据，其中 g 可以是一个分解几何矩阵，也可以是一个 M 文件。

[p，e，t] = initmesh（g，'PropertyName'，PropertyValue，…）：PropertyName 及 PropertyValue 为网格数据的属性名及属性值。

initmesh 函数的相应属性名及属性值见表 5-3。

表 5-3　initmesh 属性

属 性 名	属 性 值	默 认 值	描 述
Hmax	数值	估计值	边界的最大尺寸
Hgrad	数值	1.3	网格增长比率
Box	on|off	off	显示边界框
Init	on|off	off	三角形边界
Jiggle	off|mean|min	mean	调用 jigglemesh
JiggleIter	数值	10	最大迭代次数
MesherVersion	R2013a|preR2013a	preR2013a	产生初始网格算法

12．jigglemesh 函数

在 MATLAB 中，提供了 jigglemesh 函数用于微调三角形网格内部点。函数的调用格式为：

p1＝jigglemesh(p,e,t)：通过调整节点位置来优化三角形网格，以提高网格质量，返回调整后的节点矩阵 p1。

p1 = jigglemesh（p，e，t，'PropertyName'，PropertyValue，…）：PropertyName 及 PropertyValue 为优化网格数据的属性名及属性值，其相应取值见表 5-4。

表 5-4　jigglemesh 属性

属 性 名	属 性 值	默 认 值	描 述
opt	off|mean|min	mean	优化方法
iter	数值	1 或 20	最大迭代次数

【例 5-11】 在 L 形薄膜上创建一个三角形网格,实现先不要晃动,然后再晃动网格。

```
>> % 创建一个三角形网格,效果如图 5-13 所示
>> [p,e,t] = initmesh('lshapeg','jiggle','off');
q = pdetriq(p,t);
pdeplot(p,e,t,'XYData',q,'ColorBar','on','XYStyle','flat')
>> % 对三角形网格进行晃动,效果如图 5-14 所示
>> p1 = jigglemesh(p,e,t,'opt','mean','iter',inf);
q = pdetriq(p1,t);
pdeplot(p1,e,t,'XYData',q,'ColorBar','on','XYStyle','flat')
```

彩色图片

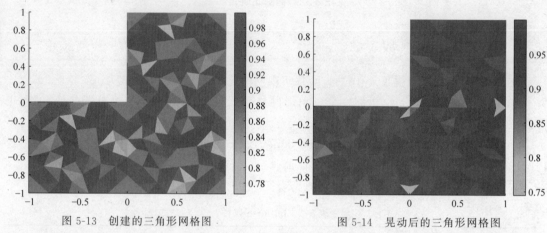

图 5-13 创建的三角形网格图   图 5-14 晃动后的三角形网格图

13. pdemesh 函数

在 MATLAB 中,提供了 pdemesh 函数用于绘制 PDE 三角形网格。函数的调用格式为:

pdemesh(p,e,t):绘制由网格数据 p、e 和 t 定义的网格。

pdemesh(p,e,t,u):用一个网格点绘制 PDE 节点或三角形数据 u。如果 u 为一个列向量,则设为节点数据;如果 u 为一个行向量,则设为三角形数据。

h=pdemesh(…):返回已绘制的坐标对象的句柄 h。

【例 5-12】 利用 pdemesh 函数绘制几何网格图。

```
>> clear all;
[p,e,t] = initmesh('lshapeg');
[p,e,t] = refinemesh('lshapeg',p,e,t);
subplot(121);pdemesh(p,e,t);
title('几何网格');
u = assempde('lshapeb',p,e,t,1,0,1);
subplot(122);pdemesh(p,e,t,u);
title('三角形数据几何网格');
set(gcf,'color','w');
```

运行程序,效果如图 5-15 所示。

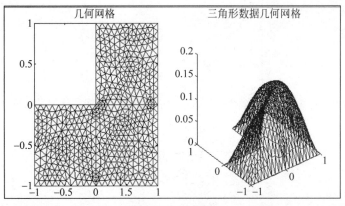

图 5-15　网格图

14. pdesurf 函数

在 MATLAB 中,提供了 pdesurf 函数用于快速绘制 PDE 曲面。函数的调用格式为:

pdesurf(p,t,u):为 PDE 节点或三角形
数据绘制一个 3-D 图。

【例 5-13】　边界(2∂上)条件 $u=0$,利用
pdesurf 函数求解$-\Delta u=1$并绘制曲面图。

```
>> clear all;
[p,e,t] = initmesh('lshapeg');
[p,e,t] = refinemesh('lshapeg',p,e,t);
u = assempde('lshapeb',p,e,t,1,0,1);
pdesurf(p,t,u);
set(gcf,'color','w');
```

运行程序,效果如图 5-16 所示。

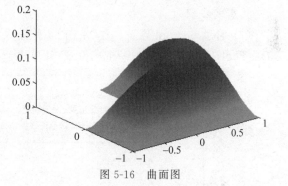

图 5-16　曲面图

15. pdecont 函数

在 MATLAB 中,提供了 pdecont 函数用于快速绘制等高线。函数的调用格式为:

pdecont(p,t,u):绘制 PDE 节点或三角形数据 u 的 10 条水平曲线。如果 u 为一个列向量,则假定为节点数据;如果 u 为一个行向量,则假定为三角形单元数据。

pdecont(p,t,u,n):用 n 个平面作图。

pdecont(p,t,u,v):用给定的 v 个平面作图。

h=pdecont(…):另外为已有的坐标轴对象返回句柄 h。

【例 5-14】　在以 L 形定义的几何层中画方程$-\Delta u=1$解的等高线,边界条件 $u=0$。

```
>> clear all;
[p,e,t] = initmesh('lshapeg');
[p,e,t] = refinemesh('lshapeg',p,e,t);
u = assempde('lshapeb',p,e,t,1,0,1);
pdecont(p,t,u);
```

运行程序,效果如图 5-17 所示。

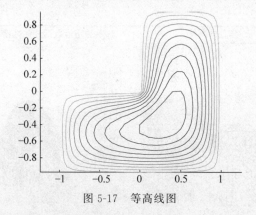

图 5-17　等高线图

16．pdetool 工具箱函数

pdetool 为工具箱函数，主要通过几个实例来介绍这个工具箱函数的相关操作。

【例 5-15】　求解在域 Ω 上泊松方程 $-\Delta U=1$、边界条件 $\partial\Omega$ 上 $U=0$ 的数值解，其中 Ω 是一个单位圆。

其实现步骤为：

（1）启动 pdetool 界面。在 MATLAB 命令行窗口中输入 pdetool，按回车键会弹出一个 PDE Tool 对话框，然后画一个单位圆，并单击 $\boxed{\partial\Omega}$ 图标，弹出如图 5-18 所示的界面。

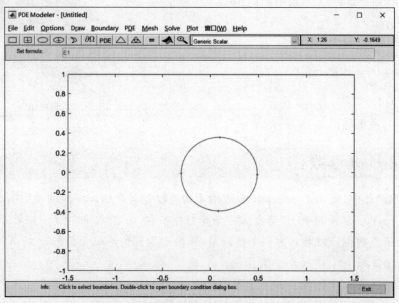

图 5-18　单位圆

（2）选择 Boundary→Specify boundary conditions 命令，然后将边界条件选中为 Dirichlet 条件并设置 h＝1，r＝0，如图 5-19 所示。

（3）单击 PDE 按钮，弹出如图 5-20 所示的对话框。选中 Elliptic（椭圆）按钮并设置 c＝1.0，a＝0.0，f＝1.0。

（4）划分单元。单击三角形按钮，弹出如图 5-21 所示的对话框。继续单击双三角形按钮，弹出如图 5-22 所示的对话框。

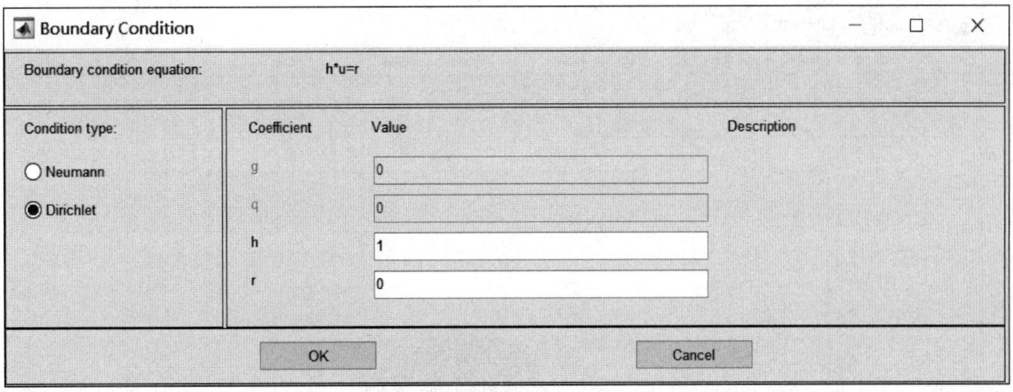

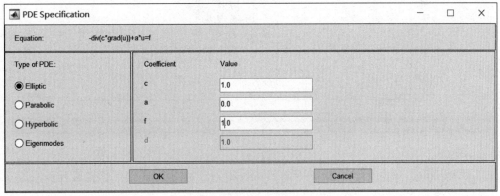

图 5-19 边界条件设置界面

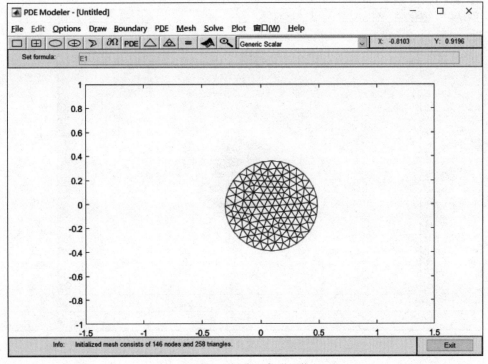

图 5-20 设置偏微分方程类型

图 5-21 划分三角形网格

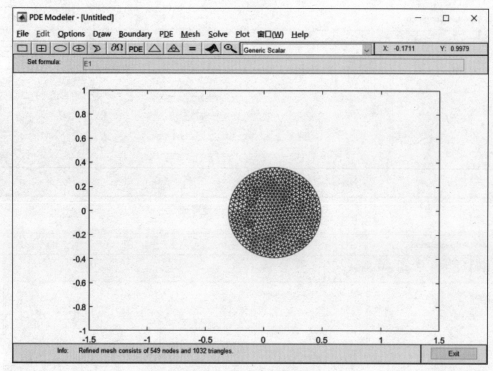

图 5-22 细分三角形网格

（5）求解方程。单击等号按钮，将弹出如图 5-23 所示的对话框，显示出求解方程值的分布。

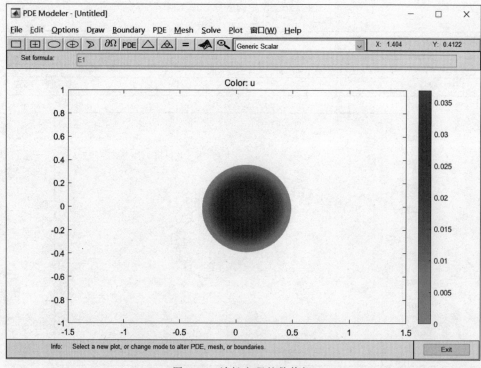

图 5-23 泊松方程的数值解

（6）对比精确解的绝对误差值。选择 Plot→Parameters 命令，将弹出如图 5-24 所示的选择框，在 Property 下选择 user entry 选项，并在其中输入方程的精确解 u−(1−x.^2−y.^2)/4，单击 Plot 按钮，将弹出如图 5-25 所示的绝对误差图。

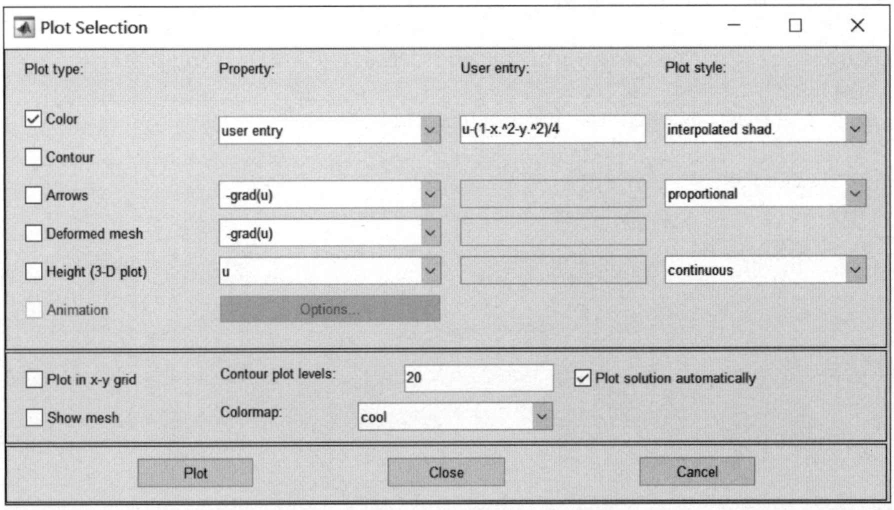

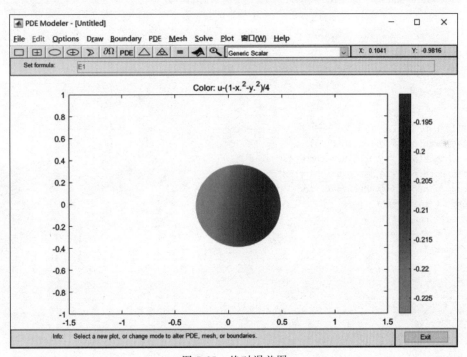

图 5-24　选择框

图 5-25　绝对误差图

（7）选择 File→Save as 命令，选择一个文件存放路径。最后，将结果保存为 M 文件即 m5_15. m，其代码如下所示，以后运行此例时在 MATLAB 命令行窗口执行即可。

```
function pdemodel
[pde_fig,ax] = pdeinit;
pdetool('appl_cb',1);
set(ax,'DataAspectRatio',[1 1 1]);
```

```
set(ax,'PlotBoxAspectRatio',[1.5 1 1]);
set(ax,'XLim',[-1.5 1.5]);
set(ax,'YLim',[-1 1]);
set(ax,'XTickMode','auto');
set(ax,'YTickMode','auto');
% 几何描述
pdeellip(0.093117408906882582,-0.016194331983805821,0.39473684210526316,
    0.37449392712550633,…0,'E1');
set(findobj(get(pde_fig,'Children'),'Tag','PDEEval'),'String','E1')
% 边界条件
pdetool('changemode',0)
pdesetbd(4,…
'dir',…
1,…
'1',…
'0')
pdesetbd(3,…
'dir',…
1,…
'1',…
'0')
pdesetbd(2,…
'dir',…
1,…
'1',…
'0')
pdesetbd(1,…
'dir',…
1,…
'1',…
'0')
% 网格生成
setappdata(pde_fig,'Hgrad',1.3);
setappdata(pde_fig,'refinemethod','regular');
setappdata(pde_fig,'jiggle',char('on','mean',''));
setappdata(pde_fig,'MesherVersion','preR2013a');
pdetool('initmesh')
pdetool('refine')
% PDE 系数:
pdeseteq(1,…
'1.0',…
'0.0',…
'1.0',…
'1.0',…
'0:10',…
'0.0',…
'0.0',…
'[0 100]')
setappdata(pde_fig,'currparam',…
['1.0';…
'0.0';…
'1.0';…
'1.0'])
% 解决参数
setappdata(pde_fig,'solveparam',…
```

```
char('0','1548','10','pdeadworst', …
'0.5','longest','0','1E-4','','fixed','Inf'))
% Plotflags 和用户数据字符串
setappdata(pde_fig,'plotflags',[4 1 1 1 1 1 1 1 0 0 0 1 1 0 0 0 0 1]);
setappdata(pde_fig,'colstring','u-(1-x.^2-y.^2)/4');
setappdata(pde_fig,'arrowstring','');
setappdata(pde_fig,'deformstring','');
setappdata(pde_fig,'heightstring','');
% 求解 PDE
pdetool('solve')
```

【例 5-16】 求在一个矩形域 Ω 上的热方程 $d\dfrac{\partial u}{\partial t}-\Delta u=0$，其边界条件为：在左边界上 $u=100$，在右边界上 $\dfrac{\partial u}{\partial n}=-10$，在其他边界上 $\dfrac{\partial u}{\partial n}=0$，其中 Ω 是一个矩形 R1 与矩形 R2 的差，R1：$[-0.5,-0.5]\times[-0.8,0.8]$，R2：$[-0.05,0.05]\times[-0.4,0.4]$。

其实现步骤为：

(1) 启动 pdetool 界面。在 MATLAB 命令行窗口中输入 pdetool，按回车键会弹出一个 PDE Tool 对话框。选择 Options→Application→Generic Scalar 命令，如图 5-26 所示。

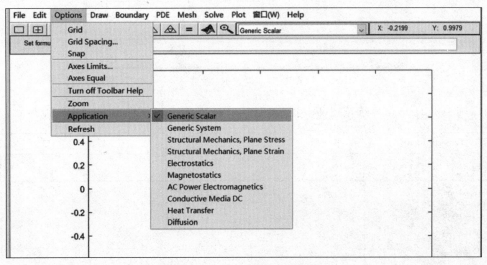

图 5-26 Generic Scalar 选项

(2) 画矩形区域。选择 Draw→Rectangular/Square 命令，画 R1 和 R2，并且分别单击坐标系中的 R1 和 R2 图标设置其大小，具体如图 5-27、图 5-28 及图 5-29 所示。最后在 Set formula 文本框中输入 R1-R2。

(3) 边界条件。选择 Edit→Select All 命令，并选择 Boundry→Boundary Mode→Specify Boundary Conditions 命令，将边界条件选为 Neumann 条件，设置 $\dfrac{\partial u}{\partial n}=0$。然后分别单击最左侧边界和最右侧边界，按照要求设置边界条件。

(4) 设置方程类型。由于热方程是特殊的抛物线方

图 5-27 Grid Spacing 设置框

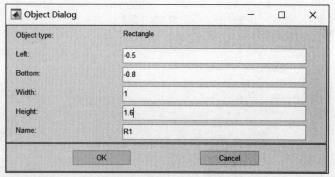

图 5-28　设置 R1 参数

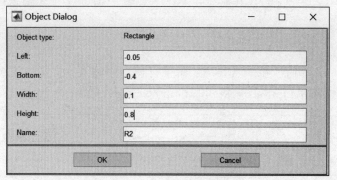

图 5-29　设置 R2 参数

程,所以选中 Parabolic 单选按钮并设置 c=1.0,a=0.0,f=0.0,d=1.0,如图 5-30 所示。

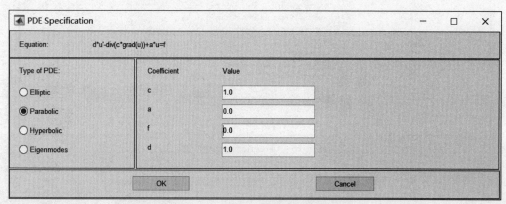

图 5-30　设置偏微分方程类型

(5) 设置时间。选择 Solve→Parameters 命令,然后设置时间,并将 u(t0)设置成 0.0,其他不变,如图 5-31 所示。

(6) 求解热方程。单击图 5-26 中的等号按钮,将弹出如图 5-32 所示的对话框,显示出求解方程值的分布。

选择 File→Save as 命令,选择一个文件存放路径。最后,将结果保存为 M 文件即 m5_16.m,以后运行此例时在 MATLAB 命令行窗口中执行即可。

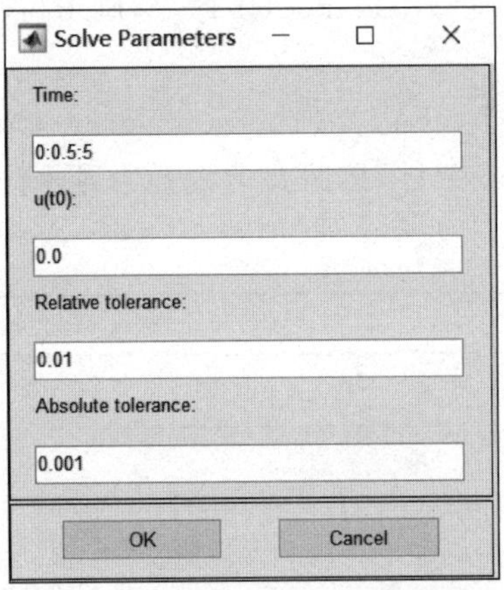

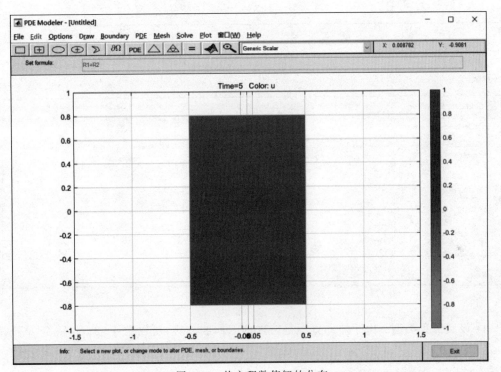

图 5-31　Solve Parameters 设置框

图 5-32　热方程数值解的分布

【例 5-17】　求解在矩形域内的波动方程 $\dfrac{\partial^2 u}{\partial t^2} - \Delta u = 0$，在左、右边界 $u = 0$，在上、下边界

$\dfrac{\partial u}{\partial n} = 0$，另外，要求有初值 $u(t_0)$ 与 $\dfrac{\partial u(t_0)}{\partial t}$，这里从 $t = 0$ 开始，那么 $u(0) = a\tan\left(\cos\left(\dfrac{\pi}{2} x\right)\right)$，从

而 $\dfrac{\partial u(0)}{\partial t} = 3\sin(\pi x)\mathrm{e}^{\sin\left(\frac{\pi}{2} y\right)}$。

其实现步骤为：

（1）启动 pdetool 界面。在 MATLAB 命令行窗口中输入 pdetool，按回车键会弹出一个 PDE Tool 对话框。然后选择 Options→Generic Scalar 命令。

（2）画矩形区域。选择 Draw→Rectangular 命令，画 R1：$(-1,-1),(-1,1),(1,-1)$，$(1,1)$。

（3）边界条件。分别选择上、下边界，选择 Boundary→Specify Boundary Conditions 命令，将边界条件设置为 Neumann 条件，按照要求设置边界条件，如图 5-33 所示。然后分别单击左边界和右边界，按照要求设置边界条件，如图 5-34 所示。

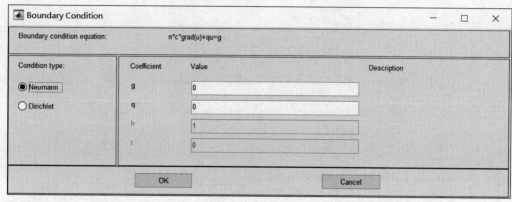

图 5-33　Neumann 条件

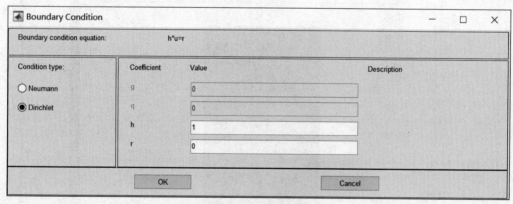

图 5-34　Dirichlet 条件

（4）设置方程类型。由于波动方程是特殊的双曲线方程，所以选中 Hyperbolic 单选按钮并设置 $c=1.0,a=0.0,f=0.0,d=1.0$，如图 5-35 所示。

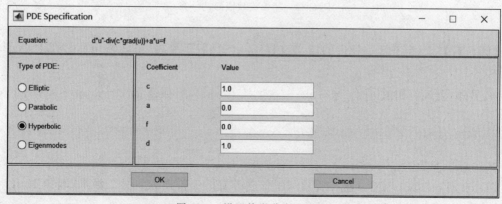

图 5-35　设置偏微分方程类型

（5）设置时间参数。选择 Solve→Parameters 命令，然后在 Time 下输入 linspace(0,5,31)，在 u(t0) 下输入 atan(cos(pi/2 * x))，在 u'(t0) 下输入 3 * sin(pi * x). * exp(sin(pi/2 * y))，其他不变，如图 5-36 所示。

（6）动画效果图。选择 Plot→Parameters 命令，将弹出如图 5-37 所示的对话框，选中 Animation 复选框，然后单击 Options 按钮，将弹出如图 5-38 所示的对话框，选中 Replay movie 复选框，单击 OK 按钮后，会弹出一个动态图像，如图 5-39 所示。

（7）求波动方程。在图 5-37 所示的对话框中取消选中 Animation 复选框，然后单击 Plot 按钮，会弹出如图 5-40 所示的对话框，显示出求解方程值的分布。

选择 File→Save as 命令，选择一个文件存放路径。最后，将结果保存为 M 文件即 m5_17，以后运行此例时在 MATLAB 命令行窗口中执行即可。

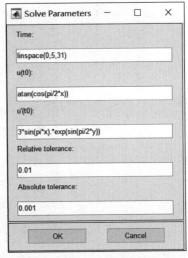

图 5-36　Solve Parameters 设置框

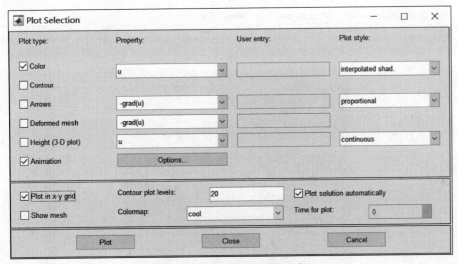

图 5-37　Plot Selection 设置框

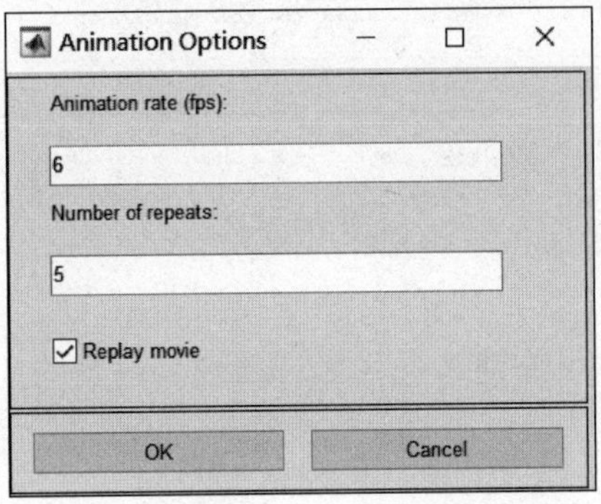

图 5-38　Animation Options 设置框

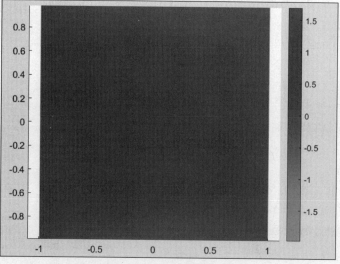

图 5-39　动态图

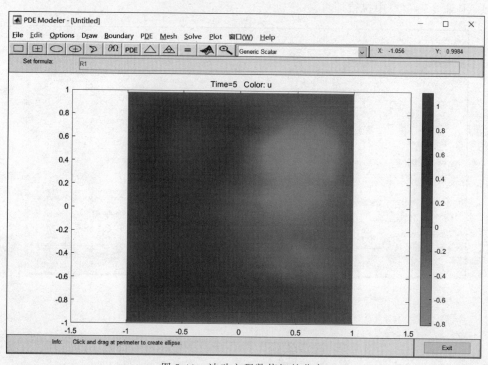

图 5-40　波动方程数值解的分布

【**例 5-18**】　计算特征值小于 100 的特征方程：

$$- \Delta u = \lambda u$$

其中求解区域在 L 形上,拐角点分别是$(0,0),(-1,0),(1,-1),(1,1)$和$(0,1)$,并且边界条件为$u=0$。

具体实现步骤为：

（1）启动 pdetool 界面。在 MATLAB 命令行窗口中输入 pdetool,按回车键会弹出一个 PDE Tool 对话框,然后选择 Options→Generic Scalar 命令。

(2) 画 L 多边形区域,选择 Draw→Rectangular 命令,画 R1 与 R2:(0,0),(-1,0),(-1, -1),(1,-1),(1,1)和(0,1),如图 5-41 所示。

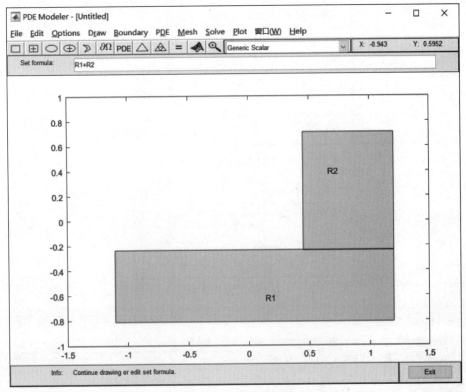

图 5-41　L 多边形区域

(3) 边界条件。选择 Boundary→Specify Boundary Conditions 命令,然后将边界条件选为 Dirichlet 条件,按照要求设置边界条件,如图 5-42 所示。

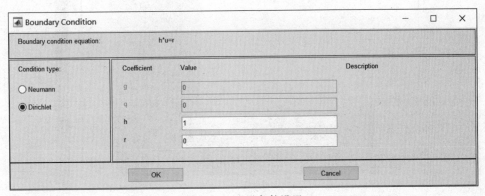

图 5-42　边界条件设置

(4) 设置方程类型。选择 Eigenmodes 单选按钮,并设置 c=1.0,a=0.0,d=1.0,如图 5-43 所示。

(5) 设置特征值范围。选择 Solve→Solve Parameters 命令,然后输入[0 100],如图 5-44 所示。

(6) 求解特征方程。单击等号按钮,将弹出如图 5-45 所示的对话框,显示出求解方程值的分布。

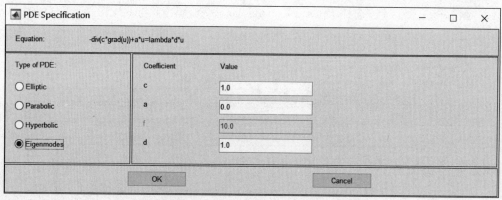

图 5-43　方程类型设置

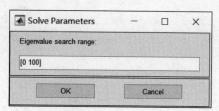

图 5-44　范围设置

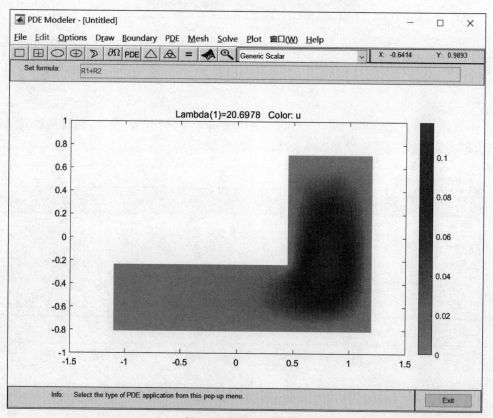

图 5-45　特征方程的解

选择 File→Save as 命令,选择一个文件存放路径。最后,将结果保存为 M 文件即 m5_18,以后运行此例时在 MATLAB 命令行窗口中执行即可。

第6章 优化函数

1. optimset 函数

在 MATLAB 中,提供了 optimset 函数创建或修改优化 options 结构体。函数的语法格式为:

options = optimset(Name,Value):返回 options,其中包含使用一个或多个名称-值对组设置的指定参数。

optimset:显示完整的形参列表及其有效值。

options = optimset:创建 options 结构体 options,其中所有参数设置为[]。

options = optimset(optimfun):创建 options,其中所有参数名称和默认值与优化函数 optimfun 相关。

options = optimset(oldopts,Name,Value):创建 oldopts 的副本,并使用一个或多个名称-值对组修改指定的参数。

options = optimset(oldopts,newopts):合并现有 options 旧结构体 oldopts 和 options 新结构体 newopts。newopts 中拥有非空值的任何参数将覆盖 oldopts 中对应的参数。

【例 6-1】 利用 optimset 创建非默认选项。

```
>> % 为 fminsearch 设置选项,以使用绘图函数并应用比默认值更严格的停止条件
>> options = optimset('PlotFcns','optimplotfval','TolX',1e-7);
>> % 从点(-1,2)开始最小化 Rosenbrock 函数,并使用选项监控最小化过程
>> % Rosenbrock 函数在点(1,1)处有最小值 0
>> fun = @(x)100 * ((x(2) - x(1)^2)^2) + (1 - x(1))^2; % Rosenbrock's 函数
x0 = [-1,2];
[x,fval] = fminsearch(fun,x0,options)
```

运行程序,输出如下,效果如图 6-1 所示。

```
x =
    1.0000    1.0000
fval =
    4.7305e-16
```

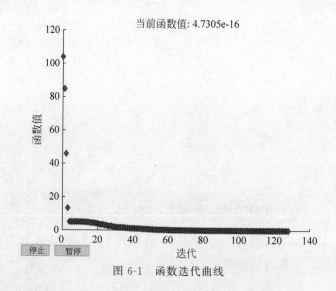

图 6-1　函数迭代曲线

2. optimget 函数

optimget 函数用于获取优化选项参数值。函数的语法格式为：

val = optimget(options,'param')：返回优化 options 结构体中指定参数的值。用户只需输入参数唯一定义名称的几个前导字符即可。参数名称忽略大小写。

如果优化 options 结构体中未定义指定的参数，则 val = optimget(options,'param', default)返回 default。请注意，这种形式的函数主要由其他优化函数使用。

【例 6-2】　利用 optimget 函数获取优化选项参数值。

（1）创建一个名为 options 的优化选项结构，其中显示参数设置为 iter，TolFun 参数设置为 1e-8。

```
>> options = optimset('Display','iter','TolFun',1e-8)
options =
包含以下字段的 struct:
                Display: 'iter'
             MaxFunEvals: []
                 MaxIter: []
                  TolFun: 1.0000e-08
                    TolX: []
             FunValCheck: []
               OutputFcn: []
                 PlotFcns: []
          ActiveConstrTol: []
                Algorithm: []
    AlwaysHonorConstraints: []
          DerivativeCheck: []
              Diagnostics: []
             DiffMaxChange: []
             DiffMinChange: []
             FinDiffRelStep: []
                FinDiffType: []
         GoalsExactAchieve: []
                GradConstr: []
```

```
              GradObj: []
              HessFcn: []
              Hessian: []
              HessMult: []
           HessPattern: []
            HessUpdate: []
       InitBarrierParam: []
  InitTrustRegionRadius: []
              Jacobian: []
             JacobMult: []
          JacobPattern: []
            LargeScale: []
              MaxNodes: []
             MaxPCGIter: []
          MaxProjCGIter: []
             MaxSQPIter: []
               MaxTime: []
          MeritFunction: []
             MinAbsMax: []
       NoStopIfFlatInfeas: []
        ObjectiveLimit: []
     PhaseOneTotalScaling: []
         Preconditioner: []
        PrecondBandWidth: []
          RelLineSrchBnd: []
   RelLineSrchBndDuration: []
          ScaleProblem: []
     SubproblemAlgorithm: []
               TolCon: []
              TolConSQP: []
             TolGradCon: []
                TolPCG: []
              TolProjCG: []
            TolProjCGAbs: []
              TypicalX: []
           UseParallel: []
```

（2）下面的语句创建一个名为 options 的优化结构的备份，用于改变 TolX 参数的值，将新值保存到 optnew 参数中。

```
>> optnew = optimset(options,'TolX',1e - 4);
```

（3）下面的语句返回 options 优化结构，其中包含所有的参数名和与 fminbnd 函数相关的默认值。

```
>> options = optimset('fminbnd');
```

（4）如果希望看到 fminbnd 函数的默认值，只需要简单地输入下面的语句就可以了。

```
>> optimset fminbnd 或 optimset('fminbnd')
```

（5）可以使用下面的命令获取 TolX 参数的值。

```
>> Tol = optimget(options,'TolX')
Tol =
    1.0000e - 04
```

3. fminbnd 函数

在 MATLAB 中,提供了 fminbnd 函数用于查找单变量函数在定区间上的最小值。

fminbnd 是一个一维最小值,用于求由以下条件指定的问题的最小值:

$$\min_x f(x)$$

$$x_1 \leqslant x \leqslant x_2$$

其中 x、x_1 和 x_2 是有限标量,$f(x)$ 是返回标量的函数。

函数的语法格式为:

$x = \text{fminbnd}(\text{fun}, x1, x2)$:返回一个值 x,该值是 fun 中描述的标量值函数在区间 x1< x<x2 中的局部最小值。

$x = \text{fminbnd}(\text{fun}, x1, x2, \text{options})$:使用 options 中指定的优化选项执行最小化计算。使用 optimset 可设置这些选项,它的取值见表 6-1。

表 6-1   options 选项取值

options 的取值	说　明
Display	显示级别: • 'notify'(默认值)仅在函数未收敛时显示输出 • 'off' 或 'none' 不显示输出 • 'iter' 在每次迭代时显示输出 • 'final' 仅显示最终输出
FunValCheck	检查目标函数值是否有效。当目标函数返回的值为 complex 或 NaN 时,默认 'off' 允许 fminbnd 继续。当目标函数返回的值是 complex 或 NaN 时,'on' 设置会引发错误
MaxFunEvals	允许的函数求值的最大次数,为正整数,默认值为 500
MaxIter	允许的迭代最大次数,为正整数,默认值为 500
OutputFcn	以函数句柄或函数句柄的元胞数组的形式来指定优化函数在每次迭代时调用的一个或多个用户定义函数,默认值是"无"([])
PlotFcns	绘制执行算法过程中的各种测量值,从预定义绘图选择值,或记录用户自己的值。传递函数句柄或函数句柄的元胞数组,默认值是"无"([]): • @optimplotx 绘制当前点 • @optimplotfunccount 绘制函数计数 • @optimplotfval 绘制函数值
TolX	关于正标量 x 的终止容差。默认值为 1e−4

$x = \text{fminbnd}(\text{problem})$:求 problem 的最小值,其中 problem 是一个结构体。

$[x, \text{fval}] = \text{fminbnd}(\underline{\quad})$:返回目标函数在 fun 的解 x 处计算出的值。

$[x, \text{fval}, \text{exitflag}] = \text{fminbnd}(\underline{\quad})$:还返回描述退出条件的值 exitflag,其取值见表 6-2。

$[x, \text{fval}, \text{exitflag}, \text{output}] = \text{fminbnd}(\underline{\quad})$:还返回一个包含有关优化的信息的结构体 output,其取值见表 6-3。

表 6-2　exitflag 的取值

exitflag 取值	说　　明
1	函数收敛于解 x
0	迭代次数超出 options. MaxIter 或函数计算次数超过 options. MaxFunEvals
−1	由输出函数或绘图函数停止
−2	边界不一致，这意味着 x1＞x2

表 6-3　output 的取值

output 取值	说　　明
Iterations	执行的迭代次数
funcCount	函数计算次数
Algorithm	'golden section search, parabolic interpolation'
message	退出消息

【例 6-3】　监视 fminbnd 计算函数 $\sin(x)$ 在区间 $0＜x＜2\pi$ 内的最小值时所采用的步骤。

```
>> fun = @sin;
x1 = 0;
x2 = 2 * pi;
options = optimset('Display','iter');
x = fminbnd(fun,x1,x2,options)
```

运行程序，输出如下：

```
Func - count     x          f(x)         Procedure
     1        2.39996     0.67549        initial
     2        3.88322    − 0.67549       golden
     3        4.79993    − 0.996171      golden
     4        5.08984    − 0.929607      parabolic
     5        4.70582    − 0.999978      parabolic
     6        4.7118       − 1           parabolic
     7        4.71239      − 1           parabolic
     8        4.71236      − 1           parabolic
     9        4.71242      − 1           parabolic
```

优化已终止：当前的 x 满足使用 $1.000000\mathrm{e}-04$ 的 OPTIONS. TolX 的终止条件。

```
x =
    4.7124
```

4. linprog 函数

在 MATLAB 中，提供了 linprog 函数用于求解线性规划问题。函数的语法格式为：

$x = \mathrm{linprog}(f,A,b)$：在 $A * x \leqslant b$ 的约束条件下求解线性问题。

$x = \mathrm{linprog}(f,A,b,Aeq,beq)$：在 $Aeq * x = beq$ 与 $A * x \leqslant b$ 的条件下求解线性问题，如果没有不等式存在，A,b 可以为空"[]"。

$x = \mathrm{linprog}(f,A,b,Aeq,beq,lb,ub)$：定义了 x 的上界与下界 $lb \leqslant x \leqslant ub$。如果没有等式存在，Aeq,beq 为空"[]"。

$x = \mathrm{linprog}(f,A,b,Aeq,beq,lb,ub,x0)$：设置起始点为 x0，其可以是标量、向量或是矩阵。

$x = \mathrm{linprog}(f,A,b,Aeq,beq,lb,ub,x0,options)$：设置可选参数的值 options 而不是采用默认值。

$x = \mathrm{linprog}(problem)$：求解 problem 线性优化问题。

$[x,fval] = \mathrm{linprog}(\cdots)$：同时返回目标函数的最优值，即 $fval = f * x$。

$[x, fval, exitflag] = linprog(\cdots)$：exitflag 为返回的终止迭代信息。

$[x, fval, exitflag, output] = linprog(\cdots)$：output 为输出关于优化算法的信息。

$[x, fval, exitflag, output, lambda] = linprog(\cdots)$：lambda 为输出各种约束对应的 Lagrange 乘子,其为一个结构体变量。它的属性如下：

- lambda. lower：lambda 的下界。
- lambda. upper：lambda 的上界。
- lambda. ineqlin：lambda 的线性不等式。
- lambda. eqlin：lambda 的线性等式。

【例 6-4】 某厂生产甲、乙两种产品,已知制成 1t 产品甲需用 A 资源 3t,B 资源 $4m^3$；制成 1t 产品乙需用 A 资源 2t,B 资源 $6m^3$,C 资源 7 个单位。如果 1t 产品甲和乙的经济价值分别为 7 万元和 5 万元,3 种资源的限制量分别为 80t、220t 和 230t,试分析应生产这两种产品各多少吨才能使创造的总经济价值最高。

根据题意,设置代码如下：

```
>> clear all;
f = [ - 7; - 5];
A = [3 2;4 6;0 7];
b = [80;220;230];
lb = zeros(2,1);
% 调用 linprog 函数
[x,fval,exiflag,output,lambda] = linprog(f,A,b,[],[],lb)
```

运行程序,输出如下：

```
x =
    4.7619
   32.8571
fval =
 - 197.6190
exiflag =
     1
output =
包含以下字段的 struct:
        iterations: 2
constrviolation: 1.4211e - 14
           message: 'Optimal solution found.'
         algorithm: 'dual - simplex'
     firstorderopt: 3.3159e - 14
lambda =
包含以下字段的 struct:
     lower: [2 × 1 double]
     upper: [2 × 1 double]
     eqlin: []
ineqlin: [3 × 1 double]
```

【例 6-5】 某工厂生产 A 和 B 两种产品,它们需要经过 3 种设备的加工,其工时见表 6-4。设备一、二和三每天可使用的时间分别不超过 11 小时、9 小时和 12 小时。产品 A 和 B 的利润随市场的需求有所波动,如果预测未来某个时期内 A 和 B 的利润分别为 5000 元/吨和 3000 元/吨,则在那个时期内,每天应生产产品 A、B 各多少吨才能使工厂获得最大利润？

表 6-4 生产产品工时表

产　　品	设备一	设备二	设备三
生产1吨产品 A 的时间/小时	4	5	6
生产1吨产品 B 的时间/小时	3	4	3
设置每天最多可工作时数/小时	11	9	12

由题意可实现代码如下：

```
>> clear all;
f = [ - 5; - 3];
A = [4 3;5 4;6 3];
b = [11;9;12];
lb = zeros(2,1);
% 调用 linprog 函数
[x,fval,exiflag,output,lambda] = linprog(f,A,b,[],[],lb)
```

运行程序，输出如下：

```
Optimal solution found.
x =
    1.8000
        0
fval =
    - 9.0000
exiflag =
    1
output =
包含以下字段的 struct:
        iterations: 4
constrviolation: 0
            message: 'Optimal solution found.'
          algorithm: 'dual - simplex'
      firstorderopt: 2.2204e - 16
lambda =
包含以下字段的 struct:
      lower: [2 × 1 double]
      upper: [2 × 1 double]
      eqlin: []
ineqlin: [3 × 1 double]
```

5. fminunc 函数

在 MATLAB 中，提供了 fminunc 函数用于求解比较复杂的优化问题，可计算一个无约束多元函数的最小值，使用的算法包括 Large-Scale Algorithm（大规模算法）和 Medium-Scale Algorithm（中等规模算法）。函数的调用格式为：

$x = \text{fminunc}(\text{fun},x0)$：x0 为初始点，fun 为目标函数的表达式字符串或 MATLAB 自定义函数的函数柄，x 为返回目标函数的局部极小点。

$x = \text{fminunc}(\text{fun},x0,\text{options})$：options 为指定的优化参数。

$x = \text{fminunc}(\text{problem})$：求解非线性规划 problem 问题。

$[x,\text{fval}] = \text{fminunc}(\cdots)$：fval 为返回相应的最优值。

$[x,\text{fval},\text{exitflag}] = \text{fminunc}(\cdots)$：exitflag 为返回算法的终止标志。

$[x,fval,exitflag,output] = fminunc(\cdots)$：output 为输出关于算法的信息变量。

$[x,fval,exitflag,output,grad] = fminunc(\cdots)$：grad 为输出目标函数在解 x 处的梯度值。

$[x,fval,exitflag,output,grad,hessian] = fminunc(\cdots)$：hessian 为输出目标函数在解 x 处的 Hessian 矩阵。

【例 6-6】 利用 fminunc 函数求解以下非线性规划问题。

$$\min f(x) = 3x_1^2 + 2x_1 x_2 + x_2^2$$

根据需要，编写非线性规划问题的.m 文件，代码如下：

```
function [f,g] = m6_6a(x)
f = 3 * x(1)^2 + 2 * x(1) * x(2) + x(2)^2;      % 目标函数
if nargout > 1
    g(1) = 6 * x(1) + 2 * x(2);
    g(2) = 2 * x(1) + 2 * x(2);
end
```

调用 fminunc 函数求解问题，代码如下：

```
>> clear all;
options = optimoptions('fminunc','GradObj','on');
x0 = [1,1];
[x,fval,exitflag,output,grad,hessian] = fminunc(@m6_6a,x0,options)
```

运行程序，输出如下：

```
x =
   1.0e-15 *
    0.3331   - 0.4441
fval =
   2.3419e-31
exitflag =
     1
output =
         iterations: 1
          funcCount: 2
cgiterations: 1
       firstorderopt: 1.1102e-15
           algorithm: 'large - scale: trust - region Newton'
             message: [1x496 char]
constrviolation: []
grad =
   1.0e-14 *
     0.1110
   - 0.0222
hessian =
   (1,1)        6
   (2,1)        2
   (1,2)        2
   (2,2)        2
```

6. fminsearch 函数

在 MATLAB 中，可利用 fminsearch 函数使用无导数法计算无约束 $\min\limits_{x} f(x)$ 的多变量函数的最小值，其中 $f(x)$ 是返回标量的函数，x 是向量或矩阵。函数的语法格式为：

$x = \text{fminsearch}(\text{fun}, x0)$：在点 x0 处开始并尝试求 fun 中描述的函数的局部最小值 x。

$x = \text{fminsearch}(\text{fun}, x0, \text{options})$：使用结构体 options 中指定的优化选项求最小值。使用 optimset 可设置这些选项。

$x = \text{fminsearch}(\text{problem})$：求 problem 的最小值，其中 problem 是一个指定为表 6-5 所列的字段的结构体。

$[x, \text{fval}] = \text{fminsearch}(\underline{\quad})$：在 fval 中返回目标函数 fun 在解 x 处的值。

$[x, \text{fval}, \text{exitflag}] = \text{fminsearch}(\underline{\quad})$：还返回描述退出条件的值 exitflag，其取值见表 6-6。

表 6-5　problem 取值

字段名称	条目
objective	目标函数
x0	x 的初始点
solver	'fminsearch'
options	Options 结构体，如 optimset 返回的结构体

表 6-6　exitflag 取值

取值	说明
1	函数收敛于解 x
0	迭代次数超出 options.MaxIter 或函数计算次数超过 options.MaxFunEvals
−1	算法由输出函数终止

$[x, \text{fval}, \text{exitflag}, \text{output}] = \text{fminsearch}(\underline{\quad})$：还会返回结构体 output 以及有关优化过程的信息，其取值见表 6-7。

表 6-7　output 取值

取值	说明
iterations	迭代次数
funcCount	函数计算次数
algorithm	'Nelder-Mead simplex direct search'
message	退出消息

【例 6-7】　利用 fminsearch 函数计算 Rosenbrock 函数的最小值。

$$\min f(x) = 100(x_2 - x_1^2)^2 + (a - x_1)^2$$

该函数的最小值在 $x = [1, 1]$ 处，最小值为 0。将起始点设置为 $x0 = [-1.2, 1]$ 并使用 fminsearch 计算 Rosenbrock 函数的最小值。

```
>> fun = @(x)100 * (x(2) - x(1)^2)^2 + (1 - x(1))^2;
x0 = [-1.2,1];
[x,fval,exitflag,output] = fminsearch(fun,x0)
```

运行程序，输出如下：

```
x =
    1.0000    1.0000
fval =
    8.1777e-10
exitflag =
    1
output =
包含以下字段的 struct:
    iterations: 85
     funcCount: 159
     algorithm: 'Nelder-Mead simplex direct search'
       message: '优化已终止：当前的 x 满足使用 1.000000e-04 的 OPTIONS.TolX 的终止条件,
  F(X) 满足使用 1.000000e-04 的 OPTIONS.TolFun 的收敛条件'
```

7. lsqnonneg 函数

在 MATLAB 中,提供了 lsqnonneg 函数求解以下非负线性最小二乘曲线拟合问题:

$$\min_x \| C \cdot x - d \|_2^2, \quad x > 0$$

函数的语法格式为:

x = lsqnonneg(C,d):返回在 x≥0 的约束下,使得 norm(C * x−d) 最小的向量 x。参数 C 和 d 必须为实数。

x = lsqnonneg(C,d,options):使用结构体 options 中指定的优化选项求最小值。使用 optimset 可设置这些选项,options 结构中的字段值见表 6-8。

表 6-8　options 结构中的字段值

取值	说　　明
Display	显示级别: • 'notify'(默认值)仅在函数未收敛时显示输出 • 'off' 或 'none' 不显示输出 • 'final' 仅显示最终输出
TolX	关于正标量 x 的终止容差。默认值为 10 * eps * norm(C,1) * length(C)

x = lsqnonneg(problem):求 problem 的最小值,其中 problem 是一个结构体,其取值见表 6-9。

[x, resnorm, residual] = lsqnonneg(＿＿＿):还返回残差的 2−范数平方值 norm(C * x−d)^2 以及残差 d−C * x。

[x,resnorm,residual,exitflag,output] = lsqnonneg(＿＿＿):还返回描述 lsqnonneg 的退出条件的值 exitflag,取值见表 6-10,以及提供优化过程信息的结构体 output,其取值见表 6-11。

表 6-9　problem 字段的结构体

取值	说　　明
c	实矩阵
d	实数向量
solver	'lsqnonneg'
options	Options 结构体,如 optimset 返回的结构体

表 6-10　exitflag 取值

取值	说　　明
1	函数收敛于解 x
0	迭代次数超出 options. MaxIter

表 6-11　output 取值

取值	说　　明
iterations	执行的迭代次数
algorithm	'active-set'
message	退出消息

[x,resnorm,residual,exitflag,output,lambda] = lsqnonneg(＿＿＿):还返回 Lagrange 乘数向量 lambda。

【例 6-8】　计算线性最小二乘问题的非负解,并将结果与无约束问题的解进行比较。

```
>> % 为问题 min‖Cx−d‖ 准备 C 矩阵和 d 向量
>> C = [0.0372    0.2869;0.6861    0.7071
       0.6233    0.6245;0.6344    0.6170];
d = [0.8587;0.1781;0.0747;0.8405];
```

```
>> % 计算有约束和无约束的解
>> x = lsqnonneg(C,d)
x =
         0
    0.6929
>> % 检验
>> xunc = C\d
xunc =
   - 2.5627
    3.1108
```

由结果可看到,x 中的所有项均为非负数,但 xunc 中某些项为负数。

```
>> % 计算两个解的残差范数
>> constrained_norm = norm(C * x - d)
constrained_norm =
    0.9118
>> unconstrained_norm = norm(C * xunc - d)
unconstrained_norm =
    0.6674
```

无约束解的残差范数较小,因为约束只会增加残差范数。

8. quadprog 函数

如果某非线性规划的目标函数为自变量的二次函数,约束条件全是线性函数,就称这种规划为二次规划。在 MATLAB 中,提供了 quadprog 函数求解二次规划问题。函数的语法格式为:

x = quadprog(H,f):其中 H 为二次规划目标函数中的 H 矩阵,f 为给定的目标函数。

x = quadprog(H,f,A,b):其中 H、f、A、b 为标准形式中的参数,x 为目标函数的最小值。

x = quadprog(H,f,A,b,Aeq,beq):Aeq、beq 满足等式约束条件 Aeq. x＝beq。

x = quadprog(H,f,A,b,Aeq,beq,lb,ub):lb、ub 分别为解 x 的下界与上界。

x = quadprog(H,f,A,b,Aeq,beq,lb,ub,x0):x0 为设置的初始。

x = quadprog(H,f,A,b,Aeq,beq,lb,ub,x0,options):options 为指定的优化参数。

x = quadprog(problem):求解二次线性规划问题 problem。

[x,fval] = quadprog(…):fval 为目标函数最优值。

[x,fval,exitflag] = quadprog(…):exitflag 为输出终止迭代的条件信息。

[x,fval,exitflag,output] = quadprog(…):output 为输出关于算法的信息,其为一个结构体变量。

[x,fval,exitflag,output,lambda] = quadprog(…):lambda 为 Lagrange 乘子。

【例 6-9】 利用 quadprog 函数求解二次规划问题 $\frac{1}{2} x^{\mathrm{T}} H x + f^{\mathrm{T}} x$,其中 $H =$
$\begin{bmatrix} 2 & 1 & -1 \\ 1 & 3 & \frac{1}{2} \\ -1 & \frac{1}{2} & 5 \end{bmatrix}, f = \begin{bmatrix} 4 \\ -7 \\ 12 \end{bmatrix}$。

实现的 MATLAB 代码如下：

```
>>H = [2 1 -1
    1 3 1/2
    -1 1/2 5];
f = [4; -7;12];
lb = zeros(3,1);
ub = ones(3,1);
%设置选项来显示求解器的迭代进程
options = optimoptions('quadprog','Display','iter');
%调用具有四个输出的 quadprog
[x fval,exitflag,output] = quadprog(H,f,[],[],[],[],lb,ub,[],options)
```

运行程序,输出如下：

Iter	Fval	Primal Infeas	Dual Infeas	Complementarity
0	2.691769e + 01	1.582123e + 00	1.712849e + 01	1.680447e + 00
1	- 3.889430e + 00	0.000000e + 00	8.564246e - 03	9.971731e - 01
2	- 5.451769e + 00	0.000000e + 00	4.282123e - 06	2.710131e - 02
3	- 5.499997e + 00	0.000000e + 00	1.221903e - 10	6.939689e - 07
4	- 5.500000e + 00	0.000000e + 00	5.842173e - 14	3.469847e - 10

```
x =
    0.0000
    1.0000
    0.0000
fval =
    - 5.5000
exitflag =
    1
output =
包含以下字段的 struct:
        message: '⌐Minimum found that satisfies the constraints. ⌐Optimization completed
because the objective function is non - decreasing in ⌐feasible directions, to within the value of
the optimality tolerance, ⌐and constraints are satisfied to within the value of the constraint
tolerance. ⌐< stopping criteria details >⌐Optimization completed: The relative dual feasibility,
4.868477e - 15, ⌐is less than options.OptimalityTolerance = 1.000000e - 08, the complementarity
measure, ⌐3.469847e - 10, is less than options. OptimalityTolerance, and the relative maximum
constraint ⌐violation, 0.000000e + 00, is less than options. ConstraintTolerance = 1.000000e -
08.⌐'
        algorithm: 'interior - point - convex'
    firstorderopt: 1.5921e - 09
constrviolation: 0
        iterations: 4
linearsolver: 'dense'
cgiterations: []
```

9. fmincon 函数

在有约束最优化问题中,通常要将该问题转换为更简单的子问题,这些子问题可以求解并作为迭代过程的基础。早期的方法通常是通过构造惩罚函数来将有约束最优化问题转换为无约束最优化问题进行求解。现在,这些方法已经被更有效的基于 K-T(Kuhn-Tucker)方程解的方法所取代。

在 MATLAB 中提供 fmincon 函数求多变量有约束非线性函数的最小值。函数的语法格式为：

x＝fmincon(fun,x0,A,b)：fun 为目标函数,x0 为初始值,A、b 满足线性不等式约束 Ax≤b,若没有不等式约束,则取 A＝[],b＝[]。

x＝fmincon(fun,x0,A,b,Aeq,beq)：Aeq、beq 满足等式约束 Aeqx＝beq,若没有,则取 Aeq＝[],beq＝[]。

x＝fmincon(fun,x0,A,b,Aeq,beq,lb,ub)：lb、ub 满足 lb≤x≤ub,若没有界,可设 lb＝[],ub＝[]。

x＝fmincon(fun,x0,A,b,Aeq,beq,lb,ub,nonlcon)：nonlcon 参数的作用是通过接收向量 x 来计算不等式约束 C(x)≤0 和非线性等式约束 Ceq(x)＝0 分别在 x 处的 C 和 Ceq,通过指定函数柄来使用。例如:

```
x = fmincon(@fun,x0,A,b,Aeq,beq,lb,ub,@mycon)
```

先建立非线性约束函数,并保存为 mycon.m。

```
function [C,Ceq] = mycon(x)
C = …                          % 计算 x 处的非线性不等式约束 C(x)≤0 的函数值
Ceq = …                        % 计算 x 处的非线性等式约束 Ceq(x) = 0 的函数值
```

x＝fmincon(fun,x0,A,b,Aeq,beq,lb,ub,nonlcon,options)：options 为指定优化参数选项。

x＝fmincon(problem)：求解约束非线性优化问题 problem。

[x,fval]＝fmincon(…)：fval 为返回的相应目标函数的最优值。

[x,fval,exitflag]＝fmincon(…)：exitflag 为输出终止迭代的条件信息。

[x,fval,exitflag,output]＝fmincon(…)：output 为输出关于算法的信息,其为一个结构体变量。

[x,fval,exitflag,output,lambda]＝fmincon(…)：lambda 为 Lagrange 乘子。

[x,fval,exitflag,output,lambda,grad]＝fmincon(…)：grad 表示目标函数在 x 处的梯度。

[x,fval,exitflag,output,lambda,grad,hessian]＝fmincon(…)：hessian 为输出目标函数在解 x 处的 Hessian 矩阵。

【例 6-10】 找到使函数 $f(x)＝-x_1 x_2 x_3$ 最小化的值,其中 $0≤x_1+2x_2+2x_3≤72$。

根据需要编写函数代码如下:

```
function f = m6_9a(x)
f = - x(1) * x(2) * x(3);
```

调用 fmincon 函数求解:

```
x0 = [10;10;10];                % 初值
A = [-1 -2 -2;1 2 2];
b = [0;72];
[x,fval,exitflag] = fmincon(@m6_9a,x0,A,b)
```

运行程序,输出如下:

```
x =
   24.0000
   12.0000
   12.0000
fval =
  - 3.4560e + 03
exitflag =
    1
```

10. fgoalattain 函数

x = fgoalattain(fun,x0,goal,weight)：以 x0 为初始点求解无约束的多目标规划问题,其中 fun 为目标函数向量,goal 为想要达到的目标函数值向量,weight 为权重向量,一般取 weight＝abs(goal)。

x = fgoalattain(fun,x0,goal,weight,A,b)：以 x0 为初始点求解有线性不等式约束 $Ax \leqslant b$ 的多目标规划问题。

x = fgoalattain(fun,x0,goal,weight,A,b,Aeq,beq)：以 x0 为初始点求解有线性不等式与等式约束：$Ax \leqslant b$,Aeq. x＝beq 的多目标规划问题。

x = fgoalattain(fun,x0,goal,weight,A,b,Aeq,beq,lb,ub)：以 x0 为初始点求解有线性不等式约束、线性等式约束以及边界约束 $lb \leqslant x \leqslant ub$ 的多目标规划问题。

x = fgoalattain(fun,x0,goal,weight,A,b,Aeq,beq,lb,ub,nonlcon)：nonlcon 为定义的非线性约束条件,定义如下：

```
function [c1,c2,gc1,gc2] = nonlcon(x)
c1 = …                      % x 处的非线性不等式约束
c2 = …                      % x 处的非线性等式约束
if nargout > 2              % 被调用的函数有 4 个输出变量
    gc1 = …                 % 非线性不等式约束在 x 处的梯度
    gc2 = …                 % 非线性等式约束在 x 处的梯度
end
```

x = fgoalattain(fun,x0,goal,weight,A,b,Aeq,beq,lb,ub,nonlcon,… options)：options 为指定的优化参数。

x = fgoalattain(problem)：求解二次规划问题 problem。

[x,fval] = fgoalattain(…)：fval 为返回多目标函数在 x 处的函数值。

[x,fval,attainfactor] = fgoalattain(…)：attainfactor 为目标达到因子,若其为负值,则说明目标已经溢出；若为正值,则说明还未达到目标个数。

[x,fval,attainfactor,exitflag] = fgoalattain(…)：exitflag 为输出终止迭代的条件信息。

[x,fval,attainfactor,exitflag,output] = fgoalattain(…)：output 为输出关于算法的信息变量。

[x,fval,attainfactor,exitflag,output,lambda] = fgoalattain(…)：lambda 为输出的 Lagrange 乘子。

【例 6-11】 某化工厂拟生产两种新产品 A 和 B,其生产设备费用分别为 A：3 万元/吨；B：6 万元/吨。这两种产品均将造成环境污染,设由公害造成的损失可折算为 A：2 万元/吨；B：1 万元/吨。由于条件限制,工厂生产产品 A 和产品 B 的最大生产能力分别为每月 5 吨和 6 吨,而市场需要这两种产品的总量每月不少于 7 吨。试问工厂应如何安排生产计划,才能在满足市场需要的前提下,使设备投资和公害损失均达最小？该工厂决策认为,这两个目标中环境污染应优先考虑,设备投资的目标值为 16 万元,公害损失的目标为 14 万元。

设工厂每月生产产品 A 的量为 x_1 吨,B 的量为 x_2 吨,设备投资费为 $f_1(x)$,公害损失费为 $f_2(x)$,则这个问题可表达为多目标优化问题。

根据需要,编写函数代码如下：

```
function f = m6_10a(x)
```

```
f(1) = 3 * x(1) + 6 * x(2);
f(2) = 2 * x(1) + x(2);
```

给定目标,权重按目标比例确定,给出初值:

```
goal = [16 14];
weight = [16 14];
x0 = [2 5];
% 给出约束条件的系数
A = [1 0;0 1; -1 -1];
b = [5 6 -7];
lb = zeros(2,1);
[x,fval,attainfactor,exitflag] = fgoalattain(@m6_10a,x0,goal,weight,A,b,[],[],lb,[])
```

运行程序,输出如下:

```
x =
    5.0000    2.0000
fval =
    27.0000   12.0000
attainfactor =
    0.6875
exitflag =
    4
```

故工厂每月生产产品 A 的量为 5 吨,B 的量为 2 吨。设备投资费和公害损失费的目标值分别为 27 万元和 12 万元。达到因子为 0.6875,计算收敛。

【例 6-12】 某工厂因生产需要欲采购一种原材料,市场上的这种原材料有两个等级,甲级单价 3 元/千克,乙级单价 2 元/千克。要求所花费用不超过 300 元,采购的原材料总量不少于 200 千克,其中甲级原材料不少于 40 千克。问如何确定最好的采购方案?

这里设 x_1、x_2 分别为采购甲级和乙级原材料的数量(千克),要求采购总费用尽量少,采购总质量尽量多,采购甲级原材料尽量多。

由题意编写函数代码如下:

```
function f = m6_11a(x)
f(1) = 3 * x(1) + 2 * x(2);
f(2) = -x(1) - x(2);
f(3) = -x(1);
```

给定目标,权重按目标比例确定,给出初值:

```
goal = [300 -200 40];
weight = [300 -200 40];
x0 = [55 55];
% 给出约束条件的系数
A = [2 1; -1 -1; -1 0];
b = [300 -200 -40];
lb = zeros(2,1);
[x,fval,attainfactor,exitflag] = fgoalattain(@m6_11a,x0,goal,weight,A,b,[],[],lb,[],[])
```

运行程序,输出如下:

```
x =
    40    160
fval =
    440   -200    -40
```

```
attainfactor =
     0.4667
exitflag =
     4
```

11. fminimax 函数

通常我们遇到的都是目标函数的最大化和最小化问题,但是在某些情况下,要求最大值的最小化才有意义。例如,城市规划中需要确定急救中心、消防中心的位置,可取的目标函数应该是到所有地点最大距离的最小值,而不是到所有目标地的距离和为最小。这是两种完全不同的准则,在控制理论、逼近论、决策论中也使用最大最小化原则。在 MATLAB 中,提供了 fminimax 函数求解最大最小化问题。函数的语法格式为:

x = fminimax(fun,x0):求解最大最小化问题。目标函数与约束条件定义在 M 文件中,文件名为 fun,初始解向量为 x0。

x = fminimax(fun,x0,A,b):在约束 A * x≤b 下求解最优化问题。

x = fminimax(fun,x,A,b,Aeq,beq):在约束条件 A * x≤b 及 Aeq * x=beq 下,求解最优化问题,如果没有不等式条件,可令 A=[]、b=[]。

x = fminimax(fun,x,A,b,Aeq,beq,lb,ub):给出 x 的上下界为 lb≤x≤ub。

x = fminimax(fun,x0,A,b,Aeq,beq,lb,ub,nonlcon):nonlcon 为定义的非线性约束函数,其格式为:

```
function [c,ceq] = mycon(x)
c = …                        % x 处的非线性不等式约束
ceq = …                      % x 处的非线性等式约束
```

x = fminimax(fun,x0,A,b,Aeq,beq,lb,ub,nonlcon,options):options 为指定的优化参数选项。

x = fminimax(problem):求解最大最小化问题 problem。

[x,fval] = fminimax(…):x 为返回的最优解,fval 为返回目标函数在 x 处的函数值。

[x,fval,maxfval] = fminimax(…):maxfval 为 fval 中的最大元。

[x,fval,maxfval,exitflag] = fminimax(…):exitflag 为输出终止迭代的条件信息。

[x,fval,maxfval,exitflag,output] = fminimax(…):output 为输出关于算法的信息变量。

[x,fval,maxfval,exitflag,output,lambda] = fminimax(…):lambda 为输出各个约束所对应的 Lagrange 乘子。

【例 6-13】 某城市有某种物品的 10 个需求点,第 i 个需求点 P_i 的坐标为 (a_i,b_i),道路网与坐标轴平行,彼此正交。现打算建一个该物品的供应中心,且由于受到城市某些条件的限制,该供应中心只能设在 x 位于 $[5,8]$、y 位于 $[5,8]$ 的范围内。问该中心应建在何处为好?

P_i 的坐标为:

a_i: 2 1 5 9 3 12 6 20 18 11

b_i: 10 9 13 18 1 3 5 7 8 6

设供应中心的位置为 (x,y),要求它到最远需求点的距离尽可能小。由于此处应采用沿道路行走的距离,可知用户 P_i 到该中心的距离为 $|x-a_i|+|y-b_i|$。

由题意,编写函数代码如下:

```
function f = m6_12a(x)
% 输入各个点的坐标值
a = [2 1 5 9 3 12 6 20 18 11];
b = [10 9 13 18 1 3 5 7 8 6];
f(1) = abs(x(1) − a(1)) + abs(x(2) − b(1));
f(2) = abs(x(1) − a(2)) + abs(x(2) − b(2));
f(3) = abs(x(1) − a(3)) + abs(x(2) − b(3));
f(4) = abs(x(1) − a(4)) + abs(x(2) − b(4));
f(5) = abs(x(1) − a(5)) + abs(x(2) − b(5));
f(6) = abs(x(1) − a(6)) + abs(x(2) − b(6));
f(7) = abs(x(1) − a(7)) + abs(x(2) − b(7));
f(8) = abs(x(1) − a(8)) + abs(x(2) − b(8));
f(9) = abs(x(1) − a(9)) + abs(x(2) − b(9));
f(10) = abs(x(1) − a(10)) + abs(x(2) − b(10));
```

利用 fminimax 函数求解问题：

```
x0 = [6;6];    % 提供解的初值
A = [ − 1 0;1 0;0 − 1;0 1];
b = [ − 5;8; − 5;8];
[x, fval] = fminimax(@m6_12a,x0,A,b)
```

运行程序，输出如下：

```
x =
    8.0000
    7.0000
fval =
    9.0000    9.0000    9.0000    12.0000    11.0000    8.0000    4.0000    12.0000    11.0000
    4.0000
```

可见，在限制区域的东北角设置供应中心，可以使该点到各需求点的最大距离最小。最大最小距离为 12 个距离单位。

1. implay 函数

在 MATLAB 中,提供了 implay 函数在视频播放工具中播放视频、录像或图像序列。函数的语法格式为:

implay:打开视频播放工具播放视频、录像或图像序列。

implay(filename):打开视频播放工具,播放字符串参量 filename 指定的视频文件。

implay(I):打开视频播放工具,显示二值、灰度、真彩色图像序列或视频结构数组 I 的第一帧。其中,当 I 表示二值或灰度图像序列时,I 必须是三维数组,即 M×N×K,K 表示 M×N×3×K,为帧数;当 I 为视频结构数组时,I 必须是四维数组,且第三维的维数为 1,即 M×N×1×K,K 为帧数。

implay(____,fps):指定视频播放的帧速。参量 fps 为帧速,单位为帧/秒,默认 fps=20。

【例 7-1】 利用 implay 函数播放三种类型的视频。

```
>> % 使一系列图像动起来
>> load cellsequence
implay(cellsequence,10);      % 效果如图 7-1 所示
% 视觉上探索 MRI 图像
>> load mristack
implay(mristack);              % 效果如图 7-2 所示
% 播放 AVI 文件
>> implay('rhinos.avi');       % 效果如图 7-3 所示
```

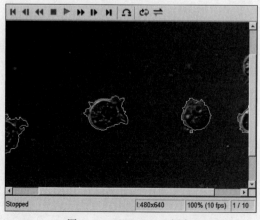

图 7-1 cellsequence 视频

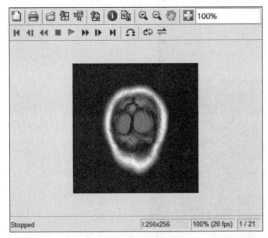

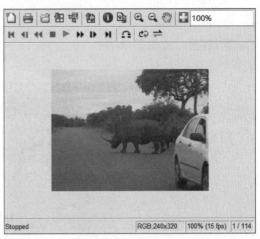

图 7-2   mristack 视频　　　　　　　　　　图 7-3   AVI 文件图像

2. imshow 函数

在 MATLAB 中,提供了 imshow 函数用于显示图像。函数的语法格式为:

imshow(I):在图窗中显示灰度图像 I。imshow 使用图像数据类型的默认显示范围,并优化图窗、坐标区和图像对象属性以便显示图像。

imshow(I,[low high]):显示灰度图像 I,以二元素向量[low high]形式指定显示范围。

imshow(I,[]):显示灰度图像 I,根据 I 中的像素值范围对显示进行转换。imshow 使用[min(I(:)) max(I(:))]作为显示范围。imshow 将 I 中的最小值显示为黑色,将最大值显示为白色。

imshow(RGB):在图窗中显示真彩色图像 RGB。

imshow(BW):在图窗中显示二值图像 BW。对于二值图像,imshow 将值为 0(零)的像素显示为黑色,将值为 1 的像素显示为白色。

imshow(X,map):显示带有颜色图 map 的索引图像 X。颜色图矩阵可以具有任意行数,但它必须恰好包含 3 列。每行被解释为一种颜色,其中第一个元素指定红色的强度,第二个元素指定绿色的强度,第三个元素指定蓝色的强度。颜色强度可以在[0,1]区间上指定。

imshow(filename):显示存储在由 filename 指定的图形文件中的图像。

imshow(____,Name,Value):使用名称-值对组控制运算的各个方面来显示图像。

himage = imshow(____):返回 imshow 创建的图像对象。

【例 7-2】　利用 imshow 显示索引图像和 RGB 图像。

```
% 将 corn.tif 文件中的索引图像读取到 MATLAB 工作区
% 此图像的索引版本是文件中的第一个图像
[corn_indexed,map] = imread('corn.tif',1);
% 使用 imshow 显示索引图像
subplot(1,2,1);imshow(corn_indexed,map)
title('索引图像')
% 将 corn.tif 文件中的 RGB 图像读取到 MATLAB 工作区
% 此图像的 RGB 版本是文件中的第二个图像
[corn_rgb] = imread('corn.tif',2);
% 使用 imshow 显示 RGB 图像
```

```
subplot(1,2,2);imshow(corn_rgb)
title('RGB图像')
```

运行程序,效果如图 7-4 所示。

索引图像   RGB图像

图 7-4   imshow 显示图片

3. colorbar 函数

在 MATLAB 中,提供了 colorbar 函数用于显示颜色栏。函数的语法格式为:

colorbar:在当前坐标区或图的右侧显示一个垂直颜色栏。颜色栏显示当前颜色图并指示数据值到颜色图的映射。

colorbar(location):在特定位置显示颜色栏,其取值见表 7-1。

表 7-1   颜色栏显示位置取值

值	表示的位置	表示的方向
north	坐标区的顶部	水平
south	坐标区的底部	水平
east	坐标区的右侧	垂直
west	坐标区的左侧	垂直
northoutside	坐标区的顶部外侧	水平
southoutside	坐标区的底部外侧	水平
eastoutside	坐标区的右外侧(默认值)	垂直
westoutside	坐标区的左外侧	垂直

colorbar(____,Name,Value):使用一个或多个名称-值对组参数修改颜色栏外观。例如,'Direction','reverse' 将反转色阶。指定 Name 和 Value 作为最后一个参数对组。并非所有类型的图都支持修改颜色栏外观。

colorbar(target,____):在 target 指定的坐标区或图上添加一个颜色栏。将目标坐标区或图指定为任一上述语法中的第一个参数。

c = colorbar(____):返回 ColorBar 对象。可以在创建颜色栏后使用此对象设置属性。可将返回参数 c 指定到上述任一语法中。

colorbar('off'):删除与当前坐标区或图关联的所有颜色栏。

colorbar(target,'off'):删除与目标坐标区或图关联的所有颜色栏。也可以将 ColorBar 对象指定为目标。

【例 7-3】 向分块图布局添加颜色栏。

从 R2019b 开始,可以使用 tiledlayout 和 nexttile 函数显示平铺绘图。调用 tiledlayout 函数以创建一个 2×1 平铺图布局。调用 nexttile 函数来创建坐标区。然后在每个坐标区显示一个曲面图,且每个坐标区都显示一个颜色栏。

```
tiledlayout(2,1)
% 绘制上边图形
nexttile
surf(peaks)
colorbar
% 绘制下边图形
nexttile
mesh(peaks)
colorbar
```

运行程序,效果如图 7-5 所示。

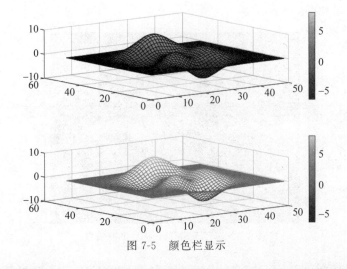

图 7-5 颜色栏显示

4. montage 函数

在 MATLAB 中,提供了 montage 函数在矩形框中显示多帧图像序列。函数的语法格式为:

montage(I):在矩形框中显示多帧图像序列 I 中的所有帧图像。参量 I 为多维数组,表示二值、灰度、真彩色图像序列。其中,当 I 为二值或灰度图像序列时,I 必须是三维数组,即 $M×N×K$,K 表示帧数;当 I 为真彩色图像序列时,I 必须是四维数组,且第三维的维数为 3,即 $M×N×3×K$,K 表示帧数。

montage(filenames):在矩形框中显示图像文件名为 filename 的图像文件。如果该图像文件中包含索引图像,montage 将使用第一个索引图像中的颜色表,并自动排列所有图像对其进行拼接,使其接近于正方形。字符串参量 filename 表示图像文件的完整路径名或 MATLAB 的相对路径名。

montage(____,map):在矩形框中显示多帧索引图像 X 的所有帧。参量 X 必须是四维数组,且第三维的维数为 1,即 $M×N×1×K$,K 表示帧数;参量 map 为一列数为 3 的矩阵,表示颜色表。map 中的每行表示一种颜色,每行中第一、第二、第三个元素分别指定红色、绿色、蓝色的亮度。

montage(＿＿＿,Name,Value)：以自定义的方式在矩形框中显示图像。参量 Name 和 Value 用于定义图像的拼接方式。

img ＝ montage(＿＿＿)：返回图像对象的句柄给 h。

【例 7-4】 利用 montage 显示多帧图像。

```matlab
%用一系列灰度图像创建一个 m×n×4 的多帧图像,所有的图像必须大小相同
img1 = imread('AT3_1m4_01.tif');
img2 = imread('AT3_1m4_02.tif');
img3 = imread('AT3_1m4_03.tif');
img4 = imread('AT3_1m4_04.tif');
multi = cat(3,img1,img2,img3,img4);
% 利用 montage 显示多帧图像
montage(multi);
```

运行程序,效果如图 7-6 所示。

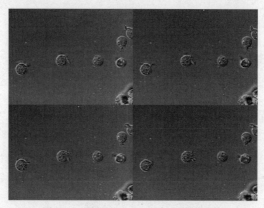

图 7-6　利用 montage 显示多帧图像

5. warp 函数

在 MATLAB 中,提供了 warp 函数将图像显示到纹理映射表面。函数的语法格式为：

warp(X,map)：将索引图像 X 纹理映射到矩形平面上显示。参量 X 为矩阵；参量 map 是一列数为 3 的矩阵,表示颜色表。map 中的每行表示一种颜色,每行中第一、第二、第三个元素分别指定红色、绿色、蓝色的亮度。

warp(I,n)：将灰度图像 I 纹理映射到矩形平面上显示。参量 I 为矩阵,其元素范围为 [0,255]；参量 n 为灰度颜色表的长度。

warp(BW)：将二值图像 BW 纹理映射到矩形平面上显示。

warp(RGB)：将真彩色图像 RGB 纹理映射到矩形平面上显示。参量 RGB 为三维数组,第三维的维数为 3。

warp(Z,＿＿＿)：将图像纹理映射到曲面 Z 上显示,参量 Z 为矩阵。

warp(X,Y,Z,＿＿＿)：将图像纹理映射到曲面(X,Y,Z,＿＿＿)上显示。参量 X,Y,Z 为同维矩阵。

h ＝ warp(＿＿＿)：返回纹理映射图形句柄给 h。

【例 7-5】 将图像纹理映射到矩形平面上显示。

```
>> %此例演示如何在非均匀表面上扭曲索引图像,实例使用以原点为中心的曲面
   %将索引图像读入工作区
>> [I,map] = imread('forest.tif');
>> %创建表面。首先,定义曲面的 x 和 y 坐标。此例使用与索引图像无关的任意坐标
>> %注意,坐标矩阵 X 和 Y 的大小不需要与图像的大小匹配
>> [X,Y] = meshgrid(-100:100, -80:80);
>> %定义曲面在给定坐标(X,Y)处的高度 Z
>> Z = -(X.^2 + Y.^2);
>> %在由坐标(X,Y,Z)定义的表面上扭曲图像
>> figure
warp(X,Y,Z,I,map);
```

运行程序,效果如图 7-7 所示。

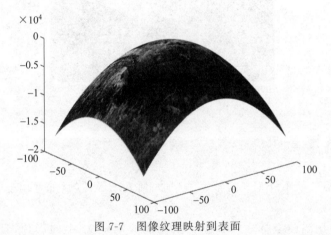

图 7-7　图像纹理映射到表面

6. image 函数

在 MATLAB 中,提供了 image 函数从数组中显示图像。函数的语法格式:

image(C):会将数组 C 中的数据显示为图像。C 的每个元素指定图像的 1 个像素的颜色。生成的图像是一个 m×n 像素网格,其中 m 和 n 分别是 C 中的行数和列数。这些元素的行索引和列索引确定了对应像素的中心。

image(x,y,C):指定图像位置。使用 x 和 y 可指定与 C(1,1)和 C(m,n)对应的边角的位置。要同时指定两个边角,请将 x 和 y 设置为二元素向量。要指定第一个边角并让 image 确定另一个,请将 x 和 y 设为标量值。图像将根据需要进行拉伸和定向。

image('CData',C):将图像添加到当前坐标区中而不替换现有绘图。此语法是 image(C)的低级版本。

image('XData',x,'YData',y,'CData',C):指定图像位置。

image(____,Name,Value):使用一个或多个名称-值对组参数指定图像属性。

image(ax,____):将在由 ax 指定的坐标区中而不是当前坐标区(gca)中创建图像。

im = image(____):返回创建的 Image 对象。使用 im 在创建图像后设置图像的属性。

【例7-6】 读取并显示 JPEG 图像文件。

```
% 读取 JPEG 图像文件
C = imread('ngc6543a.jpg');
% imread 返回 650×600×3 数组 C
>> % 显示图像
image(C)
```

运行程序,效果如图 7-8 所示。

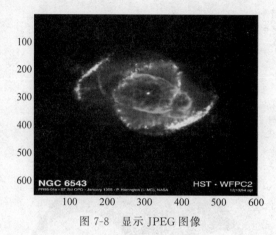

图 7-8　显示 JPEG 图像

7. movie 函数

movie 函数可播放由矩阵定义的影片,矩阵的列表示影片帧(通常由 getframe 生成)。函数的语法格式为:

movie(M):使用当前坐标区作为默认目标播放矩阵 M 中的影片,且只播放一次。如果想在图窗中而不是坐标区上播放影片,可将图窗句柄(或 gcf)指定为第一个参数:movie(figure_handle,…)。M 必须是影片帧数组(通常来自 getframe)。

movie(M,n):会将影片播放 n 次。如果 n 是负数,那么每个循环会先快进然后再倒播影片。如果 n 是一个向量,那么第一个元素是影片播放次数,其余元素构成影片播放的帧列表。

例如,如果 M 有四个帧,那么 n = [10 4 4 2 1]会播放影片 10 次,而且影片帧播放的顺序是第 4 帧,然后再次播放第 4 帧,然后第 2 帧,最后第 1 帧。

movie(M,n,fps):以每秒 fps 帧的速度播放影片。默认值是每秒 12 帧。达不到指定速度的计算机会尽可能快地播放。

movie(h,…):在由句柄 h 所标识的图窗或坐标区中心位置播放影片。指定图窗或坐标区可以使 MATLAB 将影片调整到合适大小。

movie(h,M,n,fps,loc):为 loc 指定一个四元素位置向量[x y 0 0],其中影片帧的左下角已经固定(只用到向量中的前两个元素)。该位置相对于由 handle 指定的图窗或坐标区位于左下角,以像素为单位,与对象的 Units 属性无关。

【例7-7】 记录帧并播放影片。

```
% 在一个循环中使用 getframe 函数记录 peaks 函数振荡的帧
% 预分配一个数组以存储影片帧
figure
Z = peaks;
```

```
surf(Z)
axis tight manual
ax = gca;
ax.NextPlot = 'replaceChildren';
loops = 40;
F(loops) = struct('cdata',[],'colormap',
[]);
for j = 1:loops
    X = sin(j * pi/10) * Z;
    surf(X,Z)
drawnow
    F(j) = getframe;
end
```

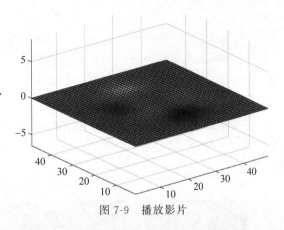

图7-9 播放影片

运行程序,效果如图7-9所示。

8. imread 函数

在 MATLAB 中,提供了 imread 函数用于从图像文件中读取图像。函数的语法格式为:

A = imread(filename):从 filename 指定的文件读取图像,并从文件内容推断出其格式。如果 filename 为多图像文件,则 imread 读取该文件中的第一个图像。

A = imread(filename,fmt):另外还指定具有 fmt 指示的标准文件扩展名的文件的格式。如果 imread 找不到具有 filename 指定的名称的文件,则会查找名为 filename.fmt 的文件。

A = imread(____,idx):从多图像文件读取指定的图像。此语法仅适用于 GIF、PGM、PBM、PPM、CUR、ICO、TIF 和 HDF4 文件。必须指定 filename 输入,也可以指定 fmt。

A = imread(____,Name,Value):使用一个或多个名称-值对组参数来指定格式特定的选项。

[A,map] = imread(____):将 filename 中的索引图像读入 A,并将其关联的颜色图读入 map。图像文件中的颜色图值会自动重新调整到范围[0,1]中。

[A,map,transparency] = imread(____):另外还返回图像透明度。此语法仅适用于 PNG、CUR 和 ICO 文件。对于 PNG 文件,如果存在 alpha 通道,transparency 会返回该 alpha 通道。对于 CUR 和 ICO 文件,它为 AND(不透明度)掩码。

关于 imread 函数的用法可参考前面的例子。

9. dicomread 函数

在 MATLAB 中,提供了 dicomread 函数从 DICOM 文件中读取图像。函数的语法格式为:

X = dicomread(filename):从符合医学数字成像和通信(DICOM)标准的文件 filename 中读取图像数据。要读取包含一系列图像(这些图像构成一个图像体)的一组 DICOM 文件,请使用 dicomreadVolume。

X = dicomread(info):从 DICOM 元数据结构体 info 引用的消息中读取 DICOM 图像数据。

X = dicomread(____,'frames',f):仅从图像中读取 f 指定的帧。

X = dicomread(____,Name,Value):使用名称-值对组读取 DICOM 图像数据来配置解

析器。

$[X, cmap] = dicomread(\underline{\quad})$：还返回颜色图 cmap。

$[X, cmap, alpha] = dicomread(\underline{\quad})$：还返回 alpha，即 X 的 alpha 通道矩阵。

$[X, cmap, alpha, overlays] = dicomread(\underline{\quad})$：还返回 DICOM 文件中的任何重叠。

【例 7-8】 读取 DICOM 文件。

```
>> % 从 DICOM 文件中读取索引图像,并使用 montage 显示它
>> [X, map] = dicomread('US - PAL - 8 - 10x - echo.dcm');
montage(X, map, 'Size', [2 5]);
```

运行程序,效果如图 7-10 所示。

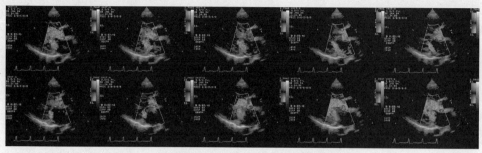

图 7-10　读取 DICOM 图像并创建 10 帧图像

10. getframe 函数

在 MATLAB 中,提供了 getframe 函数用于捕获坐标区或图像窗作为影片帧。函数的语法格式为:

F = getframe：捕获显示在屏幕上的当前坐标区作为影片帧。F 是一个包含图像数据的结构体。getframe 按照屏幕上显示的大小捕获这些坐标区。它并不捕获坐标区轮廓外部的刻度标签或其他内容。

F = getframe(ax)：捕获 ax 标识的坐标区而非当前坐标区。

F = getframe(fig)：捕获由 fig 标识的图窗。如果需要捕获图窗窗口的整个内部区域(包括坐标区标题、标签和刻度线),则指定一个图窗。捕获的影片帧不包括图窗菜单和工具栏。

F = getframe(\underline{\quad}, rect)：捕获 rect 定义的矩形内的区域。指定 rect 作为[left bottom width height]形式的四元素向量。将此选项用于上一语法中的 ax 或 fig 输入参数。

getframe 函数的用法可参考例 7-7。

11. imfinfo 函数

在 MATLAB 中,提供了 imfinfo 函数返回图形文件的信息。函数的语法格式为:

info = imfinfo(filename)：返回一个结构体,该结构体的字段包含图形文件 filename 中的图像的信息。

此文件的格式从其内容推知：如果 filename 为包含多个图像的 TIFF、PGM、PBM、PPM、HDF、ICO、GIF 或 CUR 文件,则 info 为一个结构体数组,其中每个元素对应文件中的一个图像。例如,info(3)将包含文件中第三个图像的相关信息。

info = imfinfo(filename, fmt)：在 MATLAB 找不到名为 filename 的文件时另外查找名

为 filename. fmt 的文件。

【例 7-9】　读取图形文件 canoe. tif 的信息。

```
>> info = imfinfo('canoe.tif')
```

运行程序,输出如下:

```
info =
包含以下字段的 struct:
                    Filename: 'C:\Program Files\Polyspace\R2020a\toolbox\images\imdata\canoe.tif'
                 FileModDate: '13 - 4 月 - 2015 13:23:12'
                    FileSize: 71548
                      Format: 'tif'
               FormatVersion: []
                       Width: 346
                      Height: 207
                    BitDepth: 8
                   ColorType: 'indexed'
             FormatSignature: [73 73 42 0]
                   ByteOrder: 'little - endian'
             NewSubFileType: 0
               BitsPerSample: 8
                 Compression: 'PackBits'
    PhotometricInterpretation: 'RGB Palette'
                 StripOffsets: [87986 15905 23749 31644 38954 45750 53036 60499]
              SamplesPerPixel: 1
                 RowsPerStrip: 23
              StripByteCounts: [7978 7919 7844 7895 7310 6796 7286 7463 7410]
                  XResolution: 72
                  YResolution: 72
               ResolutionUnit: 'Inch'
                     Colormap: [256 × 3 double]
           PlanarConfiguration: 'Chunky'
                    TileWidth: []
                   TileLength: []
                  TileOffsets: []
               TileByteCounts: []
                  Orientation: 1
                    FillOrder: 1
              GrayResponseUnit: 0.0100
               MaxSampleValue: 255
               MinSampleValue: 0
                 Thresholding: 1
                       Offset: 69708
             ImageDescription: 'Copyright The MathWorks, Inc.'
```

12. hsv2rgb 函数

在 MATLAB 中,提供了 hsv2rgb 函数用于转换 HSV 颜色表为 RGB 颜色表。函数的语法格式为:

RGB = hsv2rgb(HSV)：将 HSV 图像的色调、饱和度和明度值转换为 RGB 图像的红色、绿色和蓝色值。

rgbmap = hsv2rgb(hsvmap)：将 HSV 图转换为 RGB 颜色图。

【例 7-10】 将 HSV 矩阵转换为颜色图。

```
>>%创建一个三列 HSV 矩阵,用它指定五个蓝色梯度。在实例中,色调和明度不变,
>>%饱和度在 1.0 和 0.0 之间变化
>> hsv = [.6 1 1; .6 .7 1; .6 .5 1; .6 .3 1; .6 0 1];
>> %通过调用 hsv2rgb 将 HSV 矩阵转换为颜色图,然后在曲面图中使用该颜色图
>> rgb = hsv2rgb(hsv);
surf(peaks);
colormap(rgb);
colorbar
```

运行程序,效果如图 7-11 所示。

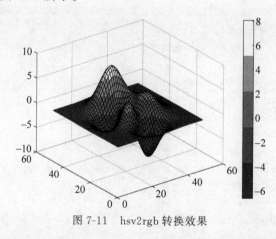

图 7-11　hsv2rgb 转换效果

13. tonemap 函数

在 MATLAB 中,提供了 tonemap 函数将 HDR 图像转换为 RGB 图像。函数的语法格式为：

RGB = tonemap(HDR)：将 HDR 图像转换为低动态图像 RGB,以适应显示。参量 HDR 是一个维数为 M×N×3 的数组,数值类型为单精度,数值范围为 [0,inf]。

RGB = tonemap(HDR,Name,Value)：将 HDR 图像转换为低动态图像 RGB,并指定转换参数 Name 和 Value。

【例 7-11】 将 HDR 图像转换为 RGB 图像。

```
>> hdr_image = hdrread('office.hdr');
subplot(1,2,1);imshow(hdr_image)          % 原始图像
>>%设置光亮度范围为[0.1,1],光饱和度系数为 1.5,转换 HDR 图像为 RGB
>> title('HDR图像');
>> rgb = tonemap(hdr_image,'AdjustLightness',[0.1,1],'AdjustSaturation',1.5);
>> subplot(1,2,2);imshow(rgb);             % 显示 RGB 图像
>> title('转换得到 RGB 图像');
```

运行程序,效果如图 7-12 所示。

HDR图像 转换得到RGB图像

彩色图片

图 7-12 将 HDR 图像转换为 RGB 图像

14. dither 函数

在 MATLAB 中,提供了 dither 函数实现图像抖动,通过抖动提高颜色分辨率。函数的语法格式为:

X = dither(RGB,map):通过抖动颜色图 map 中的颜色,创建 RGB 索引图像的近似值。

X = dither(RGB,map,Qm,Qe):指定要沿每个颜色轴为逆向颜色图使用的量化位数 Qm,以及用于颜色空间误差计算的量化位数 Qe。

BW = dither(I):通过抖动将灰度图像 I 转换为二值(黑白)图像 BW。

【例 7-12】 使用抖动将灰度图像转换为二值图像。

```
>> %将 corn.tif 文件中的灰度图像读取到 MATLAB 工作区中
>> %此图像的灰度版本是文件中的第三个图像
>> corn_gray = imread('corn.tif',3);
>> %使用 imshow 显示灰度图像
>> subplot(1,2,1);imshow(corn_gray);
>> title('灰度图像');
>> %使用 dither 函数将图像转换为二值图像
corn_bw = dither(corn_gray);
>> %显示二值图像.虽然二值图像中的像素值只有 0 或 1,但由于抖动,
>> %图像似乎会呈现不同的灰度
>> subplot(1,2,2);imshow(corn_bw);
>> title('二值图像');
```

运行程序,效果如图 7-13 所示。

灰度图像 二值图像

图 7-13 抖动图像

15. gray2ind 函数

在 MATLAB 中,提供了 gray2ind 函数将灰度图像或二值图像转换为索引图像。函数的语法格式为:

$[X,cmap] = gray2ind(I,c)$:转换灰度图像 I 为索引图像 X。参量 I 为矩阵,c 表示输出的索引图像 X 的颜色表矩阵 map 的行数

$[X,cmap] = gray2ind(BW,c)$:将二值图像 BW 转换为索引图像。

【例 7-13】 将灰度图像转换成索引图像。

```
>> %读取图像
>> I = imread('cameraman.tif');
>> subplot(1,2,1);imshow(I);           %显示原始灰度图像
>> title('原始灰度图像');
>> %将灰度图像转换成索引图像
>> [X, map] = gray2ind(I, 16);
>> subplot(1,2,2);imshow(X,map);       %显示索引图像
>> title('转换后索引图像');
```

运行程序,效果如图 7-14 所示。

原始灰度图像　　　　　　　　　转换后索引图像

图 7-14　灰度图像转换为索引图像

16. grayslice 函数

在 MATLAB 中,提供了 grayslice 函数用于使用多级阈值将灰度图像转换为索引图像。函数的语法格式为:

$X = grayslice(I,N)$:使用多级阈值法将灰度图像 I 转换为索引图像 X。参量 I 为矩阵,N 用于确定多级阈值法中的均衡化算子。多级阈值法的均衡化算子为 $1/N, 2/N, \cdots,$ $(N-1)/N$。

$X = grayslice(I,thresholds)$:通过使用指定的阈值集 thresholds 对输入图像进行多级阈值设定,返回索引图像。

【例 7-14】 用多级阈值法将灰度图像转换为索引图像。

```
>> %读取灰度图像
>> I = imread('snowflakes.png');
>> %将灰度图像转换成索引图像,指定 N = 16
>> X = grayslice(I,16);
>> subplot(2,1,1);imshow(I);
>> title('原始图像');
```

```
>> subplot(2,1,2); imshow(X,jet(16));
>> title('转换后索引图像');
```

运行程序,效果如图 7-15 所示。

原始图像 转换后索引图像

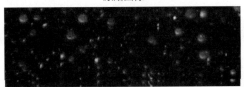 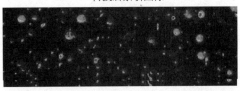

图 7-15 灰度图像转换后索引图像效果图

17. im2double 函数

在 MATLAB 中,提供了 im2double 函数将图像矩阵转换为双精度类型。函数的语法格式为:

I2 = im2double(I):将图像 I 转换为双精度。I 可以是灰度强度图像、真彩色图像或二值图像。im2double 将整数数据类型的输出重新缩放到范围[0,1]。

I2 = im2double(I,'indexed'):将索引图像 I 转换为双精度。im2double 在整数数据类型的输出中增加大小为 1 的偏移量。

【例 7-15】 将二值图像矩阵转换为双精度型。

```
>> [X,map] = imread('trees.tif');    % 读取自带的索引图像
X2 = im2double(X,'indexed');          % 转换索引图像为双精度型
X0 = X(63:67,4:8)
X20 = X2(63:67,4:8)                    % 显示矩阵部分值
X0 =
   5×5 uint8 矩阵
    125   125   127   123   127
    125   122   125   125   122
    111   111   123   123   125
     35    46    46    97   114
     52    52    46    20    27
X20 =
    126   126   128   124   128
    126   123   126   126   123
    112   112   124   124   126
     36    47    47    98   115
     53    53    47    21    28
```

18. im2java2d 函数

在 MATLAB 中,提供 im2java2d 函数将图像矩阵转换为 Java 缓冲图像。要在 Java 环境中使用 MATLAB 图像,必须将图像从其 MATLAB 表示转换为 Java 图像类 sun. awt. image. ToolkitImage 的实例。im2java2d 实现此功能,函数的语法格式为:

jimage = im2java(RGB):将真彩色(RGB)图像 RGB 转换为 Java 图像类的实例。

jimage = im2java(I):将灰度(强度)图像 I 转换为 Java 图像类的实例。

jimage = im2java(X,map):使用颜色图 map 将索引图像 X 转换为 Java 图像类的实例。

【例 7-16】 将图像矩阵转换为 Java 缓冲图像。

```
>> % 转换图像矩阵为 Java 缓冲图像
I = imread('moon.tif');
javaImage = im2java2d(I);
% 读取图像实例,显示 Java 图像
frame = javax.swing.JFrame;
icon = javax.swing.ImageIcon(javaImage);
label = javax.swing.JLabel(icon);
frame.getContentPane.add(label);
frame.pack;
frame.show;
```

运行程序,效果如图 7-16 所示。

图 7-16 将图像转换为 Java 缓冲图像

19. im2uint8 函数

将图像矩阵转换为 8 位无符号整数类型。如果输入图像数据类型为 unit8,则输出图像与输入图像相同;如果输入图像数据类型不是 uint8,则 im2uint8 返回与 uint8 等价的图像,必要时调整数据范围。im2uint8 函数的语法格式为:

J = im2uint8(I):将灰度、RGB 或二值图像 I 转换为 uint8,并根据需要对数据进行重新缩放或偏移。

如果输入图像属于 uint8 类,则输出图像相同。如果输入图像属于 logical 类,则 im2uint8 将 true 值元素更改为 255。

J = im2uint8(I, 'indexed'):将索引图像 I 转换为 uint8,并根据需要对数据进行偏移。

【例 7-17】 将二值图像矩阵转换为 8 位无符号整数类型。

```
>> I = imread('cameraman.tif');      % 读取 MATLAB 自带的灰度图像
BW = im2bw(I, 0.5);                  % 转换图像为二值图像,阈值为 0.5
subplot(1, 2, 1); imshow(BW);        % 显示二值图像
title('二值图像');
```

```
I1 = im2uint8(BW);                    % 转换二值图像为 8 位无符号整数类型灰度图像
subplot(1,2,2);imshow(I1);            % 显示灰度图像
title('灰度图像');
BW1 = BW(147:151,4:8)
I2 = I1(147:151,4:8)                  % 显示矩阵部分值
```

运行程序,输出如下,效果如图 7-17 所示。

```
BW1 =
  5×5 logical 数组
    1   1   0   0   0
    0   0   0   0   0
    0   0   0   0   0
    0   0   0   0   0
    0   0   0   0   0
I2 =
  5×5 uint8 矩阵
    255   255     0     0     0
      0     0     0     0     0
      0     0     0     0     0
      0     0     0     0     0
      0     0     0     0     0
```

二值图像   灰度图像

图 7-17 将二值图像矩阵转换为 8 位无符号整数类型

20. rgb2gray 函数

MATLAB 提供了 rgb2gray 函数将真彩色 RGB 图像转换为灰度图像。函数的语法格式为:

I = rgb2gray(RGB):将真彩色图像 RGB 转换为灰度图像 I。rgb2gray 函数通过消除色调和饱和度信息,同时保留亮度,来将 RGB 图像转换为灰度图像。如果已安装 Parallel Computing Toolbox,则 rgb2gray 可以在 GPU 上执行此转换。

newmap = rgb2gray(map):返回等同于 map 的灰度颜色图。

【例 7-18】 将 RGB 图像转换为灰度图像。

```
>> % 读取示例文件 peppers.png 并显示 RGB 图像
RGB = imread('peppers.png');
subplot(1,2,1);imshow(RGB);
title('RGB 图像');
% 将 RGB 图像转换为灰度图像并显示图像
I = rgb2gray(RGB);
subplot(1,2,2);imshow(I)
title('灰度图像');
```

运行程序,效果如图 7-18 所示。

RGB图像   灰度图像

图 7-18   RGB 图像转换为灰度图像

21. imbinarize 函数

在 MATLAB 中,提供了 imbinarize 函数通过阈值化将二维灰度图像或三维体二值化。函数的语法格式为:

BW = imbinarize(I):通过将所有高于全局阈值的值替换为 1 并将所有其他值设置为 0,从二维或三维灰度图像 I 创建二值图像。默认情况下,imbinarize 使用 Otsu 方法,该方法选择特定阈值来最小化阈值化的黑白像素的类内方差。imbinarize 使用包含 256 个 bin 的图像直方图来计算 Otsu 阈值。

BW = imbinarize(I,method):使用 method 指定的阈值化方法('global' 或 'adaptive')从图像 I 创建二值图像。

BW = imbinarize(I,T):使用阈值 T 从图像 I 创建二值图像。T 可以是指定为标量亮度值的全局图像阈值,也可以是指定为亮度值矩阵的局部自适应阈值。

BW = imbinarize(I,'adaptive',Name,Value):使用名称-值对组从图像 I 创建二值图像,以控制自适应阈值的各个方面。

【例 7-19】 对前景比背景暗的图像进行二值化。

```
>>% 将灰度图像读入工作区并显示它
I = imread('printedtext.png');
figure;imshow(I)    % 效果如图 7-19 所示
% 使用自适应阈值将图像转换为二值图像,使用 ForegroundPolarity 参数指示前景比背景暗
BW = imbinarize(I,'adaptive','ForegroundPolarity','dark','Sensitivity',0.4);
% 显示图像的二值版本.
figure;imshow(BW)    % 效果如图 7-20 所示
```

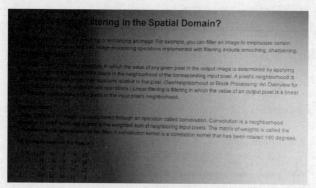

图 7-19   原始灰度图像

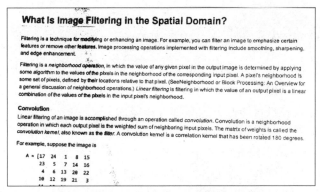

What Is Image Filtering in the Spatial Domain?

Filtering is a technique for modifying or enhancing an image. For example, you can filter an image to emphasize certain features or remove other features. Image processing operations implemented with filtering include smoothing, sharpening, and edge enhancement.

Filtering is a *neighborhood operation*, in which the value of any given pixel in the output image is determined by applying some algorithm to the values of the pixels in the neighborhood of the corresponding input pixel. A pixel's neighborhood is some set of pixels, defined by their locations relative to that pixel. (See Neighborhood or Block Processing: An Overview for a general discussion of neighborhood operations.) *Linear filtering* is filtering in which the value of an output pixel is a linear combination of the values of the pixels in the input pixel's neighborhood.

Convolution

Linear filtering of an image is accomplished through an operation called *convolution*. Convolution is a neighborhood operation in which each output pixel is the weighted sum of neighboring input pixels. The matrix of weights is called the *convolution kernel*, also known as the *filter*. A convolution kernel is a correlation kernel that has been rotated 180 degrees.

For example, suppose the image is

A = [17 24   1   8 15
     23   5   7 14 16
      4   6 13 20 22
     10 12 19 21   3

图 7-20 图像的二值版本

22. rgb2ind 函数

在 MATLAB 中,提供了 rgb2ind 函数将真彩色图像转换为索引图像。函数的语法格式为:

[X,cmap] = rgb2ind(RGB,Q):使用具有 Q 种量化颜色的最小方差量化法并加入抖动,将 RGB 图像转换为索引图像 X,关联颜色图为 cmap。

[X,cmap] = rgb2ind(RGB,tol):使用均匀量化法并加入抖动,将 RGB 图像转换为索引图像,容差为 tol。

X = rgb2ind(RGB,inmap):使用逆颜色图算法并加入抖动,将 RGB 图像转换为索引图像,指定的颜色图为 inmap。

____ = rgb2ind(____,dithering):启用或禁用抖动。

【例 7-20】 将 RGB 图像转换为索引图像

```
>> % 读取和显示星云的真彩色 uint8 JPEG 图像
RGB = imread('ngc6543a.jpg');
figure
subplot(121);imagesc(RGB)
axis image
zoom(4)
title('RGB 图像')
% 将 RGB 转换为包含 32 种颜色的索引图像
[IND,map] = rgb2ind(RGB,32);
subplot(122);imagesc(IND)
colormap(map)
axis image
zoom(4)
title('索引图像')
```

运行程序,效果如图 7-21 所示。

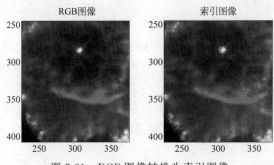

图 7-21 RGB 图像转换为索引图像

23. checkerboard 函数

在 MATLAB 中,提供了 checkerboard 函数创建棋盘图像。函数的语法格式为:

I = checkerboard:创建一个 8×8 个单元的棋盘图像,每个单元由正方形框组成,且每个单元的边长为 10 个像素。棋盘图像分为亮部分和暗部分。

I = checkerboard(n):指定棋盘图像中每个单元的边长为 n 个像素。

I = checkerboard(n,p,q):创建一个 2p×2q 个单元的棋盘图像,每个单元的边长为 n 个像素。如果只指定 p 值,则创建一个 2p×2q 的方形棋盘图像。

【例 7-21】 创建一个 2 行 3 列单元数的矩形棋盘图像。

```
>> J = checkerboard(20,2,3);    %创建一个 2 行 3 列单元数的矩形棋盘图像
>> %显示棋盘图像
>> figure
imshow(J)
```

运行程序,效果如图 7-22 所示。

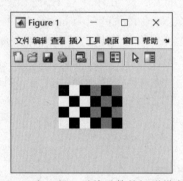

图 7-22　一个 2 行 3 列单元数的矩形棋盘图像

24. imcrop 函数

在 MATLAB 中,提供了 imcrop 函数用于对图像进行剪切。函数的语法格式为:

J = imcrop:创建一个可交互的图像剪切工具,对当前的图形窗口(含灰度图像、索引图像、真彩色图像)进行剪切操作,通过手动选定矩形框,右击选择操作实现图像的剪切。

J = imcrop(I):交互式地将灰度图像、真彩色图像或二值图像进行剪切。I 为原始灰度图像、真彩色图像或二值图像,J 为剪切后的图像。

Xout = imcrop(X,cmap):交互式地对索引图像进行剪切。X 为原始索引图像,cmap 为颜色表,Xout 为剪切后的图像。

J = imcrop(h):交互式地对句柄为 h 的对象进行剪切。

J = imcrop(I,rect):对图像指定区域进行剪切。I 为原始灰度图像、真彩色图像或二值图像,rect 为四元素的位置向量[xmin ymin width height],指定剪切区域的大小和位置,J 为剪切后的图像。

Xout = imcrop(X,cmap,rect):对索引图像 X 的指定区域进行剪切。参量 cmap 是列数为 3 的矩阵,表示颜色表。rect 为四元素的向量[xmin ymin width height],指定剪切区域的大小和位置,Xout 为剪切后的图像。

$J = imcrop(x,y,\_\_\_\_)$：在指定的坐标系(x,y)中剪切图像。

$[J,rect2] = imcrop(\_\_\_\_)$：返回剪切图像 J 和剪切区域 rect2。

$[x2,y2,\_\_\_\_] = imcrop(\_\_\_\_)$：返回坐标系$(x2,y2)$、剪切图像和剪切区域。

【例 7-22】 指定裁剪矩形对索引图像进行裁剪。

```
>> % 将索引图像及其关联映射加载到工作区中
load trees
% 裁剪索引图像,指定裁剪矩形
X2 = imcrop(X,map,[30 30 50 75]);
% 显示原始图像和裁剪图像
subplot(1,2,1)
imshow(X,map)
title('原始图像')
subplot(1,2,2)
imshow(X2,map)
title('裁剪图像')
```

运行程序,效果如图 7-23 所示。

图 7-23 索引图像的剪切效果

25. impyramid 函数

在 MATLAB 中,提供了 impyramid 函数对图像进行成倍放大或缩小。函数的语法格式为:

$B = impyramid(A,direction)$：对图像 A 进行一个级别(2 的倍数)的缩小或放大。字符串参量 direction 为 reduce 或 expand,表示对图像进行缩小或放大操作。如果 A 的维数为 $m×n$,当 direction 指定为 reduce 时,则 B 的维数为 $ceil(m/2)×ceil(n/2)$；当 direction 指定为 expand 时,则 B 的维数为 $(2×m-1)×(2×n-1)$。

【例 7-23】 对一幅灰度图像成倍缩小 3 次。

```
>> % 读入一幅灰度图像
I = imread('cameraman.tif');
% 执行 3 次缩小
I1 = impyramid(I, 'reduce');      % 缩小 1/2 图像
I2 = impyramid(I1, 'reduce');     % 缩小 1/4 图像
I3 = impyramid(I2, 'reduce');     % 缩小 1/8 图像
% 显示图像
figure; imshow(I)                 % 效果如图 7-24(a)所示
```

```
figure; imshow(I1)              % 效果如图 7-24(b) 所示
figure; imshow(I2)              % 效果如图 7-24(c) 所示
figure; imshow(I3)              % 效果如图 7-24(d) 所示
```

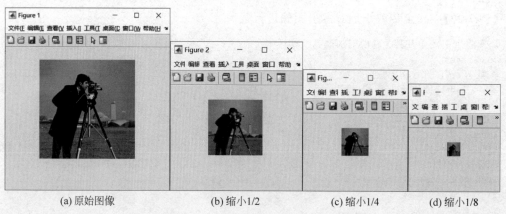

  (a)原始图像   (b)缩小1/2   (c)缩小1/4   (d)缩小1/8

图 7-24 灰度图像的成倍缩小效果

26. imresize 函数

在 MATLAB 中,提供了 imresize 函数用于对图像进行成比例放大或缩小。函数的语法格式为:

B = imresize(A,scale):返回图像 B,它是将 A 的长宽缩放 scale 倍之后的图像。输入图像 A 可以是灰度、RGB 或二值图像。如果 A 有两个以上维度,则 imresize 只调整前两个维度的大小。如果 scale 在[0,1]范围上,则 B 比 A 小。如果 scale 大于1,则 B 比 A 大。默认情况下,imresize 使用双三次插值。

B = imresize(A,[numrows numcols]):返回图像 B,其行数和列数由二元素向量 [numrows numcols]指定。

[Y,newmap] = imresize(X,map,____):调整索引图像 X 的大小,其中 map 是与该图像关联的颜色图。默认情况下,imresize 返回经过优化的新颜色图(newmap)和已调整大小的图像。要返回与原始颜色图相同的颜色图,请使用'Colormap'参数。

____ = imresize(____,method):指定使用的插值方法或插值核,其取值见表 7-2。

表 7-2 method 的取值

插值方法	说　　明
'nearet'	最近邻插值;赋给输出像素的值就是其输入点所在像素的值,不考虑其他像素
'bilinear'	双线性插值;输出像素值是最近 2×2 邻点中的像素的加权平均值
'bicubic'	双立方插值;输出像素值是最近 4×4 邻点中的像素的加权平均值。注意:双立方插值可能生成在原始范围之外的像素值
插值核	说　　明
'box'	盒形核
'triangle'	三角形核(等效于 'bilinear')
'cubic'	三次方核(等效于 'bicubic')
'lanczos2'	Lanczos-2 核
'lanczos3'	Lanczos-3 核

___ = imresize(___,Name,Value)：返回调整大小后的图像，其中 Name,Value 为设置参数的属性名及属性值。

【例 7-24】 用不同的插值方法缩小图像为原始图像的 1/2。

```
>> % 读入一幅灰度图像
I = imread('rice.png');
% 显示图像
figure; imshow(I)              % 效果如图 7-25(a)所示
J1 = imresize(I,0.5,'nearest')  % 最近邻插值,图像缩小为原图像的 1/2
figure;imshow(J1);             % 效果如图 7-25(b)所示
J2 = imresize(I,0.5,'bilinear')  % 双线性插值,图像缩小为原图像的 1/2
figure;imshow(J2);             % 效果如图 7-25(c)所示
J3 = imresize(I,0.5,'bicubic')  % 双立方插值,图像缩小为原图像的 1/2
figure;imshow(J3);             % 效果如图 7-25(d)所示
```

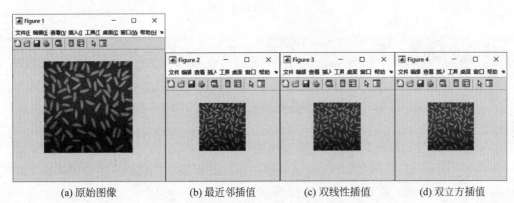

(a) 原始图像   (b) 最近邻插值   (c) 双线性插值   (d) 双立方插值

图 7-25 不同插值方法将图像缩小为原来的 1/2

27. imrotate 函数

在 MATLAB 中,提供了 imrotate 函数对图像进行旋转操作。函数的语法格式为：

B = imrotate(A,angle)：对图像 A 进行旋转,其旋转角度为 angle,单位为(°),逆时针为正,顺时针为负。

B = imrotate(A,angle,method)：字符串参量 method 指定图像旋转插值方法,有 nearest(最近邻插值)、bilinear(双线性插值)、bicubic(双立方插值),默认为 nearest。

B = imrotate(A,angle,method,bbox)：字符串参量 bbox 指定返回图像的大小,其取值如下。

- crop：输出图像 B 与输入图像 A 具有相同的大小,对旋转图像进行剪切以满足要求。
- loose：默认值,输出图像 B 包含整个旋转后的图像,通常 B 比输入图像 A 大。

【例 7-25】 采用不同的插值方法旋转图像。

```
>> % 读入一幅灰度图像
I = imread('cameraman.tif');
% 显示图像
subplot(2,2,1); imshow(I);
title('原始图像');
J1 = imrotate(I,30,'nearest');   % 用最近邻插值旋转图像
subplot(2,2,2); imshow(J1);
title('最近邻插值法')
J2 = imrotate(I,30,'bilinear');   % 用双线性插值旋转图像
```

```
subplot(2,2,3); imshow(J2);
title('双线性插值法')
J3 = imrotate(I,30,'bicubic');   % 用双立方插值旋转图像
subplot(2,2,4); imshow(J3);
title('双立方插值法')
```

运行程序,效果如图 7-26 所示。

原始图像 　最近邻插值法 　双线性插值法 　双立方插值法

图 7-26　图像的旋转效果

28. imwarp 函数

在 MATLAB 中,提供了 imwarp 函数用于对图像进行几何变换。函数的语法格式为:

B = imwarp(A,tform):根据几何变换结构 tform 对图像 A 进行几何变换。B 为变换后返回的图像。

B = imwarp(A,D):根据位移场 D 变换图像 A。

[B,RB] = imwarp(A,RA,tform):根据图像数据 A 及其关联的空间引用对象 RA 指定的空间进行几何变换。输出是由图像数据 B 及其关联的空间引用对象 RB 指定的空间引用图像。

[___] = imwarp(___,interp):指定要使用的插值表达式的类型,其取值见表 7-3。

[___] = imwarp(___,Name,Value):设置几何变换参数名 Name 及其对应的参数值 Value。

表 7-3　interp 的取值

取　　值	说　　明
'bicubic'	双立方插值
'bilinear'	默认值,双线性插值
'nearest'	最近邻插值

【例 7-26】　对变换的图像使用不同的输出视图样式。

```
>> % 读取和显示一个图像,要查看图像的空间范围,请使轴可见
A = imread('kobi.png');
iptsetpref('ImshowAxesVisible','on')   % 使轴可见
imshow(A)                               % 效果如图 7-27 所示.
% 创建一个 2 - D 仿射变换.这个例子创建了一个随机的变换,包括在范围[1.2,2.4]上按一个因子
% 缩放,在范围[ - 45,45]上按一个角度旋转,以及在范围[100,200]上按一个距离平移
tform = randomAffine2d('Scale',[1.2,2.4],'XTranslation',[100 200],'Rotation',[ - 45,45]);
% 为图像和转换创建三个不同的输出视图
centerOutput = affineOutputView(size(A),tform,'BoundsStyle','CenterOutput');
followOutput = affineOutputView(size(A),tform,'BoundsStyle','FollowOutput');
sameAsInput = affineOutputView(size(A),tform,'BoundsStyle','SameAsInput');
% 使用每种不同的输出视图样式对输入图像应用转换
BCenterOutput = imwarp(A,tform,'OutputView',centerOutput);
BFollowOutput = imwarp(A,tform,'OutputView',followOutput);
BSameAsInput = imwarp(A,tform,'OutputView',sameAsInput);
% 显示结果图像
imshow(BCenterOutput)                    % 效果如图 7-28 所示
```

```
title('CenterOutput 边界样式');
>> imshow(BFollowOutput)
title('FollowOutput 边界样式');          % 效果如图 7-29 所示
>> imshow(BSameAsInput)
title('SameAsInput 边界样式');          % 效果如图 7-30 所示
iptsetpref('ImshowAxesVisible','off')    % 关闭轴可见
```

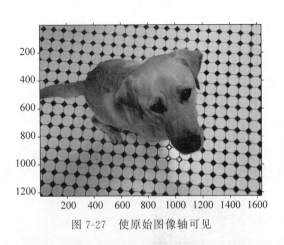

图 7-27 使原始图像轴可见

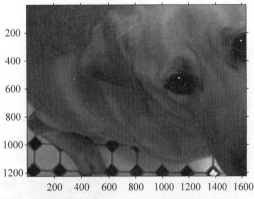

CenterOutput边界样式

图 7-28 CenterOutput 边界样式

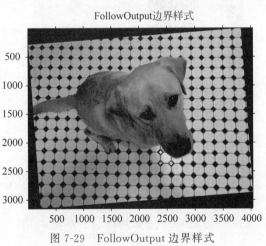

FollowOutput边界样式

图 7-29 FollowOutput 边界样式

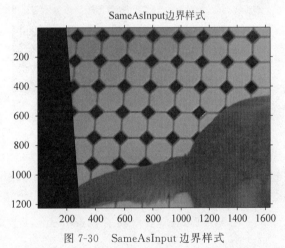

SameAsInput边界样式

图 7-30 SameAsInput 边界样式

29. makeresampler 函数

在 MATLAB 中,提供了 makeresample 创建重采样结构。重采样指影像灰度数据在几何变换后重新插值像元灰度的过程。函数的语法格式为:

R = makeresampler(interpolant,padmethod):创建一个可分离的重采样结构 R。字符串参量 interpolant 指定采样器所使用的插值方法,具体取值见表 7-4。字符串参量 padmethod 指定采样器对输入矩阵以外空间的数据的输出方法,取值为 bound(跳跃)、circular(循环)、fill(填充)、

表 7-4 interpolant 参数表

变换类型	说　　明
'cubic'	双立方插值
'linear'	线性插值
'nearest'	最近邻插值

replicate(复制)、symmetric(对称)。

【例 7-27】 拉伸一幅图像,采样器采用 x 轴方向最近邻插值、y 轴方向三次插值的方法。这种方法等价于双立方插值,但运算速度快。

```
A = imread('moon.tif');   % 读取图像
subplot(1,2,1);imshow(A)
title('原始图像');
% 建一个可分离的重采样器
resamp = makeresampler({'nearest','cubic'},'fill');
% 创建定义仿射变换的空间变换结构(TFORM)
stretch = maketform('affine',[1 0; 0 1.3; 0 0]);
% 应用转换,指定自定义重采样器
B = imtransform(A,stretch,resamp);
% 显示转换后的图像
subplot(1,2,2);imshow(B);
title('拉伸图像');
```

运行程序,效果如图 7-31 所示。

原始图像   拉伸图像

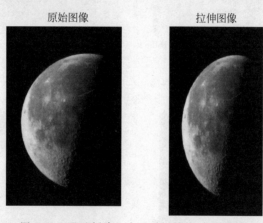

图 7-31   通过创建一个重采样结构,拉伸图像

30. fitgeotrans 函数

在 MATLAB 中,提供了 fitgeotrans 函数对控制点对组进行几何变换拟合。函数的语法格式为:

tform = fitgeotrans(movingPoints,fixedPoints,transformationType):获取控制点对组 movingPoints 和 fixedPoints,并使用它们来推断 transformationType 指定的几何变换。

tform = fitgeotrans(movingPoints,fixedPoints,'polynomial',degree):对控制点对组 movingPoints 和 fixedPoints 进行 PolynomialTransformation2D 对象拟合。指定多项式变换的次数 degree,可以是 2、3 或 4。

tform = fitgeotrans(movingPoints,fixedPoints,'pwl'):对控制点对组 movingPoints 和 fixedPoints 进行 PiecewiseLinearTransformation2D 对象拟合。这种变换通过将平面分解成局部分段线性区域来映射控制点。不同仿射变换映射每个局部区域中的控制点。

tform = fitgeotrans(movingPoints,fixedPoints,'lwm',n):对控制点对组 movingPoints 和 fixedPoints 进行 LocalWeightedMeanTransformation2D 对象拟合。局部加权均值变换通过使用相邻控制点在每个控制点上推断多项式来创建映射。在任何位置上的映射都取决于这些多项式的加权平均值。函数使用 n 个最近点来推断每个控制点对组的二次多项式变换。

【例 7-28】 创建几何变换以用于对齐图像。

```
>> %创建棋盘图像,并将其旋转以创建未对齐的图像
I = checkerboard(40);
J = imrotate(I,30);
imshowpair(I,J,'montage')        %效果如图 7-32 所示
%在固定图像(棋盘)和运动图像(旋转后的棋盘)上定义一些匹配的控制点
%可以使用 Control Point Selection 工具以交互方式定义点
fixedPoints = [41 41; 281 161];
movingPoints = [56 175; 324 160];
%创建可用于对齐两个图像的几何变换,以 affine2d 几何变换对象形式返回
tform = fitgeotrans(movingPoints,fixedPoints,'NonreflectiveSimilarity')
tform =
    affine2d - 属性:
       Dimensionality: 2
                    T: [3 × 3 double]
%使用 tform 估计值对旋转后的图像重采样,将其与固定图像配准。错误颜色叠加图像中的
%着色区域(绿色和品红色)表示配准错误。错误的原因是控制点之间缺乏精确的对应关系
Jregistered = imwarp(J,tform,'OutputView',imref2d(size(I)));
figure
imshowpair(I,Jregistered)                %效果如图 7-33 所示
%检查平行于 x 轴的单位向量的旋转和拉伸情况,以还原变换的角度和缩放
u = [0 1];
v = [0 0];
[x, y] = transformPointsForward(tform, u, v);
dx = x(2) - x(1);
dy = y(2) - y(1);
angle = (180/pi) * atan2(dy, dx)
scale = 1 / sqrt(dx^2 + dy^2)
```

图 7-32 创建并转换的棋盘图像

图 7-33 使用 tform 估计值对旋转后的图像重采样

运行程序,输出如下:

```
angle =
   29.7686
scale =
   1.0003
```

31. tformarray 函数

在 MATLAB 中,提供了 tformarray 函数用于对多维数组进行空间变换。函数的语法格式为:

B = tformarray(A,T,R,tdims_A,tdims_B,tsize_B,tmap_B,F):对多维数组进行空间变换。参量 A 为多维数组,T 为空间变换结构。R 为重采样结构,通常由 makeresampler 函数输出得到。tdims_A 为行向量,指定输入矩阵中哪几行应用空间变换;tdims_B 为行向量,指定输出矩阵中哪几行应用空间变换;tsize_B 指定矩阵 B 的维数,tmap_B 可选,提供一个可选择的方式来指定 B 中元素的位置和输出变换空间的关系;F 为包含填充值的双精度矩阵。

【例 7-29】 创建一个 2×2 的棋盘矩阵,然后用投影变换对矩阵进行空间变换,生成一个无限棋盘的投影视图图像。

```
>> % 创建棋盘图像,棋盘的行数和列数都为 1,每个单元的边长为 20 像素
I = checkerboard(20,1,1);
figure;imshow(I)    % 显示原始图像,如图 7-34(a)所示
% 创建变换结构
T = maketform('projective',[1 1; 41 1; 41 41;  1 41], …
                            [5 5; 40 5; 35 30; −10 30]);
% 使用参数 'cubic' 创建样本,使输出结果表现出无限的投影视图形式
R = makeresampler('cubic','circular');
% 对原始图像进行空间变换,指定输出图像矩阵的大小为 100×100
J = tformarray(I,T,R,[1 2],[2 1],[100 100],[],[]);
figure;imshow(J)    % 显示变换后的图像,如图 7-34(b)所示
```

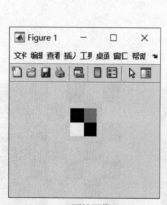

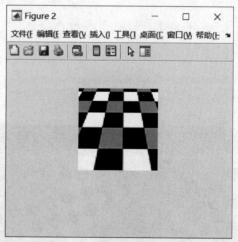

(a) 原始图像   (b) 变换后的图像

图 7-34 使用 tformarray 函数的多维数组进行空间变换

32. cpcorr 函数

在 MATLAB 中,提供了 cpcorr 函数用于使用互相关调整控制点位置。函数的语法格式为:

movingPointsAdjusted = cpcorr(movingPoints,fixedPoints,moving,fixed):利用标准化互相关函数调整 movingPoints 和 fixedPoints 中的每个控制点对。参量 movingPoints 必须

为 M×2 双精度型矩阵,第 1 列和第 2 列分别表示图像 moving 中指定的控制点的 X 和 Y 坐标。fixedPoints 也必须为 M×2 双精度型矩阵,第 1 列和第 2 列分别表示图像 fixed 中指定的控制点的 X 和 Y 坐标。

【例 7-30】 使用相互关系微调控制点位置。

```
>> % 将两幅图像读入工作空间中
moving = imread('onion.png');
fixed = imread('peppers.png');
% 为两个图像定义控制点集
movingPoints = [118 42;99 87];
fixedPoints = [190 114;171 165];
% 显示图像,并以白色显示控制点
figure; imshow(fixed)
hold on
plot(fixedPoints(:,1),fixedPoints(:,2),'xw')
title('固定的图像')
figure; imshow(moving)
hold on
plot(movingPoints(:,1),movingPoints(:,2),'xw')
title('移动的图像')
% 观察移动点位置的细微误差,并使用交叉相关调整移动控制点
movingPointsAdjusted = cpcorr(movingPoints,fixedPoints, …
                            moving(:,:,1),fixed(:,:,1))
% 用黄色显示调整后的移动点,与原始的移动点(白色)相比,调整后的点更接近固定点的位置
plot(movingPointsAdjusted(:,1),movingPointsAdjusted(:,2),'xy')
```

运行程序,输出如下,效果如图 7-35 所示。

```
movingPointsAdjusted =
   115.9000   39.1000
    97.0000   89.9000
```

图 7-35 微调控制点效果图

33. cpselect 函数

在 MATLAB 中,提供了 cpselect 函数打开控制点选择工具。控制点选择工具为一个图形用户界面,使用户能够在两幅图像中选择相应的控制点。函数的语法格式为:

cpselect(moving,fixed):打开控制点选择工具,在界面中显示 moving 和 fixed 指定的图像。参量 moving 为待转换的图像,fixed 为基准图像。控制点选择工具返回的控制点信息自

动存储于结构 CPSTRUCT 中。

cpselect(moving, fixed, initialMovingPoints, initialFixedPoints)：打开控制点选择工具，在界面中显示 moving 和 fixed 指定的图像，并显示 initialMovingPoints 和 initialFixedPoints 中存储的初始控制点。

cpselect(moving, fixed, cpstruct_in)：打开控制点选择工具，在界面中显示 moving 和 fixed 指定的图像，并显示结构 cpstruct_in 中存储的初始控制点。

h = cpselect(____)：返回控制点选择工具的句柄给 h，可以使用 close(h)命令关闭控制点选择工具。

【例 7-31】 打开控制点选择工具，在界面中显示。

```
>> % 控制点选择工具,如图 7-36 所示
>> cpselect('westconcordaerial.png','westconcordorthophoto.png');
```

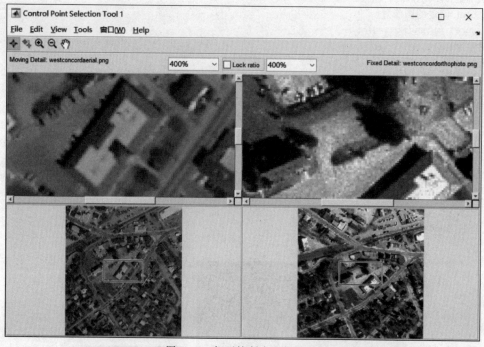

图 7-36　打开控制点选择工具

34. bwboundaries 函数

在 MATLAB 中,提供了 bwboundaries 函数实现在二值图像中进行区域边界跟踪。采用区域跟踪算法,给出二值图像中所有的目标外边界和内边界(洞的边界)。函数的语法格式为：

B = bwboundaries(BW)：跟踪二值图像 BW 中对象的外边界以及这些对象内部的孔洞的边界。bwboundaries 还能跟踪最外层对象(父对象)及其子级(完全被父对象包围的对象)。返回由边界像素位置组成的元胞数组 B。

B = bwboundaries(BW, conn)：跟踪对象的外边界,其中 conn 指定跟踪父对象边界和子对象边界时要使用的连通性,其指定为表 7-5 中的值之一。

表 7-5　conn 的取值

值	说　　　明
4-连通	如果像素的边缘相互接触,则这些像素具有连通性。如果两个相邻像素都为 on 并在水平或垂直方向上连通,则它们是同一对象的一部分
8-连通	如果像素的边缘或角相互接触,则这些像素具有连通性。如果两个相邻像素都为 on,并在水平、垂直或对角线方向上连通,则它们是同一对象的一部分

B = bwboundaries(BW,conn,options)：跟踪对象的外边界,其中 options 是 'holes' 或 'noholes',指定是否包括位于其他对象内的孔洞的边界。

holes：同时搜索对象和孔洞边界,是默认设置。

noholes：仅搜索对象(父对象和子对象)边界,可以提供更好的性能。

[B,L] = bwboundaries(____)：返回标签矩阵 L,其中对象和孔洞带有标签。

[B,L,n,A] = bwboundaries(____)：返回 n(找到的对象数量)和 A(邻接矩阵)。

【例 7-32】　在图像上叠加区域边界并用区域编号进行注释。

```
>> % 将二值图像读入工作区
BW = imread('blobs.png');
% 计算图像中区域的边界
[B,L,N,A] = bwboundaries(BW);
% 显示叠加了边界的图像,在每个边界旁边添加区域编号(基于标签矩阵)
% 使用缩放工具读取单个标签
imshow(BW); hold on;
colors = ['b' 'g' 'r' 'c' 'm' 'y'];
for k = 1:length(B)
  boundary = B{k};
cidx = mod(k,length(colors)) + 1;
  plot(boundary(:,2), boundary(:,1),colors(cidx),'LineWidth',2);
  % 随机放置文本,以显示随机性
  rndRow = ceil(length(boundary)/(mod(rand * k,7) + 1));
  col = boundary(rndRow,2); row = boundary(rndRow,1);
  h = text(col + 1, row - 1, num2str(L(row,col)));
  set(h,'Color',colors(cidx),'FontSize',14,'FontWeight','bold');
```

运行程序,效果如图 7-37 所示。

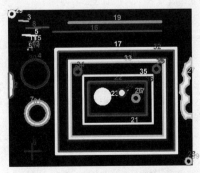

图 7-37　二值图像的边界跟踪

35. bwtraceboundary 函数

在 MATLAB 中,提供的 bwtraceboundary 函数在二值图像中进行目标跟踪。采用基于曲线跟踪的算法,需要指定搜索起始点和搜索方向,返回过该起点的一条边界。函数的语法格式为:

B = bwtraceboundary(BW,P,fstep):在二值图像 BW 中进行目标跟踪。参量 BW 为矩阵,其元素为 0 或 1。bwtraceboundary 将 BW 中为 0 的元素视为背景像素点,值为 1 的元素视为待提取边界的目标。P 为二元向量,指定起始点的行坐标和列坐标。字符串变量 fstep 指定起始搜索方向,具体取值见表 7-6。B 为一个 Q×2 矩阵,每一行包含边界像素点的行坐标和列坐标,Q 为边界所含像素点的个数。

表 7-6   fstep 参数取值

参　　数	含　　义	参　　数	含　　义
'N'	从图像上方开始搜索	'S'	从图像下方开始搜索
'NE'	从图像右上方开始搜索	'SW'	从图形左下方开始搜索
'E'	从图像右方开始搜索	'W'	从图像左方开始搜索
'SE'	从图像右下方开始搜索	'NW'	从图像左上方开始搜索

B = bwtraceboundary(BW,P,fstep,conn):在二值图像 BW 中进行目标跟踪,conn 指定搜索算法中所使用的连通方法,具体取值见表 7-5。

B = bwtraceboundary(BW,P,fstep,conn,m,dir):在二值图像中进行目标跟踪。参量 N 指定提取的边界的最大长度,即这段边界所含的像素点的最大数目。字符串参量 dir 指定搜索边界的方向,具体取值见表 7-7。

表 7-7   dir 参数取值

参　　数	含　　义
'clockwise'	默认值,顺时针方向
'counterclockwise'	逆时针方向

【例 7-33】 跟踪边界和可视化轮廓。

```
>> % 读取图像并显示它
BW = imread('blobs.png');
imshow(BW)
% 在图像中选择一个对象并跟踪边界,要选择一个对象,请在其边界上指定一个像素
% 本例使用了白色厚圆边界上像素的坐标,通过 impixelinfo 视觉检测得到。默认情况
% 下,bwtraceboundary 识别边界上的所有像素
r1 = 163;
c1 = 37;
contour = bwtraceboundary(BW,[r1 c1],'W');
% 在图像上绘制轮廓线
hold on
plot(contour(:,2),contour(:,1),'g','LineWidth',2)        % 效果如图 7-38(a)所示
% 在第二个物体的边界上取一点,本例使用最大矩形左上角附近的像素坐标
% 顺时针跟踪前 50 个边界像素
r2 = 68;
c2 = 95;
contourCW = bwtraceboundary(BW,[r2 c2],'W',8,50,'clockwise');
% 从第二个对象边界上的同一点开始,逆时针方向跟踪前 50 个边界像素
contourCCW = bwtraceboundary(BW,[r2 c2],'W',8,50,'counterclockwise');
% 用红色绘制图像上的顺时针轮廓线,用蓝色绘制图像上的逆时针轮廓线
```

```
plot(contourCW(:,2),contourCW(:,1),'r','LineWidth',2)      % 效果如图 7-38(b)所示
plot(contourCCW(:,2),contourCCW(:,1),'b','LineWidth',2)    % 效果如图 7-38(c)所示
```

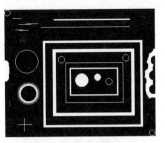
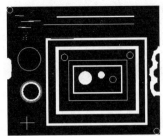
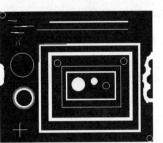

彩色图片

(a) 绘制轮廓线　　　　(b) 用红色绘制图像上的顺时针轮廓线　(c) 用蓝色绘制图像上的逆时针轮廓线

图 7-38　图像的跟踪

36．edge 函数

在 MATLAB 中,提供了 edge 函数用于查找强度图像的边缘。函数的语法格式为:

BW = edge(I):返回二值图像 BW,其中值 1 对应于输入图像 I 中函数找到边缘的位置,值 0 对应于其他位置。默认情况下,edge 使用 Sobel 边缘检测方法。

BW = edge(I,method):使用 method 指定的边缘检测算法检测图像 I 中的边缘,其算法见表 7-8。

表 7-8　method 函数的取值

方　　法	说　　明
'Sobel'	使用导数的 Sobel 逼近,通过寻找 I 的梯度最大的那些点来查找边缘
'Prewitt'	使用导数的 Prewitt 逼近,通过寻找 I 的梯度最大的那些点来查找边缘
'Roberts'	使用导数的 Roberts 逼近,通过寻找 I 的梯度最大的那些点来查找边缘
'log'	使用高斯拉普拉斯(LoG)滤波器对 I 进行滤波后,通过寻找过零点来查找边缘
'zerocross'	使用指定的滤波器 h 对 I 进行滤波后,通过寻找过零点来查找边缘
'Canny'	通过寻找 I 的梯度的局部最大值来查找边缘。edge 函数使用高斯滤波器的导数计算梯度。此方法使用双阈值来检测强边缘和弱边缘,如果弱边缘与强边缘连通,则将弱边缘包含到输出中。通过使用双阈值,Canny 方法相对其他方法不易受噪声干扰,更可能检测到真正的弱边缘
'approxcanny'	使用近似 Canny 边缘检测算法查找边缘,该算法的执行速度较快,但检测不太精确。浮点图像应归一化至范围 [0 1] 上

BW = edge(I,method,threshold):threshold 为敏感阈值,指定为数值标量(对于一般 method)或二元素向量(对于 'Canny' 和 'approxcanny' 方法)。edge 忽略所有强度不大于 threshold 的边缘。

- 如果不指定 threshold 或指定空数组([]),则 edge 会自动选择一个或多个值。
- 对于 'log' 和 'zerocross' 方法,如果指定阈值 0,则输出图像具有闭合轮廓,因为它包括输入图像中的所有过零点。
- 'Canny' 和 'approxcanny' 方法使用两个阈值。edge 忽略边缘强度低于下阈值的所有边缘,保留边缘强度高于上阈值的所有边缘。可以将 threshold 指定为 [low high] 形式的二元素向量,其中 low 和 high 值在范围 [0 1] 上。还可以将 threshold 指定为数值标

量,edge 将其分配给上阈值。在这种情况下,edge 使用 threshold * 0.4 作为下阈值。

BW = edge(I, method, threshold, direction):指定要检测的边缘的方向。Sobel 和 Prewitt 方法可以检测垂直方向和/或水平方向的边缘。Roberts 方法可以检测与水平方向成 45°角和(或)135°角的边缘。仅当 method 是'Sobel'、'Prewitt'或'Roberts'时,此语法才有效。

BW = edge(____, 'nothinning'):跳过边缘细化阶段,这可以提高性能。仅当 method 是 'Sobel'、'Prewitt'或'Roberts' 时,此语法才有效。

BW = edge(I, method, threshold, sigma):指定 sigma,即滤波器的标准差。仅当 method 是'log'或'Canny'时,此语法才有效。

BW = edge(I, method, threshold, h):使用'zerocross'方法和指定的滤波器 h 检测边缘。仅当 method 是'zerocross'时,此语法才有效。

[BW, threshOut] = edge(____):还返回阈值。

[BW, threshOut, Gv, Gh] = edge(____):还返回定向梯度幅值。对于 Sobel 和 Prewitt 方法,Gv 和 Gh 对应于垂直和水平梯度。对于 Roberts 方法,Gv 和 Gh 分别对应于与水平方向成 45°和 135°角的梯度。仅当 method 是'Sobel'、'Prewitt'或'Roberts'时,此语法才有效。

【例 7-34】 对图像采用不同的算子进行边缘检测。

```
>> I = imread('cameraman.tif');   % 读取并显示原始灰度图像
subplot(241);imshow(I)
title('原始图像');
BW1 = edge(I);              % 默认算子
subplot(242);imshow(BW1);
title('默认算子');
BW2 = edge(I,'sobel');      % sobel 算子
subplot(243);imshow(BW2);
title('sobel 算子')
BW3 = edge(I,'prewitt');    % prewitt 算子
subplot(244);imshow(BW3);
title('prewitt 算子')
BW4 = edge(I,'roberts');    % roberts 算子
subplot(335);imshow(BW4);
title('roberts 算子')
BW5 = edge(I,'log');        % log 算子
subplot(336);imshow(BW5);
title('log 算子')
BW6 = edge(I,'zerocross');  % zerocross 算子
subplot(337);imshow(BW6);
title('zerocross 算子')
BW7 = edge(I,'canny');      % canny 算子
subplot(338);imshow(BW7);
title('canny 算子')
```

运行程序,效果如图 7-39 所示。

原始图像   默认算子   sobel算子   prewitt算子

图 7-39 边缘检测效果

roberts算子　　　　log算子　　　　zerocross算子　　　　canny算子

图 7-39 （续）

37. hough 函数

Hough 变换是最常用的直线提取方法。它的基本思想是将直线上每一个数据点变换为参数平面中的一条直线或曲线,利用共线的数据点对应的参数曲线相交于参数空间中一点的关系,使直线的提取问题转化为计数问题。Hough 变换提取直线的主要优点是受直线中的噪声影响较小。在 MATLAB 中,提供了 hough 函数来检测直线,函数的语法格式为:

[H,theta,rho] = hough(BW):计算二值图像 BW 的标准 Hough 变换(SHT)。hough 函数旨在检测线条。该函数使用线条的参数化表示:rho = x * cos(theta) + y * sin(theta)。该函数返回 rho(沿垂直于线条的向量从原点到线条的距离)和 theta(x 轴与该向量之间的角度,以度为单位)。该函数还返回标准 Hough 变换 H,它是一个参数空间矩阵,其行和列分别对应于 rho 和 theta 值。

[H,theta,rho] = hough(BW,Name,Value,…):计算二值图像 BW 的标准 Hough 变换(SHT),其中指定的参数影响计算。

【例 7-35】 对图像进行 Hough 变换,显示 Hough 变换矩阵。

```
>> % 读取图像,并将其转换为灰度图像
RGB = imread('gantrycrane.png');
I = rgb2gray(RGB);
% 提取边缘
BW = edge(I,'canny');
% 计算 Hough 变换
[H,T,R] = hough(BW,'RhoResolution',0.5,'Theta',-90:0.5:89);
% 显示原始图像和 Hough 矩阵
subplot(2,1,1);
imshow(RGB);
title('原始图像');
subplot(2,1,2);
imshow(imadjust(rescale(H)),'XData',T,'YData',R,…
        'InitialMagnification','fit');
title('Hough 变换');
xlabel('\theta'), ylabel('\rho');
axis on, axis normal, hold on;
colormap(gca,hot);
```

运行程序,效果如图 7-40 所示。

原始图像

Hough变换

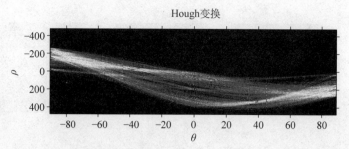

图 7-40   对图像进行 Hough 变换

38. houghlines 函数

在 MATLAB 中,提供了 houghlines 函数根据 Hough 变换的结果提取图像中的线段。函数的语法格式为:

lines = houghlines(BW,theta,rho,peaks):提取图像 BW 中与 Hough 变换中的特定 bin 相关联的线段。theta 和 rho 是函数 hough 返回的向量。peaks 是由 houghpeaks 函数返回的矩阵,其中包含 Hough 变换 bin 的行和列坐标,用于搜索线段。返回值 lines 是结构体数组,其长度等于找到的合并后的线段数,lines 的取值见表 7-9。

表 7-9   lines 参数取值

字　段	说　　明
point1	指定线段端点 1 坐标的二元素向量[X Y]
point2	指定线段端点 2 坐标的二元素向量[X Y]
theta	Hough 变换 bin 的角度(以度为单位)
rho	Hough 变换 bin 的 rho 轴位置

lines = houghlines(＿＿,Name,Value,…):提取图像 BW 中的线段,其中指定的参数影响运算。

【例 7-36】   查找线段并突出显示最长的线段。

```
>> I = imread('circuit.tif');                                    % 将图像读入工作区
rotI = imrotate(I,33,'crop');                                   % 旋转图像
BW = edge(rotI,'canny');                                        % 创建二值图像
% 使用二值图像创建 Hough 变换
[H,T,R] = hough(BW);
imshow(H,[],'XData',T,'YData',R,'InitialMagnification','fit'); % 效果如图 7-41(a)所示
xlabel('\theta'), ylabel('\rho');
axis on, axis normal, hold on;
% 查找图像的 Hough 变换中的峰值
P = houghpeaks(H,5,'threshold',ceil(0.3 * max(H(:))));
x = T(P(:,2)); y = R(P(:,1));
plot(x,y,'s','color','white');                                 % 效果如图 7-41(b)所示
% 查找线条并对其绘图
lines = houghlines(BW,T,R,P,'FillGap',5,'MinLength',7);
figure, imshow(rotI), hold on
max_len = 0;
for k = 1:length(lines)
xy = [lines(k).point1; lines(k).point2];
```

```
      plot(xy(:,1),xy(:,2),'LineWidth',2,'Color','green');
%     绘制起始与终点线段,效果如图 7-42 所示
      plot(xy(1,1),xy(1,2),'x','LineWidth',2,'Color','yellow');
      plot(xy(2,1),xy(2,2),'x','LineWidth',2,'Color','red');
%     求出最长线段的端点
      len = norm(lines(k).point1 - lines(k).point2);
      if ( len > max_len )
         max_len = len;
         xy_long = xy;
      end
   end
end
```

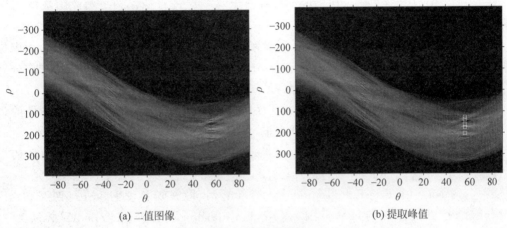

(a) 二值图像   (b) 提取峰值

图 7-41　检测图像

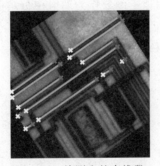

图 7-42　检测出的直线段

39. houghpeaks 函数

在 MATLAB 中,提供了 houghpeaks 函数用于计算 Hough 变换的峰值。函数的语法格式为:

peaks = houghpeaks(H,numpeaks):提取 Hough 变换后参数平面的峰值点。参量 H 为 Hough 变换矩阵,由 hough 函数生成。numpeaks 指定要提取的峰值数目,默认值为 1。返回值 peaks 为一个 $Q \times 2$ 矩阵,包含峰值的行坐标和列坐标,Q 为提取的峰值数目。

peaks = houghpeaks(H,numpeaks,Name,Value):提取 Hough 变换后参数平面的峰值点。参量 Name 和 Value 指定寻找峰值的门限或峰值对周围像素点的抑制范围,具体取值见表 7-10。

表 7-10　houghpeaks 参数表

参　　数	描　　述
'Threshold'	非负实数,指定峰值的门限,默认值为 $0.5 \times \max(H(:))$
'NHoodSize'	二元向量[M N],M 和 N 均为正奇数,共同指定峰值周围抑制区的大小

houghpeaks 函数的用法可参考例 7-36。

40. qtdecomp 函数

在 MATLAB 中,提供了 qtdecomp 函数用于对图像进行四叉树分解。函数的语法格式为:

S = qtdecomp(I):将一幅灰度图 I 分解为四个小方块图像,然后检测每个小方块图像是否满足规定的某种相似标准;如果满足,就不分解;如果不满足,则继续将小方块图像分解为四个小方块图像,直到每个小方块图像都满足规定的某种相似标准。

S = qtdecomp(I,threshold):将一幅灰度图 I 进行四叉树分解,直到各方块图像的最大灰度值与最小灰度值之差小于 threshold 为止。

S = qtdecomp(I,threshold,mindim):将一幅灰度方图 I 进行四叉树分解。分解的小方块图像的尺寸不得小于 mindim 指定的值。

S = qtdecomp(I,threshold,[mindim maxdim]):将一幅灰度图 I 进行四叉树分解。指定分解的小方块图像的尺寸范围在[mindim maxdim]。maxdim/mindim 必须为 2 的次幂。

S = qtdecomp(I,fun):采用指定函数作为四叉树分解的一致性标准,将一幅灰度图 I 进行四叉树分解,参量 fun 为函数的句柄。

【例 7-37】　对图像进行四叉树分解。

```
>> % 读入灰度图像
I = imread('liftingbody.png');
subplot(121);imshow(I);
title('原始图像')
% 对图像进行四叉树分解
S = qtdecomp(I,.27);
blocks = repmat(uint8(0),size(S));
% 循环获取四叉树分解后子块的信息
for dim = [512 256 128 64 32 16 8 4 2 1];
numblocks = length(find(S == dim));
  if (numblocks > 0)
    values = repmat(uint8(1),[dim dim numblocks]);
    values(2:dim,2:dim,:) = 0;
    blocks = qtsetblk(blocks,S,dim,values);
  end
end
blocks(end,1:end) = 1;
blocks(1:end,end) = 1;
subplot(122);imshow(blocks,[])
title('四叉树分解')
```

运行程序,效果如图 7-43 所示。

原始图像

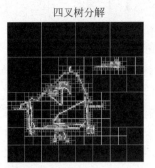
四叉树分解

图 7-43 对灰度图像进行四叉树分解

41. entropy 函数

在 MATLAB 中,提供了 entropy 函数计算灰度图像的熵。函数的语法格式为:

e = entropy(I):返回灰度图像 I 的熵值 e。

需要注意的是,如果 I 是多维数组,则 entropy 认为 I 为多维灰度图像,而不是真彩色 (RGB)图像。

【例 7-38】 计算灰度图像的熵。

```
>> I = imread('circuit.tif');    %读取图像
>> J = entropy(I)    %计算熵
J =
    6.9439
```

42. imabsdiff 函数

在 MATLAB 中,提供了 imabsdiff 函数用于求两幅图像差的绝对值。函数的语法格式为:

Z = imabsdiff(X,Y):从数组 X 中的每个元素中减去数组 Y 中的对应元素,并在输出数组 Z 的对应元素中返回绝对差。

【例 7-39】 显示滤波后的图像和原始图像之间的绝对差。

```
>> I = imread('cameraman.tif');    %读入灰度图像
%对图像进行滤波
J = uint8(filter2(fspecial('gaussian'), I));
%计算两个图像的绝对差
K = imabsdiff(I,J);
%显示绝对差图像
imshow(K,[])
```

图 7-44 显示滤波图像和原始图像差的
绝对值的结果

运行程序,效果如图 7-44 所示。

43. imadd 函数

在 MATLAB 中,提供了 imadd 函数用于实现两幅图像的和或一幅图像与一个常数的和运算。函数的语法格式为:

Z = imadd(X,Y)：将矩阵 X 中每一个元素与矩阵 Y 中对应的元素相加,返回值 Z。X 和 Y 的维数和数据类型相同,或者 Y 是一个数值型常数。除 X 为二进制数据时,Z 返回双精度型外,Z 的维数和数据类型与 X 相同。如果 X 和 Y 为整型矩阵,运算的结果可能超出图像数据类型所支持的范围(即溢出),这时 MATLAB 自动将数据截断为数据类型所支持的最大值。

【例 7-40】 将两幅图像相加并指定输出图像的数据类型。

```
I = imread('rice.png');
J = imread('cameraman.tif');
K = imadd(I,J,'uint16');   % 将两幅图像相加,输出 uint16 类
                           % 型图像
imshow(K,[])               % 显示两幅图像相加后结果
```

运行程序,效果如图 7-45 所示。

图 7-45　两幅图像相加后的结果

44．imcomplement 函数

在 MATLAB 中,提供了 imcomplement 函数对图像进行求补运算。函数的语法格式为：

J = imcomplement(I)：对图像 IM 进行求补运算。IM 可以是二值图像、灰度图像或 RGB 图像。

【例 7-41】 对灰度图像进行求补运算。

```
>> I = imread('cameraman.tif');
J = imcomplement(I);
imshowpair(I,J,'montage')
```

运行程序,效果如图 7-46 所示。

图 7-46　对灰度图像进行求补运算

45．imdivide 函数

在 MATLAB 中,提供了 imdivide 函数用于实现两幅图像相除或一幅图像与一个常数相除。函数的语法格式为：

Z = imdivide(X,Y)：将矩阵 X 中每一个元素除以矩阵 Y 中对应元素,返回值为 Z。X 和 Y 具有相同的维数或数据类型,或者 Y 是一个数值常量。Z 的维数或数据类型与 X 相同。如果 X 和 Y 为整型矩阵,运算的结果可能超出图像数据类型所支持的范围,这时 MATLAB 自动将数据截断为数据类型所支持的范围内。

【**例7-42**】 从原始图像中生成背景图像,然后进行除法运算。

```
I = imread('rice.png');                    % 读取图像
subplot(1,3,1);imshow(I,[]);
title('原始图像');
% 利用形态学方法从原始图像中生成背景图像
background = imopen(I,strel('disk',15));
% 对原始图像和背景图像进行除运算
subplot(1,3,2);imshow(background,[]);      % 显示背景图像
title('背景图像')
% 对原始图像和背景图像进行除运算
J = imdivide(I,background);
subplot(1,3,3);imshow(J,[]);
title('除运算结果')
```

运行程序,效果如图7-47所示。

原始图像   背景图像   除运算结果

图7-47 从原始图像生成背景图像再进行除运算

46. imlincomb 函数

在 MATLAB 中,提供了 imlincomb 函数实现图像的线性运算。函数的语法格式为:

$Z = imlincomb(K1,A1,K2,A2,\cdots,Kn,An)$:计算 $Z=K1\times A1+K2\times A2+\cdots+Kn\times An$。其中,$K1,K2,\cdots,Kn$ 为实数型或双精度型变量。$A1,A2,\cdots,An$ 为实数型或无符号整型矩阵,其维数和数据类型相同。

$Z = imlincomb(K1,A1,K2,A2,\cdots,Kn,An,K)$:计算 $K1\times A1+K2\times A2+\cdots+Kn\times An+K$。其中,$K$ 为实数型、双精度浮点型变量。

$Z = imlincomb(\underline{\quad},outputClass)$:将运算结果以指定的图像矩阵数据类型输出,$Z$ 为输出矩阵。字符串参量 outputClass 表示数据类型的名称,可为 uint8、uint16 或 single 等。

【**例7-43**】 生成差异图像矩阵,数值为 $0\sim128$。

```
I = imread('cameraman.tif');    % 读取图像
% 对原始图像进行高斯滤波后转换成 uint8 型矩阵
J = uint8(filter2(fspecial('gaussian'), I));
% 利用公式:K(r,c) = I(r,c) - J(r,c) + 64
K = imlincomb(1,I,-1,J,64);
imshow(K)
```

运行程序,效果如图7-48所示。

图7-48 滤波效果

47. imsubtract 函数

在 MATLAB 中,提供了 imsubtract 函数实现从一个图像中减去另一个图像或从图像中减去常量。函数的语法格式为:

Z = imsubtract(X,Y):从数组 X 中的每个元素中减去数组 Y 中的对应元素,并在输出数组 Z 的对应元素中返回差。

如果 X 是整数数组,则将截断超出整数类型范围的输出元素,且将舍入小数值。

【例 7-44】 从图像中减去常量。

```
% 将图像读入工作区
I = imread('rice.png');
% 从图像中减去常量值
J = imsubtract(I,50);
% 显示原始图像和结果
subplot(1,2,1);imshow(I);
title('原始图像');
subplot(1,2,2);imshow(J);
title('图像中减常量');
```

运行程序,效果如图 7-49 所示。

原始图像   图像中减常量

图 7-49 图像减常量效果

48. decorrstretch 函数

在 MATLAB 中,提供了 decorrstretch 函数使用去相关拉伸增强图像相关区域的颜色。函数的语法格式为:

S = decorrstretch(A):对图像 A 进行去相关拉伸。A 通常为 RGB 图像。返回值 S 与 A 具有相同的维数和数据类型。

S = decorrstretch(A,'tol',TOL):对图像 A 进行去相关拉伸后使用线性对比度拉伸。参量 TOL 可为二元向量或标量。TOL 为二元向量时,表示所增强的灰度值较小值和较大值的比例为 TOL(1)和 TOL(2)。TOL 为标量时,表示所增强的灰度值较小值和较大值的比例为 TOL 和 1-TOL。

【例 7-45】 对图像进行去相关拉伸。

```
% 将索引图像读入工作区
[X, map] = imread('forest.tif');
% 对图像进行去相关拉伸
S = decorrstretch(ind2rgb(X,map),'tol',0.01);
```

```
% 显示图像
subplot(1,2,1);imshow(X,map)
title('原始图像')
subplot(1,2,2);imshow(S);
title('拉伸图像')
```

运行程序,效果如图 7-50 所示。

原始图像 拉伸图像

彩色图片

图 7-50　索引图像的去相关拉伸

49. adapthisteq 函数

在 MATLAB 中,提供了 adapthisteq 函数使用有限对比度自适应直方图均衡化。函数的语法格式为:

J = adapthisteq(I):使用限制对比度的自适应直方图均衡化(CLAHE)来变换值,从而增强灰度图像 I 的对比度。

J = adapthisteq(I,Name,Value):指定其他名称-值对组。参数名称可以使用缩写,不区分大小写,具体取值见表 7-11。

表 7-11　adapthisteq 参数表

参　　数	含　　义
'NumTiles'	指定切片横向和纵向的切片数目,为二元向量[M,N],其中 M 和 N 要大于或等于 2,切片的数目为 M×N,默认值为[8 8]
'ClipLimit'	设定对比度增强值,为正实数,范围为[0 1],默认值为 0.01
'Nbins'	指定直方图的矩形数目,为正整数,默认值为 256
'Range'	指定输出图像数据范围,取值为 original(输入图像的范围)、full(输出图像数据类型的范围),默认值为 full
'Distribution'	指定分布类型,取值为 uniform(均匀分布)、rayleigh(瑞利分布)、exponential(指数分布),默认为 uniform
'Alpha'	表示分布参数,为正实数,仅当 Distribution 为 rayleigh 或 exponential 时使用,默认值为 0.4

【例 7-46】　使用 CLAHE 方法增强索引彩色图像的对比度。

```
% 将索引彩色图像读入工作区
[X, MAP] = imread('shadow.tif');
% 将索引图像转换为真彩色(RGB)图像,然后将 RGB 图像转换为 L*a*b* 颜色空间
RGB = ind2rgb(X,MAP);
subplot(1,2,1);imshow(RGB);
title('索引图像转换为 RGB 图像')
LAB = rgb2lab(RGB);
```

```
% 将值缩放到 adapthisteq 函数预期的范围[0 1]
L = LAB(:,:,1)/100;
% 对 L 通道执行 CLAHE.缩放结果,使其回到 L*a*b* 颜色空间使用的范围
L = adapthisteq(L,'NumTiles',[8 8],'ClipLimit',0.005);
LAB(:,:,1) = L*100;
% 将生成的图像转换回 RGB 颜色空间
J = lab2rgb(LAB);
% 显示原始图像和处理后的图像
subplot(1,2,2);imshow(J);title('增强效果')
```

运行程序,效果如图 7-51 所示。

索引图像转换为RGB图像 增强效果

图 7-51 使用 CLAHE 方法增强图像

由图 7-51 可看出,增强图像中的阴影区域看起来更暗,高光区域看起来更亮,整体对比度得到改善。

50. histeq 函数

在 MATLAB 中,提供了 histeq 函数使用直方图均衡化加强图像对比度。函数的语法格式为:

J = histeq(I,hgram):变换灰度图像 I,以使输出灰度图像 J 具有 length(hgram)个 bin 的直方图近似匹配目标直方图 hgram。

J = histeq(I,n):变换灰度图像 I,返回具有 n 个离散灰度级的灰度图像 J。在映射到 J 的 n 个灰度级中,每个级别的像素个数大致相等,因此 J 的直方图大致平坦。当 n 远小于 I 中的离散灰度级数时,J 的直方图更平坦。

[J,T] = histeq(I):返回灰度变换 T,该变换将图像 I 中的灰度级映射到 J 中的灰度级。

newmap = histeq(X,map):变换颜色图中的值,以使索引图像 X 的灰度分量的直方图大致平坦。它返回变换后的颜色图 newmap。

newmap = histeq(X,map,hgram):变换与索引图像 X 相关联的颜色图,以使索引图像 (X, newmap)的灰度分量直方图近似匹配目标直方图 hgram。histeq 函数返回变换后的颜色图 newmap。length(hgram)必须与 size(map,1)相同。

[newmap,T] = histeq(X,____):返回灰度变换 T,该变换将 map 的灰度分量映射到 newmap 的灰度分量。

【例 7-47】 使用直方图均衡增强三维体图像的对比度。

```
% 加载三维数据集
load mristack
% 执行直方图均衡
enhanced = histeq(mristack);
% 显示原始图像和对比度增强图像的第一个数据切片
```

```
subplot(1,2,1);imshow(mristack(:,:,1))
title('原始切片图像')
subplot(1,2,2);imshow(enhanced(:,:,1))
title('变换后切片图像')
```

运行程序,效果如图 7-52 所示。

原始切片图像　　　　　　　　变换后切片图像

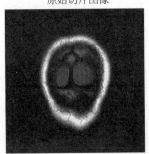 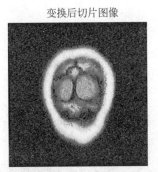

图 7-52　对索引图像进行直方图均衡化

51. imadjust 函数

在 MATLAB 中,提供了 imadjust 函数用于调整图像灰度值或颜色映射表。函数的语法格式为:

J = imadjust(I):将灰度图像 I 中的强度值映射到 J 中的新值。默认情况下,imadjust 对所有像素值中最低的 1% 和最高的 1% 进行饱和处理。此运算可提高输出图像 J 的对比度。

此语法等效于 imadjust(I,stretchlim(I))。

J = imadjust(I,[low_in high_in]):将 I 中的强度值映射到 J 中的新值,以使 low_in 和 high_in 之间的值映射到 0 到 1 之间的值。

J = imadjust(I,[low_in high_in],[low_out high_out]):将 I 中的强度值映射到 J 中的新值,以使 low_in 和 high_in 之间的值映射到 low_out 和 high_out 之间的值。

J = imadjust(I,[low_in high_in],[low_out high_out],gamma):将 I 中的强度值映射到 J 中的新值,其中 gamma 指定描述 I 和 J 中的值之间关系的曲线形状。

J = imadjust(RGB,[low_in high_in],____):将真彩色图像 RGB 中的值映射到 J 中的新值。可以为每个颜色通道应用相同的映射或互不相同的映射。

newmap = imadjust(cmap,[low_in high_in],____):将颜色图 cmap 中的值映射到 newmap 中的新值。可以为每个颜色通道应用相同的映射或互不相同的映射。

【例 7-48】　基于标准差的图像对比度拉伸。

```
% 将图像读入工作区并显示它
I = imread('pout.tif');
subplot(1,2,1);imshow(I);
title('原始图像')
% 计算用于对比度拉伸的标准差和图像均值
n = 2;
Idouble = im2double(I);
avg = mean2(Idouble);
sigma = std2(Idouble);
% 根据标准差调整对比度
```

```
J = imadjust(I,[avg − n * sigma avg + n * sigma],[]);
% 显示调整后的图像
subplot(1,2,2);imshow(J);
title('调整后图像')
```

运行程序,效果如图 7-53 所示。

原始图像

调整后图像

图 7-53　图像对比度拉伸效果

52. imnoise 函数

在 MATLAB 中,提供了 imnoise 函数在图像上加噪声。函数的语法格式为:

J = imnoise(I,'gaussian'):按照指定类型在图像 I 上添加 gaussian(高斯白噪声)。

J = imnoise(I,'gaussian',m):m 为添加的不同的噪声的参数。所有噪声参数都被规格化,与图像灰度值均在 0~1 之间的图像相匹配。

J = imnoise(I,'gaussian',m,var_gauss):在图像 I 上添加高斯白噪声,均值为 m,方差为 var_gauss。默认:均值为 0,方差为 0.01。

J = imnoise(I,'localvar',var_local):在图像 I 上添加均值为 0 的高斯白噪声。参量 var_local 与 I 维数相同,表示局部方差。

J = imnoise(I,'localvar',intensity_map,var_local):在图像矩阵 I 上添加高斯白噪声。参量 intensity_map 为规格化的灰度值矩阵,数值范围为 0~1。intensity_map 和 var_local 为同维向量,函数 plot(intensity_map,var_local)可用于绘制噪声变量和图像灰度之间的关系。

J = imnoise(I,'poisson'):在图像上添加泊松噪声。

J = imnoise(I,'salt & pepper'):在图像 I 上添加椒盐噪声。

J = imnoise(I,'salt & pepper',d):d 为噪声密度,默认值为 0.05。

J = imnoise(I,'speckle'):在图像 I 上添加乘法噪声,即 J=I+n×I,其中,n 表示均值为 0。

J = imnoise(I,'speckle',var_speckle):var_speckle 为均匀分布随机噪声的方差,默认值为 0.04。

【例 7-49】 在图像上添加椒盐噪声。

```
I = imread('eight.tif');
subplot(1,2,1);imshow(I);title('原始图像');
J = imnoise(I,'salt & pepper',0.02);    % 添加椒盐噪声,噪声密度为 0.02
subplot(1,2,2);imshow(J)
title('添加椒盐噪声的图像');
```

运行程序,效果如图 7-54 所示。

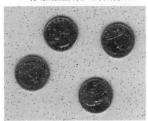

原始图像　　　　　　　　添加椒盐噪声的图像

图 7-54　在图像上添加椒盐噪声效果

53. medfilt2 函数

在 MATLAB 中，提供了 medfilt2 函数实现二维中值滤波。二维中值滤波器也叫最大值滤波器和最小值滤波器，它把图像中某一点的值用该点的一个邻域中各点值的中值代替。中值滤波器常被采用来处理椒盐噪声图像。函数的语法格式为：

J = medfilt2(I)：对矩阵 I 进行二维中值滤波操作。

J = medfilt2(I,[m n])：[m,n]指定邻域，即输出矩阵 B 中的值为输入图像中对应的 m×n 区域的中值，默认值为 3×3 区域。

J = medfilt2(____,padopt)：控制 medfilt2 如何填充图像边界。

【例 7-50】　采用不同的邻域对灰度图像进行中值滤波。

```
I = imread('cameraman.tif');    % 读入灰度图像
subplot(2,2,1);imshow(I);
title('原始图像');
K1 = medfilt2(I);               % 中值滤波，默认为 3×3 邻域
subplot(2,2,2);imshow(K1);
title('3×3 邻域');
K2 = medfilt2(I,[5 5]);         % 中值滤波，默认为 5×5 邻域
subplot(2,2,3);imshow(K2);
title('5×5 邻域');
K3 = medfilt2(I,[7 7]);         % 中值滤波，默认为 7×7 邻域
subplot(2,2,4);imshow(K3);
title('7×7 邻域');
```

运行程序，效果如图 7-55 所示。

原始图像　　　　　　3×3邻域　　　　　　5×5邻域　　　　　　7×7邻域

图 7-55　采用不同的邻域对图像进行中值滤波

54. ordfilt2 函数

在 MATLAB 中，提供了 ordfilt2 函数用于实现二维排序统计滤波。函数的语法格式为：

B = ordfilt2(A,order,domain)：对矩阵 A 进行二维排序统计滤波操作，即输出矩阵 B 中每个值为输入矩阵 A 中的每个邻域，通过灰度排序后的第 order 个像素点的值。矩阵

domain 指定邻域。

B = ordfilt2(____,padopt)：对矩阵进行二维中值滤波操作。字符串参量 padopt 指定矩阵边界的填补方式，取值为 zeros 和 symmetric。如果 padopt 为 zeros，则将边界用 0 填补，如果 padopt 为 symmetric，则将边界用对称边界填补。padopt 默认值为 zeros。其他参量及结果同上。

【例 7-51】 对图像进行最大值滤波。

```
A = imread('snowflakes.png');%读取图像
subplot(2,1,1);imshow(A);
title('原始图像')
%对图像进行最大值滤波
B = ordfilt2(A,25,true(5));
subplot(2,1,2);imshow(B)
title('最大值滤波后效果')
```

运行程序，效果如图 7-56 所示。

原始图像 最大值滤波后效果

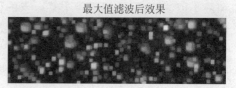

图 7-56　对图像进行最大值滤波

55．stretchlim 函数

在 MATLAB 中，提供了 stretchlim 函数用于寻找图像中像素值的范围以增强图像的对比度。函数的语法格式为：

lowhigh = stretchlim(I)：返回图像 I 中像素值的范围。lowhigh 为一个二元向量，其元素表示图像中像素值的最小值和最大值。

lowhigh = stretchlim(I,Tol)：指定图像在低像素值和高像素值下饱和的比例(Tol)。

【例 7-52】 利用图像中像素值的范围调整图像以增强图像的对比度。

```
I = imread('pout.tif');   %读取图像
subplot(1,2,1);imshow(I);
title('原始图像')
%利用图像中像素值的范围来调整图像,以增强图像的对比度
J = imadjust(I,stretchlim(I),[]);
subplot(1,2,2);imshow(J)
title('调整后的图像')
```

运行程序，效果如图 7-57 所示。

原始图像　　　　　　　调整后的图像

图 7-57　利用图像中像素值范围来调整图像

56．wiener2 函数

维纳（Wiener）滤波器（一种线性滤波器）以自适应方式应用于图像。Wiener 滤波器可自行适应图像局部方差。当方差较大时，wiener2 函数几乎不执行平滑处理。当方差较小时，wiener2 函数执行更多平滑处理。这种方法通常比线性滤波产生更好的结果。

自适应滤波器相比类似的线性滤波器更具选择性，它可保留图像的边缘和其他高频部分。此外，它没有设计任务；wiener2 函数处理所有初步计算，并对输入图像实现滤波器。然而，与线性滤波相比，wiener2 确实需要更多计算时间。当噪声是恒定功率（"白色"）加性噪声（如高斯噪声）时，wiener2 效果最佳。wiener2 函数的语法格式为：

J = wiener2(I,[m n],noise)：使用像素级自适应低通 Wiener 滤波器对灰度图像 I 进行滤波。[m n]指定用于估计局部图像均值和标准差的邻域的大小（m×n）。加性噪声（如高斯噪声）功率假定为 noise。

输入图像的质量已被恒定功率加性噪声降低。wiener2 基于从每个像素的局部邻域估计的统计量使用像素级自适应 Wiener 方法。

[J,noise_out] = wiener2(I,[m n])：返回 wiener2 在进行滤波之前计算的加性噪声功率的估计值。

【例 7-53】　二维维纳滤波对图像进行去噪处理。

```
% 将图像读入工作区中
RGB = imread('saturn.png');
% 将图像从真彩色转换为灰度
I = rgb2gray(RGB);
subplot(1,3,1);imshow(I);
title('灰度图像');
% 向图像中添加高斯噪声
J = imnoise(I,'gaussian',0,0.025);
% 显示含噪图像,由于图像相当大,因此只显示图像的一部分
subplot(1,3,2);imshow(J(600:1000,1:600));
title('添加高斯噪声的部分图像');
% 使用 wiener2 函数去除噪声
K = wiener2(J,[5 5]);
% 显示处理后的图像,由于图像相当大,因此只显示图像的一部分
subplot(1,3,3);imshow(K(600:1000,1:600));
title('维纳滤波器去除噪声');
```

运行程序，效果如图 7-58 所示。

图 7-58　使用二维维纳滤波对图像实现去噪处理效果

57. contrast 函数

在 MATLAB 中,提供了 contrast 函数创建灰度颜色图以增强图像对比度。函数的语法格式为:

newmap = contrast(I):创建灰度颜色图,以增强图像 I 的对比度。对于那些难以直观区分但亮度值略有不同的像素,新颜色图增强了它们之间的对比度。

newmap = contrast(I,m):以 m×3 数组形式返回新颜色图。当希望新颜色图的行数与原始颜色图不同时,请使用此语法。

【例 7-54】 使用较少的灰度级别显示图像。

```
% 加载 clown 以获取图像 X
load clown
imagesc(X)
newmap1 = contrast(X); % 创建一个对比度增强的颜色图,并使用该颜色图显示图像
colormap(newmap1);
% 使用 contrast 再创建一个仅包含 10 个灰度的颜色图,使用新颜色图更新显示,可以看到,阴影区域在
% 变亮的同时丢失了部分细节
newmap2 = contrast(X,10);
colormap(newmap2)
```

运行程序,效果如图 7-59 所示。

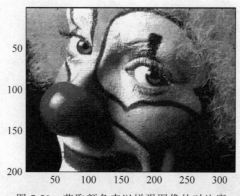

图 7-59　获取颜色表以增强图像的对比度

58. deconvwnr 函数

在 MATLAB 中,提供了 deconvwnr 函数用于使用维纳滤波器对图像进行去模糊处理。函数的语法格式为:

J = deconvwnr(I,psf,nsr):使用 Wiener 滤波算法对图像 I 进行反卷积,从而返回去模糊后的图像 J。psf 是对 I 进行卷积的点扩散函数(PSF)。nsr 是加性噪声的噪信功率比。在估计图像与真实图像之间的最小均方误差意义上,该算法是最优的。

J = deconvwnr(I,psf,ncorr,icorr):对图像 I 进行反卷积,其中 ncorr 是噪声的自相关函数,icorr 是原始图像的自相关函数。

J = deconvwnr(I,psf):使用 Wiener 滤波算法对图像 I 进行反卷积,无估计噪声。在不含噪情况下,Wiener 滤波等效于理想的逆滤波。

【例 7-55】 使用 Wiener 滤波对图像进行去模糊处理。

```
%将图像读入工作区并显示它
I = im2double(imread('cameraman.tif'));
%仿真运动模糊
LEN = 21;
THETA = 11;
PSF = fspecial('motion', LEN, THETA);
blurred = imfilter(I, PSF, 'conv', 'circular');
subplot(2,2,1), imshow(blurred)
title('仿真运动模糊');
%仿真加性噪声
noise_mean = 0;
noise_var = 0.0001;
blurred_noisy = imnoise(blurred, 'gaussian',noise_mean, noise_var);
subplot(2,2,2), imshow(blurred_noisy)
title('仿真加性噪声')
%尝试在假设没有噪声的情况下进行还原
estimated_nsr = 0;
wnr2 = deconvwnr(blurred_noisy, PSF, estimated_nsr);
subplot(2,2,3), imshow(wnr2)
title('没有噪声的情况下进行还原')
%尝试使用更好的噪信功率比估计值进行还原
estimated_nsr = noise_var / var(I(:));
wnr3 = deconvwnr(blurred_noisy, PSF, estimated_nsr);
subplot(2,2,4), imshow(wnr3)
title('更好的噪信功率比估计值进行还原');
```

运行程序,效果如图 7-60 所示。

仿真运动模糊   仿真加性噪声   没有噪声的情况下进行还原   更好的噪信功率比估计值进行还原

图 7-60 使用维纳滤波器对图像进行去模糊

59. deconvreg 函数

在 MATLAB 中,提供了 deconvreg 函数用于使用规则滤波器对图像进行去模糊处理。函数的语法格式为:

J = deconvreg(I,psf):使用规则化滤波器对图像 I 进行去模糊,返回复原始图像 I。参量 psf 为矩阵,表示点扩散函数。

J = deconvreg(I,psf,np):使用规则化滤波器对图像 I 进行去模糊。参量 np 表示图像的噪声强度,默认值为 0。

J = deconvreg(I,psf,np,lrange):使用规则化滤波器对图像 I 进行去模糊。参量 lrange 为向量,表示最优拉普拉斯算子的搜索范围,默认值为 $[10^{-9}, 10^{9}]$。

J = deconvreg(I,psf,np,lrange,regop):使用规则化滤波器对图像 I 进行去模糊。参量 regop 为数组,表示约束算子,其维数不能超过图像 I 的维数。

[J,lagra] = deconvreg(____)：输出 deconvreg 运行时使用的约束算子给 lagra。其他参量及结果同上。

【例 7-56】 使用规则化滤波器对图像进行去模糊。

```
I = checkerboard(8);                    % 读入图像
PSF = fspecial('gaussian',7,10);        % 设置滤波器
% 对图像进行模糊处理,给图像添加噪声,显示模糊和噪声图像
V = .01;
BlurredNoisy = imnoise(imfilter(I,PSF),'gaussian',0,V);
NOISEPOWER = V * prod(size(I));
[J LAGRA] = deconvreg(BlurredNoisy,PSF,NOISEPOWER);
subplot(221); imshow(BlurredNoisy);
title('A = 模糊和噪声图像');
subplot(222); imshow(J);
title('[J LAGRA] = deconvreg(A,PSF,NP)');
% 对图像去模糊,使用缩小为原来 1/10 的拉普拉斯算子
subplot(223); imshow(deconvreg(BlurredNoisy,PSF,[],LAGRA/10));
title('deconvreg(A,PSF,[],0.1 * LAGRA)');
% 对图像去模糊,使用放大 10 倍的拉普拉斯算子
subplot(224); imshow(deconvreg(BlurredNoisy,PSF,[],LAGRA * 10));
title('deconvreg(A,PSF,[],10 * LAGRA)');
```

运行程序,效果如图 7-61 所示。

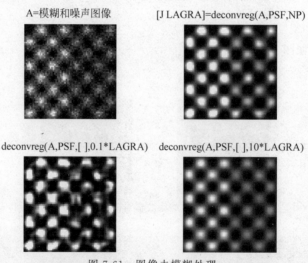

图 7-61　图像去模糊处理

60. deconvlucy 函数

在 MATLAB 中,提供了 deconvlucy 函数使用 Lucy-Richardson 方法对图像进行去模糊。函数的语法格式为：

J = deconvlucy(I,psf)：使用 Lucy-Richardson 方法对图像 I 进行去模糊。参量 psf 为矩阵,表示点扩散函数。

J = deconvlucy(I,psf,iter)：使用 Lucy-Richardson 方法对图像 I 进行去模糊。参量 iter 为迭代次数,默认值为 10。

J = deconvlucy(I,psf,iter,dampar)：使用 Lucy-Richardson 方法对图像 I 进行去模糊。

参量 dampar 表示输出图像与输入图像的偏离阈值。deconvlucy 对于超过阈值的像素,不再进行迭代计算,这既抑制了像素上的噪声,又保存了必要的图像细节。

J = deconvlucy(I,psf,iter,dampar,weight):使用 Lucy-Richardson 方法对图像 I 进行去模糊。参量 weight 为矩阵,其元素为图像每个像素的权值,默认值为与输入图像相同维数的单位矩阵。

J = deconvlucy(I,psf,iter,dampar,weight,readout):使用 Lucy-Richardson 方法对图像 I 进行去模糊。参量 readout 指定噪声类型,默认值为 0。

J = deconvlucy(I,psf,iter,dampar,weight,readout,subsample):使用 Lucy-Richardson 方法对图像 I 进行去模糊。参量 subsample 指采样不足的比例,默认值为 1。

【例 7-57】　使用 Lucy-Richardson 方法对图像进行去模糊处理。

```
I = checkerboard(8);                    % 创建棋盘图像
PSF = fspecial('gaussian',7,10);        % 设置高斯低通滤波器,大小为 7×7
% 对图像进行模糊处理,给图像添加噪声,显示模糊和噪声图像
V = .0001;
% 先对图像进行模糊处理,再给图像添加高斯噪声
BlurredNoisy = imnoise(imfilter(I,PSF),'gaussian',0,V);
WT = zeros(size(I));
WT(5:end − 4,5:end − 4) = 1;
% 对图像去模糊,迭代 10 次
J1 = deconvlucy(BlurredNoisy,PSF);
% 对图像去模糊,迭代 20 次,设置 dampar 以控制噪声的放大
J2 = deconvlucy(BlurredNoisy,PSF,20,sqrt(V));
% 对图像去模糊,迭代 20 次,使用 WT 设置像素的权重
J3 = deconvlucy(BlurredNoisy,PSF,20,sqrt(V),WT);
% 显示结果
subplot(221);imshow(BlurredNoisy);
title('A = 模糊与噪声');
subplot(222);imshow(J1);
title('deconvlucy(A,PSF)');
subplot(223);imshow(J2);
title('deconvlucy(A,PSF,NI,DP)');
subplot(224);imshow(J3);
title('deconvlucy(A,PSF,NI,DP,WT)');
```

运行程序,效果如图 7-62 所示。

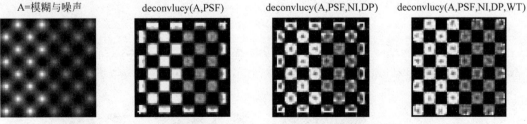

图 7-62　使用 Lucy-Richardson 方法对图像进行去模糊

61. deconvblind 函数

在 MATLAB 中,提供了 deconvblind 函数使用盲解卷积对图像进行去模糊。函数的语法格式为:

[J,psfr] = deconvblind(I,psfi)：使用最大似然算法和点扩散函数 psfr 的初始估计值对图像 I 进行反卷积。deconvblind 函数返回去模糊后的图像 J 和还原后的 psfr。

为了改进还原，deconvblind 支持几个可选参数。如果不指定中间参数，请使用［］作为占位符。

[J,psfr] = deconvblind(I,psfi,iter)：指定迭代次数 iter。

[J,psfr] = deconvblind(I,psfi,iter,dampar)：通过抑制偏差较小（与噪声相比）的像素的迭代来控制噪声放大，偏离量由阻尼阈值 dampar 指定。默认情况下，不发生阻尼。

[J,psfr] = deconvblind(I,psfi,iter,dampar,weight)：指定在复原图像时应考虑输入图像 I 中的哪些像素。weight 数组中元素的值指定在处理图像时输入图像中某位置处像素的权重值。

[J,psfr] = deconvblind(I,psfi,iter,dampar,weight,readout)：指定加性噪声（如背景、前景噪声）和读出的相机噪声 readout 的方差。

[J,psfr] = deconvblind(____,fun)：其中 fun 是描述 PSF 上附加约束的函数的句柄。每次迭代结束时都会调用 fun。

【例 7-58】 使用盲反卷积对图像进行去模糊处理。

```
% 创建一个含噪示例图像
rng default;
I = checkerboard(8);
PSF = fspecial('gaussian',7,10);
V = .0001;
BlurredNoisy = imnoise(imfilter(I,PSF),'gaussian',0,V);
% 创建一个权重数组以指定处理中包含哪些像素
WT = zeros(size(I));
WT(5:end-4,5:end-4) = 1;
INITPSF = ones(size(PSF));
% 执行盲反卷积
[J P] = deconvblind(BlurredNoisy,INITPSF,20,10 * sqrt(V),WT);
% 显示结果
subplot(221);imshow(BlurredNoisy);
title('模糊和噪声图像');
subplot(222);imshow(PSF,[]);
title('真实 PSF');
subplot(223);imshow(J);
title('复原图像');
subplot(224);imshow(P,[]);
title('复原 PSF 图像');
```

运行程序，效果如图 7-63 所示。

模糊和噪声图像　　　　真实 PSF　　　　　复原图像　　　　复原PSF图像

图 7-63　使用盲解卷积算法对图像进行去模糊

62. edgetaper 函数

在 MATLAB 中,提供了 edgetaper 函数对图像的边缘进行模糊处理。函数的语法格式为:

J = edgetaper(I,PSF):使用点扩散函数矩阵 PSF 对输入图像 I 的边缘进行模糊处理。PSF 的大小不得超过图像任意维大小的一半。

【例 7-59】 对图像边缘进行模糊处理。

```
original = imread('cameraman.tif');        %读入图像
PSF = fspecial('gaussian',60,10);
%对图像进行边缘处理
edgesTapered = edgetaper(original,PSF);
subplot(1,2,1);imshow(original,[]);
title('原始图像')
subplot(1,2,2); imshow(edgesTapered);
title('边缘模糊效果')
```

运行程序,效果如图 7-64 所示。

原始图像 边缘模糊效果

图 7-64 图像边缘模糊处理

63. filter2 函数

在 MATLAB 中,提供了 filter2 函数进行二维线性滤波操作。函数的语法格式为:

Y = filter2(H,X):根据矩阵 H 中的系数,对数据矩阵 X 应用有限脉冲响应滤波器。

Y = filter2(H,X,shape):根据 shape 返回滤波数据的子区。例如,Y = filter2(H,X,'valid') 仅返回计算的没有补零边缘的滤波数据。

【例 7-60】 创建并绘制一个内部高度等于 1 的二维台座。

```
A = zeros(10);
A(3:7,3:7) = ones(5);
subplot(1,2,1);mesh(A);
title('二维台座')
%根据滤波器系数矩阵 H 对 A 中的数据进行滤波,并返回已滤波数据的满矩阵
H = [1 2 1; 0 0 0; -1 -2 -1];
Y = filter2(H,A,'full');
subplot(1,2,2);mesh(Y);
title('滤波系数矩阵绘制台座')
```

运行程序,效果如图 7-65 所示。

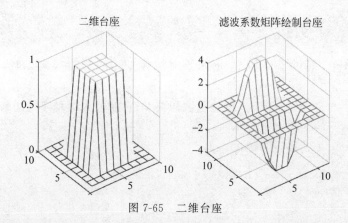

图 7-65　二维台座

64. fspecial 函数

在 MATLAB 中,提供 fspecial 函数用于创建预定义的二维滤波器,函数的语法格式为:

h = fspecial(type):创建指定 type 的二维滤波器 h。一些滤波器类型具有可选的附加参数,如以下语法所示。fspecial 以相关性核形式返回 h,该形式适用于 imfilter。

h = fspecial('average',hsize):返回大小为 hsize 的平均值滤波器 h。

h = fspecial('disk',radius):在大小为 2 * radius + 1 的方阵中返回圆形平均值滤波器(pillbox)。

h = fspecial('gaussian',hsize,sigma):返回大小为 hsize 的旋转对称高斯低通滤波器,标准差为 sigma。不推荐使用该语法,请改用 imgaussfilt 或 imgaussfilt3。

h = fspecial('laplacian',alpha):返回逼近二维拉普拉斯算子形状的 3×3 滤波器,alpha 控制拉普拉斯算子的形状。

h = fspecial('log',hsize,sigma):返回大小为 hsize 的旋转对称高斯拉普拉斯滤波器,标准差为 sigma。

h = fspecial('motion',len,theta):返回与图像卷积后逼近照相机线性运动的滤波器。len 指定运动的长度,theta 以逆时针方向度数指定运动的角度。滤波器成为一个水平和垂直运动的向量。默认 len 为 9,theta 为 0,对应于 9 个像素的水平运动。

h = fspecial('prewitt'):返回一个 3×3 滤波器,该滤波器通过逼近垂直梯度来强调水平边缘。要强调垂直边缘,请转置滤波器 h'。

h = fspecial('sobel'):返回一个 3×3 滤波器,该滤波器通过逼近垂直梯度来使用平滑效应强调水平边缘。要强调垂直边缘,请转置滤波器 h'。

【例 7-61】　创建各种滤波器对图像进行卷积计算。

```
%读取图像并显示它
I = imread('cameraman.tif');
subplot(1,3,1);imshow(I);
title('原始图像');
%创建运动滤波器,并使用它来对图像进行模糊处理,显示模糊处理后的图像
H = fspecial('motion',20,45);
MotionBlur = imfilter(I,H,'replicate');
subplot(1,3,2);imshow(MotionBlur);
title('运动模糊处理后的图像')
```

```
%创建圆形滤波器,并使用它来对图像进行模糊处理,显示模糊处理后的图像
H = fspecial('disk',10);
blurred = imfilter(I,H,'replicate');
subplot(1,3,3);imshow(blurred);
title('圆形滤波器模糊图像')
```

运行程序,效果如图 7-66 所示。

原始图像　　　　　　运动模糊处理后的图像　　　　圆形滤波器模糊图像

图 7-66　创建各种滤波器对图像进行卷积计算

65. imfilter 函数

在 MATLAB 中,提供了 imfilter 函数对图像进行滤波。函数的语法格式为:

B = imfilter(A,h):使用多维滤波器 h 对图像 A 进行滤波。参量 A 可以是任意维的二值或非奇异数值型矩阵。参量 h 为矩阵,表示滤波器。h 常由函数 fspecial 输出得到。返回值 B 与 A 的维数相同。

B = imfilter(A,h,options,…):根据指定的属性 options 对图像 A 进行滤波。字符串参量 options 的具体意义见表 7-12。

表 7-12　imfilter 函数参数表

参数类型	参　　数	意　　义
边界选项	'X'	输入图像的外部边界通过 X 来扩展,默认 X=0
	'symmetric'	输入图像的外部边界通过镜像反射其内部边界来扩展
	'replicate'	输入图像的外部边界通过复制内部边界的值来扩展
	'circular'	输入图像的边界通过假设输入图像是周期函数来扩展
输出大小选项	'same'	输入图像和输出图像同样大小,默认操作
	'full'	输出图像比输入图像大
滤波方式选项	'corr'	使用相关进行滤波
	''conv	使用卷积进行滤波

imfilter 函数的用法可参考例 7-61。

66. freqz2 函数

在 MATLAB 中,提供了 freqz2 函数用于计算滤波器的二维频率响应。函数的语法格式为:

[H,f1,f2] = freqz2(h):等价于[H,f1,f2]=freqz2(h,64,64)。

[H,f1,f2] = freqz2(h,[n1 n2]):计算二维 FIR 滤波器 h 的 n2×n1 频率响应 H,并返回频率向量 f1(长度为 n1)和 f2(长度为 n2)。参数 h 为矩阵。f1 和 f2 均为归一化频率,其值

在$-1.0 \sim 1.0$之间，1.0对应采样频率的一半，或为π弧度。

$[H, f1, f2] = freqz2(h, f1, f2)$：返回FIR滤波器h在频率值f1和f2处的频率响应H。

$[\_\_\_\_] = freqz2(h, \_\_\_\_, [dx\ dy])$：使用dx, dy作为x轴和y轴的采样间隔，默认值为0.5，对应的采样频率为2.0。其他参量及结果同上。

$freqz2(\_\_\_\_)$：当没有指定输出参数时，生成二维幅频响应的网格图。

【例7-62】 创建滤波器，计算它的频率响应。

```
%创建一个窗口滤波器
Hd = zeros(16,16);
Hd(5:12,5:12) = 1;
Hd(7:10,7:10) = 0;
w = [0:2:16 16:-2:0]/16;
%用一维 bartlett 窗体设计二维 FIR 滤波器,h 大小为 16×16
h = fwind1(Hd,w);
colormap(parula(64))           %设置颜色表
freqz2(h,[32 32]);             %计算频率响应
axis ([-1 1 -1 1 0 1])         %设计坐标轴范围
zlabel('幅值')                 %z轴标题
```

运行程序，效果如图7-67所示。

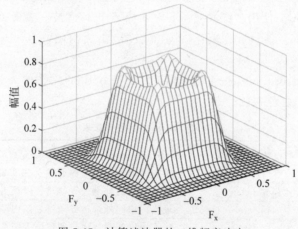

图7-67 计算滤波器的二维频率响应

67. imgaussfilt 函数

在MATLAB中，提供了imgaussfilt函数用于实现图像的二维高斯平滑滤波（高斯平滑滤波器通常用于降低噪声）。函数的语法格式为：

$B = imgaussfilt(A)$：用标准差为0.5的二维高斯平滑核函数对A图像进行滤波，返回B中经过滤波的图像。

$B = imgaussfilt(A, sigma)$：同时指定二维高斯平滑核的标准差sigma。

$B = imgaussfilt(\_\_\_\_, Name, Value)$：指定二维高斯滤波参数的名称及对应的属性值。

【例7-63】 使用imgaussfilt对图像应用不同高斯平滑滤波器。

```
%将图像读入工作区
I = imread('cameraman.tif');
```

```
% 用标准差递增的各向同性高斯平滑核对图像进行滤波。高斯滤波器通常为各向同性,
% 也就是说,它们在两个维度上具有相同的标准差。通过为 sigma 指定标量值,
% 可以用各向同性高斯滤波器对图像进行滤波
Iblur1 = imgaussfilt(I,2);
Iblur2 = imgaussfilt(I,4);
Iblur3 = imgaussfilt(I,8);
% 显示原始图像和所有滤波后的图像
subplot(221);imshow(I)
title('原始图像')
subplot(222);imshow(Iblur1)
title('平滑图像, \sigma = 2')
subplot(223);imshow(Iblur2)
title('平滑图像, \sigma = 4')
subplot(224);imshow(Iblur3)
title('平滑图像, \sigma = 8')
```

运行程序,效果如图 7-68 所示。

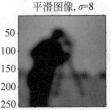

图 7-68　高斯平滑处理后图像的效果

68. imgaussfilt3 函数

在 MATLAB 中,提供了 imgaussfilt3 函数对三维图像实现三维高斯滤波处理。函数的语法格式为:

B = imgaussfilt3(A):使用标准差为 0.5 的 3-D 高斯平滑核对 3-D 图像 A 进行滤波,返回 B 中经过滤波的图像。

B = imgaussfilt3(A,sigma):指定 3-D 滤波核的标准差 sigma。

B = imgaussfilt3(____,Name,Value):指定三维高斯滤波参数的名称及对应的属性值。

【例 7-64】　对三维图像 MRI 的体积进行 3-D 高斯滤波器处理。

```
% 加载 MRI 数据并显示
vol = load('mri');
figure
montage(vol.D)    % 效果如图 7-69 所示
title('原始图像体积')
% 使用 3-D 高斯滤波器平滑图像
siz = vol.siz;
vol = squeeze(vol.D);
sigma = 2;
volSmooth = imgaussfilt3(vol, sigma);
figure
```

```
montage(reshape(volSmooth,siz(1),siz(2),1,siz(3)))   % 效果如图 7-70 所示
title('高斯滤波图像体积')
```

原始图像体积

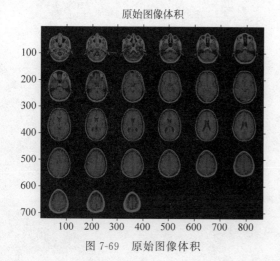

图 7-69　原始图像体积

高斯滤波图像体积

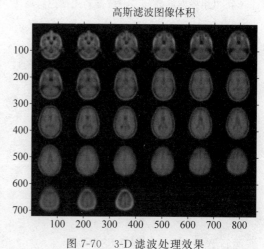

图 7-70　3-D 滤波处理效果

69. dct2 函数

在 MATLAB 中,提供了 dct2 函数用于设计二维离散余弦变换(DCT)。函数的语法格式为:

B = dct2(A):返回 A 的二维离散余弦变换。矩阵 B 包含离散余弦变换系数 $B(k_1,k_2)$。

B = dct2(A,m,n):在应用变换之前,B = dct2(A,[m n])用 0 对矩阵 A 进行填充,使其大小为 m×n。如果 m 或 n 小于 A 的对应维度,则 dct2 在变换前对 A 进行裁切。

【例 7-65】 使用 DCT 去除图像中的高频。

```
% 将图像读入工作区,然后将图像转换为灰度图像
RGB = imread('autumn.tif');
I = rgb2gray(RGB);
% 使用 dct2 函数对灰度图像执行二维 DCT
J = dct2(I);
% 使用对数刻度显示变换后的图像,请注意,大部分能量在左上角
subplot(2,1,1);imshow(log(abs(J)),[]);
colormap(gca,jet(64))
colorbar
title('二维离散余弦变换')
% 将 DCT 矩阵中模小于 10 的值设置为零
J(abs(J) < 10) = 0;
% 使用逆 DCT 函数 idct2 重新构造图像
K = idct2(J);
% 并排显示原始灰度图像和处理后的图像
subplot(2,1,2);imshowpair(I,K,'montage')
title('原始灰度图像(左)和处理后图像(右)');
```

运行程序,效果如图 7-71 所示。

二维离散余弦变换

原始灰度图像(左)和处理后图像(右)

彩色图片

图 7-71 二维离散余弦变换

70. fan2para 函数

在 MATLAB 中,提供了 fan2para 函数将扇形光束投影转换为平行光束投影。函数的语法格式为:

P = fan2para(F,D):将扇形光束映射数据 F 转换为平行光束映射数据 P。参量 F 为矩阵。D 为向量,表示每个扇形光束向量到获得投影线的旋转中心的距离。

[P,parallel_sensor_positions,parallel_rotation_angles] = fan2para(____):返回平行光束传感器的位置 parallel_sensor_positions 和旋转角度 parallel_rotation_angles。其他参量及结果同上。

【例 7-66】 创建一个对称的平行光束映射数据,转换为扇形光束映射数据,然后利用转换后的扇形光束映射数据重新生成平行光束映射数据。

```
ph = phantom(128);    % 创建头骨幻影图像
theta = 0:179;
[Psynthetic,xp] = radon(ph,theta); % randon 变换
subplot(2,1,1);imshow(Psynthetic,[],'XData',theta,'YData',xp,'InitialMagnification','fit')
axis normal
title('平行光束映射数据')
xlabel('\theta (degrees)')
ylabel('x''')
colormap(gca,hot), colorbar
% 将平行光束映射数据转换为扇形光束映射数据,指定扇型光束传感器的间隔
Fsynthetic = para2fan(Psynthetic,100,'FanSensorSpacing',1);
% 将扇形光束映射数据转换为平行光束映射数据,指定扇形光束传感器和平行光束传感器的间隔
[Precovered,Ploc,Pangles] = fan2para(Fsynthetic,100,…
                                    'FanSensorSpacing',1,…
                                    'ParallelSensorSpacing',1);
subplot(2,1,2);
imshow(Precovered,[],'XData',Pangles,'YData',Ploc,'InitialMagnification','fit')
axis normal
title('由扇形光束转换得到的平行光束映射数据')
xlabel('旋转角度(degrees)')
ylabel('平行传感器位置(pixels)')
colormap(gca,hot), colorbar
```

运行程序,效果如图 7-72 所示。

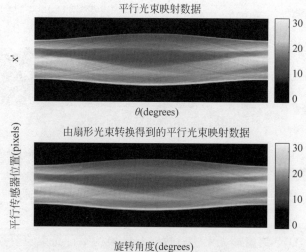

图 7-72　扇形投影转换为平行投影

71. fanbeam 函数

在 MATLAB 中,提供了 fanbeam 函数用于计算 Fan-beam 变换。Fan-beam,即计算扇形光束投影变换。扇形光束投影是通过求一组沿特定方向的直线积分来获得图像的映射。例如对于一幅图像,就是求一组扇形直线的线积分,而这组扇形直线是由一个点源发散形成一个扇形而得名。fanbeam 函数的语法格式为:

F = fanbeam(I, D):由图像 I 创建扇形光束映射数据 F。D 为向量,表示每个扇形光束向量到获得投影线的旋转中心的距离。

F = fanbeam(I, D, Name, Value):指定变换中的参数 Name 的值 Value。参量 Name 和 Value 的取值为 FanRotationIncrement(扇形光束投影角度增量,为标量,其默认值为 1)或 FanSensorGeometry(传感器的排列方式,取值为 arc 和 line,默认值为 arc)。

[F, fan_sensor_positions, fan_rotation_angles] = fanbeam(____):返回扇形光束传感器的位置 fan_sensor_positions 和旋转角度 fan_rotation_angles。

【例 7-67】　计算图像的 Fan-beam 投影变换,并旋转角度覆盖整个图像。

```
iptsetpref('ImshowAxesVisible','on')    % 设置图像处理工具箱属性,使坐标轴可见
ph = phantom(128);                       % 创建头骨幻影图像
subplot(2,1,1);imshow(ph)
% 计算 Fan-beam 变换,返回传感器位置 Fpos 和旋转角度 Fangles
[F,Fpos,Fangles] = fanbeam(ph,250);
subplot(2,1,2);
% 显示位置和角度关系图像
imshow(F,[],'XData',Fangles,'YData',Fpos,'InitialMagnification','fit')
axis normal
xlabel('旋转角度 (degrees)')
ylabel('传感器位置 (degrees)')
colormap(gca,hot), colorbar
```

运行程序,效果如图 7-73 所示。

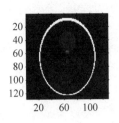 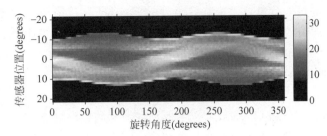

图 7-73　计算图像的 Fan-beam 投影变换并旋转角度覆盖整个图像

72. idct2 函数

在 MATLAB 中,提供了 idct2 函数计算二维离散余弦逆变换。函数的语法格式为:

B = idct2(A):计算图像 A 的二维离散余弦逆变换系数矩阵 B。

B = idct2(A,m,n):如果 m 或 n 比 A 的维数小,则将 A 截短。

B = idct2(A,[m n]):等价于 B = idct2(A,m,n)。

【例 7-68】　创建一个 DCT 矩阵,对图像进行二维离散余弦变换,将变换值小于 10 的系数设置为 0,然后利用二维离散余弦逆变换重构图像。

```
% 读取彩色图像
RGB = imread('autumn.tif');
I = rgb2gray(RGB);                        % 将彩色图像转换为灰度图像
J = dct2(I);                              % 对灰度图像进行二维离散余弦变换
subplot(2,1,1);imshow(log(abs(J)),[]);   % 显示变换结果
colormap(gca,jet(64))
colorbar
% 将变换值小于 10 的元素设为 0
J(abs(J) < 10) = 0;
% 对图像进行逆变换重构图像
K = idct2(J);
% 显示原始图像和结果图像
subplot(2,1,2);imshowpair(I,K,'montage')
title('原始灰度图像(左)和处理后图像(右)');
```

运行程序,效果如图 7-74 所示。

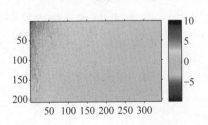 

图 7-74　利用二维离散余弦逆变换重构图像

73. ifanbeam 函数

在 MATLAB 中,提供了 ifanbeam 函数计算 Fan-beam 逆变换。函数的语法格式为:

I = ifanbeam(F,D):从矩阵 F 中的投影映射数据计算 Fan-beam 逆变换值,重建图像 I。

参量 F 的每一行包含一个旋转角度的 Fan-beam 投影映射数据。D 为向量,表示每个扇形光束向量到旋转中心的距离。ifanbeam 假设旋转中心为投影中心点。

I = ifanbeam(F,D,Name,Value):指定变量参数 Name 的值 Value。参量 Name 和 Value 的取值为 FanRotationIncrement(扇形光束投影角度增量,为标量,其默认值为 1)或 FanSensorGeometry(传感器的排列方式,取值为 arc 和 line,默认值为 arc)。

[I,H] = ifanbeam(____):返回滤波器的频率响应 H。其他参量及结果同上。

【例 7-69】 首先由头骨幻影图像计算 Fan-beam 变换,然后应用 ifanbeam 函数由变换结果重构图像。

```
ph = phantom(128);                    % 创建头骨图像
d = 100;
F = fanbeam(ph,d);                    % Fan - beam 变换
% 对 F 进行 Fan - beam 逆变换,重构图像
I = ifanbeam(F,d);
subplot(1,2,1);imshow(ph);
title('原始图像');
subplot(1,2,2);imshow(I);
title('重构图像')
```

运行程序,效果如图 7-75 所示。

彩色图片

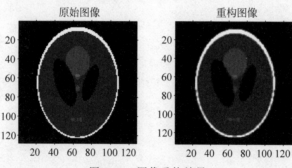

图 7-75 图像重构效果

74. iradon 函数

在 MATLB 中,提供了 iradon 函数计算 Randon 逆变换。函数的语法格式为:

I = iradon(R,theta):由矩阵 R 中的投影数据重构图像 I。参量 theta 为标量或长度等于 R 的列数的向量,表示投影的方向。

【例 7-70】 比较滤波图像和未滤波图像。

```
ph = phantom(128);    % 创建头骨图像
subplot(1,3,1);imshow(ph)
title('原始图像');
R = radon(ph,0:179);
% 对头骨图像进行 Radon 逆变换
I1 = iradon(R,0:179);
% 对变换图像进行逆变换,线性插值
I2 = iradon(R,0:179,'linear','none');
subplot(1,3,2);imshow(I1,[])
title('过滤后的投影')
subplot(1,3,3);imshow(I2,[])
title('未过滤的投影')
```

运行程序,效果如图 7-76 所示。

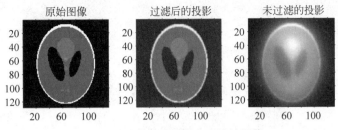

原始图像　　　　　过滤后的投影　　　　　未过滤的投影

图 7-76　比较滤波图像和未滤波图像

75. para2fan 函数

在 MATLAB 中,提供了 para2fan 函数用于将平行投影转换为扇形投影。函数的语法格式为:

F = para2fan(P,D):将平行光束映射数据 P 转换为扇形光束映射数据 F。参量 P 为矩阵。参量 D 为向量,表示旋转中心到传感器中心的距离。

F = fan2para(P,D,Name,Value):指定变换中的参数 Name 及其值 Value。参量 Name 和 Value 的取值为 FanRotationIncrement(扇形光束投影角度增量,为标量,其默认值为 1)或 FanSensorGenmetry(传感器的排列方式,取值为 arc 和 line,默认值为 arc)。

[F,fan_sensor_positions,fan_rotation_angles] = fan2para(____):返回扇形光束传感器位置信息 fan_positions 和旋转角度 fan_rotation_angles。其他参量及结果同上。

【例 7-71】 创建一个平等光束映射数据,然后转换为扇形光束映射数据。

```matlab
ph = phantom(128);                    % 创建头骨幻影图像
theta = 0:180;
[P,xp] = radon(ph,theta);             % Radon 变换
imshow(P,[],'XData',theta,'YData',xp,'InitialMagnification','fit')
axis normal
title('平行光束的预测')
xlabel('\theta (角度)')
ylabel('x''')
colormap(gca,hot), colorbar
```

运行程序,效果如图 7-77 所示。

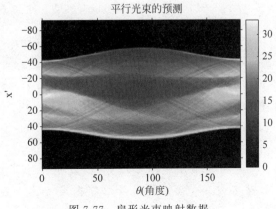

平行光束的预测

图 7-77　扇形光束映射数据

76. radon 函数

在 MATLAB 中,提供了 radon 函数计算 Radon 变换。函数的语法格式为:

R = radon(I):返回二维灰度图像 I 的 Radon 变换 R,角度范围为[0,179]度。Radon 变换是图像强度沿特定角度的径向线的投影。

R = radon(I,theta):返回基于 theta(θ)所指定角度的 Radon 变换。

[R,xp] = radon(____):返回向量 xp,其中包含与图像的每行对应的径向坐标。

【例 7-72】 计算方形图像从 0°~180°间隔为 1°的 Radon 变换。

```
%对于此图像,将坐标区刻度设为可见
iptsetpref('ImshowAxesVisible','on')
%创建示例图像
I = zeros(100,100);
I(25:75, 25:75) = 1;
%计算 Radon 变换
theta = 0:180;
[R,xp] = radon(I,theta);
%显示该变换
imshow(R,[],'Xdata',theta,'Ydata',xp,'InitialMagnification','fit')
xlabel('\theta (角度)')
ylabel('x''')
colormap(gca,hot), colorbar
```

运行程序,效果如图 7-78 所示。

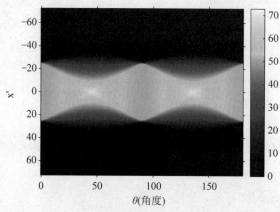

图 7-78　图像的 Radon 变换

77. fft2 函数

在 MATLAB 中,提供了 fft2 函数进行二维快速傅里叶变换。函数的语法格式为:

Y = fft2(X):使用快速傅里叶变换算法返回矩阵的二维傅里叶变换,等同于计算 fft(fft(X).').'。如果 X 是一个多维数组,fft2 将采用高于 2 的每个维度的二维变换。输出 Y 的大小与 X 相同。

Y = fft2(X,m,n):将截断 X 或用尾随零填充 X,以便在计算变换之前形成 m×n 矩阵。Y 是 m×n 矩阵。如果 X 是一个多维数组,fft2 将根据 m 和 n 决定 X 的前两个维度的形状。

【**例 7-73**】 创建并绘制具有重复块的二维数据。

```
P = peaks(20);
X = repmat(P,[5 10]);
subplot(131);imagesc(X);
title('具有重复块的二维数据')
% 计算数据的二维傅里叶变换。将零频分量移动到输出的中心,并绘制生成的 100×200 矩阵,它与 X 的
% 大小相同
Y = fft2(X);
subplot(132);imagesc(abs(fftshift(Y)))
title('数据的二维傅里叶变换')
% 用零填充 X 以计算 128×256 变换
Y = fft2(X,2^nextpow2(100),2^nextpow2(200));
subplot(133);imagesc(abs(fftshift(Y)));
title('计算 128×256 变换')
```

运行程序,效果如图 7-79 所示。

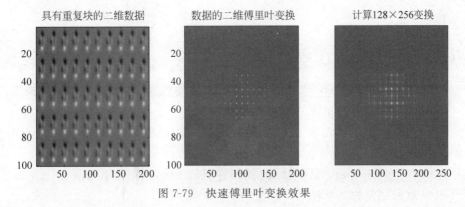

图 7-79 快速傅里叶变换效果

78. ifft2 函数

在 MATLAB 中,提供了 ifft2 函数计算二维快速傅里叶逆变换。函数的语法格式为:

X = ifft2(Y):使用快速傅里叶变换算法返回矩阵的二维离散傅里叶逆变换。如果 Y 是一个多维数组,则 ifft2 计算大于 2 的每个维度的二维逆变换。输出 X 的大小与 Y 相同。

X = ifft2(Y,m,n):在计算逆变换之前截断 Y 或用尾随零填充 Y,以形成 m×n 矩阵。X 也是 m×n 矩阵。如果 Y 是一个多维数组,ifft2 将根据 m 和 n 决定 Y 的前两个维度的形状。

X = ifft2(____,symflag):指定 Y 的对称性。例如,ifft2(Y,'symmetric') 将 Y 视为共轭对称。

【**例 7-74**】 矩阵的二维傅里叶逆变换。

```
>> % 创建一个 3×3 矩阵并计算其傅里叶变换
X = magic(3)
X =
     8     1     6
     3     5     7
     4     9     2
```

```
>> Y = fft2(X)
Y =
   45.0000 + 0.0000i   0.0000 + 0.0000i   0.0000 + 0.0000i
    0.0000 + 0.0000i  13.5000 + 7.7942i   0.0000 - 5.1962i
    0.0000 - 0.0000i   0.0000 + 5.1962i  13.5000 - 7.7942i
>> %计算 Y 的逆变换,结果与原始矩阵 X 相同(基于舍入误差)
ifft2(Y)
ans =
    8.0000    1.0000    6.0000
    3.0000    5.0000    7.0000
    4.0000    9.0000    2.0000
>> %用尾随零填充 Y 的两个维度,使变换的大小为 8×8
Z = ifft2(Y,8,8);
size(Z)
ans =
    8    8
```

79. conv2 函数

在 MATLAB 中,提供了 conv2 函数用于进行二维卷积操作。函数的语法格式为:

C = conv2(A,B):返回矩阵 A 和 B 的二维卷积。

C = conv2(u,v,A):首先求 A 的各列与向量 u 的卷积,然后求每行结果与向量 v 的卷积。

C = conv2(____,shape):根据 shape 返回卷积的子区,指定为下列值之一。

- 'full':返回完整的二维卷积。
- 'same':返回卷积中大小与 A 相同的中心部分。
- 'valid':仅返回计算的没有补零边缘的卷积部分。

【例 7-75】 提取二维台座边。

```
%创建并绘制一个内部高度等于 1 的二维台座
A = zeros(10);
A(3:7,3:7) = ones(5);
subplot(1,3,1);mesh(A)
title('二维台座')
%首先求 A 的各行与向量 u 的卷积,然后求卷积结果的各行与向量 v 的卷积
%卷积提取台座的水平边
u = [1 0 -1]';
v = [1 2 1];
Ch = conv2(u,v,A);
subplot(1,3,2);mesh(Ch)
title('卷积提取台座的水平边')
%要提取台座的垂直边,请反转与 u 和 v 的卷积顺序
Cv = conv2(v,u,A);
subplot(1,3,3);mesh(Cv)
title('台座的垂直边')
```

运行程序,效果如图 7-80 所示。

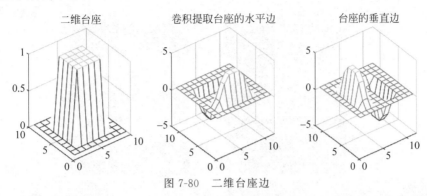

图 7-80　二维台座边

80. strel 函数

在 MATLAB 中,提供了 strel 函数用于创建结构元素对象。函数的语法格式为:

SE＝strel(shape,parameters):创建一个结构元素对象 SE。参量 shape 及 parameters 指定结构元素对象的类型。字符串参量 shape 的取值可为 square(方形)、line(线型)、disk(圆盘)、ball(球形)和 rectangle(长方形)等。parameters 为对应 shape 的大小。

SE＝strel('arbitrary',NHOOD):创建一个平面结构元素对象 SE。参量 NHOOD 是一个由 0 和 1 组成的矩阵,用于指定邻域。

SE＝strel('arbitrary',NHOOD,HEIGHT):创建一个非平面结构元素 SE。参量 HEIGHT 与 NHOOD 的维数相同,表示 NHOOD 中每个非零元素的高度值。

strel 函数的用法参考例 7-76。

81. imbothat 函数

在 MATLAB 中,提供了 imbothat 函数对图像进行 Bottom-hat 滤波。函数的语法格式为:

J＝imbothat(I,SE):对灰度图像或二值图像 I 进行形态学 Bottom-hat 滤波,返回滤波图像 J。SE 为由 strel 函数生成的结构元素对象。

J＝imbothat(I,nhood):对灰度图像或二值图像 I 进行形态学 Bottom-hat 滤波,返回滤波图像 J。参量 nhood 是一个由 0 和 1 组成的矩阵,用于指定邻域。

【例 7-76】　使用 Top-hat 滤波和 Bottom-hat 滤波来增强图像的对比度。

```
I = imread('pout.tif');            % 读取自带的图像
subplot(1,2,1);imshow(I);
title('灰度图像');
se = strel('disk',3)               % 创建结构元素对象
% 首先将原始图像与 Top-hat 滤波图像相加,然后再减去 Bottom-hat 滤波图像
J = imsubtract(imadd(I,imtophat(I,se)),imbothat(I,se));
subplot(1,2,2);imshow(J)
title('增强图像');
```

运行程序,输出如下,效果如图 7-81 所示。

```
se =
strel is a disk shaped structuring element with properties:
        Neighborhood: [5×5 logical]
```

Dimensionality: 2

图 7-81　增强图像的对比度效果

82. imclose 函数

在 MATLAB 中,提供了 imclose 函数对图像进行形态学闭运算。函数的语法格式为:

J = imclose(I,SE):对灰度图像或二值图像 I 进行形态学闭运算,返回闭运算结果图像 J。SE 为由 strel 函数生成的结构元素对象。

J = imclose(I,nhood):对灰度图像或二值图像 I 进行形态学闭运算,返回闭运算结果图像 J。参量 nhood 是一个由 0 和 1 组成的矩阵,用于指定邻域。

【例 7-77】　使用闭运算,通过填充空隙,对外边缘进行平滑处理连接图像中的圆圈。

```
originalBW = imread('circles.png');      % 读取图像
subplot(1,2,1);imshow(originalBW);
title('原始图像');
se = strel('disk',10);                   % 创建结构元素
closeBW = imclose(originalBW,se);        % 对图像进行闭运算
subplot(1,2,2); imshow(closeBW)
title('闭运算');
```

运行程序,效果如图 7-82 所示。

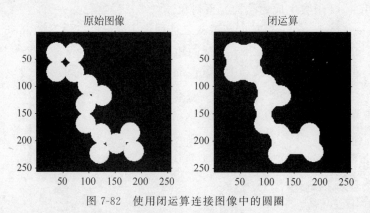

图 7-82　使用闭运算连接图像中的圆圈

83. imdilate 函数

在 MATLAB 中,提供了 imdilate 函数对图像进行膨胀操作。函数的语法格式为:

J = imdilate(I,SE)：对灰度图像或二值图像 I 进行膨胀操作，返回结果图像 J。SE 为由 strel 函数生成的结构元素。

J = imdilate(I,nhood)：参量 nhood 是一个由 0 和 1 组成的矩阵，指定邻域。

J = imdilate(____,packopt)：指定 I 是否是一个压缩的二进制映像。

J = imdilate(____,shape)：字符串参量 shape 指定输出图像的大小，取值为 same(输出图像与输入图像大小相同)或 full(imdilate 对输入图像进行全膨胀，输出图像比输入图像大)。

【例 7-78】 对二值图像进行膨胀操作。

```
BW = imread('text.png');    % 读入二值图像
% 线型长度为 11,角度为 90 度的结构元素
se = strel('line',11,90);
% 对图像进行膨胀操作
BW2 = imdilate(BW,se);
subplot(1,2,1);imshow(BW),
title('原始图像');
subplot(1,2,2);imshow(BW2);
title('膨胀操作')
```

运行程序，效果如图 7-83 所示。

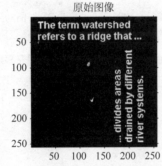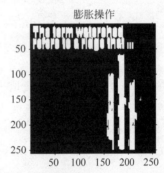

图 7-83 对二值图像进行膨胀操作

84. imerode 函数

在 MATLAB 中，提供了 imerode 函数实现图像的腐蚀操作。函数的语法格式为：

J = imerode(I,SE)：对灰度图像或二值图像 I 进行腐蚀操作，返回结果图像 J。SE 为由 strel 或 offsetstrel 函数生成的结构元素对象。

J = imerode(I,nhood)：nhood 是一个由 0 和 1 组成的矩阵，指定邻域。

J = imerode(____,packopt,m)：指定输入图像 I 是否是一个压缩的二进制图像。m 指定原始未打包图像的行数。

J = imerode(____,shape)：指定输出图像的大小。字符串参量 shape 指定输出图像的大小，取值为 same(输出图像与输入图像大小相同)或 full(imerode 对输入图像进行全腐蚀，输出图像比输入图像大)。

【例 7-79】 对灰度图像进行腐蚀操作。

```
originalI = imread('cameraman.tif');   % 读入灰度图像
se = offsetstrel('ball',5,5);          % 创建一个非平的 offsetstrel 对象
erodedI = imerode(originalI,se);       % 对图像进行腐蚀操作
subplot(1,2,1);imshow(originalI);
```

```
title('原始灰度图像');
subplot(1,2,2);imshow(erodedI);
title('腐蚀效果')
```

运行程序,效果如图 7-84 所示。

图 7-84　灰度图像腐蚀效果

85．imextendedmax 函数

在 MATLAB 中,提供了 imextendedmax 函数对图像进行扩展极大值变换。函数的语法格式为：

BW = imextendedmax(I,H)：对图像 I 进行扩展极大值变换,即 H-极大值变换的局部极大值。H 为非负标量,表示阈值。默认情况下,imextendedmax 采用 8-连通邻域（二维图像）或 26-连通邻域（三维图像）计算扩展极大值变换。对于高维图像,使用的连通矩阵为conndef(ndims(I),'maximal')。

BW = imextendedmax(I,H,conn)：对图像 I 进行扩展极大值变换。参量 conn 指定连通数。

【例 7-80】　对图像进行扩展极大值变换。

```
I = imread('glass.png');   % 读取图像
% 计算图像的扩展极大值变换,H = 80
BW = imextendedmax(I,80);
subplot(1,2,1);imshow(I);
title('原始图像')
subplot(1,2,2);imshow(BW);
title('扩展极大值变换')
```

运行程序,效果如图 7-85 所示。

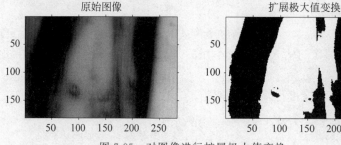

图 7-85　对图像进行扩展极大值变换

86．imextendedmin 函数

在 MATLAB 中,提供了 imextendedmin 函数对图像进行扩展极小值变换。函数的语法格式为:

BW = imextendedmin(I,H):对图像 I 进行扩展极小值变换,即 H-极小值变换的局限极小值。H 为非负标量,表示阈值。默认情况下,imextendedmax 采用 8-连通邻域(二维图像)或 26-连通邻域(三维图像)计算扩展极小值变换。

对于高维图像,使用的连通矩阵为 conndef(ndims(I),'maximal')。

BW = imextendedmin(I,H,conn):对图像 I 进行扩展极小值变换。参量 conn 指定连通数。

【例 7-81】　对图像进行扩展极小值变换。

```
I = imread('glass.png');    % 读取图像
% 计算图像的扩展极小值变换,H = 50
BW = imextendedmin(I,50);
subplot(1,2,1);imshow(I);
title('原始图像')
subplot(1,2,2);imshow(BW);
title('扩展极小值变换')
```

运行程序,效果如图 7-86 所示。

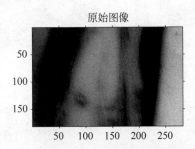
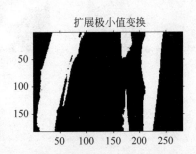

图 7-86　对图像进行扩展极小值变换

87．imfill 函数

在 MATLAB 中,提供了 imfill 函数对图像中的区域和目标孔进行填充操作。函数的语法格式为:

BW2 = imfill(BW):显示二值图像 BW,使用鼠标选择点来定义填充区域(可选择多个点),按回车键后对 BW 进行填充,返回填充后的图像 BW2。

[BW2, locations_out] = imfill(BW):同时返回填充后的图像 BW2 和选择点的位置向量 locations_out。

BW2 = imfill(BW,locations):对二值图像 BW 中指定的区域进行全填充。参量 locations 为向量,表示指定填充点的位置。

BW2 = imfill(BW,'holes'):对二值图像 BW 中的目标孔进行填充。

BW2 = imfill(BW,locations,conn):对二值图像 BW 中指定的区域进行全填充。

locations 为向量，表示指定填充点的位置。conn 指定采用的连通数，可以为 4、6、8、18 或 26，conn＝4 或 8 分别表示二维图像中采用的 4-连通或 8-连通；conn＝6，18 或 26 分别表示三维图像中采用的 6-连通、18-连通或 26-连通。

I2 ＝ imfill(I)：对灰度图像 I 中的目标孔进行填充。此时，目标孔定义为被亮灰度值包围的暗灰度值区域。

【例 7-82】 填充二值图像中的目标孔。

```
I = imread('coins.png');                %读入灰度图像
subplot(1,3,1);imshow(I)
title('二值图像')
BW = imbinarize(I);                     %将灰度图像转换为二值图像
subplot(1,3,2);imshow(BW)
title('灰度图像')
BW2 = imfill(BW,'holes');               %填充二值图像中的目标孔
subplot(1,3,3);imshow(BW2)
title('填充图像')
```

运行程序，效果如图 7-87 所示。

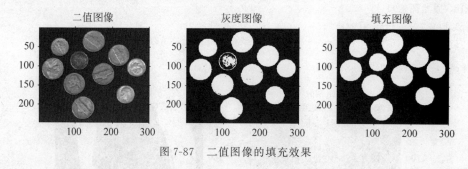

图 7-87　二值图像的填充效果

88. imimposemin 函数

在 MATLAB 中，提供了 imimposemin 函数在原始图像上强置最小值，用来设置图像的谷点。函数的语法格式为：

J ＝ imimposemin(I,BW)：使用形态学重建的方法修改图像 I 的灰度值，使图像 I 中对应二值图像 BW 非零区域的值最小，即为图像的谷点。其中，I 和 BW 的维数相同。默认情况下，imimposemin 采用 8-连通（二维图像）或 26-连通（三维图像）。对于高维图像，连通矩阵为 conndef(ndims(I),'minimum')。

J ＝ imimposemin(I,BW,conn)：在图像 I 上强置最小值。参量 conn 表示连通数。其他参量及结果同上。

【例 7-83】 检测图像的谷点。

```
mask = imread('glass.png');             %读取并显示图像，称为掩膜图像
subplot(3,2,1);imshow(mask);
title('掩膜图像');
%创建一个与掩膜图像同大小的二值图像,设置图像中某小区域为1,其余为0
marker = false(size(mask));
marker(65:70,65:70) = true;
```

```
%将二值图像叠加至掩膜图像中
J = mask;
J(marker) = 255;
subplot(3,2,2);imshow(J)
title('叠加图像')
% 使用 imimposemin 函数强置掩膜图像中的最小值
K = imimposemin(mask,marker);
subplot(3,1,2);imshow(K);
title('强置掩膜图像中的最小值')
% 为说明函数如何删除原始图像(掩膜图像)中除强置最小之外的所有极小值,
% 分别计算原始图像和处理后图像的局部极小值区域
BW = imregionalmin(mask);                    % 处理后图像的局部极小值
subplot(3,2,5);imshow(BW)
title('原始图像局部极小值')
BW2 = imregionalmin(K);                       % 处理后图像的局部极小值
subplot(3,2,6);imshow(BW2)
title('处理后图像局部极小值')
```

运行程序,效果如图 7-88 所示。

掩膜图像　　　　　　　　　　叠加图像

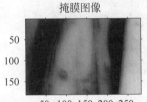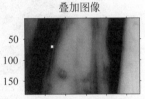

强置掩膜图像中的最小值

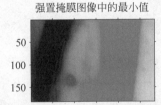

原始图像局部极小值　　　　处理后图像局部极小值

图 7-88　局部极小值

89. imopen 函数

在 MATLAB 中,提供了 imopen 函数对图像进行形态学开运算。函数的语法格式为:

J = imopen(I,SE):对灰度图像或二值图像 I 进行形态学开运算,返回开运算结果图像 J。参量 SE 为由 strel 函数生成的结构元素对象。

J = imopen(I,nhood)：参量 nhood 是一个由 0 和 1 组成的矩阵,指定邻域。

【例 7-84】 对图像进行形态学开运算。

```matlab
original = imread('snowflakes.png');    % 读入图像
subplot(2,1,1);imshow(original);
title('原始图像');
se = strel('disk',5);                   % 创建圆盘形、半径为 5 的结构元素
afterOpening = imopen(original,se);     % 对图像进行形态学开运算
subplot(2,1,2);imshow(afterOpening,[]);
title('开运算')
```

运行程序,效果如图 7-89 所示。

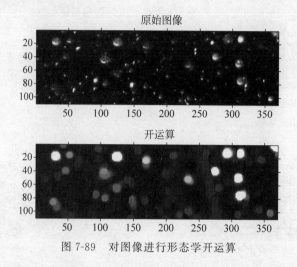

图 7-89　对图像进行形态学开运算

90．imreconstruct 函数

在 MATLAB 中,提供了 imreconstruct 函数对图像进行形态学重建。函数的语法格式为:

J = imreconstruct(marker,mask)：在掩膜图像 mask 下对图像 marker 进行形态学重建操作。参量 marker 和 mask 为维数相同的两个灰度图像或二值图像。输出参量 J 为灰度图像或二值图像。默认情况下,imreconstruct 采用 8-连通(二维图像)或 26-连通(三维图像)。对于高维图像,连通矩阵为 conndef(ndims(I,'maximal'))。

J = imreconstruct(marker,mask,conn)：指定形态学重建的连通数 conn。其他参量及结果同上。

【例 7-85】 利用 imreconstruct 函数对图像进行形态学重建。

```matlab
mask = imread('text.png');              % 读入灰度图像
subplot(1,2,1);imshow(mask);
title('原始灰度图像');
% 创建一个标记图像,用于标识要通过分割提取的图像中的对象。对于本例,确定单词"watershed"中的"w"
marker = false(size(mask));
marker(13,94) = true;
% 使用标记图像对掩模图像进行分割
im = imreconstruct(marker,mask);
subplot(1,2,2);imshow(im);
title('重建图像');
```

运行程序,效果如图 7-90 所示。

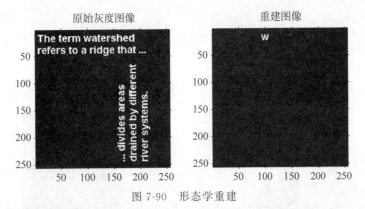

图 7-90 形态学重建

91. watershed 函数

在 MATLAB 中,提供了 watershed 函数实现图像分水岭变换。函数的语法格式为:

L = watershed(A):对矩阵 A 进行分水岭区域标识,生成标识矩阵 L。参量 L 中的元素为大于或等于 0 的整数。L 中的元素的具体意义为:0 表示不属于任何一个分水岭区域,称为分水岭像素。元素 1 表示属于第一个分水岭区域,元素 2 表示属于第二个分水岭区域,以此类推。默认情况下,watershed 采用 8-连通(二维图像)或 26-连通(三维图像)。对于高维图像,连通数为 conndef(ndims(I,'maximal'))。

L = watershed(A,conn):指定分水岭中采用的连通数 conn。conn 可以为 4、8(二维图像),或 6、18、26(三维图像)等。其他参量及结果同上。

【例 7-86】 计算二维图像的分水岭变换。

```
% 生成一个包含两个圆状目标的二值图像
center1 = - 40;                          % 圆心 1 的坐标为( - 40, - 40)
center2 = - center1;                     % 圆心 2 的坐标为(40,40)
dist = sqrt(2 * (2 * center1)^2);
radius = dist/2 * 1.4;                   % 圆半径
lims = [floor(center1 - 1.2 * radius) ceil(center2 + 1.2 * radius)];
[x,y] = meshgrid(lims(1):lims(2));       % 固定正方形像素点坐标
% 与圆心 1 的距离小于 radius 值的像素值为 1
bw1 = sqrt((x - center1).^2 + (y - center1).^2) <= radius;
% 与圆心 2 的距离小于 radius 值的像素值为 1
bw2 = sqrt((x - center2).^2 + (y - center2).^2) <= radius;
bw = bw1 | bw2;
subplot(221);imshow(bw)
title('包含两个圆状目标的二值图像进行或运算')
D = bwdist(~bw);                         % 计算二值图像补集的距离变换
subplot(222);imshow(D,[])
title('补集的距离变换')
% 对距离变换求补
D = - D;
subplot(223);imshow(D,[])
title('距离变换求补')
% 将不属于目标的像素赋值为 - Inf
L = watershed(D);
```

```
L(~bw) = 0;
% 计算分水岭变换,以 RGB 图像的形式显示标识矩阵 L
rgb = label2rgb(L,'jet',[.5 .5 .5]);
subplot(224);imshow(rgb)
title('分水岭变换')
```

运行程序,效果如图 7-91 所示。

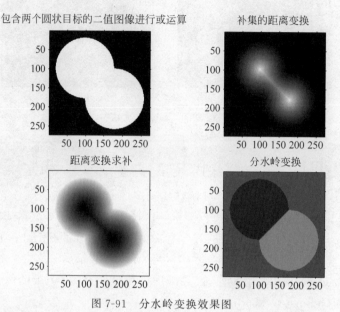

图 7-91   分水岭变换效果图

92. bwlookup 函数

在 MATLAB 中,提供了 bwlookup 函数对图像使用查找表进行非线性过滤。函数的语法格式为:

J = bwlookup(BW,lut):对二值图像 BW 进行 2×2 或 3×3 的非线性邻域过滤操作。邻域处理确定用于访问查找表 lut 中的整数索引值。获取的 lut 值成为输出图像 J 中目标位置的像素值。

【例 7-87】   利用 bwlookup 对二值图像使用查找表进行非线性过滤。

```
% 构造向量 lut,只有当 BW 的 2×2 邻域的 4 个像素都设为 1 时,过滤操作才在输入图像的目标像素位
置上设置 1
lutfun = @(x)(sum(x(:)) == 4);
lut = makelut(lutfun,2)
lutfun = @(x)(sum(x(:)) == 4);
lut = makelut(lutfun,2)
BW1 = imread('text.png');    % 读入二值图像
% 使用 16 元向量 lut 执行 2×2 的邻域处理
BW2 = bwlookup(BW1,lut);
% 显示缩放前后的图像
h1 = subplot(1,2,1); imshow(BW1), axis off; title('原始图像')
h2 = subplot(1,2,2); imshow(BW2); axis off; title('侵蚀的图像')
% 16 倍放大以查看侵蚀对文本的影响
```

```
set(h1,'Ylim',[1 64],'Xlim',[1 64]);
set(h2,'Ylim',[1 64],'Xlim',[1 64]);
```

运行程序,效果如图 7-92 所示。

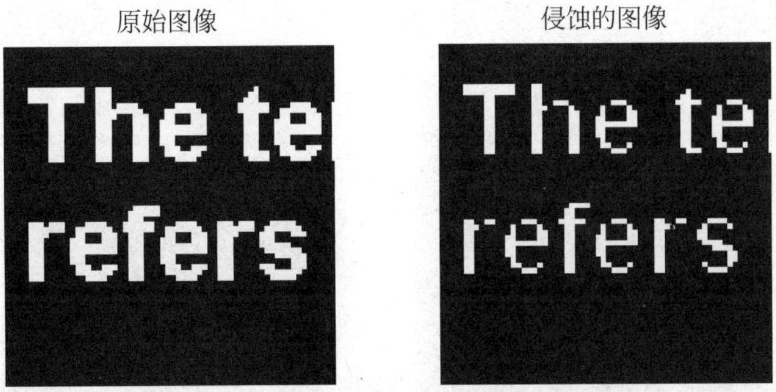

原始图像　　　　　　　　侵蚀的图像

图 7-92　查找表非线性过滤效果

93. bwarea 函数

在 MATLAB 中,提供了 bwarea 函数用于计算二值图像中目标的面积。函数的语法格式为:

total = bwarea(BW):估计二值图像 BW 中对象的面积。total 是标量,其值大致对应于图像中 on 像素的总数,但可能不完全相同,因为不同像素图案的加权不同。

【例 7-88】　估算图像中目标的面积。

```
% 读取二值图像并显示它
BW = imread('circles.png');
imshow(BW)
% 计算图像中对象的面积
bwarea(BW)
```

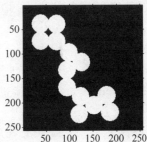

图 7-93　估算二值图像中目标的面积

运行程序,输出如下,效果如图 7-93 所示。

```
ans =
   1.4187e + 04
```

94. bwareaopen 函数

在 MATLAB 中,提供了 bwareaopen 函数从二值图像中删除小对象。函数的语法格式为:

BW2 = bwareaopen(BW,P):从二值图像 BW 中删除少于 P 个像素的所有连通分量(对象),并生成另一个二值图像 BW2。此运算称为形态学开运算。

BW2 = bwareaopen(BW,P,conn):删除所有连通分量,其中,conn 指定所需的连通性。

【例 7-89】　删除图像中包含的像素数少于 50 的对象。

```
% 读取二值图像
BW = imread('text.png');
% 使用 bwareaopen 函数删除包含的像素数少于 50 的对象
BW2 = bwareaopen(BW, 50);
% 并排显示原始图像和执行了形态学开运算的图像
```

```
subplot(1,2,1);imshow(BW)
title('原始图像');
subplot(1,2,2);imshow(BW2)
title('删除小目标效果');
```

运行程序,效果如图 7-94 所示。

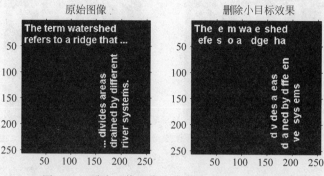

图 7-94　删除二值图像中像素数小于 50 的对象

95. bwpack 函数

在 MATLAB 中,提供了 bwpack 函数对二值图像进行压缩,用来加快形态学操作的速度。函数的语法格式为:

BWP = bwpack(BW):对 uint8 型二值图像 BW 进行压缩运算,生成 uint32 矩阵 BWP,即压缩二值图像。BWP 用于加速一些二值形态学操作,如膨胀和腐蚀。

【例 7-90】　对二值图像进行压缩、形态学膨胀、解压操作。

```
BW = imread('text.png');                          % 读取二值图像
subplot(1,2,1);imshow(BW)
title('二值图像')
BWp = bwpack(BW);                                 % 对图像进行压缩
BWp_dilated = imdilate(BWp,ones(3,3),'ispacked');  % 对压缩图像进行膨胀操作
% 对压缩图像进行解压操作
BW_dilated = bwunpack(BWp_dilated, size(BW,1));
subplot(1,2,2);imshow(BW_dilated)
title('膨胀后图像');
```

运行程序,效果如图 7-95 所示。

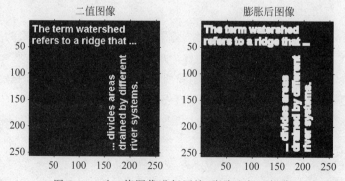

图 7-95　对二值图像进行压缩、膨胀和解压操作

96. bwperim 函数

在 MATLAB 中,提供了 bwperim 函数二值图像目标边界。函数语法格式为:

BW2 = bwperim(BW1):返回仅包含输入图像 BW1 中目标像素边界的二值图像 BW2。其中,一个像素确定为边界像素的条件是其值非 0,且它的邻域中至少有一个像素值为 0。

BW2 = bwperim(BW1,conn):返回仅包含输入图像 BW1 中目标像素边界的二值图像 BW2。参量 conn 为连通数,可以为 4、8、6、18 或 26。conn=4 或 conn=8 分别表示二维图像中采用的 4-连通和 8-连通,conn=6,18 或 26 分别表示三维图像中采用的 6-连通、18-连通和 26-连通。

【例 7-91】 确定二值图像的边界。

```
BW1 = imread('circbw.tif');   % 读入灰度图像
% 确定图像的边界
BW2 = bwperim(BW1);
subplot(1,2,1);imshow(BW1);
title('原始图像');
subplot(1,2,2);imshow(BW2);
title('图像边界');
```

运行程序,效果如图 7-96 所示。

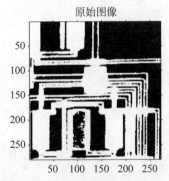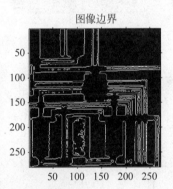

图 7-96 确定二值图像的边界

97. bwselect 函数

在 MATLAB 中,提供了 bwselect 函数选择二值图像中的目标对象。函数的语法格式为:

BW2 = bwselect(BW,c,r):返回二值图像 BW 中与像素点(r,c)重叠的目标对象 BW2。参量 r 和 c 为标量或相同长度的向量,表示目标对象的坐标。如果 r 和 c 为向量,则 BW2 包含与像素点集(r(k),c(k))中任一个像素点重叠的目标对象集。

BW2 = bwselect(BW,c,r,n):显示二值图像 BW,用户通过鼠标手动指定像素点,返回二值图像 BW 中与像素点重叠的目标对象 BW2。n 为指定的连通数,可以是 4 或 8,默认为 8-连通。其他参数及结果同上。

[BW2,idx] = bwselect(____):返回目标对象 BW2 和对象的位置信息 idx。其他参量及结果同上。

【例 7-92】 选择二值图像中的目标对象。

```matlab
BW = imread('text.png'); %读入灰度图像
%指定像素点(c,r)
c = [43 185 212];
r = [38 68 181];
%采用 4 - 连通,选择图像中的目标对象
BW2 = bwselect(BW,c,r,4);
subplot(1,2,1);imshow(BW);
title('原始图像');
subplot(1,2,2);imshow(BW2);
title('目标对象');
```

运行程序,效果如图 7-97 所示。

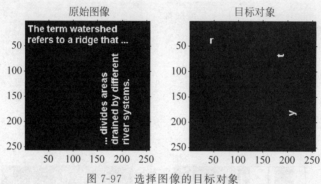

图 7-97 选择图像的目标对象

98. poly2mask 函数

在 MATLAB 中,提供了 poly2mask 函数将关注区域(ROI)多边形转换为区域掩膜。函数的语法格式为:

BW = poly2mask(xi,yi,m,n):根据顶点位于坐标 xi 和 yi 处的 ROI 多边形,计算大小为 m×n 的二值关注区域(ROI)掩膜 BW。如果该多边形不闭合,poly2mask 会自动将其闭合。

【例 7-93】 通过使用随机点定义多边形来创建掩膜。

```matlab
%定义两组随机点,分别用作 x 坐标和 y 坐标
x = 256 * rand(1,4);
y = 256 * rand(1,4);
x(end + 1) = x(1);
y(end + 1) = y(1);
%创建掩膜
bw = poly2mask(x,y,256,256);
%显示掩膜并沿多边形绘制一条线
imshow(bw);hold on
plot(x,y,'b','LineWidth',2)
hold off
```

运行程序,效果如图 7-98 所示。

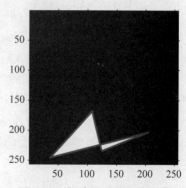

图 7-98 创建多边形掩膜图像

99. roifilt2 函数

在 MATLAB 中,提供了 roifilt2 函数对图像中关注的区域(ROI)进行二维滤波。

J = roifilt2(h,I,BW):使用滤波器 h 对图像 I 中由掩膜图像 BW 选中的 ROI 进行滤波。h 为矩阵,通常用 fpecial 等函数创建。

J = roifilt2(I,BW,fun):对图像 I 中由掩膜图像 BW 选中的 ROI 进行函数处理。参量 fun 为函数句柄。

【例 7-94】 对图像中的 ROI 进行滤波处理。

```
I = imread('eight.tif');              %读入图像
% 定义掩膜图像多边形的顶点
c = [222 272 300 270 221 194];
r = [21 21 75 121 121 75];
% 生成 ROI(右上的硬币区域)
BW = roipoly(I,c,r);
% 创建滤波器
H = fspecial('unsharp');
J = roifilt2(H,I,BW);                  % 对图像中的 ROI 进行滤波处理
subplot(121);imshow(I);
title('原始图像');
subplot(122);imshow(J);
title('滤波处理');
```

运行程序,效果如图 7-99 所示。

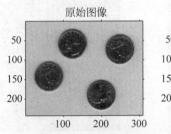

图 7-99 对图像中右上硬币进行滤波处理

100. roipoly 函数

在 MATLAB 中,提供了 roipoly 函数选择关注区域(ROI)。函数的语法格式为:

BW = roipoly:创建区域选择工具,对当前图像进行 ROI 选择。

BW = roipoly(I):对图像 I 进行 ROI 选择。

BW = roipoly(x,y,I,xi,yi):在指定的坐标系 x-y 下选择由向量 xi,yi 指定的多边形区域。

[BW,xi2,yi2] = roipoly(____):返回多边形区域的顶点坐标 xi2,yi2。

[x,y,BW,xi2,yi2] = roipoly(____):返回 ROI 多边形区域顶点在指定坐标系 x-y 下的坐标 xi2 和 yi2 及坐标系点。

该函数的用法可参考例 7-94。

101. colfilt 函数

在 MATLAB 中,提供了 colfilt 函数实现列邻域处理。函数的语法格式为:

B = colfilt(A,[m n],block_type,fun):通过重新排列图像 A 中的 m×n 块成一列,对每一列应用函数 fun,实现对图像 A 的处理。字符串参量 block_type 表示排列方式,取值为 distinct 和 sliding。

B = colfilt(A,[m n],[mblock nblock],block_type,fun):为节省内存,按 mblock× nblock 的图像块对图像 A 进行块操作。

B = colfilt(A,'indexed',____):指定 A 为索引图像。

【例 7-95】 对图像进行滑动平均处理。

```
I = imread('tire.tif'); %读入图像
%定义掩膜图像多边形的顶点
subplot(121);imshow(I);
title('原始图像');
%对图像每一个 5×5 块进行滑动平均处理,应用均值函数 mean
I2 = uint8(colfilt(I,[5 5],'sliding',@mean));
subplot(122);imshow(I2);
title('滑动平均处理');
```

运行程序,效果如图 7-100 所示。

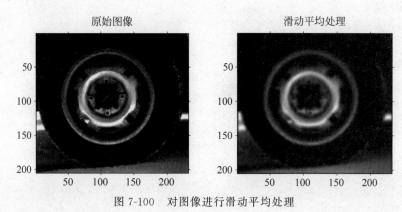

图 7-100　对图像进行滑动平均处理

102. nlfilter 函数

在 MATLAB 中,提供了 nlfilter 函数对图像实现滑动邻域处理。函数的语法格式为:

B = nlfilter(A,[m n],fun):对图像 A 的每个 m×n 图像块实现滑动邻域处理。参量 fun 表示函数句柄。

B = nlfilter(A,'indexed',____):指定图像 A 为索引图像。

【例 7-96】 对图像进行滑动邻域操作。

```
A = imread('cameraman.tif');              %读入图像
%定义掩膜图像多边形的顶点
subplot(121);imshow(A);
title('原始图像');
A = im2double(A);
fun = @(x) median(x(:));                  %创建函数 median 为应用函数 fun
```

```
B = nlfilter(A,[3 3],fun);              % 对每个 3×3 图像块进行滑动操作
subplot(122);imshow(B);
title('滑动邻域处理');
```

运行程序,效果如图 7-101 所示。

图 7-101　对图像进行滑动邻域处理

1. revert 函数

revert 函数将网络中的权值和阈值恢复为初始值。函数的语法格式为：

net = revert (net)：该函数将网络中的权值和阈值恢复为最近一次初始化时产生的初始数值，如果网络结构在初始化后发生了变化，权值和阈值将不能恢复，这时将把它们都设置为 0。

【例 8-1】 创建一个感知器，感知器的输入大小设置为 2，神经元层数设置为 1。

```
>> net = perceptron;          % 创建感知器
net. inputs{1}. size = 2;      % 输入大小
net. layers{1}. size = 1;      % 层数
% 初始网络的权值和偏差均为零
>> net. iw{1,1}, net. b{1}
ans =
     0     0
ans =
     0
% 将这些值更改如下
>> net. iw{1,1} = [1 2];
net. b{1} = 5;
net. iw{1,1}, net. b{1}
ans =
     1     2
ans =
     5
% 恢复网络的初值如下
>> net = revert(net);
net. iw{1,1}, net. b{1}
ans =
     0     0
ans =
     0
```

2. init 函数

利用初始化神经网络函数 init 可以对一个已存在的神经网络进行初始化修正，该网络的权值和偏差值是按照网络初始化函数来进行修正的。函数的语法格式为：

net ＝ init(net)：对网络 net 进行初始化。

【例 8-2】 创建一个感知器，然后进行配置，使其输入、输出、权重和偏差维度与输入和目标数据匹配。

```
>> x = [0 1 0 1; 0 0 1 1];
t = [0 0 0 1];
net = perceptron;
net = configure(net,x,t);
net.iw{1,1}
net.b{1}
ans =
     0    0
ans =
     0
% 训练感知器会改变它的权值和偏差值
>> net = train(net,x,t);
net.iw{1,1}
net.b{1}
ans =
     1    2
ans =
    - 3
% init 会重新初始化这些权重和偏差值
>> net = init(net);
net.iw{1,1}
net.b{1}
ans =
     0    0
ans =
     0
```

3. initlay 函数

初始化函数 initlay 特别适用于层-层结构神经网络的初始化，该网络的权值和偏差值是按照网络初始化函数来进行修正的。函数的语法格式为：

net ＝ initlay(net)：返回初始化后的网络 net。

info＝initlay(code)：返回函数的有关信息，code 字符串可以是'pnames'或'pdefaults'。

- 'pnames'：表示初始化函数各参数的名称。
- 'pdefaults'：表示初始化函数各参数的取值。

4. initwb 函数

根据已设定的权值和阈值初始化函数对网络层进行初始化。函数的语法格式为：

net＝initwb(net,i)：根据网络 net 中第 i 层神经元权值和阈值的初始化函数对该层进行初始化。

5. initnw 函数

该函数采用 Nguyen-Widrow 方法对网络进行初始化。函数的语法格式为:

net＝initnw(net,i):利用 Nguyen-Widrow 方法对网络 net 中的第 i 层进行初始化,采用该方法初始化后,每个神经元的激活区域将均匀地分布在输入空间中,从而可以避免神经元的浪费,同时提高训练效率。只有当第 i 层神经元具有阈值,加权函数为 dtoprod,输入函数为 netsum 时,才能使用 initnw 函数进行初始化。

6. train 函数

利用 train 函数可以训练一个神经网络。网络训练函数是一种通用的学习函数,训练函数重复地把一组输入向量应用到一个网络上,每次都更新网络,直到达到了某种准则。停止准则可能是学习步数、最小的误差梯度或者误差目标等。函数的语法格式为:

[net, TR, Y, E, Pf, Af] = train (net, P, T, Pi, Ai, VV, TV):train 函数通过调用网络训练函数 net.trainFcn,并根据训练函数参数 net.trainParam 对网络进行训练。其中 net 为神经网络对象,P 为网络输入,T 为目标向量,Pi 为输入延迟的初始状态,Ai 为层延迟的初始状态,VV 为验证向量,TV 为测试向量。在函数返回值中,TR 为训练记录,Y 为网络输出,E 为输出和目标向量之间的误差,Pf 为训练终止的输入延迟状态,Af 为训练终止时的层延迟状态。该函数中的 P、T、Pi、Ai、VV、TV、Y、E、Pf 和 Af 各参量可以是单元数组或矩阵,但一般情况下都采用单元数组的形式。验证向量 VV 和 TV 用于提高和检验网络的推广能力。当网络的进一步训练破坏了网络对验证向量 VV 的推广能力时,网络的训练将提前停止;测试向量则用于检测网络的推广能力。

【例 8-3】 训练与绘制网络。

```
% 这里输入 x 和目标 t 定义一个简单的函数
x = [0 1 2 3 4 5 6 7 8];
t = [0 0.84 0.91 0.14 - 0.77 - 0.96 - 0.28 0.66 0.99];
plot(x,t,'o')
% 利用 feedforwardnet 创建了一个两层前馈网络,该网络有一个隐含层,
% 包含 10 个神经元
net = feedforwardnet(10);
net = configure(net,x,t);
y1 = net(x)
plot(x,t,'o',x,y1,'x')
% 对网络进行训练,然后重新模拟
net = train(net,x,t);
y2 = net(x)
plot(x,t,'o',x,y1,'x',x,y2,' * ')
legend('原始数据','前馈网络数据点','训练后数据点')
```

运行程序,输出如下,得到训练记录如图 8-1 所示,效果如图 8-2 所示。

```
y1 =
   -1.2386  - 2.0413  - 1.4712  - 2.8807  - 3.5332  - 1.7786  - 0.4321  1.0075  1.9200
y2 =
    0.9257  0.8400  0.9100  0.1400  - 1.5552  - 0.9600  - 0.2800  0.6600  0.9900
```

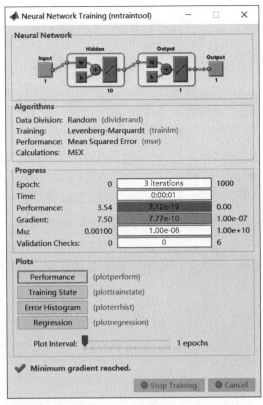

图 8-1 训练记录

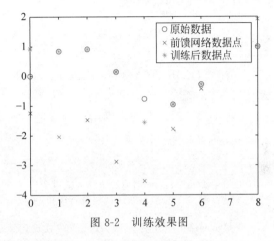

图 8-2 训练效果图

7．sim 函数

神经网络一旦训练完成,网络的权值和偏值就已经确定了。于是就可以使用它来解决实际问题了。利用 sim 函数可以仿真一个神经网络的性能。函数的语法格式为:

$[Y, Xf, Af, E, perf] = sim(net, X, Xi, Ai, T)$：输入 net 为神经网络对象,X 为网络输入,Xi 为输入延迟的初始状态,Ai 为层延迟的初始状态,T 为目标向量。在函数返回值中,Y 为网络输出,Xf 为训练终止时的输入延迟状态,Af 为训练终止时的层延迟状态,E 为输出和目标向量之间的误差,perf 为网络的性能值。该函数中的 X、T、Xi、Ai、Y、E、Xf 和 Af 等参量可以是单元数组或矩阵。

$[Y, Xf, Af, E, perf] = sim(net, \{Q \ TS\}, Xi, Ai, T)$：用于没有输入的网络,其中 Q 为批处理数据的个数,TS 为网络仿真的时间步数。

【例 8-4】 设计一个输入为二维向量的感知器网络,其边界值已定。

```
clear all;
format compact
net = newp([ - 2 2; - 2 2],1);
net. IW{1,1} = [ - 1,1];
net. b{1} = [1];
p1 = [1;1];
a1 = sim(net,p1)
p2 = [1; - 1];
a2 = sim(net,p2)
```

```
p3 = {[1;1],[1; -1]};
a3 = sim(net,p3)
```

运行程序,输出如下:

```
a1 =
     1
a2 =
     0
a3 =
  1×2 cell 数组
    {[1]}    {[0]}
```

8. adapt 函数

该函数为学习自适应函数,其在每一个输入时间阶段更新网络时仿真网络。函数的语法格式为:

$[net,Y,E,Pf,Af,tr] = adapt(net,P,T,Pi,Ai)$:参数 tr 为返回的训练记录,其他参数的含义与 train 函数一致。

【例 8-5】 对一个神经网络进行自适应训练。

```
clear all;
p1 = {-1  0 1 0 1 1 -1  0 -1 1 0 1};
t1 = {-1 -1 1 1 1 2  0 -1 -1 0 1 1};
% 使用 linearlayer 创建一个输入范围为[ -1]的层,一个神经元,输入延迟为 0 和 1,
% 学习率为 0.1,然后对线性层进行模拟
net = linearlayer([0 1],0.1);
% 显示网络的均方误差(因为这是第一次调用 adapt,所以使用默认的 Pi)
[net1,y1,e1,pf1] = adapt(net,p1,t1);
mse(e1)
ans =
    0.7006
% 注意,误差相当大。这里网络适应另外 12 个时间步长(使用以前的 Pf
% 作为新的初始延迟条件)
p2 = {1 -1 -1 1 1 -1  0 0 0 1 -1 -1};
t2 = {2  0 -2 0 2  0 -1 0 0 1  0 -1};
[net2,y2,e2,pf2] = adapt(net,p2,t2,pf1);
mse(e2)
ans =
    0.7809
```

9. mae 函数

mae 函数用于求网络的平均绝对误差性能。感知器的学习规则为调整网络的权值和阈值,使得网络的平均绝对误差和最小。函数的语法格式为:

$perf = mae(E,Y,X,FP)$:其中,E 为误差矩阵或向量(E＝T－Y,T 表示网络的目标向量);Y 是网络的输出向量(可忽略);X 为所有权值和偏值向量;FP 为性能参数;perf 表示平均绝对误差。

$dPerf\_dx = mae('dx',E,Y,X,perf,FP)$:返回 perf 对 X 的导数。

$info = mae('code')$:将根据 code 值的不同,返回不同的信息。

• 当 code＝name 时,表示返回函数全称。

• 当 code＝pnames 时,表示返回训练参数的名称。

- 当 code＝pdefaults 时,表示返回默认的训练参数。

【例 8-6】　创建一个感知器神经网络,求其平均绝对误差。

```
clear all;
net = perceptron;
net = configure(net,0,0);
% p 为输入向量,通过从目标 t 减去输出 a 来计算其误差,然后计算其平均绝对误差
p = [-10 -5 0 5 10];
t = [0 0 1 1 1];
y = net(p)
e = t-y
perf = mae(e)
```

运行程序,输出如下:

```
y =
     1     1     1     1     1
e =
    -1    -1     0     0     0
perf =
    0.4000
```

10. initcon 函数

initcon 函数实现对阈值进行公平初始化。函数的语法格式为:

B＝initcon(S,PR):当网络阈值学习函数为 learncon 时,需要采用该函数对阈值进行初始化,由于该函数返回的各神经元阈值相等,因此称为公平初始化函数。该函数一般不对权值进行初始化。函数的输入 S 为神经元个数;PR 为表示输入向量取值范围的矩阵[Pmin, Pmax],默认值为[1 1];函数返回初始阈值向量 B。

11. initzero 函数

initzero 函数实现把权值和阈值初始化为零。函数的语法格式为:

W ＝ initzero(S,PR):函数的输入 S 为神经元个数;PR 为表示输入向量取值范围的矩阵[Pmin Pmax],并返回权值矩阵 W。

b ＝ initzero(S,[1 1]):函数返回阈值向量 b。

【例 8-7】　利用 initzero 函数对一个具有五神经元二输入的网络层进行初始化。

```
>> W = initzero(5,[0 1; -2 2])
W =
     0     0
     0     0
     0     0
     0     0
     0     0
>> b = initzero(5,[1 1])
b =
     0
     0
     0
     0
     0
```

12．hardlim 函数

在 MATLAB 中，提供了 hardlim 函数作为硬限幅传输函数，可以通过计算网络的输入得到该层的输出。如果网络的输入达到门限，则硬限幅函数的输出为 1，否则输出为 0。函数的调用格式为：

A = hardlim(N,FP)：在给定了网络输入向量矩阵 N 时，返回该层的输出向量矩阵 A，当 N 中的元素大于等于零时，返回的值为 1，否则为 0；FP 为性能参数（可忽略）。

dA_dN = hardlim('dn',N,A,FP)：返回 A 关于 N 的导数。如果 A 或 FP 为空，则 FP 为默认参数，A 的值依据 N 来计算。

info = hardlim('code')：依据 code 值的不同，返回不同的信息，具体返回内容如下。

- name：返回传输函数的全称。
- output：返回包含传输函数输出范围最小、最大值的二元向量。
- active：返回包含传输函数输入范围最小、最大值的二元向量。
- fullderiv：依据 N 返回 1 或 0。
- fpnames：返回函数参数的名称。
- fpdefaults：返回函数默认参数。

【例 8-8】 绘制硬限幅函数的曲线。

```
>> clear all;
n = -5:0.1:5;
a = hardlim(n);
plot(n,a,'linewidth',3);
```

运行程序，效果如图 8-3 所示。

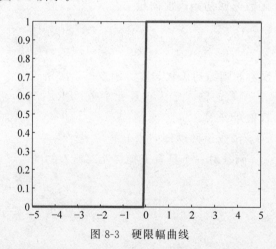

图 8-3　硬限幅曲线

13．hardlims 函数

在 MATLAB 中，提供了 hardlims 函数用于获取对称硬限幅传输函数，也用来计算网线的输入得到该层的输出。对于该函数，如果输入达到门限，则输出值为 1，否则输出值为 -1。函数的调用格式为：

```
A = hardlims(N,FP)
```

```
dA_dN = hardlims('dn',N,A,FP)
info = hardlims('code')
```

该函数的参数含义与 hardlim 函数的参数含义相同。

【例 8-9】　绘制对称硬限幅函数的曲线。

```
>> clear all;
n = - 5:0.1:5;
a = hardlims(n);
plot(n,a,'linewidth',3);
```

运行程序,效果如图 8-4 所示。

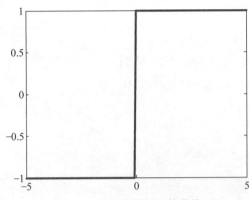

图 8-4　对称硬限幅函数曲线

14. plotpv 函数

利用 plotpv 函数可在坐标图中绘出已知给出的样本点及其类别,不同的类别使用不同的符号。函数的语法格式为:

plotpv(X,T):其中 X 定义了 n 个二维或三维的样本,它是一个 2×n 维或 3×n 维的矩阵;T 表示各样本点的类别,它是一个 n 维的向量。

如果 T 只含一元向量,则目标 0 的输入向量画为"o",目标 1 的输入向量画为"+"。如果 T 含二元向量,则输入向量对应如下:[0 0]用"o"表示;[0 1]用"+"表示;[1 0]用"＊"表示;[1 1]用"×"表示。

15. plotpc 函数

硬特性神经元将输入空间用一条直线(如果神经元有两个输入),或用一个平面(如果神经元有三个输入),或用一个超平面(如果神经元有三个以上输入)分成两个区域。函数的语法格式为:

plotpc(w,b):对含权矩阵 w 和偏差向量 b 的硬特性神经元的两个或三个输入画一个分类线。这一函数返回分类线的句柄以便以后调用。

plotpc(w,b,h):包含从前一次调用中返回的句柄,它在画新分类线之前,删除旧分类线。

【例 8-10】　使用有两个输入的感知器进行分类(将 5 个输入向量分为两个类别)。

```
% X 中的 5 个列向量中的每一个都定义了一个 2 元素输入向量,行向量 T 定义了向量的目标类别,可以
% 使用 plotpv 绘制这些向量
```

```
>> X = [ −0.5 −0.5 +0.3 −0.1; …
         −0.5 +0.5 −0.5 +1.0];
T = [1 1 0 0];
plotpv(X,T);   % 效果如图 8-5 所示
>> title('待分类向量')
```

感知器必须将 X 中的 5 个输入向量正确分类为由 T 定义的两个类别。感知器具有 hardlim 神经元。这些神经元能够用一条直线将输入空间分为两个类别(0 和 1)。

这里 perceptron 创建了一个具有单个神经元的新神经网络。然后针对数据配置网络,这样就可以检查其初始权重和偏差值(通常可以跳过配置步骤,因为 adapt 或 train 会自动完成配置)。

```
>> net = perceptron;
net = configure(net,X,T);
```

神经元初次尝试分类时,输入向量会被重新绘制。初始权重设置为零,因此任何输入都会生成相同的输出,而且分类线甚至不会出现在图上。

```
>> plotpv(X,T);
plotpc(net.IW{1},net.b{1});   % 效果如图 8-6 所示
title('待分类向量')
```

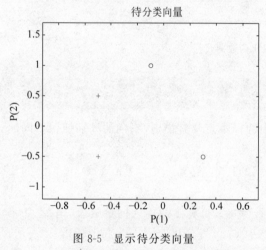

图 8-5　显示待分类向量

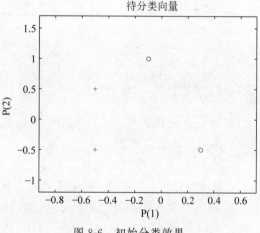

图 8-6　初始分类效果

此处,输入数据和目标数据转换为顺序数据(元胞数组,其中每个列指示一个时间步),并复制三次以形成序列 XX 和 TT。

adapt 针对序列中的每个时间步更新网络,并返回一个作为更好的分类器执行的新网络对象。

```
>> XX = repmat(con2seq(X),1,3);
TT = repmat(con2seq(T),1,3);
net = adapt(net,XX,TT);
plotpc(net.IW{1},net.b{1});   % 效果如图 8-7 所示
```

现在 sim 用于对任何其他输入向量(如 [0.7;1.2])进行分类。此新点及原始训练集的

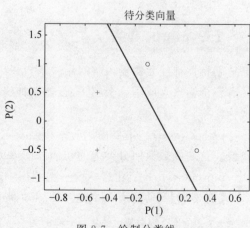

图 8-7　绘制分类线

绘图显示了网络的性能。

```
>> x = [0.7; 1.2];
y = net(x);
plotpv(x,y);
point = findobj(gca,'type','line');
point.Color = 'red';      % 效果如图 8-8 所示
```

开启"hold",以便先前的绘图不会被删除,并绘制训练集和分类线。感知器正确地将新点(红色)分类为类别"零"(用圆圈表示)而不是"一"(用加号表示)。

```
>> hold on;
plotpv(X,T);
plotpc(net.IW{1},net.b{1});    % 效果如图 8-9 所示
hold off;
```

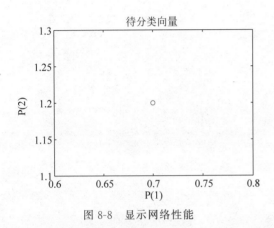

图 8-8　显示网络性能

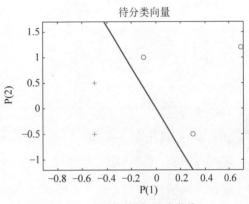

图 8-9　绘制训练集和分类线

16. learnp 函数

在 MATLAB 中,提供了 learnp 函数用于对感知器神经网络权值和阈值进行学习。函数的调用格式为:

[dW,LS] = learnp(W,P,Z,N,A,T,E,gW,gA,D,LP,LS):输出参数 dW 为权值变化矩阵;LS 为当前学习状态。W 为 S×R 的权值矩阵(可省略);P 为 R×Q 的输入向量矩阵;Z 为 S×Q 的输入层的权值矩阵(可省略);N 为 S×Q 的网络输入矩阵(可省略);A 表示网络的实际输出向量(可省略);T 表示网络的目标向量(可省略);E 为误差向量(E=T−Y);gW 为 S×R 的与性能相关的权值梯度矩阵(可省略);gA 为 S×Q 的与性能相关的输出梯度值矩阵(可省略);D 为 S×S 的神经元距离矩阵(可省略);LP 为学习参数(可省略);LS 学习函数声明(可省略)。

info = learnp('code'):针对不同的 code 返回相应的有用信息,包括如下几项。

- pnames:表示返回函数全称。
- pdefaults:表示返回默认的训练参数。
- needg:表示如果函数使用了 gW 或 gA,则返回 1。

【例 8-11】　用 leanrp 函数学习一个感知网络,使其同样能够完成"或"的功能。

```
>> clear all;
err_goal = 0.0015;                  % 设置期望误差最小值
```

```
max_epoch = 9999;                      % 设置训练的最大次数
X = [ 0 1 0 1;0 1 1 0];                % 样本数据
T = [ 0 1 1 1];                        % 目标数据
net = newp([ 0 1;0 1],1);              % 创建感知器神经网络
net = init(net);                       % 初始化
W = rand(1,2);
b = rand;
net.iw{1,1} = W;
net.b{1} = b;
for epoch = 1:max_epoch
    y = sim(net,X);
    E = T - y;
    sse = mae(E);                      % 计算网络权值修正后的平均绝对误差
if(sse < err_goal)
        break;
    end
    dW = learnp(W,X,[],[],[],[],E,[],[],[],[],[]);       % 调整输出层加权系数和偏值
    db = learnp(b,ones(1,4),[],[],[],[],E,[],[],[],[],[]);
    W = W + dW;
    b = b + db;
    net.iw{1,1} = W;
net.b{1} = b;
end
epoch,W,y
```

运行程序,输出如下:

```
epoch =
    2
W =
    0.2785    0.5469
y =
    0    1    1    1
```

17. sse 函数

在 MATLAB 中,利用 sse 函数将线性网络学习规则调整为网络的权值和偏值,使网络误差平方和性能最小。函数的语法格式为:

perf = sse(net,t,y,ew):参数 net 是网络,t 是目标参数,y 是输出,ew 是误差权重。perf 就是网络的精度输出性能。

【例 8-12】 这里训练一个网络来拟合一个简单的数据集,并计算其性能。

```
>> [x,t] = simplefit_dataset;
net = fitnet(10);
net.performFcn = 'sse';
net = train(net,x,t)
y = net(x)
e = t - y
perf = sse(net,t,y)
```

运行程序,输出如下:

```
net =
    Neural Network
                name: 'Function Fitting Neural Network'
userdata: (your custom info)
```

```
dimensions:
          numInputs: 1
          numLayers: 2
         numOutputs: 1
     numInputDelays: 0
     numLayerDelays: 0
 numFeedbackDelays: 0
 numWeightElements: 31
         sampleTime: 1
……
```

18. purelin 函数

神经元最简单的传输函数是简单地从神经元输入到输出的线性传输函数 purelin,输出仅仅被神经元附加的偏差所修正。函数的语法格式为:

A = purelin(N,FP):N 为输出的 S×Q 维矩阵,FP 为函数参数结构(可忽略);返回值 A 为一个等于 N 的 S×Q 矩阵。

info = purelin('code'):针对不同的 code 返回相应的有用信息,包括如下几项。

purelin('name'):返回这个函数的名称。

purelin('output',FP):返回[最小最大值]的输出范围。

purelin('active',FP):返回[最小最大值]的有效输入范围。

purelin('fullderiv'):返回 1 或 0,具体取决于 dA_dN 是 S-by-S-by-Q 还是 S-by-Q。

purelin('fpnames'):返回函数参数的名称。

purelin('fpdefaults'):返回默认函数参数。

下面代码利用 purelin 函数实现线性网络的传输。

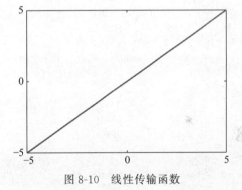

图 8-10　线性传输函数

```
>> %下面是创建 purelin 传递函数图
>> n = -5:0.1:5;
a = purelin(n);
plot(n,a)
```

运行程序,效果如图 8-10 所示。

19. maxlinlr 函数

maxlinlr 函数用于计算用 Widrow-Hoff 准则训练的线性网络的最大稳定学习速度。函数的语法格式为:

lr = maxlinlr(P):P 为计算的最大学习率。

lr = maxlinlr(P,'bias'):'bias'为指定的偏置量。

【例 8-13】　利用以下命令可计算出 Widrow-Hoff 准则训练的线性神经元层所用的学习率上限。

```
>> P = [1 2 -4 7; 0.1 3 10 6];
lr = maxlinlr(P,'bias')
lr =
    0.0067
```

20. learnwh 函数

learnwh 函数是 W-H 学习函数,也称为 Delta 准则或者最小方差准则学习函数。它可以修改神经元的权值和阈值,使得输出误差的平方和最小。它沿着误差平方和的下降最快方向连续调整网络的权值与阈值,由于线性网络的误差性能表明是抛物面,仅有一个最小值,因此可以保证网络是收敛的,前提是学习速率不超出由 maxlinlr 计算得到的最大值。函数的语法格式为:

[dW,LS] = learnwh(W,P,Z,N,A,T,E,gW,gA,D,LP,LS):W 为 S×R 的权值矩阵;P 为 R×Q 的输入向量;Z 为 S×Q 的权值输入向量;N 为 S×Q 的网络输入向量;A 为 S×Q 的输出向量;T 为目标层向量;E 为误差层向量;gW 为关于性能的权重梯度;gA 为与性能相关的输出梯度;D 为神经元的距离;LP 为学习参数,默认值为 LP=[];LS 为学习状态,初始值为 LS= []。输出参数 dW 为权值(或偏差)变化矩阵;LS 为新的学习参数。

info = learnwh('code'):针对不同的 code 返回相应的有用信息,包括如下几项。

- pnames:给定学习参数名称。
- pdefaults:使用默认学习参数。
- needg:如果该函数使用 gW 或 gA,则返回 1。

【例 8-14】 为具有两个输入和三个神经元的层定义一个随机输入 P 和错误 E。

```
>> %定义学习速率 LR 学习参数
>> p = rand(2,1);
e = rand(3,1);
lp.lr = 0.5;
>> %因为 learnwh 只需要这些值来计算权值变化,所以使用它们来实现
>> dW = learnwh([],p,[],[],[],[],e,[],[],[],lp,[])
dW =
    0.0027    0.0063
    0.0076    0.0177
    0.0298    0.0694
```

21. newlin 函数

在 MATLAB 中,提供了 newlin 函数用于创建线性神经网络。函数的调用格式为:

net=newlin(PR,S,ID,LR):输入参数 PR 为由 R 个输入元素的最大值和最小值组成的 R×2 维矩阵;S 为输出向量的数目;ID 为输入延迟向量,默认为[0];LR 为学习速率,默认值为 0.01。输出参数 net 为一个新的线性层。

net=newlin:表示在一个对话框中创建一个新的网络。

【例 8-15】 应用 newlin 设计一个双输入单输出线性神经网络,输入向量范围是[-1 1;-1 1],学习率为 1。

```
>> clear all;
net = newlin([-1 1;-1 1],1);
此时网络权值和阈值默认为 0,
W = net.IW{1,1}
W =
     0     0
b = net.b{1}
```

```
b =
    0
```

当然,可以给权值和阈值赋值,如下:

```
net.IW{1,1} = [2 3];
W = net.IW{1,1}
W =
    2    3
net.b{1} = [ - 4];
b = net.b{1}
b =
    - 4
```

下面,对于输入向量 p 应用函数 sim 进行仿真计算,计算出相应的函数输出 a。

```
p = [5;6];
a = sim(net,p)
a =
    24
```

22. newlind 函数

在 MATLAB 中,提供了 newlind 函数用于设计一个线性层。函数的调用格式为:

net = newlind(P,T,Pi):输入参数 P 为由 Q 组输入向量组成的 R×Q 维矩阵;T 为由 Q 组目标分类向量组成的 S×Q 维矩阵;Pi 为初始输入延迟状态的 ID 个单元阵列,每个元素 Pi{i,k} 都是一个 Ri×Q 维的矩阵,默认为[]。输出参数 net 为一个线性层,它的输出误差平方和对于输入 P 来说具有最小值。

【例 8-16】 利用 newlind 函数设计一个线性层,并对线性层进行仿真。

```
>> clear all;
t1 = 0:0.01:2;
t2 = 2.01:0.1:4;
t3 = 4.01:0.01:6;
t = [t1,t2,t3];
T = [cos(t1 * 2 * pi),cos(t2 * 4 * pi),cos(t3 * 8 * pi)];
Q = length(T);
P = zeros(6,Q);
P(1,2:Q) = T(1,1:(Q-1));
P(2,3:Q) = T(1,1:(Q-2));
P(3,4:Q) = T(1,1:(Q-3));
P(4,5:Q) = T(1,1:(Q-4));
P(5,6:Q) = T(1,1:(Q-5));
P(6,7:Q) = T(1,1:(Q-6));
% 使用 newlind 函数设计线性层
net = newlind(P,T);
a = sim(net,P);                          % 仿真
plot(t,T,t,a,'r - o');
legend('给定输入信号','网络输出信号');
figure;plot(t,a - T);
title('误差曲线');
```

运行程序,效果如图 8-11 及图 8-12 所示。

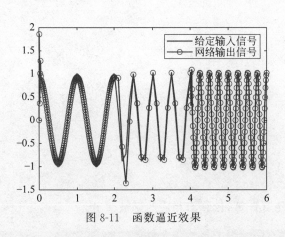

图 8-11　函数逼近效果

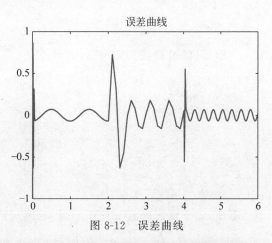

图 8-12　误差曲线

23．mse 函数

BP 神经网络学习规则为调整网络的权值和偏值,使网络的均方误差和性能最小。均方误差性能函数的语法格式为:

perf = mse(net,t,y,ew):输入参数 net 为网络;t 为目标矩阵或单元阵列;y 为输出矩阵或单元数组;ew 为错误的权重(可选);输出参数 perf 为平均绝对误差。

关于 mse 函数的用法可参考例 8-5。

24．tansig 函数

双曲正切 S 形(Sigmoid)传输函数为 tansig。它是把神经元的输入范围从 $(-\infty,+\infty)$ 映射到 $(-1,+1)$,它是可导函数,适用于 BP 训练的神经元,函数的语法格式为:

A = tansig(N,FP):其中 N 为 S×P 的网络输入向量;FP 为函数参数结构(可忽略);返回值 A 为一个范围在 [−1,1] 的 S×Q 的矩阵。

【例 8-17】　利用 tansig 函数绘制一个 S 形曲线。

```
figure('NumberTitle', 'off', 'Name', 'Tanh 函数');
x = − 5:0.1:5;
y = 2./(1 + exp( − 2 * x)) − 1;
plot(x,y);
xlabel('X 轴');ylabel('Y 轴');  % 坐标轴表示对象标签
grid on;                        % 显示网格线
axis on;                        % 显示坐标轴
axis([ − 5,5, − 1,1]);          % x,y 的范围限制
title('Tanh 函数');
```

运行程序,效果如图 8-13 所示。

提示:如果 BP 网络的最后一层是 Sigmoid 型神经元,那么整个网络的输出就被限制在一个较小的范围内;如果 BP 网络的最后一层是 Purelin 型线性神经元,那么整个网络的输出可以取任意值。

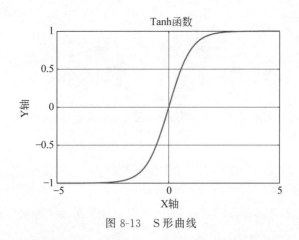

图 8-13   S 形曲线

25. feedforwardnet 函数

在 MATLAB 中,提供了 feedforwardnet 用于创建一个前馈神经网络。函数的语法格式为:

feedforwardnet(hiddenSizes,trainFcn):返回具有 N ＋ 1 层的前馈神经网络对象。其中,hiddenSizes 为隐藏层神经元个数(一个行向量),默认值为 10;trainFcn 为训练网络性能所采用的函数,默认为'trainlm'。其中其训练函数还可取以下值。

- trainlm:中型网络,内存需求最大,收敛速度最快。
- trainbfg:BFGS 算法(拟牛顿反向传播算法)训练函数。
- traincgb:Powell-Beale 共轭梯度反向传播算法训练函数。
- traincgp:Polak-Ribiere 变梯度反向传播算法训练函数。
- traingd:梯度下降反向传播算法训练函数。
- traingda:自适应调整学习率的梯度下降反向传播算法训练函数。
- traingdm:附加动量因子的梯度下降反向传播算法训练函数。
- traingdx:自适应调整学习率并附加动量因子的梯度下降反向传播算法训练函数。
- trainrp:RPROP(弹性 BP 算法)反向传播算法训练函数。
- trainscg:SCG(Scaled Conjugate Gradient)反向传播算法训练函数。
- trainb:以权值/阈值的学习规则采用批处理的方式进行训练的函数。
- trainc:以学习函数依次对输入样本进行训练的函数。
- trainr:以学习函数随机对输入样本进行训练的函数。

【例 8-18】   使用前馈神经网络来解决一个简单的问题。

```
[x,t] = simplefit_dataset;
net = feedforwardnet(10);
net = train(net,x,t);
view(net)
y = net(x);
perf = perform(net,y,t)
```

运行程序,输出如下,效果如图 8-14 所示。

```
perf =
    6.6040e－06
```

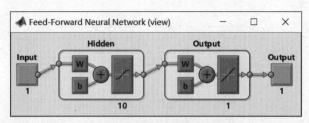

图 8-14　前馈神经网络图

26. errsurf 函数

在 MATLAB 中,利用误差曲面函数 errsurf 可以计算单输入神经元误差的平方和。函数的语法格式为:

errsurf(P,T,WV,BV,F)：其中,P 为输入向量;T 为目标向量;WV 为权阵;BV 为偏值向量;F 为传输函数。

27. plotes 函数

在 MATLAB 中,利用 plotes 函数可绘制误差曲面图。函数的语法格式为:

plotes(W,b,Es,v)：其中,W 为权值矩阵;b 为偏值向量;Es 为误差曲面;v 为期望的视角,默认为[−37.5,30]。

【例 8-19】　绘制数据点的误差曲面。

```
clear all;
p = [ −6.0 −6.1 −4.1 −4.0 +4.0 +4.1 +6.0 +6.1];
t = [ +0.0 +0.0 +.97 +.99 +.01 +.03 +1.0 +1.0];
wv = −1:.1:1; bv = −2.5:.25:2.5;
es = errsurf(p,t,wv,bv,'logsig');
plotes(wv,bv,es,[60 30])
```

运行程序,效果如图 8-15 所示。

彩色图片

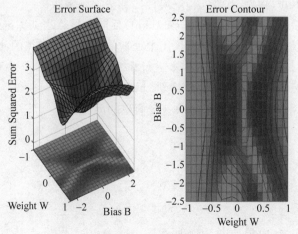

图 8-15　误差曲面图

28. plotep 函数

在误差曲面图上绘制权值和偏值的位置函数是 plotep。函数 plotep 在已由函数 plotes 产生的误差性能表面图上画出单输入网络权值 W 与偏差 B 所对应的误差 E 的位置。函数的语法格式为：

H = plotep(W,B,E)：其中，W 为当前权值；B 为当前偏值；E 为当前误差；返回值 H 为一个元胞数组，用于包含继续绘制的信息。

H = plotep(W,B,E,H)：使用上次调用 plotep 返回的元胞数组 H 继续绘图。

29. dist 函数

大多数神经元网络的输入可通过表达式 N＝w＊X＋b 来计算，其中 w,b 分别为权向量和偏差向量。但有一些神经元的输入可由函数 dist 来计算，dist 函数是一个欧几里得(Euclidean)距离权值函数，它对输入进行加权，得到被加权的输入。一般两个向量 x 和 y 之间的欧几里得距离 D 定义为 D＝sun((x－y).^2).^0.5。函数的语法格式为：

Z = dist(W,P,FP)：输入参数 W 为 S×R 的权值矩阵；P 为 R×Q 的输入矩阵；FP 为性能参数；输出参数 Z 为 S×Q 的输出距离矩阵。

dim = dist('size',S,R,FP)：获取层尺寸 size；S 为层的维数；R 为输入的维数；输出参数 dim 为权值大小。

dp = dist('dw',W,P,Z,FP)：输出参数 dp 为 Z 对 P 的导数；输出参数 dw 为 Z 对 W 的导数。

D = dist(pos)：输入参数 pos 为神经元位置的 N×S 维矩阵；输出参数 D 为 S×S 维的距离矩阵。

info = dist('code')：根据 code 值的不同，返回有关函数的信息，包括如下几项。

- deriv：返回导函数名称。
- pfullderiv：返回输入向量。
- wfullderiv：返回权值。
- name：返回函数全称。
- fpnames：返回函数参数的名称。
- fpdefaults：返回默认函数参数。

【例 8-20】 计算两个随机变量的欧几里得距离。

```
>> W = rand(4,3);
P = rand(3,1);
Z = dist(W,P)
Z =
    0.9613
    0.9133
    0.9145
    0.5640
```

30. radbas 函数

径向基函数神经元的传输函数为 radbas,RBF 网络的输入同前面介绍的神经网络的表达式有所不同。其网络输入为权值向量 W 与输入向量 X 之间的向量距离乘以偏值 b,即 d＝

radbas(dist(W,X) * b)。函数的语法格式为：

A = radbas(N,FP)：输入参数 N 为 S×Q 维的网络输入（列）向量矩阵；FP 为性能参数（可忽略）；返回网络输入向量 N 的输出矩阵 A。

【例 8-21】 创建一个高斯径向基函数传递函数。

```
>> clear all;
N = -10:0.1:10;
A = radbas(N);
plot(N,A)
grid
```

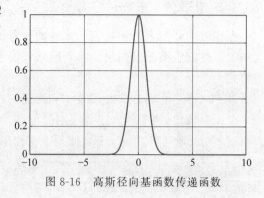

图 8-16　高斯径向基函数传递函数

运行程序,效果如图 8-16 所示。

31.　radbasn 函数

radbasn 是一个神经传递函数,传递函数从层的净输入计算层的输出。这个函数与 radbas 是等价的,只是输出向量是通过除以预归一化值的和来标准化的。函数的语法格式为：

A = radbasn(N,FP)：其中,N 为网络输入向量；FP 为性能参数（可忽略）；A 为返回网络输入向量 N 的输出矩阵。

【例 8-22】 通过径向基变换对六个随机三元向量进行归一化处理。

```
>> n = rand(3,6)
a = radbasn(n)
n =
    0.6557    0.9340    0.7431    0.1712    0.2769    0.8235
    0.0357    0.6787    0.3922    0.7060    0.0462    0.6948
    0.8491    0.7577    0.6555    0.0318    0.0971    0.3171
a =
    0.3046    0.2593    0.2763    0.3768    0.3178    0.2502
    0.4677    0.3913    0.4115    0.2357    0.3424    0.3041
    0.2277    0.3494    0.3123    0.3876    0.3399    0.4457
```

32.　netprod 函数

在 MATLAB 中,提供了 netprod 函数用于作为径向基网络的输入。函数的调用格式为：

N = netprod({Z1,Z2,…,Zn})：输入参数 Zi 为 S×Q 维矩阵；Z 为从 Z1 到 Zn 的组合；返回参数 N 为从 Z1 到 Zn 的积。

info = netprod('code')：根据 code 值的不同,返回有关函数的信息,包括如下几项。

- name：返回传输函数的全称。
- deriv：返回导数函数名称。
- fullderiv：返回导数的次数。
- fpnames：返回函数参数的名称。
- fpdefaults：返回默认的函数参数。

【例 8-23】 计算加权输入和偏值的积函数。

```
>> clear all;
Z1 = [1 2 4;3 4 1];
```

```
Z2 = [-1 2 2; -5 -6 1];
Z = {Z1,Z2};
N = netprod(Z)
N =
    -1     4     8
   -15   -24     1
```

33. newrb 函数

径向基网络可以用来逼近函数,在 MATLAB 中,提供了 newrb 函数用于向径向基网络的隐含层添加神经元,直到满足指定的均方误差目标。函数的语法格式为:

net = newrb(P,T,goal,spread,MN,DF):输入参数 P 为输入向量;T 为输出向量;goal 为均方误差,默认值为 0.0;spread 为径向基函数的分布密度,spread 越大,函数越平滑,默认值为 1.0;MN 为最大的神经元数;DF 为显示之间添加的神经元数(默认为 25)。

【例 8-24】 利用 newrb 函数创建径向基神经网络。

```
>> clear all;
P = [1 2 3];
T = [2.0 4.1 5.9];
net = newrb(P,T);           % 建立径向基神经网络
P = 1.5;
Y = sim(net,P)              % 仿真
```

运行程序,输出如下:

```
NEWRB, neurons = 0, MSE = 2.54
Y =
    2.6755
```

34. newrbe 函数

在 MATLAB 中,利用 newrbe 函数可以新建一个严格的径向基神经网络。函数的语法格式为:

net = newrbe(P,T,spread):输入参数 P 为输入向量;T 为输出向量;spread 为径向基函数的分布密度,spread 越大,函数越平滑,默认值为 1.0。

【例 8-25】 利用 newrbe 函数创建一个精确的径向基神经网络。

```
>> clear all;
P = [1 2 3];
T = [2.0 4.1 5.9];
net = newrbe(P,T);          % 建立精确径向基神经网络
P = 1.5;
Y = sim(net,P)              % 仿真
```

运行程序,输出如下:

```
Y =
    2.8054
```

35. newgrnn 函数

广义回归径向基网络 GRNN 是径向基网络的一种变化形式,由于训练速度快,非线性映射能力强,因此经常用于函数逼近,利用函数 newgrnn 可以新建一个广义回归径向基神经网

络。函数的语法格式为：

net = newgrnn(P, T, spread)：输入参数 P 为输入向量；T 为输出向量；spread 为径向基函数的分布密度，参数 spread 的大小对网络的逼近精度有很大的影响，需要不断地调整 spread 的值。spread 越小，函数的比较越精确，同时逼近的过程就越粗糙；spread 越大，逼近过程就越平滑，同时逼近的误差越大。

【例 8-26】 利用 newgrnn 函数创建一个广义回归神经网络。

```
>> clear all;
P = [1 2 3];
T = [2.0 4.1 5.9];
net = newgrnn(P,T);              %建立广义回归神经网络
P = 1.5;
Y = sim(net,P)                   %仿真
Y =
    3.3667
```

36. newpnn 函数

在 MATLAB 中，提供了 newpnn 函数用于创建概率神经网络。函数的调用格式为：

net = newpnn(P, T, spread)：输入参数 P 为输入向量；T 为输出向量；spread 为径向基函数的分布密度。

【例 8-27】 利用 newpnn 函数创建概率神经网络。

```
>> clear all;
P = [1 2 3 4 5 6 7];
Tc = [1 2 3 2 2 3 1];
T = ind2vec(Tc)                  % 将数据索引转换为向量组
net = newpnn(P,T);               % 创建概率神经网络
Y = sim(net,P)                   % 仿真
Yc = vec2ind(Y)                  % 将数组向量转换成数据索引
T =
    (1,1)        1
    (2,2)        1
    (3,3)        1
    (2,4)        1
    (2,5)        1
    (3,6)        1
    (1,7)        1
Y =
     1     0     0     0     0     0     1
     0     1     0     1     1     0     0
     0     0     1     0     0     1     0
Yc =
     1     2     3     2     2     3     1
```

37. ind2vec 函数

在 MATLAB 中，提供了 ind2vec 函数将数据索引向量变换成向量组。函数的语法格式为：

ind2vec(ind)：返回向量的稀疏矩阵，ind 为向量，如例 8-27 的 T 所示，每列有一个 1。

ind2vec(ind, N)：返回一个 N×m 矩阵，其中 N 可以等于或大于最大索引。

ind2vec 函数的用法可参考例 8-27。

38. vec2ind 函数

vec2ind 函数将向量组变换成数据索引向量函数。它与 ind2vec 函数互逆。函数的语法格式为：

[ind,n] = vec2ind(vec)：其中，vec 为 m 行 n 列的稀疏矩阵，vec 中的每个列向量，除仅包含一个 1 外，其余元素为 0；ind 为 n 维行向量，向量 ind 中分量的最大值为 m。

vec2ind 函数的用法可参考例 8-27。

【例 8-28】 （径向基逼近）此示例使用 newrb 函数创建一个径向基网络，该网络可逼近由一组数据点定义的函数。

```
%定义21个输入X和相关目标T
X = -1:.1:1;
T = [-.9602 -.5770 -.0729 .3771 .6405 .6600 .4609 …
      .1336 -.2013 -.4344 -.5000 -.3930 -.1647 .0988 …
      .3072 .3960 .3449 .1816 -.0312 -.2189 -.3201];
plot(X,T,'+');            %效果如图8-17所示
title('训练向量');
xlabel('输入向量P');
ylabel('目标向量T');
```

在实例中，我们希望找到一个可拟合这 21 个数据点的函数。一种方法是使用径向基网络来实现。径向基网络有两个层，分别是径向基神经元的隐含层和线性神经元的输出层。以下是隐含层使用的径向基传递函数。

```
>> x = -3:.1:3;
a = radbas(x);
plot(x,a)                %效果如图8-18所示
title('径向基函数');
xlabel('输入p');
ylabel('输出a');
```

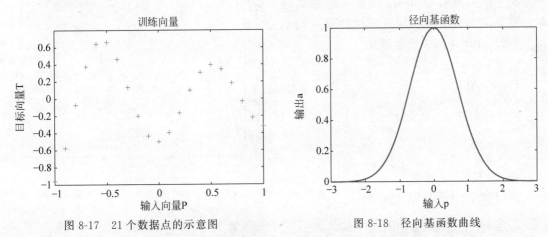

图 8-17 21 个数据点的示意图   图 8-18 径向基函数曲线

隐含层中每个神经元的权重和偏差定义了径向基函数的位置和宽度。各个线性输出神经元形成了这些径向基函数的加权和。利用每层的正确权重和偏差值，以及足够的隐含神经元，径向基网络可以以任意所需准确度拟合任意函数。以下是三个径向基函数经过缩放与求和后

生成一个函数的示例。

```
>> a2 = radbas(x - 1.5);
a3 = radbas(x + 2);
a4 = a + a2 * 1 + a3 * 0.5;
plot(x,a,'b-',x,a2,'b--',x,a3,'b·',x,a4,'m-··')   % 效果如图 8-19 所示
title('径向基传递函数的加权和');
xlabel('输入 p');
ylabel('输出 a');
```

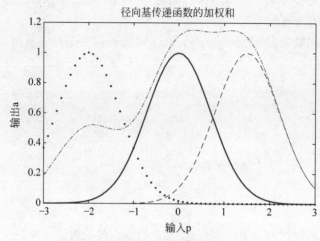

图 8-19　径向基传递函数的加权和曲线

newrb 函数可快速创建一个逼近由 P 和 T 定义的函数的径向基网络。除了训练集和目标外，newrb 还使用了两个参数，分别为误差平方和目标与分布常数。

```
>> eg = 0.02;                    % 错误的目标平方和
sc = 1;                          % 传播常数
net = newrb(X, T, eg, sc);
NEWRB, neurons = 0, MSE = 0.176192
```

要了解网络性能如何，请重新绘制训练集。然后仿真网络对相同范围内的输入的响应。最后，在同一图上绘制结果。

```
>> plot(X, T, '+');
xlabel('输入');
X = -1:.01:1;
Y = net(X);
hold on;
plot(X, Y);
hold off;
legend({'目标', '输出'})
```

运行程序，效果如图 8-20 所示。

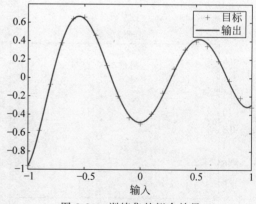

图 8-20　训练集的拟合效果

39．compet 函数

compet 函数将神经网络输入进行转换，使网络输入最大的神经元输出为 1，而其余的神经元输出为 0。函数的语法格式为：

A = compet(N,FP)：其中，N 为输入（列）向量的 S×Q 维矩阵；FP 为函数参数结构（可忽略）；函数返回值 A 为输出向量矩阵，每一列向量只有一个 1，位于输入向量最大的位置。

info = compet('code')：根据 code 值的不同返回有关函数的不同信息。

- derice：指定导数名称。
- name：指定函数名称。
- output：指定输出范围。
- active：指定动态输入范围。

【例 8-29】　利用 compet 函数实现神经网络的转换。

```
>> % 在这里定义一个净输入向量 N, 计算输出, 并绘制柱状图
>> n = [0; 1; -0.5; 0.5];
a = compet(n);
subplot(2,1,1), bar(n), ylabel('n')
subplot(2,1,2), bar(a), ylabel('a')
```

运行程序，效果如图 8-21 所示。

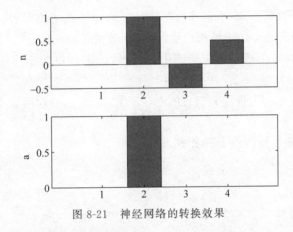

图 8-21　神经网络的转换效果

40. softmax 函数

该函数为软最大传递函数。函数的语法格式为：

```
A = softmax(N)
info = softmax(code)
```

大部分参数与 compet 函数的参数相同，与 compet 不同的是，参数 A 为函数返回向量，元素在区间[0,1]，且向量结构与 N 一致。

【例 8-30】　使用 softmax 函数将输入数据中的所有值设置为 0~1 的值，使这些值的总和在所有通道上都为 1。

```
% 将输入分类数据创建为随机变量的两个观察值, 数据可以是 10 个类别中的任意一个
>> numCategories = 10;
observations = 2;
X = rand(numCategories,observations);
dlX = dlarray(X,'CB');
% 计算 softmax 激活
dlY = softmax(dlX);
totalProb = sum(dlY,1)
```

```
dlY =
  10(C) × 2(B) dlarray
     0.0561    0.0582
     0.0672    0.0770
     0.0879    0.1261
     0.1326    0.1115
     0.1336    0.1318
     0.0596    0.0972
     0.1343    0.0523
     0.1326    0.1180
     0.0827    0.1284
     0.1133    0.0995
totalProb =
  1(C) × 2(B) dlarray
     1    1
```

41. boxdist 函数

boxdist 为 Box 距离函数,在给定神经网络某层的神经元的位置后,可利用该函数计算神经元之间的位置,该函数通常用于结构函数的 gridtop 的神经网络层。函数的原理为 $d(i,j) = \max ||pi-pj||$。其中,$d(i,j)$ 表示距离矩阵中的元素,pi 表示位置矩阵的第 i 列向量。函数的语法格式为:

d=boxdist(pos):pos 为神经元位置的 N×S 维矩阵;函数返回值 d 为神经元距离的 S×S 维矩阵。

【例 8-31】 计算随机矩阵的 Box 距离。

```
>> pos = rand(3,6);
d = boxdist(pos)
d =
        0    0.7359    0.4538    0.3925    0.8104    0.7055
   0.7359         0    0.3302    0.7355    0.4938    0.2554
   0.4538    0.3302         0    0.6358    0.4416    0.5856
   0.3925    0.7355    0.6358         0    0.8100    0.7050
   0.8104    0.4938    0.4416    0.8100         0    0.7021
   0.7055    0.2554    0.5856    0.7050    0.7021         0
```

42. linkdist 函数

在 MATLAB 中,linkdist 函数为连接距离函数,在给定神经元的位置后,该函数可用于计算神经元之间的距离。函数的语法格式为:

d = linkdist(pos)

各参数的含义与 boxdist 函数参数含义一致。

【例 8-32】 计算给定随机神经元的距离。

```
>> pos = rand(3,6);
d = linkdist (pos)
d =
     0    1    1    1    1    1
     1    0    1    1    1    1
     1    1    0    1    1    1
```

```
1    1    1    0    1    1
1    1    1    1    0    1
1    1    1    1    1    0
```

43. mandist 函数

在 MATLAB 中,mandist 函数为计算 Manhattan 距离权函数。函数的语法格式为:

Z ＝ mandist(A,B):计算 A 中每个行向量与 B 中每个列向量之间的绝对距离,A 的行向量维数必须等于 B 的列向量维数。

【例 8-33】　定义一个随机权重矩阵 W 和输入向量 P,并计算相应的权重输入 Z。

```
>> W = rand(4,3);
P = rand(3,1);
Z = mandist(W,P)
Z =
    0.7752
    0.8452
    0.7467
    0.8500
```

44. learnk 函数

learnk 函数根据 Konohen 相关准则计算网络层的权值变化矩阵,其学习通过调整神经元的权值等于当前输入,使神经元存储输入,用于以后的识别,即 $\Delta w(i,j)＝\eta(x(j)-w(i,j))$。函数的语法格式为:

[dW,LS] ＝ learnk(W,P,Z,N,A,T,E,gW,gA,D,LP,LS):输入参数 W 为权值矩阵;P 为输入向量矩阵;Z 为权值输入向量矩阵;N 为网络输入向量矩阵;A 为输出向量矩阵;T 为目标向量矩阵;E 为误差向量矩阵;gW 为性能梯度矩阵;gA 为性能输出梯度矩阵;D 为神经元距离矩阵;LP 为学习参数,如果无则为空;LS 为学习状态,初始化为空。输出参数 dW 为权值(阈值)变化矩阵;输出参数 LS 为新的学习状态。

【例 8-34】　给定随机输入矩阵 P、输出矩阵 A、权值矩阵 W 和学习速率 LP 等参量,可以根据以下命令来计算其网络层的权变化矩阵。

```
>> p = rand(2,1);
a = rand(3,1);
w = rand(3,2);
lp.lr = 0.5;
>> % learnk 需要这些值来计算权值变化
>> dW = learnk(w,p,[],[],a,[],[],[],[],[],lp,[])
dW =
    0.0896    0.2509
    0.0170   - 0.0859
  - 0.3252    0.0579
```

45. learnis 函数

learnis 函数根据 Instar 相关准则计算网络层的权值变化矩阵,其学习用一个正比于神经网络的学习速率来调整权值,学习一个新的向量使之等于当前输入。这样任何使 Instar 层引起高输出的变化,都会导致网络根据当前的输入向量学习这种变化。最终相同的输入使网络有明显不同的输出,即 $\Delta w(i,j) = \eta y(i)(x(j) - w(i,j))$。函数的语法格式为:

```
[dW,LS] = learnis(W,P,Z,N,A,T,E,gW,gA,D,LP,LS)
```

该函数的用法和各个参数的含义与 learnk 函数一致。

【例 8-35】 给定随机输入矩阵 P、输出矩阵 A、权值矩阵 W 和学习速率 LP 等参量,根据 Instar 相关准则计算网络层的权值变化矩阵。

```
>> p = rand(2,1);
a = rand(3,1);
w = rand(3,2);
lp.lr = 0.5;
dW = learnis(w,p,[],[],a,[],[],[],[],[],lp,[])
dW =
    0.2195   - 0.1750
    0.0118   - 0.0003
    0.0860   - 0.1547
```

46. learnos 函数

learnos 函数根据 Outstar 相关准则计算网络层的权值变化矩阵,Outstar 网络层的权可以看作与网络层的输入向量一样多的长期存储器。通常,Outstar 层是线性的,允许输入权值按线性层学习输入向量。因此,存储在输入权值中的向量可通过激活该输入而得到,即 $\Delta w(i,j) = \eta(y(i) - w(i,j))/x(j)$。函数的语法格式为:

```
[dW,LS] = learnos(W,P,Z,N,A,T,E,gW,gA,D,LP,LS)
```

该函数的用法和各个参数的含义与 learnk 函数一致。

【例 8-36】 给定随机输入矩阵 P、输出矩阵 A、权值矩阵 W 和学习速率 LP 等参量,根据 Outstar 相关准则计算网络层的权值变化矩阵。

```
>> p = rand(2,1);
a = rand(3,1);
w = rand(3,2);
lp.lr = 0.5;
dW = learnos(w,p,[],[],a,[],[],[],[],[],lp,[])
dW =
    0.0218   - 0.1752
    0.0994     0.1324
    0.0059   - 0.1472
```

47. learnh 函数

Hebb 在 1943 年首次提出了神经元学习规则,他认为两个神经元之间的连接权值的强度与所连接的两个神经元的活化水平成正比。也就是说,如果一个神经元的输入值大,那么其输出值也大,而且输入和神经元之间的权值也相应增大。其原理可表示为 $\Delta w(i,j) = \eta \times y(i) \times x(j)$。由此可看出,第 j 个输入和第 i 个神经元之间的权值的变化量同输入 x(j) 和输出 y(i) 的乘积成正比。在 MATLAB 中,提供了 learnh 函数利用 Hebb 权值学习规则计算权值变化矩阵。函数的语法格式为:

```
[dW,LS] = learnh(W,P,Z,N,A,T,E,gW,gA,D,LP,LS)
```

该函数的用法和各个参数的含义与 learnk 函数一致。

【例 8-37】 给定随机输入矩阵 P、输出矩阵 A、权值矩阵 W 和学习速率 LP 等参量,根据 Hebb 权值学习规则计算网络层的权值变化矩阵。

```
>> p = rand(2,1);
a = rand(3,1);
lp.lr = 0.5;
dW = learnh([],p,[],[],a,[],[],[],[],[],lp,[])
dW =
     0.0451    0.2653
     0.0254    0.1497
     0.0372    0.2189
```

48. learnhd 函数

原始的 Hebb 学习规则对权值矩阵的取值未做任何限制,因而学习后权值可取任意值。为了克服这一弊病,在 Hebb 学习规则的基础上增加一个衰减项,即 $\Delta w(i,j) = \eta \times y(i) \times x(j) - dr * w(i,j)$。衰减项的加入能够增加网络学习的"记忆"功能,并且能有效地对权值加以限制,衰减系数 dr 的取值应该在[0,1]上。当 dr 取 0 时,就变成原始的 Hebb 学习规则,网络不具备"记忆"功能;当 dr 取 1 时,网络学习结束后权值取值很小,不过网络能"记忆"前几个循环中学习的内容。这种改进算法可通过衰减的 Hebb 权值学习规则函数 learnhd 来实现。函数的语法格式为:

```
[dW,LS] = learnhd(W,P,Z,N,A,T,E,gW,gA,D,LP,LS)
```

该函数的用法和各个参数的含义与 learnk 函数一致。

【例 8-38】 给定随机输入矩阵 P、输出矩阵 A、权值矩阵 W 和学习速率 LP 等参量,根据衰减 Hebb 权值学习规则计算网络层的权值变化矩阵。

```
>> p = rand(2,1);
a = rand(3,1);
w = rand(3,2);
lp.dr = 0.05;
lp.lr = 0.5;
dW = learnhd(w,p,[],[],a,[],[],[],[],[],lp,[])
dW =
     0.0362   - 0.0360
     0.0039   - 0.0426
     0.0345   - 0.0176
```

49. learnsom 函数

learnsom 函数是根据所给出的学习参数 LP 开始学习的,其正常状态学习速率 LP. order_lr 默认值为 0.9,正常状态学习步数 LP. order_steps 默认值为 1000,调整状态学习速率 LP. tune_lr 默认值为 0.02,调整状态邻域距离 LP. tune_nd 默认值为 1。在网络处于正常状态和调整状态时,学习速率和邻域尺寸都得到更新。函数的语法格式为:

```
[dW,LS] = learnsom(W,P,Z,N,A,T,E,gW,gA,D,LP,LS)
```

该函数的用法和各个参数的含义与 learnk 函数一致。

【例 8-39】 给定随机输入矩阵 P、输出矩阵 A、权值矩阵 W 和学习速率 LP 等参量,利用自组织特征映射学习函数 learnsom 计算网络层的权值变化矩阵。

```
>> p = rand(2,1);
a = rand(6,1);
w = rand(6,2);
pos = hextop(2,3);
d = linkdist(pos);
lp.order_lr = 0.9;
lp.order_steps = 1000;
lp.tune_lr = 0.02;
lp.tune_nd = 1;
ls = [];
[dW,ls] = learnsom(w,p,[],[],a,[],[],[],[],d,lp,ls)
dW =
     0.1418     0.4618
     0.5588     0.1464
     0.4668    -0.0202
    -0.7279    -0.7772
    -0.6685     0.4615
    -0.1174     0.4023
ls =
包含以下字段的 struct:
      step: 1
    nd_max: 2
```

50. plotsom 函数

函数 plotsom 用于绘制自组织映射网络的权值图,在每个神经元的权向量(行)相应的坐标处画一点,表示相邻神经元权值的点,根据邻阵 m 用实线连接起来。即如果 $M(i,j)$ 小于等于 1,则将神经元 i 和 j 用线连接起来。函数的语法格式为:

plotsom(pos):参数 pos 为 N×S 维神经元位置矩阵。

plotsom(W,D,ND):参数 W 为 S×R 维权值矩阵;D 为 S×S 维距离矩阵;ND 为相邻距离,默认值为 1。

51. hextop 函数

在 MATLAB 中,提供了 hextop 函数用于绘制六角层结构。函数的调用格式为:

pos=hextop(dim1,dim2,…,dimN):参数 dim1,dim2,…,dimN 是维数为 N 的层的长度;返回参数 pos 为由 N 个并列向量组成的 N×S 维矩阵,其中,S=dim1×dim2×…×dimN。

52. gridtop 函数

在 MATLAB 中,提供了 gridtop 函数用于绘制网格层结构。函数的调用格式为:

pos=gridtop(dim1,dim2,…,dimN):参数 dim1,dim2,…,dimN 是维数为 N 的层的长度;返回参数 pos 为由 N 个并列向量组成的 N×S 维矩阵,其中,S=dim1×dim2×…×dimN。

53. randtop 函数

在 MATLAB 中,提供了 randtop 函数用于创建一个二维的随机层神经网络。函数的调用格式为:

pos=randtop(dim1,dim2,…,dimN):参数 dim1,dim2,…,dimN 是维数为 N 的层的长度;返回参数 pos 为由 N 个并列向量组成的 N×S 维矩阵,其中,S=dim1×dim2×…× dimN。

【例 8-40】 利用 3 个结构函数,创建一个二维的神经网络层。

```
>> clear all;
pos1 = gridtop(8,5);
subplot(221);plotsom(pos1);
title('网格层结构函数')
pos2 = hextop(8,5);
subplot(222);plotsom(pos2)
title('六角层结构函数')
pos3 = randtop(8,5);
subplot(223);plotsom(pos3)
title('随机层结构函数')
```

运行程序,效果如图 8-22 所示。

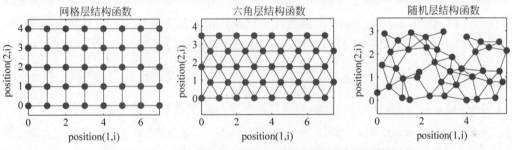

图 8-22 3 个结构函数产生的 40 个神经元的分布位置效果图

54. midpoint 函数

如果竞争层和自组织网络的初始权值选择在输入空间中间区,利用 midpoint 函数初始化权值会更加有效。函数的语法格式为:

W = midpoint(S,PR):其中 S 为神经元的数目;PR 为每组输入向量的最大值和最小值组成的 R×2 维矩阵,规定了输入区间为[Pmin,Pmax]。返回值 W 为 S×R 维的矩阵,每个元素对应设定为(Pmin+Pmax)/2。

【例 8-41】 利用函数 midpoint 初始化权值。

```
>> Xr = [0 1; -2 2];
>> w = midpoint(5,Xr)
w =
    0.5000        0
    0.5000        0
    0.5000        0
    0.5000        0
    0.5000        0
```

55. negdist 函数

在 MATLAB 中,提供了 negdist 函数对输入向量进行加权。函数的语法格式为:

Z = negdist(W,P):W 为 S×R 的权重矩阵;P 为 R×Q 的输入矩阵;Z 为返回的加权和。

dim = negdist('size',S,R,FP):获取层维度 S、输入维度 R 和函数参数,并返回权重大小。

dw = negdist('dz_dw',W,P,Z,FP):返回 Z 对 W 的导数。

【例 8-42】 定义一个随机权重矩阵 W 和输入向量 P,计算相应的权重输入 Z。

```
>> W = rand(4,3);
P = rand(3,1);
Z = negdist(W,P)
Z =
    - 0.9613
    - 0.9133
    - 0.9145
    - 0.5640
```

56. plotvec 函数

在 MATLAB 中,提供了 plotvec 函数用不同颜色画向量。函数的语法格式为:

lotvec(X,c,m):包含一个列向量矩阵 X,标记颜色的行向量 c 和一个图形标志 m。X 的每个列向量用图形标志画图。每列向量 X(:,i)的数据颜色为 c(i)。如果 m 为默认值,则用默认图形标志"+"。

【例 8-43】 训练 LVQ 网络,根据给定目标对输入向量进行分类。

```
% 令 X 为 10 个 2 元素样本输入向量,C 为这些向量所属的类。这些类可以通过 ind2vec 转换为用作
% 目标 T 的向量
x = [-3 -2 -2  0  0  0  0 +2 +2 +3;
      0 +1 -1 +2 +1 -1 -2 +1 -1  0];
c = [1 1 1 2 2 2 2 1 1 1];
t = ind2vec(c);
% 绘制这些数据点。红色 = 第 1 类,青色 = 第 2 类,LVQ 网络表示具有隐含神经元的向量聚类,
% 并将这些聚类与输出神经元组合在一起以形成期望的类
colormap(hsv);
plotvec(x,c)                 % 效果如图 8-23 所示
title('输入向量');
xlabel('x(1)');
ylabel('x(2)');
% 在以下代码中,lvqnet 创建了一个具有 4 个隐含神经元的 LVQ 层,
% 学习率为 0.1,然后针对输入 X 和目标 T 配置网络
net = lvqnet(4,0.1);
net = configure(net,x,t);
% 按如下方式绘制竞争神经元权重向量
hold on
w1 = net.IW{1};
plot(w1(1,1),w1(1,2),'ow')    % 效果如图 8-24 所示
title('输入/权重向量');
```

```
xlabel('x(1), w(1)');
ylabel('x(2), w(2)');
```

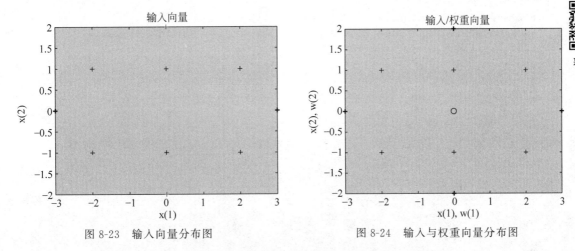

图 8-23 输入向量分布图   图 8-24 输入与权重向量分布图

彩色图片

要训练网络,首先要改写默认的训练轮数,然后训练网络。训练完成后,重新绘制输入向量"+"和竞争神经元的权重向量"o"。红色=第 1 类,青色=第 2 类。

```
net.trainParam.epochs = 150;    % 训练记录如图 8-25 所示
net = train(net,x,t);
```

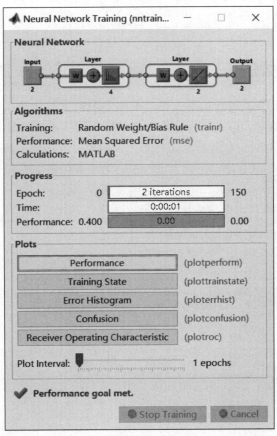

图 8-25 训练记录

```
cla;
plotvec(x,c);
hold on;
plotvec(net.IW{1}',vec2ind(net.LW{2}),'o');   % 效果如图 8-26 所示
>> % 现在使用 LVQ 网络作为分类器,其中每个神经元都对应于一个不同的类别
>> % 提交输入向量 [0.2; 1],红色 = 第 1 类,青色 = 第 2 类
x1 = [0.2; 1];
y1 = vec2ind(net(x1))
y1 =
    2
```

彩色图片

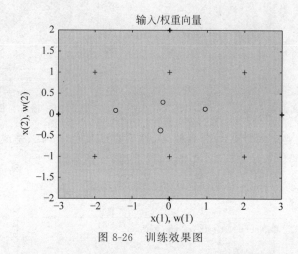

图 8-26　训练效果图

57. lvqnet 函数

在 MATLAB 中,提供了 lvqnet 函数用于创建学习向量量化神经网络。LVQ(学习向量量化)神经网络由两层组成。第一层将输入向量映射到网络在训练过程中找到的簇中;第二层将第一层集群的组合并到目标数据定义的类中。函数的语法格式为:

lvqnet(hiddenSize,lvqLR,lvqLF):hiddenSize 为设置隐藏层的大小,默认值为 10;lvqLR 为 LVQ 学习率,默认 = 0.01;lvqLF 为 LVQ 学习函数,默认 = 'learnlv1'。

【例 8-44】　训练一个学习向量量化网络。

```
% 这里训练 LVQ 网络对鸢尾花进行分类
>> [x,t] = iris_dataset;
net = lvqnet(10);
net.trainParam.epochs = 50;
net = train(net,x,t);
view(net)
y = net(x);
perf = perform(net,y,t)
classes = vec2ind(y);
```

运行程序,输出如下,得到的训练记录如图 8-27 所示。

```
perf =
    0.0489
```

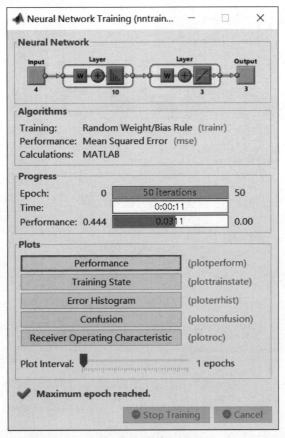

图 8-27　训练记录

58. competlayer 函数

竞争层学习根据向量之间的相似性将输入向量分类到给定数量的类中,并优先选择每个类中相同数量的向量。在 MATLAB 中,提供了 competlayer 函数用于创建一个竞争层网络。函数的语法格式为:

competlayer(numClasses,kohonenLR,conscienceLR):其中,参数 numClasses 为分类输入的类数目,默认值为 5;kohonenLR 为 Kohonen 权重的学习率,默认= 0.01;conscienceLR 为指定的偏移学习率,默认= 0.001。

【例 8-45】　创造和训练一个有竞争网络层。

```
% 通过训练竞争层,将 150 朵鸢尾花分为 6 类
>> inputs = iris_dataset;
net = competlayer(6);
net = train(net,inputs);
view(net)
outputs = net(inputs);
classes = vec2ind(outputs);
```

运行程序,得到的训练记录如图 8-28 所示。

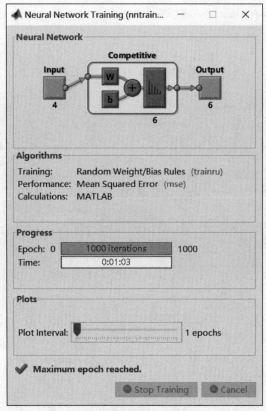

图 8-28   训练记录

59. patternnet 函数

模式识别网络是一种前馈网络,经过训练后可以根据目标类对输入进行分类。模式识别网络的目标数据应该由除元素 i 中的 1 之外的所有零值的向量组成,其中 i 是它们要表示的类。在 MATLAB 中,提供了 patternnet 函数用于创建模式识别网络。函数的语法格式为:

patternnet(hiddenSizes, trainFcn, performFcn):其中,参数 hiddenSizes 为一个或多个隐藏层大小的行向量,默认=10; trainFcn 为指定的训练函数,默认= 'trainscg'; performFcn 为性能函数,默认= 'crossentropy'.

【例 8-46】 设计一个模式识别网络来对鸢尾花进行分类。

```
>> [x,t] = iris_dataset;
net = patternnet(10);
net = train(net,x,t);
view(net)
y = net(x);
perf = perform(net,t,y);
classes = vec2ind(y);
```

运行程序,得到的训练记录如图 8-29 所示。

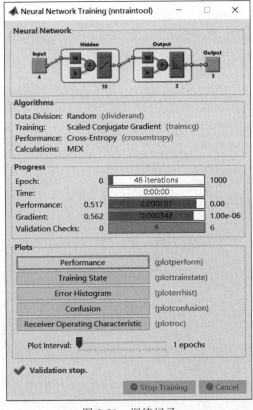

图 8-29　训练记录

60. selforgmap 函数

自组织映射学习基于相似性、拓扑结构对数据进行聚类,并优先(但不保证)为每个类分配相同数量的实例。自组织映射用于聚类数据和降低数据的维数。它们受到哺乳动物大脑中感觉和运动映射的启发,这些映射似乎也能自动地将信息按照拓扑结构组织起来。在 MATLAB 中,提供了 selforgmap 函数用于创建自组织映射学习网络。函数的语法格式为:

selforgmap (dimensions, coverSteps, initNeighbor, topologyFcn, distanceFcn):参数 dimensions 为指定维度大小的行向量,默认 = [8 8];coverSteps 为输入空间初始覆盖的训练步骤数,默认 = 100;initNeighbor 为初始邻域大小,默认 = 3;topologyFcn 为指定的层拓扑函数,默认 = 'hextop';distanceFcn 为神经元距离函数,默认 = 'linkdist'。

【例 8-47】 使用自组织映射对一组简单的数据进行聚类。

```
>> x = simplecluster_dataset;
net = selforgmap([8 8]);
net = train(net,x);
view(net)
y = net(x);
classes = vec2ind(y);
```

运行程序,得到的训练记录如图 8-30 所示。

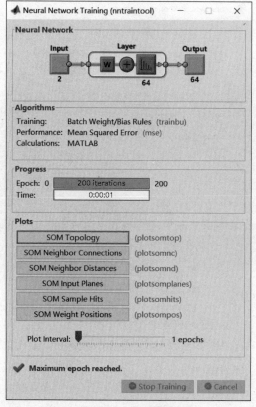

图 8-30　训练记录

61. learnlv1 函数

learnlv1 是 LVQ1 算法对应的权值学习函数。函数的语法格式为：

$[dW,LS] = learnlv1(W,P,Z,N,A,T,E,gW,gA,D,LP,LS)$：输出参数 dW 为权值（或阈值）变化矩阵；LS 为当前学习状态（可省略）。输入参数 W 为权值矩阵或者阈值向量；P 为输入向量或全为 1 的向量；Z 为输入层的权值向量（可省略）；N 为网络的输入向量（可省略）；A 为网络的输出向量；T 为目标输出向量（可省略）；E 为误差向量（可省略）；gW 为与性能相关的权值梯度矩阵（可省略）；gA 为与性能相关的输出梯度矩阵；D 为神经元的距离矩阵；LP 为学习参数，默认值为 0.01；LS 为初始学习状态。

$info = learnlv1('code')$：根据不同的 code 值返回不同的相关信息，包括如下几项。

- pnames：返回学习参数名。
- pdefaults：返回默认的学习参数。
- needg：如果函数使用了参数 gW 或 gA，则返回 1。

62. learnlv2 函数

learnlv2 是 LVQ2 算法对应的权值学习函数。函数的语法格式为：

```
[dW,LS] = learnlv2(W,P,Z,N,A,T,E,gW,gA,D,LP,LS)
info = learnlv2('code')
```

其参数意义与 learnlv1 中的参数意义相同,只是权值调整的方法不同。

【例 8-48】 LVQ 神经网络的分类——乳腺肿瘤诊断。

数据保存在 data.mat 文件中,共 569 组数据,为不失一般性,随机选取 500 组数据作为训练集,剩余 69 组数据作为测试集。输入神经元个数为 30,分别代表 30 个细胞核的形态特征。输出神经元个数为 2,分别表示良性乳腺肿瘤和恶性乳腺肿瘤。该实例以数字"1"对应良性乳腺肿瘤,数字"2"对应恶性乳腺肿瘤。

```matlab
% % LVQ 神经网络的分类——乳腺肿瘤诊断
% 导入数据
load data.mat
a = randperm(569);
Train = data(a(1:500),:);
Test = data(a(501:end),:);
% 训练数据
P_train = Train(:,3:end)';
Tc_train = Train(:,2)';
T_train = ind2vec(Tc_train);
% 测试数据
P_test = Test(:,3:end)';
Tc_test = Test(:,2)';

% % 创建网络
count_B = length(find(Tc_train == 1));
count_M = length(find(Tc_train == 2));
rate_B = count_B/500;
rate_M = count_M/500;
net = newlvq(minmax(P_train),20,[rate_B rate_M],0.01,'learnlv1');
% 设置网络参数
net.trainParam.epochs = 1000;
net.trainParam.show = 10;
net.trainParam.lr = 0.1;
net.trainParam.goal = 0.1;

% % 训练网络
net = train(net,P_train,T_train);

% % 仿真测试
T_sim = sim(net,P_test);
Tc_sim = vec2ind(T_sim);
result = [Tc_sim;Tc_test]
% % 结果显示
total_B = length(find(data(:,2) == 1));
total_M = length(find(data(:,2) == 2));
number_B = length(find(Tc_test == 1));
number_M = length(find(Tc_test == 2));
number_B_sim = length(find(Tc_sim == 1 & Tc_test == 1));
number_M_sim = length(find(Tc_sim == 2 &Tc_test == 2));
disp(['病例总数: 'num2str(569) …
      ' 良性: 'num2str(total_B) …
      ' 恶性: 'num2str(total_M)]);
disp(['训练集病例总数: 'num2str(500) …
      ' 良性: 'num2str(count_B) …
      ' 恶性: 'num2str(count_M)]);
disp(['测试集病例总数: 'num2str(69) …
```

```
       '  良性: ' num2str(number_B) …
       '  恶性: ' num2str(number_M)]);
disp(['良性乳腺肿瘤确诊: ' num2str(number_B_sim) …
       '  误诊: ' num2str(number_B – number_B_sim) …
       '  确诊率 p1 = ' num2str(number_B_sim/number_B * 100) '%']);
disp(['恶性乳腺肿瘤确诊: ' num2str(number_M_sim) …
       '  误诊: ' num2str(number_M – number_M_sim) …
       '  确诊率 p2 = ' num2str(number_M_sim/number_M * 100) '%']);
```

运行程序,输出如下,得到的训练记录如图 8-31 所示。

```
result =
列 1 至 69
      2   2   1   1   1   2   2   2   1   1   1   1   2   2   2   1
  2   2   1   2   2   2   1   2   2   1   2   1   2   2   1   1   1
  2   2   2   1   1   1   1   2   2   2   1   2   2   2   2   2   2
  1   2   2   1   1   2   2   1   1   1   1   1   1   1   1   1   2
  1   1   1   2   1   1   1   1   1   1   1   1   2   2   1   1   1
  2   1   1   2   1   1   1   1   1   2   1   1   1   1   1   1   1
  1   1   1   1   1   2   2   1   1   1   1   1   1   1   2   1   1
  2   1   2   2   1   1   2   1   1   1   2   1   1   2   1   2   2
  1   1   2
病例总数: 569   良性: 357   恶性: 212
训练集病例总数: 500   良性: 315   恶性: 185
测试集病例总数: 69   良性: 42   恶性: 27
良性乳腺肿瘤确诊: 40   误诊: 2   确诊率 p1 = 95.2381%
恶性乳腺肿瘤确诊: 24   误诊: 3   确诊率 p2 = 88.8889%
```

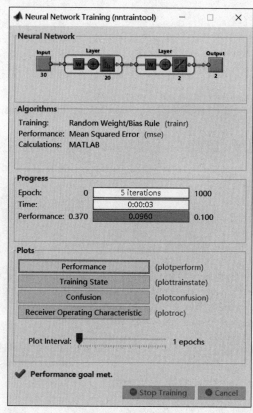

图 8-31　训练记录

1. chirp 函数

Chirp 信号是一个典型的非平稳信号,在通信、声呐、雷达等领域具有广泛的应用。在 MATLAB 中,提供了 chirp 函数用于生成 Chirp 信号。函数的语法格式为:

$y = \text{chirp}(t, f0, t1, f1, \text{'method'}, \text{phi}, \text{'shape'})$:根据指定的方法在时间 t 上产生余弦扫频信号,f0 为第一时刻的瞬时频率,f1 为 t1 时刻的瞬时频率,f0 和 f1 单位都为 Hz。如果未指定,f0 默认为 e-6(对数扫频方法)或 0(其他扫频方法),t1 为 1,f1 为 100 Hz。

method 为扫频方法,扫频方法有 linear 线性扫频、quadratic 二次扫频、logarithmic 对数扫频。

phi 允许指定一个初始相位(以°为单位),默认为 0,如果想忽略此参数,直接设置后面的参数,可以指定为 0 或[]。

shape 指定二次扫频方法的抛物线的形状,凹还是凸,值为 concave 或 convex,如果此信号被忽略,则根据 f0 和 f1 的相对大小决定是凹还是凸。

【例 9-1】 在不同的采样时间下计算频谱图与线性调频信号瞬时频率偏差。

```
>> t = 0:0.001:2;
y = chirp(t,0,1,150);
subplot(2,3,1);spectrogram(y,256,250,256,1E3,'yaxis');
xlabel('t = 0:0.001:2 采样时间');
t = -2:0.001:2;
y = chirp(t,100,1,200,'quadratic');
subplot(2,3,2);spectrogram(y,128,120,128,1E3,'yaxis');
xlabel('t = -2:0.001:2 采样时间');
t = -1:0.001:1;
fo = 100; f1 = 400;
y = chirp(t,fo,1,f1,'q',[],'convex');
subplot(2,3,3);spectrogram(y,256,200,256,1000,'yaxis')
xlabel('t = -1:0.001:1 采样时间');
t = 0:0.001:1;
fo = 100; f1 = 25;
y = chirp(t,fo,1,f1,'q',[],'concave');
subplot(2,3,4);spectrogram(y,hanning(256),128,256,1000,'yaxis');
xlabel('t = 0:0.001:1 采样时间');
t = 0:0.001:10;
```

```
fo = 10; f1 = 400;
y = chirp(t,fo,10,f1,'logarithmic');
subplot(2,3,6);spectrogram(y,256,200,256,1000,'yaxis')
xlabel('t = 0:0.001:10 采样时间');
```

运行程序,效果如图 9-1 所示。

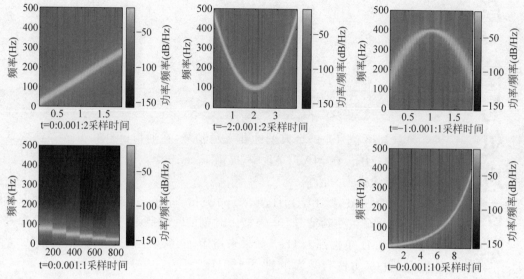

图 9-1　频谱图

2. diric 函数

在 MATLAB 中,提供了 diric 函数产生 Dirichlet 函数或周期 Sinc 函数。函数的语法格式为:

y＝diric(x,n):x 为输入变量,n 为正整数,将区间 0 到 2π 等分成 n 个小区间。

计算 Dirichlet 函数的表达式为:

$$\text{diric}(x) = \begin{cases} \sin\left(\dfrac{Nx}{2}\right), & x \neq 2\pi, k = 0, \pm 1, \pm 2, \cdots \\ (-1)^{k(N-1)}, & x = 2\pi k, k = 0, \pm 1, \pm 2, \cdots \end{cases}$$

其中,N 是用户指定的正整数。如果 N 为奇数,则 Dirichlet 函数的周期为 2π;如果 N 为偶数,则其周期为 4π。此函数的幅值是 $1/N$ 乘以包含 N 个点的矩形窗的离散傅里叶变换的赋值。

【例 9-2】 为 $N＝7$ 和 $N＝8$ 绘制 0 和 4π 之间的 Dirichlet 函数。

```
x = linspace(0,4 * pi,300);
subplot(2,1,1)
plot(x/pi,diric(x,7))
title('N = 7')
subplot(2,1,2)
plot(x/pi,diric(x,8))
title('N = 8')
xlabel('x / \pi')
```

运行程序,效果如图 9-2 所示。

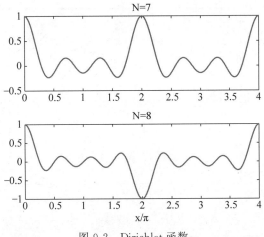

图 9-2　Dirichlet 函数

3. gauspuls 函数

gauspuls 函数使用指定时间、中心频率和小数带宽生成高斯调制正弦脉冲。可选参数返回同相脉冲和正交脉冲、RF 信号包络，以及尾部脉冲包络的截止时间。函数的语法格式为：

yi = gauspuls(t,fc,bw)：在数组 t 指定的时间内返回一个单位幅度的高斯射频脉冲，中心频率为 fc，单位为 Hz，分数带宽为 bw，但必须大于 0。fc 的默认值为 1000Hz，bw 为 0.5。

tc = gauspuls('cutoff','fc,bw,bwr,tpe)：返回截止时间 tc（大于或等于 0），在该截止时间 tc 处，尾随脉冲包络相对于峰包络振幅低于 tpe dB。尾随脉冲包络电平 tpe 必须小于 0，因为它表示小于峰值（单位）包络幅度的参考电平。tpe 的默认值为 −60dB。

yi = gauspuls(t,fc,bw,bwr)：返回单位幅度高斯 RF 脉冲，其具有 bw 的分数带宽，其在相对于归一化信号峰值的 bwr dB 水平处测量。分数带宽参考电平 bwr 必须小于 0，因为它表示参考电平小于峰值（单位）包络幅度。bwr 的默认值为 −6dB。

注意，分数带宽是根据功率比指定的。这对应于以幅度比表示的 −3dB 点。

[yi,yq] = gauspuls(…)：返回同相脉冲和正交脉冲。

[yi,yq,ye] = gauspuls(…)：返回 RF 信号包络。

【例 9-3】　绘制带宽为 60%、采样率为 10MHz 的 50kHz 高斯 RF 脉冲。当包络线低于峰值 40dB 时截断脉冲，并绘制正交脉冲和射频信号包络线。

```
tc = gauspuls('cutoff',50e3,0.6,[],−40);
t = −tc:1e−7:tc;
[yi,yq,ye] = gauspuls(t,50e3,0.6);
plot(t,yi,t,yq,t,ye)
legend('RF 脉冲','正交脉冲','包络线')
```

运行程序，效果如图 9-3 所示。

彩色图片

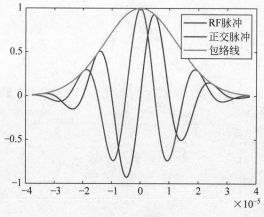

图 9-3　RF 脉冲

4. pulstran 函数

pulstran 函数基于连续的或采样的原型脉冲生成脉冲序列。函数的语法格式为：

y＝pulstran(t,d,'func')：产生一个周期序列 y，以 t 为时间轴（一般是一个一维数组），展开的周期长度由 d 来定义，pulstran 函数实质是返回一组信号的和，即 y＝func(t－d(1))＋func(t－d(2))＋…。比如，d＝[0 1]，那么 y 就应该等于 func(t)＋func(t－1)。d 可以是两列（二维数组），第一列对应偏移量，第二列对应增益量，以此类推，其中 func 可以自己定义，如高斯调制正弦信号 gauspuls、非周期的矩形信号 rectpuls、非周期的三角信号 tripuls。

y＝pulstran(t,d,'func',p1,p2…)：这里的 p1,p2…代表了 func 中的其他参数。比如，若 func 为 tripuls（后面介绍），那么这里的 p1,p2 就和 w 和 s 对等了，类似的可得其他 func。

【例 9-4】　生成由高斯脉冲的多次延迟插值之和组成的脉冲序列。

该脉冲序列定义为具有 50kHz 的采样率、10ms 的脉冲序列长度和 1kHz 的脉冲重复率；D 在第 1 列中指定每个脉冲重复的延迟，在第 2 列中指定每个重复的可选衰减。该脉冲序列是通过将 gauspuls 函数的名称以及附加参数（用于指定带宽为 50％ 的 10kHz 高斯脉冲）传递给 pulstran 来构造的。

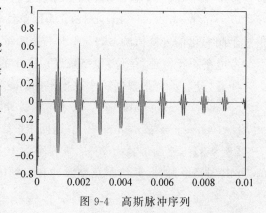

图 9-4　高斯脉冲序列

```
T = 0:1/50e3:10e-3;
D = [0:1/1e3:10e-3;0.8.^(0:10)]';
Y = pulstran(T,D,'gauspuls',10e3,0.5);
plot(T,Y)
```

运行程序，效果如图 9-4 所示。

5. rectpuls 函数

在 MATLAB 中，提供了 rectpuls 函数创建采样周期矩形脉冲。函数的语法格式为：

y＝rectpuls(t)：返回由数组 t 给定时刻的连续、非对称、单位高度的矩形波的采样。矩形波的中心为 t=0。默认时,矩形宽度为 1。注意边界值,如 rectpuls(−0.5)=1 而 rectpuls(0.5)=0。

y=rectpuls(t,w):产生一个幅值为 1,宽度为 w,相对于 t=0 点左右对称的矩形波信号,该函数的横坐标范围由向量 t 决定,是以 t=0 为中心向左右各展开 w/2 的范围,w 的默认值为 1。

【例 9-5】 产生和置换矩形脉冲。

```
% 产生 200ms 的矩形脉冲,采样率为 10kHz,宽度为 20ms
fs = 10e3;
t = −0.1:1/fs:0.1;
w = 20e−3;
x = rectpuls(t,w);
% 产生两份相同的脉冲
tpast = −45e−3;    % 一个向外转移 45ms
xpast = rectpuls(t−tpast,w);
% 一个向内转移 60ms,宽度只有现在的一半
tfutr = 60e−3;
xfutr = rectpuls(t−tfutr,w/2);
% 在同一轴上绘制原始脉冲和两个副本脉冲
plot(t,x,t,xpast,t,xfutr)
ylim([−0.2 1.2])
```

运行程序,效果如图 9-5 所示。

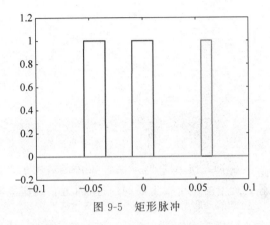

图 9-5 矩形脉冲

6. sawtooth 函数

在 MATLAB 中,提供了 sawtooth 函数产生锯齿波和三角波。函数的语法格式为:

x = sawtooth(t):相对时间数组 t 中的元素生成周期为 2π、峰值为 ±1 的锯齿波。锯齿波在 2π 整数倍的位置定义为 −1,随时间变化按照 $1/\pi$ 的斜率增加到 1。

x = sawtooth(t,xmax):根据 xmax 值的不同产生不同形状的三角波,参数 xmax 是 0 与 1 之间的标量,指定在一个周期之间的最大值的位置,xmax 是该位置的横坐标和周期的比值。因而,当 xmax=0.5 时产生标准的对称三角波,当 xmax=1 时产生锯齿波。

【例 9-6】 采样速率为 1kHz,以 50Hz 的基频产生 10 个周期的锯齿波。

```
T = 10 * (1/50);
fs = 1000;
t = 0:1/fs:T−1/fs;
x = sawtooth(2 * pi * 50 * t);
subplot(2,1,1);plot(t,x)
title('锯齿波')
grid on
% 画出波的功率谱
subplot(2,1,2);pspectrum(x,fs,'Leakage',0.91)
title('功率谱')
```

运行程序,效果如图 9-6 所示。

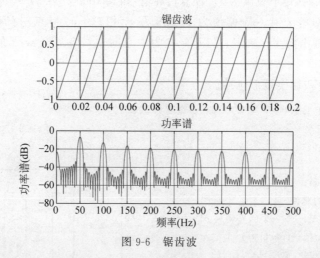

图 9-6 锯齿波

7. sinc 函数

在 MATLAB 中,提供了 sinc 函数用于产生周期为 2π 的 Sinc 信号。Sinc 信号是数字信号处理中的一个很重要的信号,因为它的傅里叶变换正好是幅值为 1 的矩形脉冲,其数学表达式为:

$$\mathrm{Sinc}(t) = \begin{cases} 1, & t = 0 \\ \dfrac{\sin(\pi t)}{\pi t}, & t \neq 0 \end{cases}$$

该函数的宽度为 2π、幅值为 1 的矩形脉冲的连续傅里叶反变换为:

$$\mathrm{Sinc}(t) = \frac{1}{2\pi} \int_{-\pi}^{\pi} \mathrm{e}^{\mathrm{j}wt} \, \mathrm{d}w$$

sinc 函数的语法格式为:

y=sinc(x):x 为输入向量,y 为输出向量,二者具有相同的长度。

【例 9-7】 绘制理想的带宽受限的插值。

```
% 假设要进行插值的信号 x 在给定的时间间隔之外为 0,并且以奈奎斯特频率进行采样
rng default   % 重置随机数发生器以实现重现性
t = 1:10;
x = randn(size(t))';
ts = linspace(-5,15,600);
[Ts,T] = ndgrid(ts,t);
y = sinc(Ts - T) * x;
plot(t,x,'o',ts,y)
xlabel('时间'), ylabel('信号')
legend('采样','内插','位置','西南向')
legend boxoff
```

运行程序,效果如图 9-7 所示。

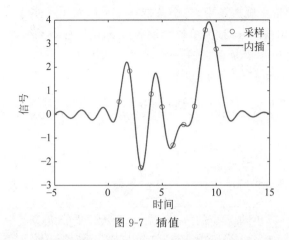

图 9-7 插值

8. square 函数

在 MATLAB 中,提供了 square 函数用于产生方波。函数的语法格式为:

x = square(t):根据时间数组 t 中的元素生成周期为 2、峰值为±1 的方波。

x = square(t,duty):duty 为"占空比",即信号为正的区域在一个周期内所占的百分比。

【例 9-8】 产生方波。

```
t = linspace( - pi,2 * pi,121);
x = 1.15 * square(2 * t);
plot(t/pi,x,'. - ',t/pi,1.15 * sin(2 * t))
xlabel('t / \pi')
grid on
```

运行程序,效果如图 9-8 所示。

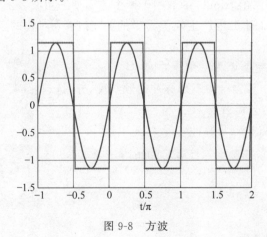

图 9-8 方波

9. strips 函数

在 MATLAB 中,提供了 strips 函数用于产生条形图。函数的语法格式为:

strips(x):将向量 x 绘制成长度为 250 的水平条带。如果 x 是一个矩阵,用条带(x)绘制 x 的每一列。最左边的一列(第 1 列)是顶部的水平条带。

strips(x,n)：将向量 x 画成条带,每个条带有 n 个样本。

strips(x,sd,fs)：以持续 sd 秒为单位绘制向量 x,给定样本的采样频率为 fs。

strips(x,sd,fs,scale)：测量垂直轴。

【例 9-9】 绘制调频正弦信号的条形图。

```
>>在 0.25s 的波段上画出一个调频正弦信号的 2s,并指定采样率为 1kHz
>> fs = 1000;
t = 0:1/fs:2;
x = vco(sin(2 * pi * t),[10 490],fs);
strips(x,0.25,fs)
```

运行程序,效果如图 9-9 所示。

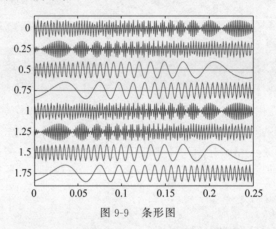

图 9-9 条形图

10. tripuls 函数

在 MATLAB 中,提供了 tripuls 函数用于产生非周期三角波。函数的语法格式为:

y＝tripuls(T)：在时间 T 内产生幅值为 1 的关于 T＝0 对称的三角脉冲信号,默认的脉冲宽度为 1。

y＝tripuls(T,w)：参数 w 为三角脉冲的宽度。

y＝tripuls(T,w,s)：参数 s 为三角脉冲的倾斜度,并且 $-1 \leqslant s \leqslant 1$。当 s＝0 时,为对称的三角脉冲;当 s＝±1 时,为锯齿波。

【例 9-10】 生成和置换三角脉冲。

```
% 产生 200ms 的对称三角形脉冲,采样率为 10kHz,宽度为 40ms
fs = 10e3;
t = -0.1:1/fs:0.1;
w = 40e-3;
x = tripuls(t,w);
% 产生相同脉冲的两种变化
tpast = -45e-3;
spast = -0.45;
xpast = tripuls(t-tpast,w,spast);
tfutr = 60e-3;
sfutr = 1;
xfutr = tripuls(t-tfutr,w/2,sfutr);
% 在同一轴上绘制原始脉冲和两个副本脉冲
```

```
plot(t,x,t,xpast,t,xfutr)
ylim([-0.2 1.2])
```

运行程序,效果如图 9-10 所示。

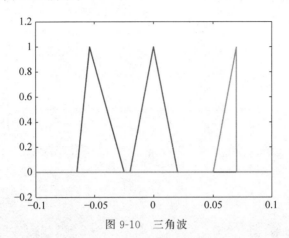

图 9-10　三角波

11. angle 函数

在 MATLAB 中,提供了 angle 函数用于绘制相位角。函数的语法格式为:

theta = angle(z):为复数数组 z 的每个元素返回区间 $[-\pi,\pi]$ 中的相位角。theta 中的角度表示为 z = abs(z).*exp(i*theta)。

【例 9-11】　创建一个由频率为 15Hz 和 40Hz 的两个正弦波组成的信号。第一个正弦波的相位为 $-\pi/4$,第二个正弦波的相位为 $\pi/2$。以 100Hz 的频率对信号进行 1s 的采样。

```
fs = 100;
t = 0:1/fs:1-1/fs;
x = cos(2*pi*15*t-pi/4)-sin(2*pi*40*t);
% 计算信号的傅里叶变换,将变换幅值绘制为频率函数
y = fft(x);
z = fftshift(y);
ly = length(y);
f = (-ly/2:ly/2-1)/ly*fs;
subplot(2,1,1);stem(f,abs(z))
xlabel '频率 (Hz)'
ylabel '|y|'
grid
% 计算变换的相位,删除小幅值变换值,将相位绘制为频率函数
tol = 1e-6;
z(abs(z) < tol) = 0;
theta = angle(z);
subplot(2,1,2);stem(f,theta/pi)
xlabel '频率 (Hz)'
ylabel '幅值/ \pi'
grid
```

运行程序,效果如图 9-11 所示。

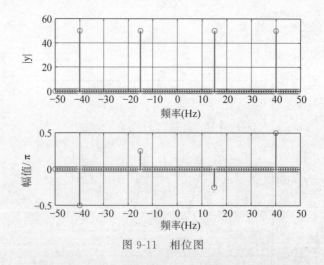

图 9-11 相位图

12. bandpass 函数

在 MATLAB 中,提供了 bandpass 函数绘制带通滤波器的信号。函数的语法格式为:

y = bandpass(x,wpass):使用带通滤波器对输入信号 x 进行滤波,其通频带范围由双元向量 wpass 指定,并以 rad/sample 的归一化单位表示。带通使用一个最小阶滤波器,阻带衰减为 60dB,并补偿由滤波器引入的延迟。如果 x 是一个矩阵,则这个函数独立地过滤每一列。

y = bandpass(x,fpass,fs):指定以 fs 赫兹的速率采样 x,绘制带通滤波器的信号。双元向量 fpass 为指定滤波器的通带频率范围,单位为赫兹。

y = bandpass(xt,fpass):参数 xt 为带通滤波器在指定的双元素向量 fpass 的时间表。该函数独立过滤时间表中的所有变量和每个变量内的所有列。

y = bandpass(____,Name,Value):使用名称-值对参数指定其他选项,如可以改变阻带衰减、过渡带陡峭度以及滤波器的脉冲响应类型等。

[y,d] = bandpass(____):返回用于过滤输入的数字滤波对象 d。

bandpass(____):如果没有输出参数,则绘制输入信号并覆盖滤波后的信号。

【例 9-12】 实现一个基本的数字音乐合成器,并使用它来播放传统歌曲。指定采样率为 2kHz,绘制歌曲的谱图。

```
fs = 2e3;
t = 0:1/fs:0.3 - 1/fs;
l = [0 130.81 146.83 164.81 174.61 196.00 220 246.94];
m = [0 261.63 293.66 329.63 349.23 392.00 440 493.88];
h = [0 523.25 587.33 659.25 698.46 783.99 880 987.77];
note = @(f,g) [1 1 1] * sin(2 * pi * [l(g) m(g) h(f)]'. * t);
mel = [3 2 1 2 3 3 3 0 2 2 2 0 3 5 5 0 3 2 1 2 3 3 3 3 2 2 3 2 1] + 1;
acc = [3 0 5 0 3 0 3 3 2 0 2 2 3 0 5 5 3 0 5 0 3 3 3 0 2 2 3 0 1] + 1;
song = [];
for kj = 1:length(mel)
    song = [song note(mel(kj),acc(kj)) zeros(1,0.01 * fs)];
end
song = song/(max(abs(song)) + 0.1);
% 听,输入声音(歌曲,fs)
```

```
pspectrum(song,fs,'spectrogram','TimeResolution',0.31, …
    'OverlapPercent',0,'MinThreshold',-60)
pong = bandpass(song,[230 450],fs);
% 听到,输入声音(pong,fs)
bandpass(song,[230 450],fs)
```

运行程序,效果如图 9-12 及图 9-13 所示。

彩色图片

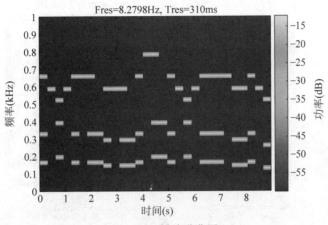

图 9-12　播放歌曲图

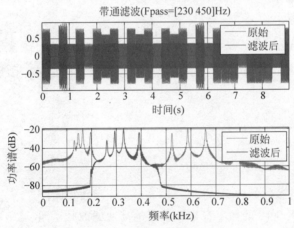

图 9-13　带通滤波器频谱图

13. bandstop 函数

在 MATLAB 中,提供了 bandstop 函数用于绘制带阻滤波器的信号。函数的语法格式为:

```
y = bandstop(x,wpass)
y = bandstop(x,fpass,fs)
y = bandstop(xt,fpass)
y = bandstop(____,Name,Value)
[y,d] = bandstop(____)
bandstop(____)
```

bandstop 函数的各参数的含义与用法与 bandpass 函数相同。

【例 9-13】 绘制例 9-12 的数字音乐合成器的带阻滤波频谱图。

```
bong = bandstop(song,[230 450],fs);
% 听到,输入声音(pong,fs)
bandstop(song,[230 450],fs)
```

运行程序,效果如图 9-14 所示。

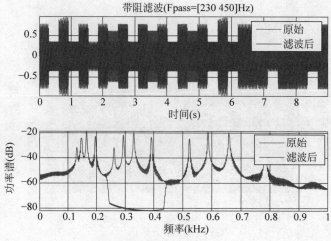

图 9-14　带阻滤波器频谱图

14. highpass 函数

在 MATLAB 中,提供了 highpass 函数绘制高通滤波器的信号。函数的语法格式为:

```
y = highpass(x,wpass)
y = highpass(x,fpass,fs)
y = highpass(xt,fpass)
y = highpass(____,Name,Value)
[y,d] = highpass(____)
highpass(____)
```

highpass 函数的各参数的含义与用法与 bandpass 函数相同。

【例 9-14】 绘制例 9-12 的数字音乐合成器的高通滤波频谱图。

```
>> hong = highpass(song,450,fs);
% 听,输入声音(歌曲,fs)
highpass(song,450,fs)
```

运行程序,效果如图 9-15 所示。

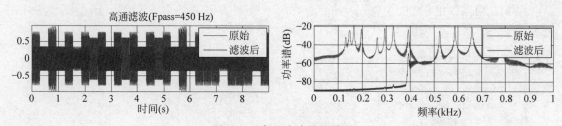

图 9-15　高通滤波器频谱图

15．lowpass 函数

在 MATLAB 中,提供了 lowpass 函数用于绘制低通滤波器的信号。函数的语法格式为:

```
y = lowpass(x,wpass)
y = lowpass(x,fpass,fs)
y = lowpass(xt,fpass)
y = lowpass(____,Name,Value)
[y,d] = lowpass(____)
lowpass(____)
```

lowpass 函数的各参数的含义与用法与 bandpass 函数相同。

【**例 9-15**】 绘制例 9-12 的数字音乐合成器的低通滤波频谱图。

```
long = lowpass(song,450,fs);
% 听到,输入声音(pong,fs)
lowpass(song,450,fs)
```

运行程序,效果如图 9-16 所示。

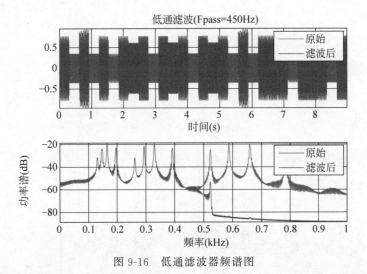

图 9-16 低通滤波器频谱图

16．filter 函数

在 MATLAB 中,提供了 filter 函数实现递归(IIR)或非递归(FIR)滤波器的数据滤波。函数的语法格式为:

y = filter(b,a,x):使用由分子系数 b 和分母系数 a 定义的有理传递函数对输入数据 x 进行滤波。

- 如果 a(1) 不等于 1,则 filter 按 a(1) 对滤波器系数进行归一化。因此,a(1) 必须是非零值。
- 如果 x 为向量,则 filter 将滤波后数据以大小与 x 相同的向量形式返回。
- 如果 x 为矩阵,则 filter 沿着第一维度操作并返回每列的滤波后的数据。
- 如果 x 为多维数组,则 filter 沿大小不等于 1 的第一个数组维度进行计算。

y = filter(b,a,x,zi):将初始条件 zi 用于滤波器延迟。zi 的长度必须等于 max(length

(a),length(b))-1。

$y = filter(b,a,x,zi,dim)$：沿维度 dim 进行计算。例如,如果 x 为矩阵,则 filter(b,a,x,zi,2) 返回每行滤波后的数据。

$[y,zf] = filter(\_\_\_)$：返回滤波器延迟的最终条件 zf。

【例 9-16】 移动平均滤波器是用于对含噪数据进行平滑处理的。此实例使用 filter 函数计算沿数据向量的平均值。

```
%创建一个由正弦曲线数据组成的1×100行向量,其中的正弦曲线被随机干扰所损坏
t = linspace( - pi,pi,100);
rng default    %初始化随机数发生器
x = sin(t) + 0.25 * rand(size(t));
%窗口大小为5时,计算有理传递函数的分子和分母系数
```

移动平均值滤波器沿数据移动长度为 windowSize 的窗口,并计算每个窗口中包含的数据平均值。以下差分方程定义向量 x 的移动平均值滤波器：

$$y(n) = \frac{1}{windowSize}x(n) + x(n-1) + \cdots + x(n-(windowSize-1))$$

```
windowSize = 5;
b = (1/windowSize) * ones(1,windowSize);
a = 1;
%求数据的移动平均值,并绘制其对原始数据的图
y = filter(b,a,x);
plot(t,x)
hold on
plot(t,y)
legend('输入数据', '滤波数据')
```

运行程序,效果如图 9-17 所示。

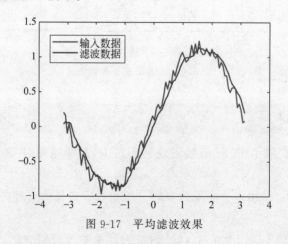

图 9-17　平均滤波效果

filter2 函数用于实现二维数字滤波器,该函数在第 7 章已介绍,在此不再介绍。

17. filtfilt 函数

在 MATLAB 中,提供了 filtfilt 函数用于实现零相位数字滤波器。函数的语法格式为：

$y = filtfilt(b,a,x)$：通过处理输入数据 x,在正反两个方向进行零相位数字滤波。在向

前过滤数据之后,filtfilt 将反向过滤后的序列通过过滤器运行回去。结果具有以下特点。

- 零相位失真。
- 一个滤波器传递函数等于原始滤波器传递函数大小的平方。
- 一个过滤器的顺序是 b 和 A 所指定的过滤器的两倍。

$y = filtfilt(sos, g, x)$:x 为零相位滤波输入数据,使用由矩阵 sos 和刻度值 g 表示的二阶分段滤波器。

$y = filtfilt(d, x)$:使用数字滤波器 d 对输入数据 x 进行零相位滤波。根据频率响应规范,使用 designfilt 生成 d。

【例 9-17】 交流电以 60Hz 的频率振荡通常会破坏测量结果,必须将其过滤掉,本实例使用 filtfilt 将 60Hz 的交流电过滤掉。

在存在 60Hz 电力线噪声的情况下,研究模拟仪器的输入的开环电压,电压采样频率为 1kHz。

```
load openloop60hertz, openLoop = openLoopVoltage;
Fs = 1000;
t = (0:length(openLoop) - 1)/Fs;
figure;plot(t,openLoop);                    % 效果如图 9-18 所示
ylabel('电压 (V)')
xlabel('时间 (s)')
title('带 60Hz 噪声的开环电压')
grid
% 用 Butterworth 陷波滤波器消除 60Hz 噪声,使用 designfilt 进行设计,陷波的宽度
% 定义为 59~61Hz 的频率区间,滤波器至少去除该范围内频率分量的一半功率
d = designfilt('bandstopiir','FilterOrder',2, …
               'HalfPowerFrequency1',59,'HalfPowerFrequency2',61, …
               'DesignMethod','butter','SampleRate',Fs);
% 绘制滤波器的频率响应,请注意,此陷波滤波器提供高达 45dB 的衰减
fvtool(d,'Fs',Fs)                           % 效果如图 9-19 所示
% 用 filtfilt 对信号进行滤波,以补偿滤波器延迟,注意振荡是如何显著减少的
buttLoop = filtfilt(d,openLoop);
figure;plot(t,openLoop,t,buttLoop);         % 效果如图 9-20 所示
ylabel('电压 (V)')
xlabel('时间 (s)')
title('开环电压')
legend('未经过滤的','已过滤的')
grid
% 使用周期图可以看到 60Hz 的"峰值"已去除
[popen,fopen] = periodogram(openLoop,[],[],Fs);
[pbutt,fbutt] = periodogram(buttLoop,[],[],Fs);
figure;plot(fopen,20 * log10(abs(popen)),fbutt,20 * log10(abs(pbutt)),'-- ');  % 效果如图 9-21 所示
ylabel('功率/频率 (dB/Hz)')
xlabel('频率(Hz)')
title('功率频谱')
legend('未经过滤的','已过滤的')
grid
```

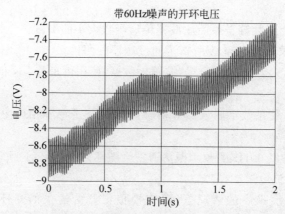

图 9-18 带噪声的开环电压效果图

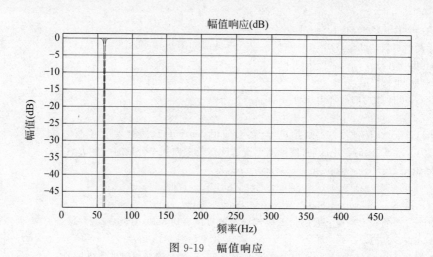

图 9-19 幅值响应

图 9-20 filtfilt 滤波处理效果

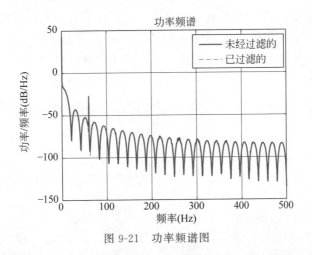

彩色图片

图 9-21 功率频谱图

18. filtic 函数

在 MATLAB 中,提供了 filtic 函数为滤波器的直接 Ⅱ 型实现选择初始条件。函数的语法格式为:

z = filtic(b,a,y,x):给定原始的输出 y 和输入 x,求转置直接形式 Ⅱ 滤波器执行延迟的初始条件 z。向量 b 和 a 分别表示滤波器的传递函数的分子和分母系数。

z = filtic(b,a,y):假设输入 x 的初始值为 0。

【例 9-18】 利用 filtic 函数求解差分方程 $y(n)-0.4y(n-1)-0.45y(n-2)=0.45x(n)+0.4x(n-1)-x(n-2)$,其中有 $y(-1)=0$、$y(-2)=1$、$x(-1)=1$、$x(-2)=2$、$x(n)=0.8\hat{}u(n)$,状态方程 $H(z)=(0.45+0.4z\hat{}-1-z\hat{}-2)/(1-0.4z\hat{}-1-0.45z\hat{}-2)$。

```
% 方程的分子与分母系数
num = [ 0.45 0.4 -1];
den = [1 -0.4 -0.45]
% 其次把初始条件写出来
x0 = [1 2];
y0 = [0 1];
N = 50;
n = [1 :N-1]';
x = 0.8.^n;
% 生成初始条件
Zi = filtic(num, den , y0 , x0);
[y , Zf] = filter(num , den ,x, Zi);
plot(n , x , 'R-', n, y, 'b--');
xlabel('n'); ylabel('(n) -- y(n)');
legend('输入 x','输出 y');
grid;
```

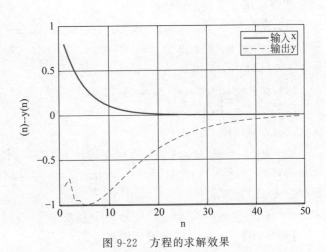

图 9-22 方程的求解效果

运行程序,效果如图 9-22 所示。

19. freqs 函数

freqs 函数返回一个模拟滤波器的 $H(jw)$ 的复频域响应(拉普拉斯格式)。函数的语法格式为:

h = freqs(b，a，w)：根据系数向量计算返回模拟滤波器的复频域响应。freqs 计算在复平面虚轴上的频率响应 h，角频率 w 确定了输入的实向量，因此必须包含至少一个频率点。

[h，w] = freqs(b，a)：自动挑选 200 个频率点来计算频率响应 h。

[h，w] = freqs(b，a，f)：挑选 f 个频率点来计算频率响应 h。

【例 9-19】 绘制传递函数 $H(s) = \dfrac{0.1s^2 + 0.3s + 1}{s^2 + 0.5s + 2}$ 的频率响应。

```
a = [1 0.5 1];
b = [0.1 0.3 1];
w = logspace(-1,1);
h = freqs(b,a,w);
mag = abs(h);
phase = angle(h);
phasedeg = phase * 180/pi;
subplot(2,1,1);loglog(w,mag)
grid on
xlabel('频率 (rad/s)')
ylabel('级数')
subplot(2,1,2);semilogx(w,phasedeg)
grid on
xlabel('频率 (rad/s)')
ylabel('幅度 (degrees)')
```

运行程序，效果如图 9-23 所示。

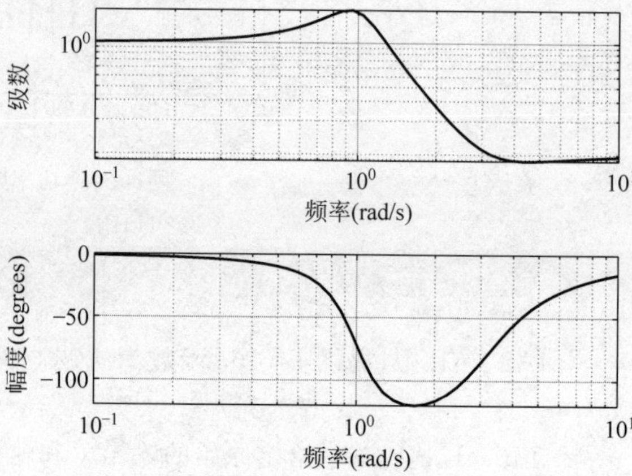

图 9-23 频率响应

20. freqspace 函数

在 MATLAB 中，提供了 freqspace 函数实现频率响应的频率空间设置。freqspace 返回等距频率响应的暗含频率范围。当为各种一维和二维应用程序创建所需频率响应时，freqspace 函数特别有用。函数的语法格式为：

[f1，f2] = freqspace(n)：为 n×n 矩阵返回二维频率向量 f1 和 f2。

• 对奇数 n，f1 和 f2 为 [-n+1:2:n-1]/n。

• 对偶数 n，f1 和 f2 为 [-n:2:n-2]/n。

[f1，f2] = freqspace([m n])：为 m×n 矩阵返回二维频率向量 f1 和 f2。

[x1，y1] = freqspace(…，'meshgrid')：等效于 [f1，f2] = freqspace(…) 和 [x1，y1] = meshgrid(f1,f2)。

f = freqspace(N)：返回一维频率向量 f 并假定围绕单位圆有 N 个等距点。对于奇数或偶数 N，f 为 (0:2/N:1)。对于偶数 N，freqspace 将返回 (N+2)/2 个点；对于奇数 N，它将返回 (N+1)/2 个点。

f = freqspace(N，'whole')：返回围绕整个单位圆的 N 个等距点。

【例 9-20】 freqspace 函数实例演示。

```
>>[f1,f2] = freqspace(4)
f1 =
   -1.0000   -0.5000        0    0.5000
f2 =
   -1.0000   -0.5000        0    0.5000
>> [f1,f2] = freqspace([3 2])
f1 =
```

```
             -1        0
   f2 =
       -0.6667           0        0.6667
>> [f1,f2] = freqspace([3,2],'meshgrid')
f1 =
       -1        0
       -1        0
       -1        0
f2 =
       -0.6667     -0.6667
              0            0
         0.6667       0.6667
```

21. freqz 函数

在 MATLAB 中,提供了 freqz 函数实现数字滤波器的频率响应(包括幅频响应和相频响应)。函数的语法格式为:

$[h,w] = freqz(b,a,n)$:返回数字点滤波器的 n 点频率响应向量 h 和相应的角频率向量 w,其中数字和分母多项式系数分别存储在 b 和 a 中。

$[h,w] = freqz(sos,n)$:返回与二阶部分矩阵 sos 相对应的 n 点复频响应。

$[h,w] = freqz(d,n)$:返回数字滤波器 d 的 n 点复频响应。注意:当知道滤波器的 N 个抽头系数之后,可以用这个形式来求滤波器的幅频和相频响应,如果不指定 n,其默认值为 512,也就是返回值 h、w 的长度都是 512 点。

$[h,w] = freqz(\_\_\_\_,n,'whole')$:返回整个单位圆周围 n 个采样点的频率响应。

$[h,f] = freqz(\_\_\_\_,n,fs)$:将数字滤波器的分子和分母多项式系数分别存储在数字滤波器的频率响应向量 h 和相应的物理频率向量 f 中,指定采样率为 fs。

$[h,f] = freqz(\_\_\_\_,n,'whole',fs)$:返回介于 0 和 fs 之间的 n 个点处的频率。

$h = freqz(\_\_\_\_,w)$:以 w 中提供的归一化频率返回频率响应向量 h。

$h = freqz(\_\_\_\_,f,fs)$:以 f 中提供的物理频率返回频率响应向量 h。

$freqz(\_\_\_\_)$:绘制滤波器的频率响应。

【例 9-21】 计算并显示由以下传递函数描述的三阶 IIR 低通滤波器的幅值响应:

$$H(z) = \frac{0.05634(1 + z^{-1})(1 - 1.0166z^{-1} + z^{-2})}{(1 - 0.683z^{-1})(1 - 1.4461z^{-1} + 0.7957z^{-2})}$$

将分子和分母表示为多项式卷积。求分布在整个单位圆上的 2001 个点上的频率响应。

```
b0 = 0.05634;
b1 = [1  1];
b2 = [1  -1.0166 1];
a1 = [1  -0.683];
a2 = [1  -1.4461 0.7957];
b = b0 * conv(b1,b2);
a = conv(a1,a2);
[h,w] = freqz(b,a,'whole',2001);
% 绘制以分贝表示的幅值响应
plot(w/pi,20 * log10(abs(h)))
ax = gca;
ax.YLim = [-100 20];
ax.XTick = 0:.5:2;
```

```
xlabel('归一化频率(\times\pi rad/sample)')
ylabel('幅值 (dB)')
```

运行程序,效果如图 9-24 所示。

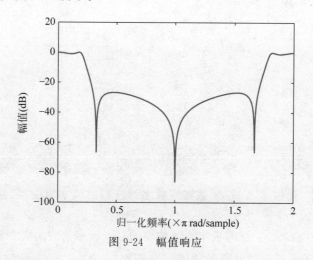

图 9-24 幅值响应

22. grpdelay 函数

在 MATLAB 中,提供了 grpdelay 函数实现平均滤波器时延(组时延)。函数的语法格式为:

[gd,w] = grpdelay(b,a,n):返回传递函数系数存储在 b 和 a 中的数字滤波器的 n 点群延迟响应向量 gd 和对应的角频率向量 w。

[gd,w] = grpdelay(sos,n):返回与二阶截面矩阵 sos 对应的 n 点群延迟响应。

[gd,w] = grpdelay(d,n):返回数字滤波器 d 的 n 点群延迟响应。

[gd,w] = grpdelay(____,'whole'):返回整个单位圆上 n 个采样点处的群延迟。

[gd,f] = grpdelay(____,n,fs):返回数字滤波器的组延迟响应向量 gd 和相应的物理频率向量 f,该数字滤波器设计用于滤波以速率 fs 采样的信号。

[gd,f] = grpdelay(____,n,'whole',fs):返回 0 到 fs 之间的 n 个点的频率向量。

gd = grpdelay(____,win):返回按 win 中提供的归一化频率计算的组延迟响应向量 gd。

gd = grpdelay(____,fin,fs):返回按 fin 中提供的物理频率计算的组延迟响应向量 gd。

grpdelay(____):如果没有输出参数,则绘制滤波器的组延迟响应。

【例 9-22】 使用 grpdelay 显示组延迟,设计了一个 6 阶巴特沃斯滤波器,归一化频率为 3dB,频率为 0.2rad/sample。

```
[z,p,k] = butter(6,0.2);
sos = zp2sos(z,p,k);
grpdelay(sos,128)                    % 效果如图 9-25 所示
% 在同一图上绘制系统的群延迟和相位延迟
gd = grpdelay(sos,512);              % 效果如图 9-26 所示
[h,w] = freqz(sos,512);
pd = - unwrap(angle(h))./w;
plot(w/pi,gd,w/pi,pd)
grid
```

xlabel '归一化频率 (\times\pi rad/sample)'
ylabel '群延迟'
legend('群延迟','相位延迟')

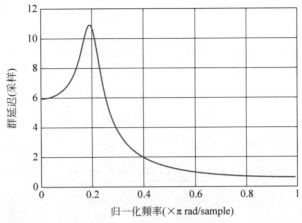

图 9-25　6 阶巴特斯思滤波器

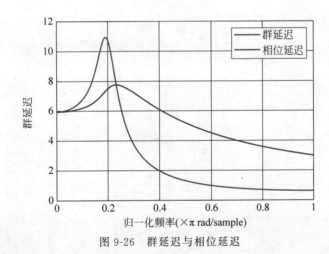

图 9-26　群延迟与相位延迟

23. impz 函数

在 MATLAB 中,提供了 impz 函数用于绘制数字滤波器的脉冲响应。函数的语法格式为:

$[h,t]$ = impz(b,a):返回数字滤波器的脉冲响应,分子系数为 b,分母系数为 a。该函数选择样本数,返回 h 内的响应系数,t 内的样本次数。

$[h,t]$ = impz(sos):返回二阶截面矩阵 sos 所指定的滤波器的脉冲响应。

$[h,t]$ = impz(d):返回数字滤波器的脉冲响应 d。使用 designfilt 生成基于频率响应规范的 d。

$[h,t]$ = impz(____,n):指定要计算的脉冲响应样本 n。

$[h,t]$ = impz(____,n,fs):返回以 1/fs 单位间隔的连续样本的向量 t。

impz(____):如果没有输出参数,则绘制滤波器的脉冲响应。

【例 9-23】 设计一个频带归一化频率为 0.4 rad/采样的 4 阶低通椭圆滤波器。指定通带纹波为 0.5dB,阻带衰减为 20dB,绘制脉冲响应的前 50 个样本。

```
[b,a] = ellip(4,0.5,20,0.4);
impz(b,a,50)    % 效果如图 9-27 所示
title '脉冲响应'
ylabel '振幅';xlabel 'n(样本)'
% 使用 designfilt 设计相同的过滤器,绘制其脉冲响应的前 50 个样本
d = designfilt('lowpassiir','DesignMethod','ellip','FilterOrder',4, …
               'PassbandFrequency',0.4, …
               'PassbandRipple',0.5,'StopbandAttenuation',20);
impz(d,50)    % 效果如图 9-28 所示
title '脉冲响应'
ylabel '振幅';xlabel 'n(样本)'
```

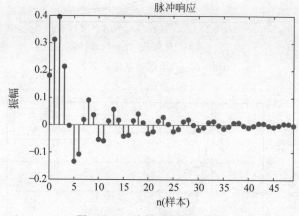

图 9-27　4 阶低通椭圆滤波器

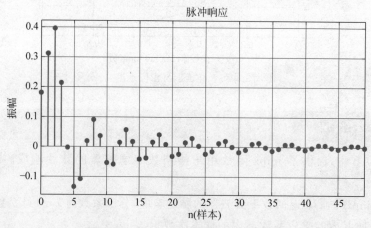

图 9-28　designfilt 4 阶低通椭圆滤波器

24. latcfilt 函数

在 MATLAB 中,提供了 latcfilt 函数实现格型梯形滤波器。函数的语法格式为:

$[f,g]$ = latcfilt(k,x):用向量 k 中的 FIR 格系数对 x 进行滤波。前向格滤波结果为 f,后向格滤波结果为 g。如果 $|k| \leqslant 1$,则 g、f 分别对应最小相位输出和最大相位输出。

如果 k 和 x 是向量,则结果是一个(信号)向量。矩阵参数在以下规则下允许。

- 如果 x 是一个矩阵,则 k 是一个向量,x 的每一列都通过 k 指定的格过滤器进行处理。
- 如果 x 是一个向量,则 k 是一个矩阵,用 k 的每一列对 x 进行滤波,返回一个信号矩阵。
- 如果 x 和 k 都是列数相同的矩阵,则用 k 的第 i 列对 x 的第 i 列进行滤波,返回一个信号矩阵。

[f,g] = latcfilt(k,v,x):指定滤波器 x 的 IIR 格系数 k 和阶梯系数 v,k 和 v 都必须是向量,而 x 可以是一个信号矩阵。

【例 9-24】 创建一个格型梯形滤波器。

```
%生成一个带有 512 个高斯白噪声样本的信号
x = randn(512,1);
%用 FIR 栅格滤波器过滤数据.指定反射系数,使格点滤波器相当于一个
%三阶移动平均滤波器
[f,g] = latcfilt([1/2 1],x);
%在单独的图中绘制格滤波器的最大和最小相位输出
subplot(2,1,1);plot(f)
title('最大相位输出')
subplot(2,1,2);plot(g)
title('最小相位输出')
```

运行程序,效果如图 9-29 所示。

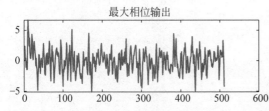
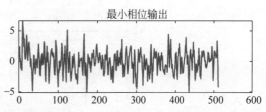

图 9-29　最大和最小相位输出效果

25. unwrap 函数

在 MATLAB 中,提供了 unwrap 函数实现平移相位角。函数的语法格式为:

Q = unwrap(P):展开向量 P 中的弧度相位角。每当连续相位角之间的跳跃大于或等于 π 弧度时,unwrap 就会通过增加 ±2π 的整数倍来平移相位角,直到跳跃小于 π。如果 P 是矩阵,unwrap 将按列运算。如果 P 是多维数组,unwrap 将对大于 1 的第一个维度进行运算。

Q = unwrap(P,tol):将 P 元素之间的跳跃与跳跃阈值 tol 进行比较,而不是与默认值 π 弧度进行比较。如果指定的跳跃阈值小于 π,unwrap 将使用默认的跳跃阈值 π。

Q = unwrap(P,[],dim):沿其运算的维度,指定为正整数标量。如果未指定值,则默认值是大小不等于 1 的第一个数组维度。

- unwrap(P,[],1):沿 P 的各列进行运算,并返回每列平移后的相位角。
- unwrap(P,[],2):沿 P 的各行进行运算,并返回每行平移后的相位角。

如果 dim 大于 ndims(P),则 unwrap(P,[],dim)返回 P。

Q = unwrap(P,tol,dim):使用跳跃阈值 tol 沿维度 dim 展开。

【例 9-25】 使用不同阈值平移相位角。

相位曲线有两次跳跃。第一次跳跃发生在 W = 3 和 W = 3.4 之间,跳跃幅度为 3.4250 弧度;第二次跳跃发生在 W = 5 和 W = 5.4 之间,跳跃幅度为 6.3420 弧度,绘制相位曲线。

```
clear; close all;
W = [0:0.4:3, 3.4:0.4:5, 5.4:0.4:7];
P = [−1.5723 −1.5747 −1.5790 −1.5852 −1.5922 −1.6044 −1.6269 −1.6998  1.7252  1.5989
  1.5916  1.5708  1.5582 −4.7838 −4.8143 −4.8456 −4.8764 −4.9002]';
subplot(2,2,1);plot(W,P,'bo-');
% 使用 unwrap 按默认跳跃阈值 π 弧度来平移相位角,绘制平移后的相位曲线
% 两次跳跃都发生了平移,因为它们大于跳跃阈值 π 弧度
subplot(2,2,2);plot(W,unwrap(P),'ro-')
% 现在使用 5 弧度的跳跃阈值平移相位角,绘制平移后的相位曲线
% 第一次跳跃不会平移,因为它小于跳跃阈值 5 弧度
subplot(2,2,3);plot(W,unwrap(P,5),'ro-')
```

运行程序,效果如图 9-30 所示。

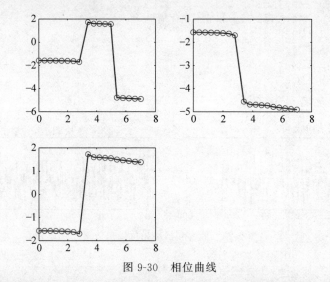

图 9-30　相位曲线

26. zplane 函数

在 MATLAB 中,提供了 zplane 函数绘制离散时间系统的零极点图。函数的语法格式为:

zplane(z,p):绘制出列向量 z 中的零点(以符号"〇"表示)和列向量 p 中的极点(以符号"×"表示),同时画出参考单位圆,并在多阶零点和极点的右上角标出其阶数。如果 z 和 p 为矩阵,则 zplane 以不同的颜色分别绘出 z 和 p 各列中的零点和极点。

zplane(b,a):绘制出系统函数 H(z) 的零极点图。其中 b 和 a 为系统函数 H(z) = b(z)/a(z) 的分子和分母多项式系数向量。

[hz,hp,ht] = zplane(____):返回句柄的向量的零点线 hz、极点线 hp。ht 是轴/单位圆线和文本对象的句柄的向量,当有多个零点或极点时,这些句柄就会出现。

zplane(d):寻找由数字滤波器表示的传递函数 d 的零和极点。根据频率响应规范,使用 designfilt 生成 d。在 FVTool 中显示零极点图。

[vz,vp,vk] = zplane(d):返回数字滤波器 d 对应的零(向量 vz)、极点(向量 vp)和增益

（标量 vk）。

【例 9-26】 对 1000Hz 采样的数据，绘制截止频率为 200Hz、通带纹波为 3dB、阻带衰减为 30dB 的四阶椭圆形低通数字滤波器的极点和零点。

```
[z,p,k] = ellip(4,3,30,200/500);
zplane(z,p)    % 效果如图 9-31 所示
grid
title('四阶椭圆形低通数字滤波器极点和零点')
% 使用 designfilt 创建相同的滤波器
d = designfilt('lowpassiir','FilterOrder',4,'PassbandFrequency',200, …
               'PassbandRipple',3,'StopbandAttenuation',30, …
               'DesignMethod','ellip','SampleRate',1000);
zplane(d)    % 效果如图 9-32 所示
```

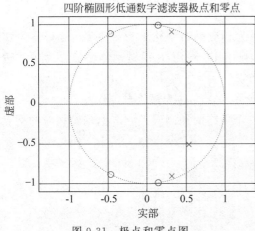

图 9-31 极点和零点图

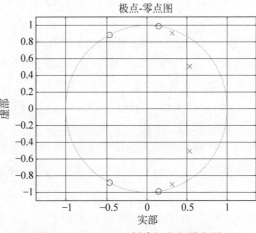

图 9-32 designfilt 创建极点和零点图

27. convmtx 函数

在 MATLAB 中，可利用 convmtx 函数创建卷积矩阵。函数的语法格式为：

A = convmtx(h,n)：返回卷积矩阵 A，使得 A 和一个 n 元向量 x 的乘积是 h 和 x 的卷积。

当信号是向量时，使用 conv 计算卷积通常比使用 convmtx 更有效。对于多通道信号，convmtx 可能更有效。

【例 9-27】 使用 conv 和 convmtx 计算两个随机向量 a 和 b 的卷积。每个信号有 1000 个样本，比较两个函数花费的时间。通过重复计算 30 次并平均，消除随机波动。

```
>> Nt = 30;
Na = 1000;
Nb = 1000;
tcnv = 0;
tmtx = 0;
for kj = 1:Nt
    a = randn(Na,1);
    b = randn(Nb,1);
    tic
    n = conv(a,b);
```

```
tcnv = tcnv + toc;
    tic
    c = convmtx(b,Na);
    d = c * a;
tmtx = tmtx + toc;
end
t1col = [tcnv tmtx]/Nt
t1col =
    0.0003    0.0221
```

由结果可看到，conv 的效率提高了两个数量级。

28. poly2rc 函数

在 MATLAB 中，提供了 poly2rc 函数用于将多项式系数转换为反射系数。函数的语法格式为：

k = poly2rc(a)：将预测滤波器多项式 a 转换为相应晶格结构的反射系数。a 可以是实数也可以是复数，a(1)不能是 0。如果 a(1)不等 1，则 poly2rc 用 a(1)对预测滤波器多项式进行归一化。k 是一个长度为 a−1 的行向量。

[k,r0] = poly2rc(a,efinal)：返回零滞后自相关 r0，efinal 为最终预测误差。

【例 9-28】 给定一个预测滤波器多项式 a 和一个最终的预测误差 efinal，确定相应的格点结构和零滞后自相关的反射系数。

```
>> a = [1.0000 0.6149 0.9899 0.0000 0.0031 −0.0082];
efinal = 0.2;
[k,r0] = poly2rc(a,efinal)
k =
    0.3090
    0.9801
    0.0031
    0.0081
   −0.0082
r0 =
    5.6032
```

29. rc2poly 函数

在 MATLAB 中，提供了 rc2poly 函数将反射系数转换为多项式系数。函数的语法格式为：

a = rc2poly(k)：将晶格结构对应的反射系数 k 转换为预测滤波器多项式 a，使 a(1) = 1。输出 a 是长度为 k + 1 的行向量。

[a,efinal] = rc2poly(k,r0)：返回基于零滞后自相关 r0 的最终预测误差 efinal。

【例 9-29】 考虑由一组反射系数给出的格点 IIR 滤波器，找到它的等价预测滤波器表示。

```
>> k = [0.3090 0.9800 0.0031 0.0082 −0.0082];
a = rc2poly(k)
a =
    1.0000    0.6148    0.9899    0.0000    0.0032    −0.0082
```

30. residuez 函数

在 MATLAB 中,提供了 residuez 函数实现 z-传递函数的部分分式展开。函数的语法格式为:

[ro,po,ko] = residuez(bi,ai):求分子多项式 b 和分母多项式 a 之比部分分式展开式的残差、极点和直接项。

[bo,ao] = residuez(ri,pi,ki):使用三个输入参数和两个输出参数,将部分分式展开转换回具有行向量 b 和 a 的系数的多项式。

【例 9-30】 计算与传递函数描述的三阶 IIR 低通滤波器对应的部分分数展开式:

$$H(z) = \frac{0.05634(1+z^{-1})(1-1.0166z^{-1}+z^{-2})}{(1-0.683z^{-1})(1-1.4461z^{-1}+0.7957z^{-2})}$$

将分子和分母表示为多项式卷积。

```
>> b0 = 0.05634;
b1 = [1  1];
b2 = [1 -1.0166 1];
a1 = [1 -0.683];
a2 = [1 -1.4461 0.7957];
b = b0 * conv(b1,b2);
a = conv(a1,a2);
% 计算部分分式展开式的残差、极点和直接项
[r,p,k] = residuez(b,a)
```

运行程序,输出如下:

```
r =
   -0.1153 - 0.0182i
   -0.1153 + 0.0182i
    0.3905 + 0.0000i
p =
    0.7230 + 0.5224i
    0.7230 - 0.5224i
    0.6830 + 0.0000i
k =
   -0.1037
```

31. sos2ss 函数

MATLAB 提供了 sos2ss 函数将数字滤波器的二阶分段表示转换为等效的状态空间表示。函数的语法格式为:

[A,B,C,D] = sos2ss(sos):将二阶分段形式表示的系统 sos 转换为单输入、单输出的状态空间表示:

$$x(n+1) = Ax(n) = Bu(n)$$
$$y(n) = Cx(n) + Du(n)$$

以下给出了二阶截面形式的离散传递函数:

$$H(z) = \prod_{k=1}^{L} H_k(z) = \prod_{k=1}^{L} \frac{b_{0k} + b_{1k}z^{-1} + b_{2k}z^{-2}}{1 + a_{1k}z^{-1} + a_{2k}z^{-2}}$$

其中,sos 是 L×6 的矩阵:

$$sos = \begin{bmatrix} b_{01} & b_{11} & b_{21} & 1 & a_{11} & a_{21} \\ b_{02} & b_{12} & b_{22} & 1 & a_{12} & a_{22} \\ \vdots & \vdots & \vdots & \vdots & \vdots & \vdots \\ b_{0L} & b_{1L} & b_{2L} & 1 & a_{1L} & a_{2L} \end{bmatrix}$$

为了正确转换到状态空间，sos 的项必须是实数。返回矩阵 A 的大小为 $2L \times 2L$，B 为 $2L \times 1$ 列向量，C 为 $1 \times 2L$ 行向量，D 为 1×1 标量。

$[A, B, C, D] = sos2ss(sos, g)$：将增益为 g 的二阶分段形式的系统 sos 转换为状态空间：

$$H(z) = g \prod_{k=1}^{L} H_k(z)$$

【例 9-31】 计算增益为 2 的简单二阶分段系统的状态空间表示。

```
>> sos = [1  1  1  1  0  -1;
         -2  3  1  1  10  1];
[A,B,C,D] = sos2ss(sos,2)
```

运行程序，输出如下：

```
A =
   -10    0    10    1
     1    0     0    0
     0    1     0    0
     0    0     1    0
B =
     1
     0
     0
     0
C =
    42    4   -32   -2
D =
    -4
```

32. sos2tf 函数

在 MATLAB 中，提供了 sos2tf 函数将数字滤波器二阶段数据转换为传递函数形式。函数的语法格式为：

$[b,a] = sos2tf(sos)$：返回一个离散时间系统的传递函数系数在二阶截面形式描述的 sos。

$[b,a] = sos2tf(sos,g)$：返回增益 g 的二阶截面形式描述的离散时间系统的传递函数系数。

【例 9-32】 实现二阶分段系统用传递函数表示。

```
% 计算一个简单的二阶分段系统的传递函数表示
>> sos = [1 1 1 1 0 -1; -2 3 1 1 10 1];
[b,a] = sos2tf(sos)
b =
    -2    1    2    4    1
a =
     1    10    0    -10    -1
```

33. sos2zp 函数

在 MATLAB 中,提供了 sos2zp 函数将数字滤波器二阶分段参数转换为零极点增益形式。函数的语法格式为:

$[z, p, k] = sos2zp(sos)$:返回二阶截面表示由 sos 给出的系统的零点、极点和增益。

$[z, p, k] = sos2zp(sos, g)$:当系统的二阶截面表示由增益 g 的 sos 给出时,返回系统的零点、极点和增益。

【例 9-33】 用二阶分段形式计算一个简单系统的零点、极点和增益。

```
>> sos = [1  1  1  1  0 -1; -2  3  1  1  10  1];
[z,p,k] = sos2zp(sos)
z =
  -0.5000 + 0.8660i
  -0.5000 - 0.8660i
   1.7808 + 0.0000i
  -0.2808 + 0.0000i
p =
  -1.0000
   1.0000
  -9.8990
  -0.1010
k =
   -2
```

34. ss2sos 函数

在 MATLAB 中,提供了 ss2sos 函数将数字滤波器状态空间参数转换为二阶分段形式。函数的语法格式为:

$[sos, g] = ss2sos(A, B, C, D)$:求增益 g 为二阶截面形式的矩阵 sos,其与输入参数 A、B、C、D 表示的状态空间系统等价。

注意:输入状态空间系统必须是单输出和真实的。

其中,sos 是一个 $L \times 6$ 的矩阵:

$$sos = \begin{bmatrix} b_{01} & b_{11} & b_{21} & 1 & a_{11} & a_{21} \\ b_{02} & b_{12} & b_{22} & 1 & a_{12} & a_{22} \\ \vdots & \vdots & \vdots & \vdots & \vdots & \vdots \\ b_{0L} & b_{1L} & b_{2L} & 1 & a_{1L} & a_{2L} \end{bmatrix}$$

$H(z)$ 的二阶分段形式包含分子系数 b_{ik} 和分母系数 a_{ik}。

$$H(z) = g \prod_{k=1}^{L} H_k(z) = g \prod_{k=1}^{L} \frac{b_{0k} + b_{1k}z^{-1} + b_{2k}z^{-2}}{1 + a_{1k}z^{-1} + a_{2k}z^{-2}}$$

$[sos, g] = ss2sos(A, B, C, D, iu)$:指定标量 iu,该 iu 确定在转换中使用状态空间系统 A、B、C、D 的哪个输入。iu 默认为 1。

$[sos, g] = ss2sos(A, B, C, D, 'order')$ 和 $[sos, g] = ss2sos(A, B, C, D, iu, 'order')$:'order'为指定的行顺序,取值如下。

• 'order'=down 时,向下排列,使第一行 sos 包含最接近单位圆的极点。

- 'order'=up 时,向上排列,使第一行 sos 包含离单位圆最远的极点(默认值)。

[sos,g] = ss2sos(A,B,C,D,iu,'order','scale'):指定所有二阶部分的增益和分子系数的期望比例,其中"比例"如下。

- 'scale'="none",不应用缩放(默认)。
- 'scale'=inf,应用无穷范数缩放。
- 'scale'='two',应用 2-norm 缩放。

sos = ss2sos(…):将系统整体增益 g 嵌入第一部分 $H_1(z)$ 中,使:

$$H(z) = \prod_{k=1}^{L} H_k(z)$$

【例 9-34】 质点-弹簧系统。

一维离散时间振荡系统由单位质点 m 通过一根单位弹性常量弹簧连接到墙壁构成,如图 9-33 所示。传感器以 $F_s = 5\,\mathrm{Hz}$ 对质量的加速度 a 采样。

生成 50 个时间样本。定义采样间隔 $\Delta t = 1/F_s$。

振荡器可以通过以下状态空间方程描述:

$$x(k+1) = Ax(k) + Bu(k)$$
$$y(k) = Cx(k) + Du(k)$$

其中,$x = (r,v)^{\mathrm{T}}$ 是状态向量,r 和 v 分别是质点的位置和速度的矩阵。

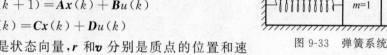

图 9-33 弹簧系统

$$A = \begin{pmatrix} \cos\Delta t & \sin\Delta t \\ -\sin\Delta t & \cos\Delta t \end{pmatrix}, \quad B = \begin{pmatrix} 1-\cos\Delta t \\ \sin\Delta t \end{pmatrix}, \quad C = (-1,0), \quad D = (1)$$

```
% 为初始量赋值
Fs = 5;
dt = 1/Fs;
N = 50;
t = dt * (0:N-1);
% 定义状态方程
A = [cos(dt) sin(dt); - sin(dt) cos(dt)];
B = [1 - cos(dt);sin(dt)];
C = [- 1 0];
D = 1;
```

系统使用正方向的单位脉冲进行刺激。使用该状态空间模型计算系统从全零的初始状态开始的时间演进。

```
u = [1 zeros(1,N-1)];
x = [0;0];
for k = 1:N
    y(k) = C * x + D * u(k);
    x = A * x + B * u(k);
end
% 以时间函数形式绘制质量的加速度
subplot(2,1,1);stem(t,y,'filled')
% 使用传递函数 H(z) 筛选输入以计算时间相关的加速度并绘制结果
sos = ss2sos(A,B,C,D);
yt = sosfilt(sos,u);
subplot(2,1,2);stem(t,yt,'filled')
```

系统的传递函数包含以下解析式:

$$H(z) = \frac{1 - z^{-1}(1 + \cos\Delta t) + z^{-2}\cos\Delta t}{1 - 2z^{-1}\cos\Delta t + z^{-2}}$$

```
%使用表达式筛选输入.绘制响应
bf = [1 - (1 + cos(dt)) cos(dt)];
af = [1 - 2 * cos(dt) 1];
yf = filter(bf,af,u);
subplot(3,1,3);stem(t,yf,'filled')
xlabel('t')
```

运行程序,效果如图 9-34 所示。

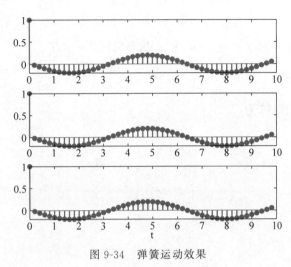

图 9-34　弹簧运动效果

由图 9-34 可以看出这三种情况下的结果都相同。

35．ss2tf 函数

在 MATLAB 中,提供了 ss2tf 函数将状态空间表示形式转换为传递函数。函数的语法格式为:

[b,a] = ss2tf(A,B,C,D):将方程组的状态空间表示形式转换为等同的传递函数。ss2tf 返回连续时间方程组的拉普拉斯变换传递函数和离散时间方程组的 Z 变换传递函数。

[b,a] = ss2tf(A,B,C,D,ni):返回当具有多个输入的方程组的第 ni 个输入受单位脉冲影响时所生成的传递函数。

【例 9-35】　实现双体振荡器。

理想的一维振荡系统由位于两面墙壁间的两个单位质点 m_1 和 m_2 组成,如图 9-35 所示。每个质点通过一根单位弹性常量数相同的弹簧连接到最近的墙壁,另外一根弹簧连接这两个质点。传感器以 $F_s = 16\text{Hz}$ 的频率对 a_1 和 a_2(质点的加速度)采样。

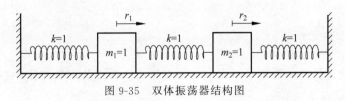

图 9-35　双体振荡器结构图

将总测量时间指定为 16s。定义采样间隔 $\Delta t = 1/F_s$。

```
clear all;
Fs = 16;
dt = 1/Fs;
N = 257;
t = dt * (0:N-1);
```

系统可以由以下状态空间模型描述：

$$x(n+1) = Ax(n) + Bu(n)$$
$$y(n) = Cx(n) + Du(n)$$

其中，$x = (r_1 \quad v_1 \quad r_2 \quad v_2)^T$ 是状态向量，r_i 和 v_i 分别是第 i 个质点的位置和速度。输入向量 $u = (u_1 \quad u_2)^T$，输出向量 $y = (a_1 \quad a_2)^T$。状态空间矩阵为：

$$A = \exp(A_c \Delta t), \quad B = A_c^{-1}(A-I)B_c, \quad C = \begin{pmatrix} -2 & 0 & 1 & 0 \\ 1 & 0 & -2 & 0 \end{pmatrix}, \quad D = I$$

连续时间状态空间矩阵为：

$$A_c = \begin{bmatrix} 0 & 1 & 0 & 0 \\ -2 & 0 & 1 & 0 \\ 0 & 0 & 0 & 1 \\ 1 & 0 & -2 & 1 \end{bmatrix}, \quad B_c = \begin{bmatrix} 0 & 0 \\ 1 & 0 \\ 0 & 0 \\ 0 & 1 \end{bmatrix}$$

I 表示大小合适的单位矩阵。

```
Ac = [0 1 0 0;-2 0 1 0;0 0 0 1;1 0 -2 0];
A = expm(Ac * dt);
Bc = [0 0;1 0;0 0;0 1];
B = Ac\(A - eye(4)) * Bc;
C = [-2 0 1 0;1 0 -2 0];
D = eye(2);
```

第一个质点 m_1 接收正向的单位脉冲。

```
ux = [1 zeros(1,N-1)];
u0 = zeros(1,N);
u = [ux;u0];
```

使用该模型计算系统从全零的初始状态开始的时间演进。

```
x = [0;0;0;0];
for k = 1:N
    y(:,k) = C * x + D * u(:,k);
    x = A * x + B * u(:,k);
end
```

以时间函数形式绘制两个质点的加速度。

```
subplot(2,2,1);stem(t,y','.')
xlabel('t')
legend('a_1','a_2')
title('质点 1 加速度')
grid
```

将系统转换为其传递函数表示形式。求得对第一个质点的正单位脉冲刺激的系统响应。

```
[b1,a1] = ss2tf(A,B,C,D,1);
y1u1 = filter(b1(1,:),a1,ux);
```

```
y1u2 = filter(b1(2,:),a1,ux);
```

绘制结果。传递函数提供与状态空间模型相同的响应。

```
subplot(2,2,2);stem(t,[y1u1;y1u2]','.')
xlabel('t')
legend('a_1','a_2')
title('质点 1 加速度')
grid
```

系统将重置其初始配置，现在，其他质点 m_2 接收正向单位脉冲，计算该系统的时间演进。

```
u = [u0;ux];
x = [0;0;0;0];
for k = 1:N
    y(:,k) = C * x + D * u(:,k);
    x = A * x + B * u(:,k);
end
```

绘制加速度，将交换各个质点的响应。

```
subplot(2,2,3);stem(t,y','.')
xlabel('t')
legend('a_1','a_2')
title('质点 2 加速度')
grid
```

求得对第二个质点的正单位脉冲刺激的系统响应。

```
[b2,a2] = ss2tf(A,B,C,D,2);
y2u1 = filter(b2(1,:),a2,ux);
y2u2 = filter(b2(2,:),a2,ux);
```

绘制结果。传递函数提供与状态空间模型相同的响应。

```
subplot(2,2,4);stem(t,[y2u1;y2u2]','.')
xlabel('t')
legend('a_1','a_2')
title('质点 2 加速度')
grid
```

运行程序，效果如图 9-36 所示。

彩色图片

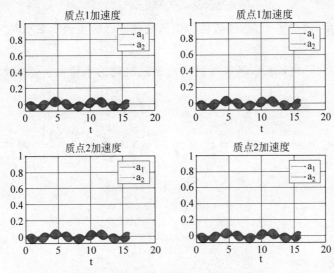

图 9-36 双体振荡器质点加速度效果图

36．ss2zp 函数

在 MATLAB 中，提供了 ss2zp 函数将状态空间转换为零极点增益。函数的语法格式为：

$[z,p,k] = ss2zp(A,B,C,D)$：将状态空间方程 $\begin{cases} \dot{x} = Ax + Bu \\ y = Cx + Du \end{cases}$ 转换为零极点增益 $H(s) =$

$\dfrac{Z(s)}{P(s)} = k\dfrac{(s-z_1)(s-z_2)\cdots(s-z_n)}{(s-p_1)(s-p_2)\cdots(s-p_n)}$，其中零极点和增益以分解形式表示传递函数。

$[z,p,k] = ss2zp(A,B,C,D,ni)$：表示系统有多个输入，且第 ni 个输入是由单位脉冲激励的。

【例 9-36】 考虑一个由传递函数定义的离散时间系统 $H(z) = \dfrac{2+3z^{-1}}{1+0.4z^{-1}+z^{-2}}$，确定它的零极点，并直接从传递函数获得。

```
% 把分子换成 0,这样它和分母的长度相同
>> b = [2 3 0];
a = [1 0.4 1];
>> % 用状态空间形式表示系统,并用 ss2zp 确定零极点和增益
>> [A,B,C,D] = tf2ss(b,a);
[z,p,k] = ss2zp(A,B,C,D,1)
z =
         0
    -1.5000
p =
    -0.2000 + 0.9798i
    -0.2000 - 0.9798i
k =
     2
```

37．tf2ss 函数

在 MATLAB 中，提供了 tf2ss 函数将传递函数滤波器转换到状态空间形式。函数的语法格式为：

$[A,B,C,D] = tf2ss(b,a)$：将连续时间或离散时间的单输入传递函数转换为等效的状态空间表示。

【例 9-37】 考虑用传递函数描述的系统 $H(s) = \dfrac{\left[\dfrac{2s+3}{s^2+2s+1}\right]}{s^2+0.4s+1}$，将其转换为状态空间形式。

```
>> b = [0 2 3; 1 2 1];
a = [1 0.4 1];
[A,B,C,D] = tf2ss(b,a)
```

运行程序，输出如下：

```
A =
  - 0.4000    - 1.0000
    1.0000         0
B =
    1
    0
C =
    2.0000     3.0000
    1.6000         0
D =
    0
    1
```

38. tf2zp 函数

在 MATLAB 中,提供了 tf2zp 函数将传递函数滤波器参数转换为零极增益形式。函数的语法格式为:

[z,p,k] = tf2zp(b,a):从传递函数参数 b 和 a 中找到零点 z 的矩阵、极点 p 的向量和相关向量的增益 k。该函数转换为多项式传递函数表示:

$$H(s) = \frac{B(s)}{A(s)} = \frac{b_1 s^{n-1} + \cdots + b_{n-1} s + b_n}{a_1 s^{m-1} + \cdots + a_{m-1} s + a_m}$$

将单输入多输出(SIMO)连续时间系统转化为一个因子传递函数形式:

$$H(s) = \frac{Z(s)}{P(s)} = k \frac{(s - z_1)(s - z_2) \cdots (s - z_m)}{(s - p_1)(s - p_2) \cdots (s - p_n)}$$

【例 9-38】 将传递函数 $H(s) = \dfrac{2s^2 + 3s}{s^2 + \dfrac{1}{\sqrt{2}} s + \dfrac{1}{4}} = \dfrac{2(s - 0)\left(s - \left(-\dfrac{3}{2}\right)\right)}{\left(s - \dfrac{-1}{2\sqrt{2}}(1 - j)\right)\left(s - \dfrac{-1}{2\sqrt{2}}(1 + j)\right)}$ 转换为

零极点增益形式。

```
>> b = [2 3];
a = [1 1/sqrt(2) 1/4];
[b,a] = eqtflength(b,a);
[z,p,k] = tf2zp(b,a)
z =
         0
  - 1.5000
p =
  - 0.3536 + 0.3536i
  - 0.3536 - 0.3536i
k =
    2
% 画出极点和零点以验证它们在预期的位置
>> fvtool(b,a,'polezero')          % 效果如图 9-37 所示
text(real(z) + .1,imag(z),'Zero')
text(real(p) + .1,imag(p),'Pole')
```

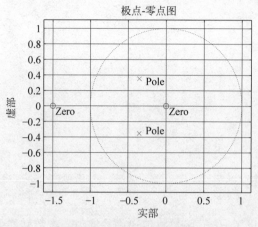

图 9-37　极点与零点图

39．zp2sos 函数

在 MATLAB 中，提供了 zp2sos 函数将零极增益滤波器参数转换为二阶分段形式。函数的语法格式为：

[sos,g] = zp2sos(z,p,k)：求增益 g 的二阶截面矩阵 sos，它等价于传递函数 $H(z)$，其 n 个零点、m 个极点和标量增益分别用 z、p、k 表示：

$$H(z) = k\frac{(z-z_1)(z-z_2)\cdots(z-z_n)}{(z-p_1)(z-p_2)\cdots(z-p_m)}$$

[sos,g] = zp2sos(z,p,k,order)：参数 order 为指定 sos 中的行顺序。

[sos,g] = zp2sos(z,p,k,order,scale)：指定所有二阶部分的增益和分子系数的缩放 scale。

[sos,g] = zp2sos(z,p,k,order,scale,zeroflag)：指定对彼此为负的实数零的处理。

sos = zp2sos(____)：将整个系统增益嵌入 sos 中。

【例 9-39】　利用 butter 函数设计一个 5 阶巴特沃斯低通滤波器，指定截止频率为奈奎斯特频率的 $\frac{1}{5}$，绘制其幅值响应。

```
>> [z,p,k] = butter(5,0.2);
sos = zp2sos(z,p,k)
sos =
    0.0013    0.0013         0    1.0000   -0.5095         0
    1.0000    2.0000    1.0000    1.0000   -1.0966    0.3554
    1.0000    2.0000    1.0000    1.0000   -1.3693    0.6926
>> fvtool(sos)    % 效果如图 9-38 所示
```

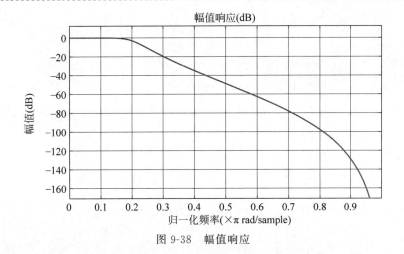

图 9-38　幅值响应

40. zp2ss 函数

在 MATLAB 中,提供了 zp2ss 函数将零极增益滤波器参数转换为状态空间形式。函数的语法格式为:

$[A,B,C,D] = zp2ss(z,p,k)$:寻找状态空间表示:

$$\dot{x} = \boldsymbol{A}x + \boldsymbol{B}u$$
$$y = \boldsymbol{C}x + \boldsymbol{D}u$$

使它等价于一个以因子传递函数形式存在的系统:

$$H(s) = \frac{Z(s)}{P(s)} = k\,\frac{(s-z_1)(s-z_2)\cdots(s-z_m)}{(s-p_1)(s-p_2)\cdots(s-p_n)}$$

其中,列向量 p 指定极点位置,矩阵 z 指定与输出的列数相同的零点位置。每个分子传递函数的增益在向量 k 中。A、B、C 和 D 矩阵以控制器规范形式返回。

【例 9-40】 已知微分方程的阻尼质量-弹簧系统的状态空间表示为:

$$\ddot{w} + 0.01\dot{w} + w = u(t)$$

可测量的量是加速度 $y = \ddot{w}$ 和动力 $u(t)$。在拉普拉斯空间中,系统表示为:

$$Y(s) = \frac{s^2 U(s)}{s^2 + 0.01s + 1}$$

该系统具有单位增益,在 $s = 0$ 处有一个双零点及两个复共轭极点。

```
>> z = [0 0];
p = roots([1 0.01 1])
p =
  -0.0050 + 1.0000i
  -0.0050 - 1.0000i
>> % 使用 zp2ss 寻找状态空间矩阵
>> [A,B,C,D] = zp2ss(z,p,k)
A =
  -0.0100   -1.0000
   1.0000        0
B =
   1
   0
C =
  -0.0000   -0.0013
```

```
D =
    0.0013
```

41. zp2tf 函数

在 MATLAB 中,提供了 zp2tf 函数将零极增益滤波器参数转换为传递函数形式。函数的语法格式为:

$[b,a] = zp2tf(z,p,k)$:一个传递函数分解为零极增益的形式为:

$$H(s) = \frac{Z(s)}{P(s)} = k\frac{(s-z_1)(s-z_2)\cdots(s-z_m)}{(s-p_1)(s-p_2)\cdots(s-p_n)}$$

一个单输入/多输出(SIMO)系统的多项式传递函数表示:

$$\frac{B(s)}{A(s)} = \frac{b_1 s^{(n-1)} + \cdots + b_{(n-1)}s + b_n}{a_1 s^{(m-1)} + \cdots + a_{(m-1)}s + a_m}$$

【例 9-41】 已知计算服从微分方程的阻尼质量-弹簧系统的传递函数为:

$$\ddot{w} + 0.01\dot{w} + w = u(t)$$

可测量的量是加速度 $y = \ddot{w}$ 和动力 $u(t)$。在拉普拉斯空间中,系统表示为:

$$Y(s) = \frac{s^2 U(s)}{s^2 + 0.01s + 1}$$

该系统具有单位增益,在 $s=0$ 处有一个双零点,以及两个复共轭极点。

```
>> k = 1;
z = [0 0]';
p = roots([1 0.01 1])
p =
  -0.0050 + 1.0000i
  -0.0050 - 1.0000i
% 使用 zp2tf 寻找传递函数
>> [b,a] = zp2tf(z,p,k)
b =
     1     0     0
a =
    1.0000    0.0100    1.0000
```

42. besself 函数

在 MATLAB 中,提供了 besself 函数设计贝塞尔模拟滤波器。函数的语法格式为:

$[b,a] = besself(n,Wo)$:返回一个 n 阶低通模拟贝塞尔滤波器的传递函数系数,其中 Wo 为滤波器的群时延的角频率(常数)。n 的值越大,产生的群延迟越接近于 Wo 的常数。besself 函数不支持数字贝塞尔滤波器的设计。

$[b,a] = besself(n,Wo,ftype)$:根据 ftype 的值和 Wo 的元素的数量,设计一个低通、高通、带通或带阻模拟贝塞尔滤波器。所得到的带通和带阻设计为 2n 阶。

$[z,p,k] = besself(\underline{\quad})$:设计一个低通、高通、带通或带阻模拟贝塞尔滤波器,并返回其零点 z、极点 p 和增益 k。

$[A,B,C,D] = besself(\underline{\quad})$:设计一个低通、高通、带通或带阻模拟贝塞尔滤波器,并返回指定其状态空间表示的矩阵。

【例 9-42】 设计一个通频带为 300~500rad/s 的 12 阶带通贝塞尔滤波器,并绘制滤波器的频率响应。

```
[b,a] = besself(6,[300 500],'bandpass');
[h,w] = freqs(b,a);
% 画出滤波器的幅值和相位响应
subplot(2,1,1)
plot(w,20 * log10(abs(h)))
ylabel('幅值')
subplot(2,1,2)
plot(w,180 * unwrap(angle(h))/pi)
ylabel('相位 (degrees)')
xlabel('频率 (rad/s)')
```

运行程序,效果如图 9-39 所示。

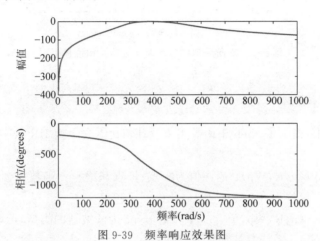

图 9-39 频率响应效果图

由图 9-39 可看出,正如预期的那样,相位响应在通带上接近线性。

43. butter 函数

在 MATLAB 中,提供了 butter 函数用于设计巴特沃斯滤波器。函数的语法格式为:

[z,p,k]=butter(n,Wn):返回值为零点、极点和增益。参数 n 为滤波器的阶数,Wn 为归一化的截止频率。

[z,p,k] = butter(n,Wn,'ftype'):返回值为零点、极点和增益。函数中参数 ftype 为滤波器的类型,可以取值为 high(高通)、low(低通)、stop(带阻)。系统默认为带通滤波器。

[b,a]=butter(n,Wn)或[b,a]=butter(n,Wn,'ftype'):返回值为系统函数的分子和分母多项式的系数。

[A,B,C,D]=butter(n,Wn)或[A,B,C,D] = butter(n,Wn,'ftype'):用来设计模拟巴特沃斯滤波器。

【例 9-43】 设计一个通带纹波为 10dB,通带边缘频率为 300Hz 的 6 阶模拟巴特沃斯滤波器,1000Hz 采样数据对应 0.6rad/样本,用它来过滤 1000 个样本的随机信号,并绘制出它的大小和相位响应。

```
>> fc = 300;
fs = 1000;
[b,a] = butter(6,fc/(fs/2));
freqz(b,a)
```

运行程序,效果如图 9-40 所示。

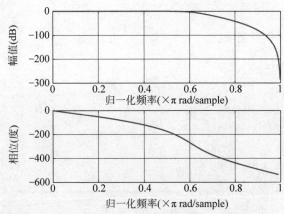

图 9-40　6 阶模拟巴特沃斯滤波器及相位频率图

44．cheby1 函数

在 MATLAB 中,提供了 cheby1 函数用来设计切比雪夫Ⅰ型 IIR 数字滤波器。函数的语法格式为:

[z,p,k]＝cheby1(n,R,Wp):返回值为零点、极点和增益。函数中参数 n 为滤波器的阶数,R 为通带的纹波,单位为 dB,Wp 为归一化的截止频率。

[z,p,k]＝cheby1(n,R,Wp,'ftype'):参数 ftype 为滤波器的类型,可取值为 high(高通)、low(低通)、stop(带阻)。系统默认为带通滤波器。

[b,a]＝cheby1(n,R,Wp):返回分子和分母多项式的系数。

[A,B,C,D]＝cheby1(n,R,Wp):返回值为状态空间表达式的系数。

[z,p,k]＝cheby1(n,R,Wp,'s'):用来设计模拟 ChebyshevⅠ型滤波器。

【例 9-44】　设计一个通带纹波为 10dB,通带边缘频率为 300Hz 的 6 阶切比雪夫Ⅰ型低通滤波器,1000Hz 采样数据对应 0.6rad/样本,用它来过滤 1000 个样本的随机信号,并绘制出它的大小和相位响应。

```
>> [b,a] = cheby1(6,10,0.6);
freqz(b,a)
```

运行程序,效果如图 9-41 所示。

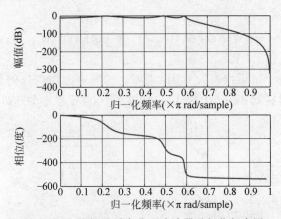

图 9-41　6 阶切比雪夫Ⅰ型滤波器及相位频率图

45．cheby2 函数

在 MATLAB 中,提供了 cheby2 函数用于设计切比雪夫 II 型 IIR 数字滤波器。函数的语法格式为:

[z,p,k]=cheby2(n,R,Wst):返回值为零点、极点和增益。函数中参数 n 为滤波器的阶数,R 为阻带衰减,单位为 dB;Wst 为归一化的截止频率。

[z,p,k]=cheby2(n,R,Wst,'ftype'):参数 ftype 为滤波器的类型,可取值为 high(高通)、low(低通)、stop(带阻)。系统默认为带通滤波器。

[b,a]=cheby2(n,R,Wst):返回分子和分母多项式的系数。

[A,B,C,D]=cheby2(n,R,Wst):返回值为状态空间表达式的系数。

[z,p,k]=cheby2(n,R,Wst,'s'):用来设计模拟 Chebyshev II 型滤波器。

【例 9-45】　设计一个通带纹波为 10dB,通带边缘频率为 300Hz 的 6 阶切比雪夫 II 型低通滤波器,1000Hz 采样数据对应 0.6rad/样本,用它来过滤 1000 个样本的随机信号,并绘制出它的大小和相位响应。

```
>> [b,a] = cheby2(6,40,0.6);
freqz(b,a)
```

运行程序,效果如图 9-42 所示。

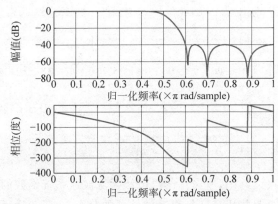

图 9-42　6 阶切比雪夫 II 型滤波器及相位频率图

46．ellip 函数

在 MATLAB 中,提供了 ellip 函数用于设计椭圆滤波器。函数的语法格式为:

[b,a] = ellip(n,Rp,Rs,Wp):返回具有归一化通带边缘频率 Wp 的 n 阶低通数字椭圆滤波器的传递函数系数。所得到的滤波器具有峰值通带波纹的 Rp 分贝和峰值通带值下的阻带衰减 Rs 分贝。

[b,a] = ellip(n,Rp,Rs,Wp,ftype):设计一个低通、高通、带通或带阻椭圆滤波器,取决于 ftype 的值和 Wp 的元素的数量。

[z,p,k] = ellip(____):设计一个低通、高通、带通或带阻数字椭圆滤波器,并返回其零极点和增益。

[A,B,C,D] = ellip(____):设计一个低通、高通、带通或带阻数字椭圆滤波器,并返回指

定其状态空间表示的矩阵。

[____] = ellip(____,'s')：设计一个低通、高通、带通或带阻模拟椭圆滤波器,其通带边缘角频率为 Wp,通带波纹为 Rp 分贝,阻带衰减为 Rs 分贝。

解释："____"表示前面的所有参数,完整调用格式为：

[A,B,C,D] = ellip(n,Rp,Rs,Wp,ftype,'s')

【例 9-46】 设计一个通带波纹为 10dB,边缘频率为 300Hz 的 6 阶模拟椭圆滤波器,1000Hz 采样数据对应 0.6rad/样本,用它来过滤 1000 个样本的随机信号,并绘制出它的大小和相位响应。

```
>> [b,a] = ellip(6,5,40,0.6);
freqz(b,a)
```

运行程序,效果如图 9-43 所示。

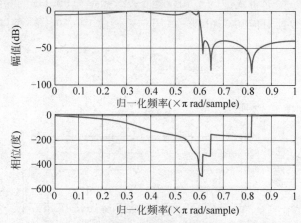

图 9-43　6 阶模拟椭圆滤波器及相位频率图

47. maxflat 函数

在 IIR 滤波器的经典设计中,所设计的巴特沃斯滤波器系统函数的分子和分母阶数相等。所谓广义巴特沃斯滤波器是指巴特沃斯低通滤波器的分子、分母阶数可以不同,并且分子阶数可以高于分母。广义巴特沃斯滤波器又称最大平滑滤波器,是巴特沃斯滤波器更为一般的表示形式,其设计函数为 maxflat,函数的语法格式为：

[b,a] = maxflat(n,m,Wn)：返回值 b 和 a 分别为滤波器系数函数的分子和分母系数向量。Wn 为滤波器在 −3dB 处的截止频率,范围为 0～1。

b = maxflat(n,'sym',Wn)：表示所设计的滤波器为对称型 IIR 巴特沃斯滤波器,只返回分母向量。

[b,a,b1,b2] = maxflat(n,m,Wn)：除返回分子、分母多项式系数 a 和 b 外,还返回两个分子多项式系数,b1 是所有零点为 Z＝−1 的分子分解式相乘所得的多项式系数,b2 是除 b1外的分子分解式相乘所得的多项式系数。

[b,a,b1,b2,sos,g] = maxflat(n,m,Wn)：返回滤波器作为滤波器矩阵 sos 和增益 g 的二阶部分表示。

[…] = maxflat(n,m,Wn,'design_flag')：参数'design_flag'是检测滤波器设计的标志,

其取值如下。

- 'design_flag'=trace 时,获得滤波器设计的相应表格。
- 'design_flag'=plots 时,获得幅值响应、群延迟和零极点图。
- 'design_flag'=both 时,即两者都需要。

【例 9-47】 用 maxflat 函数设计一个通用巴特沃斯滤波器,满足系统函数的分子阶数为 8,系统函数分母阶数为 3,截止频率为 $1 \times \pi$。

```
nb = 8;      % 系统分子
na = 3;      % 系统分母
wn = 0.6
[b,a] = maxflat(nb,na,wn,'plots');
maxflat(nb,na,wn,'trace')
```

运行程序,输出如下,得到最大平滑巴特沃斯滤波器的幅值响应、群延迟和零极点图如图 9-44 所示。

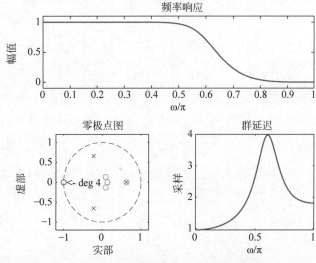

图 9-44　幅值响应、群延迟和零极点图

```
wn =
    0.6000
表:
    L           M           N           wo_min/pi  wo_max/pi
    8.0000      0           3.0000      0          0.2919
    7.0000      1.0000      3.0000      0.2919     0.4021
    6.0000      2.0000      3.0000      0.4021     0.5000
    5.0000      3.0000      3.0000      0.5000     0.5979
    4.0000      4.0000      3.0000      0.5979     0.7081
    3.0000      5.0000      3.0000      0.7081     1.0000
ans =
    0.1650     0.5048     0.4100     -0.1134     -0.2329     -0.0244     0.0202     -0.0043     0.0004
```

48. yulewalk 函数

在 MATLAB 中,提供了 yulewalk 函数用于采用直接法设计 IIR 数字滤波器。函数的语法格式为:

[b,a]＝yulewalk(n,f,m)：参数 n 为滤波器的阶数。f 为给定的频率点向量，为归一化频率，取值范围为 0～1，f 的第一个频率点必须为 0，最后一个频率点必须为 1。其中 1 对应于奈奎斯特(Nyquist)频率。在使用滤波器时，根据数据采样率确定数字滤波器的通带和阻带在对此信号滤波时的频率范围，f 向量的频率点必须是递增的。m 为和频率向量 f 对应的理想幅值响应向量，m 和 f 必须是相同维数的向量。b,a 为所设计滤波器的分子和分母多项式系数向量。

yulewalk 在时域采用最小二乘法进行拟合，并用修正的 yulewalk 方程计算分母系数，通过给定的频率响应作为逆傅里叶变换，计算相关系数。yulewalk 计算时需要执行以下步骤。

（1）根据频域功率的分解式来计算分子多项式的辅助式。

（2）根据分母多项式和分子多项式的辅助式估计完整的频率响应。

（3）利用谱分析法得到滤波器的冲激响应。

（4）用最小二乘法拟合该冲激响应，得到分子多项式。

【例 9-48】 低通滤波器的 Yule-Walker 设计。

```
%设计一个归一化截止频率为 0.6 的 8 阶低通滤波器,绘制它的频率响应并覆盖相应的理想滤波器的响应
f = [0 0.6 0.6 1];
m = [1 1 0 0];
[b,a] = yulewalk(8,f,m);
[h,w] = freqz(b,a,128);
plot(w/pi,mag2db(abs(h)))
yl = ylim;
hold on
plot(f(2:3),yl,'--')      %效果如图 9-45 所示
xlabel('\omega/\pi')
ylabel('幅值')
grid
%通过指定更宽的过渡频带来增加阻带衰减
f = [0 0.55 0.6 0.65 1];
m = [1 1 0.5 0 0];
[b,a] = yulewalk(8,f,m);
h = freqz(b,a,128);
hold on
plot(w/pi,mag2db(abs(h)))    %效果如图 9-46 所示
hold off
ylim(yl)
```

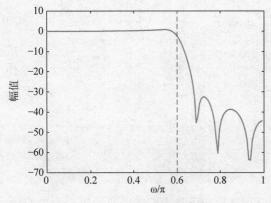

图 9-45　理想滤波器的响应

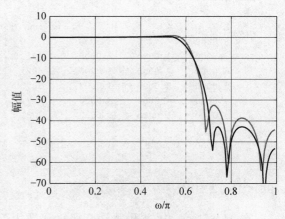

图 9-46　增加阻带衰减的滤波器的响应

49. buttord 函数

在 MATLAB 中,提供了 buttord 函数用于确定数字或模拟巴特沃斯滤波器的阶次。函数的语法格式为:

[n,Wn] = buttord(Wp,Ws,Rp,Rs):返回符合要求的数字滤波器的最小阶次 n 和滤波器的固有频率 Wn(3dB 频率)。参数 Wp 为通带截止频率;Ws 为阻带截止频率;Rp 为通带允许的最大衰减;Rs 为阻带应达到的最小衰减。Wp 和 Ws 为归一化频率,其值在 $0\sim1$ 之间,1 对应抽样频率的一半。Rp 和 Rs 的单位为 dB。对于低通和高通滤波器,Wp 和 Ws 都是标量;对于带通和带阻滤波器,Wp 和 Ws 为 1×2 的向量。

[n,Wn] = buttord(Wp,Ws,Rp,Rs,'s'):返回符合要求的模拟滤波器的最小阶次 n 和滤波器的固有频率 Wn(3dB 频率)。参数的含义与前面相同,只是 Wp 与 Wn 的单位为 rad/s,因此,它们是实际的频率 Ω。

【例 9-49】 利用 buttord 函数确定模拟巴特沃斯滤波器的阶次,并绘制其频率图。

```
>> clear all;
Wp = [60 200]/500;
Ws = [50 250]/500;
Rp = 3; Rs = 40;
[n,Wn] = buttord(Wp,Ws,Rp,Rs)
[b,a] = butter(n,Wn);
freqz(b,a,128,1000);        % 频率图
title('n = 16 Butterworth 滤波器');
```

运行程序,输出如下,效果如图 9-47 所示。

```
n =
    16
Wn =
    0.1198    0.4005
```

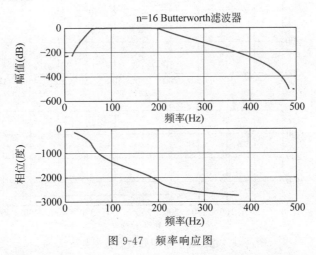

图 9-47 频率响应图

50. cheb1ord 函数

在 MATLAB 中,提供了 cheb1ord 函数用于确定切比雪夫 Ⅰ 型数字或模拟滤波器的阶次。函数的语法格式为:

[n,Wp] = cheb1ord(Wp,Ws,Rp,Rs)：返回符合要求的数字滤波器的最小阶次 n 和滤波器的固有频率 Wp(3dB 频率)。输入参数 Wp 为通带截止频率；Ws 为阻带截止频率；Rp 为通带允许的最大衰减；Rs 为阻带应达到的最小衰减。Wp 和 Ws 为归一化频率，其值在 0～1 之间，1 对应抽样频率的一半。Rp 和 Rs 的单位为 dB。对于低通和高通滤波器，Wp 和 Ws 都是标量；对于带通和带阻滤波器，Wp 和 Ws 为 1×2 的向量。

[n,Wp] = cheb1ord(Wp,Ws,Rp,Rs,'s')：返回符合要求的模拟滤波器的最小阶次 n 和滤波器的固有频率 Wp(3dB 频率)。参数的含义与前面相同，只是 Wp 与 Ws 的单位为 rad/s，因此，它们是实际的频率 Ω。

【例 9-50】 切比雪夫 I 型滤波器设计。

对于 1000Hz 采样的数据，在 0～40Hz 定义通带设计纹波小于 3dB 的低通滤波器，在 150Hz 的奈奎斯特频率定义阻带设计波纹不小于 60dB 的低通滤波器。

```
Wp = 40/500;
Ws = 150/500;
Rp = 3;
Rs = 60;
[n,Wp] = cheb1ord(Wp,Ws,Rp,Rs)
[b,a] = cheby1(n,Rp,Wp);
freqz(b,a,512,1000)
title('n = 4 切比雪夫 I 型低通滤波器')
```

运行程序，输出如下，效果如图 9-48 所示。

```
n =
     4
Wp =
     0.0800
```

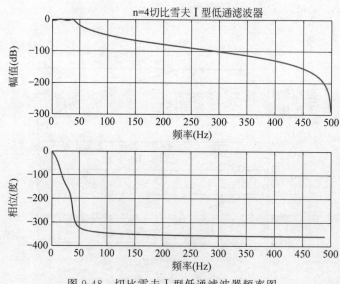

图 9-48　切比雪夫 I 型低通滤波器频率图

51. cheb2ord 函数

在 MATLAB 中，提供了 cheb2ord 函数用于确定切比雪夫 II 型数字或模拟滤波器的阶次。函数语法格式如下：

[n,Wp] = cheb2ord(Wp,Ws,Rp,Rs)：返回符合要求的数字滤波器的最小阶次 n 和滤波器的固有频率 Wp(3dB 频率)。输入参数 Wp 为通带截止频率；Ws 为阻带截止频率；Rp 为通带允许的最大衰减；Rs 为阻带应达到的最小衰减。Wp 和 Ws 为归一化频率，其值在 0～1 之间，1 对应抽样频率的一半。Rp 和 Rs 的单位为 dB。对于低通和高通滤波器，Wp 和 Ws 都是标量；对于带通和带阻滤波器，Wp 和 Ws 为 1×2 的向量。

[n,Wp] = cheb2ord(Wp,Ws,Rp,Rs,'s')：返回符合要求的模拟滤波器的最小阶次 n 和滤波器的固有频率 Wp(3dB 频率)。参数的含义与前面相同，只是 Wp 与 Ws 的单位为 rad/s，因此，它们是实际的频率 Ω。

【例 9-51】 （切比雪夫Ⅱ型带通滤波器设计）设计通带 60～200Hz，通带波纹小于 3dB，通带两侧 50Hz 宽阻带衰减 40dB 的带通滤波器。

```
Wp = [60 200]/500;
Ws = [50 250]/500;
Rp = 3;
Rs = 40;
[n,Ws] = cheb2ord(Wp,Ws,Rp,Rs)
[b,a] = cheby2(n,Rs,Ws);
freqz(b,a,512,1000)
title('n = 7 切比雪夫Ⅱ型阻带滤波器')
```

运行程序，输出如下，效果如图 9-49 所示。

```
n =
     7
Ws =
    0.1000    0.5000
```

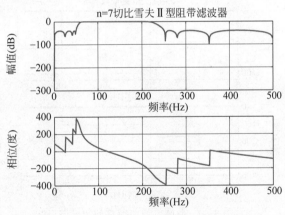

图 9-49　7 阶切比雪夫Ⅱ型阻带滤波器频率图

52. ellipord 函数

在 MATLAB 中，提供了 ellipord 函数用于确定椭圆Ⅱ型数字或模拟滤波器的阶次。函数语法格式如下：

[n,Wp]=ellipord(Wp,Ws,Rp,Rs)：返回符合要求的数字滤波器的最小阶次 n 和滤波器的固有频率 Wp(3dB 频率)。输入参数 Wp 为通带截止频率；Ws 为阻带截止频率；Rp 为通带允许的最大衰减；Rs 为阻带应达到的最小衰减。Wp 和 Ws 为归一化频率，其值在 0～1

之间,1 对应抽样频率的一半。Rp 和 Rs 的单位为 dB。对于低通和高通滤波器,Wp 和 Ws 都是标量;对于带通和带阻滤波器,Wp 和 Ws 为 $1×2$ 的向量。

[n,Wp]=ellipord(Wp,Ws,Rp,Rs,'s'):返回符合要求的模拟滤波器的最小阶次 n 和滤波器的固有频率 Wp(3dB 频率)。参数的含义与前面相同,只是 Wp 与 Ws 的单位为 rad/s,因此,它们是实际的频率 Ω。

【例 9-52】 对于 1000Hz 的数据,设计一个通带波纹小于 3dB 的椭圆低通滤波器,截止频率为 $0\sim40$Hz,阻带波纹不小于 60dB,Nyquist 频率为 $150\sim500$Hz,并找出滤波器的阶数和截止频率。

```
Wp = 40/500;
Ws = 150/500;
Rp = 3;
Rs = 60;
[n,Wp] = ellipord(Wp,Ws,Rp,Rs)
% 按二阶段指定滤波器,并绘制频率响应
[z,p,k] = ellip(n,Rp,Rs,Wp);
sos = zp2sos(z,p,k);
freqz(sos,512,1000)
title(sprintf('n = %d 椭圆低通滤波器',n))
```

运行程序,输出如下,效果如图 9-50 所示。

```
n =
     4
Wp =
    0.0800
```

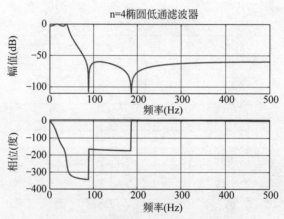

图 9-50　椭圆低通滤波器的频率图

53. fir1 函数

在 MATLAB 中,提供了 fir1 函数采用窗函数法设计 FIR 数字滤波器,能够设计低通、高通、带通、带阻滤波器。函数的语法格式为:

b = fir1(n,Wn):返回所设计的 n 阶低通 FIR 数字滤波器的系数向量 b(单位抽样响应序列),b 的长度为 n+1。Wn 为固有频率,它对应频率处的滤波器的幅度为 -6dB。它是归一化频率,范围在 $0\sim1$ 之间,1 对应抽样频率的一半。如果 Wn 为一个 $1×2$ 的向量 Wn=[w1, w2],则返回的是一个 n 阶的带通滤波器的设计结果,滤波器的通带为 w1≤Wn≤w2。

b = fir1(n,Wn,'ftype'):通过参数"ftype"来指定滤波器类型,包括如下几项。

- ftype= low 时,设计一个低通 FIR 数字滤波器。
- ftype=high 时,设计一个高通 FIR 数字滤波器。
- ftype=bandpass 时,设计一个带通 FIR 数字滤波器。
- ftype=bandstop 时,设计一个带阻 FIR 数字滤波器。

b = fir1(n,Wn,window):参数 window 用来指定所使用的窗函数的类型,其长度为 n+1。函数自动默认为 Hamming 窗。

b = fir1(n,Wn,'ftype',window):ftype 为滤波器类型;window 为窗函数类型。

b = fir1(…,'normalization'):默认的情况下,滤波器被归一化,以保证加窗后第一个通带的中心幅度为 1。使用这种语法方式可以避免滤波器被归一化。

【例 9-53】 采用不同的窗函数设计 49 阶截止频率为 0.45 的低通 FIR 滤波器,并比较幅频响应。

```
>> clear all;
% 窗函数设计
n = 49;
window1 = rectwin(n + 1);
window2 = chebwin(n + 1,30);
% 滤波器设计
Wn = 0.45;
b1 = fir1(n,Wn,window1);
b2 = fir1(n,Wn);
b3 = fir1(n,Wn,window2);
% 幅频响应对比
[H1,W1] = freqz(b1);
[H2,W2] = freqz(b2);
[H3,W3] = freqz(b3);
% 绘图
plot(W1,20 * log10(abs(H1)),W2,20 * log10(abs(H2)),':',W3,20 * log10(abs(H3)),'r-.');
xlabel('归一化频率');ylabel('幅频')
legend('矩形窗','切比雪夫窗')
```

运行程序,效果如图 9-51 所示。

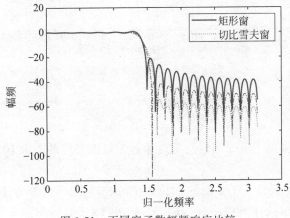

图 9-51 不同窗函数幅频响应比较

54. kaiserord 函数

在 MATLAB 中,提供了 kaiserord 函数实现凯撒(Kaiser)窗 FIR 滤波器设计估计参数。函数的语法格式为:

$[n,Wn,beta,ftype] = kaiserord(f,a,dev)$:返回一个滤波器的阶数 n、归一化频带边缘 Wn 和一个形状因子 beta,并使用 fir1 函数指定一个 Kaiser 窗口 ftype(滤波类型)。要设计一个近似满足 f、a 和 dev 给出的规格的 FIR 滤波器 b,使用 $b = fir1(n,Wn,kaiser(n+1,beta)$, ftype, 'noscale')。

$[n,Wn,beta,ftype] = kaiserord(f,a,dev,fs)$:指定采样率 fs(Hz)。

$c = kaiserord(f,a,dev,fs,'cell')$:返回一个元胞格数组,其元素是 fir1 的参数。

【例 9-54】 设计一个 Kaiser 窗低通滤波器,通带为 0~1kHz,阻带为 1500Hz~4kHz。指定通带波纹为 5%,阻带衰减为 40dB。

```
clear all;
fsamp = 8000;
fcuts = [1000 1500];
mags = [1 0];
devs = [0.05 0.01];
[n,Wn,beta,ftype] = kaiserord(fcuts,mags,devs,fsamp);
hh = fir1(n,Wn,ftype,kaiser(n + 1,beta),'noscale');
freqz(hh,1,1024,fsamp)
```

运行程序,效果如图 9-52 所示。

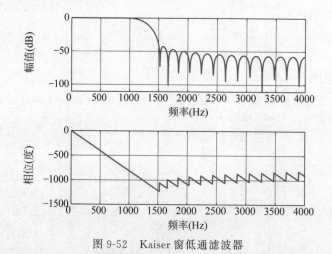

图 9-52　Kaiser 窗低通滤波器

55. fir2 函数

在 MATLAB 中,提供了 fir2 函数用于设计基于频率采样的 FIR 滤波器。函数的语法格式为:

$b = fir2(n,f,m)$:设计一个 n 阶的 FIR 数字滤波器,返回值 b 为滤波器转移函数的系数向量,也是滤波器的单位抽样响应序列,其长度为 n+1;f 为频率点向量,其范围在 0~1 之间,1 代表抽样频率的一半,f 必须按照升序排列;m 为 f 所代表的频率点处的滤波器幅值向量。

　　b ＝ fir2(n,f,m,window)：指定所使用的窗函数的类型,默认采用 Hamming 窗。

　　b ＝ fir2(n,f,m,npt)：npt 为对频率响应进行内插的点数,默认为 512。

　　b ＝ fir2(n,f,m,npt,window)：npt 为对频率响应进行内插的点数;window 为所使用的窗函数的类型。

　　b ＝ fir2(n,f,m,npt,lap)：参数 lap 用于指定 fir2 在重复频率点附近插入的区域大小。

　　b ＝ fir2(n,f,m,npt,lap,window)：参数 lap 用于指定 fir2 在重复频率点附近插入的区域大小;window 为所使用的窗函数的类型。

【例 9-55】 利用 fir2 函数实现低频衰减。

```
% 加载 matp 文件 chirp。该文件包含一个信号 y,以频率 Fs ＝ 8192Hz 采样。该信号的大部分功率高于
% Fs/4 ＝ 2048Hz,或 Nyquist 频率的一半
load chirp
y = y + randn(size(y))/25;      % 给信号加上随机噪声
t = (0:length(y) − 1)/Fs;
% 设计一个 34 阶 FIR 高通滤波器,将信号的分量衰减到 Fs/4 以下
% 指定归一化截止频率为 0.48,相当于大约 1966Hz
f = [0 0.48 0.48 1];
mhi = [0 0 1 1];
bhi = fir2(34,f,mhi);
freqz(bhi,1,[],Fs)              % 将滤波器的频率响应可视化
% 滤除 chirp 信号,绘制信号之前和之后滤波的图形
outhi = filter(bhi,1,y);
figure
subplot(2,1,1);plot(t,y)
title('原始信号')
ylim([ − 1.2 1.2])
subplot(2,1,2);plot(t,outhi)
title('滤除 chirp 后的信号')
xlabel('时间 (s)')
ylim([ − 1.2 1.2])
```

运行程序,效果如图 9-53 及图 9-54 所示。

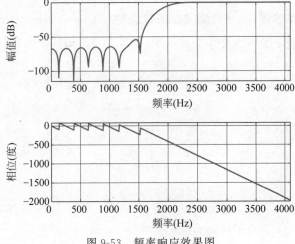

图 9-53 频率响应效果图

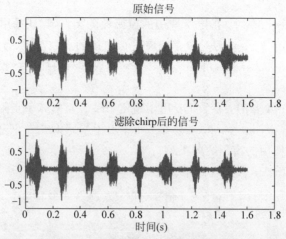

图 9-54　原始信号与滤波后信号图形

56. firls 函数

firls 是 fir1 和 fir2 函数的扩展,它采用最小二乘法,使指定频段内的理想分段线性函数与滤波器幅频响应之间的误差平方和最小。函数的语法格式为:

b = firls(n,f,a):用于设计 n 阶 FIR 滤波器,其幅频特性由 f 和 a 向量确定,调用后返回长度为 n+1 的滤波器系数向量 b,且这些系数遵循以下偶对称关系:

$$b(k) = -b(n+2-k), \quad k = 1, 2, \cdots, n+1$$

f 为频率点向量,范围为 [0,1],频率点是逐渐增大的,允许向量中有重复的频率点。a 是指定频率点的幅度响应,期望的频率响应由 (f(k),a(k)) 和 (f(k+1),a(k+1)) 的连线组成,firls 则把 f(k+1) 与 f(k+2)(k 为奇数)之间的频带视为过渡带。所以,所需要的频率响应是分段线性的,其总体平方误差最小。

b = firls(n,f,a,w):使用权系数 w 给误差加权,w 的长度为 f 和 a 的一半。

b = firls(n,f,a,'ftype'):参数 ftype 用于指定所设计的滤波器类型,ftyper=hilbert 时,为奇对称的线性相位滤波器,返回的滤波器系数满足 b(k)=−b(n+2−k),k=1,2,⋯,n+1;ftype=differentiatior 时,则采用特殊加权技术,生成奇对称的线性相位滤波器,使低频段误差大大小于高频段误差。

【例 9-56】　设计一个分段线性通带的 24 阶反对称滤波器。

```
F = [0 0.3 0.4 0.6 0.7 0.9];
A = [0 1.0 0.0 0.0 0.5 0.5];
b = firls(24,F,A,'hilbert');
% 绘制期望的和实际的频率响应
[H,f] = freqz(b,1,512,2);
plot(f,abs(H))
hold on
for i = 1:2:6,
    plot([F(i) F(i+1)],[A(i) A(i+1)],'r--')
end
legend('firls 设计','理想的')
grid on
```

```
xlabel('归一化频率(\times\pi rad/sample)')
ylabel('幅值')
```

运行程序,效果如图 9-55 所示。

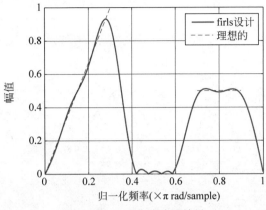

图 9-55　反对称滤波器效果

57. fircls 函数

在 MATLAB 中,提供了 fircls 函数用于实现约束最小二乘 FIR 多带滤波器设计。函数的语法格式为:

b = fircls(n,f,amp,up,lo):返回长度为 n+1 的线性相位滤波器,期望逼近的频率分段恒定,由向量 f 和 amp 确定。频率的上下限由参数 up 及 lo 确定,长度与 amp 相同。f 中元素为临界频率,取值范围为[0,1],且按递增顺序排列。

fircls(n,f,amp,up,lo,'design_flag'):design_flag 可取"trace""plot"及"both"之一。

【例 9-57】　设计一个 150 阶约束最小二乘低通滤波器,归一化截止频率为 0.4rad/sample。指定最大绝对误差在通带为 0.02,阻带为 0.01,并绘制幅值响应图。

```
n = 150;
f = [0 0.4 1];
a = [1 0];
up = [1.02 0.01];
lo = [0.98 - 0.01];
b = fircls(n,f,a,up,lo,'both');
xlabel('频率')
% 显示滤波器的幅值响应
fvtool(b)
```

运行程序,输出如下,效果如图 9-56 及图 9-57 所示。

```
Bound Violation = 0.0788344298966
Bound Violation = 0.0096137744998
Bound Violation = 0.0005681345753
Bound Violation = 0.0000051519942
Bound Violation = 0.0000000348656
Bound Violation = 0.0000000006231
```

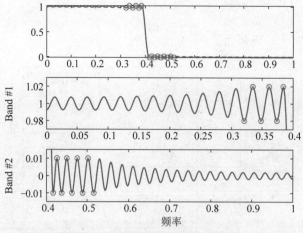

图 9-56　fircls 设计的带通滤波器

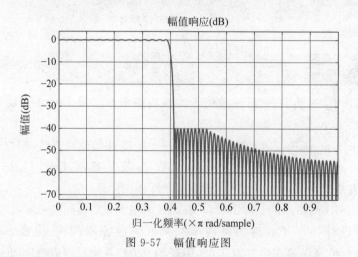

图 9-57　幅值响应图

58. fircls1 函数

在 MATLAB 中,提供了 fircls1 函数实现低通和高通线性相位 FIR 滤波器的最小方差设计。函数的语法格式为:

$b = fircls1(n, wo, dp, ds)$:返回长度为 $n+1$ 的线性相位低通 FIR 滤波器,截止频率为 wo,在 0~1 之间取值。通带幅度偏离 1 的最大值为 dp,阻带幅度偏离 0 的最大值为 ds。

$b = fircls1(n, wo, dp, ds, 'high')$:返回高通滤波器,n 必须为偶数。

$b = fircls1(n, wo, dp, ds, wp, ws, k)$:采用平方误差加权设计 FIR 滤波器,wp 为通带边缘频率;ws 为阻带边缘频率,其中 wp<wo<ws。如果要设计高通滤波器,则必须使 ws<wo<wp;通带的权值比阻带的大 k 倍,k 的取值为:

$$k = \frac{\int_0^{w_p} |A(w) - D(w)|^2 \, \mathrm{d}w}{\int_{w_z}^{\pi} |A(w) - D(w)|^2 \, \mathrm{d}w}$$

$b = fircls1(n, wo, dp, ds, \cdots, 'design\_flag')$:参数 'design_flag' 是检测滤波器设计的标

志,其取值如下。

- 'design_flag'=trace 时,获得滤波器设计的相应表格。
- 'design_flag'=plots 时,获得幅值响应、群延迟和零极点图。
- 'design_flag'=both 时,即两者都需要。

【例 9-58】 利用 fircls1 设计一个归一化截止频率为 0.3 的 55 阶低通滤波器。指定通带波纹为 0.02,阻带波纹为 0.008,并绘制幅值响应图。

```
n = 55;
wo = 0.3;
dp = 0.02;
ds = 0.008;
b = fircls1(n,wo,dp,ds,'both');
xlabel('时间')
% 显示滤波器的幅值响应
fvtool(b)
```

运行程序,输出如下,效果如图 9-58 及图 9-59 所示。

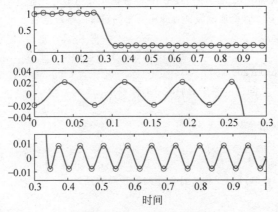

图 9-58 fircls1 设计的滤波器

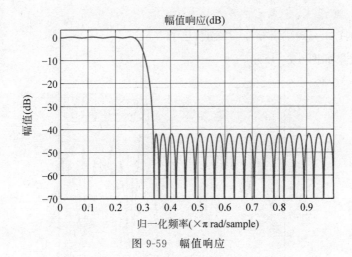

图 9-59 幅值响应

59. intfilt 函数

在 MATLAB 中,提供了 intfilt 函数设计插值 FIR 滤波器。函数的语法格式为:

b = intfilt(l,p,alpha):返回用于限制内插的线性相位滤波器 b,可以对每 l 个样本出现 l−1 个 0 的信号进行滤波,所利用的 2p−1 个非 0 样本,原始信号的带宽为 alpha * fn,fn 为 Nyquist 频率。

b = intfilt(l,n,'Lagrange'):设计的滤波器可以对每 l 个样本出现 l−1 个 0 的序列进行 n 阶拉格朗日多项式内插。

【例 9-59】 设计一个数字插值滤波器,利用带限方法对一个信号进行 7 倍上采样。指定"带限"因子为 0.5,并在插值中使用 2×2 样本。

```
upfac = 7;
alpha = 0.5;
h1 = intfilt(upfac,2,alpha);
% 当原始信号的频带限制为 alpha * Nyquist 时,滤波器工作得最好。通过生成 200 个
% 高斯随机数和用 40 阶 FIR 低通滤波器过滤序列来创建带限噪声信号
lowp = fir1(40,alpha);
rng('default')                      % 重置随机数产生器以获得可重现的结果
x = filter(lowp,1,randn(200,1));
% 通过在每对 x 的样本之间插入零来增加信号的样本率
xr = upsample(x,upfac);
% 使用滤波函数产生插值信号
y = filter(h1,1,xr);
% 绘制原始信号和插值信号
delay = mean(grpdelay(h1));         % 补偿滤波器带来的延迟
y(1:delay) = [];
stem(1:upfac:upfac * length(x),x)
hold on
plot(y)
xlim([400 700]);legend('原始信号','插值信号')
```

运行程序,效果如图 9-60 所示。

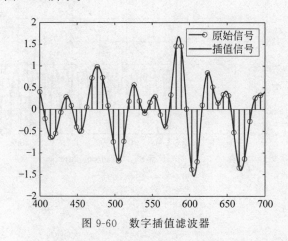

图 9-60 数字插值滤波器

60. periodogram 函数

在 MATLAB 中,提供了 periodogram 函数用于对信号进行功率谱估计。函数的语法格式为:

pxx = periodogram(x):返回向量 x 的功率谱估计向量 pxx。默认情况下,向量 x 要先由长度为 length(x) 的 boxcar 窗进行截取。FFT 运算的长度为比信号长度大 2 次幂的最大值。如果 x 为实信号,则只返回正频率上的谱估计值;如果 x 为复信号,则正、负频率上的谱估计值均返回。

pxx = periodogram(x,window):参数 window 用来指定所采用的窗函数。窗函数的长度必须与向量 x 的长度相等。当 window 为空矩阵[]时,则使用默认值 boxcar(rectangular)窗。

pxx = periodogram(x,window,nfft):参数 nfft 用来指定 FFT 运算所采用的点数。

- 如果 x 为实信号、nfft 为偶数,则 pxx 的长度为(nfft/2+1)。
- 如果 x 为实信号、nfft 为奇数,则 pxx 的长度为(nfft+1)/2。
- 如果 x 为复信号,则 pxx 的长度为 nfft。

当 nfft 为空矩阵[]时,则使用默认值 min(256,length(x))。

[pxx,w] = periodogram(____):输出参数 w 是和与估计 PSD 的位置一一对应的归一化角频率,单位为 rad/sample,其范围如下。

- 如果 x 为实信号,则 w 的范围为[0,pi]。
- 如果 x 为复信号,则 w 的范围为[0,2 * pi]。

[pxx,f] = periodogram(____,fs):返回与估计 PSD 的位置一一对应的线性频率 f,单位为 Hz。参数 fs 为采样频率,单位也为 Hz。当 fs 为[]时,则使用默认值 1Hz。f 的范围如下。

- 如果 x 为实信号,则 f 的范围为[0,fs/2]。
- 如果 x 为复信号,则 f 的范围为[0,fs]。

[____] = periodogram(x,window,____,freqrange):字符串 freqrange 可取 twosided 或 onesided。towsided 计算双边 PSD;onesided 计算单边 PSD。

periodogram(____):在当前图形窗口中绘制出 PSD 估计结果图,坐标分别为相对功率谱密度(dB/Hz)和归一化频率(Hz)。

【例 9-60】 此例展示了周期图中置信界限的使用。虽然不是统计显著性的必要条件,但在周期图中,对于周围的 PSD 估计,当置信下限超过置信上限时,频率清楚地表明了时间序列中存在显著的振荡。

```
% 在加性的 N(0,1)白色噪声中创建一个由 100Hz 和 150Hz 正弦波叠加而成的信号
fs = 1000;                    % 采样频率为 1kHz
t = 0:1/fs:1 - 1/fs;          % 两个正弦波的振幅是 1
x = cos(2 * pi * 100 * t) + sin(2 * pi * 150 * t) + randn(size(t));
% 得到 95% 置信限下的周期图 PSD 估计
[pxx,f,pxxc] = periodogram(x,rectwin(length(x)),length(x),fs,'ConfidenceLevel',0.95);
% 沿着置信区间绘制周期图,并放大在 100Hz 和 150Hz 附近的感兴趣的频率区域
plot(f,10 * log10(pxx))
hold on
plot(f,10 * log10(pxxc),'-.')
```

```
xlim([85 175])
xlabel('Hz')
ylabel('dB/Hz')
title('得到 95 % 置信限下的周期图 PSD 估计')
```

运行程序,效果如图 9-61 所示。

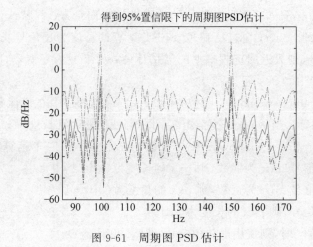

图 9-61　周期图 PSD 估计

61. pwelch 函数

在 MATLAB 中,提供了 pwelch 函数用于对信号的谱进行分析。函数的语法格式为:

pxx = pwelch(x):用 Welch 方法估计输入信号向量 x 的功率谱密度 pxx。向量 x 被分割成 8 段,每段有 50%的重叠,分割后的每一段都用汉明(Hamming)窗进行加窗,窗函数的长度和每一段的长度一样。当 x 为实数时,产生单边的 PSD,当 x 为复数时,产生双边的 PSD。系统默认 FFT 的长度 N 为 256 和 2 的整数次幂中大于分段长度的最近的数。具体规定为:当输入 x 为实数时,pxx 的长度为(N/2)+1,对应的归一化频率的范围为$[0,2\pi]$。

pxx = pwelch(x,window):如果参数 window 为正整数,则表示 Hamming 窗的长度;如果参数 window 为向量,则代表窗函数的权系数。

pxx = pwelch(x,window,noverlap):指定 x 分割后每一段的长度为 window,noverlap 指定每段重叠的信号点数,noverlap 必须小于被确定的窗口长度,在默认情况下,x 被分割后的每段有 50%重叠。

pxx = pwelch(x,window,noverlap,nfft):nfft 指定 FFT 的长度,如果 nfft 指定为空向量,则 nfft 取前面调用格式中的 N。

[pxx,w] = pwelch(____):nfft 和 x 决定了 pxx 的长度和 w 的频率范围,具体规定为,当输入 x 为实数、nfft 为偶数时,pxx 的长度为(nfft/2+1),w 的范围为$[0,\pi]$;当输入 x 为复数、nfft 为偶数或奇数时,pxx 的长度为 nfft,w 的范围为$[0,2\pi]$。

[pxx,f] = pwelch(____,fs):整数 fs 为采样频率,如果定义 fs 为空向量,则采样频率默认为 1Hz。nfft 和 x 决定 pxx 的长度和 f 的频率范围,具体规定为,当输入 x 为实数、nfft 为偶数时,pxx 的长度为(nfft/2+1),f 的范围为$[0,fs/2]$;当输入 x 为实数、nfft 为奇数时,pxx 的长度为(nfft+1)/2,f 的范围为$[0,fs/2]$;当输入 x 为复数、nfft 为偶数或奇数时,pxx 的长度为 nfft,f 的范围为$[0,fs]$。

[＿＿] = pwelch(x,window,＿＿,freqrange)：当 x 为实数时，函数确定 f 或 w 的频率取值范围。字符串 freqrange 可取 twosided 或 onesided。towsided 计算双边 PSD；onesided 计算单边 PSD。

pwelch(＿＿)：在当前窗口中绘制出功率谱曲线，其单位为 dB/Hz。

【例 9-61】 对给定的信号进行谱分析。

```
t = 0:0.001:1 - 0.001;
fs = 1000;
x = cos(2 * pi * 100 * t) + sin(2 * pi * 150 * t) + randn(size(t));
L = 200;
noverlap = 100;
[pxx,f,pxxc] = pwelch(x,hamming(L),noverlap,200,fs,'ConfidenceLevel',0.95);
plot(f,10 * log10(pxx)); hold on;
plot(f,10 * log10(pxxc),'r -- ','linewidth',2);
axis([25 250 min(min(10 * log10(pxxc))) max(max(10 * log10(pxxc)))]);
xlabel('Hz'); ylabel('dB');
title('在 95 % 区间分析信号功率谱');
```

运行程序，效果如图 9-62 所示。

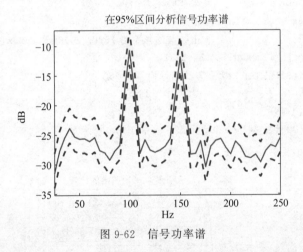

图 9-62 信号功率谱

62. pyulear 函数

在 MATLAB 中，提供了 pyulear 函数实现根据时序的估计自相关函数进行时序的自回归（AR）频谱估计。函数的语法格式为：

Pxx = pyulear(x,order)：用 Yule-Walker AR 法对离散时间信号 x 进行功率谱估计。输入参数 order 为 AR 模型的阶数。如果 x 为实信号，则返回结果为单边功率谱；如果 x 为复信号，则返回结果为双边功率谱。

Pxx = pyulear(x,order,nfft)：参数 nfft 用来指定 FFT 运算所采用的点数。nfft 的默认值为 256。

- 如果 x 为实信号，nfft 为偶数，则 pxx 的长度为（nfft/2+1）。
- 如果 x 为实信号，nfft 为奇数，则 pxx 的长度为（nfft+1）/2。
- 如果 x 为复信号，则 pxx 的长度为 nfft。

[Pxx,w] = pyulear(…)：同时返回和估计 PSD 的位置——对应的归一化角频率，单位

为 rad/sample,其范围如下。

- 如果 x 为实信号,则 w 的范围为[0,pi]。
- 如果 x 为复信号,则 w 的范围为[0,2 * pi]。

$[pxx,f]$ = pyulear(x,order,f,fs):同时返回和估计 PSD 的位置——对应的线性频率 f,单位为 Hz。参数 fs 为采样频率,单位也为 Hz。当 fs 为空矩阵[],则使用默认值 1Hz。输出参数 f 的范围如下。

- 如果 x 为实信号,则 f 的范围为[0,fs/2]。
- 如果 x 为复信号,则 f 的范围为[0,fs]。

$[pxx,f]$ = pyulear(x,order,nfft,fs,freqrange):字符串 freqrange 可取 twosided 或 onesided。towsided 计算双边 PSD;onesided 计算单边 PSD。

pyulear(…):在当前图形窗口中绘制出 PSD 估计结果图,坐标分别为相对功率谱密度(dB/Hz)和归一化频率。

【例 9-62】 利用 pyulear 函数实现多通道信号的尤尔-沃克 PSD 估计。

```
%在加性的 N(0,1)高斯白噪声中创建一个由三个正弦信号组成的多通道信号
Fs = 1000;                    %采样频率为 1kHz
t = 0:1/Fs:1 - 1/Fs;          %信号持续时间为 1s
f = [100;200;300];            %正弦波的频率为 100Hz、200Hz 和 300Hz
x = cos(2 * pi * f * t)' + randn(length(t),3);
%利用 12 阶自回归模型用尤尔 - 沃克方法估计信号的 PSD
morder = 12;                  %设置为 12 阶
pyulear(x,morder,[],Fs)
legend('频率 100Hz 频谱','频率 200Hz 频谱','频率 300Hz 频谱')
```

运行程序,效果如图 9-63 所示。

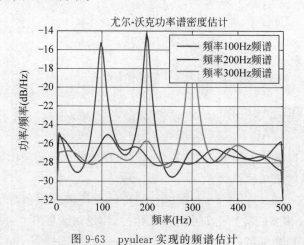

图 9-63　pyulear 实现的频谱估计

63. pmtm 函数

在 MATLAB 中,提供了 pmtm 函数用于采用 MTM(Multitaper method,多窗口法)估计功率谱密度。函数的语法格式为:

pxx = pmtm(x):用 Multitaper 法对离散时间信号 x 进行功率谱估计。如果 x 为实信

号,则返回结果为单边功率谱;如果 x 为复信号,则返回结果为双边功率谱。

pxx = pmtm(x,nw):参数 nw 为时间与带宽的乘积,用来指定进行谱估计使用的窗的个数——2 * nw−1 个。nw 的取值范围为{2,5/2,3,7/2,4};其默认值为 4。

pxx = pmtm(x,nw,nfft):参数 nfft 用来指定 FFT 运算所采用的点数,nfft 的默认值为 256。

- 如果 x 为实信号,nfft 为偶数,则 pxx 的长度为(nfft/2+1)。
- 如果 x 为实信号,nfft 为奇数,则 pxx 的长度为(nfft+1)/2。
- 如果 x 为复信号,则 pxx 的长度为 nfft。

[pxx,w] = pmtm(____):输出参数 w 为和估计 PSD 的位置一一对应的归一化角频率,单位为 rad/sample,其范围如下。

- 如果 x 为实信号,则 w 的范围为[0,pi]。
- 如果 x 为复信号,则 w 的范围为[0,2 * pi]。

[pxx,f] = pmtm(____,fs):同时返回和估计 PSD 的位置一一对应的线性频率 f,单位为 Hz。参数 fs 为采样频率,单位也为 Hz。当 fs 为空矩阵[],则使用默认值 1Hz。输出参数 f 的范围如下。

- 如果 x 为实信号,则 f 的范围为[0,fs/2]。
- 如果 x 为复信号,则 f 的范围为[0,fs]。

[____] = pmtm(____,method):参数 method 用于指定把单独的谱估计值结合起来的算法,其取值如下。

- adapt:Thomson 自适应非线性组合算法,为默认值。
- unity:相同加权的线性组合。
- eigen:特征值加权的线性组合。

[____] = pmtm(x,dpss_params):使用单元矩阵参数 dpss_params 来计算数据,其中单元矩阵中的变量是按一定顺序排列的。

[____] = pmtm(____,freqrange):字符串 freqrange 可取 twosided 或 onesided。towsided 计算双边 PSD;onesided 计算单边 PSD。

[pxx,f,pxxc] = pmtm(____,'ConfidenceLevel',probability):返回 probability×100% 置信区间的功率谱估计 pxxc。

pmtm(____):在当前图形窗口中绘制出 PSD 估计结果图,坐标分别为相对功率谱密度(dB/Hz)和归一化频率。

【例 9-63】 利用 pmtm 函数实现基于采样率的多维估计。

```
fs = 1000;                        % 获得采样率为 1kHz 的信号的多维度 PSD 估计
t = 0:1/fs:2 - 1/fs;              % 信号持续时间为 2s
x = cos(2 * pi * 100 * t) + randn(size(t));  % 该信号是加有 N(0,1)白噪声的 100Hz 正弦波
[pxx,f] = pmtm(x,3,length(x),fs);
% 绘制多维度 PSD 估计
pmtm(x,3,length(x),fs)
```

运行程序,效果如图 9-64 所示。

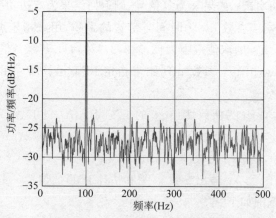

图 9-64　多窗谱功率谱密度估计图

64. pburg 函数

在 MATLAB 中,提供了 pburg 函数用于实现 Burg AR 的功率谱估计。函数的语法格式为:

Pxx = pburg(x,order):用 Burg 法对离散时间信号 x 进行功率谱估计。如果 x 为实信号,则返回结果为单边功率谱;如果 x 为复信号,则返回结果为双边功率谱。输入参数"order"为 AR 模型的阶数。

Pxx = pburg(x,order,nfft):参数 nfft 用来指定 FFT 运算所采用的点数,nfft 的默认值为 256。

- 如果 x 为实信号,nfft 为偶数,则 Pxx 的长度为(nfft/2+1)。
- 如果 x 为实信号,nfft 为奇数,则 Pxx 的长度为(nfft+1)/2。
- 如果 x 为复信号,则 Pxx 的长度为 nfft。

[Pxx,w] = pburg(…):输出参数 w 为和估计 PSD 的位置——对应的归一化角频率,单位为 rad/sample,其范围如下。

- 如果 x 为实信号,则 w 的范围为[0,pi]。
- 如果 x 为复信号,则 w 的范围为[0,2 * pi]。

[Pxx,f] = pburg(x,order,nfft,fs):同时返回和估计 PSD 的位置——对应的线性频率 f,单位为 Hz。参数 fs 为采样频率,单位也为 Hz。当 fs 为空矩阵[],则使用默认值 1Hz。输出参数 f 的范围如下。

- 如果 x 为实信号,则 f 的范围为[0,fs/2]。
- 如果 x 为复信号,则 f 的范围为[0,fs]。

[Pxx,w] = pburg(x,order,nfft,freqrange):字符串 freqrange 可取 twosided 或 onesided。towsided 计算双边 PSD;onesided 计算单边 PSD。

pburg(…):在当前图形窗口中绘制出 PSD 估计结果图,坐标分别为相对功率谱密度(dB/Hz)和归一化频率。

【例 9-64】　利用 pburg 函数实现多通道信号的 Burg PSD 估计。

```
Fs = 1000;                        % 采样频率为 1kHz
t = 0:1/Fs:1 - 1/Fs;              % 信号持续时间为 1s
```

```
f = [100;200;300];                      % 正弦波的频率为 100Hz、200Hz 和 300Hz
% 在加性的 N(0,1)高斯白噪声中创建一个由三个正弦信号组成的多通道信号
x = cos(2 * pi * f * t)' + randn(length(t),3);
% 利用 12 阶自回归模型用 Burg 方法估计信号的 PSD
morder = 12;
pburg(x,morder,[],Fs)
legend('频率 100Hz 频谱','频率 200Hz 频谱','频率 300Hz 频谱')
```

运行程序,效果如图 9-65 所示。

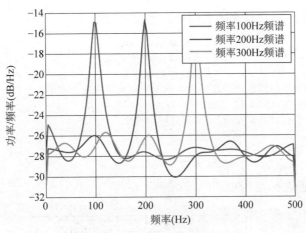

图 9-65　Burg 功率谱密度估计图

65. pcov 函数

在 MATLAB 中,提供了 pcov 函数通过最小化前向预测误差进行时序的自回归(AR)频谱估计。函数的语法格式为:

pxx = pcov(x,order):返回功率谱密度(PSD)估计 pxx;x 为一个离散时间信号,当 x 是一个向量时,它被视为一个单通道。当 x 为矩阵时,每列单独计算 PSD,并存储在 pxx 对应的列中。pxx 是单位频率的功率分布,频率以 rad/样本为单位。阶数是用来产生 PSD 估计的自回归(AR)模型的阶数。

pxx = pcov(x,order,nfft):在离散傅里叶变换(DFT)中使用 nfft 点。对于实数 x,当 nfft 为偶数时,pxx 的长度为(nfft/2+1);当 nfft 为奇数时,pxx 的长度为(nfft+1)/2。对于复值 x,pxx 的长度始终为 nfft。如果省略了 nfft,或者将其指定为空,那么 pcov 将使用默认的 DFT 长度 256。

[pxx,w] = pcov(____):同时返回归一化角频率的向量 w。

[pxx,f] = pcov(____,fs):返回频率向量 f,表示单位时间内的周期数。采样频率 fs 为单位时间内的采样次数。如果时间单位是秒,那么 f 的单位是周期/秒(Hz)。对于实值信号,当 nfft 为偶数时,f 跨越区间[0,fs/2],当 nfft 为奇数时,f 跨越区间[0,fs/2)。对于复值信号,f 跨越区间[0,fs)。

[pxx,w] = pcov(x,order,w):输入向量 w 必须包含至少两个元素,否则函数将其解释为 nfft。

[pxx,f] = pcov(x,order,f,fs):返回向量 f 中指定的频率的(AR)PSD 估计数。输入向量 f 中的频率是单位时间内的周期。采样频率 fs 为单位时间内的采样次数。如果时间单位是

秒,那么 f 的单位是周期/秒(Hz)。

[____] = pcov(x,order,____,freqrange):返回在 freqrange 指定的频率范围内的(AR) PSD 估计值。freqrange 的有效选项是"onesided""twosided"或"居中"。

[____,pxxc] = pcov(____,'ConfidenceLevel',probability):对 pxxc 中 PSD 估计的概率乘以 100% 置信区间。

pcov(____):在没有输出参数的情况下,在当前的图形窗口中绘制以 dB/Hz 为单位的 AR PSD 估计值。

【例 9-65】 利用 pcov 设计多通道信号的协方差 PSD 估计。

```
Fs = 1000;                      % 采样频率为 1kHz
t = 0:1/Fs:1 - 1/Fs;            % 信号持续时间为 1s
f = [100;200;300];              % 正弦波的频率为 100Hz、200Hz 和 300Hz
% 在加性的 N(0,1)高斯白噪声中创建一个由三个正弦信号组成的多通道信号
x = cos(2 * pi * f * t)' + randn(length(t),3);
% 估计信号的 PSD,使用协方差方法与 12 阶自回归模型
morder = 12;
pcov(x,morder,[],Fs)
legend('频率 100Hz 频谱','频率 200Hz 频谱','频率 300Hz 频谱')
```

运行程序,效果如图 9-66 所示。

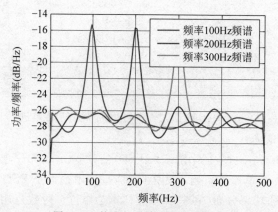

图 9-66　协方差功率谱密度估计图

66. pmcov 函数

在 MATLAB 中,提供了 pmcov 函数通过最小化前向和后向预测误差进行时序的自回归(AR)频谱估计。函数的语法格式为:

```
pxx = pmcov(x,order)
pxx = pmcov(x,order,nfft)
[pxx,w] = pmcov(____)
[pxx,f] = pmcov(____,fs)
[pxx,w] = pmcov(x,order,w)
[pxx,f] = pmcov(x,order,f,fs)
[____] = pmcov(x,order,____,freqrange)
[____,pxxc] = pmcov(____,'ConfidenceLevel',probability)
pmcov(____)
```

pmcov 函数中的参数用法及含义与 pcov 的参数一致。

【**例 9-66**】 利用 pmcov 函数设计多通道信号的修正协方差 PSD 估计。

```
Fs = 1000;                        % 采样频率为 1kHz
t = 0:1/Fs:1 - 1/Fs;              % 信号持续时间为 1s
f = [100;200;300];                % 正弦波的频率为 100Hz、200Hz 和 300Hz
% 在加性的 N(0,1)高斯白噪声中创建一个由三个正弦信号组成的多通道信号
x = cos(2 * pi * f * t)' + randn(length(t),3);
% 利用 12 阶自回归模型用修正的协方差法估计信号的 PSD
morder = 12;
pmcov(x,morder,[],Fs)
legend('频率 100Hz 频谱','频率 200Hz 频谱','频率 300Hz 频谱')
```

运行程序,效果如图 9-67 所示。

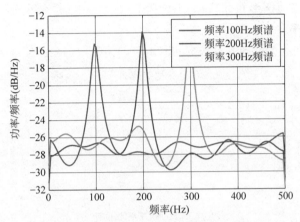

图 9-67 修正协方差功率谱密度估计图

67. pmusic 函数

在 MATLAB 中,提供了 pmusic 函数用于实现 MUSIC(Multiple Signal Classification,基于矩阵特征分解的一种功率谱估计的非参数法)算法的功率谱估计。函数的语法格式为:

$[S,w]$ = pmusic(x,p):用 MUSIC 法对离散时间信号 x 进行功率谱估计。参数 p 为信号 x 中包含的复数正弦信号的个数。如果 x 为一个数据矩阵,则对矩阵的每一列都进行功率谱估计。输出参数 w 为和估计 PSD 的位置一一对应的归一化角频率,单位为 rad/样本,其范围如下。

- 如果 x 为实信号,则 w 的范围为 $[0, pi]$。
- 如果 x 为复信号,则 w 的范围为 $[0, 2 * pi]$。

$[S,w]$ = pmusic(…,nfft):参数 nfft 用来指定 FFT 运算所采用的点数,nfft 的默认值为 256。

- 如果 x 为实信号,nfft 为偶数,则 S 的长度为 $(nfft/2+1)$。
- 如果 x 为实信号,nfft 为奇数,则 S 的长度为 $(nfft+1)/2$。
- 如果 x 为复信号,则 S 的长度为 nfft。

$[S,f]$ = pmusic(x,p,nfft,fs):同时返回和估计 PSD 的位置一一对应的线性频率 f,单位为 Hz。参数 fs 为采样频率,单位也为 Hz。当 fs 为空矩阵[],则使用默认值 1Hz。输出参数 f 的范围如下。

- 如果 x 为实信号,则 f 的范围为 $[0, fs/2]$。
- 如果 x 为复信号,则 f 的范围为 $[0, fs]$。

$[S,f]$ = pmusic(…,'corr'):同时用输入参数指定自相关矩阵。如果输入参数 p 为一个

二维向量,那么p(2)为噪声的子空间。对于实信号而言,默认情况下,pmusic返回功率谱估计的一半的值;而对于复信号,返回全部的功率谱估计值。

[S,f] = pmusic(x,p,nfft,fs,nwin,noverlap):将向量 x 分成长度为 nwin 的各段,每段之间有 noverlap 个部分样本重叠,然后以各段为列组成矩阵,最后进行功率谱估计。参数 nwin 的默认值为 2 * p,参数 noverlap 的默认值为 nwin一1。

[…] = pmusic(…,freqrange):字符串 freqrange 可取 twosided 或 onesided。towsided 计算双边 PSD;onesided 计算单边 PSD。

[…,v,e] = pmusic(…):输出参数 v 为一个矩阵,其是由与噪声子空间一一对应的特征值所组成的向量;输出参数 e 是相关矩阵的特征值向量。

pmusic(…):在当前图形窗口中绘制出 PSD 估计结果图,坐标分别为相对功率谱密度(dB/Hz)和归一化频率。

【例 9-67】 利用 pmusic 函数对输入 corrmtx 的信号数据矩阵实现 MUSIC 功率谱估计。

```
>> % 输入由使用 corrmtx 的数据生成的信号数据矩阵 Xm
n = 0:699;
x = cos(0.257 * pi * (n)) + 0.1 * randn(size(n));
Xm = corrmtx(x,7,'modified');
pmusic(Xm,2)
ylabel('功率谱(dB)');
title('MUSIC 功率谱估计');
```

运行程序,效果如图 9-68 所示。

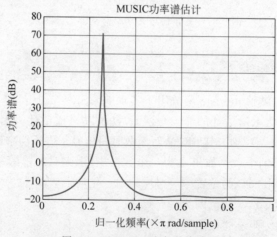

图 9-68　MUSIC 功率谱估计图

68. peig 函数

在 MATLAB 中,提供了 peig 函数用于进行特征向量法的功率谱估计。函数的语法格式为:

[S,w] = peig(x,p):返回值 S 为伪功率谱估计值,w 为单位弧度,输入参数 x 为输入信号,p 为信号子空间中特征向量的个数。

[S,w] = peig(x,p,w):输入参数 w 为归一化频率。

[S,w] = peig(…,nfft):参数 nfft 为 FFT 点数,默认值为 256。

- 如果 x 为实信号,nfft 为偶数,则 S 的长度为(nfft/2+1)。
- 如果 x 为实信号,nfft 为奇数,则 S 的长度为(nfft+1)/2。
- 如果 x 为复信号,则 S 的长度为 nfft。

[S,f] = peig(x,p,nfft,fs):fs 为提供的取样频率。

- 如果 x 为实信号,则 f 的范围为[0,pi]。
- 如果 x 为复信号,则 f 的范围为[0,2 * pi]。

[S,f] = peig(x,p,f,fs):返回参数为单位频率 f。

- 如果 x 为实信号,则 f 的范围为[0,fs/2]。
- 如果 x 为复信号,则 f 的范围为[0,fs]。

[S,f] = peig(x,p,nfft,fs,nwin,noverlap):参数 nwin 用于指定矩形窗的宽度,nowverlap 为重叠部分。

[…] = peig(…,freqrange):参数 freqrange 为 onesided 或 twosided。

[…,v,e] = peig(…):同时返回噪声特征向量 v,以及与本特征相关的向量 e。

pieg(…):在当前图形窗口中绘制出 PSD 估计结果图,坐标分别为相对功率谱密度(dB/Hz)和归一化频率。

【例 9-68】 利用特征向量法求噪声中三个正弦信号和的伪谱。

```
% 使用默认的 FFT 长度 256,采用改进的协方差法对相关矩阵进行估计
n = 0:99;                      % 输入是复数正弦所以 p 等于输入的数量
s = exp(1i * pi/2 * n) + 2 * exp(1i * pi/4 * n) + exp(1i * pi/3 * n) + randn(1,100);
X = corrmtx(s,12,'mod');
peig(X,3,'whole')
ylabel('功率谱(dB)');
title('特征向量法的功率谱估计')
```

运行程序,效果如图 9-69 所示。

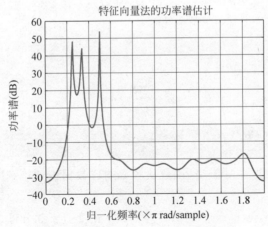

图 9-69 特征向量法的功率谱估计图

69. arburg 函数

在 MATLAB 中,提供了 arburg 函数用于使用 Burg 算法计算 AR 模型参数。函数的语法格式为:

ar_coeffs = arburg(data,order)：返回利用 Burg 算法计算得到的 AR 模型的参数；输入参数 order 为 AR 模型的阶数。

[ar_coeffs,NoiseVariance] = arburg(data,order)：当输入信号为白噪声时,同时返回最后的预测误差 NoiseVariance。

[ar_coeffs,NoiseVariance,reflect_coeffs] = arburg(data,order)：同时返回反射系数 reflect_coeffs。

【例 9-69】 利用 Burg 法进行参数估计。

```
rng default                              % 重置随机数产生器以获得可重现的结果
A = [1 - 2.7607 3.8106 - 2.6535 0.9238]; % 使用多项式系数的向量产生一个 AR(4)过程
y = filter(1,A,0.2 * randn(1024,1));      % 过滤 1024 个样本的白噪声
arcoeffs = arburg(y,4)                    % 用 Burg 法估计系数
```

运行程序,输出如下：

```
arcoeffs =
    1.0000   - 2.7743    3.8408   - 2.6843    0.9360
```

70. aryule 函数

在 MATLAB 中,提供了 aryule 函数利用 Yule-Walker 法计算自回归 AR 模型参数。函数的语法格式为：

a = aryule(x,p)：返回输入数组 x 对应于 p 阶模型的归一化自回归 AR 参数。

[a,e,rc] = aryule(x,p)：也返回估计方差 e,白噪声输入 a 和反射系数 rc。

【例 9-70】 利用 aryule 函数对输入向量计算 AR 模型参数。

```
>> rng default                           % % 重置随机数产生器以获得可重现的结果
A = [1 - 2.7607 3.8106 - 2.6535 0.9238]; % 使用多项式系数的向量产生一个 AR(4)过程
y = filter(1,A,0.2 * randn(1024,1));      % 过滤 1024 个样本的白噪声
% 用 Yule - Walker 法计算自回归 AR 模型参数
arcoeffs = aryule(y,4)
```

运行程序,输出如下：

```
arcoeffs =
    1.0000   - 2.7262    3.7296   - 2.5753    0.8927
```

71. invfreqs 函数

在 MATLAB 中,提供了 invfreqs 函数从频率响应数据识别连续时间滤波器参数。函数的语法格式为：

[b,a] = invfreqs(h,w,n,m)：返回传递函数 h 的实分子和分母系数向量 b 和 a。

[b,a] = invfreqs(h,w,n,m,wt)：给定频率加权 wt。

[b,a] = invfreqs(____,iter)：根据给定的迭代次数 iter,使线性系统搜索得到最佳拟合数值。

[b,a] = invfreqs(____,tol)：使用 tol 来确定迭代算法的收敛性。

[b,a] = invfreqs(____,'trace')：显示迭代的文本进度报告。

[b,a] = invfreqs(h,w,'complex',n,m,____)：创建一个 complex 滤波器,频率在 $-\pi \sim$

π 之间。

【例 9-71】 将一个简单的传递函数转换成频响数据，然后再转换回原始滤波器系数。

```
>> a = [1 2 3 2 1 4];
b = [1 2 3 2 3];
[h,w] = freqs(b,a,64);
[bb,aa] = invfreqs(h,w,4,5)
bb =
    1.0000    2.0000    3.0000    2.0000    3.0000
aa =
    1.0000    2.0000    3.0000    2.0000    1.0000    4.0000
% 由于 aa 具有正实部极点,系统不稳定,查看 bb 和 aa 的极点
>> zplane(bb,aa)    % 极点如图 9-70 所示
```

由图 9-70 可以看出，系统是不稳定的，下面将利用 invfreqs 的迭代算法找到系统的稳定逼近。

```
>> [bbb,aaa] = invfreqs(h,w,4,5,[],30)
bbb =
    0.6816    2.1015    2.6694    0.9113    -0.1218
aaa =
    1.0000    3.4676    7.4060    6.2102    2.5413    0.0001
% 通过标绘新极点,验证系统的稳定性
>> zplane(bbb,aaa)    % 新极点分布如图 9-71 所示
```

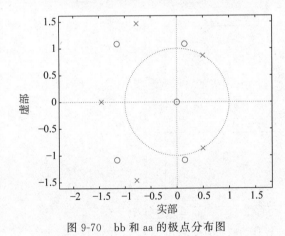

图 9-70　bb 和 aa 的极点分布图

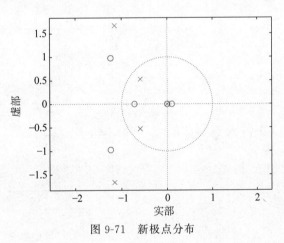

图 9-71　新极点分布

由图 9-71 可以看出，系统是稳定的。

72. invfreqz 函数

MATLAB 提供了 invfreqz 函数从频率响应数据识别离散时间滤波器参数。函数的语法格式为：

```
[b,a] = invfreqz(h,w,n,m)
[b,a] = invfreqz(h,w,n,m,wt)
[b,a] = invfreqz(____,iter)
[b,a] = invfreqz(____,tol)
[b,a] = invfreqz(____,'trace')
[b,a] = invfreqz(h,w,'complex',n,m,____)
```

invfreqz 函数的参数含义与用法与 invfreqs 函数的参数含义一致，在此不再展开介绍。

73. prony 函数

在 MATLAB 中,提供了 prony 函数实现利用 Prony 方法设计滤波器。函数的语法格式为:

[b,a] = prony(h,bord,aord):返回具有脉冲响应为 h,分子阶为 bord,分母阶为 aord 的理想传递函数的分子系数 b 和分母系数 a。

【例 9-72】 用四阶 IIR 模型拟合低通滤波器的脉冲响应,绘制原始和 Prony 设计的脉冲响应。

```
d = designfilt('lowpassiir','NumeratorOrder',4,'DenominatorOrder',4, …
    'HalfPowerFrequency',0.2,'DesignMethod','butter');
h = filter(d,[1 zeros(1,31)]);
bord = 4;
aord = 4;
[b,a] = prony(h,bord,aord);
subplot(2,1,1);stem(impz(b,a,length(h)))
title 'Prony 设计的脉冲响应'
subplot(2,1,2);stem(h)
title '输入脉冲响应'
```

运行程序,效果如图 9-72 所示。

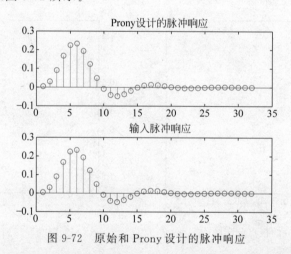

图 9-72　原始和 Prony 设计的脉冲响应

74. stmcb 函数

在 MATLAB 中,提供了 stmcb 函数利用 Steiglitz-McBride 迭代计算线性模型。Steiglitz-McBride 迭代是一种寻找具有规定时域脉冲响应的 IIR 滤波器的算法。它在滤波器设计和系统识别(参数建模)方面都有应用。函数的语法格式为:

[b,a] = stmcb(h,nb,na):求系统 b(z)/a(z) 在近似脉冲响应 h 下的系数 b 和 a,其中,nb 为零点,na 为极点。

[b,a] = stmcb(y,x,nb,na):在给定 x 为输入,y 为输出的条件下(x 和 y 的长度相同),求出系统系数 b 和 a。

[b,a] = stmcb(h,nb,na,niter) 和 [b,a] = stmcb(y,x,nb,na,niter):使用 niter 迭代法

计算线性模型。

$[b,a] = \mathrm{stmcb}(h,nb,na,niter,ai)$ 和 $[b,a] = \mathrm{stmcb}(y,x,nb,na,niter,ai)$：使用向量 ai 作为分母系数的初始估计。如果 ai 未指定，stmcb 使用 $[b,ai] = \mathrm{prony}(h,0,na)$ 的输出参数作为向量 ai。

【例 9-73】 设计一个滤波器的 Steiglitz-McBride 近似。

```
d = designfilt('lowpassiir','FilterOrder',6, …
    'HalfPowerFrequency',0.2,'DesignMethod','butter');
% 使用 Steiglitz - McBride 迭代逼近一个四阶滤波器
h = impz(d);
[bb,aa] = stmcb(h,4,4);
% 绘制两个系统的频率响应
hfvt = fvtool(d,bb,aa,'Analysis','freq');
legend(hfvt,'巴特沃斯滤波器','Steiglitz - McBride 滤波器')
```

运行程序，效果如图 9-73 所示。

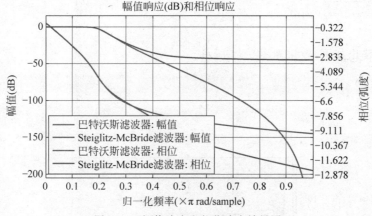

图 9-73　幅值响应和相位响应效果图

75．bilinear 函数

MATLAB 提供了 bilinear 函数实现基于双线性变换法的变换。函数的语法格式为：

$[zd,pd,kd] = \mathrm{bilinear}(z,p,k,fs)$：把模拟滤波器的传递函数模型转换为数字滤波器的零极点模型，其中 fs 为采样频率。

$[numd,dend] = \mathrm{bilinear}(num,den,fs)$：将模拟滤波器的传递函数模型转换为数字滤波器传递函数模型。

$[Ad,Bd,Cd,Dd] = \mathrm{bilinear}(A,B,C,D,fs)$：将模拟滤波器的状态方程模型转换为数字滤波器状态模型。

$[\underline{\quad}] = \mathrm{bilinear}(\underline{\quad},fp)$：fp 为预卷绕参数，在进行双线性变换前，需对采样频率进行卷绕，保证频率冲激响应在双线性变换前后有良好的单值映射关系。

【例 9-74】 用双线性变换法设计一个数字带通滤波器，使其指标接近如下指标的模拟带通椭圆滤波器：$W_{p1}=100\,\mathrm{Hz}$，$W_{p2}=200\,\mathrm{Hz}$，$W_{s1}=50\,\mathrm{Hz}$，$W_{s2}=250\,\mathrm{Hz}$，通带衰减系数为 $R_p=0.5\,\mathrm{dB}$，阻带衰减系数 $R_s=50\,\mathrm{dB}$，采样频率为 $F_s=1000\,\mathrm{Hz}$。

```
wp1 = 100; wp2 = 200;
ws1 = 50; ws2 = 250;
Fs = 1000 * 2 * pi;
Rp = 0.5; Rs = 50;
wp1 = 2 * pi * wp1; wp2 = 2 * pi * wp2;
ws1 = 2 * pi * ws1; ws2 = 2 * pi * ws2;
Wp = [wp1 wp2]; Ws = [ws1 ws2];
Nn = 128;
[N, Wn] = ellipord(Wp/(Fs/2), Ws/(Fs/2), Rp, Rs, 's')
Bw = wp2 - wp1;
Wo = wp2 - wp1;
[z, p, k] = ellipap(N, Rp, Rs);
[A, B, C, D] = zp2ss(z, p, k);
[AT, BT, CT, DT] = lp2bp(A, B, C, D, Wo, Bw);
[AT1, BT1, CT1, DT1] = bilinear(AT, BT, CT, DT, Fs);
[bz, az] = ss2tf(AT1, BT1, CT1, DT1);
[H, W] = freqz(bz, az);
semilogy(W * Fs/2/pi, abs(H));
grid;
```

运行程序,输出如下,效果如图 9-74 所示。

```
N =
     5
Wn =
    0.2000    0.4000
```

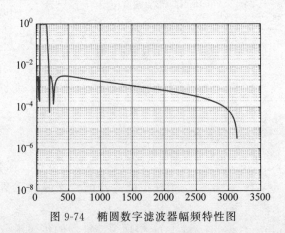

图 9-74　椭圆数字滤波器幅频特性图

76. impinvar 函数

MATLAB 提供了 impinvar 函数实现基于脉冲响应不变法的变换。函数的语法格式为:

[bz, az] = impinvar(b, a, fs):将分子向量为 b、分母向量为 a 的模拟滤波器,转换为分子向量为 bz、分母向量为 az 的数字滤波器。fs 为采样频率,单位为 Hz(可忽略),默认值为 1Hz。

[bz, az] = impinvar(b, a, fs, tol):tol 为误差容限,表示转换后的离散系统函数是否有重复的极点。

【例 9-75】　利用脉冲不变性将六阶模拟巴特沃斯低通滤波器转换为数字滤波器。指定采样率为 10Hz,截止频率为 2Hz,并绘制滤波器的频率响应。

```
>> f = 2;
fs = 10;
[b,a] = butter(6,2 * pi * f,'s');
[bz,az] = impinvar(b,a,fs);
freqz(bz,az,1024,fs)
```

运行程序,效果如图 9-75 所示。

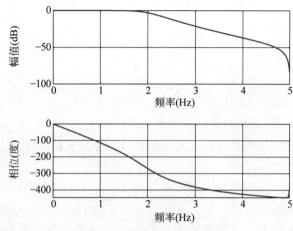

图 9-75 滤波器的频率响应

1. tf 函数

线性时不变(线性定常)系统(LTI)的传递函数的定义为：在零初始条件下,系统输出量的拉普拉斯变换函数与输入量的拉普拉斯变换函数之比。用公式可表示为：

$$G(s) = \frac{C(s)}{R(s)} = \frac{b_0 s^m + b_1 s^{m-1} + \cdots + b_{m-1}s + b_m}{a_0 s^n + a_1 s^{n-1} + \cdots + a_{n-s}s + a_n}$$

对线性时不变系统来说,a、b 均为常数,$a_1 \neq 0$。这里分子分母都为多项式,可将分子分母分别表示出来,即用分子分母的系数构成以下两个向量,唯一地确定系统：

$$\text{num} = [b_1, b_2, \cdots, b_m]$$
$$\text{den} = [a_1, a_2, \cdots, a_n]$$

构成分子分母的向量按降幂顺序排列,缺项部分用 0 补齐。

一般情况下,传递函数的分子分母均为多项式相乘的形式,不能直接写出,此时可借助多项式乘法运算函数 conv 来处理,以便获得分子分母多项式向量。

在 MATLAB 中,提供了 tf 函数用于建立传递函数模型。函数的语法格式为：

sys=tf(num,den)：生成传递函数模型 sys。

sys=tf(num,den,'Property1',Value1,…,'PropertyN',ValueN)：生成传递函数模型 sys。模型 sys 的属性及属性值用 Property 及 Value 指定。

sys=tf(num,den,Ts)：生成离散时间系统的脉冲传递函数模型 sys。

sys=tf(num,den,Ts,'Property1',Value1,…,'PropertyN',ValueN)：生成离散时间系统的脉冲传递函数模型 sys。

sys=tf('s')：指定传递函数模型以拉普拉斯变换算子 s 为自变量。

sys=tf('z',Ts)：指定脉冲传递函数模型以 Z 变换算子 z 为自变量,以 Ts 为采样周期。

tfsys=tf(sys)：将任意线性定常系统 sys 转换为传递函数模型 tfsys。

【例 10-1】 考虑以下离散时间 SISO 传递函数模型：

$$\text{sys}(z) = \frac{2z}{4z^3 + 3z - 1}$$

样本时间为 0.1s,指定按 z 的降幂顺序排列的分子和分母系数,建立离散时间传递函数模型。

```
>> numerator = [2,0];
denominator = [4,0,3,-1];
ts = 0.1;
sys = tf(numerator,denominator,ts)
stepplot(sys)
xlabel('时间 ');ylabel('振幅');title('单位阶跃')
```

运行程序,输出如下,如图 10-1 所示。

```
sys =
        2 z
  ---------------
  4 z^3 + 3 z - 1
 Sample time: 0.1 seconds
Discrete-time transfer function.
```

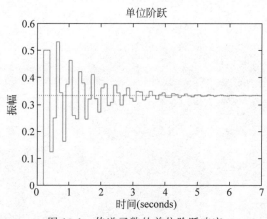

图 10-1 传递函数的单位阶跃响应

2. ss 函数

LTI 系统的状态方程为:

$$\dot{x} = \mathbf{A}x + \mathbf{B}u$$
$$y = \mathbf{C}x + \mathbf{D}u$$

用户只要输入 $\mathbf{A}$、$\mathbf{B}$、$\mathbf{C}$、$\mathbf{D}$ 四个矩阵即可。

在 MATLAB 中,提供了 ss 函数用于创建状态空间函数模型。函数的语法格式为:

sys = ss(a,b,c,d):生成线性定常连续系统的状态空间模型 sys。

sys = ss(a,b,c,d,'Property1',Value1,…,'PropertyN',ValueN):生成连续系统的状态空间模型 sys。状态空间模型 sys 的属性及属性值用 Property 及 Value 指定。

sys = ss(a,b,c,d,Ts):生成离散系统的状态空间模型 sys。

sys = ss(a,b,c,d,Ts,'Property1',Value1,…,'PropertyN',ValueN):生成离散系统的状态空间模型 sys。

sys_ss = ss(sys):将任意线性定常系统 sys 转换为状态空间。

【例 10-2】 (离散时间 MIMO 状态空间模型)使用以下离散时间、多输入、多输出的状态矩阵,采样时间 ts=0.2s,创建状态空间模型。

$$A = \begin{bmatrix} -7 & 0 \\ 0 & -10 \end{bmatrix}, \quad B = \begin{bmatrix} 5 & 0 \\ 0 & 2 \end{bmatrix}, \quad C = \begin{bmatrix} 1 & -4 \\ -4 & 0.5 \end{bmatrix}, \quad D = \begin{bmatrix} 0 & -2 \\ 2 & 0 \end{bmatrix}$$

```
% 指定状态空间矩阵并创建离散时间 MIMO 状态空间模型
>> A = [-7,0;0,-10];
B = [5,0;0,2];
C = [1,-4;-4,0.5];
D = [0,-2;2,0];
ts = 0.2;
sys = ss(A,B,C,D,ts)
```

运行程序,输出如下:

```
sys =
  A =
        x1   x2
   x1  -7    0
   x2   0  -10
  B =
        u1   u2
   x1   5    0
   x2   0    2
  C =
        x1   x2
   y1   1   -4
   y2  -4   0.5
  D =
        u1   u2
   y1   0   -2
   y2   2    0
Sample time: 0.2 seconds
Discrete-time state-space model.
```

3. zpk 函数

零极点模型是传递函数的另一种表现形式,其原理是分别对原系统函数的分子和分母进行分解因式处理,以获得系统的零极点表示形式。对于单输入单输出(SISO)系统来说可以简单地将其零极点模型写为如下形式:

$$G(s) = \frac{k(s+z_1)(s+z_2)\cdots(s+z_m)}{(s+p_1)(s+p_2)\cdots(s+p_n)}$$

式中,$z_i (i=1,2,\cdots,m)$ 和 $p_j (j=1,2,\cdots,n)$ 分别称为系统的零点和极点,它们既可以是实数,也可以是复数。k 称为系统的增益,一般为正实数。

输入零点、极点及 k 值即可建立零极点模型:

$$z = [z_1, z_2, \cdots, z_m]$$
$$p = [p_1, p_2, \cdots, p_n]$$
$$k = [k]$$

residue 函数可将分式多项式分解,格式为:

$$[z, k, p] = residue(num, den)$$

MATLAB 提供了 zpk 函数生成零极点模型或者将其他模型转换为零极点模型。函数的语法格式为：

sys = zpk(z,p,k)：建立连续系统的零极点增益模型 sys。z，p，k 分别对应零极点系统中的零点向量，极点向量和增益。

sys = zpk(z,p,k,Ts)：建立离散系统的零极点增益模型 sys。

sys = zpk(z,p,k,'Property1',Value1,…,'PropertyN',ValueN)：建立连续系统的零极点增益模型 sys。模型 sys 的属性及属性值用 Property 及 Value 指定。

sys = zpk(z,p,k,Ts,'Property1',Value1,…,'PropertyN',ValueN)：建立离散时间系统的零极点增益模型 sys。

sys = zpk('s')：指定零极点增益模型以拉普拉斯变换算子 s 为自变量。

sys = zpk('z')：指定零极点增益模型以 Z 变换算子 z 为自变量。

zsys = zpk(sys)：将任意线性定常系统模型 sys 转换为零极点增益模型。

【例 10-3】 使用由零点和极点组成的单元格数组创建多输入多输出的零极点模型。

$$H(s) = \begin{bmatrix} \dfrac{-1}{s} & \dfrac{3(s+5)}{(s+1)^2} \\ \dfrac{2(s^2-2s+2)}{(s-1)(s-2)(s-3)} & 0 \end{bmatrix}$$

```
% 创建双输入双输出零极增益模型
>> Z = {[], -5;[1-i 1+i] []};
P = {0,[-1 -1];[1 2 3],[]};
K = [-1 3;2 0];
H = zpk(Z,P,K)
```

运行程序，输出如下：

```
H =
  From input 1 to output…
        -1
  1:   --
        s

        2 (s^2 - 2s + 2)
  2:   -----------------
       (s-1) (s-2) (s-3)
  From input 2 to output…
       3 (s + 5)
  1:   -------
       (s+1)^2

   2:  0
Continuous - time zero/pole/gain model.
```

4. frd 函数

MATLAB 提供了 frd 函数用于生成线性定常连续/离散系统的状态空间模型，或者将传递函数模型或零极点增益模型转换为状态空间模型。函数的调用格式为：

sys = frd(response,frequency)：其中 frequency 为测试或计算频率特性所选取的角频率向量 w，其每一个元素为一个角频率值。response 为频率响应数据 G(jw)。返回值 sys 是一个对象，称为 FRD 对象。response 和 frequency 是 FRD 对象的属性。

- 对于 SISO 系统,response 是一个向量,response(i)表示系统角频率为 frequency(i)的正弦信号的频率响应数据。
- 对于 MIMO 系统,response 是一个三维矩阵,response(i,j,:)表示系统的第 i 个输出对第 j 个输入的频率响应数据;response(i,j,k)表示系统的第 i 个输出在 frequency(k)频率点上,对第 j 个输入的频率响应数据。

sys = frd(response,frequency,Ts):创建一个离散时间 FRD 模型对象 sys,采样时间 Ts 为标量,设置 Ts = −1。创建一个离散时间 FRD 模型对象,无须指定采样时间。

sysfrd = frd(sys,frequency,units):将动态系统模型转换为 FRD 模型,并解释频率向量中的频率,单位指定为 units。

【例 10-4】 根据频率向量和响应数据创建 SISO 的 FRD 模型。

```
% 生成频率向量和响应数据
freq = logspace(1,2);
resp = .05 * (freq) . * exp(i * 2 * freq);
% 创建 FRD 模型
sys = frd(resp,freq)
```

运行程序,输出如下:

```
sys =
    Frequency(rad/s)          Response
    -----------          ---------
         10.0000             0.2040 + 0.4565i
         10.4811           − 0.2703 + 0.4490i
         10.9854           − 0.5492 + 0.0112i
              ......
         91.0298             4.4985 − 0.6925i
         95.4095           − 3.2613 + 3.4816i
        100.0000             2.4359 − 4.3665i
Continuous − time frequency response.
```

5. frdata 函数

在 MATLAB 中,提供了 frdata 函数访问频响数据(FRD)对象的数据。函数的语法格式为:

[response,freq] = frdata(sys):返回 FRD 模型系统的响应数据和频率样本。对于一个在 Nf 频率下具有 Ny 输出和 Nu 输入的 FRD 模型:

- response 是一个 Ny×Nu×Nf 多维数组,其中(i,j)项指定了输入 j 对输出 i 的响应。
- 频率是一个长度为 Nf 的列向量,它包含了 FRD 模型的频率样本。

[response,freq,covresp] = frdata(sys):还返回 IDFRD 模型系统的响应数据的协方差。covresp 是一个 5D 数组,其中 covH(i,j,k,:,:)包含响应 resp(i,j,k)的 2×2 协方差矩阵。(1,1)元素是实部的方差,(2,2)元素是虚部的方差,(1,2)和(2,1)元素是实部和虚部的协方差。

[response,freq,Ts,covresp] = frdata(sys,'v'):对于 IDFRD 模型,sys 以三维数组而不是五维数组的形式返回 covresp。

[response,freq,Ts] = frdata(sys):同时返回采样时间 Ts。

【例 10-5】 通过计算一个传递函数在一个频率网格上的响应来创建一个频率响应数据模型。

```
>> H = tf([-1.2,-2.4,-1.5],[1,20,9.1]);
w = logspace(-2,3,101);
sys = frd(H,w);    % sys 是一个 SISO 频率响应数据(frd)模型,包含 101 个频率的频率响应
% 从系统中提取频率响应数据
>> [response,freq] = frdata(sys)
response(:,:,1) =
  -0.1648 + 0.0010i
response(:,:,2) =
  -0.1648 + 0.0011i
response(:,:,3) =
  -0.1648 + 0.0012i
…
response(:,:,101) =
  -1.1996 - 0.0216i
freq =
   1.0e+03 *
   0.0000
   0.0000
…
   0.7943
   0.8913
   1.0000
```

response 是一个 $1 \times 1 \times 101$ 的数组。响应 $(1,1,k)$ 为频率 $freq(k)$ 处的复频率响应。

6. freqresp 函数

在 MATLAB 中,提供了 freqresp 函数实现栅频响应。函数的语法格式为:

$[H,wout] = freqresp(sys)$:返回动态系统模型 sys 在频率 wout 处的频率响应。freqresp 命令根据系统的动态特性自动确定频率。

$H = freqresp(sys,w)$:返回由向量 w 指定的实频率网格上的频率响应。

$H = freqresp(sys,w,units)$:指定频率的单位为 units。

$[H,wout,covH] = freqresp(idsys,\cdots)$:还返回所识别的模型 idsys 的频率响应的协方差 covH。

【例 10-6】 在指定的频率网格上计算频率响应,创建以下 2 输入 2 输出系统:

$$sys = \begin{bmatrix} 0 & \dfrac{1}{s+1} \\ \dfrac{s-1}{s+2} & 1 \end{bmatrix}$$

```
>> sys11 = 0;
sys22 = 1;
sys12 = tf(1,[1 1]);
sys21 = tf([1 -1],[1 2]);
sys = [sys11,sys12;sys21,sys22];
>> % 创建一个对数间隔的网格,由每秒 10 到 100 弧度之间的 200 个频率点组成
>> w = logspace(1,2,200);
>> % 在指定的频率网格上计算系统的频率响应
```

```
>> H = freqresp(sys,w)
```

运行程序,输出如下:

```
H(:,:,1) =
    0.0000 + 0.0000i   0.0099 - 0.0990i
    0.9423 + 0.2885i   1.0000 + 0.0000i
H(:,:,2) =
    0.0000 + 0.0000i   0.0097 - 0.0979i
    0.9436 + 0.2854i   1.0000 + 0.0000i
…
H(:,:,199) =
    0.0000 + 0.0000i   0.0001 - 0.0101i
    0.9994 + 0.0303i   1.0000 + 0.0000i
H(:,:,200) =
    0.0000 + 0.0000i   0.0001 - 0.0100i
    0.9994 + 0.0300i   1.0000 + 0.0000i
```

以上输出中,H 是一个 $2 \times 2 \times 200$ 的数组。H 中的每个项 H(:,:,k)是一个 2×2 的矩阵,给出了所有输入输出 sys 在对应频率 w(k)处的复频率响应。

7. evalfr 函数

在 MATLAB 中,提供了 evalfr 函数用于评估给定频率下的频率响应。函数的语法格式为:

frsp = evalfr(sys,f):评估 TF、SS 或 ZPK 模型 sys 在复数 f 处的传递函数。

对于数据(A、B、C、D)的状态空间模型,结果为:$H(f) = D + C(fI - A)^{-1}B$。

【例 10-7】 实现评估识别模型在给定频率下的频率响应。

$$H(s) = \frac{1}{s^2 + 2s + 1}$$

```
>> sys = idtf(1,[1 2 1]);
>> % 计算频率为 0.1 rad/s 的传递函数
>> w = 0.1;
s = j * w;
evalfr(sys,s)
ans =
    0.9705 - 0.1961i
>> % 或者,使用 freqresp 命令
>> freqresp(sys,w)
ans =
    0.9705 - 0.1961i
```

8. sigma 函数

在 MATLAB 中,提供了 sigma 函数绘制动态系统的奇异值图。函数的语法格式为:

sigma(sys):绘制模型系统频率响应的奇异值。这个模型可以是连续的或离散的,也可以是 SISO 或 MIMO。根据系统的极点和零点自动选择频率点,如果系统是 FRD,则根据系统的频率自动选择频率点。

sigma(sys,w)：显式指定要用于绘图的频率范围或频率点。w 为要使用特定的频率点，将 w 设为对应的频率向量 w ＝｛wmin,wmax｝。如果使用对数空间生成对数间隔的频率向量,频率必须为 rad/TimeUnit,其中 TimeUnit 是输入动态系统的时间单位,在 sys 的 TimeUnit 属性中指定。

sigma(sys,[],type) 和 sigma(sys,w,type)：拟给出以下修正奇异值响应。

- 当 type＝1 时,即 H^{-1} 为频率响应的奇异值,其中 H 为 sys 的频率响应。
- 当 type＝2 时,即 I＋H 为频率响应的奇异值。
- 当 type＝3 时,即 I＋H^{-1} 为频率响应的奇异值。

注意：以上这 3 个选项仅适用于方形系统,也就是说,系统具有相同数量的输入和输出。

sigma(sys1,sys2,⋯,sysN,w,type)：在单一图形上绘制若干 LTI 模型的奇异值图。当模型为 sys1,sys2,⋯时,参数 w 和类型是可选的。sysN 不需要具有相同数量的输入和输出。每个模型可以是连续时间的,也可以是离散时间的。

sigma(sys1,'PlotStyle1',⋯,sysN,'PlotStyleN',w,type)：为每个系统图形指定一个独特的颜色、线型或标记。

sv ＝ sigma(sys,w) 和 [sv,w] ＝ sigma(sys)：返回频率响应在频率 w 处的奇异值 sv,对于有 Nu 输入和 Ny 输出的系统,阵列 sv 有最小(Nu,Ny)行和与频率点相同的列(长度为 w),频率 w(k) 处的奇异值由 sv(:,k) 给出。

【例 10-8】　利用 sigma 函数计算动态系统的频率响应的奇异值并绘制动力系统的奇异值曲线。

```
>> H = [0, tf([3 0],[1 1 10])
tf([1 1],[1 5]), tf(2,[1 6])]
[svH,wH] = sigma(H);
[scIH,wIH] = sigma(H,[],2);
subplot(2,1,1);sigma(H)
xlabel('频率(rad/s)');title('奇异值');ylabel('奇异值(dB)')
subplot(2,1,2);sigma(H,[],2)
xlabel('频率(rad/s)');title('奇异值');ylabel('奇异值(dB)')
```

运行程序,输出如下,效果如图 10-2 所示。

```
H =
  From input 1 to output⋯
  1:  0
      s + 1
  2:  -----
      s + 5
  From input 2 to output⋯
        3 s
  1:  ------------
      s^2 + s + 10
        2
  2:  -----
      s + 6
Continuous - time transfer function.
```

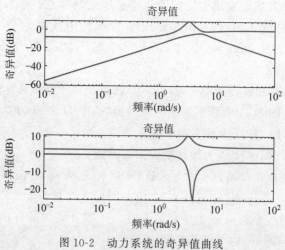

图 10-2　动力系统的奇异值曲线

9. dss 函数

在 MATLAB 中,提供了 dss 函数用于创建描述状态空间模型。函数的调用格式为:

sys = dss(A,B,C,D,E):A,B,C,D 为状态空间模型的系数矩阵。sys 为创建的连续时间广义状态空间模型:

$$E\frac{\mathrm{d}x}{\mathrm{d}t}=Ax+Bu$$

$$y=Cx+Du$$

sys = dss(A,B,C,D,E,Ts):Ts 为创建离散广义模型的采样时间。

$$Ex[n+1]=Ax[n]+Bu[n]$$

$$y[n]=Cx[n]+Du[n]$$

sys = dss(A,B,C,D,E,ltisys):由 LTI 模型到 ltisys,创建一个描述模型。

【例 10-9】　给定采样时间为 0.1,输入标记为 voltage,创建一个描述状态空间模型。

```
>> clear all;
sys = dss(1,2,3,4,5,'inputdelay',0.1,'inputname','voltage', 'notes','Just an example')
```

运行程序,输出如下:

```
sys =
  A =
       x1
   x1   1
  B =
       voltage
   x1      2
  C =
       x1
   y1   3
  D =
       voltage
   y1      4
  E =
       x1
```

```
x1    5
Input delays (seconds): 0.1
Continuous - time state - space model.
```

10. drss 函数

MATLAB 提供了 drss 函数用于生成随机测试模型。函数的调用格式为：

sys = drss(n)：产生一个输入和一个输出的 n 阶模型，并返回对象系统状态空间模型。系统的极点在 z=1 处。

drss(n,p)：生成一个具有一个输入端和 p 个输出端的 n 阶模型。

drss(n,p,m)：生成一个具有 p 个输出端和 m 个输入端的 n 阶模型。

drss(n,p,m,s1,…,sn)：生成 n 个具有 p 个输出端和 m 个输入端的 n 阶模型。

【例 10-10】　创建一个具有三个状态、四个输出和两个输入的离散 LTI 系统。

```
>> sys = drss(3,4,2)
```

运行程序，输出如下：

```
sys =
  A =
            x1        x2        x3
    x1   0.5442    0.1073    0.4908
    x2   0.1073    0.8837   - 0.1517
    x3   0.4908   - 0.1517   0.4572
  B =
            u1        u2
    x1      0       0.7269
    x2   0.4889   - 0.3034
    x3   1.035     0.2939
  C =
            x1        x2        x3
    y1   - 0.7873  - 0.8095   - 0.7549
    y2      0         0          0
    y3   - 1.147    1.438        0
    y4   - 1.069   0.3252    - 0.1022
  D =
            u1        u2
    y1   - 0.2414  - 0.03005
    y2   0.3192       0
    y3   0.3129    0.6277
    y4      0         0
Sample time: unspecified
Discrete - time state - space model.
```

11. idss 函数

在 MATAB 中，使用 idss 函数创建具有可识别（可估计）系数的连续时间或离散时间状态空间模型，或将动态系统模型转换为状态空间形式。

连续时间下，输入向量 u、输出向量 y、扰动 e 的系统状态空间模型为：

$$\frac{\mathrm{d}x(t)}{\mathrm{d}t} = Ax(t) + Bu(t) + Ke(t)$$

$$y(t) = Cx(t) + Du(t) + e(t)$$

在离散时间下,状态空间模型的形式如下:

$$x[k+1] = Ax[k] + Bu[k] + Ke[k]$$
$$y[k] = Cx[k] + Du[k] + e[k]$$

对于 idss 模型,状态空间矩阵 A、B、C、D 的元素可以是可估计的参数。状态扰动 K 的元素也可以是可估计的参数。idss 模型存储这些矩阵元素在模型的 A、B、C、D、K 属性中的值。

idss 函数的语法格式为:

sys = idss(A,B,C,D):创建具有指定状态空间矩阵 A,B,C,D 的状态空间模型。在默认情况下,sys 是一个离散时间模型,样本时间未指定,且没有状态干扰元素。

sys = idss(A,B,C,D,K):指定扰动矩阵 K。

sys = idss(A,B,C,D,K,x0):用向量 x0 初始化状态值。

sys = idss(A,B,C,D,K,x0,Ts):指定采样时间属性 Ts,使用 Ts = 0 创建连续时间模型。

sys = idss(____,Name,Value):使用一个或多个名称-值对参数设置其他属性。

sys = idss(sys0):将任何动态系统模型 sys0 转换为 idss 模型形式。

sys = idss(sys0,'split'):将 sys0 转换为 idss 模型形式,并将 sys0 的最后一个 Ny 输入通道作为返回模型中的噪声通道。sys0 必须是数值型(非标识)tf、zpk 或 ss 模型对象。另外,sys0 的输入必须至少与输出一样多。

【例 10-11】 创建带有可识别参数的四阶 SISO 状态空间模型。将所有条目的初始状态值初始化为 0.1,将采样时间设置为 0.1s。

```
>> A = blkdiag([-0.1 0.4; -0.4 -0.1],[-1 5; -5 -1]);
B = [1; zeros(3,1)];
C = [1 0 1 0];
D = 0;
K = zeros(4,1);
x0 = [0.1,0.1,0.1,0.1];
Ts = 0.1;
sys = idss(A,B,C,D,K,x0,Ts)
```

运行程序,输出如下:

```
sys =
  Discrete - time identified state - space model:
    x(t + Ts) = A x(t) + B u(t) + K e(t)
       y(t) = C x(t) + D u(t) + e(t)
  A =
          x1      x2      x3      x4
    x1  - 0.1    0.4      0       0
    x2  - 0.4   - 0.1     0       0
    x3    0       0      - 1      5
    x4    0       0      - 5     - 1
  B =
        u1
    x1   1
    x2   0
    x3   0
    x4   0
  C =
        x1   x2   x3   x4
```

```
    y1   1   0   1   0
 D =
         u1
    y1   0
 K =
         y1
    x1   0
    x2   0
    x3   0
    x4   0
```

Sample time: 0.1 seconds
Parameterization:
　　FREE form (all coefficients in A, B, C free).
　　Feedthrough: none
　　Disturbance component: none
　　Number of free coefficients: 24
　　Use "idssdata", "getpvec", "getcov" for parameters and their uncertainties.
Status:
Created by direct construction or transformation. Not estimated.

12. pzmap 函数

在 MATLAB 中,提供了 pzmap 函数绘制系统的零极点图。函数的语法格式为:

pzmap(sys):创建连续或离散动态模型系统的极点和零点图。"x"和"o"分别表示极点和零点。

若具有如下条件,则说一个开环线性定常系统是稳定的。

- 在连续时间内,复 S 平面上的所有极点必须位于左半平面,以保证稳定性。如果在虚轴上有不同的极点,即极点的实部为零,则系统是边际稳定的。
- 在离散时间内,复 z 平面上的所有极点必须位于单位圆内。如果系统在单位圆上有一个或多个极点,则系统是边际稳定的。

pzmap(sys1,sys2,…,sysN):在一个图形上创建多个模型的零极点图。这些模型可以有不同数量的输入和输出,可以是连续和离散系统的混合。对于 SISO 系统,pzmap 绘制系统的极点和零点。对于 MIMO 系统,pzmap 绘制系统极点和传输零点。

[p,z] = pzmap(sys):返回系统极点和传输零作为列向量 p 和 z。零极点图不显示在屏幕上。

【例 10-12】　利用 pzmap 计算以下传递函数的极点和零点:

$$sys(s) = \frac{4.2s^2 + 0.25s - 0.004}{s^2 + 9.6s + 17}$$

```
>> sys = tf([4.2,0.25, - 0.004],[1,9.6,17]);
[p,z] = pzmap(sys)
p =
   - 7.2576
   - 2.3424
z =
   - 0.0726
     0.0131
>> pzmap(sys)    % 效果如图 10-3 所示
>> xlabel('实轴');ylabel('虚轴');title('零极点图')
```

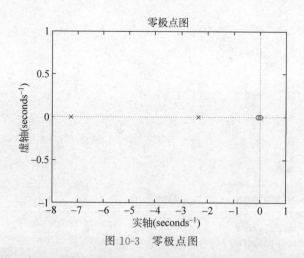

图 10-3 零极点图

13. damp 函数

在 MATLAB 中，提供了 damp 函数用于计算系统的阻尼比。函数的调用格式为：

damp(sys)：返回系统的阻尼比。

[Wn,zeta]= damp(sys)：参数 Wn 为系统的角频率；zeta 为系统的阻尼比。

【例 10-13】 显示离散系统的固有频率、阻尼比和极点。对于本例，考虑以下样本时间为 0.01s 的离散时间传递函数：

$$sys(z) = \frac{5z^2 + 3z + 1}{z^3 + 6z^2 + 4z + 4}$$

```
% 创建离散时间传递函数
>> sys = tf([5 3 1],[1 6 4 4],0.01)
sys =
    5 z^2 + 3 z + 1
  ---------------------
  z^3 + 6 z^2 + 4 z + 4
Sample time: 0.01 seconds
Discrete - time transfer function.
>> % 使用阻尼命令显示有关系统极点的信息
>> damp(sys)
```

Pole	Magnitude	Damping	Frequency (rad/seconds)	Time Constant (seconds)
−3.02e−01 + 8.06e−01i	8.61e−01	7.74e−02	1.93e+02	6.68e−02
−3.02e−01 − 8.06e−01i	8.61e−01	7.74e−02	1.93e+02	6.68e−02
−5.40e+00	5.40e+00	−4.73e−01	3.57e+02	−5.93e−03

14. pole 函数

在 MATLAB 中，提供了 pole 函数用于求系统的极点。函数的调用格式为：

pole(sys)：求系统的极点。

【例 10-14】 计算以下传递函数的极点：

$$sys(s) = \frac{4.2s^2 + 0.25s - 0.004}{s^2 + 9.6z + 17}$$

```
>> sys = tf([4.2,0.25, - 0.004],[1,9.6,17]);
P = pole(sys)
```

运行程序，输出如下：

```
P =
  - 7.2576
  - 2.3424
```

15. zero 函数

在 MATLAB 中，提供了 zero 函数用于求函数的零点。函数的调用格式为：

z = zero(sys)：返回函数的零点。

[z,gain]= zero(sys)：同时返回函数的增益。

[z,gain]= zero(sysarr,J1,…,JN)：返回 J1,…,JN 模型阵列 sysarr 中的零点和增益。

【例 10-15】 求例 10-14 中传递函数的零点。

```
>> sys = tf([4.2,0.25, - 0.004],[1,9.6,17]);
Z = zero(sys)
```

运行程序，输出如下：

```
Z =
  - 0.0726
    0.0131
```

16. tzero 函数

在 MATLAB 中，提供了 tzero 函数实现线性系统的不变零操作。函数的语法格式为：

z = tzero(sys)：返回多输入多输出（MIMO）动态系统 sys 的不变零点。如果 sys 是最小实现，则不变零与 sys 的传输零重合。

z = tzero(A,B,C,D,E)：返回状态空间模型 $\begin{cases} E\dfrac{\mathrm{d}x}{\mathrm{d}t} = Ax + Bu \\ y = Cx + Du \end{cases}$ 的不变零。

z = tzero(____,tol)：tol 为指定的相对容忍度。

[z,nrank] = tzero(____)：也返回 sys 的传递函数或传递函数 $H(s) = D + C(sE - A)^{-1}B$ 的正秩 nrank。

【例 10-16】 求 MIMO 传递函数的传输零点。

```
% 创建一个 MIMO 传递函数,并定位它的不变零
>> s = tf('s');
H = [1/(s + 1) 1/(s + 2);1/(s + 3) 2/(s + 4)];
z = tzero(H)
```

运行程序，输出如下：

```
z =
  -2.5000 + 1.3229i
  -2.5000 - 1.3229i
```

17. pzplot 函数

在 MATLAB 中,提供了 pzplot 函数用于绘图自定义选项的动态系统模型极点和零点绘图。函数的语法格式为:

h = pzplot(sys):绘制动态系统模型的极点和零点,并将句柄 h 返回到 plot 中。使用此函数生成具有可定制的绘图选项(如 FreqUnits、TimeUnits 和 IOGrouping)的极点和零点映射。

pzplot(sys):绘制动态系统模型的极点和零点。"x"和"o"分别表示极点和零点。

pzplot(sys1,sys2,…,sysN):在一个图上显示多个模型的极点和零点,可以为每个模型分别指定不同的颜色。

pzplot(ax,…):绘图到由 ax 指定的轴中,而不是当前轴 gca 中。

pzplot(…,plotoptions):用图中指定的选项 plotoptions 绘制极点和零点。

【例 10-17】 画出由以下传递函数表示的连续时间系统的极点和零点:

$$sys(s) = \frac{2s^2 + 5s + 1}{s^2 + 3s + 5}$$

```
>> sys = tf([2 5 1],[1 3 5]);
h = pzplot(sys);
grid on
xlabel('实轴');ylabel('虚轴');title('零极点图')
```

运行程序,效果如图 10-4 所示。

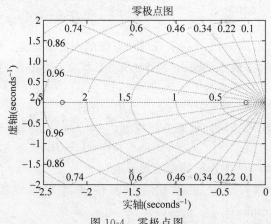

图 10-4　零极点图

18. step 函数

在 MATLAB 中,提供了 step 函数绘制阶跃响应曲线。函数的语法格式为:

step(sys):计算并在当前窗口绘制线性对象 sys 的阶跃响应,可用于单输入单输出或多输入多输出的连续系统或离散时间系统。

step(sys,Tfinal)或 step(sys,t)：定义计算时的时间向量。用户可以指定仿真终止时间，这时 t 为一标量；也可以通过 t＝0:dt:Tfinal 命令设置一个时间向量。对于离散系统,时间间隔 dt 必须与采样周期匹配。

step(sys1,sys2,…,sysN)或 step(sys1,sys2,…,sysN,Tfinal)或 step(sys1,sys2,…,sysN,t)：可同时仿真多个线性对象。

y ＝ step(sys,t)或[y,t] ＝ step(sys)或[y,t] ＝ step(sys,Tfinal)或[y,t,x] ＝ step(sys)或[y,t,x,ysd]＝ step(sys)或[y,…] ＝ step(sys,…,options)：计算仿真数据并且不在窗口显示。其中 y 为输出响应向量;t 为时间向量;x 为状态迹数据。

【例10-18】 创建一个带有延迟的反馈循环,并绘制它的阶跃响应。

```
>> s = tf('s');
G = exp( - s) * (0.8 * s^2 + s + 2)/(s^2 + s);
T = feedback(ss(G),1);
step(T)
xlabel('时间');ylabel('振幅');title('阶跃响应')
```

运行程序,效果如图 10-5 所示。

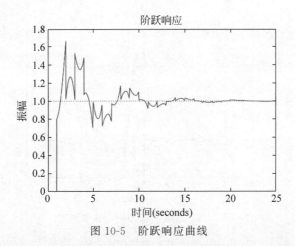

图 10-5　阶跃响应曲线

19．impulse 函数

在 MATLAB 中,提供了 impulse 函数用于求连续系统的单位冲激响应函数。函数的调用格式为：

impulse(sys)：计算并在当前窗口绘制线性对象 sys 的脉冲响应,可用于单输入单输出或者多输入多输出的连续系统或离散时间系统。

impulse(sys,Tfinal)或 impulse(sys,t)：定义计算时的时间向量。用户可以指定一仿真终止时间,这时 t 为一标量,也可以通过 t＝0:dt:Tfinal 命令设置一个时间向量。对于离散系统,时间间隔 dt 必须与采样周期匹配。

impulse(sys1,sys2,…,sysN)、impulse(sys1,sys2,…,sysN,Tfinal)、impulse(sys1,sys2,…,sysN,t)：定义仿真绘制属性。

[y,t] ＝ impulse(sys)、[y,t] ＝ impulse(sys,Tfinal)、y ＝ impulse(sys,t)、[y,t,x] ＝ impulse(sys)、[y,t,x,ysd] ＝ impulse(sys)：计算仿真数据并且不在窗口显示。其中 y 为输出响应向量;t 为时间向量;x 为状态系统轨迹数据;ysd 为返回的标准偏差。

【**例 10-19**】 已知控制系统的状态空间方程为

$$\begin{bmatrix} \dot{x}_1 \\ \dot{x}_2 \end{bmatrix} = \begin{bmatrix} -0.5572 & -0.7814 \\ 0.7814 & 0 \end{bmatrix} \begin{bmatrix} x_1 \\ x_2 \end{bmatrix} + \begin{bmatrix} 1 & -1 \\ 0 & 2 \end{bmatrix} \begin{bmatrix} u_1 \\ u_2 \end{bmatrix}$$

$$y = \begin{bmatrix} 1.9691 & 6.4493 \end{bmatrix} \begin{bmatrix} x_1 \\ x_2 \end{bmatrix}$$

试绘制系统的脉冲响应。

```
>> clear all;
a = [ -0.5572 -0.7814;0.7814  0];
b = [1 -1;0 2];
c = [1.9691  6.4493];
sys = ss(a,b,c,0);
impulse(sys); grid on;
xlabel('时间'); ylabel('振幅');title('脉冲响应');
```

运行程序，效果如图 10-6 所示。

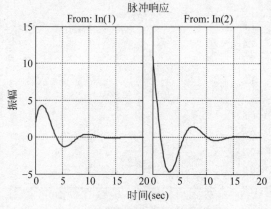

图 10-6 系统的脉冲响应效果图

20. lsim 函数

在 MATLAB 中，提供了 lsim 函数用于对任意输入的系统进行仿真。函数的调用格式为：

lsim：可以对任意输入的连续时间线性系统进行仿真，在不带输出变量的情况下，lsim 可在当前图形窗口中绘制出系统的输出响应曲线。

lsim(sys,u,t)：计算在当前窗口绘制的线性对象 sys 在输入为 u(t)时的响应，可应用于单输入单输出或多输入多输出的连续系统或者离散时间系统。

lsim(sys,u,t,x0)：x0 为指定的初始条件。

lsim(sys,u,t,x0,'zoh')和 lsim(sys,u,t,x0,'foh')：定义了系统输入值采用的插值方法。

【**例 10-20**】 已知如下定常系统：

$$\boldsymbol{H}(s) = \begin{bmatrix} \dfrac{2s^2 + 5s + 1}{s^2 + 2s + 3} \\ \dfrac{s-1}{s^2 + s + 5} \end{bmatrix}$$

求取其在指定方波信号作用下的响应。

```
>> % 建立传递函数,用 gensig 生成方波,在 10s 内每 0.1s 取样一次
>> H = [tf([2 5 1],[1 2 3]);tf([1 -1],[1 1 5])];
[u,t] = gensig('square',4,10,0.1);
>> % 然后用 lsim 进行模拟
>> lsim(H,u,t)
>> xlabel('时间');ylabel('振幅');title('系统仿真')
```

运行程序,效果如图 10-7 所示。

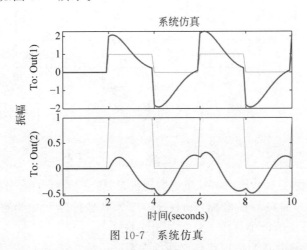

图 10-7 系统仿真

21. bode 函数

Bode 图即对数频率特性图,它包括了对数幅频频率响应和相位数据图。函数的语法格式为:

bode(sys):计算并在当前窗口绘制线性对象 sys 的 Bode 图,可用于单输入单输出或多输入多输出连续系统或离散时间系统。绘制时的频率范围将由系统的零极点决定。

bode(sys1,…,sysN)和 bode(…,w):同时在一个窗口重绘制多个线性对象 sys 的 Bode 图。这些系统必须具有同样的输入和输出数,但可以同时含有离散时间和连续时间系统。

bode(sys1,PlotStyle1,…,sysN,PlotStyleN):定义每个仿真绘制的绘制属性。

[mag,phase]= bode(sys,w)和[mag,phase,wout]= bode(sys):计算 Bode 图数据,且不在窗口显示。其中 mag 为 Bode 图幅值;phase 为 Bode 图的相位值;wout 为 Bode 图的频率点。

[mag,phase,wout,sdmag,sdphase]= bode(sys):同时返回幅度和相位的标准差 sdmag 和偏差 sdphase。

【例 10-21】 使用 LineSpec 输入参数在 Bode 图中为每个系统指定线条样式、颜色或标记。

```
>> H = tf([1 0.1 7.5],[1 0.12 9 0 0]);
Hd = c2d(H,0.5,'zoh');
bode(H,'r',Hd,'b--')
```

运行程序,效果如图 10-8 所示。

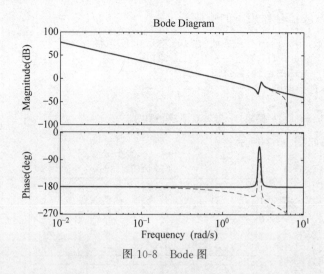

图 10-8　Bode 图

22. nyquist 函数

对于频率特性函数 $G(j\omega)$，给出 ω 从负无穷到正无穷的一系列数值，分别求出 $\text{Im}(G(j\omega))$ 和 $\text{Re}(G(j\omega))$。以 $\text{Re}(G(j\omega))$ 为横坐标，$\text{Im}(G(j\omega))$ 为纵坐标绘制极坐标频率特性图。利用 nyquist 函数来绘制系统的极坐标图。函数的语法格式为：

nyquist(sys)：计算并在当前窗口绘制线性对象 sys 的 Nyquist 图，可用于单输入单输出或多输入多输出连续系统或离散时间系统。当系统为多输入多输出时，产生一组 Nyquist 频率曲线，每个输入/输出通道对应一个。绘制时的频率范围将由系统的零极点决定。

nyquist(sys,w)：显示定义绘制时的频率点 w。若要定义频率范围 w 必须有[wmin，wmax]的格式；如果定义频率点，则 w 必须是由需要频率点组成的向量。

nyquist(sys1,sys2,…,sysN) 和 nyquist(sys1,sys2,…,sysN,w)：同时在一个窗口重复绘制多个线性对象 sys 的 Nyquist 图。这些系统必须具有同样的输入和输出数，但可以同时含有离散时间和连续时间系统。

[re,im,w] = nyquist(sys)：返回系统的频率响应。其中 re 为系统响应的实部；im 为系统响应的虚部；w 为频率点。

【例 10-22】　建立具有响应不确定性的识别模型的 Nyquist 图。

```
%计算已识别模型频率响应实部和虚部的标准差
%使用此数据创建响应不确定性的3个曲线图
load iddata2 z2;
%利用数据确定传递函数模型
sys_p = tfest(z2,2);
%求一组512个频率 w 的频率响应实部和虚部的标准差
w = linspace(-10 * pi,10 * pi,512);
[re,im,wout,sdre,sdim] = nyquist(sys_p,w);
%这里 re 和 im 是频率响应的实部和虚部,sdre 和 sdim 分别是它们的标准差
% wout 中的频率和在 w 中指定的频率相同
%创建一个奈奎斯特(Nyquist)图
re = squeeze(re);
im = squeeze(im);
sdre = squeeze(sdre);
sdim = squeeze(sdim);
```

```
plot(re,im,'b',re+3*sdre,im+3*sdim,'k:',re-3*sdre,im-3*sdim,'k:')
xlabel('实轴');
ylabel('虚轴');
```

运行程序,效果如图 10-9 所示。

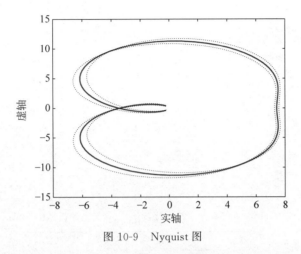

图 10-9　Nyquist 图

23. margin 函数

margin 函数可以从频率响应数据中计算出幅值裕度、相位裕度以及对应的频率。幅值裕度和相位裕度是针对开环 SISO 系统而言的,它指出系统闭环时的相对稳定性。当不带输出变量引用时,margin 可在当前图形窗口中绘制出带有裕量及相应频率显示的 Bode 图,其中幅值裕度以分贝为单位。

幅值裕度是在相角为 $-180°$ 处使开环增益为 1 的裕量,在 $-180°$ 相频处的开环增益为 g,则幅值裕度为 $1/g$;如果用分贝值表示幅值裕度,则等于 $-20*\log10(g)$。相位裕度是当开环增益为 1 时,相应的相角与 $180°$ 的和,函数 margin 的语法格式为:

$[Gm,Pm,Wgm,Wpm]=margin(sys)$:计算线性对象 sys 的增益和相位裕度。其中,Gm 对应系统的增益裕度,Wgm 对应其交叉频率;Pm 对应系统的相位裕度;Wpm 对应其交叉频率。

$[Gm,Pm,Wgm,Wpm]=margin(mag,phase,w)$:根据 Bode 图给出的数据 mag、phase 和 w,来计算系统的增益和相位裕度。mag、phase 和 w 分别为幅值、相位和频率向量。

margin(sys):可从频率响应数据中计算出增益、相位裕度以及响应的交叉频率。增益和相位裕度是针对开环单输入单输出系统而言的,它可以显示系统闭环时的相对稳定性。当不带输出变量时,margin 则在当前窗口绘制出裕度的 Bode 图。

【例 10-23】 已知开环传递函数 $H(z)=\dfrac{0.04798z+0.0464}{z^2-1.81z+0.9048}$,绘制系统的 Bode 图,并求系统的相角稳定裕量和幅值稳定裕量。

```
>> hd = tf([0.04798 0.0464],[1 -1.81 0.9048],0.1)
figure(1);bode(hd);                    % Bode 图
title('系统 Bode 图');xlabel('频率');
grid on;
figure;margin(hd);                     % 系统裕度 Bode 图
```

```
[Gm,Pm,Wgm,Wpm] = margin(hd)
title('系统 Bode 图');xlabel('频率');
grid on;
```

运行程序,输出如下,效果如图 10-10 所示。

```
hd =
  0.04798 z + 0.0464
  --------------------
  z^2 - 1.81 z + 0.9048
Sample time: 0.1 seconds
Discrete-time transfer function.
Gm =
    2.0517
Pm =
  13.5711
Wgm =
    5.4374
Wpm =
    4.3544
```

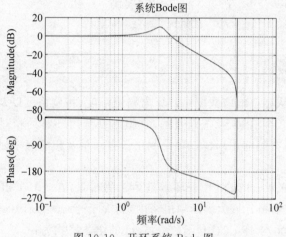

图 10-10 开环系统 Bode 图

24. allmargin 函数

在 MATLAB 中,提供了 allmargin 函数用于计算所有的交叉频率和稳定裕度。函数的调用格式为:

S = allmargin(sys):计算单输入单输出开环模型的交叉频率。

S = allmargin(mag,phase,w,ts):计算单输入单输出开环模型的增益、相位、时延裕度和响应的交叉频率。allimargin 可以用在任何单输入单输出模型上,包括具有时延的模型。

输出 S 为一结构体,它具有如下的域。

- GMFrequency:所有−180°的交叉频率。
- GainMargin:响应的增量裕度,定义为 $1/G$,G 是在交叉处的增益。
- PMFrequency:所有 0dB 的交叉频率。
- PhaseMargin:以角度表示的响应相位增益。
- DMFrequency 和 DelayMargin:关键的频率和响应的时延裕度,在连续时间系统中,时延以秒的形式给出。在离散时间系统中,时延以采样周期的整数倍给出。

- Stable：如果闭环系统稳定,则为 1；否则为 0。

【例 10-24】　已知系统函数为 $L = \dfrac{25}{s^3 + 10s^2 + 10s + 10}$,计算系统的稳定裕度。

```
>> L = tf(25,[1 10 10 10]);
>> %求 L 的稳定裕度
>> S = allmargin(L)
```

运行程序,输出如下：

```
S =
包含以下字段的 struct:
     GainMargin: 3.6000
    GMFrequency: 3.1623
    PhaseMargin: 29.1104
    PMFrequency: 1.7844
    DelayMargin: 0.2847
    DMFrequency: 1.7844
         Stable: 1
```

25. rlocus 函数

在 MATLAB 中,提供了 rlocus 函数绘制系统的根轨迹图。函数的语法格式为：

rlocus(sys)：根据 SISO 开环系统 sys 的模型,直接在屏幕上绘制出系统的根轨迹图。开环增益的值从零到无穷大变化。

rlocus(sys1,sys2,…)：在一个图形上绘制多个 LTI 模型 sys1,sys2,…的根轨迹。可以为每个模型指定颜色、线条样式和标记。

[r,k] = rlocus(sys) 和 r = rlocus(sys,k)：根据开环增益变化向量 k,返回闭环系统特征系统方程 1+k*num(s)/den(s)=0 的根 r,它有 length(k) 行,length(den)−1 列,每行对应某个 k 值的所有闭环极点,或者同时返回 k 与 r。如果给出的传递函数描述系统的分子项 num 为负,则利用函数 rlocus 绘制的是系统的零度根轨迹(正反馈系统或非最小相位系统)。

【例 10-25】　考虑以下 SISO 传递函数模型：

$$\mathrm{sys}(s) = \frac{0.5s^2 - 1}{4s^4 + 3s^2 + 2}$$

有一组增益值,从 1～8,增量为 0.5,使用 r 轨迹提取闭环极点位置。

```
%定义传递函数模型和反馈增益值所需向量
>> sys = tf([0.5 -1],[4 0 3 0 2]);
k = (1:0.5:5);
r = rlocus(sys,k);
size(r)
ans =
     4     9
```

由于 sys 包含 4 个闭环极点,因此合成的闭环极点矩阵的大小 r 为 4×9,其中 9 列对应于 k 中定义的 9 个特定增益值。

```
%还可以在根轨迹图上可视化特定增益值 k 的闭环极点的轨迹
>> rlocus(sys,k)   %效果如图 10-11 所示
>> xlabel('实轴');ylabel('虚轴');title('根轨迹');
```

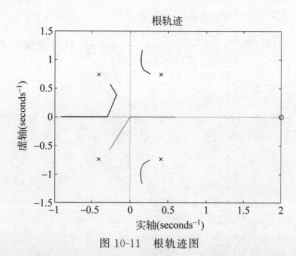

图 10-11　根轨迹图

26. ctrb 函数

在 MATLAB 中,提供了 ctrb 函数用于实现能控矩阵的计算。函数的调用格式为:

Co = ctrb(sys):计算状态空间 LTI 对象的能控矩阵 Co。其调用等价于 Co＝ctrb(sys. A, sys. B)。

【例 10-26】 考虑系统的状态方程模型:

$$\dot{x} = \begin{bmatrix} 0 & 1 & 0 & 0 \\ 0 & 0 & -1 & 0 \\ 0 & 0 & 0 & 1 \\ 0 & 0 & 5 & 0 \end{bmatrix} x + \begin{bmatrix} 0 \\ 1 \\ 0 \\ -2 \end{bmatrix} u$$

$$y = \begin{bmatrix} 1 & 0 & 0 & 0 \end{bmatrix} x$$

分析系统的可控性。

```
>> A = [0 1 0 0;0 0 -1 0;0 0 0 1;0 0 5 0];
B = [0;1;0; -2];
C = [1 0 0 0];
D = 0;
Tc = ctrb(A,B);
rank(Tc)
ans =
    4
```

可见,因为 Tc 矩阵的秩为 4,等于系统的阶次,所以系统是完全能控的。

27. ctrbf 函数

在 MATLAB 中,提供了 ctrbf 函数用于分析系统的能控与不能控。函数的调用格式为:

[Abar,Bbar,Cbar,T,k] = ctrbf(A,B,C):将系统分解为能控与不能控两部分。其中 T 为相似变换矩阵,k 是长度为 n 的向量,其元素为各个块的秩。sum(k)可求出 A 中可控部分的秩。[Abar,Bbar,Cbar]对应于转换后系统的[A,B,C]。

ctrbf(A,B,C,tol):定义误差容限 tol,默认时,tol＝10×n×norm(a,1)×eps。

【例 10-27】 根据给定的控制系统的系数矩阵,进行能控性分解。

```
>> clear all;
A = [1 1;4 - 2];
B = [1 - 1;1 - 1];
C = [1 0; 0 1];
[Abar,Bbar,Cbar,T,k] = ctrbf(A,B,C)
```

运行程序,输出如下:

```
Abar =
    - 3.0000     0.0000
      3.0000     2.0000
Bbar =
      0.0000    - 0.0000
    - 1.4142     1.4142
Cbar =
    - 0.7071    - 0.7071
      0.7071    - 0.7071
T =
    - 0.7071     0.7071
    - 0.7071    - 0.7071
k =
      1      0
```

28. obsv 函数

在 MATLAB 中,提供了 obsv 函数计算状态空间系统的可观测矩阵。函数的调用格式为:

Ob＝obsv(A,C):对于一个 n×n 矩阵 A 和一个 p×n 矩阵 C,参数 Ob 为返回可观测矩

阵 $Ob = \begin{bmatrix} C \\ CA \\ CA^2 \\ \vdots \\ CA^{n-1} \end{bmatrix}$。

Ob = obsv(sys):计算状态空间模型系统的可观测矩阵,该语法等同于执行 Ob = obsv(sys. A,sys. C)。

【例 10-28】 已知控制系统的状态方程为:

(1) $\begin{cases} \dot{x}(t) = \begin{bmatrix} 1 & 0 \\ -1 & 2 \end{bmatrix} x(t) + \begin{bmatrix} 1 \\ 0 \end{bmatrix} u(t), \\ y(t) = \begin{bmatrix} 0 & 1 \end{bmatrix} x(t) \end{cases}$; (2) $\begin{cases} \dot{x}(t) = \begin{bmatrix} -3 & 1 & 0 \\ 0 & 3 & 0 \\ 0 & 2 & 1 \end{bmatrix} x(t) + \begin{bmatrix} 1 & -1 \\ -1 & 0 \\ 2 & 0 \end{bmatrix} u(t) \\ y(t) = \begin{bmatrix} 1 & 0 & 1 \\ -1 & 2 & 0 \end{bmatrix} x(t) \end{cases}$

判断系统的能观性。

```
% 实现(1)的代码
>> clear all;
A1 = [1 0; - 1 2];
C1 = [0 1];
```

```
Ob1 = obsv(A1,C1)
r1 = rank(Ob1)
Ob1 =
     0     1
    -1     2
r1 =
     2
```

由以上结果可看出,能观矩阵的秩为 2,等于系统的阶次 2,因此系统是完全能观的。

```
% 实现(2)的代码
>> clear all;
A2 = [ - 3 1 0;0 3 0;0 2 1];
C2 = [1 0 1; - 1 2 0];
Ob2 = obsv(A2,C2)
r2 = rank(Ob2)
Ob2 =
     1     0     1
    -1     2     0
    -3     3     1
     3     5     0
     9     8     1
    -9    18     0
r2 =
     3
```

由以上结果可看出,能观矩阵的秩为 3,等于系统的阶次 3,因此系统是完全能观的。

29. obsvf 函数

在 MATLAB 中,提供了 obsvf 函数用于系统的能观与不能观分解。函数的调用格式为:

[Abar,Bbar,Cbar,T,k] = obsvf(A,B,C):将系统分解为能观与不能观两部分。其中 T 为相似变换矩阵,k 是长度为 n 的向量,其元素为各个块的秩。sum(k)可求出 A 中可观部分的秩。[Abar,Bbar,Cbar]对应于转换后系统的[A,B,C]。

obsvf(A,B,C,tol):定义误差容限 tol,默认时,tol＝$10 \times n \times norm(a,1) \times eps$。

【例 10-29】 根据给定的控制系统的系数矩阵,进行能观性分解。

```
>> clear all;
A = [1 1;4 -2];
B = [1 -1;1 -1];
C = [1 0; 0 1];
[Abar,Bbar,Cbar,T,k] = obsvf (A,B,C)
```

运行程序,输出如下:

```
Abar =
     1     1
     4    -2
Bbar =
     1    -1
     1    -1
Cbar =
     1     0
     0     1
```

```
T =
     1     0
     0     1
k =
     2     0
```

30．minreal 函数

在 MATLAB 中，提供了 minreal 函数消除不可控或不可观察的状态。函数的语法格式为：

sysr ＝ minreal(sys)：在状态空间模型中消除不可控或不可观察的状态，或在传递函数或零极增益模型中消除零极点对。输出系统具有最小阶数，且具有与原模型系统相同的响应特性。

sysr ＝ minreal(sys,tol)：指定用于状态消除或零极点消除的容差，默认值是 tol ＝ sqrt(eps)。

[sysr,u] ＝ minreal(sys,tol)：对于状态空间模型 sys，返回一个正交矩阵 U，使(U∗A∗U',U∗B,C∗U')是(A,B,C)的卡尔曼分解。

… ＝ minreal(sys,tol,false)和… ＝ minreal(sys,[],false)：禁用函数的详细输出。默认情况下，minreal 显示一条消息，指示从状态空间模型系统中删除的状态数。

【例 10-30】 演示 minreal 函数的用法。

```
>> g = zpk([],1,1);
h = tf([2 1],[1 0]);
cloop = inv(1+g*h) * g                    %产生非最小零极增益 cloop 模型
cloop =
         s (s - 1)
  -------------------
  (s - 1) (s^2 + s + 1)
Continuous - time zero/pole/gain model.
>> % 在 s = 1 时取消零极点对
>> cloopmin = minreal(cloop)
cloopmin =
          s
  -------------
  (s^2 + s + 1)
Continuous - time zero/pole/gain model.
```

1. csapi 函数

在 MATLAB 中,提供了 csapi 函数用于实现插值生成三次样条。函数的语法格式为:

pp＝csapi(x,y):返回的是以(x,y)为插值点序列,以"not-a-knot"为边界条件的 pp 形式的三次插值样条函数。

values ＝ csapi(x,y,xx):返回的是以(x,y)为插值点序列,以"not-a-knot"为边界条件的三次插值样条函数在向量 xx 处的值,并存放在 values 中。

【例 11-1】 例子展示了如何使用 Curve Fitting Toolbox 的 csapi 命令来构造三次样条插值。

(1) 插值到两点。

这个插值函数是一个具有间断序列 x 的分段三次函数,它的三次块连接在一起形成一个具有两个连续导数的函数。"非结"结束条件意味着,在第一个和最后一个内部中断,甚至 3 阶导数是连续的(直到舍人误差)。

```
% 只指定两个数据点就会得到一条直线内插
x = [0 1];
y = [2 0];
xx = linspace(0,6,121);
subplot(3,1,1);plot(xx,csapi(x,y,xx),'k-',x,y,'ro')
title('插值到两点')
```

(2) 插值到三点。

```
% 如果指定三个数据点,函数输出一个抛物线
x = [2 3 5];
y = [1 0 4];
subplot(3,1,2);plot(xx,csapi(x,y,xx),'k-',x,y,'rs')
title('插值到三点')
```

(3) 内插到五点。

```
% 更一般地,如果指定 4 或 5 个数据点,函数输出三次样条
x = [1 1.5 2 4.1 5];
y = [1 -1 1 -1 1];
subplot(3,1,3);plot(xx,csapi(x,y,xx),'k-',x,y,'ro')
title('内插值到五点')
```

运行程序,效果如图 11-1 所示。

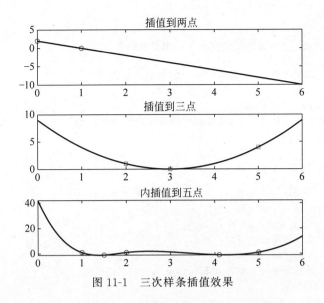

图 11-1　三次样条插值效果

2. csape 函数

在 MATLAB 中,提供了 csape 函数用于构造各种边界条件下的三次样条插值。函数的语法格式为:

pp = csape(x,y):x 与 y 为已知的插值点,x 为待求点的自变量值,输出参数 pp 是一个结构体。

pp = csape(x,y,conds):参数 conds 表示选用的插值边界条件,其默认的插值方法为拉格朗日边界插值,具体取值如下。

- complete 或 clamped:表示边界为一阶导数。
- not-knot:表示非扭结边界条件。
- periodic:表示周期性边界条件。
- second:表示边界为二阶导数。
- default:二阶导数的默认值为[0,0]。
- variational:设置边界二阶导数等于[0,0](就是自然边界条件)。

对于一些特殊的边界条件,可以通过参数 conds 用一个 1×2 的向量来表示,其中元素取值为 0,1,2。conds(i)=j 表示设置 j 阶导数,该向量的第一个值对应于左边界,第二个值对应于右边界。相应导数值由 valconds 给出。

【例 11-2】 利用 csape 函数对给定的数据实现边界条件下的三次样条插值。

```
% 这个例子使用了一个用于数据拟合的标准数据集,使用 titanium 函数加载数据
[x,y] = titanium;
% 定义元素的系数
a = -2;
b = -1;
c = 0;
% end 条件适用于数据集的最左端
e = x(1);
% 计算三次样条插值的数据集没有强加的结束条件
s1 = csape(x,y);
```

```
% 计算 s0
yZero = zeros(1,length(y));
% 1×2 矩阵 conds 通过指定要固定的样条导数来设置结束条件
conds = [1 0];
% 要指定固定函数或其导数的值,将它们作为附加值添加到拟合的数据集,
% 在本例中为 yZero,第一个元素指定左端值,而最后一个元素指定右端值
s0 = csape(x,[1 yZero 0],conds);
% 通过使用前面提到的 s 的表达式,从数据中计算完全拟合的样条
d1s1 = fnder(fnbrk(s1,1));
d2s1 = fnder(d1s1);
d1s0 = fnder(fnbrk(s0,1));
d2s0 = fnder(d1s0);
% 计算样条的第一个多项式的导数,作为结束条件只适用于数据的左端
lam1 = a * fnval(d1s1, e) + b * fnval(d2s1,e);
lam0 = a * fnval(d1s0, e) + b * fnval(d2s0,e);
% 使用 λ₁ 和 λ₂ 来计算最终的完全拟合样条
pp = fncmb(s0,(c - lam1)/lam0,s1);
% 绘制样条以比较默认约束条件的结果和自定义约束条件的结果
fnplt(pp,[594, 632])
hold on
fnplt(s1,'b-- ',[594, 632])
plot(x,y,'ro','MarkerFaceColor','r')
hold off
axis([594, 632, 0.62, 0.655])
legend '自定义约束条件' '默认约束条件' 'Data Location'
```

运行程序,效果如图 11-2 所示。

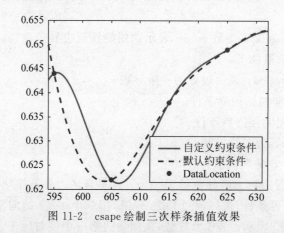

图 11-2   csape 绘制三次样条插值效果

3. spapi 函数

在 MATLAB 中,提供了 spapi 函数用于实现样条插值。函数的语法格式为:

```
spline = spapi(knots,x,y)
spapi(k,x,y)
spapi({knork1,…,knorkm},{x1,…,xm},y)
spapi(…,'noderiv')
```

返回以 knots 为节点序列,以 k=length(knots)−length(x) 为阶数,满足条件 y=f(x) 的样条函数 spline。

【例 11-3】   分别用 B 样条函数对下面给出的数据进行 5 次 B 样条插值,并与三次分段多

项式样条插值结果做比较。

```
>> clear all;
%给定数据 1
x0 = [0 0.5 1 2 pi];
y0 = sin(x0);
subplot(1,2,1);ezplot('sin(t)',[0,pi]);
hold on;
sp1 = csapi(x0,y0);fnplt(sp1,'r--');        %三次分段多项式样条插值
sp2 = spapi(5,x0,y0);fnplt(sp2,'b:');        %5 次 B 样条插值
legend('三次分段多项式样条插值','5 次 B 样条插值');
title('数据 1 插值'); xlabel('数据');ylabel('插值')
%给定数据 2
x1 = 0:0.12:1;
y1 = (x1.^2 - 3 * x1 + 5). * exp( - 5 * x1). * sin(x1);
subplot(1,2,2);ezplot('(x1^2 - 3 * x1 + 5) * exp( - 5 * x1) * sin(x1)',[0,1]);
hold on;
sp3 = csapi(x1,y1);fnplt(sp3,'r--');
sp4 = spapi(5,x1,y1);fnplt(sp4,'b:')
legend('三次分段多项式样条插值','5 次 B 样条插值');
title('数据 2 插值'); xlabel('数据');ylabel('插值')
```

运行程序,效果如图 11-3 所示。

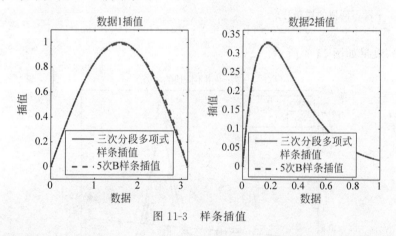

图 11-3　样条插值

4. csaps 函数

在 MATLAB 中,提供了 csaps 函数用于生成三次平滑样条插值。函数的语法格式为:

$pp = csaps(x,y)$:以分段多项式返回给定数据(x,y)的三次平滑样条插值。样条 f 在数据点 $x(j)$ 处的值逼近数据值 $y(:,j)$,此时 $j = 1:length(x)$。

$pp = csaps(x,y,p)$:指定平滑参数 p。还可以通过将 p 作为一个向量提供粗糙度度量权重,该向量的第一个条目是 p,第 i 个条目是在区间$(x(i-1),x(i))$上的粗糙值。

$pp = csaps(x,y,p,[],w)$:也指定了误差测量中的权重 w。

$values = csaps(x,y,p,xx)$:使用平滑参数 p 并返回在点 xx 处计算的平滑样条的值。该语法与 $fnval(csaps(x,y,p),xx)$ 相同。

$values = csaps(x,y,p,xx,w)$:使用平滑参数 p 和误差测量权值 w,并返回在点 xx 处评估的平滑样条的值。该语法与 $fnval(csaps(x,y,p,[],w),xx)$ 相同。

[____] = csaps({x1,…,xm},y,____)：为矩形网格(由{x1,…,xm}描述)上的数据提供张量平滑样条的分段多项式。

[____,P] = csaps(____)：也返回在最终样条结果中使用的平滑参数的值。

【例 11-4】 拟合不同平滑参数的样条。

```
% 利用 csaps 函数(带有平滑参数 p)进行平滑样条拟合,使用 p 在 0 和 1 之间的极值,看看它们如何
% 影响拟合样条的形状和紧密程度
[x, y] = titanium();                    % 加载钛数据集
% 当 p = 0 时,s0 为拟合数据的最小二乘直线;当 p = 1 时,s1 是变分的,或自然的三次样条插值;
% 对于 0 < p < 1, sp 是一个平滑的样条,它是两个极端之间的权衡,
% 比插值的 s1 更平滑,比直线 s0 更接近数据
p = 0.00009;
s0 = csaps(x,y,0);
sp = csaps(x,y,p);
s1 = csaps(x,y,1);
figure
fnplt(s0);
hold on
fnplt(sp);
fnplt(s1);
plot(x,y,'ko');
hold off
title('为 p 平滑不同值的样条');
legend('p = 0', ['p = 'num2str( p )], 'p = 1', 'Location', 'northwest')
```

运行程序,效果如图 11-4 所示。

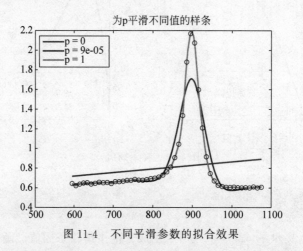

图 11-4　不同平滑参数的拟合效果

5．cscvn 函数

在 MATLAB 中,提供了 cscvn 函数用于生成一条内插参数的三次样条曲线。函数的语法格式为：

curve = cscvn(points)：根据给定的变参 points,确定构造普通的三次样条曲线,还是周期的三次样条曲线。

【例 11-5】 用 cscvn 函数构造和绘制几条不同的插值三次样条曲线。

```
% 生成一系列点,然后绘制由 cscvn 函数生成的三次样条曲线,选取的点标为圆
```

```
points = [0 1 1 0 - 1 - 1 0 0; 0 0 1 2 1 0 - 1 - 2];
subplot(2,2,1);fnplt(cscvn(points));
hold on,
plot(points(1,:),points(2,:),'o'),
hold off
% 通过标准菱形的四个顶点绘制了一条圆曲线
subplot(2,2,2);fnplt(cscvn( [1 0 - 1    0 1;0 1 0    - 1 0] ))
% 显示了在两点和曲线端点处的一个角
subplot(2,2,3);fnplt(cscvn( [1 0 - 1 - 1 0 1;0 1 0 0 - 1 0] ))
% 生成一个又一个双点的闭合曲线,结果出现一个角
subplot(2,2,4);c = fnplt(cscvn([0 .82 .92 0 0 - .92 - .82 0; .66 .9 0 …
- .83 - .83 0 0 .9 .66])); fill(c(1,:),c(2,:),'r'),
axis equal
```

运行程序,效果如图 11-5 所示。

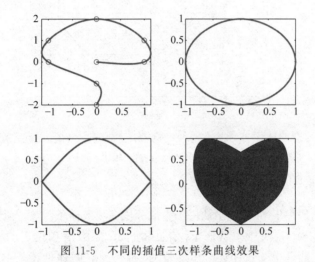

图 11-5　不同的插值三次样条曲线效果

6. getcurve 函数

在 MATLAB 中,提供了 getcurve 函数用于动态生成三次样条曲线。函数的语法格式为:

[xy,spcv] = getcurve:显示一个网格划分窗口,并且要求用户输入。当用户输入点时,函数用折线连接这些点;当用户输入完毕后,单击窗口外即可,然后函数返回节点序列 xy 和用 cscvn 函数构造的样条函数曲线。如果节点序列 xy 的第一个点和最后一个点足够接近,那么函数将返回闭合的较长函数曲线。

【例 11-6】　利用 getcurve 函数手动生成样条曲线。

```
>> [xy,spcv] = getcurve
```

在弹出的网格划分窗口中手动选择对应的点后,单击窗口外,输出如下,效果如图 11-6 所示。

```
xy =
  - 0.7072    0.1768   - 0.1363   - 0.4088    0.3278    0.8177    0.6151   - 0.5930
  - 0.6519   - 0.6519   - 0.6961   - 0.6961   - 0.6335   - 0.6335    0.7687    0.3435
  - 0.0070   - 0.3949   - 0.6051   - 0.0164    0.4463    0.2780    0.0257    0.0257
    0.7967    0.7967   - 0.6565   - 0.6565
```

```
spcv =
包含以下字段的 struct:
    form: 'pp'
   breaks: [0 0.8834 1.5845 2.3639 2.9742 3.5705 4.2295 4.8708 5.5471 6.2240]
   coefs: [18×4 double]
   pieces: 9
   order: 4
     dim: 2
```

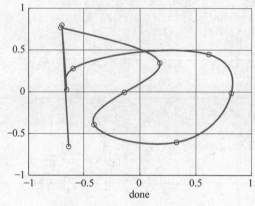

图 11-6 手动生成样条曲线

7. ppmak 函数

在 MATLAB 中,提供了 ppmak 函数用于生成分段多项式样条函数。函数的语法格式为:

ppmak(breaks,coefs):返回由 breaks 信息和 coefs 系数信息指定的样条的 ppform。该信息的解释取决于函数是单变量的还是多变量的,如 breaks 是序列还是单元格数组。

ppmak(breaks,coefs,d):如果 d 是正整数,期望函数是单变量的,可以根据所提供的信息将样条曲线的 ppform 组合在一起。在这种情况下,coefs 的大小为[d*l,k],其中 l 为长度(断点)−1,这决定了样条的顺序 k。由此,取 coefs(i*d+j,:)为(i+1)多项式块的系数向量的第 j 个分量。

ppmak(breaks,coefs,sizec):参数 sizec 为正整数的行向量,将样条曲线的 ppform 组合在一起生成样条函数。这个选项只有在输入参数 coefs 是一个带有一个或多个单维的数组的情况下才有效。

【例 11-7】 利用 ppmak 函数对给定的数据生成分段多项式样条函数。

```
>> clear all;
breaks = −5:−1;
coefs = −22:−11;
pp = ppmak(breaks,coefs)
```

运行程序,输出如下:

```
pp =
包含以下字段的 struct:
    form: 'pp'
   breaks: [−5 −4 −3 −2 −1]
   coefs: [4×3 double]
```

```
        pieces: 4
         order: 3
           dim: 1
```

8. spcrv 函数

在 MATLAB 中,提供了 spcrv 函数用于生成均匀划分的 B 样条曲线。函数的语法格式为:

spcrv(c,k): 提供了均匀 B 样条曲线上点的密集序列 f(tt),其阶为 k,B 样条系数为 c,对应的样条曲线为:

$$f: t \bigg| \rightarrow \sum_{j=1}^{n} B(t - k/2 \mid j, \cdots, j+k) c(j), \quad \frac{k}{2} \leqslant t \leqslant n + \frac{k}{2}$$

spcrv(c): 默认值 k=4。

spcrv(c,k,maxpnt): 序列 maxpnt 的默认元素的最大个数为 100。

【例 11-8】 下面利用 spcrv 函数生成均匀划分的 B 样条曲线。

```
>> points = [0 0 1 1 0 -1 -1 0 0 ;
             0 0 0 1 2 1 0 -1 -2];
plot(points(1,:),points(2,:),':')
values = spcrv(points,3);
hold on, plot(values(1,:),values(2,:)), hold off
```

运行程序,效果如图 11-7 所示。

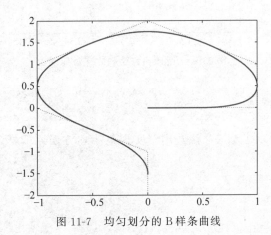

图 11-7　均匀划分的 B 样条曲线

9. fnplt 函数

在 MATLAB 中,提供了 fnplt 函数用于对样条函数进行绘图。函数的调用格式为:

fnplt(f): 绘制样条函数 f 的图形。

fnplt(f,arg1,arg2,arg3,arg4): arg1、arg2、arg3、arg4 四个参数分别为线型、线宽、以 j 字母开头的变量及绘图区间。

points = fnplt(f,…): 不绘制任何图形,而是计算出 f(x) 的值并存放于 points 中。

[points, t] = fnplt(f,…): 同时返回向量值 f 的参数值向量 t。

【例 11-9】 用 fnplt 函数绘制样条曲线。

```
>> %创建数据站点向量
```

```
>> x = linspace(0,2 * pi,21);
>> % 用之前创建的数据站点 x 生成一条样条
>> f = spapi(4,x,sin(x))
f =
包含以下字段的 struct:
    form: 'B - '
    knots: [0 0 0 0 0.6283 0.9425 1.2566 1.5708 1.8850 2.1991 2.5133 2.8274 3.1416 3.4558
3.7699 4.0841 4.3982 4.7124 5.0265 5.3407 5.6549 6.2832 6.2832 6.2832 6.2832]
    coefs: [1 × 21 double]
    number: 21
    order: 4
    dim: 1
>> % 使用 fnplt 函数绘制样条曲线
>> fnplt(f,'r',3,[1 3])    % 效果如图 11-8 所示
```

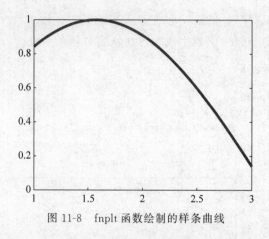

图 11-8　fnplt 函数绘制的样条曲线

10. spap2 函数

在 MATLAB 中，提供了 spap2 函数用于实现最小均方误差的样条逼近。函数的调用格式为：

```
spap2(knots,k,x,y)
spap2(l,k,x,y)
sp = spap2( … ,x,y,w)
spap2({knorl1, … ,knorlm},k,{x1, … ,xm},y)
spap2({knorl1, … ,knorlm},k,{x1, … ,xm},y,w)
```

返回通过节点序列 knots 绘制的 k 次样条函数 f，并使之在最小均方误差的意义下满足条件 $y = f(x)$，即

$$\sum_{j=1}^{n} w(j) \mid y(:,j) - f(x(j)) \mid^2$$

为最小。默认情况下权重 w 为 $ones(size(x))$，但另一种更好的选择是使 $w = ([dx;0] + [0;dx])./2$，其中 $dx = diff(x(:))$。当在横轴上满足 Schoenberg-Whitney 条件，即满足 $knots(j) < x(j) < knots(j+k)$，$j = 1:length(x) = length(knots) - k$ 时，所得的样条函数是唯一的；并且在横轴上必须有一些 j 满足该条件，否则函数没有返回值。

【例 11-10】　利用 spap2 函数对给定的数据实现最小均方误差的样条逼近。

```
z = [0.2 0.24 0.25 0.26 0.25 0.25 0.25 0.26 0.26 0.29 0.25 0.29;
```

```
0.27 0.31 0.3 0.3 0.26 0.28 0.29 0.26 0.26 0.26 0.26 0.29;
0.41 0.41 0.37 0.37 0.38 0.35 0.34 0.35 0.35 0.34 0.35 0.35;
0.41 0.42 0.42 0.41 0.4 0.39 0.39 0.38 0.36 0.36 0.36 0.36;
0.3 0.36 0.4 0.43 0.45 0.45 0.51 0.42 0.4 0.37 0.37 0.37];
x = 1:size(z,2);                        % 长为 12
y = 1:size(z,1);                        % 宽为 5
figure;
ky = 3; knotsy = augknt([1,2.5,13],ky); % 设置节点序列 1 1 1 2.5 13 13 13
sp = spap2(knotsy,ky,y,z');             % 根据最小二乘准则进行 B 样条拟合
yy = 1:size(z,1); vals = fnval(sp,yy);  % 计算拟合的数据
fnplt(sp);                              % 画出拟合效果图
```

运行程序,效果如图 11-9 所示。

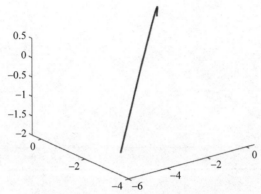

图 11-9　最小均方误差样条逼近曲线

11. spaps 函数

在 MATLAB 中,提供了 spaps 函数用于实现平滑样条逼近。函数的语法格式为:

```
sp = spaps(x,y,tol)
[sp,values] = spaps(x,y,tol)
[sp,values,rho] = spaps(x,y,tol)
[…] = spaps(x,y,tol,arg1,arg2,…)
[…] = spaps({x1,…,xr},y,tol,…)
```

其中,返回使

$$F(D^m f) = \int_{\min(x)}^{\max(x)} \lambda(t) \mid D^m f(t) \mid^2 \mathrm{d}t$$

为最小的光滑函数 f 的 B 形式的样条函数 sp 和序列 x 处的函数值,并使函数 f 满足条件:

$$E(f) = \sum_{j=1}^{n} w(j)(y(j) - f(x(j)))$$

在默认情况下,权重 w 使 E(f) 近似于 F(y−f)。默认 m=2,即三次样条函数,也可选择 m=1(线性)或 m=3(五次)。如果序列 x 为非增的,则要将 x,y 重新排序。当 x 的长度为 length(x)=r 的单元阵列(其每个单元为一个向量)时,则 y 提供相应的节点数据,对于标量数据,y 的大小为 size(length(x(1)):i=1:r);对于 n 维向量数据,y 的大小为 size(d,[length(x{i}):i=1:r])。在这种情况下,如果 m 为一个整数或一个小于 r 的向量(其元素属于点集 [1,2,3]),则 w 是以向量 w(i) 为元素的长度为 r 的阵列。

【例 11-11】　比较从噪声数据中获得的两条三次平滑样条。

```
% 返回的噪声数据应该非常接近底层噪声数据,因为后者来自一个缓慢变化的函数,
% 并且所使用的 tol 的大小适合于噪声的大小
clear all;
x = linspace(0,2 * pi,21); y = sin(x) + (rand(1,21) - .5) * .2;
sp = spaps(x,y, (.05)^2 * (x(end) - x(1)) );
subplot(3,1,1);fnplt(sp)
% 使用与前面相同的数据和公差,但是在间隔的右半部分选择粗糙度权重仅为 0.1,
% 相应地给出一个更粗糙但更适合的值
subplot(3,1,2);sp1 = spaps(x,y, [(.025)^2 * (x(end) - x(1)),ones(1,10),repmat(.1,1,10)] );
fnplt(sp1)
% 最后,比较之前得到的两条三次平滑样条
subplot(3,1,3);fnplt(sp);
hold on
fnplt(sp1,'r - ·')
plot(x,y,'ok')
hold off
```

运行程序,效果如图 11-10 所示。

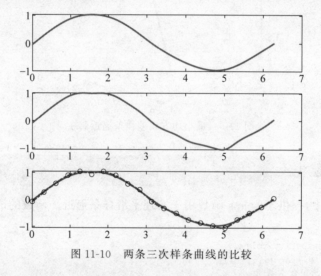

图 11-10　两条三次样条曲线的比较

由图 11-10 可以看出,点虚线降低了右半部分的平滑度要求。

12. spcol 函数

在 MATLAB 中,提供了 spcol 函数用于生成 B 样条函数的配置矩阵。函数的语法格式为:

```
colmat = spcol(knots,k,tau)
colmat = spcol(knots,k,tau,arg1,arg2,…)
```

函数 spcol 构造矩阵 colmat:=(Dm(i)Bj(tau(i))),其中 Bj 是以 knots 为节点序列的第 j 个 k 阶 B 样条函数,tau 为一个不减的点序列,并且 m = knt2mlt(tau),即 m(i):= #{j< i:tau(j)=tau(i)}。如果一个可选参数为字符串 slvblk 的前两个字母,则函数返回函数 slvbk 所需要的块对角线形式的矩阵;如果一个可选参数为字符串 sprase 的前两个字母,则函数返回稀疏矩阵;如果一个可选参数为字符串 noderiv 的前两个字母,则对于所有的 i,使 m(i)=i。

【例 11-12】　求解非标准二阶 ODE 的 $D^2 y(t) = 5 \cdot (y(t) - \sin(2t))$ 近似问题。

```
>> % 在区间[0..],使用三次样条和10个多项式块
>> tau = linspace(0,pi,101); k = 4;
knots = augknt(linspace(0,pi,11),k);
colmat = spcol(knots,k,brk2knt(tau,3));
coefs = (colmat(3:3:end,:)/5 - colmat(1:3:end,:))\(-sin(2*tau).');
sp = spmak(knots,coefs.');
>> % 可以通过在精细网格上计算和绘制残差 D2y(t) - 5·(y(t) - sin(2t))来检查样条
>> % 曲线满足 ODE 的程度
>> t = linspace(0,pi,501);
yt = fnval(sp,t);
D2yt = fnval(fnder(sp,2),t);
plot(t,D2yt - 5*(yt-sin(2*t)))
>> title(['残差 max(abs(D^2y)) = ',num2str(max(abs(D2yt)))])
```

运行程序,效果如图 11-11 所示。

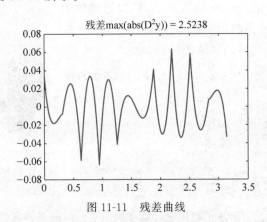

图 11-11 残差曲线

13. rpmak 函数

在 MATLAB 中,提供了 rpmak 函数用于生成有理样条函数。函数的语法格式为:

rp = rpmak(breaks,coefs):与命令 ppmak(break,coefs)具有相同的效果,除了结果 ppform 被标记为 rational 样条。

rp = rpmak(breaks,coefs,d):具有与 ppmak(break,coefs,d+1)相同的效果,除了生成的 ppform 被标记为 rpform。注意,如果想让可选的第三个参数指定目标的维数,对于相同的系数数组,在 rpmak 和 ppmak 中需要不同的值。

rpmak(breaks,coefs,sizec):具有与 ppmak(break,coefs,sizec)相同的效果,除了产生的 ppform 被标记为一个 rpform,并且目标维度被取为 sizec(1)-1。

【例 11-13】 演示 rpmak 函数的用法。

```
>> rungep = rpmak([-5 5],[0 0 1; 1 -10 26],1)
rungep =
包含以下字段的 struct:
     form: 'rp'
    breaks: [-5 5]
    coefs: [2×3 double]
    pieces: 1
    order: 3
     dim: 1
```

14. rsmak 函数

在 MATLAB 中,提供了 rsmak 函数将有理样条用于标准几何形状。函数的语法格式为:
rs = rsmak(shape, parameters):它描述由字符向量形状和可选的附加参数指定的形状。形状的具体选择如下。

```
rsmak('arc',radius,center,[alpha,beta])
rsmak('circle',radius,center)
rsmak('cone',radius,halfheight)
rsmak('cylinder',radius,height)
rsmak('southcap',radius,center)
rsmak('torus',radius,ratio)
```

在 fncmb(rs, transformation)的帮助下,可以通过仿射变换从这些图形中生成相关的形状。

【例 11-14】 绘制旋转后的圆锥图形。

```
>> fnplt(fncmb(rsmak('cone',1,2),[0 0 -1;0 1 0;1 0 0]))
axis equal,
axis off,
shading interp
```

运行程序,效果如图 11-12 所示。

图 11-12 旋转的圆锥效果图

15. fnval 函数

在 MATLAB 中,提供了 fnval 函数用于计算在给定点处的样条函数值。函数的调用格式为:
v = fnval(f, x)或 v=fnval(x, f):返回 f 所代表的样条函数在参数 x 所规定的点的函数值,记为 f(x)。当样条函数 f 为单变元,输入参数 x 的大小为[m,n],并且 f 的目标为 d 时,得到的输出矩阵大小为[d * m,n]。如果样条函数 f 在某一点是不连续的,则 fnval 返回样条函数 f 在该点的右极限为 f(x+),特殊情况下,即该点为右端点时,返回左极限值 f(x-)。当样条函数为 m(m>1)变元时,输入参数 x 必须包含 m 个向量,如一个大小为[m,n]的矩阵或每个元素均为向量的队列(x1,…,xm),在第一种情况下 fnval 返回样条函数 f 在 x 上的值,且返回一个大小为[d * m,n]的矩阵,第二种情况下返回值的大小为[d,length(x1),…,length(xm)]。

fnval(…,'l'):B 样条函数 f 的左端连续,返回左端 x 处的值。

【例 11-15】 插值一些数据,绘制和计算结果函数。

```
>> % 定义数据
>> x = [0.074 0.31 0.38 0.53 0.57 0.58 0.59 0.61 0.61 0.65 0.71 0.81 0.97];
y = [0.91 0.96 0.77 0.5 0.5 0.51 0.51 0.53 0.53 0.57 0.62 0.61 0.31];
>> % 插值数据并绘制结果函数 f
>> f = csapi( x, y )
f =
包含以下字段的 struct:
      form: 'pp'
    breaks: [0.0740 0.3100 0.3800 0.5300 0.5700 0.5800 0.5900 0.6100 0.6500 0.7100 0.8100 0.9700]
     coefs: [11 × 4 double]
    pieces: 11
```

```
        order: 4
          dim: 1
>> fnplt( f )   %效果如图 11-13
>> %求函数 f 在 x = 0.5 处的值
>> fnval( f, 0.5 )
ans =
     0.5294
>> %求函数 f 在 0,0.1,…1 的值
>> fnval( f, 0:0.1:1 )
ans =
     0.3652  1.0220  1.1579  0.9859  0.7192  0.5294  0.5171  0.6134  0.6172  0.4837  0.2156
```

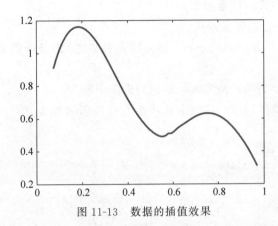

图 11-13　数据的插值效果

16. fncmb 函数

在 MATLAB 中,提供了 fncmb 函数对样条函数进行算术运算。函数的语法格式为:

fn = fncmb(function,operation):对一个样条函数放大 operation 倍。

f = fncmb(function,function):求两个相同样条函数 function 的和。

fncmb(function,matrix,function):将第一个样条函数放大 matrix 倍后加到第二个样条函数上。

fncmb(function,matrix,function,matrix):分别将第一个样条函数和第二个样条函数放大 matrix 倍后再加到一起。

f = fncmb(function,op,function):op 可分别为"+""−""∗",其各代表求两个样条函数的和、差、积。

【例 11-16】　利用 fncmb 函数生成一个螺旋菌图案。

```
>> c = rsmak('circle');
fnplt(fncmb(c,diag([1.5,1])));
axis equal, hold on
sc = fncmb(c,.4);
fnplt(fncmb(sc, −[.2; −.5]))
fnplt(fncmb(sc, −[.2, −.5]))
hold off, axis off
```

运行程序,效果如图 11-14 所示。

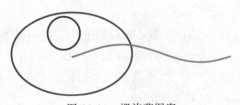

图 11-14　螺旋菌图案

17. fn2fm 函数

在 MATLAB 中,提供了 fn2fm 函数把一种形式的样条函数转换为另一种形式。函数的语法格式为:

g = fn2fm(f,form):将样条函数 f 转化为字符串参数 form 所指定的形式。form 可以为以下字符串。

'B-':转化为 B 形式的样条函数。

'pp':转化为 PP 形式的样条函数。

'BB':转化为 BB 形式的样条函数。

'rB'或'rp':转化为有理样条函数。

sp = fn2fm(f,'B-',sconds):sconds 作为输入参数,将样条函数 f 转换为 B 形式的样条函数。

fn2fm(f):将样条函数 f 转换为默认形式的样条函数。

【例 11-17】 分别将所创建的样条函数转换为 B 样条函数及 PP 样条函数。

```
>> clear all;
p0 = ppmak([0 1],[3 1 0]);
p1 = fn2fm(fnrfn(p0,[.5 .6]),'B-')
p2 = fn2fm(p1,'pp')
```

运行程序,输出如下:

```
p1 =
包含以下字段的 struct:
     form: 'B-'
    knots: [0 0 0 1 1 1]
    coefs: [2.2204e-16 0.5000 4.0000]
   number: 3
    order: 3
      dim: 1
p2 =
包含以下字段的 struct:
     form: 'pp'
   breaks: [0 1]
    coefs: [3.0000 1 2.2204e-16]
   pieces: 1
    order: 3
      dim: 1
```

18. fnder 函数

在 MATLAB 中,提供了 fnder 函数用于求样条函数的微分(即求导数)。函数的语法格式为:

fprime = fnder(f,dorder):返回样条函数 f 的第 dorder 阶微分。dorder 的默认值为 1。当 dorder 为负数时,函数返回以 dorder 的绝对值为阶的样条函数 f 的不定积分。输入样条函数为何种形式,则返回何种形式的样条函数。当输入样条函数为 m 变元时,dorder 必须明确给出,且其长度为 m。

fnder(f):等价于 fnder(f,1)。

【例 11-18】 计算 2、3 和 4 阶 B 样条的一阶和二阶导数函数,绘制样条和它们的导数,并比较结果。

```
% 创建结序列
t1 = [0 .8 2];
t2 = [3 4.4 5   6];
t3 = [7   7.9   9.2 10 11];
tt = [t1 t2 t3];
% 辅助变量和用于绘图的命令
cl = ['g','r','b','k','k'];
v = 5.4; d1 = 2.5; d2 = 0; s1 = 1; s2 = .5;
ext = tt([1 end]) + [-.5 .5];
plot(ext([1 2]),[v v],cl(5))
hold on
plot(ext([1 2]),[d1 d1],cl(5))
plot(ext([1 2]),[d2 d2],cl(5))
ts = [tt;tt;NaN(size(tt))];
ty = repmat(.2 * [-1;0;NaN],size(tt));
plot(ts(:),ty(:) + v,cl(5))
plot(ts(:),ty(:) + d1,cl(5))
plot(ts(:),ty(:) + d2,cl(5))
% 样条 1(线性)
b1 = spmak(t1,1);
p1 = [t1;0 1 0];
% 计算样条 1 的一阶导数和二阶导数
db1 = fnder(b1);
p11 = fnplt(db1,'j');
p12 = fnplt(fnder(db1));
lw = 2;
plot(p1(1,:),p1(2,:) + v,cl(2),'LineWidth',lw)
plot(p11(1,:),s1 * p11(2,:) + d1,cl(2),'LineWidth',lw)
plot(p12(1,:),s2 * p12(2,:) + d2,cl(2),'LineWidth',lw)
% 样条 2(二次)
b1 = spmak(t2,1);
p1 = fnplt(b1);
% 计算样条 2 的一阶导数和二阶导数
db1 = fnder(b1);
p11 = [t2;fnval(db1,t2)];
p12 = fnplt(fnder(db1),'j');
plot(p1(1,:),p1(2,:) + v,cl(3),'LineWidth',lw)
plot(p11(1,:),s1 * p11(2,:) + d1,cl(3),'LineWidth',lw)
plot(p12(1,:),s2 * p12(2,:) + d2,cl(3),'LineWidth',lw)
% 样条 3(立方)
b1 = spmak(t3,1);
p1 = fnplt(b1);
% 计算样条 3 的一阶导数和二阶导数
db1 = fnder(b1);
p11 = fnplt(db1);
p12 = [t3;fnval(fnder(db1),t3)];
plot(p1(1,:),p1(2,:) + v,cl(4),'LineWidth',lw)
plot(p11(1,:),s1 * p11(2,:) + d1,cl(4),'LineWidth',lw)
plot(p12(1,:),s2 * p12(2,:) + d2,cl(4),'LineWidth',lw)
% 格式图
tey = v + 1.5;
text(t1(2) - .5,tey,'线性','FontSize',12,'Color',cl(2))
```

```
text(t2(2) - .8,tey,'二次','FontSize',12,'Color',cl(3))
text(t3(3) - .5,tey,'立方','FontSize',12,'Color',cl(4))
text( - 2,v,'B','FontSize',12)
text( - 2,d1,'DB','FontSize',12)
text( - 2,d2,'D^2B')
axis([ - 1 12 - 2 7.5])
title({'有简单结的 B 样条和它们的导数'})
axis off
hold off
```

运行程序,效果如图 11-15 所示。

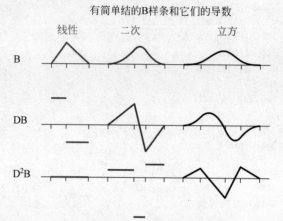

图 11-15   样条曲线与导数效果图

19. fndir 函数

在 MATLAB 中,提供了 fndir 函数求样条函数的方向导数。函数的语法格式为:

df = fndir(f,y):求样条函数 f 的指定方向 y(列向量)的导数。输出参数 df 为返回的导数。

【例 11-19】 在一个规则网格中绘制 franke 函数的方向导数对应的磁场图。

```
xx = linspace( - .1,1.1,13);
yy = linspace(0,1,11);
[x,y] = ndgrid(xx,yy);
z = franke(x,y);
pp2dir = fndir(csapi({xx,yy},z),eye(2))
grads = reshape(fnval(pp2dir,[x(:) y(:)].'),[2,length(xx),length(yy)]);
quiver(x,y,squeeze(grads(1,:,:)),squeeze(grads(2,:,:)))
```

运行程序,输出如下,效果如图 11-16 所示。

```
pp2dir =
包含以下字段的 struct:
      form: 'pp'
    breaks: {[ - 0.1000 1.3878e - 17 0.1000 0.2000 0.3000 0.4000 0.5000 0.6000 0.7000 0.8000
0.9000 1.0000 1.1000]  [1×11 double]}
     coefs: [2×48×40 double]
    pieces: [12 10]
     order: [4 4]
       dim: 2
```

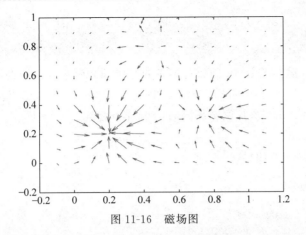

图 11-16　磁场图

20．fnint 函数

在 MATLAB 中，提供了 fnint 函数求样条函数的积分。函数的语法格式为：

intgrf ＝ fnint(f,value)：指对单变元的样条函数 f 实现不定积分，并将积分正规化，使其在样条函数 f 的基本区间的左端点等于指定的值 value，默认情况下为 0；并且输出所得函数与输入函数具有相同样形式的样条函数。当对多变元的样条函数 f 进行不定积分时，可以使用 fnder(f,dorder)，其中 dorder 为一个非正的向量。

fnint(f)：等价于 fnint(f,0)。

【例 11-20】　利用 fnint 函数对创建的样条函数进行积分。

```
>> clear all;
breaks = -6:-1;
coefs = -25:-11;
pp = ppmak(breaks,coefs);
ipp = fnint(pp)
```

运行程序，输出如下：

```
ipp =
包含以下字段的 struct:
     form: 'pp'
   breaks: [-6 -5 -4 -3 -2 -1]
    coefs: [5×4 double]
   pieces: 5
    order: 4
      dim: 1
```

21．fnjmp 函数

在 MATLAB 中，提供了 fnjmp 函数在间断点处求函数值。函数的语法格式为：

jumps ＝ fnjmp(f,x)：返回样条函数 f 在点 x 处的右极限值与左极限值的差，即 f(x＋)－f(x－)值，并且 x 不仅可以为独立点，也可以为一个点的序列。

【例 11-21】　利用 fnjmp 函数求间断点处的函数值。

```
>> fnjmp(ppmak(1:5,1:4),1:5)
ans =
    0    1    1    1    0
```

22. fnrfn 函数

在 MATLAB 中,提供了 fnrfn 函数在样条曲线中插入断点。函数的语法格式为:

g = fnrfn(f,addpts):在给定样条函数 f 的参数 addpts 处插入断点,并返回断点值 g。

【例 11-22】 使用 fnrfn 添加两个相同阶的 B 样条曲线。

```
B1 = spmak([0:4],1); B2 = spmak([2:6],1);
B1r = fnrfn(B1,fnbrk(B2,'knots'))
B1r =
包含以下字段的 struct:
     form: 'B - '
    knots: [0 1 2 2 3 3 4 4 5 6]
    coefs: [0.6667 0.6667 0.3333 0 0 0]
   number: 6
    order: 4
      dim: 1
B2r = fnrfn(B2,fnbrk(B1,'knots'))
B2r =
包含以下字段的 struct:
     form: 'B - '
    knots: [0 1 2 2 3 3 4 4 5 6]
    coefs: [0 0 0 0.3333 0.6667 0.6667]
   number: 6
    order: 4
      dim: 1
B1pB2 = spmak(fnbrk(B1r,'knots'),fnbrk(B1r,'c') + fnbrk(B2r,'c'));
fnplt(B1,'r'),hold on,
fnplt(B2,'b'),
fnplt(B1pB2,'y',2)
hold off
```

运行程序,效果如图 11-17 所示。

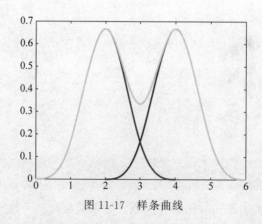

图 11-17　样条曲线

23. fntlr 函数

在 MATLAB 中,提供了 fntlr 函数用于生成泰勒(tarylor)系数或泰勒(taylor)多项式。函数的调用格式为:

taylor = fntlr(f,dorder,x):在给定的序列向量 dorder 中创建非标准化的泰勒系数

taylor,参数 f 为给定的样条函数,x 为给定的变量。

　　$p = fntlr(f,dorder,x,interv)$:参数 interv 为指定的间隔距离。

【例 11-23】 利用 fntlr 函数生成 tarylor 多项式,并绘制对应的磁场图。

```
ci = rsmak('circle'); in = fnbrk(ci,'interv');
t = linspace(in(1),in(2),21); t(end) = [];
v = fntlr(ci,3,t);
%看看有理样条曲线在 21 个等间距点处的 3 阶泰勒向量,它的图形是单位圆
fnplt(ci), hold on,
plot(v(1,:),v(2,:),'o')
%为了验证 v(3:4,j)是在 v(1:2,j)点处与圆相切的向量,使用 quiverb 函数在图中添加相应的箭头
quiver(v(1,:),v(2,:),v(3,:),v(4,:))
%用 quiver 函数添加相应的箭头,从而完成给出一个圆的有理样条的一阶导数和二阶导数
quiver(v(1,:),v(2,:),v(5,:),v(6,:)),
axis equal, hold off
```

运行程序,效果如图 11-18 所示。

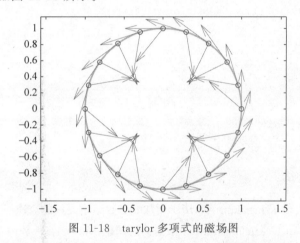

图 11-18　tarylor 多项式的磁场图

24. augknt 函数

　　在 MATLAB 中,提供了 augknt 函数在已知节点数组中添加一个或多个节点。函数的语法格式为:

　　[augknot,addl] = augknt(knots,k):返回一个不减的、扩张的节点序列,使第一个和最后一个节点为 k 重,并使可选的返回节点序列左边增加的节点个数为 addl。如果 k 为负值,实际上可能缩短节点序列的长度。

　　[augknot,addl] = augknt(knots,k,mults):给出参数 mults,且为一个数量,那么待扩张的节点序列每一个内节点,即不是端点的节点都将重复 mults 次。如果 mults 为一个向量,且它的长度等于内节点的个数,那么第 i 个内节点将为 mults(j)重;如果不等,则所有的内节点将为 mults(1)重,且默认值为 1。如果 knots 的内节点是严格增长的,这使以 augknots 为节点序列的 k 阶样条函数在第 j 个内节点满足 k-mults(j)阶的光滑条件。

【例 11-24】 演示 augknt 函数的用法。

```
>> augknt([1 2 3 3 3],2)
ans =
     1     1     2     3     3
```

```
>> augknt([3 2 3 1 3],2)
ans =
     1    1    2    3    3
```

25．aveknt 函数

在 MATLAB 中，提供了 aveknt 函数用于求出节点数组元素的平均值。函数的语法格式为：

tstar = aveknt(t,k)：返回连续的 k−1 个节点的平均值，即

$$t_i^* = (t_{i+1} + \cdots + t_{i+k-1})/(k-1), \quad i = 1,2,3,\cdots,n$$

且 tstar 序列可以作为一个比较好的插值点序列。

【例 11-25】 利用 aveknt 函数求节点的平均值。

```
>> k = 5;
breaks = [0 1 1.1 3 5 6.5 8 7.1 7.2 8];
lp1 = length(breaks);
t = breaks([ones(1,k) 2:(lp1 - 1) lp1(:,ones(1,k))]);
n = length(t) - k;
t = augknt(breaks,k);
tau = aveknt(t,k)
```

运行程序，输出如下：

```
tau =
         0    0.2500    0.5250    1.2750    2.5250    3.9000    5.4000    6.4500
    7.2000    7.5750    7.8000    8.0000
```

26．brk2knt 函数

在 MATLAB 中，提供了 brk2knt 函数用于增加断点数组中元素的重次。函数的语法格式为：

[knots,index] = brk2knt(breaks,mults)：返回的 knots 序列是由 breaks 序列中的第 i 个元素出现 mults(i)次构成的，其中 i＝1:length(breaks)。在特殊情况下，即 mults(i)＜0m 时，breaks(i)将不会在 knots 中出现。如果 mults 的单元数不等于序列 breaks 的长度，那么令所有的 mults(i)＝mults(1)。如果 breaks 列为增长的，并且所有的 mults(i)均大于 0，则 index(ii)为 breaks(i)在 knots 序列中第一次出现的位置。

【例 11-26】 利用 brk2knt 对给定的数据增加断点数组中元素的重次。

```
>> t = [1 1 2 2 2 3 4 5 5];
[xi,m] = knt2brk(t);
tt = brk2knt(xi,m)
```

运行程序，输出如下：

```
tt =
     1    1    2    2    2    3    4    5    5
```

27．newknt 函数

在 MATLAB 中，提供了 newknt 函数用于改进插值点序列的分布。函数的调用格式为：

newknots = newknt(f,newl)：函数返回一个更加合理分布的插值点序列 newknots，它在 PP 所表示的样条函数 f 的基本区间 k 将样条函数重新划分为 newl 段，并给出新的插值点

序列 newknots。

newknt(f)：使用 new1 的默认值，重新改进插值点序列分布。

[⋯, distfn] = newknt(⋯)：给出新的 PP 形式的线性单调样条函数 distfn，且要求 distfn 的高阶导数是等分布的，并且前面的划分也是在这样一种意义下进行的。

【例 11-27】 利用 newknt 函数改进插值点序列的分布。

```
>> [xx,yy] = titanium;
plot(xx,yy,'rx','LineWidth',2);
axis([500 1100 .55 2.25]);
hold on;
pick = [1 5 11 21 27 29 31 33 35 40 45 49];
tau = xx(pick);
y = yy(pick);
k = 4;
unif = linspace(xx(1), xx(end), 2 + fix(length(xx)/4));
sp = spap2(augknt(unif, k), k, xx, yy);
spgood = spap2(newknt(sp), k, xx, yy);
fnplt(spgood,'g',1.5);
legend('titanium 数据','使用 newknt 函数实现最小二乘三次样条');
```

运行程序，效果如图 11-19 所示。

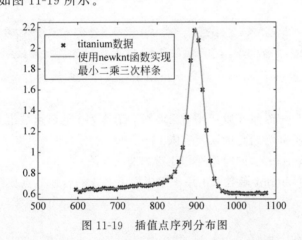

图 11-19　插值点序列分布图

28. optknt 函数

在 MATLAB 中，提供了 optknt 函数用于为插值提供优化的节点序列。函数的调用格式为：

knots = optknt(tau, k, maxiter)：函数按照 Micchelli/Rivlin/Winograd 和 Gaffney/Powell 优化恢复理论返回由节点序列 tau 所确定的 k 阶样条函数 $SK_{i,tau}$ 的最佳差值点序列 knots。maxiter 为可选输入参数，指迭代次数，默认值为 10。

optknt(tau, k)：等价于 optknt(tau, k, 10)。

【例 11-28】 利用 optknt 函数实现序列点的优化。

```
>> [xx,yy] = titanium;
plot(xx,yy,'x');
axis([500 1100 .55 2.25]);
hold on
pick = [1 5 11 21 27 29 31 33 35 40 45 49];
tau = xx(pick);
```

```
y = yy(pick);
plot(tau,y,'ro');
k = 4;
osp = spapi( optknt(tau,k), tau,y);
fnplt(osp,'r');
legend('titanium 数据','二次采样数据','三次样条插值');
```

运行程序,效果如图 11-20 所示。

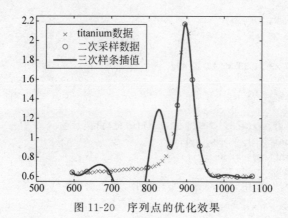

图 11-20　序列点的优化效果

29. chbpnt 函数

在 MATLAB 中,提供了 chbpnt 函数求出用于生成样条曲线的合适节点数组。函数的调用格式为:

tau = chbpnt(t,k):返回 k 阶切比雪夫曲线与节序列 t 的节点数组 tau。

chbpnt(t,k,tol):tol 为给定的误差容限。

[tau,sp] = chbpnt(…):同时返回切比雪夫曲线 sp。

【例 11-29】　利用 chbpnt 函数求出用于生成样条曲线的合适节点数组。

```
k = 4;
n = 10;
t = augknt(((0:n)/n).^8,k);
% 一个很好的平方根函数的近似值由特定的样条空间给出
x = chbpnt(t,k)
sp = spapi(t,x,sqrt(x))
```

运行程序,输出如下:

```
x =
         0    0.0000    0.0000    0.0000    0.0004    0.0024    0.0099    0.0339
    0.0978    0.2410    0.4910    0.8303    1.0000
sp =
包含以下字段的 struct:
     form: 'B-'
    knots: [0 0 0 0 1.0000e-08 2.5600e-06 6.5610e-05 6.5536e-04 0.0039 0.0168 0.0576
0.1678 0.4305 1 1 1 1]
    coefs: [-1.3235e-23 8.8692e-05 0.0012 0.0056 0.0175 0.0429 0.0902 0.1703 0.2963
0.4837 0.7520 0.9040 1]
   number: 13
    order: 4
      dim: 1
```

第12章 小波变换函数

1. dwt 函数

在 MATLAB 中,提供了 dwt 函数用于实现单尺度、多尺度的一维离散小波变换。函数的调用格式为:

[cA,cD] = dwt(X,'wname'):计算低频系数向量 cA 和高频系数向量 cD,二者均由向量 X 进行小波分解得到。字符串'wname'为指定小波名。

[cA,cD] = dwt(X,Lo_D,Hi_D):计算小波分解。Lo_D 和 Hi_D 滤波器为输入参数,其中 Lo_D 是分解低通滤波器,Hi_D 是分解高通滤波器,这两个滤波器必须具有相同的长度。

[cA,cD] = dwt(…,'mode',MODE):使用指定的 MODE 扩展模式计算小波分解。

【例 12-1】 使用 dwt 函数分解噪声信号并进行重构。

```
% 利用小波的名称获得多普勒噪声信号的单电平
>> load noisdopp;
[cA,cD] = dwt(noisdopp,'sym4');
% 使用近似系数重建一个平滑的信号,绘制并与原始信号进行比较
xrec = idwt(cA,zeros(size(cA)),'sym4');
plot(noisdopp)
hold on
grid on
plot(xrec)
legend('原始信号','重构信号')
```

运行程序,效果如图 12-1 所示。

彩色图片

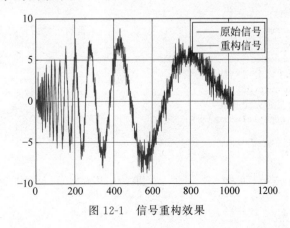

图 12-1 信号重构效果

2. idwt 函数

在 MATLAB 中，提供了 idwt 函数用于单层小波重构。函数的语法格式为：

X = idwt(cA,cD,'wname')：利用小波'wname'把近似系数 cA 和细节系数 cD 重建为上一层次的近似系数 X。

X = idwt(cA,cD,Lo_R,Hi_R)：利用滤波器 Lo_R 和 Hi_R 实现小波重构效果。

X = idwt(cA,cD,'wname',L)：重建至 L 层。

X = idwt(cA,cD,Lo_R,Hi_R,L)：用滤波器重建至 L 层。

X = idwt(…,'mode',MODE)：指定扩展模式的重建。

X = idwt(cA,[],…)：返回基于近似系数向量 cA 的单层重建近似系数向量 X。

X = idwt([],cD,…)：使用细节系数 cD 恢复上一层的细节系数 X。

【例 12-2】 演示利用小波变换和双正交小波变换进行完美重构。

```
>> clear all;
load noisdopp;
[Lo_D,Hi_D,Lo_R,Hi_R] = wfilters('bior3.5');
[A,D] = dwt(noisdopp,Lo_D,Hi_D);
x = idwt(A,D,Lo_R,Hi_R);
max(abs(noisdopp - x))
```

运行程序，输出如下：

```
ans =
    2.6645e - 15
```

3. waverec 函数

在 MATLAB 中，提供了 waverec 函数用于多层小波重建原始信号，要求输入参数同小波分解得到的结果的格式一致。函数的语法格式为：

X = waverec(C,L,'wname')或 X = appcoef(C,L,'wname',0)：基于多尺度小波分解结构[C,L]和小波'wname'重构信号 X。

X = waverec(C,L,Lo_R,Hi_R)：使用指定的重构滤波器重构 X，其中 Lo_R 是重构低通滤波器，Hi_R 为重构高通滤波器。

【例 12-3】 使用 db6 小波对信号进行 3 级小波分解。

```
>> clear all;
load leleccum                          % 加载一个信号
wv = 'db6';
[c,l] = wavedec(leleccum,3,wv);
>> % 利用小波分解结构重构信号
>> x = waverec(c,l,wv);
>> % 检查是否完全重建
>> err = norm(leleccum - x)
err =
    1.0084e - 09
>> whos
  Name          Size            Bytes   Class       Attributes
  c             1x4351          34808   double
  err           1x1                 8   double
```

l	1x5	40	double
leleccum	1x4320	34560	double
wv	1x3	6	char
x	1x4320	34560	double

4. wrcoef 函数

在 MATLAB 中,提供了 wrcoef 函数用于重建小波系数至某一层次,要求输入参数同小波分解得到的结果的格式一致。函数的语法格式为:

X = wrcoef('type',C,L,'wname',N):基于小波分解结构[C,L],在 N 层计算重构系数向量,'wname'为包含小波名称的字符串,变量'type'决定重构的系数是低频('type'='a')还是高频('type'='d')。当'type'='a'时,N 可以是 0,否则 N 必须是严格的正整数,且 N≤length(L)−2。

X = wrcoef('type',C,L,Lo_R,Hi_R,N):根据指定的重构滤波器 Lo_R 与 Hi_R 计算系数。

X = wrcoef('type',C,L,'wname')或 X = wrcoef('type',C,L,Lo_R,Hi_R):默认重构系数的最大层数为 N=length(L)−2。

【例 12-4】 利用 wrcoef 函数对一维小波系数进行单支重构。

```
% 加载一维信号
load sumsin;
s = sumsin;
% 使用 sym4 在 s 的第 5 级执行分解
[c,l] = wavedec(s,5,'sym4');
% 重建 5 级近似
% 从小波分解结构[c,l]
a5 = wrcoef('a',c,l,'sym4',5);
% 生成效果如图 12-2 所示
subplot(211);plot(s);
title('原始信号');
subplot(212);plot(a5);
title('重构信号')
```

运行程序,效果如图 12-2 所示。

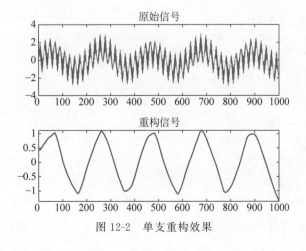

图 12-2 单支重构效果

5．upcoef 函数

在 MATLAB 中，提供了 upcoef 函数用于计算至上一层次的重构系数，要求输入参数同小波分解得到的结果的格式一致。函数的语法格式为：

Y＝upcoef(O,X,'wname',N)：计算向量 X 向上 N 步的重构系数。'wname'是包含小波名称的字符串。N 必须是严格的正整数。如果 O＝'a'，则重构低频系数。如果 O＝'d'，则重构高频系数。

Y＝upcoef(O,X,'wname',N,L)：计算向量 X 向上 N 步的重构系数，并取出结果中长度为 L 的中间部分。

Y＝upcoef(O,X,Lo_R,Hi_R,N)或 Y＝upcoef(O,X,Lo_R,Hi_R,N,L)：使用给定的重构低通滤波器 Lo_R 和重构高通滤波器 Hi_R 进行小波重构。

Y＝upcoef(O,X,'wname')：等价于 Y＝upcoef(O,X,'wname',1)。

Y＝upcoef(O,X,Lo_R,Hi_R)：等价于 Y＝upcoef(O,X,Lo_R,Hi_R,1)。

【例 12-5】 利用 upcoef 函数对一维小波进行直接重构。

```
% 近似信号,由单个系数获得
% 在水平 1 至 6.
cfs = [1];   % 分解减少了一个系数
essup = 10;  % 支持 db6 小波基
figure(1)
for i = 1:6
    % 在最高水平重建一个近似
    rec = upcoef('a',cfs,'db6',i);
    % 重构信号
    ax = subplot(6,1,i),h = plot(rec(1:essup));
    set(ax,'xlim',[1 325]);
    essup = essup * 2;
end
subplot(611)
title(['近似信号 ', '系数在水平 1 到 6'])
```

运行程序，效果如图 12-3 所示。

也可以利用细节系数进行信号的重构，实现代码如下。

```
% % 细节信号,由单一系数获得
cfs = [1];
mi = 12; ma = 30;
rec = upcoef('d',cfs,'db6',1); % 小波基 db6
figure(2)
subplot(611), plot(rec(3:12))
for i = 2:6
    % 在第一级重构单个细节系数
    rec = upcoef('d',cfs,'db6',i);
    subplot(6,1,i), plot(rec(mi * 2^(i-2):ma * 2^(i-2)))
end
subplot(611)
title(['从单个信号中获得的细节信号 ','系数在水平 1 到 6'])
```

运行程序，效果如图 12-4 所示。

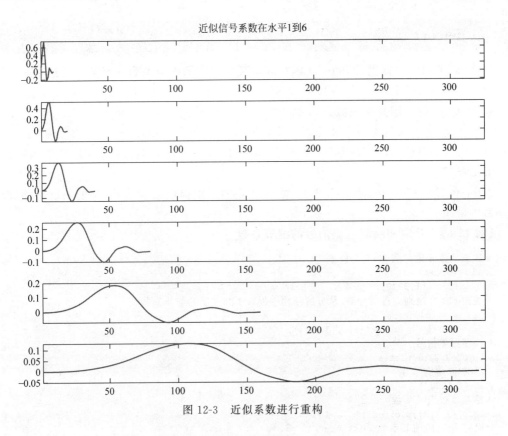

图 12-3   近似系数进行重构

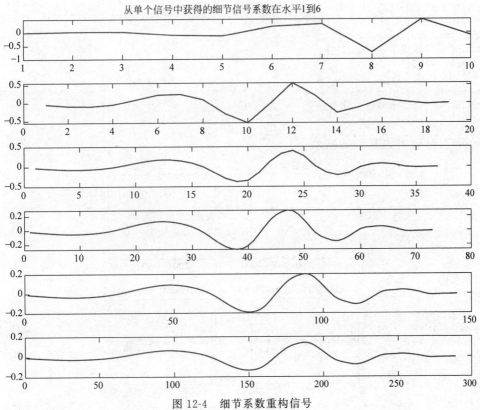

图 12-4   细节系数重构信号

6. detcoef 函数

在 MATLAB 中,提供了 detcoef 函数求得某一层次的细节系数。函数的语法格式为:

D = detcoef(C,L,N):提取尺度为 N(N 必须为一个正整数且 $0 \leqslant N \leqslant length(L)-2$),分解结构为[C,L]的一维高频系数。

D = detcoef(C,L):用于提取最后一个尺度(尺度 N=length(L)-2)的一维分解高频系数。

D = detcoef(C,L,N,'cells'):等价于 D = detcoef(C,L,[1:NMAX]),其中 NMAX = length(L)-2。

[D1,…,Dp] = detcoef(C,L,N):按 N 指定的级别提取细节系数,N 的长度必须等于输出参数的数量。

【例 12-6】 获取和绘制电流信号的细节系数。

```
%加载信号并选择前 3920 个样本
load leleccum;
s = leleccum(1:3920);
%使用 db1 在级别 3 进行分解,从分解结构中提取 1、2、3 层的细节系数
[c,l] = wavedec(s,3,'db1');
[cd1,cd2,cd3] = detcoef(c,l,[1 2 3]);
%绘制原始信号
subplot(2,2,1);plot(s)
title('原始信号')
ylim([0 1000])
%绘制 3 级细节系数
subplot(2,2,2);plot(cd3)
title('第 3 级细节系数(cd3)')
ylim([-60 60])
%绘制 2 级细节系数
subplot(2,2,3);plot (cd2)
title('第 2 级细节系数(cd2)')
ylim([-60 60])
%绘制 1 级细节系数
subplot(2,2,4);plot (cd1)
title('第 1 级细节系数 (cd1)')
ylim([-60 60])
```

运行程序,效果如图 12-5 所示。

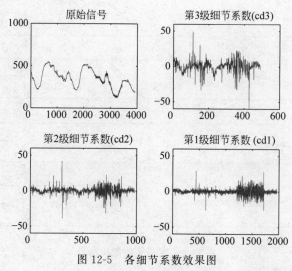

图 12-5　各细节系数效果图

7. appcoef 函数

在 MATLAB 中,提供了 appcoef 函数求得某一层次的近似系数。函数的语法格式为:

A = appcoef(C,L,'wname',N):计算尺度为 N(N 必须为一个正整数且 $0 \leqslant N \leqslant$ length(S)−2),小波函数为 wname,分解结构为[C,S]时的二维分解低频系数。

A = appcoef(C,L,'wname'):在尺度 length(L)−2 上提取一维离散小波变换的近似系数。

A = appcoef(C,L,Lo_R,Hi_R):使用低通滤波器 Lo_R 和高通滤波器 Hi_R 在尺度 length(L)−2 上提取一维离散小波变换的近似系数。

A= appcoef(C,L,Lo_R,Hi_R,N):使用低通滤波器 Lo_R 和高通滤波器 Hi_R 在尺度 N 上提取一维离散小波变换的近似系数。

【例 12-7】　提取 3 级近似系数。

```
% 加载由用电数据组成的信号
load leleccum;
sig = leleccum(1:3920);
% 用 sym4 小波来获取第 5 级的离散小波信号
[C,L] = wavedec(sig,5,'sym4');
% 提取 3 级近似系数,绘制原始信号和近似系数
Lev = 3;
a3 = appcoef(C,L,'sym4',Lev);
subplot(2,1,1)
plot(sig); title('原始信号');
subplot(2,1,2)
plot(a3); title('3 级近似系数');
```

运行程序,效果如图 12-6 所示。

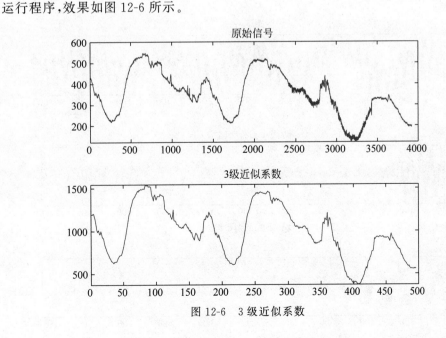

图 12-6　3 级近似系数

8. upwlev 函数

在 MATLAB 中,提供了 upwlev 函数重新组织小波系数的排列形式。函数的语法格式为:

[NC,NS,cA] = upwlev2(C,S,'wname'):对小波分解结构[C,S]进行单尺度重构,即对分解结构[C,S]的第 n 步进行重构,返回一个新的分解[NC,NS](第 n−1 步的分解结构),并提取和最后一个尺度的低频系数矩阵。如果[C,S]为尺度 n 的一个分解结构,则[NC,NS]为尺度 n−1 的一个分解结构,cA 为尺度 n 的低频系数矩阵,C 为原始的小波分解向量,S 为相应的记录矩阵。

[NC,NS,cA] = upwlev2(C,S,Lo_R,Hi_R):用低通滤波器 Lo_R 和高通滤波器 Hi_R 对图像进行重构。

【例 12-8】 利用 upwlev 函数单尺度重构图像。

```
% 载入信号
load sumsin;
% 该信号为不同频率正弦波的叠加
s = sumsin;
% 使用 db1 在 s 的第 3 级进行分解
[c,l] = wavedec(s,3,'db1');
subplot(311); plot(s);
title('原始信号 s.');
subplot(312); plot(c);
title('第 3 级小波分解结构')
xlabel(['第 3 级的近似系数 '])
% 把信号 s 用 db1 小波分解到第 3 层,分解的系数存到数组 c 中,各层分解后的长度存到数组 1 中
[nc,nl] = upwlev(c,l,'db1');
subplot(313); plot(nc);
title('第 3 级小波分解结构')
xlabel(['第 2 级的近似系数 '])
```

运行程序,效果如图 12-7 所示。

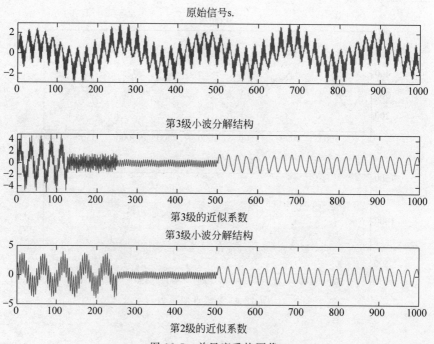

图 12-7 单尺度重构图像

9. dwt2 函数

在 MATLAB 中,提供了 dwt2 函数用于二维信号的单层分解。函数的语法格式为:

$[cA,cH,cV,cD]$ = dwt2$(X,'wname')$:计算二维矩阵 X 离散小波变换的近似系数 cA 和细节系数 cH(水平)、cV(垂直)、cD(对角),参数 wname 用于指定小波函数。

$[cA,cH,cV,cD]$ = dwt2(X,Lo_D,Hi_D):利用低通滤波器 Lo_D 和高通滤波器 Hi_D 实现二维离散小波分析。

$[cA,cH,cV,cD]$ = dwt2$(\cdots,'mode',MODE)$:指定小波分析的扩展模式 mode。

【例 12-9】 利用 dwt2 函数对图像进行单层分解。

```
% 加载并显示一个图像
load sculpture
imagesc(X)   % 效果如图 12-8 所示
colormap gray
% 利用 Haar 小波的低通和高通分解滤波器
[LoD,HiD] = wfilters('haar','d');
% 使用滤波器来执行单级二维小波分解,并显示近似和细节系数
[cA,cH,cV,cD] = dwt2(X,LoD,HiD,'mode','symh');
subplot(2,2,1);imagesc(cA)
colormap gray
title('近似')
subplot(2,2,2);imagesc(cH)
colormap gray
title('水平')
subplot(2,2,3);imagesc(cV)
colormap gray
title('垂直')
subplot(2,2,4);imagesc(cD)
colormap gray
title('对角')
```

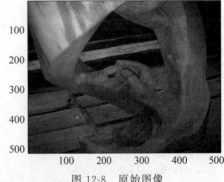

图 12-8　原始图像

运行程序,效果如图 12-9 所示。

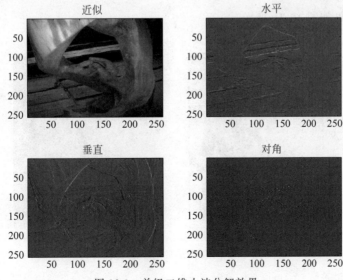

图 12-9　单级二维小波分解效果

10. wcodemat 函数

在 MATLAB 中,提供了 wcodemat 函数实现扩展伪彩色矩阵缩放。函数的语法格式为:

Y = wcodemat(X):将矩阵 X 重新赋值为范围内的整数[1,16]。

Y = wcodemat(X,NBCODES):将输入 X 重新赋值为范围内的整数[1,NBCODES]。NBCODES 的默认值是 16。

Y = wcodemat(X,NBCODES,OPT):根据 OPT 指定的维度对矩阵进行重新排序。OPT 可以是'column'(或'c')、'row'(或'r')和'mat'(或'm')。'rows'按行缩放 X,'column'按列缩放 X,'mat'按全局缩放 X。OPT 的默认值是'mat'。

Y = wcodemat(X,NBCODES,OPT,ABSOL):如果 ABSOL 非零,则根据 X 中项的绝对值重新调整输入矩阵 X;如果 ABSOL 等于零,则根据 X 的符号值重新调整输入矩阵 X。ABSOL 的默认值是 1。

【例 12-10】 将一级近似系数全局缩放到颜色图的全范围。

```
% 载入图像
load woman;
% 获取颜色映射的范围
NBCOL = size(map,1);
% 利用 Haar 小波得到二维离散信号
[cA1,cH1,cV1,cD1] = dwt2(X,'db1');
% 不缩放和缩放的显示
subplot(1,2,1);image(cA1);
colormap(map);
title('不缩放图像');
subplot(1,2,2);
image(wcodemat(cA1,NBCOL));
colormap(map);
title('缩放图像');
```

运行程序,效果如图 12-10 所示。

图 12-10 图像缩放与不缩放效果

11．wavedec2 函数

在 MATLAB 中，提供了 wavedec2 函数用于二维信号的多层分解。函数的语法格式为：

[C,S] = wavedec2(X,N,'wname')：用小波函数 wname 对信号 X 在尺度 N 上进行二维分解，N 是严格的正整数。返回近似分量 C 和细节分量 S。

[C,S] = wavedec2(X,N,Lo_D,Hi_D)：函数通过低通分解滤波器 Lo_D 和高通分解滤波器(Hi_D)进行二维分解。

【例 12-11】 提取和显示图像的小波分解层次的细节。

```
% 加载一个图像,使用 haar 小波对图像进行 2 级小波分解
load woman
[c,s] = wavedec2(X,2,'haar');
% % 提取 1 级近似和细节系数
[H1,V1,D1] = detcoef2('all',c,s,1);
A1 = appcoef2(c,s,'haar',1);
% 使用 wcodemat 根据绝对值重新缩放系数,显示重新标定的系数
V1img = wcodemat(V1,255,'mat',1);
H1img = wcodemat(H1,255,'mat',1);
D1img = wcodemat(D1,255,'mat',1);
A1img = wcodemat(A1,255,'mat',1);
subplot(2,2,1);imagesc(A1img)
colormap pink(255)
title('1 级近似系数')
subplot(2,2,2);imagesc(H1img)
title('1 级水平的细节系数')
subplot(2,2,3);imagesc(V1img)
title('1 级垂直的细节系数')
subplot(2,2,4);imagesc(D1img)
title('1 级对角细节系数')
% % 提取 2 级近似和细节系数
[H2,V2,D2] = detcoef2('all',c,s,2);
A2 = appcoef2(c,s,'haar',2);
% 使用 wcodemat 根据绝对值显示重新标定的系数
V2img = wcodemat(V2,255,'mat',1);
H2img = wcodemat(H2,255,'mat',1);
D2img = wcodemat(D2,255,'mat',1);
A2img = wcodemat(A2,255,'mat',1);
figure
subplot(2,2,1);imagesc(A2img)
colormap pink(255)
title('2 级近似系数')
subplot(2,2,2);imagesc(H2img)
title('2 级水平的细节系数')
subplot(2,2,3);imagesc(V2img)
title('2 级垂直的细节系数')
subplot(2,2,4);imagesc(D2img)
title('2 级对角细节系数')
```

运行程序,效果如图 12-11 及图 12-12 所示。

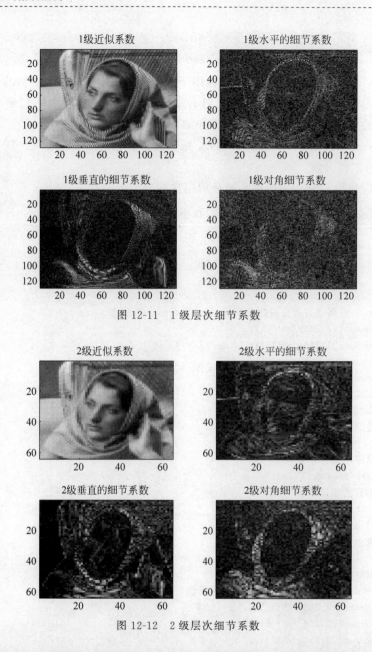

图 12-11   1 级层次细节系数

图 12-12   2 级层次细节系数

12．idwt2 函数

在 MATLAB 中，提供了 idwt2 函数用于单层小波重建。函数的语法格式为：

X = idwt2(cA,cH,cV,cD,'wname')：用指定的小波 wname 重构图像 X。参量 cA 为近似小波系数矩阵，参量 cH、cV 和 cD 分别为小波分解的水平细节系数、垂直细节系数和对角细节系数。

X = idwt2(cA,cH,cV,cD,Lo_R,Hi_R)：以指定的低通滤波器 Lo_R 和高通滤波器 Hi_R 重构图像 X。Lo_R 与 Hi_R 的长度必须一致。

X = idwt2(cA,cH,cV,cD,'wname',S) 或 X = idwt2(cA,cH,cV,cD,Lo_R,Hi_R,S)：返回二维离散小波逆变换目标图像的中间附近 S 点的值。

X = idwt2(…,'mode',MODE)：指定扩展模式,可由函数 dwtmode 设置。

【例 12-12】　演示经过小波变换和逆变换之后信号与原信号之间的误差。

```
% 载入图像
load woman;
% X 包含加载的图像
sX = size(X);
% 小波变换
[cA1,cH1,cV1,cD1] = dwt2(X,'db4');
% 小波逆变换
A0 = idwt2(cA1,cH1,cV1,cD1,'db4',sX);
% 检查是否完全重建
max(max(abs(X - A0)))
ans =
    3.4171e - 10
```

从这个例子可以看出,经过小波变换和逆变换后,原信号与经过处理的信号误差很小,基本上是由计算的截断误差产生的。

13.　waverec2 函数

在 MATLAB 中,提供了 waverec2 函数用于多层小波重建原始信号,要求输入参数同小波分解得到的结果的格式一致。函数的语法格式为:

X = waverec2(C,S,'wname')：用指定的小波函数 wname 在小波分解结构[C,S]上对信号 X 进行多尺度二维小波重构。

X = waverec2(C,S,Lo_R,Hi_R)：用指定的重构滤波器 Lo_R 和 Hi_R 在小波分解结构[C,S]上对信号 X 进行多尺度二维小波重构。

【例 12-13】　演示用多层小波重建的原始信号与原信号之间的误差。

```
% 载入图像
load woman;
% 用 sym4 小波对信号进行 2 层小波分解
[c,s] = wavedec2(X,2,'sym4');
% 从分解系数[c,s]重建信号
a0 = waverec2(c,s,'sym4');
% 计算变换过程中产生的误差
max(max(abs(X - a0)))
ans =
    2.0989e - 10
```

14.　wrcoef2 函数

在 MATLAB 中,提供了 wrcoef2 函数用于重建小波系数至某一层次,要求输入参数同小波分解得到的结果的格式一致。函数的语法格式为:

X = wrcoef2('type',C,S,'wname',N)或 X = wrcoef2('type',C,S,'wname')：对二维信号的分解结构[C,S]用指定的小波函数 wname 进行重构。当 type＝a 时,对信号的低频部分进行重构,此时 N 可以为 0；当 type＝h(或 v、d)时,对信号水平(或垂直、对角线(或斜线))的高频部分进行重构,此时 N 为正整数,且有:

- 当 type＝a 时,$0 \leqslant N \leqslant size(S,1) - 2$；

- 当 type＝h、v 或 d 时，$1 \leqslant N \leqslant size(S,1)-2$。

$X = wrcoef2('type',C,S,Lo\_R,Hi\_R,N)$ 或 $X = wrcoef2('type',C,S,Lo\_R,Hi\_R)$：指定重构滤波器进行重构，Lo_R 为低通滤波器；Hi_R 为高通滤波器。

【例 12-14】 利用 wrcoef2 函数对图像进行单支重构。

```
% 载入图像
load woman;
% 用 sym5 小波对信号进行 2 层小波分解
[c,s] = wavedec2(X,2,'sym5');
% 对小波分解结构[c,s]的低频系数分别进行尺度 1 和尺度 2 上的重构
a1 = wrcoef2('a',c,s,'sym5',1);
a2 = wrcoef2('a',c,s,'sym5',2);
% 根据小波分解结构重建第 2 级细节[c,s]
% 'h'为水平系数
% 'v'为垂直系数
% 'd'为对角系数
hd2 = wrcoef2('h',c,s,'sym5',2);
vd2 = wrcoef2('v',c,s,'sym5',2);
dd2 = wrcoef2('d',c,s,'sym5',2);
% % 检查重构图像的大小
disp('原始图像大小为：')
sX = size(X)
disp('尺度 1 低频图像大小为：')
sa1 = size(a1)
disp('尺度 2 高频水平图像大小为：')
shd2 = size(hd2)
```

运行程序，输出如下：

```
原始图像大小为：
sX =
    256    256
尺度 1 低频图像大小为：
sa1 =
    256    256
尺度 2 高频水平图像大小为：
shd2 =
    256    256
```

15. upcoef2 函数

在 MATLAB 中，提供了 upcoef2 函数用于重建小波系数至上一层次，要求输入参数同小波分解得到的结果的格式一致。函数的语法格式为：

$Y = upcoef2(O,X,'wname',N,S)$：对向量 X 进行重构并返回中间长度为 S 的部分。参数 N 为正整数，为尺度。如果 O＝'a'，则是对低频系数进行重构；如果 O＝'h'(或'v'或'd')，则对水平方向(垂直方向或对角线方向)的高频系数进行重构。

$Y = upcoef2(O,X,Lo\_R,Hi\_R,N,S)$：用指定的低通滤波器 Lo_R 及高通滤波器 Hi_R 对 X 进行重构。

$Y = upcoef2(O,X,'wname',N)$ 或 $Y = upcoef2(O,X,Lo\_R,Hi\_R,N)$：对 N 层的小波

分解系数进行重构。

【例 12-15】 利用 appcoef2 函数对图像进行单支重构。

```
>> clear all;
% 载入图像
load woman;
subplot(231);image(X);colormap(map);
title('原始图像');
%2 尺度,利用 sym5 小波分解图像
[c,s] = wavedec2(X,2,'db4');
siz = s(size(s,1),:);                    %获取图像的大小
%重建近似和细节
ca1 = appcoef2(c,s,'db4',1);
a1 = upcoef2('a',ca1,'db4',1,siz);
subplot(232);image(a1);colormap(map);
title('尺度 1 低频图像');
%重建高频系数
chd1 = detcoef2('h',c,s,1);
hd1 = upcoef2('h',chd1,'db4',1,siz);
subplot(233);image(hd1);colormap(map);
title('尺度 1 高频图像');
%重建水平高频图像
cvd1 = detcoef2('v',c,s,1);
vd1 = upcoef2('v',cvd1,'db4',1,siz);
subplot(234);image(vd1);colormap(map);
title('尺度 1 高频图像');
%重建对角高频图像
cdd1 = detcoef2('d',c,s,1);
dd1 = upcoef2('d',cdd1,'db4',1,siz);
subplot(235);image(dd1);colormap(map);
title('尺度 1 高频图像');
```

运行程序,效果如图 12-13 所示。

彩色图片

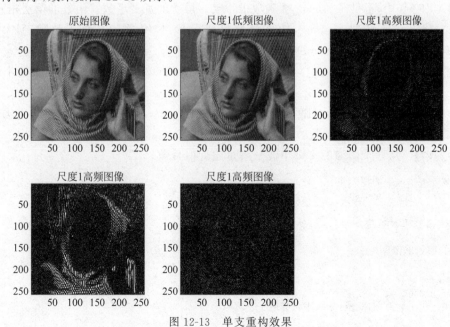

图 12-13 单支重构效果

16．detcoef2 函数

在 MATLAB 中，提供了 detcoef2 函数求得某一层次的细节系数。函数的语法格式为：

D ＝ detcoef2(O,C,S,N)：O 为提取系数的类型，其取值有三种，O='h'表示提取水平系数；O='v'表示提取垂直系数；O='d'表示提取对角线系数。[C,S]为分解结构，N 为尺度数，N 必须为一个正整数，且 $1 \leqslant N \leqslant size(S,1)-2$。

【例 12-16】 利用 detcoef2 函数提取二维离散图像的细节系数。

```
>> % 载入图像
load woman;
% 使用 db1 在 X 的第 2 级执行分解
[c,s] = wavedec2(X,2,'db1');
sizex = size(X)
sizex =
   256   256
>> sizec = size(c)
sizec =
        1       65536
>> % 从小波分解结构中提取每个方向第 2 层的细节系数[c,s]
>> [chd2,cvd2,cdd2] = detcoef2('all',c,s,2);
sizecd2 = size(chd2)
sizecd2 =
    64    64
>> % 从小波分解结构中提取每个方向第 1 层的细节系数[c,s]
>> [chd1,cvd1,cdd1] = detcoef2('all',c,s,1);
sizecd1 = size(chd1)
sizecd1 =
   128   128
```

17．appcoef2 函数

在 MATLAB 中，提供了 appcoef2 函数求得某一层次的近似系数。函数的语法格式为：

A ＝ appcoef2(C,S,'wname',N)：计算尺度为 N(N 必须为一个正整数，且 $0 \leqslant N \leqslant length(S)-2$)，小波函数为 wname，分解结构为[C,S]时的二维分解低频系数。

A ＝ appcoef2(C,S,'wname')：用于提取最后一个尺度(N＝length(S)-2)的小波变换低频系数。

A ＝ appcoef2(C,S,Lo_R,Hi_R)或 A＝ appcoef2(C,S,Lo_R,Hi_R,N)：用重构滤波器 Lo_R 和 Hi_R 进行信号低频系数的提取。

【例 12-17】 从一个图像的多级小波分解重建近似系数。

```
% 加载并显示一个图像
>> dwtmode('zpd','nodisp')
load woman
subplot(131);image(X)
colormap(map)
title('原始图像')
size(X)
ans =
   256   256
% 使用 db1 小波对图像进行 3 级小波分解
wv = 'db1';
[cfs,inds] = wavedec2(X,3,wv);
```

```
numel(X)   % 用数据形式显示原始图像大小
ans =
     65536
numel(cfs) % 显示分解后图像大小
ans =
     65536
inds
inds =
    32    32
    32    32
    64    64
   128   128
   256   256
>> % 提取并显示第 2 级的近似系数
>> cfs2 = appcoef2(cfs,inds,wv,2);
subplot(132);imagesc(cfs2)
colormap('gray')
title('2 级近似系数')
>> size(cfs2)
ans =

    64    64
>> % 提取并显示第 3 级的近似系数
>> cfs3 = appcoef2(cfs,inds,wv,3);
subplot(133);imagesc(cfs3)
colormap('gray')
title('3 级近似系数')
>> size(cfs3)
ans =
    32    32
```

运行程序，效果如图 12-14 所示。

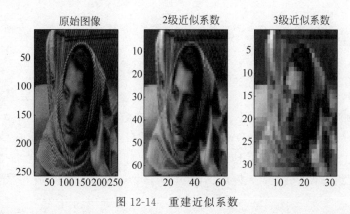

图 12-14   重建近似系数

18. upwlev2 函数

在 MATLAB 中，提供了 upwlev2 函数重新组织小波系数的排列形式。函数的语法格式为：

[NC,NS,cA] = upwlev2(C,S,'wname')：对小波分解结构[C,S]进行单尺度重构，即对分解结构[C,S]的第 n 步进行重构，返回一个新的分解[NC,NS]（第 n−1 步的分解结构），并提取最后一个尺度的低频系数矩阵。如果[C,S]为尺度 n 的一个分解结构，则[NC,NS]为尺度 n−1 的一个分解结构，cA 为尺度 n 的低频系数矩阵，C 为原始的小波分解向量，S 为相应

的记录矩阵。

[NC,NS,cA] = upwlev2(C,S,Lo_R,Hi_R)：用低通滤波器 Lo_R 和高通滤波器 Hi_R 对图像进行重构。

【例 12-18】 利用 upwlev2 函数单尺度重构图像。

```
>> clear all;
% 载入图像
load woman;
%尺度,利用 db1 小波分解图像
[c,s] = wavedec2(X,2,'db1');
sc = size(c)       % 分解后图像大小
sc =
            1       65536
>> val_s = s
val_s =
     64     64
     64     64
    128    128
    256    256
>> %直接利用分解系数重构图像
[nc,ns] = upwlev2(c,s,'db1');
snc = size(nc)     % 重构图像的大小
snc =
            1       65536
>> val_ns = ns
val_ns =
    128    128
    128    128
    256    256
```

19. swt 函数

在 MATLAB 中,提供了 swt 函数用于对一维静态离散小波进行分解。函数的语法格式为：

SWC = swt(X,N,'wname')：使用小波'wname'对信号 X 进行 N 层静态分解,求得的近似系数存放在数组 SWC(N+1,:)中,细节系数存放在数组 SWC(1,:)至 SWC(N,:)中。

SWC = swt(X,N,Lo_D,Hi_D)：用指定滤波器(Lo_D 及 Hi_D)实现小波分解。

[SWA,SWD] = swt(____)：使用小波'wname'对信号 X 进行 N 层静态分解,求得的近似系数存放在数组 SWA(1,:)至数组 SWA(N,:)中,细节系数存放在数组 SWD(1,:)至 SWD(N,:)中。

【例 12-19】 对输入信号进行一维静态离散小波分解。

```
load sumsin;
s = sumsin;                      % 读入信号 sumsin
[swa,swd] = swt(s,3,'db1');      % 用小波函数 db1 对信号 s 做 3 层 swt 变换
subplot(4,2,1);plot(s);
title('原始信号');xlabel('时间'); ylabel('强度 ');
subplot(4,2,2);plot(s);
title('原始信号');xlabel('时间'); ylabel('强度 ');
subplot(4,2,3);plot(swa(1,:));
xlabel('时间'); ylabel('近似系数 SA1 ');
subplot(4,2,4);plot(swd(2,:));
```

```
xlabel('时间'); ylabel('细节系数 SD1 ');
subplot(4,2,5);plot(swa(2,:));
xlabel('时间'); ylabel('近似系数 SA2 ');
subplot(4,2,6);plot(swd(2,:));
xlabel('时间'); ylabel('细节系数 SD2 ');
subplot(4,2,7);plot(swa(3,:));
xlabel('时间'); ylabel('近似系数 SA3 ');
subplot(4,2,8);plot(swd(3,:));
xlabel('时间'); ylabel('细节系数 SD3 ');
```

运行程序,效果如图 12-15 所示。

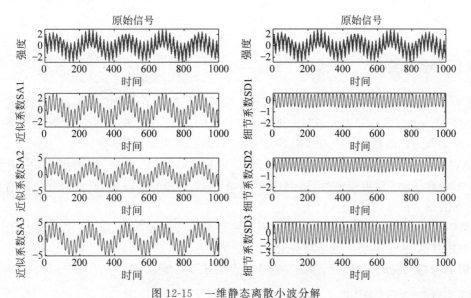

图 12-15　一维静态离散小波分解

20. iswt 函数

在 MATLAB 中,提供了 iswt 函数实现一维静态离散小波变换重建。函数的语法格式为:

X = iswt(SWC,'wname'):使用小波'wname'对信号 X 进行静态重建,重建用到的近似系数存放在数组 SWC(N+1,:)中,细节系数存放在数组 SWC(1,:)至 SWC(N,:)中。

X = iswt(SWA,SWD,'wname'):使用小波'wname'对信号 X 进行静态重建,重建用到的近似系数存放在数组 SWA(1,:)至数组 SWA(N,:)中,细节系数存放在数组 SWD(1,:)至 SWD(N,:)中。

X = iswt(SWC,Lo_R,Hi_R):用指定的滤波器(Lo_R 及 Hi_R)实现小波重建。

X = iswt(SWA,SWD,Lo_R,Hi_R):使用小波'wname'对信号 X 进行静态重建,重建用到的近似系数存放在数组 SWA(1,:)至数组 SWA(N,:)中,细节系数存放在数组 SWD(1,:)至 SWD(N,:)中,并指定滤波器 Lo_R 及 Hi_R。

【例 12-20】　对分解的系数不做任何处理,直接将其重建,看这个过程产生的误差。

```
>> load sumsin;
s = sumsin;    % 读入信号 sumsin
% 用 db1 小波对信号做静态信号小波分解,得到的系数存到 swc 中
swc = swt(s,3,'db1');
% 分解得到的近似系数和细节系数分别存到 swa 和 swd 中
```

```
[swa,swd] = swt(s,3,'db1');
% 用 swc 中的系数重建信号,存入 a0
a0 = iswt(swc,'db1');
% 用 swa,swd 中的系数重建信号,存入 a1
a1 = iswt(swa,swd,'db1');
% % 求 s 与 a0 的方差
err0 = norm(s - a0,'fro')
err0 =
    1.4099e - 14
>> % 求 s 与 a1 的方差
err1 = norm(s - a1,'fro')
err1 =
    1.4099e - 14
```

21. swt2 函数

在 MATLAB 中,提供了 swt2 函数实现二维离散平稳小波变换。函数的语法格式为:

SWC = swt2(X,N,'wname'):利用指定的 wname 小波对矩阵 X 进行 N 层的平稳小波分解。N 必须为正整数,并且 size(X,1) 与 size(X,2) 必须为 2^N 的倍数。

[A,H,V,D] = swt2(X,N,'wname'):返回[A,H,V,D]三维数组,其中输出矩阵 A(:,:,i)包含了第 i 层近似信号,而 H(:,:,i),V(:,:,i)和 D(:,:,i)包含了水平、垂直与对角三个方向的细节信号($1 \leqslant i \leqslant N$)。

SWC = swt2(X,N,Lo_D,Hi_D):用指定的分解低通滤波器 Lo_D 与分解高通滤波器 Hi_D 对矩阵 X 进行 N 层平稳小波分解。

【例 12-21】 提取并显示图像的平稳小波分解水平系数。

```
% 首先加载并显示原始图像
load woman
subplot(311);imagesc(X)
colormap(map)
title('原始图像')
% 利用 db6 在第 2 级对图像进行平稳小波分解
[ca,chd,cvd,cdd] = swt2(X,2,'db6');
% 从分解中提取 1 级和 2 级近似系数和细节系数
A1 = wcodemat(ca(:,:,1),255);
H1 = wcodemat(chd(:,:,1),255);
V1 = wcodemat(cvd(:,:,1),255);
D1 = wcodemat(cdd(:,:,1),255);

A2 = wcodemat(ca(:,:,2),255);
H2 = wcodemat(chd(:,:,2),255);
V2 = wcodemat(cvd(:,:,2),255);
D2 = wcodemat(cdd(:,:,2),255);
% 显示第 1 个层次的近似系数和细节系数
subplot(3,2,3);imagesc(A1)
title('1 级近似系数')
subplot(3,2,4);imagesc(H1)
title('1 级水平的细节系数')
subplot(3,2,5);imagesc(V1)
title('1 级垂直的细节系数')
subplot(3,2,6);imagesc(D1)
title('1 级对角的细节系数')
```

```
figure;
% 显示第 2 个层次的近似系数和细节系数
subplot(2,2,1);imagesc(A2)
title('2 级近似系数')
subplot(2,2,2);imagesc(H2)
title('2 级水平的细节系数')
subplot(2,2,3);imagesc(V2)
title('2 级垂直的细节系数')
subplot(2,2,4);imagesc(D2)
title('2 级对角的细节系数')
```

运行程序,效果如图 12-16 及图 12-17 所示。

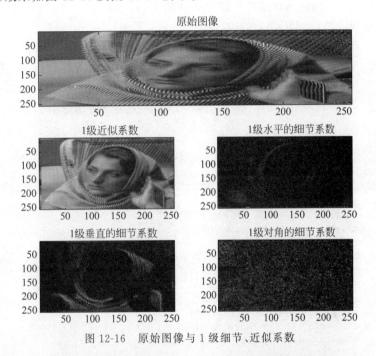

图 12-16　原始图像与 1 级细节、近似系数

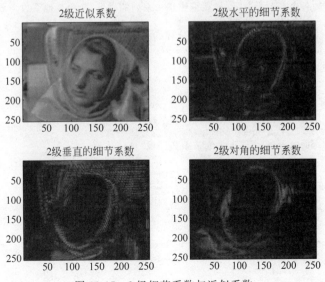

图 12-17　2 级细节系数与近似系数

22. iswt2 函数

在 MATLAB 中,提供了 iswt2 函数用于实现二维静态小波变换重建。函数的语法格式为:

X = iswt2(SWC,'wname'):使用小波'wname'对信号 X 的 N 层静态分解系数进行重建,传入的近似系数存放在数组 SWC(N+1,:,:)中,细节系数存放在数组 SWC(1,:,:)至 SWC(N,:,:)中。

X = iswt2(A,H,V,D,wname):使用小波'wname'对信号 X 的 N 层静态分解系数进行重建,传入的近似系数存放在数组 A(:,:,1)至数组 A(:,:,N)中,水平细节系数存放在数组 H(:,:,1)至 H(:,:,N)中,垂直细节系数存放在数组 V(:,:,1)至 V(:,:,N)中,对角细节系数存放在数组 D(:,:,1)至 D(:,:,N)中。

X = iswt2(SWC,Lo_R,Hi_R):与格式 1 相似,同时指定低通 Lo_R 及高通 Hi_R 滤波器。

X = iswt2(A,H,V,D,Lo_R,Hi_R):与格式 2 相似,同时指定低通 Lo_R 及高通 Hi_R 滤波器。

【例 12-22】 直接利用对 noiswom 的分解结果,从中重建各级系数。

```
% 首先加载并显示原始图像
load noiswom
% 使用 db1 小波对 noiswom 图像进行三层静态小波分解
[swa,swh,swv,swd] = swt2(X,3,'db1');
mzero = zeros(size(swd));
A = mzero;
% 使用 iswt2 的滤波器功能,重建第三层的近似系数
A(:,:,3) = iswt2(swa,mzero,mzero,mzero,'db1');
H = mzero;V = mzero;D = mzero;
for i = 1:3
    swcfs = mzero;swcfs(:,:,i) = swh(:,:,i);
    H(:,:,i) = iswt2(mzero,swcfs,mzero,mzero,'db1');
    swcfs = mzero,swcfs(:,:,i) = swv(:,:,i);
    V(:,:,i) = iswt2(mzero,mzero,swcfs,mzero,'db1');
    swcfs = mzero;swcfs(:,:,i) = swd(:,:,i);
    D(:,:,i) = iswt2(mzero,mzero,mzero,swcfs,'db1');
end
% 重建 1 到 3 级的各个细节系数,同样在重建某一系列的时候,要令其他系数为 0
A(:,:,2) = A(:,:,3) + H(:,:,3) + V(:,:,3) + D(:,:,3);
A(:,:,1) = A(:,:,2) + H(:,:,2) + V(:,:,2) + D(:,:,2);
% 使用递推的方法建立第一层和第二层近似系数
colormap(map);
kp = 0;
for i = 1:3
    subplot(3,4,kp + 1),image(wcodemat(A(:,:,i),192));
    title(['第',num2str(i),'层近似系数图像']);
    subplot(3,4,kp + 2),image(wcodemat(H(:,:,i),192));
    title(['第',num2str(i),'层水平细节系数图像']);
    subplot(3,4,kp + 3),image(wcodemat(V(:,:,i),192));
    title(['第',num2str(i),'层垂直细节系数图像']);
    subplot(3,4,kp + 4),image(wcodemat(D(:,:,i),192));
    title(['第',num2str(i),'层对角直细节系数图像']);
    kp = kp + 4;
end
% 画出通过手工方法重建的各级小波系数图像
% 求出用这种算法重建的第二层近似系数和分解系数之间的误差
err = norm(A(:,:,2) - swa(:,:,2))
```

运行程序,输出如下,效果如图 12-18 所示。

```
err =
    2.9242e + 04
```

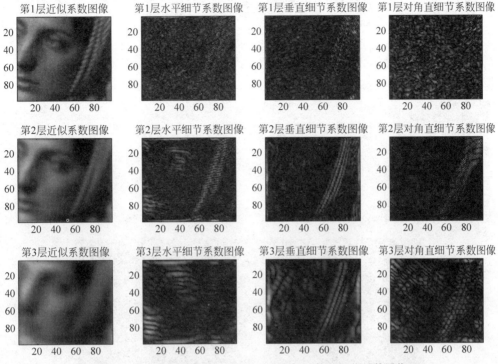

图 12-18　三层静态小波分解得到的近似系数及细节系数图像

23. wpdec 函数

在 MATLAB 中,提供了 wpdec 函数用于实现一维小波包的分解。函数的语法格式为:

T = wpdec(X,N,'wname',E,P):根据小波函数 wname、熵标准 E 和参数 P 对信号 X 进行 N 层小波包分解,并返回小波包分解结构[T,D](T 为树结构,D 为数据结构)。其中,E 是用来指定熵标准的,E 的类型有:shannon、threshold、norm、log energy、sure、user 或 FunName(此选择与 P 选择无关)。P 是一个可选的参数,其值由参数 E 的值来决定。

- 如果 E=shannon 或 log energy,则 P 不用。
- 如果 E=threshold 或 sure,则 P 是阈值,并且必须为正数。
- 如果 E=norm,则 P 是指数,且有 1≤P<2。
- 如果 E=user,则 P 是一个包含 *.m 的文件名的字符串,*.m 文件是在一个输入变量 X 下用户自己的熵函数。

T = wpdec(X,N,'wname'):默认为 shannon 熵标准。等价于 T = wpdec(X,N,'wname','shannon')。

wpdec 函数的用法参考例 12-23。

24. wpcoef 函数

在 MATLAB 中,提供了 wpcoef 函数实现小波树分解。函数的语法格式为:

X = wpcoef(T,N):wpcoef 函数是一个一维或二维的小波包分析函数。其返回与树 T

结构 N 对应的重构系数,其中,T 是树结构。

X = wpcoef(T):等价于 X=wprcoef(T,0)。

【例 12-23】 wpcoef 对信号进行小波包分解。

```
load noisdopp;
x = noisdopp;
subplot(211); plot(x);
title('原始信号');
% % 利用 db1 实现 3 层小波包分解
wpt = wpdec(x,3,'db1');
% 绘制小波包树
plot(wpt)
% 读取包(2,1)系数
cfs = wpcoef(wpt,[2 1]);
subplot(212); plot(cfs);
title('包(2,1)系数');
```

运行程序,效果如图 12-19 及图 12-20 所示。

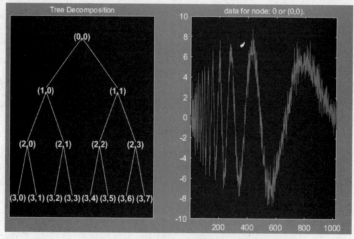

图 12-19　小波包分解树与原始信号

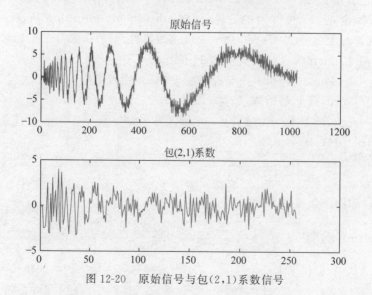

图 12-20　原始信号与包(2,1)系数信号

25. wpdec2 函数

在 MATLAB 中,提供了 wpdec2 函数用于实现二维小波包的分解。函数的调用格式为:

T = wpdec2(X,N,'wname',E,P):根据相应的小波包分解向量 X 和指定的小波函数 wname 对 X 进行 N 层分解,并返回树结构 T。其中,E 为一个字符串,用来指定熵类型,E 的类型可以有:shannon、threshold、norm、log energy、sure、user 或 STR(此选择与 P 选择无关)。P 是一个可选的参数,其值由参数 E 的值来定。

- 如果 E=shannon 或 log energy,则 P 不用。
- 如果 E=threshold 或 sure,则 P 是阈值,并且必须为正数。
- 如果 E=norm,则 P 为指数,且有 $1 \leqslant P < 2$。
- 如果 T=sure,则 P 是一个包含 ∗.m 文件名的字符串,∗.m 文件是在一个输入变量 X 下用户自己的熵函数。

T = wpdec2(X,N,'wname') 或 T = wpdec2(X,N,wnam,'shannon'):默认阈值为 shannon。

【例 12-24】 利用 wpdec2 函数对图像进行小波包分解。

```
%载入图像
load tire
%利用 db1 小波基对图像进行小波包分解
t = wpdec2(X,2,'db1');
% 显示原始图像与分解后小波树
plot(t)
```

运行程序,效果如图 12-21 所示。

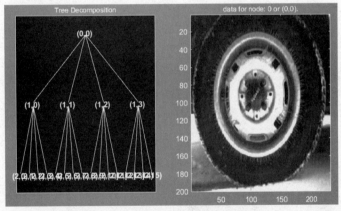

图 12-21 分解小波包树及原始图像

26. wpsplt 函数

在 MATLAB 中,提供了 wpsplt 函数用于分割小波包。函数的调用格式为:

T = wpsplt(T,N):根据指定的重组节点 N,修改计算树结构 T。

[T,cA,cD] = wpsplt(T,N):同时返回节点的系数,其中,cA 为节点 N 的低频系数,cD 为节点 N 的高频系数。

[T,cA,cH,cV,cD] = wpsplt(T,N):同时返回节点的系数,其中,cA 为节点 N 的低频

系数,cH、cV 和 cD 为节点 N 的高频系数。

【例 12-25】 利用 wpsplt 函数对信号实现小波包分割。

```
% 载入信号
load noisdopp;
x = noisdopp;
% 用 db1 小波包在深度 3 处分解 x
wpt = wpdec(x,3,'db1');
% 分解包(3 0)
wpt = wpsplt(wpt,[3 0]);
% 绘制分割小波包树
plot(wpt)
```

运行程序,效果如图 12-22 所示。

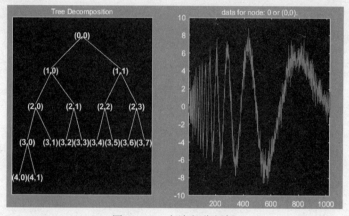

图 12-22　小波包分割树

27. wprcoef 函数

在 MATLAB 中,提供了 wprcoef 函数实现小波包重建。函数的语法格式为:

X = wprcoef(T,N):计算节点 N 的小波包分解系数的重构信号(图像),T 为树结构。

X = wprcoef(T):等价于 X = wprcoef(T,0),即完全重构原始信号。

【例 12-26】 利用 wprcoef 函数对信号进行小波包重建。

```
% 载入信号
load noisdopp;
x = noisdopp;
figure(1); subplot(211);
plot(x); title('原始信号');
% 利用 shannon 熵用 db1 小波包在深度 3 处分解 x
t = wpdec(x,3,'db1','shannon');
% 重建包(2,1)
rcfs = wprcoef(t,[2 1]);
figure(1); subplot(212);
plot(rcfs); title('重建包(2,1)');
```

运行程序,效果如图 12-23 所示。

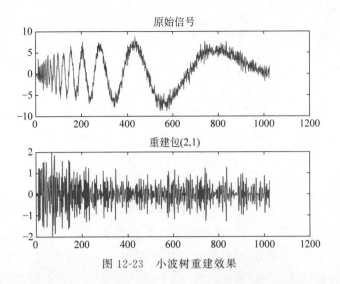

图 12-23　小波树重建效果

28. wprec 函数

在 MATLAB 中,提供了 wprec 函数用于实现一维小波包分解的重构。函数的调用格式为:

X = wprec(T):对小波包的分解结构 T 进行重构,并返回重构后的向量 X,其中 T 为树结构。因为有 X＝wprec(wpdec(X,'wname')),则可以说,wprec 是 wpdec 的反函数。

【例 12-27】　对一维小波包进行分解重构。

```
>> clear all;
% 载入信号
load noisdopp;
x = noisdopp(1:1000);
subplot(211);plot(x);
title('原始信号');
% 用 db1 小波包分解信号 x 到第三层
% 采用 shannon 熵的标准
t = wpdec(x,3,'db1','shannon');
recx = wprec(t); % 重构小波包分解结构 t
subplot(212);plot(recx);
title('重构后的信号');
```

运行程序,效果如图 12-24 所示。

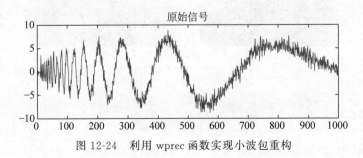

图 12-24　利用 wprec 函数实现小波包重构

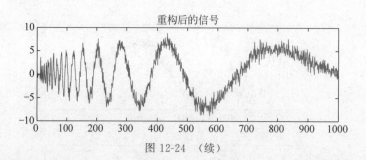

图 12-24 （续）

29. wprec2 函数

在 MATLAB 中，提供了 wprec2 函数用于二维小波包重构。函数的调用格式为：

X = wprec2(T)：对小波包分解结构 T 进行重构，并返回重构后的向量 X，其中 T 为树结构。因为有 X＝wprec2(wpdec2(X,'wname'))，即可认为，wprec2 是 wpdec2 的反函数。

【例 12-28】 利用 wprec2 函数重构二维小波包。

```
>> clear all;
% 载入图像,X包含载入的图像
load noiswom;
subplot(121);image(X);colormap(map);
title('原始图像');
axis square;
% 用默认的 shannon 熵,分解图像
t = wpdec2(X,2,'db1');
% 对分解结构 t 进行重构
rectire = wprec2(t);
% 画出重构后的图像
subplot(122);image(rectire);colormap(map);
title('重构后的图像');
axis square;
```

运行程序，效果如图 12-25 所示。

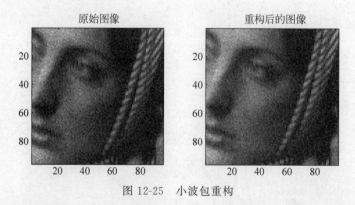

图 12-25 小波包重构

30. besttree 函数

在 MATLAB 中，提供了 besttree 函数用于使用最优熵原则求得最优小波树。函数的语法格式为：

T ＝ besttree(T)：返回与最优熵值相对应的最优树结构 T。

[T,E] ＝ besttree(T)：返回计算后的最佳树结构 T 以及初始树每个节点的熵值向量 E (向量元素的顺序与节点的索引序号依次对应,即索引为 0,1,2,… 的节点熵值,依次对应向量中第 1,2,3,… 个元素的值)。

[T,E,N] ＝ besttree(T)：同时返回最佳树与初始树相比,所有被合并节点的索引序号的向量 N。例如,如果返回向量 N＝[2,6],则表示初始树中索引序号为 2 和 6 的节点以下的二叉子树被合并,即最佳树与初始树相比,索引为 2 和 6 的节点不再分解。

【例 12-29】　最优小波树的生成和熵函数值的获取。

```
>> load noisdopp;
>> x = noisdopp;   % 读入信号
>> % 对信号 x 进行 3 层的完全小波包分解,得到小波树 wpt
>> wpt = wpdec(x,3,'sym1');
>> % wpt 上的[3,1]节点再作一次小波分解
>> wpt = wpsplt(wpt,[3,1]);
>> % 利用 read 函数读取 wpt 对象所有节点的'ent'属性值(也就是熵值)
>> ent = read(wpt,'ent',allnodes(wpt))
ent =
   1.0e + 04 *
   - 5.8615    % 节点编号[0 0]的熵值
   - 6.8204    % 节点编号[1 0]的熵值
   - 0.0350    % 节点编号[1 1]的熵值
   - 7.7901    % 节点编号[2 0]的熵值
   - 0.0497    % 节点编号[2 1]的熵值
   - 0.0205    % 节点编号[2 2]的熵值
   - 0.0138    % 节点编号[2 3]的熵值
   - 8.6844    % 节点编号[3 0]的熵值
   - 0.1423    % 节点编号[3 1]的熵值
   - 0.0318    % 节点编号[3 2]的熵值
   - 0.0200    % 节点编号[3 3]的熵值
   - 0.0109    % 节点编号[3 4]的熵值
   - 0.0096    % 节点编号[3 5]的熵值
   - 0.0053    % 节点编号[3 6]的熵值
   - 0.0089    % 节点编号[3 7]的熵值
   - 0.0414    % 节点编号[4 2]的熵值
   - 0.1098    % 节点编号[4 3]的熵值
% 对这个小波树做最优化,求得相应的最优小波树,效果如图 12-26 所示
>> bt = besttree(wpt);
>> plot(bt)
% 求最优小波树 bt 的熵值
>> ent = read(bt,'ent',allnodes(bt))
ent =
   1.0e + 04 *
   - 5.8615    % 节点编号[0 0]的熵值
   - 6.8204    % 节点编号[1 0]的熵值
   - 0.0350    % 节点编号[1 1]的熵值
   - 7.7901    % 节点编号[2 0]的熵值
   - 0.0497    % 节点编号[2 1]的熵值
   - 8.6844    % 节点编号[3 0]的熵值
   - 0.1423    % 节点编号[3 1]的熵值
   - 0.0318    % 节点编号[3 2]的熵值
   - 0.0200    % 节点编号[3 3]的熵值
   - 0.0414    % 节点编号[4 2]的熵值
```

　　－0.1098　%节点编号[4 3]的熵值
%对比两组数据可以看出,小波树 wpt 的[1 1]节点分解后,分解得到的和
%([2 2]和[2 3]两节点熵值之和)大于原节点的熵值,所以这步分解在小波树最优化过程中被省略
>> e = wenergy(bt) '　%求各节点占的能量成分
e =
　　2.7982　　　　　%节点编号[1 1]的能量成分
　　92.0054　　　　%节点编号[3 0]的能量成分
　　1.2866　　　　　%节点编号[3 2]的能量成分
　　0.9926　　　　　%节点编号[3 3]的能量成分
　　1.0941　　　　　%节点编号[4 2]的能量成分
　　1.8231　　　　　%节点编号[4 3]的能量成分

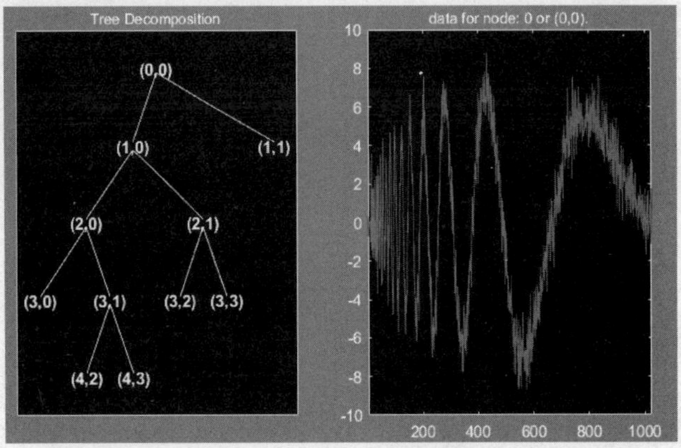

图 12-26　　最优小波树

　　从例 12-29 的结果可以看出,信号的大部分能量集中在近似系数中。但细节系数所表征的信息往往可以决定系统的性质,对其进一步的划分可以更好地把握系统的性质,这也是小波包的设计思想。

31. bestlevt 函数

　　在 MATLAB 中,提供了 bestlevt 函数使用最优熵原则求最优完全小波树。函数的语法格式为:

　　T = bestlevt(T):使用最优熵原则求得 T 的最优完全小波树,并将结果返回到 T。

　　[T,E] = bestlevt(T):使用最优熵原则求得 T 的最优完全小波树,将结果返回到 T,并给出变换后的最优小波树各节点的熵值,存放到数组 E 中。

【例 12-30】 利用 bestlevt 函数绘制信号的最优熵原则的最优完全小波树。

```
load noisdopp;        % 载入信号
x = noisdopp;
% 小波包的 3 层完全分解
wpt = wpdec(x,3,'db1');
% 分解数据包[3 0]
wpt = wpsplt(wpt,[3 0]);
% 计算最优完全树
blt = bestlevt(wpt);
% 绘制最优完全树
plot(blt)
```

运行程序,效果如图 12-27 所示。

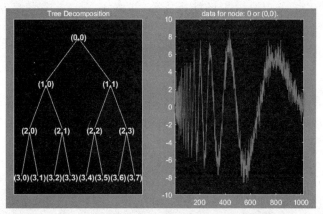

图 12-27　最优熵原则的最优完全小波树

32. entrupd 函数

在 MATLAB 中,提供了 entrupd 函数用于更新小波包的熵值。函数的语法格式为:

T = entrupd(T,ENT):根据一个给定的小波包分解结构 ENT 和熵标准 T,返回更新后的小波包分解结构 T。此时,各节点的熵值发生了变化,可用 read 函数读取各节点的熵值大小。

T= entrupd(T,ENT,PAR):PAR 为一个可选择的输入参数,它返回的也是一个更新后的小波包分解结构 T,同样可用 read 函数读取各节点的熵值大小。

【例 12-31】　利用 entrupd 函数绘制信号的熵值,并显示更新的小波包熵值。

```
>> % 载入信号
>> load noisdopp; x = noisdopp;
>> % 用 db1 小波包分解深度为 2 的 x
>> t = wpdec(x, 2, 'db1', 'shannon');
>> % 读取所有节点的熵
>> nodes = allnodes(t);
ent = read(t, 'ent', nodes);
>> ent = read(t, 'ent', nodes)
>> ent'
ans =
   1.0e + 04 *
  - 5.8615   - 6.8204   - 0.0350   - 7.7901   - 0.0497   - 0.0205   - 0.0138
>> % 更新节点的熵
>> t = entrupd(t, 'threshold', 0.5);
nent = read(t, 'ent');
nent'
ans =
   937   488   320   241   175   170   163
```

33. wenergy 函数

在 MATLAB 中,提供了 wenergy 函数求小波分解系数的能量分布。函数的语法格式为:

[Ea,Ed] = wenergy(C,L):求小波分解系数[C,L]中的各系数能量分布,并存放到数组 [Ea,Ed]中,Ea 表示最高分解层数的近似系数的能量成分,Ed 表示各层数的细节系数的能量成分。

E = wenergy(T)：求小波树 T 的能量成分，并按 T 的节点序号把各节点的能量成分返回到数组 E 中。

【例 12-32】 利用 wenergy 显示一维小波分解的能量成分。

```
>> clear all;
>> load noisbump
[C,L] = wavedec(noisbump,4,'sym4');
[Ea,Ed] = wenergy(C,L)
Ea =
    88.2842
Ed =
    2.1570    1.2145    1.4598    6.8845
```

34. dwtmode 函数

在 MATLAB 中，提供了 dwtmode 函数指定信号扩展方式。函数的语法格式为：

dwtmode 或 dwtmode('status')：显示当前的扩展方式，返回值的含义如下。

- 'sym'或'symh'：对称扩展。
- 'symw'：对称扩展（全点）。
- 'asym' or 'asymh'：反对称扩展（半点）
- 'asymw'：反对称扩展（全点）。
- 'zpd'：零填充。
- 'spd'或'spl'：一阶光滑扩展。
- 'sp0'：零阶光滑扩展。
- 'ppd'或'per'：周期扩展。

st = dwtmode 或 st = dwtmode('status')：同时将当前模式返回给 st。

【例 12-33】 显示和改变信号扩展方式。

```
>> % 清除 DWT 扩展模式全局变量,显示当前 DWT 信号扩展模式,如果 DWT 扩展模式全局变量不存在,
   % 则默认为半点对称
>> clear global
dwtmode
*********************************************************
**      DWT Extension Mode: Symmetrization (half - point)      **
*********************************************************


>> % 将扩展模式改为周期化扩展
>> dwtmode('per')
!!!!!!!!!!!!!!!!!!!!!!!!!!!!!!!!!!!!!!!!!
!  WARNING: Change DWT Extension Mode  !
!!!!!!!!!!!!!!!!!!!!!!!!!!!!!!!!!!!!!!!!!
*******************************************
**      DWT Extension Mode: Periodization      **
*******************************************


>> % 显示当前 DWT 信号扩展模式
>> dwtmode
*******************************************
**      DWT Extension Mode: Periodization      **
*******************************************
```

35．wavemngr 函数

在 MATLAB 中,提供了 wavemngr 函数负责管理小波函数族。函数的语法格式为:

wavemngr('add',FN,FSN,WT,NUMS,FILE):向工具箱中添加小波族。这些参数定义了小波族:FN 为姓,FSN 为家族的简称,WT 为小波族类型,NUMS 为小波参数,FILE 为小波定义文件。

wavemngr('add',FN,FSN,WT,{NUMS,TYPNUMS},FILE):指定输入格式 TYPNUMS 类型,添加参数 NUMS 的小波族。

wavemngr(____,B):指定小波函数的上下界,用 B=[lb,ub]的形式。

wavemngr('del',WN):删除缩写为 N 的小波族。

wavemngr('restore'):恢复以前的小波。

wavemngr('restore',IN2):从 wavelet.asc 文件恢复小波函数,IN2 是空参数。

out = wavemngr('read'):得到所有小波族名称,返回给 out。

out = wavemngr('read',IN2):得到所有的小波族名称,IN2 为空参数。

out = wavemngr('read_asc'):通过读取 wavelets.asc 文件,得到其中的所有小波函数族的信息。

【例 12-34】　列出小波的名字和家族的名字。

```
>>列出默认情况下可用的小波族
wavemngr('read')
ans =
    18×35 char 数组
    '======================================='
    'Haar                  →→haar        '
    'Daubechies            →→db          '
    'Symlets               →→sym         '
    'Coiflets              →→coif        '
    'BiorSplines           →→bior        '
    'ReverseBior           →→rbio        '
    'Meyer                 →→meyr        '
    'DMeyer                →→dmey        '
    'Gaussian              →→gaus        '
    'Mexican_hat           →→mexh        '
    'Morlet                →→morl        '
    'Complex Gaussian      →→cgau        '
    'Shannon               →→shan        '
    'Frequency B-Spline    →→fbsp        '
    'Complex Morlet        →→cmor        '
    'Fejer-Korovkin        →→fk          '
    '======================================='
>> %列出所有小波
>> wavemngr('read',1)
ans =
    71×44 char 数组
    '============================================'
    'Haar                  →→haar        '
    '============================================'
```

```
'Daubechies              →→db          '
'--------------------------------       '
'db1→db2→db3→db4→                        '
'db5→db6→db7→db8→                        '
'db9→db10→db**→                          '
'=================================       '
'Symlets                 →→sym          '
'--------------------------------       '
'sym2→sym3→sym4→sym5→                     '
'sym6→sym7→sym8→sym**→                    '
'=================================       '
'Coiflets                →→coif         '
'--------------------------------       '
'coif1→coif2→coif3→coif4→                 '
'coif5→                                   '
'=================================       '
...
'Complex Morlet          →→cmor         '
'--------------------------------       '
'cmor1-1.5→cmor1-1→cmor1-0.5→cmor1-1→    '
'cmor1-0.5→cmor1-0.1→cmor**→             '
'=================================       '
'Fejer-Korovkin          →→fk           '
'--------------------------------       '
'fk4→fk6→fk8→fk14→                        '
'fk18→fk22→                               '
'=================================       '
```

36. drawtree 函数

在 MATLAB 中,提供了 drawtree 函数用于显示小波树。函数的语法格式为:

drawtree(T):画出小波包树 T。

F = drawtree(T):同时也返回图形的句柄。

drawtree(T,F):在图中绘制柄为 F 的小波包树 T。

37. readtree 函数

在 MATLAB 中,提供了 readtree 函数用于读取小波包信息。函数的语法格式为:

T = readtree(F):读取小波包 F 的信息,并将信息存储到 T 中。

【例 12-35】 应用 drawtree 函数显示小波树和利用 readtree 函数读取小波包信息。

```
>> clear all;
>> x = sin(8*pi*[0:0.005:1]);
t = wpdec(x,3,'db2');
>> fig = drawtree(t);
```

运行程序,得到一维小波包主窗口如图 12-28 所示。

```
% 使用 GUI 拆分或合并节点,效果如图 12-29 所示
% 利用 readtree 函数得到新的小波树的信息
```

```
>> t = readtree(fig);
>> plot(t)    % 显示小波树,效果如图 12-30 所示
```

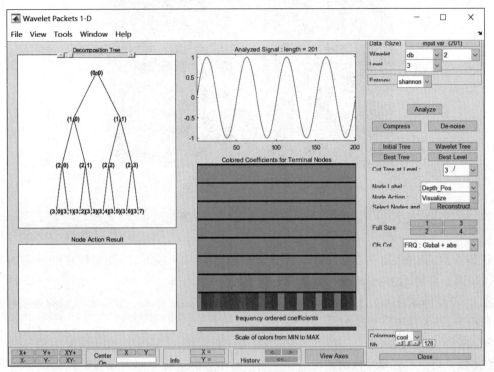

图 12-28　一维小波包主窗口

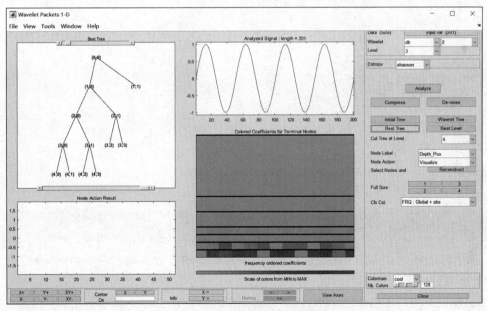

图 12-29　修改后的窗口

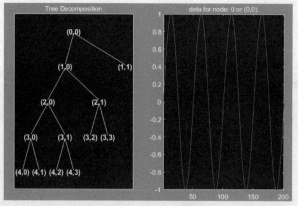

图 12-30　新的小波树

38. wnoisest 函数

在 MATLAB 中,提供了 wnoisest 函数求小波层数的标准差,实现对噪声的强度进行评估。函数的语法格式为:

STDC = wnoisest(C,L,S):根据传入的小波分解系数[C,L],对 S 中标识的小波层数求得其标准差,作为对噪声强度的估计。

STDC = wnoisest(C):):返回一个向量,使 STDC(k)是 C(k,:)的标准差的估计值。

【例 12-36】　在有异常值的情况下估计噪声标准差。

```
% 创建一个带有 10 个随机放置的异常值的 N(0,1)噪声向量
rng default;
x = randn(1000,1);
P = randperm(length(x));
indices = P(1:10);
x(indices(1:5)) = 10;
x(indices(6:end)) = -10;
% 利用 db3 小波族实现两级离散小波变换
[c,l] = wavedec(x,2,'db3');
stdc = wnoisest(c,l,1:2)
```

运行程序,输出如下:

```
stdc =
    0.9559    1.0556
```

39. ddencmp 函数

在 MATLAB 中,提供了 ddencmp 函数用于获取在消噪或压缩过程中的默认阈值(软或硬)和熵标准。函数的语法格式为:

[THR,SORH,KEEPAPP,CRIT] = ddencmp(IN1,IN2,X):返回小波或小波包对输入向量或矩阵 X 进行压缩或消噪的默认值。参量 THR 表示阈值;参量 SORH 表示软、硬阈值;参量 KEEPAPP 为允许保留近似系数;参量 CRIT 表示熵名(只用于小波包)。输入参量 IN1 取值为'den'时表示消噪,取值为'cmp'时表示压缩;当 IN2 为'wv'时表示小波,为'wp'时表示小波包。

[THR,SORH,KEEPAPP] = ddencmp(IN1,'wv',X)：如果 IN1＝'den'，返回 X 消噪的默认值，如果 IN1＝'cmp'时，返回 X 压缩的默认值。这些值可应用于 wdencmp 函数。

[THR,SORH,KEEPAPP,CRIT] = ddencmp(IN1,'wp',X)：如果 IN1＝'den'，返回 X 消噪的默认值，如果 IN1＝'cmp'，返回 X 压缩的默认值。这些值可应用于 wpdencmp 函数。

40．wbmpen 函数

在 MATLAB 中，提供了 wbmpen 函数用于返回一维或二维小波消噪的 Penalized 阈值。函数的语法格式为：

THR = wbmpen(C,L,SIGMA,ALPHA)：在分解结构 C 和尺度 length(L)－2 为 L 的小波信号上进行消噪处理，算法参数 ALPHA 需要为大于 1 的实数，返回选择的阈值 THR。

wbmpen(C,L,SIGMA,ALPHA,ARG)：参数 ARG 需要为大于 1 的实数。

41．wdcbm 函数

在 MATLAB 中，提供了 wdcbm 用于使用 Birge-Massart 算法处理一维小波的阈值。函数的语法格式为：

[THR,NKEEP] = wdcbm(C,L,ALPHA,M)：传入的小波分解系数[C,L]用 Birge-Massart 策略确定各层阈值返回到 THR，并返回保留的系数所在层数到 NKEEP，Birge-Massart 策略中用到的经验系数 M 由 ALPHA 给出。

wdcbm(C,L,ALPHA)：M 使用默认值。

wdcbm(C,L,ALPHA,L(1))：Birge-Massart 策略中用到的经验系数 M 取默认值 L(1)。

【例 12-37】　下面例子用来说明这几种阈值确定方法在降噪中的用法。

```
>> clear all;
>> % 读入信号
>> load noisbump;
>> x = noisbump;
>> % 用 sym6 小波对信号做 5 层分解
>> wname = 'sym6';
>> lev = 5;    % 层数
>> [c,l] = wavedec(x,lev,wname);
>> % 通过第一层的细节系数估算信号的噪声强度
>> sigma = wnoisest(c,l,1)
sigma =
    1.0226
>> % 使用 penalty 策略确定降噪的阈值,选择参数 alpha = 2
>> alpha = 2;
>> thr1 = wbmpen(c,l,sigma,alpha)
thr1 =
    3.0638
>> % 使用 Birge - Massart 策略确定降噪的阈值,选择参数 alpha = 2
>> [thr2,nkeep] = wdcbm(c,l,alpha)
thr2 =
    2.8527    3.0841    5.5083    11.6208    6.2946
nkeep =
    1    1    2    4    8
```

```
>> %重建降噪信号
>> xd1 = wdencmp('gbl',c,l,wname,lev,thr1,'s',1);
>> %使用默认的硬阈值对系数进行处理
>> [xd2,cxd,lxd,perf0,perf12] = wdencmp('lvd',c,l,wname,lev,thr2,'h');
>> %求得默认的阈值
>> [thr,sorh,keepapp] = ddencmp('den','wv',x)
thr =
    3.7856
sorh =
    's'
keepapp =
    1
>> %重建降噪信号
>> xd3 = wdencmp('gbl',c,l,wname,lev,thr,'s',1);
>> subplot(411);plot(x);title('原始信号');
>> subplot(412);plot(xd1);title('使用 penalty 阈值降噪后信号');
>> subplot(413);plot(xd2);title('使用 Birge - Massart 阈值降噪后信号');
>> subplot(414);plot(xd3);title('使用默认阈值降噪后信号');
```

运行程序,效果如图 12-31 所示。

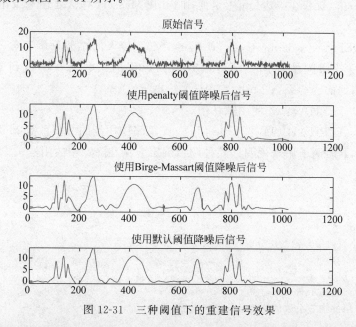

图 12-31　三种阈值下的重建信号效果

42. thselect 函数

在 MATLAB 中,提供了 thselect 函数实现基于样本估计的阈值选取。函数的语法格式为:

THR = thselect(X,TPTR):使用指定的阈值选取方式 TPTR 选择用于对信号 X 降噪的阈值,返回到 THR 中,TPTR 的具体含义如下。

- 'rigsure':严格 SURE 阈值选择。
- 'sqtwolog':对数长度阈值选择。
- 'heusure':启发式 SURE 阈值选择。
- 'minimaxi':最小极大方差阈值选择。

【例 12-38】　下面例子对比各种阈值选取的方法。

```
>> %生成一个高斯白噪声信号
>> rng default    % 为了重现性将随机种子设置为默认值
x = randn(1,1000);
>> %查找每个选择规则的阈值
>> thrRig = thselect(x,'rigrsure');
disp(['SURE (''rigrsure'') threshold: ',num2str(thrRig)])
SURE ('rigrsure') threshold: 2.0518
>> thrSqt = thselect(x,'sqtwolog');
disp(['Universal (''sqtwolog'') threshold: ',num2str(thrSqt)])
Universal ('sqtwolog') threshold: 3.7169
>> thrHeu = thselect(x,'heursure');
disp(['Heuristic variant (''heursure'') threshold: ',num2str(thrHeu)])
Heuristic variant ('heursure') threshold: 3.7169
>> thrMin = thselect(x,'minimaxi');
disp(['Minimax (''minimaxi'') threshold: ',num2str(thrMin)])
Minimax ('minimaxi') threshold: 2.2163
```

43．wthresh 函数

在 MATLAB 中，提供了 wthresh 函数求软阈值和硬阈值。函数的语法格式为：

$Y = wthresh(X,sorh,T)$：返回向量或矩阵 X 的软性或硬性阈值，由 sorh 表示。T 为阈值。

【例 12-39】　利用 wthresh 查看硬阈值和软阈值的图形表示。

```
%生成一个信号并设置一个阈值
y = linspace(-1,1,100);
%定义阈值为 0.4
thr = 0.4;
%作用硬阈值
ythard = wthresh(y,'h',thr);
%作用软阈值
ytsoft = wthresh(y,'s',thr);
%将结果绘制出来,并与原始信号进行比较
subplot(1,3,1);plot(y,y)
ylim([-1 1])
title('原信号')
subplot(1,3,2);plot(y,ythard)
ylim([-1 1])
title('硬阈值')
subplot(1,3,3);plot(y,ytsoft)
ylim([-1 1])
title('软阈值')
```

运行程序，效果如图 12-32 所示。

44．wdenoise 函数

在 MATLAB 中，提供了 wdenoise 函数实现小波自动降噪处理。函数的语法格式为：

$XDEN = wdenoise(X)$：用 Cauchy 先验的贝叶斯方法对信号 X 进行降噪。默认情况下使用 sym 小波。降噪的最小值为 floor(log2N) 和 wmaxlev(N,'sym4')，其中 N 为数据中的样本数。

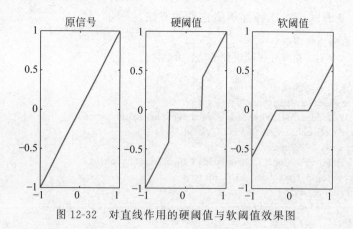

图 12-32　对直线作用的硬阈值与软阈值效果图

- 如果 X 是一个矩阵,消去 X 的每一列。
- 如果 X 是一个时间表,则 wdenoise 必须包含单独变量的实值向量,或一个数据的实值矩阵。
- 如果 X 是一个时间表,并且时间戳不是线性间隔的,wdenoise 就会发出警告。

XDEN = wdenoise(X,LEVEL):将 X 降噪到 LEVEL。LEVEL 是一个小于或等于 floor(log2N)的正整数,其中 N 是数据中的样本数。如果未指定,LEVEL 默认为最小的 floor(log2N)和 wmaxlev(N,'sym4')。

XDEN = wdenoise(____,Name,Value):指定参数选项的名称及对应值。

[XDEN,DENOISEDCFS] = wdenoise(____):返回去噪信号中的细胞阵列小波 XDEN 和尺度系数 DENOISEDCFS。

[XDEN,DENOISEDCFS,ORIGCFS] = wdenoise(____):返回细胞阵列原始小波 XDEN 和尺度系数 DENOISEDCFS。ORIGCFS 的元素是按分辨率递减的顺序排列的。ORIGCFS 的最后一个元素包含近似(缩放)系数。

【例 12-40】　使用默认值对信号降噪。

```
% 使用默认值获得噪声信号的降噪版本
load noisdopp
xden = wdenoise(noisdopp);
% 绘制原始信号和降噪信号
plot([noisdopp' xden'])
legend('原始信号','降噪')
```

运行程序,效果如图 12-33 所示。

彩色图片

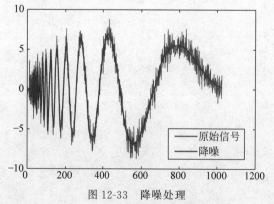

图 12-33　降噪处理

45．wdencmp 函数

在 MATLAB 中,提供了 wdencmp 函数使用小波对信号进行消噪或压缩。函数的语法格式为:

[XC,CXC,LXC,PERF0,PERFL2] = wdencmp('gbl',X,'wname',N,THR,SORH, KEEPAPP):表示对输入信号 X(一维或二维)进行消噪或压缩后返回 XC(消噪或压缩后的结果),其中,wname 为指定所用的小波函数,'gbl'(global 的缩写)表示各层都是用同一个阈值处

理。输出参数[CXC,LXC]为 XC 的小波分解结构。PERF0 和 PERFL2 是恢复和压缩 L^2 范数百分比。如果[C,L]是 X 的小波分解结构,则 PERFL2＝100 *（CXC 向量的范数/C 向量的范数)^2;如果 X 是一个一维信号,小波 wname 是一个正交小波,则 $PERFL2 = \dfrac{100 \parallel XC \parallel^2}{\parallel X \parallel^2}$。

N 表示小波分解的层数,SORH 是软阈值或硬阈值的选择('s'或'h')。如果 KEEPAPP＝1,则低频系数不进行阈值量化(也就是说系数不会改变);反之,低频系数要进行阈值量化(即系数会改变)。

$[XC,CXC,LXC,PERF0,PERFL2] = wdencmp('lvd',X,'wname',N,THR,SORH)$ 和
$[XC,CXC,LXC,PERF0,PERFL2] = wdencmp('lvd',C,L,'wname',N,THR,SORH)$:对一维情况的和'lvd'选项(level-dependent,即每层用一个不同的阈值),如果用相同的输入选项,这两种调用格式都具有相同的输出变量,但是每层必须都要有一个阈值,故阈值向量 THR 的长度为 N。另外,低频系数被保存,可按照用户的消噪方式来消噪。对二维情况和'lvd'选项,这两种调用格式中的 THR 必须是一个三维矩阵,其含有水平、对角、垂直三个方向的独立阈值,且长度为 N。

【例 12-41】 使用 Donoho-Johnstone 通用阈值对加性高斯白噪声图像去噪。

```
% 加载一幅图像并添加高斯白噪声
load sinsin
Y = X + 18 * randn(size(X));
% 使用 ddencmp 获取阈值
[thr,sorh,keepapp] = ddencmp('den','wv',Y);
% 绘制原始图像、噪声图像和去噪结果
xd = wdencmp('gbl',Y,'sym4',2,thr,sorh,keepapp);
subplot(2,2,1);imagesc(X)
title('原始图像')
subplot(2,2,2);imagesc(Y)
title('噪声图像')
subplot(2,2,3);imagesc(xd)
title('降噪图像')
```

运行程序,效果如图 12-34 所示。

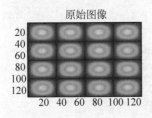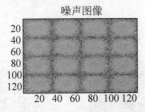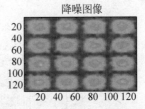

图 12-34 wdencmp 降噪效果

46. wnoise 函数

在 MATLAB 中,提供了 wnoise 函数用于产生含噪声的测试函数数据。函数的调用格式为:
X = wnoise(FUN,N):返回由 FUN 所给的测试信号,N 表示在[0,1]范围内采样个数为 2^N 个。

[X,XN] = wnoise(FUN,N,SQRT_SNR):返回一个测试向量 X 和包含高斯白噪声

N(0,1)的测试向量 XN,XN 中的信噪比为 SNR=(SQRT_SNR)^2。

参数 FUN 的取值如下。

- FUN=1 时,为 Blocks 噪声。
- FUN=2 时,为 Bumps 噪声。
- FUN=3 时,为 Heavy Sine 噪声。
- FUN=4 时,为 Doppler 噪声。
- FUN=5 时,为 Quadchirp 噪声。
- FUN=6 时,为 Mishmash 噪声。

[X,XN] = wnoise(FUN,N,SQRT_SNR,INIT):设定发生器的值为 INIT。

【例 12-42】 显示小波测试信号图。

```
>> loc = linspace(0,1,2^10);
>> % 绘制所有测试函数
>> loc = linspace(0,1,2^10);
testFunctions = {'Blocks','Bumps','Heavy Sine','Doppler','Quadchirp','Mishmash'};
for i = 1:6
    x = wnoise(lower(testFunctions{i}),10);
    subplot(3,2,i)
    plot(loc,x)
    title(testFunctions{i})
end
```

运行程序,效果如图 12-35 所示。

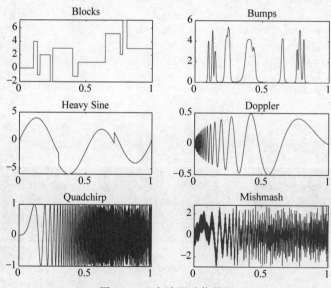

图 12-35 小波测试信号图

47. wpdencmp 函数

在 MATLAB 中,提供了 wpdencmp 函数使用小波包对信号(图像)进行去噪或压缩处理。函数的语法格式为:

[XD,TREED,PERF0,PERFL2] = wpdencmp(X,SORH,N,'wname',CRIT,PAR,

KEEPAPP)：返回对输入 X(一维或二维)进行消噪或压缩后的 XD。输出参数 TREED 是 XD 的最佳小波包分解树；PERF0 和 PERFL2 为恢复和压缩 L2 的能量百分比。PERFL2＝ 100 * (XD 的小波包系数范数/X 的小波包系数)^2。如果 X 是一维信号，wname 为正交小波，则 $PERFL2 = \dfrac{\parallel XD \parallel^2}{\parallel X \parallel^2}$。SORH 的取值为's'或'h'，表示是软阈值或硬阈值。输入参数 N 是小波包分解的层数，wname 为包含小波名的字符串。函数使用由字符串 CRIT 定义的熵标准和阈值参数 PAR 实现最佳分解。如果 KEEPAPP＝1，则近似信号的小波系数不进行阈值量化；否则，进行量化。

［XD，TREED，PERF0，PERFL2］ ＝ wpdencmp（TREE，SORH，CRIT，PAR，KEEPAPP）：从信号的小波包分解树 TREE 直接消噪或压缩。

【例 12-43】 使用小波包实现图像去噪。

```
%加载一幅图像
rng default
load sinsin
x = X/18 + randn(size(X));   %为图像添加噪声
subplot(2,2,1);imagesc(X)
colormap(gray)
title('原始图像')
subplot(2,2,2);imagesc(x)
colormap(gray)
title('噪声图像')
%利用小波包分解实现图像去噪
[thr,sorh,keepapp,crit] = ddencmp('den','wp',x);
xd = wpdencmp(x,sorh,3,'sym4',crit,thr,keepapp);
subplot(2,2,3);imagesc(xd)
colormap(gray)
title('降噪图像')
```

运行程序，效果如图 12-36 所示。

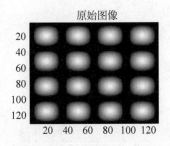 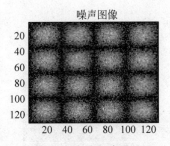 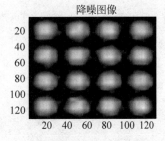

图 12-36 小波包降噪处理

48. wthcoef2 函数

在 MATLAB 中，提供了 wthcoef2 函数用于二维信号的小波系数阈值处理。函数的语法格式为：

NC＝ wthcoef2（'type'，C，S，N，T，SORH）：对小波分解结构［C，S］进行阈值处理后，返回 'type'(水平(h)、对角(v)或垂直(d))方向上的小波分解向量 NC。

NC＝ wthcoef2（'type'，C，S，N）：type＝'h'(或'v'或'd')时，函数返回将定义在 N 中尺度的

高频系数全部置 0 后的 type 方向系数。

NC = wthcoef2('a',C,S)：返回将低频系数全部置 0 后的系数。

NC = wthcoef2('t',C,S,N,T,SORH)：返回对小波分解结构[C,S]经过阈值处理后的小波分解向量 NC。N 为一个包含高频的尺度向量，T 为与尺度向量 N 相对应的阈值向量，它定义每个尺度相应的阈值，N 和 T 长度相等。参数 SORH 用来对阈值方式进行选择，当 SORH = 'h'时，为硬阈值；当 SOHR = 's'时，为软阈值。

【例 12-44】 利用 wthcoef2 函数对图像进行小波系数阈值处理。

```
>> load woman;                    % 载入原始图像,X 中含有被装载的信号
subplot(2,2,1);image(X);colormap(map);
title('原始图像');
axis square;
% 产生含噪图像
init = 2055615866;
randn('seed',init);
x = X + 20 * randn(size(X));
subplot(2,2,2);image(x);colormap(map);
title ('带噪图像');
axis square;
% 用小波函数 sym5 对 x 进行 3 层小波分解
[C,S] = wavedec2(x,3,'sym5');
% 设置尺度向量 a
a = [1 3];
% 设置阈值向量 p
p = [235 236];
% 对三个方向高频系数进行阈值处理
nh = wthcoef2('h',C,S,a,p,'s');
nv = wthcoef2('v',C,S,a,p,'s');
nd = wthcoef2('d',C,S,a,p,'s');
n = [nh,nv,nd];
xx = waverec2(n,S,'sym5');
subplot(2,2,3);image(xx);colormap(map);
title ('降噪后图像');
axis square;
```

运行程序，效果如图 12-37 所示。

图 12-37　小波系数阈值处理效果

49. wdcbm2 函数

在 MATLAB 中，提供了 wdcbm2 函数使用 Birge-Massart 算法处理二维小波的阈值。函数的调用格式为：

[THR,NKEEP] = wdcbm2（C,S,ALPHA,M)：返回信号消噪和压缩的 level-dependent 阈值 THR,NKEEP 为其系数值。THR 是通过基于 Birge-Massart 的小波系数选取算法而获取的。参数[S,C]表示信号消噪或压缩时小波 j(size(S,1)－2)层分解的结构。ALPHA 和 M 必须是大于 1 的实数。参数 THR 为一个 3×j 的矩阵,THR(:,j)包含垂直、对角和水平三个方向的第 i 层独立的阈值。NKEEP 为一个长度为 j 的向量,NKEEP(i)包含了 i 层系数值。Birge-Massart 算法是由 j、m 和 ALPHA 三个参数定义的。

- 在 j+1 层(以及近似层),保持状态不变。
- 对于 i 层从 1 到 j,n_i 的最大系数由下式给出:

$$n_i = M(j+2-i)^{ALPHA}$$

一般情况下信号压缩时 ALPHA 取 1.5,信号消噪时 ALPHA 取 3。M 的默认值为 prod(S(1,:)),即取系数的近似值,这是由上式得到的,即令 i=j+1,则 n_{j+1}=M=prod(S(1,:))。M 值的范围为[prod(S(1,:)),6*prod(S(1,:))]。

wdcbm2(C,S,ALPHA):等价于 wdcbm2(C,S,ALPHA,prod(S(1,:)))。

【例 12-45】 下面例子用来说明二维信号小波压缩的一般方法。

```
% 载入图像
load detfingr;
% 求得颜色映射表的长度,以便后面的转换
nbc = size(map,1);
% 用默认方式求出图像的全局阈值
[thr,sorh,keepapp] = ddencmp('cmp','wv',X)
thr =
    3.5000
sorh =
    'h'
keepapp =
    1
% 对图像作用全局阈值
[xd,cxd,lxd,perf0,perf12] = wdencmp('gbl',X,'bior3.5',3,thr,sorh,keepapp);
% 用 bior3.5 小波对图像进行 3 层分解
[c,s] = wavedec2(X,3,'bior3.5');
% 指定 Birge－Massart 策略中的经验系数
alpha = 1.5;
m = 2.7 * prod(s(1,:));
% 根据各层小波系数确定分层阈值
[thr1,nkeep1] = wdcbm2(c,s,alpha,m);
% 对原图像作用分层阈值
[xd1,cxd1,sxd1,perf01,perf121] = wdencmp('lvd',c,s,'bior3.5',3,thr1,'s');
thr1
thr1 =
    14.7026    68.4907    93.8430
    14.7026    68.4907    93.8430
    14.7026    68.4907    93.8430
% 将颜色映射表转换为灰度映射表
colormap(pink(nbc));
subplot(221);image(wcodemat(X,nbc));
title('原始图像');
subplot(222);image(wcodemat(xd,nbc));
title('全局阈值化压缩图像');xlabel(['能量成分',num2str(perf12),'%','零系数成分',num2str(perf0),'%']);
subplot(223);image(wcodemat(xd1,nbc));
title('分层阈值化压缩图像');xlabel(['能量成分',num2str(perf121),'%','零系数成分',num2str(perf01),'%']);
```

运行程序,效果如图 12-38 所示。

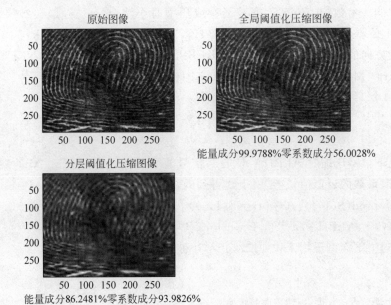

图 12-38   全局阈值化压缩与分层阈值化压缩效果图

由图 12-38 可见,分层阈值化压缩方法同全局阈值化压缩方法相比,在能量损失不是很大的情况下可以获得更高的压缩比,这主要是因为层数和方向相关的阈值化方法能利用更精细的细节信息进行阈值化处理。

1. newfis 函数

在 MATLAB 中,提供了 newfis 函数用于创建新的模糊推理系统。函数的语法格式为:

a = newfis(fisName, fisType, andMethod, orMethod, impMethod, aggMethod, defuzzMethod):输出参数 a 为新建的模糊推理系统在工作空间以矩阵的形式保存的文件名称,可依据 MATLAB 语法规则进行设定。该名称可用来引用模糊推理系统的属性值,如 a. input、a. andMethod 和 a. defuzzMethod 等。输入参数 fisName 为模糊推理系统名称,字符型;fisType 为模糊推理类型,字符型('mamdani'或'sugeno');andMethod 为与运算操作符,字符型;orMehtod 为或运算操作符,字符型;impMethod 为模糊蕴涵方法,字符型;aggMehtod 为各条规则推理结果的综合方法,字符型;defuzzMehod 为去模糊化方法。

【例 13-1】 利用 newfis 函数创建模糊推理系统。

```
>> % 创建一个默认的 Mamdani 模糊推理系统,名称为"fis"
>> sys1 = newfis('fis')
sys1 =
  mamfis - 属性:

                      Name: "fis"
                 AndMethod: "min"
                  OrMethod: "max"
         ImplicationMethod: "min"
         AggregationMethod: "max"
     DefuzzificationMethod: "centroid"
                    Inputs: [0×0 fisvar]
                   Outputs: [0×0 fisvar]
                     Rules: [0×0 fisrule]
    DisableStructuralChecks: 0
    See 'getTunableSettings' method for parameter optimization.
>> % 创建一个名为"fis"的默认 Sugeno 模糊推理系统
>> sys2 = newfis('fis','FISType','sugeno')
sys2 =
  sugfis - 属性:

                      Name: "fis"
                 AndMethod: "prod"
                  OrMethod: "probor"
         ImplicationMethod: "prod"
```

```
                  AggregationMethod: "sum"
             DefuzzificationMethod: "wtaver"
                            Inputs: [0×0 fisvar]
                           Outputs: [0×0 fisvar]
                             Rules: [0×0 fisrule]
          DisableStructuralChecks: 0
See 'getTunableSettings' method for parameter optimization.
```

2. mamfis 函数

在 MATLAB 中,提供了 mamfis 函数创建一个 Mamdani 模糊推理系统。函数的语法格式为:

fis = mamfis:创建一个具有默认属性值的 Mamdani FIS。要修改模糊系统的属性,可以使用点符号"."。

fis = mamfis(Name,Value):指定 FIS 配置信息或使用名称-值对参数设置对象属性。可以指定多个名称-值对。

【例 13-2】 创建一个具有 3 个输入和 1 个输出的 Mamdani 模糊推理系统。

```
>> fis = mamfis("NumInputs",3,"NumOutputs",1)
fis =
  mamfis - 属性:

                              Name: "fis"
                         AndMethod: "min"
                          OrMethod: "max"
                 ImplicationMethod: "min"
                 AggregationMethod: "max"
             DefuzzificationMethod: "centroid"
                            Inputs: [1×3 fisvar]
                           Outputs: [1×1 fisvar]
                             Rules: [1×27 fisrule]
          DisableStructuralChecks: 0
See 'getTunableSettings' method for parameter optimization.
```

3. sugfis 函数

在 MATLAB 中,提供了 sugfis 函数创建 Sugeno 模糊推理系统。函数的语法格式为:

fis = sugfis:使用默认属性值创建 Sugeno FIS。要修改模糊系统的属性,可以使用点符号"."。

fis = sugfis(Name,Value):指定 FIS 配置信息或使用名称-值对参数设置对象属性。可以指定多个名称-值对。

【例 13-3】 创建一个具有 3 个输入和 1 个输出的 Sugeno 模糊推理系统。

```
>> fis = sugfis("NumInputs",3,"NumOutputs",1)
fis =
  sugfis - 属性:

                              Name: "fis"
                         AndMethod: "prod"
                          OrMethod: "probor"
                 ImplicationMethod: "prod"
```

```
                 AggregationMethod: "sum"
            DefuzzificationMethod: "wtaver"
                            Inputs: [1×3 fisvar]
                           Outputs: [1×1 fisvar]
                             Rules: [1×27 fisrule]
            DisableStructuralChecks: 0
    See 'getTunableSettings' method for parameter optimization.
```

4. genfis 函数

在 MATLAB 中,提供了 genfis 函数从数据中生成模糊推理系统对象。函数的语法格式为:

fis = genfis(inputData,outputData):使用给定输入 inputData 和输出 outputData 数据的网格分区返回单输出 Sugeno 模糊推理系统(fis)。

fis = genfis(inputData,outputData,options):返回使用指定的输入/输出数据和选项生成的 FIS。可以使用网格划分、减法聚类或模糊 C 均值(FCM)聚类来生成模糊系统。

【例 13-4】 使用默认选项生成模糊推理系统。

```
>> clear all;
>> %定义训练数据
>> inputData = [rand(10,1) 10 * rand(10,1) - 5];
outputData = rand(10,1);
>> %生成一个模糊推理系统
>> fis = genfis(inputData,outputData)
fis =
  sugfis - 属性:
                            Name: "fis"
                       AndMethod: "prod"
                        OrMethod: "max"
               ImplicationMethod: "prod"
               AggregationMethod: "sum"
            DefuzzificationMethod: "wtaver"
                          Inputs: [1×2 fisvar]
                         Outputs: [1×1 fisvar]
                           Rules: [1×4 fisrule]
            DisableStructuralChecks: 0
    See 'getTunableSettings' method for parameter optimization.
```

5. genfisOptions 函数

在 MATLAB 中,提供了 genfisOptions 函数用于为 genfis 命令设置选项。函数的语法格式为:

opt = genfisOptions(clusteringType):创建使用 genfis 生成模糊推理系统结构的默认选项集。选项集 opt 包含指定的聚类算法 clusteringType 的不同选项。使用点表示法可为特定应用程序修改此选项集。

opt = genfisOptions(clusteringType,Name,Value):创建由一个或多个名称-值对参数指定的选项集。

【例13-5】 使用网格分区生成 FIS。

```
>> % 定义训练数据
>> inputData = [rand(10,1) 10 * rand(10,1) - 5];
outputData = rand(10,1);
>> % 为网格分区创建一个默认的 genfisOptions 选项设置
>> opt = genfisOptions('GridPartition');
>> % % 为生成的 FIS 指定以下输入成员函数:
% 第一个输入变量为 3 个高斯隶属度函数
% 第二个输入变量为 5 个三角形隶属度函数
>> opt.NumMembershipFunctions = [3 5];
opt.InputMembershipFunctionType = ["gaussmf" "trimf"];
>> % 创建 FIS 系统
>> fis = genfis(inputData,outputData,opt)
fis =
  sugfis - 属性:

                        Name: "fis"
                   AndMethod: "prod"
                    OrMethod: "max"
           ImplicationMethod: "prod"
           AggregationMethod: "sum"
       DefuzzificationMethod: "wtaver"
                      Inputs: [1 × 2 fisvar]
                     Outputs: [1 × 1 fisvar]
                       Rules: [1 × 15 fisrule]
    DisableStructuralChecks: 0
    See 'getTunableSettings' method for parameter optimization.
```

6. mamfistype2 函数

在 MATLAB 中,提供了 mamfistype2 函数用来创建一个间隔类型为 2 的 Mamdani 模糊推理系统(FIS)。函数的语法格式为:

fis = mamfistype2:创建具有默认属性值的间隔类型为 2 的 Mamdani 系统。要修改模糊系统的属性,可以使用点符号。

fis = mamfistype2(Name,Value):指定 FIS 配置信息或使用名称-值对参数设置对象属性,可以指定多个名称-值对。

【例13-6】 在创建模糊系统时指定多个 FIS 属性中的一个。

```
>> fis = mamfistype2('TypeReductionMethod',"ekm")
fis =
  mamfistype2 - 属性:

                        Name: "fis"
                   AndMethod: "min"
                    OrMethod: "max"
           ImplicationMethod: "min"
           AggregationMethod: "max"
       DefuzzificationMethod: "centroid"
                      Inputs: [0 × 0 fisvar]
                     Outputs: [0 × 0 fisvar]
                       Rules: [0 × 0 fisrule]
    DisableStructuralChecks: 0
         TypeReductionMethod: "ekm"
    See 'getTunableSettings' method for parameter optimization.
```

7．sugfistype2 函数

在 MATLAB 中，提供了 sugfistype2 函数用来创建一个间隔类型为 2 的 Sugeno 模糊推理系统(FIS)。函数的语法格式为：

fis ＝ sugfistype2：创建具有默认属性值的间隔类型为 2 的 Sugeno 系统。要修改模糊系统的属性，可以使用点符号。

fis ＝ sugfistype2(Name,Value)：指定 FIS 配置信息或使用名称-值对参数设置对象属性，可以指定多个名称-值对。

【例 13-7】　创建一个具有 3 个输入和 1 个输出的间隔类型为 2 的 Sugeno 模糊推理系统。

```
>> fis = sugfistype2("NumInputs",3,"NumOutputs",1)
fis =
  sugfistype2 - 属性:
                        Name: "fis"
                   AndMethod: "prod"
                    OrMethod: "probor"
           ImplicationMethod: "prod"
           AggregationMethod: "sum"
       DefuzzificationMethod: "wtaver"
                      Inputs: [1×3 fisvar]
                     Outputs: [1×1 fisvar]
                       Rules: [1×27 fisrule]
     DisableStructuralChecks: 0
         TypeReductionMethod: "karnikmendel"
See 'getTunableSettings' method for parameter optimization.
```

8．fistree 函数

在 MATLAB 中，提供了 fistree 函数创建连接模糊推理系统树。函数的语法格式为：

fisTree ＝ fistree(fis,connections)：建立一个相互关联的模糊推理系统对象树，设置其 FIS 和连接属性。

fisTree ＝ fistree(＿＿,'DisableStructuralChecks',disableChecks)：设置 disablestructuralchecked 属性。

【例 13-8】　建立一个连接模糊推理系统树。

```
>> % 创建一个 Mamdani 模糊推理系统和一个 Sugeno 模糊推理系统
>> fis1 = mamfis('Name','fis1','NumInputs',2,'NumOutputs',1);
fis2 = sugfis('Name','fis2','NumInputs',2,'NumOutputs',1);
>> % 定义两个模糊推理系统之间所需的连接
>> con1 = ["fis1/output1" "fis2/input1"];
con2 = ["fis1/input1" "fis1/input2"];
>> % 创建一个模糊推理系统树
>> tree = fistree([fis1 fis2],[con1; con2])
tree =
  fistree - 属性:
                         FIS: [1×2 FuzzyInferenceSystem]
                 Connections: [2×2 string]
                      Inputs: [2×1 string]
                     Outputs: "fis2/output1"
     DisableStructuralChecks: 0
See 'getTunableSettings' method for parameter optimization.
```

9. readfis 函数

在 MATLAB 中,提供了 readfis 函数用于从磁盘中读取模糊推理系统。函数的语法格式为:

fismat = readfis('filename'):读取根目录下名为 filename 的推理系统。

fismat = readfis:打开一个对话框,选择模糊推理系统文件检索文件。

【例 13-9】 从文件中加载模糊推理系统。

```
>>% 加载存储在文件 tips .fis 中的模糊系统
>> fis = readfis('tipper')
fis =
  mamfis - 属性:
                       Name: "tipper"
                  AndMethod: "min"
                   OrMethod: "max"
          ImplicationMethod: "min"
          AggregationMethod: "max"
       DefuzzificationMethod: "centroid"
                     Inputs: [1 × 2 fisvar]
                    Outputs: [1 × 1 fisvar]
                      Rules: [1 × 3 fisrule]
     DisableStructuralChecks: 0
     See 'getTunableSettings' method for parameter optimization.
```

10. gensurf 函数

在 MATLAB 中,提供了 gensurf 函数用于生成模糊推理系统的输入、输出推理关系曲面,并显示或存为变量。函数的语法格式为:

gensurf(fis):参数 fis 为模糊推理系统对应的矩阵变量。

gensurf(fis,inputs,output):参数 inputs 为模糊推理系统要表示的语言变量的编号行向量,最多为两个元素也可仅有一个,如[1,2]或[3];output 为要表示的输出语言变量的编号,只能选一个。

gensurf(fis,inputs,output,grids):参数 grids 为二元行向量,[a,b]用于分别指定 X 和 Y 坐标方向的网格数目;当函数仅有一个输入参数 fis 时,该函数生成由模糊推理系统的前两个输入[1,2]和第一个输出所构成的三维曲面。

gensurf(fis,inputs,output,grids,refinput):当系统输入变量多于两个时,参数 refinput 用于指定保持不变的输入变量。refinput 为与输入数目相同长度的行向量,每一元素代表一个输入,变化的输入用 NaNs 表示(不超过两个),固定的输入则用具体的数值表示。如果没有指定固定输入的具体数值,系统自动计算该输入范围的中点作为固定输入点。

gensurf(fis,inputs,output,grids,refinput,numofpoints):允许指定采样点的数量隶属度函数的输入或输出范围。如果 numofpoints 没有指定,默认值为 101。

[x,y,z] = gensurf(…):不显示图形,有关的三维图形存入矩阵[x,y,z]中。可以用 mesh(x,y,z)或 surf(x,y,z)来绘图。

【例 13-10】 加载一个有 4 个输入和 1 个输出的模糊推理系统,并显示其曲面图。

```
>> % 载入自带模糊系统
```

```
>> fis = readfis('slbb.fis');
>> % 创建默认的 gensurfOptions 选项集
>> opt = gensurfOptions;
>> % 指定绘图选项
>> opt.InputIndex = [2 3];    % 根据第二个和第三个输入变量绘制输出
opt.NumGridPoints = 20;       % 为两个输入使用 20 格点
% 将第一个和第四个输入分别固定为 - 0.5 和 0.1
% 为第二个和第三个输入设置 NaN 参考值
opt.ReferenceInputs = [ - 0.5 NaN NaN 0.1];
>> % 绘制输出曲面图
>> gensurf(fis,opt)
```

运行程序,效果如图 13-1 所示。

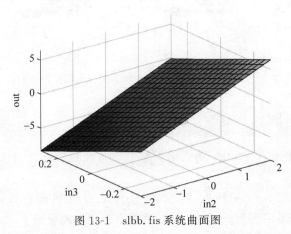

图 13-1   slbb.fis 系统曲面图

11. convertToSugeno 函数

在 MATLAB 中,提供了 convertToSugeno 函数将 Mamdani 模糊推理系统转换为 Sugeno 模糊推理系统。函数的语法格式为:

sugenoFIS = convertToSugeno(mamdaniFIS):将 Mamdani 模糊推理系统 mamdaniFIS 转换为 Sugeno 模糊推理系统 sugenoFIS。

【例 13-11】 把 Mamdani FIS 变成 Sugeno FIS。

```
% 加载一个 Mamdani 模糊推理系统
mam_fismat = readfis('mam22.fis');
% 将该系统转换为 Sugeno 模糊推理系统
sug_fismat = convertToSugeno(mam_fismat);
% 绘制两个模糊系统的输出曲面
subplot(2,2,1);gensurf(mam_fismat)
title('Mamdani 系统(输出 1)')
subplot(2,2,2);gensurf(sug_fismat)
title('Sugeno 系统(输出 1)')
subplot(2,2,3);gensurf(mam_fismat,gensurfOptions('OutputIndex',2))
title('Mamdani 系统(输出 2)')
subplot(2,2,4);gensurf(sug_fismat,gensurfOptions('OutputIndex',2))
title('Sugeno 系统(输出 2)')
```

运行程序,效果如图 13-2 所示。

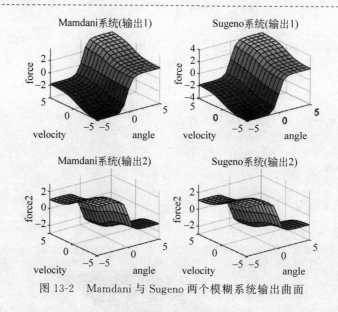

图 13-2　Mamdani 与 Sugeno 两个模糊系统输出曲面

12. plotmf 函数

在 MATLAB 中,提供了 plotmf 函数用于绘制语言变量所有语言值的隶属度函数曲线。函数的语法格式为:

plotmf(fismat, varType, varIndex):参数 fismat 为模糊推理系统工作空间的名称; varType 为模糊语言变量的类型; varIndex 为模糊语言变量的索引。

【例 13-12】　绘制系统自带的 tipper.fis 模糊系统隶属度函数曲线。

```
>> % 创建一个模糊推理系统
>> fis = readfis('tipper');
>> plotmf(fis,'output',1,101)
```

运行程序,效果如图 13-3 所示。

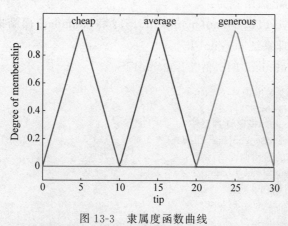

图 13-3　隶属度函数曲线

13. convertToType1 函数

在 MATLAB 中,提供了 convertToType1 函数将 2 型模糊推理系统转换为 1 型模糊推理系统。函数的语法格式为:

fisT1 ＝ convertToType1(fisT2)：将 2 型模糊推理系统 fisT2 转换为 1 型模糊推理系 fisT1。

【例 13-13】　创建具有 2 个输入和 1 个输出的 2 型 Mamdani FIS，并将它转换为 1 型 Mamdani FIS。

```
clear all;
fisT2 = mamfistype2("NumInputs",2,"NumOutputs",1);
% 查看第一个输入变量的隶属度函数
subplot(211);plotmf(fisT2,"input",1)
title('2 型 Mamdani FIS')
xlabel('输入 1');ylabel('隶属度函数')
% 将它转换为 1 型 Mamdani FIS
fisT1 = convertToType1(fisT2);
% 查看第一个输入变量转换后的隶属度函数
subplot(212);plotmf(fisT1,"input",1)
title('1 型 Mamdani FIS')
xlabel('输入 1');ylabel('隶属度函数')
```

运行程序，效果如图 13-4 所示。

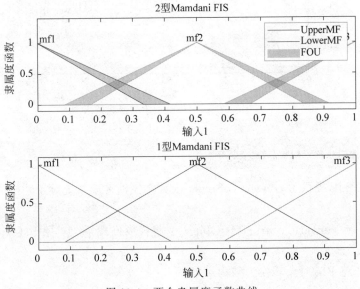

图 13-4　两个隶属度函数曲线

14. convertToType2 函数

在 MATLAB 中，提供了 convertToType2 函数将 1 型模糊推理系统转换为 2 型模糊推理系统。函数的语法格式为：

fisT2 ＝ convertToType2(fisT1)：将 1 型模糊推理系统 fisT1 转换为 2 型模糊推理系统 fisT2。

【例 13-14】　将 1 型的 FIS 转换为 2 型的 FIS。

```
% 创建一个 1 型模糊推理系统
fisT1 = readfis('tipper');
% 查看第一个输入变量的隶属度函数
subplot(211);plotmf(fisT1,"input",1)
```

```
title('1 型 Mamdani FIS')
xlabel('服务');ylabel('隶属度函数')
% 将它转换为 2 型 Mamdani FIS
fisT2 = convertToType2(fisT1);
% 查看第一个输入变量转换后的隶属度函数
subplot(212);plotmf(fisT2,"input",1)
title('2 型 Mamdani FIS')
xlabel('服务');ylabel('隶属度函数')
```

运行程序,效果如图 13-5 所示。

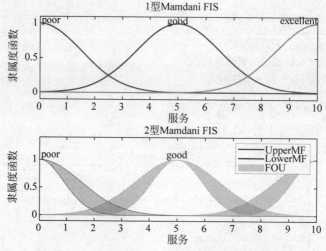

图 13-5 tipper.fis 两种类型隶属函数效果图

15. convertToStruct 函数

在 MATLAB 中,提供了 convertToStruct 函数将模糊推理系统对象转换为结构对象。函数的语法格式为:

fisStructure = convertToStruct(fisObject):将模糊推理系统对象 fisObject 转换为结构对象 fisStructure。

【例 13-15】 将 FIS 对象转换为结构对象。

```
% 加载一个模糊推理系统
>> fisObject = readfis('tipper')
fisObject =
  mamfis – 属性:

                          Name: "tipper"
                     AndMethod: "min"
                      OrMethod: "max"
            ImplicationMethod: "min"
            AggregationMethod: "max"
        DefuzzificationMethod: "centroid"
                        Inputs: [1×2 fisvar]
                       Outputs: [1×1 fisvar]
                         Rules: [1×3 fisrule]
    DisableStructuralChecks: 0
    See 'getTunableSettings' method for parameter optimization.
>> % 将模糊推理系统对象转换为结构对象
```

```
>> fisStructure = convertToStruct(fisObject)
fisStructure =
包含以下字段的 struct:
            name: 'tipper'
            type: 'mamdani'
       andMethod: 'min'
        orMethod: 'max'
     defuzzMethod: 'centroid'
       impMethod: 'min'
       aggMethod: 'max'
           input: [1×2 struct]
          output: [1×1 struct]
            rule: [1×3 struct]
```

16．convertfis 函数

在 MATLAB 中，提供了 convertfis 函数将以前版本的模糊推理数据转换为当前的格式。
函数的语法格式为：

fisNew = convertfis(fisOld)：将旧格式的模糊推理系统 fisOld 转换为当前对象格式
fisNew。

【例 13-16】　转换旧格式模糊推理系统。

```
%加载一个使用旧格式创建的模糊推理系统
>> clear all;
load fisStructure
>> %查看结构的字段
>> fisStructure
fisStructure =
包含以下字段的 struct:
            name: 'tipper'
            type: 'mamdani'
       andMethod: 'min'
        orMethod: 'max'
     defuzzMethod: 'centroid'
       impMethod: 'min'
       aggMethod: 'max'
           input: [1×2 struct]
          output: [1×1 struct]
            rule: [1×3 struct]
>> %将结构转换为 mamfis 对象并查看对象属性
>> fisObject = convertfis(fisStructure)
fisObject =
  mamfis - 属性:
                      Name: "tipper"
                 AndMethod: "min"
                  OrMethod: "max"
         ImplicationMethod: "min"
         AggregationMethod: "max"
       DefuzzificationMethod: "centroid"
                    Inputs: [1×2 fisvar]
                   Outputs: [1×1 fisvar]
                     Rules: [1×3 fisrule]
   DisableStructuralChecks: 0
  See 'getTunableSettings' method for parameter optimization.
```

17. addInput 函数

在 MATLAB 中,提供了 addInput 函数在模糊推理系统中加入输入变量。函数的语法格式为:

fisOut = addInput(fisIn):向系统中添加一个默认输入变量 fisIn,并将结果存储在模糊系统 fisOut 中。

fisOut = addInput(fisIn,range):还为输入变量指定范围 range。

fisOut = addInput(____,Name,Value):使用一个或多个名称-值对参数描述输入变量。

【例 13-17】 利用 addInput 函数在模糊推理系统中添加一个输入变量。

```
>> % 创建一个模糊推理系统
>> fis = mamfis('Name',"tipper");
>> % 在输入范围[0,10]上添加一个具有 3 个高斯隶属度函数的输入变量
>> fis = addInput(fis,'NumMFs',3,'MFType',"gaussmf");
>> % 显示隶属度函数
>> plotmf(fis,'input',1)
```

运行程序,效果如图 13-6 所示。

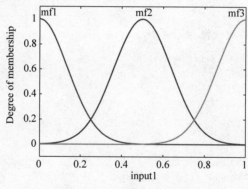

图 13-6 隶属度函数曲线

18. addOutput 函数

在 MATLAB 中,提供了 addOutput 函数在模糊推理系统中增加输出变量。函数的语法格式为:

fisOut = addOutput(fisIn):向系统添加一个默认输出变量 fisIn,并将结果返回模糊系统 fisOut 中。

fisOut = addOutput(fisIn,range):还指定输出变量的范围 range。

fisOut = addOutput(____,Name,Value):使用一个或多个名称-值对参数描述输出变量。

【例 13-18】 在模糊推理系统中增加输出变量。

```
>> % 创建一个 Mamdani 模糊推理系统
>> fis = mamfis('Name','tipper');
>> % 添加一个具有默认范围的输出变量
>> fis = addOutput(fis);
>> % 可以使用点表示法配置输出变量属性,如指定变量的名称和范围
```

```
>> fis.Outputs(1).Name = "tip";
fis.Outputs(1).Range = [10 30];
>> %查看输出变量
>> fis.Outputs(1)
ans =
  fisvar - 属性:
                Name: "tip"
               Range: [10 30]
    MembershipFunctions: [0×0 fismf]
```

19. removeInput 函数

在 MATLAB 中,提供了 removeInput 函数从模糊推理系统中移除输入变量。函数的语法格式为:

fisOut = removeInput(fisIn, inputName):从模糊推理系统 fisIn 中删除名称为 inputName 的输入变量,并将结果返回到模糊推理系统 fisOut 中。

【例 13-19】 从模糊推理系统中移除输入变量。

```
>> clear all;
>> fis = readfis("tipper");
>> %查看 fis 的输入变量
>> fis.Inputs
ans =
  1×2 fisvar 数组 - 属性:
    Name
    Range
    MembershipFunctions
  Details:
            Name        Range        MembershipFunctions
          ─────        ─────        ──────────────────
     1    "service"    0    10       {1×3 fismf}
     2    "food"       0    10       {1×2 fismf}
>> %查看 fis 的规则
>> fis.Rules
ans =
  1×3 fisrule 数组 - 属性:
    Description
    Antecedent
    Consequent
    Weight
    Connection
  Details:
                              Description
                     ──────────────────────────────
     1   "service == poor | food == rancid => tip = cheap (1)"
     2   "service == good => tip = average (1)"
     3   "service == excellent | food == delicious => tip = generous (1)"
>> %删除 service 输入变量
>> fis = removeInput(fis,"service");
>> %查看更新后的输入变量
>> fis.Inputs
```

```
ans =
  fisvar - 属性:
                       Name: "food"
                      Range: [0 10]
       MembershipFunctions: [1×2 fismf]
>> % 查看更新后的 fis 规则
>> fis.Rules
ans =
  1×2 fisrule 数组 - 属性:
    Description
    Antecedent
    Consequent
    Weight
    Connection
  Details:
                       Description
              _____
    1    "food == rancid  => tip = cheap (1)"
    2    "food == delicious  => tip = generous (1)"
```

20. removeOutput 函数

在 MATLAB 中,提供了 removeOutput 函数从模糊推理系统中移除输出变量。函数的语法格式为:

fisOut = removeOutput(fisIn, outputName): 从模糊推理系统 fisIn 中删除名称为 outputName 的输出变量,并将结果返回到模糊推理系统 fisOut 中。

【例 13-20】 从模糊推理系统中移除输出变量。

```
>> clear all;
>> % 模糊系统
>> fis = readfis("mam22");
>> % 查看 fis 的输出变量
>> fis.Outputs
ans =
  1×2 fisvar 数组 - 属性:
    Name
    Range
    MembershipFunctions
  Details:
            Name       Range       MembershipFunctions
          _____    _____    _____

    1     "force"     -5    5          {1×4 fismf}
    2     "force2"    -5    5          {1×4 fismf}
>> % 查看 fis 的规则
>> fis.Rules
ans =
  1×4 fisrule 数组 - 属性:
    Description
    Antecedent
    Consequent
    Weight
    Connection
```

```
Details:
                              Description

     1      "angle == small & velocity == small  => force = negBig, force2 = posBig2 (1)"
     2      "angle == small & velocity == big  => force = negSmall, force2 = posSmall2 (1)"
     3      "angle == big & velocity == small  => force = posSmall, force2 = negSmall2 (1)"
     4      "angle == big & velocity == big  => force = posBig, force2 = negBig2 (1)"
>> % 删除输出变量 force2
>> fis = removeOutput(fis,"force2");
>> % 查看更新后的输出变量
>> fis.Outputs
ans =
  fisvar - 属性:
                      Name: "force"
                     Range: [-5 5]
     MembershipFunctions: [1×4 fismf]
>> % 查看更新后的规则
>> fis.Rules
ans =
  1×4 fisrule 数组 - 属性:
    Description
    Antecedent
    Consequent
    Weight
    Connection
  Details:
                              Description

     1      "angle == small & velocity == small  => force = negBig (1)"
     2      "angle == small & velocity == big  => force = negSmall (1)"
     3      "angle == big & velocity == small  => force = posSmall (1)"
     4      "angle == big & velocity == big  => force = posBig (1)"
```

21. fisvar 函数

在 MATLAB 中,提供了 fisvar 函数用于创建模糊变量。函数的语法格式为:

var = fisvar:创建一个具有默认名称、默认范围和不包含隶属度函数的模糊变量。

var = fisvar(range):指定模糊变量的范围。

var = fisvar('Name',name):设置变量的名称属性 name。

var = fisvar(range,'Name',name):同时设置变量的范围和名称属性。

【例 13-21】　向模糊变量添加 2 型隶属度函数。

```
>> % 创建具有指定范围的模糊变量
>> var = fisvar([0 9]);
>> % 为隶属度函数指定一个较低延迟值或较低比例值
>> var = addMF(var,"trimf",[0 3 6],'LowerScale',1);
>> % 如果变量包含 2 型隶属度函数,即可添加额外的 2 型隶属度函数,且无须指定这些参数
>> var = addMF(var,"trimf",[3 6 9]);
>> % 查看隶属度函数的功能
>> var.MembershipFunctions
ans =
  1×2 fismftype2 数组 - 属性:
    Type
```

```
        UpperParameters
        LowerScale
        LowerLag
        Name
Details:
        Name        Type       UpperParameters     LowerScale      LowerLag
        ────        ────       ───────────────     ──────────      ────────
    1   "mf1"      "trimf"       0   3   6             1           0.2   0.2
    2   "mf2"      "trimf"       3   6   9             1           0.2   0.2
```

22. mfedit 函数

在 MATLAB 中，提供了 mfedit 函数打开隶属度函数的编辑器。函数的语法格式为：

mfedit：打开不加载模糊推理系统的隶属度函数编辑器。

mfedit(fis)：打开隶属度函数编辑器，加载模糊推理系统 fis。

mfedit(fileName)：打开隶属度函数编辑器并从文件名指定的文件加载一个模糊推理系统。

【例 13-22】 利用 mfedit 函数打开隶属度函数的编辑器。

```
>>% 从文件加载模糊系统
>> fis = readfis('tipper');
% 打开此模糊系统的隶属度函数编辑器
>> mfedit(fis)
```

运行程序，效果如图 13-7 所示。

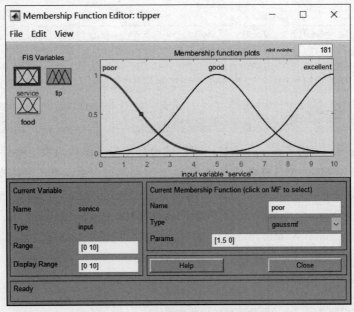

图 13-7　tipper 的隶属度函数编辑器

23. addMF 函数

在 MATLAB 中，提供了 addMF 函数用于向模糊推理系统的模糊语言变量添加隶属度函数。函数的语法格式为：

a = addMF(a,'varType',varIndex,'mfName','mfType',mfParams)：参数 a 为模糊推理系统；varType 为变量类型、varIndex 为变量索引号；mfName 为需要添加的隶属度函数的名称；mfType 为需要添加的隶属度函数的类型、mfParams 为指定的隶属度函数的参数向量。

【例 13-23】 在 2 型模糊推理系统中加入隶属度函数。

```
>> %创建一个 2 型模糊系统,并添加两个输入变量和一个输出变量
>> fis = sugfistype2;
fis = addInput(fis,[0 80],"Name","speed");
fis = addInput(fis,[0 10],"Name","distance");
fis = addOutput(fis,[0 100],"Name","braking");
>> %向第一个输入变量添加隶属度函数,指定梯形隶属度函数,并设置隶属度函数参数
>> fis = addMF(fis,"speed","trapmf",[-5 0 10 30]);
>> %可以在添加 2 型隶属度函数时指定较低 MF 的配置
>> fis = addMF(fis,"speed","trapmf",[10 30 50 70],'LowerScale',0.8,'LowerLag',0.1);
>> %向第一个输入变量添加一个名为"high"的隶属度函数
>> fis = addMF(fis,"speed","trapmf",[50 70 80 85],'Name',"high");
>> %查看第一个输入变量的隶属度函数
>> plotmf(fis,"input",1)
```

运行程序,效果如图 13-8 所示。

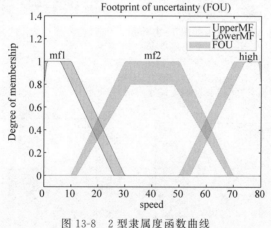

图 13-8 2 型隶属度函数曲线

24. removeMF 函数

在 MATLAB 中,提供了 removeMF 函数从模糊变量中去除隶属度函数。函数的语法格式为：

fisOut = removeMF(fisIn,varName,mfName)：从模糊推理系统 fisIn 中的输入或输出变量 varName 中删除隶属度函数 mfName,并将结果返回模糊推理系统 fisOut 中。要使用这种语法,varName 在 fisIn 中必须是唯一的变量名。

fisOut = removeMF(fisIn,varName,mfName,'VariableType',varType)：从 varType 指定的输入或输出变量中移除隶属度函数。当 FIS 的输入变量与输出变量名称相同时,请使用此语法。

varOut = removeMF(varIn,varName,mfName)：从模糊变量 varIn 中删除隶属度函数 mfName,并以 varOut 的形式返回结果模糊变量。

【例 13-24】 从模糊推理系统中去除隶属度函数。

```
% 创建一个具有 2 个输入和 1 个输出的 Mamdani 模糊推理系统.默认情况下,当指定输入和输出的数量
时,mamfis 向每个变量添加三个隶属度函数
>> fis = mamfis('NumInputs',3,'NumOutputs',1)
fis =
  mamfis - 属性:

                     Name: "fis"
                AndMethod: "min"
                 OrMethod: "max"
        ImplicationMethod: "min"
        AggregationMethod: "max"
     DefuzzificationMethod: "centroid"
                   Inputs: [1×3 fisvar]
                  Outputs: [1×1 fisvar]
                    Rules: [1×27 fisrule]
    DisableStructuralChecks: 0
    See 'getTunableSettings' method for parameter optimization.
>> % 名称的变量,此处,第二个输入变量和输出变量同名
>> fis.Inputs(1).Name = "speed";
fis.Inputs(2).Name = "throttle";
fis.Inputs(3).Name = "distance";
fis.Outputs(1).Name = "throttle";
>> % 查看第一个输入变量的隶属度函数
>> plotmf(fis,"input",1)    % 效果如图 13-9 所示
>> % 从第一个输入变量中删除第二个隶属度函数 mf2
>> fis = removeMF(fis,"speed","mf2");
>> % 再次查看隶属度函数,指定的隶属度函数已被删除
>> plotmf(fis,"input",1)    % 效果如图 13-10 所示
```

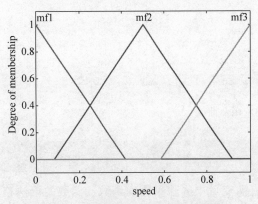

图 13-9　未删除隶属度函数前效果图

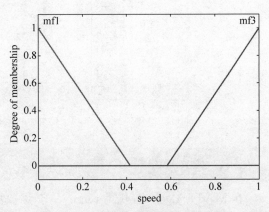

图 13-10　删除隶属度函数后效果图

25. fismf 函数

在 MATLAB 中,提供了 fismf 函数用于创建模糊隶属度函数。函数的语法格式为:

mf = fismf:创建一个具有默认类型、参数和名称的模糊隶属度函数(mf)。要更改隶属度函数属性,请使用点表示法。

mf = fismf(type,parameters):设置隶属度函数的类型和参数属性。

mf = fismf('Name',name):设置隶属度函数的 Name 属性。

mf = fismf(type,parameters,'Name',name)：同时设置隶属度函数的参数属性和 Name
属性。

【例 13-25】　创建具有默认设置的模糊隶属度函数。

```
>> mf = fismf;
>> %指定一个标准差为 2、均值为 10 的高斯隶属度函数
>> mf.Type = "gaussmf";
>> mf.Parameters = [2 10]
mf =
  fismf - 属性:
          Type: "gaussmf"
    Parameters: [2 10]
          Name: "mf"
```

26. fismftype2 函数

在 MATLAB 中，提供了 fismftype2 函数用于创建 2 型模糊隶属度函数。函数的语法格
式为：

mf = fismftype2：创建一个具有默认名称、类型、参数和配置的 2 型模糊隶属度函数。

mf = fismftype2(type,upperParameters)：设置 2 型模糊隶属度函数的类型和
upperParameters 属性。

mf = fismftype2(____,Name,Value)：设置 2 型模糊隶属度函数的一个或多个名称-值
对参数的名称、LowerScale 或 LowerLag 属性。

【例 13-26】　创建具有指定参数的梯形 2 型隶属度函数。

```
>> mf = fismftype2("trapmf",[3 4 6 7])
mf =
  fismftype2 - 属性:
              Type: "trapmf"
    UpperParameters: [3 4 6 7]
        LowerScale: 1
          LowerLag: [0.2000 0.2000]
              Name: "mf"
```

27. ruleedit 函数

在 MATLAB 中，提供了 ruleedit 函数用于打开规则编辑器。使用规则编辑器可查看或
修改模糊系统的规则。要定义规则，必须指定 FIS 的输入和输出变量及其相应的隶属度函数。
函数的语法格式为：

ruleedit(fis)：打开规则编辑器并加载模糊推理系统 fis。

ruleedit(fileName)：打开规则编辑器并从文件名指定的文件加载模糊推理系统。

【例 13-27】　利用 ruleedit 函数打开规则编辑器。

```
>> %从文件加载模糊推理系统
>> fis = readfis('tipper');
>> %打开此模糊推理系统的规则编辑器
>> ruleedit(fis)          %效果如图 13-11 所示
```

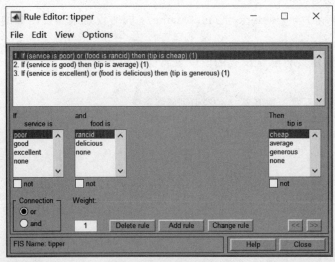

图 13-11　规则编辑器

28．ruleview 函数

在 MATLAB 中，提供了 ruleview 函数打开规则查看器。使用规则查看器可查看模糊系统的推理过程。可以调整输入值并查看每个模糊规则的相应输出、聚合输出模糊集和去模糊化的输出值。要查看推理过程，必须指定 FIS 的输入和输出变量、它们对应隶属度函数以及系统的模糊规则。函数的语法格式如下：

ruleview(fis)：打开规则查看器并加载模糊推理系统 fis。

ruleview(fileName)：打开规则查看器，并从文件名指定的文件加载模糊推理系统。

【例 13-28】　利用 ruleview 函数打开规则查看器。

```
>> % 从文件加载模糊推理系统
>> fis = readfis('tipper');
>> % 打开这个模糊推理系统的规则查看器
>> ruleview(fis)    % 效果如图 13-12 所示
```

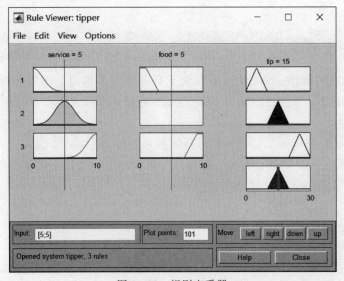

图 13-12　规则查看器

29．addRule 函数

在 MATLAB 中,提供了 addRule 函数用于向模糊逻辑推理系统添加模糊规则。函数的语法格式为:

a ＝ addRule(a,ruleList):参数 a 为模糊推理系统在工作空间中的矩阵名称,ruleList 以向量的形式给出需要添加的模糊规则,该向量的格式有严格的要求。如果模糊推理系统有 m 个输入模糊语言变量和 n 个输出模糊语言变量,则向量 ruleList 的列数必须为 m＋n＋2,而行数任意。在 ruleList 的每一行中,前 m 个表示数字各输入语言变量的语言值。其后的 n 个数字表示输出语言变量的语言值。第 m＋n＋1 个数字是该规则的权重,权重在[0,1]区间,一般设为 1。第 m＋n＋2 个数字为 0 或 1。如果取 1,则表示模糊规则前件的各语言变量是"与"的关系;如果取 0,则表示模糊规则前件的各语言变量是"或"的关系。

【例 13-29】　使用符号表达式添加规则。

```
>> % 加载模糊推理系统(FIS),清除现有规则
>> fis = readfis('tipper');
fis.Rules = [];
>> % 使用符号表达式指定下列规则:
% 如果服务质量差或者食物变质了,小费就会便宜
% 如果服务很好,食物没有腐臭,那么小费也很慷慨
>> rule1 = "service == poor | food == rancid => tip = cheap";
rule2 = "service == excellent & food~ = rancid => tip = generous";
rules = [rule1 rule2];
>> % 将规则添加到 fis 中
>> fis2 = addRule(fis,rules);
>> % fis2 与 fis 等价,只是指定的规则被添加到规则库中
>> fis2.Rules
ans =
    1 × 2 fisrule 数组 - 属性:
      Description
      Antecedent
      Consequent
      Weight
      Connection
    Details:
                            Description
           _____
    1      "service == poor | food == rancid => tip = cheap (1)"
    2      "service == excellent & food~ = rancid => tip = generous (1)"
```

30．showrule 函数

在 MATLAB 中,提供了 showrule 函数用于显示模糊规则。函数的语法格式为:

showrule(fis):fis 为模糊推理系统的矩阵名称。

showrule(fis,indexList):indexList 为规则编号,规则编号可以用向量的形式指定多个

规则。

showrule(fis,indexList,format)：format 为显示规则的方式。

showrule(fis,indexList,format,Lang)：使用参数时参数 format 必须是 verbose。

【例 13-30】 显示模糊推理系统的所有规则。

```
>> %加载模糊推理系统
>> fis = readfis('tipper');
>> %使用语言表达式显示规则
>> showrule(fis)
ans =
  3×78 char 数组
    '1. If (service is poor) or (food is rancid) then (tip is cheap) (1)'
    '2. If (service is good) then (tip is average) (1)'
    '3. If (service is excellent) or (food is delicious) then (tip is generous) (1)'
>> %使用符号表达式显示规则
>> showrule(fis,'Format','symbolic')
ans =
  3×65 char 数组
    '1. (service == poor) | (food == rancid) => (tip = cheap) (1)'
    '2. (service == good) => (tip = average) (1)'
    '3. (service == excellent) | (food == delicious) => (tip = generous) (1)'
>> %使用隶属度函数索引显示规则
>> showrule(fis,'Format','indexed')
ans =
  3×15 char 数组
    '1 1, 1 (1) : 2 '
    '2 0, 2 (1) : 1 '
    '3 2, 3 (1) : 2 '
```

31. fisrule 函数

在 MATLAB 中，使用 fisrule 函数来表示模糊的 if-then 规则，这些规则将输入隶属度函数条件与相应的输出隶属度函数联系起来。模糊规则的 if 部分是先行项，它指定每个输入变量的隶属度函数。模糊规则的 then 部分是结果，它指定每个输出变量的隶属度函数。函数的语法格式为：

rule = fisrule：使用默认描述"input1==mf1 => output1=mf1"创建单个模糊规则。

rule = fisrule(ruleText)：使用 ruleText 中的文本描述创建一个或多个模糊规则。

rule = fisrule(ruleValues,numInputs)：使用 ruleValues 中的数值规则值创建一个或多个模糊规则。使用 numInputs 指定规则输入变量的数量。

【例 13-31】 使用文本描述创建模糊规则。

```
>> %使用冗长的文本描述创建模糊规则
>> rule = fisrule("if service is poor and food is delicious then tip is average (1)");
>> %或者,可以使用符号文本描述指定相同的规则
>> rule = fisrule("service == poor & food == delicious => tip = average")
rule =
```

```
fisrule - 属性:
    Description: "service == poor & food == delicious => tip = average (1)"
     Antecedent: []
     Consequent: []
         Weight: 1
     Connection: 1
```

32. update 函数

在 MATLAB 中，提供了 update 函数利用模糊推理系统更新模糊规则。函数的语法格式为：

ruleOut = update(ruleIn,fis)：利用模糊推理系统 fis 中的信息更新模糊规则，并在规则输出中返回模糊规则结果。

【例 13-32】 使用数字描述创建模糊规则。

```
>> % 使用数字描述创建模糊规则,指定规则有两个输入变量
>> rule = fisrule([1 2 2 0.5 1],2)
rule =
  fisrule - 属性:
    Description: "input1 == mf1 & input2 == mf2 => output1 = mf2 (0.5)"
     Antecedent: [1 2]
     Consequent: 2
         Weight: 0.5000
     Connection: 1
>> % 在模糊系统中使用规则之前,使用 update 函数对规则描述属性进行更新
>> fis = readfis("tipper");
rule = update(rule,fis)
rule =
  fisrule - 属性:
    Description: "service == poor & food == delicious => tip = average (0.5)"
     Antecedent: [1 2]
     Consequent: 2
         Weight: 0.5000
     Connection: 1
```

33. evalfis 函数

在 MATLAB 中，提供了 evalfis 函数用于计算模糊推理输出结果。函数的语法格式为：

output= evalfis(input,fismat)：参数 input 为输入数据，fismat 为模糊推理矩阵。input 的每一行是一个特定的输入向量，output 对应的每一行是一个特定的输出向量。

output= evalfis(input,fismat, numPts)：参数 numPts 为基于输入输出范围计算隶度属函数数值采样点的数目，如果这个参数没有被设置或设置小于 101，则系统自动将其设定为 101 个采样点。

[output，IRR，ORR，ARR]= evalfis(input,fismat)：参数 IRR 为相应最后一行输入数据的隶属度函数值；ORR 最后一行输入数据是在采样点上对应于各条规则的输出的隶属度函数值；ARR 为综合合成各条规则后各输出的采样点处的隶属度函数值。IRR、ORR、ARR的值与 input 的最后一行相关。

[output，IRR，ORR，ARR]= evalfis(input,fismat,numPts)：numPts 为一个可选参

数,为样点隶属度函数的输入或输出范围。如果不使用此参数,默认值为 101 点。

【例 13-33】 利用 evalfis 函数计算多个输入组合的 FIS。

```
>> % 加载 fis
>> fis = readfis('tipper');
>> % 使用每个输入组合只有一行的数组指定要计算的输入组合
>> input = [2 1;
             4 5;
             7 8];
>> % 计算指定输入组合的 FIS
>> output = evalfis(fis,input)
output =
    7.0169
   14.4585
   20.3414
```

34. evalfisOptions 函数

在 MATLAB 中,提供了 evalfisOptions 对象为 evalfis 函数指定选项。evalfisOptions 函数的语法格式为:

opt = evalfisOptions:使用默认选项为 evalfis 函数创建一个选项集。要修改此选项集的属性,请使用点表示法。

opt = evalfisOptions(Name,Value):使用名称-值对设置属性。例如,evalfisOptions('NumSamplePoints',51)创建一个选项集,并将输出模糊集样本的数量设置为 51。可以指定多个名称-值对,将每个属性名称用单引号括起来。

【例 13-34】 利用 evalfisOptions 创建 option 对象,指定输出模糊集的采样点数量。

```
>> options = evalfisOptions('NumSamplePoints',51)
options =
  EvalFISOptions - 属性:

                 NumSamplePoints: 51
    OutOfRangeInputValueMessage: "warning"
              NoRuleFiredMessage: "warning"
      EmptyOutputFuzzySetMessage: "warning"
```

35. plotfis 函数

在 MATLAB 中,提供了 plotfis 函数用于显示模糊推理系统。函数的语法格式为:

plotfis(fis):显示一个模糊推理系统(fis)的高级图。图的中心显示了 fis 的名称、类型和规则计数。隶属度函数的输入变量显示在右侧,隶属度函数的输出显示在左侧。

【例 13-35】 利用 plotfis 函数显示 tipper 模糊推理系统。

```
>> clear all;
>> % 创建一个模糊推理系统
>> fis = readfis('tipper');
>> % 显示模糊推理系统
>> plotfis(fis)   % 效果如图 13-13 所示
```

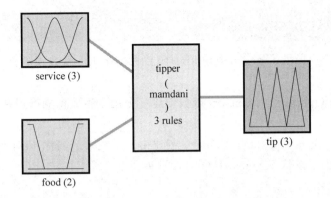

System tipper: 2 inputs, 1 outputs, 3 rules

图 13-13　tipper 推理系统

36. surfview 函数

在 MATLAB 中,提供了 surfview 函数使用表面查看器来查看模糊系统的输出表面。要查看输出表面,必须指定 FIS 的输入和输出变量、它们对应的隶属度函数以及系统的模糊规则。函数的语法格式为:

surfview(fis)：打开表面查看器并加载模糊推理系统 fis。

surfview(fileName)：打开 Surface 查看器并从文件名指定的文件加载模糊推理系统。

【例 13-36】 加载或创建一个模糊推理系统对象。

```
>> % 从文件加载模糊推理系统
>> fis = readfis('tipper');
>> % 打开这个模糊推理系统的表面查看器
>> surfview(fis)   % 效果如图 13-14 所示
```

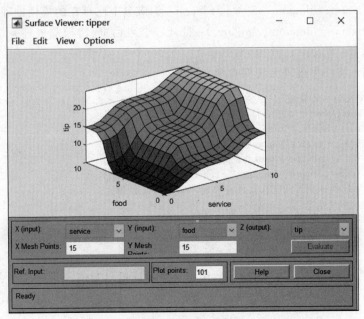

图 13-14　表面查看器

37. gensurfOptions 函数

在 MATLAB 中,提供了 gensurfOptions 函数为 gensurf 函数设置选项。函数的语法格式为:

opt = gensurfOptions:为 gensurf 函数创建一个用于生成模糊推理系统输出表面的默认选项。

opt = gensurfOptions(Name,Value):创建由一个或多个名称-值对参数指定的选项集。

【例 13-37】 创建默认的 gensurfOptions 选项集。

```
>> opt = gensurfOptions;
>> % 使用点符号指定选项
>> opt.OutputIndex = 2;                        % 根据第一个和第三个输入的值绘制第二个输出的曲面
opt.InputIndex = [1 3];
opt.ReferenceInputs = [NaN 0.25 NaN];% 为第二个输入变量指定引用值 0.25
>> % 创建一个选项集,为两个标绘的输入变量指定 25 个网格点
>> opt2 = gensurfOptions('NumGridPoints',25)
opt2 =
  GenSurfOptions - 属性:
          InputIndex: 'auto'
         OutputIndex: 'auto'
       NumGridPoints: 25
     ReferenceInputs: 'auto'
      NumSamplePoints: 101
```

38. writeFIS 函数

在 MATLAB 中,提供了 writeFIS 函数用于将内存空间中以矩阵形式保存的模糊推理系统数据保存在磁盘上。函数的语法格式为:

writeFIS(fismat):fismat 为内存空间中以矩阵格式保存的模糊推理系统名称。

writeFIS(fismat,'filename'):参数 filename 为磁盘上已存在的模糊推理系统名称。

writeFIS(fismat,'filename','dialog'):打开一个对话框,将模糊推理系统以 filename 命名保存在磁盘中。

【例 13-38】 将模糊推理系统保存为文件。

```
>> % 建立一个模糊推理系统,并添加一个具有隶属度函数的输入变量
>> fis = mamfis('Name','tipper');
fis = addInput(fis,[0 10],'Name','service');
fis = addMF(fis,'service','gaussmf',[1.5 0],'Name','poor');
fis = addMF(fis,'service','gaussmf',[1.5 5],'Name','good');
fis = addMF(fis,'service','gaussmf',[1.5 10],'Name','excellent');
>> % 将模糊系统保存到当前工作文件夹的 myFile.fis 文件中
>> writeFIS(fis,'myFile');
```

39. evalmf 函数

在 MATLAB 中,提供了 evalmf 函数用于计算隶属度函数值。函数的语法格式为:

y = evalmf(mfT1,x):根据 x 中的输入值计算一个或多个 1 型隶属度函数,返回隶属度函数值 y。

$[yUpper, yLower] = evalmf(mfT2, x)$：根据 x 中的输入值计算一个或多个 2 型隶属度函数，返回上下隶属度函数值。

【例 13-39】 创建 3 个高斯隶属度函数的向量。

```
mf = [fismf("gaussmf",[0.9 2.5],'Name',"low");
      fismf("gaussmf",[0.9 5],'Name',"medium");
      fismf("gaussmf",[0.9 7.55],'Name',"high")];
% 指定要对隶属度函数求值的输入范围
x = (-2:0.1:12)';
% 计算隶属函数
y = evalmf(mf,x);
% 绘制评价结果
plot(x,y)
xlabel('输入(x)')
ylabel('隶属值 (y)')
legend("low","medium","high")
```

运行程序，效果如图 13-15 所示。

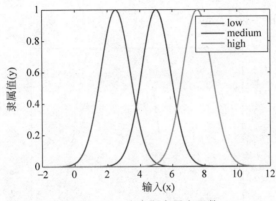

图 13-15　3 个高斯隶属度函数

40. gaussmf 函数

在 MATLAB 中，提供了 gaussmf 函数用于创建高斯型分布的隶属度函数。函数的语法格式为：

$y = gaussmf(x, [sig\ c])$：参数 x 指定变量的论域范围，参数 sig 决定了函数曲线的宽度 σ，c 决定了函数的中心点。数学定义为：

$$f(x;\sigma,c) = e^{\frac{-(x-c)^2}{2\sigma^2}}$$

【例 13-40】 利用 gaussmf 函数创建高斯型分布的隶属度函数。

```
>> clear all;
x = 0:0.1:10;
y = gaussmf(x,[2 5]);
plot(x,y)
xlabel('gaussmf, P=[2 5]')
```

运行程序，效果如图 13-16 所示。

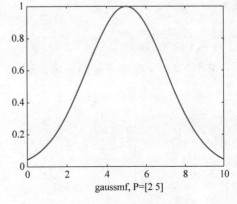

图 13-16　高斯型隶属度函数

41. gbellmf 函数

在 MATLAB 中,提供了 gbellmf 函数用于创建钟形分布的隶属度函数。函数的调用格式为:

y = gbellmf(x,params):参数 x 指定变量的论域范围,params 参数可以指定钟形的形状。数学定义为:

$$y(x;a,b,c) = \frac{1}{1 + \left| \dfrac{x-c}{a} \right|^{2b}}$$

【例 13-41】 利用 gbellmf 函数创建钟形分布的隶属度函数。

```
>> x = 0:0.1:10;
y = gbellmf(x,[2 4 6]);
plot(x,y)
xlabel('gbellmf, P = [2 4 6]')
```

运行程序,效果如图 13-17 所示。

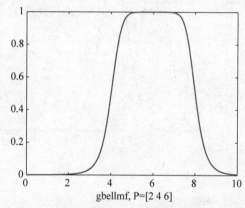

图 13-17　钟形分布的隶属度函数

42. trimf 函数

在 MATLAB 中,提供了 trimf 函数用于创建三角形分布的隶属度函数。函数的语法格式为:

```
y = trimf(x,params)
y = trimf(x,[a b c])
```

其中,参数 x 指定变量的论域范围,参数 a、b、c 指定三角形的形状。数学定义为:

$$f(x;a,b,c) = \begin{cases} 0, & x \leqslant a \\ \dfrac{x-a}{b-a}, & a \leqslant x \leqslant b \\ \dfrac{c-x}{c-b}, & b \leqslant x \leqslant c \\ 0, & c \leqslant x \end{cases} \quad \text{或} \quad f(x;a,b,c) = \max\left(\left(\min\left(\frac{x-a}{b-a}, \frac{c-x}{c-b}\right)\right),0\right)$$

【**例 13-42**】 利用 trimf 函数创建三角形分布的隶属度函数。

```
>> x = 0:0.1:10;
y = trimf(x,[3 6 8]);
plot(x,y)
xlabel('trimf, P = [3 6 8]')
ylim([-0.05 1.05])
```

运行程序,效果如图 13-18 所示。

43. dsigmf 函数

在 MATLAB 中,提供了 dsigmf 函数用于通过两个 Sigmoid 型函数之差来构造新的隶属度函数曲线。函数的调用格式为:

y = dsigmf(x,[a1 c1 a2 c2]):参数 x 指定变量的论域范围,a1、c1 和 a2、c2 分别用于指定两个 Sigmoid 型函数的形状。数学定义为:

$$f(x;a1,c1,a2,c2) = \frac{1}{(1+e^{-a1(x-c1)}) - (1+e^{-a2(x-c2)})}$$

【**例 13-43**】 利用 dsigmf 函数通过两个 Sigmoid 型函数之差来构造新的隶属度函数曲线。

```
>> clear all;
x = 0:0.1:10;
y = dsigmf(x,[5 2 5 7]);
plot(x,y);
xlabel('dsigmf, P = [5 2 5 7]')
```

运行程序,效果如图 13-19 所示。

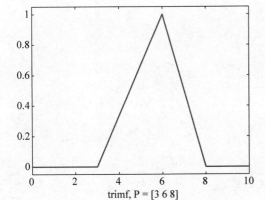

图 13-18 三角形分布的隶属度函数

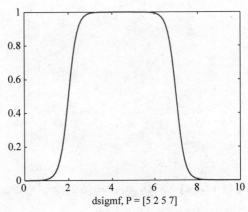

图 13-19 利用两个 Sigmoid 型函数之差构造的隶属度函数曲线图

44. gauss2mf 函数

在 MATLAB 中,提供了 gauss2mf 函数用于创建双边高斯型分布的隶属度函数曲线。函数的语法格式为:

y = gauss2mf(x,[sig1 c1 sig2 c2]):参数 x 指定变量的论域范围,双边高斯型隶属度函数的曲线由两个中心点相同的高斯型函数的左(sig1,c1)、右半边(sig2,c2)曲线组成。数学定义为:

$$y(x;\sigma,c1,c2)=\begin{cases} e^{-\frac{(x-c1)^2}{2\sigma_1^2}}, & x\leqslant c1 \\ e^{-\frac{(x-c2)^2}{2\sigma_2^2}}, & x\geqslant c2 \end{cases}$$

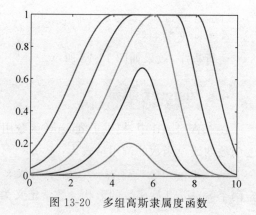

【例 13-44】 绘制多组高斯隶属度函数。

```
>> x = [0:0.1:10]';
y1 = gauss2mf(x,[2 4 1 8]);
y2 = gauss2mf(x,[2 5 1 7]);
y3 = gauss2mf(x,[2 6 1 6]);
y4 = gauss2mf(x,[2 7 1 5]);
y5 = gauss2mf(x,[2 8 1 4]);
plot(x,[y1 y2 y3 y4 y5])
```

图 13-20　多组高斯隶属度函数

运行程序,效果如图 13-20 所示。

45. pimf 函数

在 MATLAB 中,提供了 pimf 函数用于创建 π 形分布的隶属度函数。函数的语法格式为:

y = pimf(x,[a b c d]):参数 x 指定变量的论域范围,参数[a,b,c,d]决定了 π 形函数的形状,a、b 对应于 π 形函数下部两个拐点,c、d 对应于 π 形函数上部两个拐点。数学定义为:

$$f(x;a,b,c,d)=\begin{cases} 0, & x\leqslant a \\ 2\left(\dfrac{x-a}{b-a}\right)^2, & a\leqslant x\leqslant\dfrac{a+b}{2} \\ 1-2\left(\dfrac{x-b}{b-a}\right)^2, & \dfrac{a+b}{2}\leqslant x\leqslant b \\ 1-2\left(\dfrac{x-c}{d-c}\right)^2, & c\leqslant x\leqslant\dfrac{c+d}{2} \\ 2\left(\dfrac{x-d}{d-c}\right)^2, & \dfrac{c+d}{2}\leqslant x\leqslant d \\ 0, & x\geqslant d \end{cases}$$

【例 13-45】 利用 pimf 函数创建 π 形隶属度函数。

```
>> x = 0:0.1:10;
y = pimf(x,[1 4 5 10]);
plot(x,y)
xlabel('pimf, P = [1 4 5 10]')
ylim([-0.05 1.05])
```

运行程序,效果如图 13-21 所示。

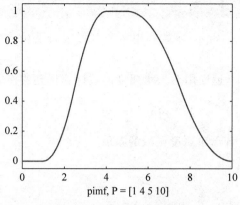

图 13-21 π 形隶属度函数

46. psigmf 函数

在 MATLAB 中,提供了 psigmf 函数用于通过两个 Sigmoid 型函数的乘积来构建新的隶属度函数。函数的语法格式为:

y = psigmf(x,[a1 c1 a2 c2]):参数 x 指定变量的论域范围,a1、c1 和 a2、c2 分别用于指定两个 Sigmoid 型函数的开关。数学定义为:

$$f(x;a1,c1,a2,c2) = \frac{1}{(1 + e^{-a1(x-c1)}) \times (1 + e^{-a2(x-c2)})}$$

【例 13-46】 利用 psigmf 函数通过两个 Sigmoid 型函数的乘积来构建新的隶属度函数。

```
>> x = 0:0.1:10;
y = psigmf(x,[2 3 - 5 8]);
plot(x,y)
xlabel('psigmf, P = [2 3 - 5 8]')
ylim([ - 0.05 1.05])
```

运行程序,效果如图 13-22 所示。

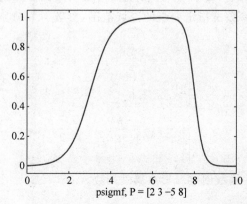

图 13-22 通过两个 Sigmoid 型函数乘积构建的隶属度函数图

47. sigmf 函数

在 MATLAB 中,提供了 sigmf 函数利用两个 S 形隶属度函数的差值来计算模糊隶属度值。函数的语法格式为:

y = sigmf(x,params):返回用 S 形隶属度函数计算得到的模糊隶属度值:

$$f(x;a,c) = \frac{1}{1 + e^{-a(x-c)}}$$

【例 13-47】 计算两个 S 形隶属度函数的差值。

```
>> x = 0:0.1:10;
y = sigmf(x,[2 4]);
plot(x,y)
xlabel('sigmf, P = [2 4]')
ylim([-0.05 1.05])
```

运行程序,效果如图 13-23 所示。

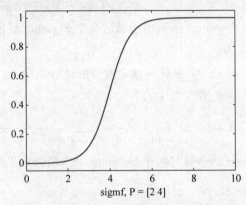

图 13-23　两个 S 形隶属度函数的差效果图

48. smf 函数

在 MATLAB 中,提供了 smf 函数用于创建 S 形隶属度函数曲线。函数的语法格式为:

y = smf(x,[a b]):参数 x 指定变量的论域范围,参数 a、b 分别用于指定样条插值的起点和终点。数学定义为:

$$f(x;a,b) = \begin{cases} 0, & x \leqslant a \\ 2\left(\dfrac{x-a}{b-a}\right)^2, & a \leqslant x \leqslant \dfrac{a+b}{2} \\ 1 - 2\left(\dfrac{x-b}{b-a}\right)^2, & \dfrac{a+b}{2} \leqslant x \leqslant b \\ 1, & x \geqslant b \end{cases}$$

【例 13-48】 利用 smf 函数创建 S 形隶属度函数。

```
>> x = 0:0.1:10;
y = smf(x,[1 8]);
plot(x,y)
xlabel('smf, P = [1 8]')
```

```
ylim([ - 0.05 1.05])
```

运行程序,效果如图 13-24 所示。

49. trapmf 函数

在 MATLAB 中,提供了 trapmf 函数用于创建梯形分布的隶属度函数。函数的语法格式为:

y = trapmf(x,[a b c d]):参数 x 指定变量的论域范围,参数 a、b、c、d 指定梯形的形状。数学定义为:

$$f(x;a,b,c,d)=\begin{cases} 0, & x \leqslant a \\ \dfrac{x-a}{b-a}, & a \leqslant x \leqslant b \\ 1, & b \leqslant x \leqslant c \\ \dfrac{d-x}{d-c}, & c \leqslant x \leqslant d \\ 0, & d \leqslant x \end{cases} \quad 或$$

$$f(x;a,b,c,d)=\max\left(\left(\min\left(\dfrac{x-a}{b-a},1,\dfrac{d-x}{d-c}\right)\right),0\right)$$

【例 13-49】 利用 trapmf 函数创建梯形隶属度函数。

```
>> x = 0:0.1:10;
y = trapmf(x,[1 5 7 8]);
plot(x,y)
xlabel('trapmf, P = [1 5 7 8]')
ylim([ - 0.05 1.05])
```

运行程序,效果如图 13-25 所示。

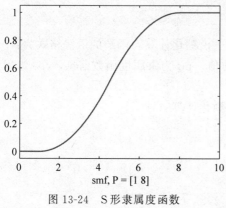

图 13-24　S形隶属度函数

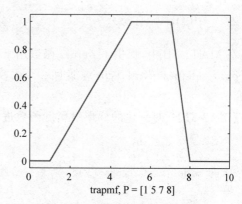

图 13-25　梯形隶属度函数曲线

50. zmf 函数

在 MATLAB 中,提供了 zmf 函数用于创建 Z 形隶属度函数曲线。函数的语法格式为:

y = zmf(x,[a b]):参数 x 指定变量的论域范围,参数 a、b 分别用于指定样条插值的起点和终点。数学定义为:

$$f(x;a,b)=\begin{cases}1, & x \leqslant a \\ 1-2\left(\dfrac{x-a}{b-a}\right)^2, & a \leqslant x \leqslant \dfrac{a+b}{2} \\ 2\left(\dfrac{x-b}{b-a}\right)^2, & \dfrac{a+b}{2} \leqslant x \leqslant b \\ 0, & x \geqslant b\end{cases}$$

【例 13-50】 利用 zmf 函数创建 Z 形隶属度函数。

```
>> x = 0:0.1:10;
y = zmf(x,[3 7]);
plot(x,y)
xlabel('zmf, P = [3 7]')
ylim([-0.05 1.05])
```

运行程序，效果如图 13-26 所示。

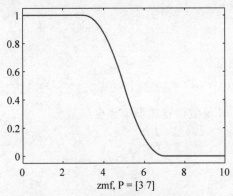

图 13-26　Z 形隶属度函数曲线

51. defuzz 函数

在 MATLAB 中，提供了 defuzz 函数用于执行去模糊化计算。函数的语法格式为：

out = defuzz(x,mf,type)：返回一个去模糊化值。mf 为隶属度函数信息，type 为指定的类型。

【例 13-51】 对创建的梯形隶属度函数进行模糊化计算。

```
>> x = -10:0.1:10;
mf = trapmf(x,[-10 -8 -4 7]);
out = defuzz(x,mf,'centroid')
out =
    -3.2857
```

52. probor 函数

在 MATLAB 中，提供了 probor 函数用于计算模糊集的概率或。函数的语法格式为：

y = probor(x)：返回 x 中列的概率或(也称为代数和)。在模糊推理过程中，probor 函数在评估规则前件时用作模糊算子，在合并所有规则的输出模糊集时用作聚合算子。

【例 13-52】 计算两个隶属度函数之间的概率或。

```
>>  %定义隶属度函数的输入值
>> x = 0:0.1:10;
>>  %定义两个具有不同均值和方差的高斯隶属度函数
>> y1 = gaussmf(x,[0.5 4]);
y2 = gaussmf(x,[2 7]);
>>  %计算这些隶属度函数之间的概率或
>> y = probor([y1;y2]);
>>  %绘制结果
>> plot(x,[y1;y2;y])
legend('y1','y2','y')
ylim([-0.05 1.05])
ylabel('隶属度函数')
xlabel('输入值')
```

运行程序,效果如图 13-27 所示。

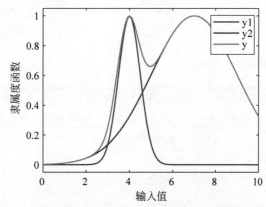

图 13-27 两个高斯隶属度函数及其之间的概率或曲线图

53. fuzarith 函数

在 MATLAB 中,提供了 fuzarith 函数用于模糊计算。函数的语法格式为:

C = fuzarith(X,A,B,operator):参数 X 为模糊集合 A、B 的论域,A、B 必须是维数相同的向量;operator 为模糊运算的操作符,是"sum""sub""prod"和"div"(加、减、乘、除)中的一种。其中假定 A、B 均为凸模糊集,而且超出论域范围的隶属度函数值为 0。

【例 13-53】 利用 fuzarith 执行模糊算术。

```
%指定高斯和梯形隶属度函数
N = 501;
minX = -20;
maxX = 20;
x = linspace(minX,maxX,N);
A = trapmf(x,[-10 -2 1 3]);
B = gaussmf(x,[2 5]);
%求 A 和 B 的和、差、积和商
Csum = fuzarith(x,A,B,'sum');
Csub = fuzarith(x,A,B,'sub');
Cprod = fuzarith(x,A,B,'prod');
Cdiv = fuzarith(x,A,B,'div');
%绘制加减结果
```

```
subplot(2,2,1);plot(x,A,'--',x,B,':',x,Csum,'c')
title('模糊加法, A+B')
legend('A','B','A+B')
subplot(2,2,2);plot(x,A,'--',x,B,':',x,Csub,'c')
title('模糊减法, A-B')
legend('A','B','A-B')
%绘制乘法和除法结果
subplot(2,2,3);plot(x,A,'--',x,B,':',x,Cprod,'c')
title('模糊乘法, A*B')
legend('A','B','A*B')
subplot(2,2,4);plot(x,A,'--',x,B,':',x,Cdiv,'c')
title('模糊除法, A/B')
legend('A','B','A/B')
```

运行程序,效果如图 13-28 所示。

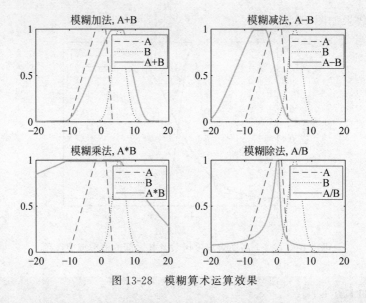

图 13-28　模糊算术运算效果

54．anfis 函数

在 MATLAB 中,提供了 anfis 函数用于支持采用输出加权平均的一阶 Sugeno 型模糊推理。在 anfis 函数建模过程中,它的训练算法结合最小二乘和反向传播梯度下降方法对训练数据集进行建模。函数的语法格式为:

fis ＝ anfis(trainingData):生成一个单一输出的 Sugeno 模糊推理系统(fis)和调整系统参数使用指定的输入/输出训练数据。fis 对象是使用网格分区自动生成的。

fis ＝ anfis(trainingData,options):使用指定的训练数据和选项调优 fis。使用此语法,可以指定如下选项。

- 要调优的初始 fis 对象。
- 验证数据,防止过度拟合训练数据。
- 训练算法的选择。
- 是否显示训练进度信息。

[fis,trainError] ＝ anfis(＿＿＿):返回遍历每个训练的均方训练误差。

[fis,trainError,stepSize] ＝ anfis(＿＿＿):返回遍历每个训练的训练步长。

$[fis, trainError, stepSize, chkFIS, chkError] = anfis(trainingData, options)$：同时返回验证错误最小的调优 FIS 对象 chkFIS 和返回验证错误最小的调优 FIS 对象数据错误 chkError。

【例 13-54】 使用 anfis 训练模糊推理系统。

```
>> % 载入训练数据, 该数据只有一个输入和一个输出
>> load fuzex1trnData.dat
>> % 生成和训练一个模糊推理系统
>> fis = anfis(fuzex1trnData);
ANFIS info:
    Number of nodes: 12
    Number of linear parameters: 4
    Number of nonlinear parameters: 6
    Total number of parameters: 10
    Number of training data pairs: 25
    Number of checking data pairs: 0
    Number of fuzzy rules: 2
Start training ANFIS ...
    1    0.229709
    2    0.22896
    3    0.228265
    4    0.227624
    5    0.227036
Step size increases to 0.011000 after epoch 5.
    6    0.2265
    7    0.225968
    8    0.225488
    9    0.225052
Step size increases to 0.012100 after epoch 9.
    10   0.22465
Designated epoch number reached --> ANFIS training completed at epoch 10.
Minimal training RMSE = 0.224650
>> % 绘制 anfis 输出和训练数据
>> x = fuzex1trnData(:,1);
anfisOutput = evalfis(fis,x);
plot(x,fuzex1trnData(:,2),'*r',x,anfisOutput,'.b')
legend('训练数据','anfis 输出','Location','NorthWest')
```

运行程序, 效果如图 13-29 所示。

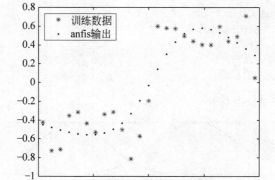

图 13-29　anfis 输出和训练数据效果图

55. genfis 函数

在 MATLAB 中,提供了 genfis 函数从数据中生成模糊推理系统对象。函数的语法格式为:

fis = genfis(inputData,outputData):使用给定输入和输出数据的网格分区返回单输出 Sugeno 模糊推理系统(FIS)。

fis = genfis(inputData,outputData,options):返回使用指定的输入/输出数据和选项生成的 fis。可以使用网格划分、减法聚类或模糊 C 均值(FCM)聚类来生成模糊系统。

【例 13-55】 使用 FCM 聚类法生成 FIS。

```
% 获取输入和输出数据
load clusterdemo.dat
inputData = clusterdemo(:,1:2);
outputData = clusterdemo(:,3);
% 为 FCM 聚类创建一个 genfisOptions 选项集,指定一个 Mamdani FIS 类型
opt = genfisOptions('FCMClustering','FISType','mamdani');
% 指定聚类数量
opt.NumClusters = 3;
% 不在命令窗口中显示迭代信息
opt.Verbose = 0;
% 生成 FIS
fis = genfis(inputData,outputData,opt);
% 生成的 FIS 为每个聚类包含一个规则
showrule(fis)
ans =
  3 × 83 char 数组
    '1. If (in1 is in1cluster1) and (in2 is in2cluster1) then (out1 is out1cluster1) (1)'
    '2. If (in1 is in1cluster2) and (in2 is in2cluster2) then (out1 is out1cluster2) (1)'
    '3. If (in1 is in1cluster3) and (in2 is in2cluster3) then (out1 is out1cluster3) (1)'
% 绘制输入和输出隶属度函数
[x,mf] = plotmf(fis,'input',1);
subplot(3,1,1)
plot(x,mf)
xlabel('隶属度函数的输入 1')
[x,mf] = plotmf(fis,'input',2);
subplot(3,1,2)
plot(x,mf)
xlabel('隶属度函数的输入 2')
[x,mf] = plotmf(fis,'output',1);
subplot(3,1,3)
plot(x,mf)
xlabel('隶属度函数的输出')
```

运行程序,效果如图 13-30 所示。

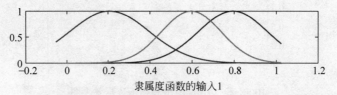

图 13-30 绘制隶属度函数的输入与输出曲线

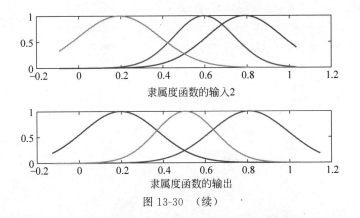

图 13-30 （续）

56. fcm 函数

在 MATLAB 中,提供了 fcm 函数实现模糊 C 均值聚类分析。函数的语法格式为:

$[centers,U] = fcm(data,Nc)$:对给定的 Nc 数据进行模糊 C 均值聚类;输出参数 center 为迭代后得到的聚类中心,U 为所有数据点对聚类中心的隶属度函数矩阵,行数等于聚类中心的个数,列数等于数据点的个数。

$[centers,U] = fcm(data,Nc,options)$:指定其他聚类选项。

$[centers,U,objFunc] = fcm(\_\_\_\_)$:返回 objFunc 目标函数值在迭代过程中的变化值。

【例 13-56】 使用 fcm 函数对数据进行模糊 C 均值聚类。

```
>> % 载入数据
>> load fcmdata.dat
>> % 使用模糊 C 均值聚类找出 2 个聚类
>> [centers,U] = fcm(fcmdata,2);
Iteration count = 1, obj. fcn = 9.102122
Iteration count = 2, obj. fcn = 7.272495
Iteration count = 3, obj. fcn = 6.692393
Iteration count = 4, obj. fcn = 5.023960
Iteration count = 5, obj. fcn = 3.973073
Iteration count = 6, obj. fcn = 3.819699
Iteration count = 7, obj. fcn = 3.801262
Iteration count = 8, obj. fcn = 3.798129
Iteration count = 9, obj. fcn = 3.797557
Iteration count = 10, obj. fcn = 3.797452
Iteration count = 11, obj. fcn = 3.797433
Iteration count = 12, obj. fcn = 3.797430
>> % 将每个数据点分类到隶属度值最大的簇中
>> maxU = max(U);
index1 = find(U(1,:) == maxU);
index2 = find(U(2,:) == maxU);
>> % 绘制聚类数据和聚类中心
>> plot(fcmdata(index1,1),fcmdata(index1,2),'ob')
hold on
```

```
plot(fcmdata(index2,1),fcmdata(index2,2),'or')
plot(centers(1,1),centers(1,2),'xb','MarkerSize',15,'LineWidth',3)
plot(centers(2,1),centers(2,2),'xr','MarkerSize',15,'LineWidth',3)
hold off
```

运行程序,效果如图 13-31 所示。

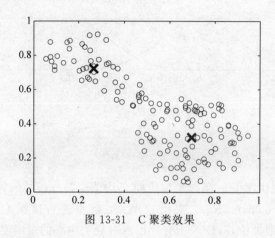

图 13-31　C 聚类效果

57. subclust 函数

在 MATLAB 中,提供了 subclust 函数用于实现减法聚类。函数的语法格式为:

[C,S] = subclust(X,radii,xBounds,options):其中,输入参数中,矩阵 X 包含了用于聚类的数据,X 的每一行为一个数据点向量,X 的每一列代表空间的一维坐标。

参数 radii 用于在假定数据点位于一个单位超立方体内(各维的坐标都在 0~1)的条件下,指定数据向量的每一维坐标上的聚类中心的影响范围,即 radii 每一维的数值大小均在 0~1,通常的取值范围为 0.2~0.5。

参数 xBounds 为一个 2×N 的尺度和坐标变换矩阵,其中 N 为数据的维数。该矩阵用于指定如何将 X 中的数据映射到一个超空间单位体中,其第一行和第二行分别包括了每一维数据被映射到单位超立方体的最小和最大取值。

参数 options 是一个可选的向量,options=[squashFactor　acceptRatio　rejectRatio　verbose],用于指定聚类算法的有关参数,其具体含义如下。

options(1)=squashFactor:squashFactor 用与聚类中心的影响范围 radii 相乘来决定某一聚类中心邻近的某一个范围。

options(2)=acceptRatio:acceptRatio 用于指定在选出第一个聚类中心后,只有其他某个数据点作为聚类中心的可能性值只有高于第一个聚类中心可能性值的一定比例(由 acceptRatio 的大小决定),才能被作为新的聚类中心,默认值为 0.5。

options(3)=rejectRatio:rejectRatio 用于指定在选出第一个聚类中心后,只有某个数据点作为聚类中心的可能性值低于第一个聚类中心可能性值的一定比例(由 rejectRatio 的大小决定),才能被排除作为聚类中心的可能性,其默认值为 0.15。

options(4)=verbose:如果 verbose 为非零值,则聚类过程的有关信息将显示到窗口中,其默认值为 0。

函数的返回值 C 为聚类中心向量,C 的每一行代表一个聚类中心的位置。向量 S 包含了聚类中心在每一维坐标上的影响范围,所有聚类中心在同一方向上具有相同的影响范围。

【例 13-57】 使用减法聚类法查找聚类中心。

```
>> clear all;
>> % 载入数据
>> load clusterdemo.dat
>> % 找到对所有维度使用相同影响范围的聚类中心
>> C = subclust(clusterdemo,0.6)
C =
    0.5779    0.2355    0.5133
    0.7797    0.8191    0.1801
    0.1959    0.6228    0.8363
```

1. objectDetectorTrainingData 函数

在 MATLAB 中，提供了 objectDetectorTrainingData 函数为对象检测器创建训练数据，函数的语法格式为：

$[\text{imds},\text{blds}] = \text{objectDetectorTrainingData}(\text{gTruth})$：根据指定的训练数据创建一个图像数据存储和一个表标签数据存储。

$\text{trainingDataTable} = \text{objectDetectorTrainingData}(\text{gTruth})$：从指定的训练数据中返回一个训练数据表，可以用这个表来使用训练函数训练对象检测器。

$\_\_\_\_ = \text{objectDetectorTrainingData}(\text{gTruth},\text{Name},\text{Value})$：返回一个训练数据表，其中包含由一个或多个名称-值对参数指定的附加选项。如果使用视频文件或自定义数据源在 gTruth 中创建 groundTruth 对象，则可以指定名称-值对参数的任何组合。

【例 14-1】 训练一个基于 YOLO v2 网络的车辆检测器。

```
>> % 将包含图像的文件夹添加到工作区中
imageDir = fullfile(matlabroot,'toolbox','vision','visiondata','vehicles');
addpath(imageDir);
% 装载车辆地面真实数据
data = load('vehicleTrainingGroundTruth.mat');
gTruth = data.vehicleTrainingGroundTruth;
% 加载包含 layerGraph 对象的检测器进行训练
vehicleDetector = load('yolov2VehicleDetector.mat');
lgraph = vehicleDetector.lgraph
lgraph =
  LayerGraph - 属性:
         Layers: [25x1 nnet.cnn.layer.Layer]
    Connections: [24x2 table]
     InputNames: {'input'}
    OutputNames: {'yolov2OutputLayer'}
>> % 使用 ground truth 对象创建一个图像数据存储和盒标签数据存储
>> [imds,bxds] = objectDetectorTrainingData(gTruth)
imds =
  ImageDatastore - 属性:
                    Files: {
```

```
                ' …\Polyspace\R2020a\toolbox\vision\visiondata\vehicles\image_00123.jpg';
                ' …\Polyspace\R2020a\toolbox\vision\visiondata\vehicles\image_00099.jpg';
     ' …\Polyspace\R2020a\toolbox\vision\visiondata\vehicles\image_00174.jpg'
                                … and 292 more
                            }
                Folders: {
                            'C:\Program Files\Polyspace\R2020a\toolbox\vision\visiondata\
  vehicles'
                            }
     AlternateFileSystemRoots: {}
                    ReadSize: 1
                      Labels: {}
        SupportedOutputFormats: ["png"    "jpg"    "jpeg"    "tif"    "tiff"]
           DefaultOutputFormat: "png"
                      ReadFcn: @readDatastoreImage
bxds =
  boxLabelDatastore - 属性:
    LabelData:
              295x2 cell array
              {2x4 double}    {2x1 categorical}
              {2x4 double}    {2x1 categorical}
              {1x4 double}    {[vehicle      ]}
                … and 292 more rows

    ReadSize: 1
```

2. combine 函数

在 MATLAB 中，提供了 combine 函数用于合并相同代数结构的项。函数的语法格式为：

Y = combine(S)：将表达式 S 中的幂乘积改写为单一幂。

Y = combine(S,T)：在表达式 S 中组合对目标函数 T 的多个调用。

Y = combine(____,'IgnoreAnalyticConstraints',true)：通过应用常见的数学恒等式来简化输出，如 $\log(a)+\log(b) = \log(a*b)$。这些恒等式可能对变量的所有值无效，但是应用它们可以返回更简单的结果。

3. trainingOptions 函数

在 MATLAB 中，提供了 trainingOptions 函数用于设置训练深度学习神经网络的选项。函数的语法格式为：

options = trainingOptions(solverName)：返回由 solverName 指定的优化器的训练选项。要训练一个网络，需要使用训练选项作为 trainNetwork 函数的输入参数。

options = trainingOptions(solverName,Name,Value)：返回训练选项以及由一个或多个名称-值对参数指定的附加选项。

【例 14-2】 接着例 14-1，实现数据的合并存储并显示检测的图像。

```
>> cds = combine(imds,bxds);
>> % 配置训练参数
>> options = trainingOptions('sgdm', …
        'InitialLearnRate', 0.001, …
        'Verbose',true, …
        'MiniBatchSize',16, …
```

```
        'MaxEpochs',30, …
        'Shuffle','every-epoch', …
        'VerboseFrequency',10);
>> %训练检测器
>> [detector,info] = trainYOLOv2ObjectDetector(cds,lgraph,options);
```

```
*********************************************************************
Training a YOLO v2 Object Detector for the following object classes:

* vehicle
```

在单 CPU 上训练

轮	迭代	经过的时间 (hh: mm: ss)	小批量 RMSE	小批量损失	基础学习率
1	1	00:00:00	7.50	56.2	0.0010
1	10	00:00:02	1.73	3.0	0.0010
2	20	00:00:04	1.58	2.5	0.0010
2	30	00:00:06	1.36	1.9	0.0010
3	40	00:00:08	1.13	1.3	0.0010
3	50	00:00:09	1.01	1.0	0.0010
4	60	00:00:11	0.95	0.9	0.0010
4	70	00:00:13	0.84	0.7	0.0010
5	80	00:00:15	0.84	0.7	0.0010
5	90	00:00:17	0.70	0.5	0.0010
6	100	00:00:19	0.65	0.4	0.0010
7	110	00:00:21	0.73	0.5	0.0010
7	120	00:00:23	0.60	0.4	0.0010
8	130	00:00:24	0.63	0.4	0.0010
8	140	00:00:26	0.64	0.4	0.0010
9	150	00:00:28	0.57	0.3	0.0010
9	160	00:00:30	0.54	0.3	0.0010
10	170	00:00:32	0.52	0.3	0.0010
10	180	00:00:33	0.45	0.2	0.0010
11	190	00:00:35	0.55	0.3	0.0010
12	200	00:00:37	0.56	0.3	0.0010
12	210	00:00:39	0.55	0.3	0.0010
13	220	00:00:41	0.52	0.3	0.0010
13	230	00:00:42	0.53	0.3	0.0010
14	240	00:00:44	0.58	0.3	0.0010
14	250	00:00:46	0.47	0.2	0.0010
15	260	00:00:48	0.49	0.2	0.0010
15	270	00:00:50	0.44	0.2	0.0010
16	280	00:00:52	0.45	0.2	0.0010
17	290	00:00:54	0.47	0.2	0.0010
17	300	00:00:55	0.43	0.2	0.0010
18	310	00:00:57	0.44	0.2	0.0010
18	320	00:00:59	0.44	0.2	0.0010
19	330	00:01:01	0.38	0.1	0.0010
19	340	00:01:03	0.41	0.2	0.0010
20	350	00:01:04	0.39	0.2	0.0010
20	360	00:01:06	0.42	0.2	0.0010
21	370	00:01:08	0.42	0.2	0.0010
22	380	00:01:10	0.39	0.2	0.0010
22	390	00:01:12	0.37	0.1	0.0010
23	400	00:01:13	0.37	0.1	0.0010
23	410	00:01:15	0.35	0.1	0.0010

24	420	00:01:17	0.29	8.3e−02	0.0010
24	430	00:01:19	0.36	0.1	0.0010
25	440	00:01:21	0.28	7.9e−02	0.0010
25	450	00:01:22	0.29	8.1e−02	0.0010
26	460	00:01:24	0.28	8.0e−02	0.0010
27	470	00:01:26	0.27	7.1e−02	0.0010
27	480	00:01:28	0.25	6.3e−02	0.0010
28	490	00:01:30	0.24	5.9e−02	0.0010
28	500	00:01:31	0.29	8.4e−02	0.0010
29	510	00:01:33	0.35	0.1	0.0010
29	520	00:01:35	0.31	9.3e−02	0.0010
30	530	00:01:37	0.18	3.1e−02	0.0010
30	540	00:01:38	0.22	4.6e−02	0.0010

```
|======================================================================|
Detector training complete.
**********************************************************************
>> % 读入测试图像
>> I = imread('detectcars.png');
>> % 运行探测器
>> [bboxes,scores] = detect(detector,I);
>> % 绘制结果
>> if(~isempty(bboxes))
   I = insertObjectAnnotation(I,'rectangle',bboxes,scores);
end
imshow(I)
```

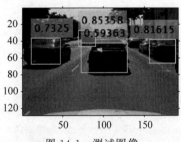

图 14-1　测试图像

运行程序,效果如图 14-1 所示。

4. estimateAnchorBoxes 函数

在 MATLAB 中,提供了 estimateAnchorBoxes 函数用于估计深度学习对象检测器的锚框。函数的语法格式为:

anchorBoxes ＝ estimateAnchorBoxes(trainingData，numAnchors):使 用 训 练 数 据 trainingData 估计指定的锚框数量 numAnchors。

[anchorBoxes,meanIoU] ＝ estimateAnchorBoxes(trainingData，numAnchors):另外,返回每个聚类中锚框的相交大于合并的平均值(IoU)。

5. yolov2Layers 函数

在 MATLAB 中,提供了 yolov2Layers 函数用于创建 YOLO v2 对象检测网络。函数的语法格式为:

lgraph ＝ yolov2Layers(imageSize，numClasses，anchorBoxes，network，featureLayer):创建一个 YOLO v2 对象检测网络,并将其作为一个 LayerGraph 对象返回。

lgraph ＝ yolov2Layers(____，'ReorgLayerSource'，reorgLayer):使用名称-值对指定重组层的源。

【例 14-3】　使用包含训练数据的表来估计锚框。

```
% 数据第一列包含训练图像,其余列包含带标记的边框
data = load('vehicleTrainingData.mat');
trainingData = data.vehicleTrainingData;
% 使用来自训练数据的带标签的边框创建一个 boxLabelDatastore 对象
```

```
blds = boxLabelDatastore(trainingData(:,2:end));
% 使用 boxLabelDatastore 对象估计锚框
numAnchors = 5;
anchorBoxes = estimateAnchorBoxes(blds,numAnchors);
% 指定图像大小
inputImageSize = [128,228,3];
% 指定要检测的类的数量
numClasses = 1;
% 使用一个预先训练好的 ResNet-50 网络作为 YOLO v2 网络的基础网络
network = resnet50('Weights','none')
% 指定用于特征提取的网络层,可使用 analyzeNetwork 函数来查看网络中的所有层名
featureLayer = 'activation_49_relu';
% 创建 YOLO v2 对象检测网络
lgraph = yolov2Layers(inputImageSize,numClasses,anchorBoxes,network, featureLayer)
network =
  LayerGraph - 属性:
        Layers: [177x1 nnet.cnn.layer.Layer]
    Connections: [192x2 table]
     InputNames: {'input_1'}
    OutputNames: {'ClassificationLayer_fc1000'}
lgraph =
  LayerGraph - 属性:
        Layers: [182x1 nnet.cnn.layer.Layer]
    Connections: [197x2 table]
     InputNames: {'input_1'}
    OutputNames: {'yolov2OutputLayer'}
>> % 使用网络分析器可视化网络
analyzeNetwork(lgraph)    % 效果如图 14-2 所示
```

图 14-2　网络分析器

6. trainACFObjectDetector 函数

在 MATLAB 中,提供了 trainACFObjectDetector 函数用于训练 ACF 对象检测器。函数的语法格式为:

detector = trainACFObjectDetector(trainingData):返回一个经过训练的聚合通道特性

（ACF）对象检测器。该函数使用训练数据表中给出的图像对象的正实例，并在训练期间自动从图像中收集负实例。

detector = trainACFObjectDetector(trainingData, Name, Value)：可选输入属性由一个或多个名称-值对参数指定。

【例 14-4】 使用 ACF 对象检测器训练一个停车标志检测器。

```
% 使用带有训练图像的 trainACFObjectDetector 来创建一个可以检测停止标志的
% ACF 对象检测器,用单独的图像测试检测器
load('stopSignsAndCars.mat');    % 加载训练数据
% 选择地面的停止标志
stopSigns = stopSignsAndCars(:,1:2);
% 添加图像文件的完整路径
stopSigns.imageFilename = fullfile(toolboxdir('vision'),'visiondata',stopSigns.imageFilename);
% 训练 ACF 检测器,可通过指定'Verbose',false 作为名称-值对来关闭训练进度输出
acfDetector = trainACFObjectDetector(stopSigns, 'NegativeSamplesFactor',2);
% 在测试图像上测试 ACF 检测器
img = imread('stopSignTest.jpg');
[bboxes,scores] = detect(acfDetector,img);
% 显示检测结果,并将对象边框插入图像
for i = 1:length(scores)
    annotation = sprintf('Confidence = %.1f',scores(i));
img = insertObjectAnnotation(img,'rectangle',bboxes(i,:),annotation);
end
imshow(img)
```

运行程序,输出如下,效果如图 14-3 所示。

图 14-3　显示检测结果

```
ACF Object Detector Training
The training will take 4 stages. The model size is 34x31.
Sample positive examples(~100 % Completed)
Compute approximation coefficients ··· Completed.
Compute aggregated channel features ··· Completed.
----------------------------
Stage 1:
Sample negative examples(~100 % Completed)
Compute aggregated channel features ··· Completed.
Train classifier with 42 positive examples and 84 negative examples ··· Completed.
The trained classifier has 19 weak learners.
----------------------------
```

Stage 2:

Sample negative examples(～100 % Completed)

Found 84 new negative examples for training.

Compute aggregated channel features…Completed.

Train classifier with 42 positive examples and 84 negative examples…Completed.

The trained classifier has 20 weak learners.

Stage 3:

Sample negative examples(～100 % Completed)

Found 84 new negative examples for training.

Compute aggregated channel features…Completed.

Train classifier with 42 positive examples and 84 negative examples…Completed.

The trained classifier has 54 weak learners.

Stage 4:

Sample negative examples(～100 % Completed)

Found 84 new negative examples for training.

Compute aggregated channel features…Completed.

Train classifier with 42 positive examples and 84 negative examples…Completed.

The trained classifier has 61 weak learners.

ACF object detector training is completed. Elapsed time is 20.8984 seconds.

7. trainFastRCNNObjectDetector 函数

在 MATLAB 中，提供了 trainFastRCNNObjectDetector 函数用于训练一个快速的 R-CNN 深度学习对象检测器。函数的语法格式为：

trainedDetector = trainFastRCNNObjectDetector(trainingData, network, options)：利用深度学习训练一个快速的 R-CNN(卷积神经网络区域)对象检测器，它可用来检测多个对象类。

[trainedDetector, info] = trainFastRCNNObjectDetector(____)：还返回关于训练进度的信息，如每次迭代的训练损失和准确性。

trainedDetector = trainFastRCNNObjectDetector(trainingData, checkpoint, options)：从检测器检查点恢复训练。

trainedDetector = trainFastRCNNObjectDetector(trainingData, detector, options)：使用附加的训练数据继续训练检测器，或执行更多的训练迭代来提高检测器的准确性。

trainedDetector = trainFastRCNNObjectDetector(____, 'RegionProposalFcn', proposalFcn)：自定义指定训练函数 RegionProposalFcn。

trainedDetector = trainFastRCNNObjectDetector(____, Name, Value)：可选输入属性由一个或多个名称-值对参数指定。

【例 14-5】 训练快速 R-CNN 停车标志检测器。

```
>> % 载入训练数据
data = load('rcnnStopSigns.mat', 'stopSigns', 'fastRCNNLayers');
stopSigns = data.stopSigns;
fastRCNNLayers = data.fastRCNNLayers;
% 添加完整路径到图像文件
stopSigns.imageFilename = fullfile(toolboxdir('vision'),'visiondata',stopSigns.imageFilename);
```

```
% 随机打乱数据进行训练
rng(0);
shuffledIdx = randperm(height(stopSigns));
stopSigns = stopSigns(shuffledIdx,:);
% 使用表中的文件创建一个 imageDatastore
imds = imageDatastore(stopSigns.imageFilename);
% 使用表中的标签列创建一个 boxLabelDatastore
blds = boxLabelDatastore(stopSigns(:,2:end));
% 组合数据存储
ds = combine(imds, blds);
% 停止标志训练图像有不同的大小,对数据进行预处理,将图像和框的大小调整为预定义的大小
ds = transform(ds,@(data)preprocessData(data,[920 968 3]));
% 设置网络训练选项
options = trainingOptions('sgdm', …
    'MiniBatchSize', 10, …
    'InitialLearnRate', 1e-3, …
    'MaxEpochs', 10, …
    'CheckpointPath', tempdir);
% 训练快速 R-CNN 检测器,训练可能需要几分钟才能完成
frcnn = trainFastRCNNObjectDetector(ds, fastRCNNLayers , options, …
    'NegativeOverlapRange', [0 0.1], …
    'PositiveOverlapRange', [0.7 1]);
* stopSign
--> Extracting region proposals from training datastore… done.
```

在单 CPU 上训练。

轮	迭代	经过的时间 (hh: mm: ss)	小批量 RMSE	小批量损失	基础学习率

```
Detector training complete.
*************************************************************
% 在测试图像上测试快速 R-CNN 检测器
img = imread('stopSignTest.jpg');
% 运行探测器
[bbox, score, label] = detect(frcnn, img);
% 显示检测结果
detectedImg = insertObjectAnnotation(img,'rectangle',bbox,score);
imshow(detectedImg)
```

以上文件调用到自定义的函数 preprocessData.m 的实现代码如下:

```
function data = preprocessData(data,targetSize)
% 将图像和边框调整到目标尺寸
scale = targetSize(1:2)./size(data{1},[1 2]);
data{1} = imresize(data{1},targetSize(1:2));
bboxes = round(data{2});
data{2} = bboxresize(bboxes,scale);
end
```

运行程序,效果如图 14-4 所示。

图 14-4　停车标志检测器图

8. trainFasterRCNNObjectDetector 函数

在 MATLAB 中,提供了 trainFasterRCNNObjectDetector 函数训练一个更快的 R-CNN 深度学习对象检测器。函数的语法格式为:

trainedDetector = trainFasterRCNNObjectDetector(trainingData,network,options):利用深度学习训练一个更快的 R-CNN(卷积神经网络区域)对象检测器,它可以用来检测多个对象类。

[trainedDetector,info] = trainFasterRCNNObjectDetector(____):还返回关于训练进度的信息,如每次迭代的训练损失和准确性。

trainedDetector = trainFasterRCNNObjectDetector(trainingData,checkpoint,options):从检测器检查点恢复训练。

trainedDetector = trainFasterRCNNObjectDetector(trainingData,detector,options):继续训练一个更快的 R-CNN 对象检测器与继续训练微调选项。

trainedDetector = trainFasterRCNNObjectDetector(____,Name,Value):可选输入属性由一个或多个名称-值对参数指定。

【例 14-6】　训练一个更快的 R-CNN 车辆检测器。

```
>> % 载入训练数据
data = load('fasterRCNNVehicleTrainingData.mat');
trainingData = data.vehicleTrainingData;
trainingData.imageFilename = fullfile(toolboxdir('vision'),'visiondata',trainingData.
imageFilename);
% 随机打乱数据进行训练
rng(0);
shuffledIdx = randperm(height(trainingData));
trainingData = trainingData(shuffledIdx,:);
% 使用表中的文件创建一个 imageDatastore
imds = imageDatastore(trainingData.imageFilename);
% 使用表中的标签列创建一个 boxLabelDatastore
blds = boxLabelDatastore(trainingData(:,2:end));
% 组合数据存储
ds = combine(imds, blds);
% 设置网络层
lgraph = layerGraph(data.detector.Network)
% 设置训练选项
options = trainingOptions('sgdm', …
        'MiniBatchSize', 1, …
```

```
        'InitialLearnRate', 1e - 3, …
        'MaxEpochs', 7, …
        'VerboseFrequency', 200, …
        'CheckpointPath', tempdir);
% 调整负 overlaprange 和正 overlaprange,以确保训练样本与地面真实值紧密重叠
detector = trainFasterRCNNObjectDetector(trainingData, lgraph, options, …
        'NegativeOverlapRange',[0 0.3], …
        'PositiveOverlapRange',[0.6 1]);
% 在测试图像上测试更快的 R - CNN 检测器
img = imread('highway.png');
% 运行探测器
[bbox, score, label] = detect(detector,img);
% 显示检测结果
detectedImg = insertShape(img,'Rectangle',bbox);
imshow(detectedImg)
```

运行程序,输出如图 14-5 所示,效果如图 14-6 所示。

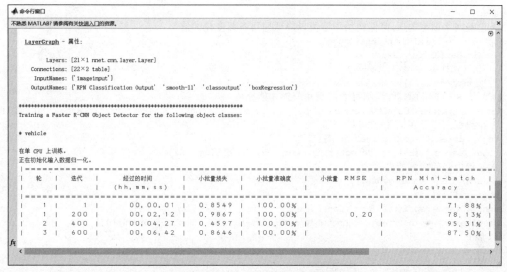

图 14-5　设置选项训练过程图

图 14-6　检测结果

9. trainRCNNObjectDetector 函数

在 MATLAB 中,提供了 trainRCNNObjectDetector 训练一个 R-CNN 深度学习对象检测器。函数的语法格式为:

detector ＝ trainRCNNObjectDetector(trainingData,network,options)：训练一个基于卷积神经网络的 R-CNN(区域)对象检测器。该函数使用深度学习来训练检测器检测多个对象类。

detector ＝ trainRCNNObjectDetector(＿＿,Name,Value)：返回带有可选输入属性的检测器对象,可选输入属性由一个或多个名称-值对参数指定。

detector ＝ trainRCNNObjectDetector(＿＿,'RegionProposalFcn',proposalFcn)：为 R-CNN 检测器自定义一个 RegionProposalFcn 函数。

[detector,info] ＝ trainRCNNObjectDetector(＿＿)：还返回关于训练进度的信息,如每次迭代的训练损失和准确性。

【例 14-7】 训练一个 R-CNN 停车标志检测器。

```
>> % 加载训练数据和网络层
load('rcnnStopSigns.mat', 'stopSigns', 'layers')
% 将图像目录添加到 MATLAB 路径中
imDir = fullfile(matlabroot, 'toolbox', 'vision', 'visiondata', …
  'stopSignImages');
addpath(imDir);
% 设置网络训练选项,降低初始学习值以降低网络参数变化的速率
options = trainingOptions('sgdm', …
  'MiniBatchSize', 32, …
  'InitialLearnRate', 1e - 6, …
  'MaxEpochs', 10);
% 训练 R - CNN 检测器,训练可能需要几分钟才能完成
rcnn = trainRCNNObjectDetector(stopSigns, layers, options, 'NegativeOverlapRange', [0 0.3]);
% 在测试图像上测试 R - CNN 检测器
img = imread('stopSignTest.jpg');
[bbox, score, label] = detect(rcnn, img, 'MiniBatchSize', 32);
% 显示最强的检测结果
[score, idx] = max(score);
bbox = bbox(idx, :);
annotation = sprintf('% s: (Confidence = % f)', label(idx), score);
detectedImg = insertObjectAnnotation(img, 'rectangle', bbox, annotation);
figure
imshow(detectedImg)
```

运行程序,输出如下,效果如图 14-7 所示。

```
**********************************************************************
Training an R - CNN Object Detector for the following object classes:
* stopSign
-- > Extracting region proposals from 27 training images … done.
-- > Training a neural network to classify objects in training data … 在单 CPU 上训练。
正在初始化输入数据归一化。
```

轮	迭代	经过的时间 (hh: mm: ss)	小批量 RMSE	小批量损失	基础学习率
1	1	00: 00: 00	96.88 %	0.0381	1.0000e - 06
2	50	00: 00: 21	96.88 %	0.4982	1.0000e - 06
3	100	00:00:40	100.00 %	3.5320e - 05	1.0000e - 06
5	150	00:01:00	100.00 %	0.0042	1.0000e - 06
6	200	00:01:19	100.00 %	4.4787e - 05	1.0000e - 06
8	250	00:01:37	96.88 %	0.1601	1.0000e - 06
9	300	00:01:56	100.00 %	0.0002	1.0000e - 06
10	350	00:02:15	96.88 %	0.1955	1.0000e - 06

Network training complete.
-- > Training bounding box regression models for each object class···100.00%···done.
Detector training complete.
****

图 14-7　R-CNN 停车标志检测器

10. trainYOLOv2ObjectDetector 函数

在 MATLAB 中,提供了 trainYOLOv2ObjectDetector 函数训练 YOLO v2 目标检测器。函数的语法格式为:

detector = trainYOLOv2ObjectDetector(trainingData,lgraph,options):返回一个对象检测器,该检测器使用输入 lgraph 指定的(YOLO v2)网络架构进行训练。选项输入指定了检测网络的训练参数。

[detector,info] = trainYOLOv2ObjectDetector(____):还返回关于训练进度的信息,如每次迭代的训练准确度和学习率。

detector = trainYOLOv2ObjectDetector(trainingData,checkpoint,options):从保存的检测器检查点恢复训练。

detector = trainYOLOv2ObjectDetector(trainingData,detector,options):继续训练 YOLO v2 对象检测器,使用此语法对检测器进行微调。

detector = trainYOLOv2ObjectDetector(____,'TrainingImageSize',trainingSizes):还使用名称-值对指定用于多尺度训练的图像大小。

【例 14-8】　对 YOLO v2 网络的车辆检测器进行训练。

```
>> % 将用于车辆检测的训练数据加载到工作空间中
data = load('vehicleTrainingData.mat');
trainingData = data.vehicleTrainingData;
% 指定存储训练样本的目录,在训练数据中为文件名添加完整路径
dataDir = fullfile(toolboxdir('vision'),'visiondata');
trainingData.imageFilename = fullfile(dataDir,trainingData.imageFilename);
% 随机打乱数据进行训练
rng(0);
shuffledIdx = randperm(height(trainingData));
trainingData = trainingData(shuffledIdx,:);
% 使用表中的文件创建一个 imageDatastore
imds = imageDatastore(trainingData.imageFilename);
% 使用表中的标签列创建一个 boxLabelDatastore
```

```
blds = boxLabelDatastore(trainingData(:,2:end));
% 组合数据存储
ds = combine(imds, blds);
% 加载一个预先初始化的 YOLO v2 对象检测网络
net = load('yolov2VehicleDetector.mat');
lgraph = net.lgraph
% 检查 YOLO v2 网络中的层及其属性
lgraph.Layers
lgraph =
  LayerGraph - 属性:
        Layers: [25x1 nnet.cnn.layer.Layer]
    Connections: [24x2 table]
     InputNames: {'input'}
    OutputNames: {'yolov2OutputLayer'}
>> % 检查 YOLO v2 网络中的层及其属性
lgraph.Layers
ans =
具有以下层的 25x1 Layer 数组:
     1   'input'             图像输入        128x128x3 图像
     2   'conv_1'            卷积            16 3x3 卷积: 步幅 [1  1],填充 [1  1  1  1]
     3   'BN1'               批量归一化
     4   'relu_1'            ReLU            ReLU
     5   'maxpool1'          最大池化        2x2 最大池化: 步幅 [2  2],填充 [0  0  0  0]
     6   'conv_2'            卷积            32 3x3 卷积: 步幅 [1  1],填充 [1  1  1  1]
     7   'BN2'               批量归一化
     8   'relu_2'            ReLU            ReLU
     9   'maxpool2'          最大池化        2x2 最大池化: 步幅 [2  2],填充 [0  0  0  0]
    10   'conv_3'            卷积            64 3x3 卷积: 步幅 [1  1],填充 [1  1  1  1]
    11   'BN3'               批量归一化
    12   'relu_3'            ReLU            ReLU
    13   'maxpool3'          最大池化        2x2 最大池化: 步幅 [2  2],填充 [0  0  0  0]
    14   'conv_4'            卷积            128 3x3 卷积: 步幅 [1  1],填充 [1  1  1  1]
    15   'BN4'               批量归一化
    16   'relu_4'            ReLU            ReLU
    17   'yolov2Conv1'       卷积            128 3x3 卷积: 步幅 [1  1],填充 'same'
    18   'yolov2Batch1'      批量归一化
    19   'yolov2Relu1'       ReLU            ReLU
    20   'yolov2Conv2'       卷积            128 3x3 卷积: 步幅 [1  1],填充 'same'
    21   'yolov2Batch2'      批量归一化
    22   'yolov2Relu2'       ReLU            ReLU
    23   'yolov2ClassConv'   卷积            24 1x1 卷积: 步幅 [1  1],填充 [0  0  0  0]
    24   'yolov2Transform'   YOLO v2 Transform Layer.   YOLO v2 Transform Layer with 4 anchors.
    25   'yolov2OutputLayer' YOLO v2 Output   YOLO v2 Output with 4 anchors.
>> % 配置网络训练选项
options = trainingOptions('sgdm', …
          'InitialLearnRate',0.001, …
          'Verbose',true, …
          'MiniBatchSize',16, …
          'MaxEpochs',30, …
          'Shuffle','never', …
          'VerboseFrequency',30, …
          'CheckpointPath',tempdir);
% 训练 YOLO v2 网络
>> [detector,info] = trainYOLOv2ObjectDetector(ds,lgraph,options);
*************************************************************
```

Training a YOLO v2 Object Detector for the following object classes:

* vehicle

在单 CPU 上训练。

轮	迭代	经过的时间 (hh: mm: ss)	小批量 RMSE	小批量损失	基础学习率
1	1	00: 00: 01	7.13	50.8	0.0010
2	30	00: 00: 21	1.27	1.6	0.0010
4	60	00: 00: 43	0.96	0.9	0.0010
5	90	00: 01: 03	0.60	0.4	0.0010
7	120	00: 01: 24	0.52	0.3	0.0010
9	150	00: 01: 42	0.67	0.4	0.0010
10	180	00: 02: 01	0.50	0.3	0.0010
12	210	00: 02: 20	0.42	0.2	0.0010
14	240	00: 02: 39	0.51	0.3	0.0010
15	270	00: 02: 57	0.47	0.2	0.0010
17	300	00: 03: 16	0.47	0.2	0.0010
19	330	00: 03: 42	0.43	0.2	0.0010
20	360	00: 04: 06	0.38	0.1	0.0010
22	390	00: 04: 27	0.37	0.1	0.0010
24	420	00: 04: 54	0.37	0.1	0.0010
25	450	00: 05: 17	0.47	0.2	0.0010
27	480	00: 05: 41	0.72	0.5	0.0010
29	510	00: 06: 08	0.38	0.1	0.0010
30	540	00: 06: 31	0.27	7.3e-02	0.0010

Detector training complete.

```
>> % 检查探测器的属性
detector
% 可以通过检查每次迭代的训练损失来验证训练准确性
plot(info.TrainingLoss)   % 效果如图 14-8 所示
grid on
xlabel('迭代次数')
ylabel('每次迭代的训练损失')
detector =
  yolov2ObjectDetector - 属性:
            ModelName: 'vehicle'
              Network: [1x1 DAGNetwork]
    TrainingImageSize: [128 128]
          AnchorBoxes: [4x2 double]
           ClassNames: vehicle
>> % 将测试映像读入工作区
img = imread('detectcars.png');
% 在测试图像上运行训练好的 YOLO v2 目标检测器进行车辆检测
[bboxes, scores] = detect(detector, img);
% 显示检测结果
if(~isempty(bboxes))
img = insertObjectAnnotation(img, 'rectangle', bboxes, scores);
end
figure
imshow(img)   % 效果如图 14-9 所示
```

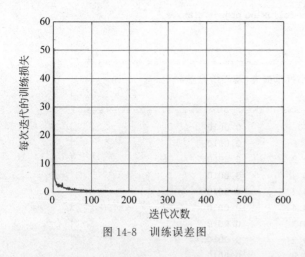

图 14-8　训练误差图

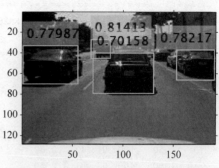

图 14-9　用 YOLO v2 目标检测器进行
车辆检测效果

11. analyzeNetwork 函数

在 MATLAB 中,提供了 analyzeNetwork 函数分析深度学习网络架构。函数的语法格式为:

analyzeNetwork(layers):分析分层指定的深度学习网络架构。analyzeNetwork 功能显示网络架构的交互式可视化,检测网络中的错误和问题,并提供有关网络层的详细信息。

该函数的用法参考例 14-3。

12. alexnet 函数

AlexNet 已基于超过一百万个图像进行训练,可以将图像分为 1000 个对象类别(如键盘、咖啡杯、铅笔和多种动物)。该网络已基于大量图像学习了丰富的特征表示,网络以图像作为输入,然后输出图像中对象的标签以及每个对象类别的概率。

深度学习应用中常常用到迁移学习,可以采用预训练的网络,基于它学习新任务。与使用随机初始化的权重从头训练网络相比,通过迁移学习微调网络要更快更简单,可以使用较少数量的训练图像快速地将已学习的特征迁移到新任务。alexnet 函数可用于创建 AlexNet 网络实现迁移学习,函数的语法格式为:

net = alexnet:返回在 ImageNet 数据集上训练的 AlexNet 网络。

net = alexnet('Weights','imagenet'):返回一个在 ImageNet 数据集上训练过的 AlexNet 网络。这个语法相当于 net = AlexNet。

layers = alexnet('Weights','none'):返回未经训练的 AlexNet 网络架构,未经训练的模型不需要支持包。

【例 14-9】　微调预训练的 AlexNet 卷积神经网络以对新的图像集合执行分类。

(1) 加载数据。

解压缩新图像并加载这些图像作为图像数据存储。imageDatastore 根据文件夹名称自动标记图像,并将数据存储为 ImageDatastore 对象。通过图像数据存储可以存储大图像数据,包括无法放入内存的数据,并在卷积神经网络的训练过程中高效分批读取图像。

```
unzip('MerchData.zip');
imds = imageDatastore('MerchData', …
    'IncludeSubfolders',true, …
    'LabelSource','foldernames');
```

将数据划分为训练数据集和验证数据集。将 70% 的图像用于训练,30% 的图像用于验证。splitEachLabel 将 images 数据存储拆分为两个新的数据存储。

```
[imdsTrain,imdsValidation] = splitEachLabel(imds,0.7,'randomized');
```

这个非常小的数据集现在包含 55 个训练图像和 16 个验证图像。显示一些示例图像。

```
numTrainImages = numel(imdsTrain.Labels);
idx = randperm(numTrainImages,16);
figure
for i = 1:16
    subplot(4,4,i)
    I = readimage(imdsTrain,idx(i));
    imshow(I)    % 效果如图 14-10 所示
end
```

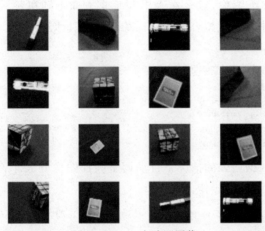

图 14-10 16 个验证图像

(2) 加载预训练网络。

加载预训练的 AlexNet 神经网络。如果未安装 Deep Learning ToolboxModel for AlexNet Network,则软件会提供下载链接。AlexNet 已基于超过一百万个图像进行训练,可以将图像分为 1000 个对象类别(如键盘、鼠标、铅笔和多种动物)。因此,该模型已基于大量图像学习了丰富的特征表示。

```
net = alexnet;
```

第一层(图像输入层)需要大小为 227×227×3 的输入图像,其中 3 是颜色通道数。

```
inputSize = net.Layers(1).InputSize
inputSize = 1 × 3
    227    227     3
```

(3) 替换最终层。

预训练网络 net 的最后三层针对 1000 个类进行配置。必须针对新分类问题微调这三个层。从预训练网络中提取除最后三层之外的所有层。

```
layersTransfer = net.Layers(1:end-3);
```

通过将最后三层替换为全连接层、softmax 层和分类输出层,将层迁移到新分类任务。根据新数据指定新的全连接层的选项。将全连接层设置为大小与新数据中的类数相同。要使新层中的学习速度快于迁移的层,请增大全连接层的 WeightLearnRateFactor 和 BiasLearn-RateFactor 值。

```
numClasses = numel(categories(imdsTrain.Labels))
numClasses = 5
layers = [
    layersTransfer    fullyConnectedLayer(numClasses,'WeightLearnRateFactor',20,
        'BiasLearnRateFactor',20)
    softmaxLayer
    classificationLayer];
```

(4) 训练网络。

网络要求输入图像的大小为 $227 \times 227 \times 3$,但图像数据存储中的图像具有不同大小。使用增强的图像数据存储可自动调整训练图像的大小。指定要对训练图像额外执行的增强操作:沿垂直轴随机翻转训练图像,以及在水平和垂直方向上随机平移训练图像最多 30 个像素。数据增强有助于防止网络过拟合和记忆训练图像的具体细节。

```
pixelRange = [-30 30];
imageAugmenter = imageDataAugmenter( …
    'RandXReflection',true, …
    'RandXTranslation',pixelRange, …
    'RandYTranslation',pixelRange);
augimdsTrain = augmentedImageDatastore(inputSize(1:2),imdsTrain, …
    'DataAugmentation',imageAugmenter);
```

要在不执行进一步数据增强的情况下自动调整验证图像的大小,请使用增强的图像数据存储,而不指定任何其他预处理操作。

```
augimdsValidation = augmentedImageDatastore(inputSize(1:2),imdsValidation);
```

指定训练选项。对于迁移学习,请保留预训练网络的较浅层中的特征(迁移的层权重)。要减慢迁移的层中的学习速度,请将初始学习速率设置为较小的值。在上一步中,增大了全连接层的学习率因子,以加快新的最终层中的学习速度。这种学习率设置组合只会加快新层中的学习速度,对于其他层则会减慢学习速度。执行迁移学习时,所需的训练轮数相对较少。一轮训练是对整个训练数据集的一个完整训练周期。指定小批量大小和验证数据。软件在训练过程中每 ValidationFrequency 次迭代验证一次网络。

```
options = trainingOptions('sgdm', …
    'MiniBatchSize',10, …
    'MaxEpochs',6, …
    'InitialLearnRate',1e-4, …
    'Shuffle','every-epoch', …
    'ValidationData',augimdsValidation, …
    'ValidationFrequency',3, …
    'Verbose',false, …
    'Plots','training-progress');
```

训练由迁移层和新层组成的网络。默认情况下,如果有 GPU 可用,trainNetwork 就会使用 GPU(需要 Parallel Computing Toolbox 和具有 3.0 或更高计算能力的支持 CUDA 的

GPU)，否则将使用 CPU。还可以使用 trainingOptions 的 'ExecutionEnvironment' 名称-值对组参数指定执行环境。

```
netTransfer = trainNetwork(augimdsTrain,layers,options);
```

（5）对验证图像进行分类。

使用经过微调的网络对验证图像进行分类。

```
[YPred,scores] = classify(netTransfer,augimdsValidation);
```

显示四个示例验证图像及预测的标签。

```
idx = randperm(numel(imdsValidation.Files),4);
figure
for i = 1:4
    subplot(2,2,i)
    I = readimage(imdsValidation,idx(i));
    imshow(I)        % 效果如图 14-11 所示
    label = YPred(idx(i));
    title(string(label));
end
```

MathWorks Playing Cards　　MathWorks Screwdriver　　MathWorks Cap　　MathWorks Screwdriver

图 14-11　四个示例验证图像及预测的标签

计算针对验证集的分类准确度，准确度是网络预测正确的标签的比例。

```
YValidation = imdsValidation.Labels;
accuracy = mean(YPred == YValidation)
accuracy =
 1
```

13. imageDataAugmenter 函数

在 MATLAB 中，提供了 imageDataAugmenter 函数实现为图像增强配置一组预处理选项，如调整大小、旋转和反射。imageDataAugmenter 由 augmentedImageDatastore 使用，以生成一批增强图像。imageDataAugmenter 函数的语法格式为：

aug = imageDataAugmenter：创建具有与标识转换一致的默认属性值的 imageDataAugmenter 对象。

aug = imageDataAugmenter(Name,Value)：使用名称-值对配置一组图像增强选项来设置属性。可以指定多个名称-值对，此时需将每个属性名称用引号括起来。

14. augmentedImageDatastore 函数

在 MATLAB 中，提供了 augmentedImageDatastore 函数用于变换批次以增强图像数据。增强图像数据存储通过可选的预处理（如调整大小、旋转和反射）对训练、验证、测试和预测数据进行转换。默认情况下，augmentedImageDatastore 只调整图像以适应输出大小。可以使用 imageDataAugmenter 为其他图像转换配置选项。augmentedImageDatastore 函数的语法格式为：

auimds = augmentedImageDatastore(outputSize, imds)：使用来自图像数据存储 imds 的图像创建用于分类问题的增强图像数据存储，并设置 OutputSize 属性。

auimds = augmentedImageDatastore(outputSize, X, Y)：创建用于分类和回归问题的扩展图像数据存储。数组 X 包含预测变量，数组 Y 包含分类标签或数值响应。

auimds = augmentedImageDatastore(outputSize, X)：创建一个增强图像数据存储，用于预测数组 X 中的图像数据的响应。

auimds = augmentedImageDatastore(outputSize, tbl)：创建用于分类和回归问题的扩展图像数据存储。表 tbl 包含预测器和响应。

auimds = augmentedImageDatastore(outputSize, tbl, responseName)：创建用于分类和回归问题的扩展图像数据存储。表 tbl 包含预测器和响应。responseName 参数指定 tbl 中的响应变量。

auimds = augmentedImageDatastore(____, Name, Value)：创建一个增强的图像数据存储，使用名称-值对设置颜色预处理、数据增强、OutputSizeMode 和 DispatchInBackground 属性。

【例 14-10】 创建图像数据增强器来调整大小和旋转图像。

```
>> % 创建一个图像数据增强器,在训练前对图像进行预处理.该增强器以[0,360]范围内
>> % 的随机角度旋转图像,并以[0.5,1]范围内的随机比例因子调整图像大小
>> augmenter = imageDataAugmenter( …
      'RandRotation',[0 360], …
      'RandScale',[0.5 1])
augmenter =
  imageDataAugmenter – 属性:
            FillValue: 0
       RandXReflection: 0
       RandYReflection: 0
          RandRotation: [0 360]
            RandScale: [0.5000 1]
            RandXScale: [1 1]
            RandYScale: [1 1]
            RandXShear: [0 0]
            RandYShear: [0 0]
       RandXTranslation: [0 0]
       RandYTranslation: [0 0]
>> % 使用图像数据增强器创建增强图像数据存储,扩充后的图像数据存储还需
>> % 要样本数据、标签和输出图像大小
>> [XTrain,YTrain] = digitTrain4DArrayData;
imageSize = [56 56 1];
auimds = augmentedImageDatastore(imageSize,XTrain,YTrain,'DataAugmentation',augmenter)
auimds =
  augmentedImageDatastore – 属性:
         NumObservations: 5000
            MiniBatchSize: 128
         DataAugmentation: [1x1 imageDataAugmenter]
        ColorPreprocessing: 'none'
               OutputSize: [56 56]
```

```
        OutputSizeMode: 'resize'
   DispatchInBackground: 0
>> % 预览应用于图像数据存储中的前 8 个图像的随机转换
minibatch = preview(auimds);
imshow(imtile(minibatch.input)); % 效果如图 14-12 所示
>> % 预览不同的随机转换应用到同一组图像
minibatch = preview(auimds);
imshow(imtile(minibatch.input)); % 效果如图 14-13 所示
```

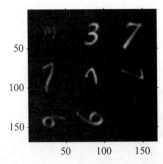 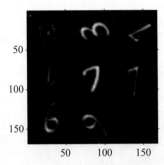

图 14-12　前 8 个图像的随机转换　　　　图 14-13　不同的随机转换应用到同一组图像

15. trainNetwork 函数

在 MATLAB 中,要使用增强图像来训练网络,可用 trainNetwork 函数提供增强图像。函数的语法格式为:

net = trainNetwork(imds,layers,options):训练一个网络来解决图像分类问题。参数 imds 用于存储输入图像的数据,layers 为层定义网络架构,options 为定义训练选项。

net = trainNetwork(ds,layers,options):使用数据存储 ds 训练网络。对于具有多个输入的网络,将此语法与组合或转换的数据存储一起使用。

net = trainNetwork(X,Y,layers,options):训练一个用于图像分类和回归问题的网络。数值数组 X 包含预测变量,Y 包含分类标签或数值响应。

net = trainNetwork(sequences,Y,layers,options):训练一个网络来处理序列分类和回归问题(例如,一个 LSTM 或 BiLSTM 网络),其中 sequences 包含序列或时间序列预测器,而 Y 包含响应。对于分类问题,Y 是分类向量或分类序列的单元格数组。对于回归问题,Y 是目标矩阵或数值序列的单元数组。

net = trainNetwork(tbl,layers,options):训练一个分类和回归问题的网络。表 tbl 包含数值数据或数据的文件路径。预测器必须在 tbl 的第一列中。

net = trainNetwork(tbl,responseName,layers,options):训练一个分类和回归问题的网络。预测器必须在 tbl 的第一列中。responseName 参数指定 tbl 中的响应变量。

[net,info] = trainNetwork(____):同时返回关于训练的信息 info。

【例 14-11】　实现监控深度学习训练进度。

在训练过程中绘制训练进度。训练网络并在训练过程中绘制训练进度。加载训练数据,其中包含 5000 个数字图像。留出 1000 个图像用于网络验证。

```
>> [XTrain,YTrain] = digitTrain4DArrayData;
idx = randperm(size(XTrain,4),1000);
XValidation = XTrain(:,:,:,idx);
```

```
XTrain(:,:,:,idx) = [];
YValidation = YTrain(idx);
YTrain(idx) = [];
% 构建网络以对数字图像数据进行分类
>> layers = [
    imageInputLayer([28 28 1])
    convolution2dLayer(3,8,'Padding','same')
    batchNormalizationLayer
    reluLayer
    maxPooling2dLayer(2,'Stride',2)
    convolution2dLayer(3,16,'Padding','same')
    batchNormalizationLayer
    reluLayer
    maxPooling2dLayer(2,'Stride',2)
    convolution2dLayer(3,32,'Padding','same')
    batchNormalizationLayer
    reluLayer
    fullyConnectedLayer(10)
    softmaxLayer
    classificationLayer];
```

指定网络训练的选项。要在训练过程中按固定时间间隔验证网络,请指定验证数据。选择'ValidationFrequency'值,以使网络大致在每轮训练都被验证一次。要在训练过程中绘制训练进度,请将'training-progress'指定为'Plots'值。

```
>> options = trainingOptions('sgdm', …
    'MaxEpochs',8, …
    'ValidationData',{XValidation,YValidation}, …
    'ValidationFrequency',30, …
    'Verbose',false, …
    'Plots','training-progress');
% 训练网络
>> net = trainNetwork(XTrain,YTrain,layers,options);   % 效果如图 14-14 所示
```

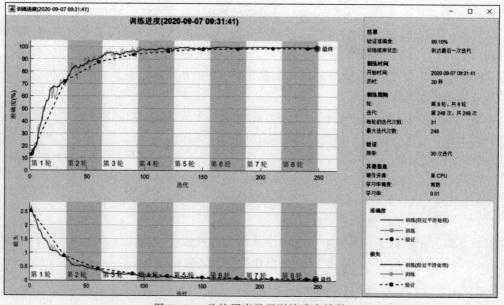

图 14-14　监控深度学习训练进度效果

16. imageInputLayer 函数

imageInputLayer 函数使用增强图像的均值,而不是原始数据集的均值对图像进行归一化。该均值对第一个增强历元计算一次。所有其他时期使用相同的平均值,因此平均图像在训练期间不会改变。imageInputLayer 函数的语法格式为:

layer = imageInputLayer(inputSize):返回一个图像输入层,并指定 inputSize 属性。

layer = imageInputLayer(inputSize,Name,Value):使用名称-值对设置可选属性。

【例 14-12】　利用 imageInputLayer 函数实现图像的均值增强处理。

```
% 创建一个名为"input"的 28x28 色图像的图像输入层。默认情况下,该层通过从每个输入图像中
% 减去训练集的均值图像来进行数据归一化
>> inputlayer = imageInputLayer([28 28 3],'Name','input')
inputlayer =
  ImageInputLayer - 属性:
                    Name: 'input'
               InputSize: [28 28 3]
超参数
        DataAugmentation: 'none'
           Normalization: 'zerocenter'
    NormalizationDimension: 'auto'
                    Mean: []
>> % 在层阵列中包括图像输入层
>> layers = [ ...
    imageInputLayer([28 28 1])
    convolution2dLayer(5,20)
    reluLayer
    maxPooling2dLayer(2,'Stride',2)
    fullyConnectedLayer(10)
    softmaxLayer
    classificationLayer]
layers =
具有以下层的 7x1 Layer 数组:
    1   ''   图像输入      28x28x1 图像: 'zerocenter' 归一化
    2   ''   卷积          20 5x5 卷积: 步幅 [1  1],填充 [0  0  0  0]
    3   ''   ReLU          ReLU
    4   ''   最大池化       2x2 最大池化: 步幅 [2  2],填充 [0  0  0  0]
    5   ''   全连接         10 全连接层
    6   ''   Softmax       softmax
    7   ''   分类输出       crossentropyex
```

17. image3dInputLayer 函数

在 MATLAB 中,提供了 image3dInputLayer 函数为三维图像创建输入层。函数的语法格式为:

layer = image3dInputLayer(inputSize):返回一个三维图像输入层,并指定 inputSize 属性。

layer = image3dInputLayer(inputSize,Name,Value):使用名称-值对设置可选属性。

【例 14-13】　创建三维图像输入层。

% 创建一个名为 input 的 132×132×116 彩色 3D 图像的三维图像输入层。默认情况下,该层通过从每

```
% 个输入图像中减去训练集的均值图像来进行数据归一化
>> layer = image3dInputLayer([132 132 116],'Name','input')
layer =
  Image3DInputLayer - 属性:
                     Name: 'input'
                InputSize: [132 132 116 1]
超参数
            Normalization: 'zerocenter'
   NormalizationDimension: 'auto'
                     Mean: []
>> % 在层阵列中包括三维图像输入层
>> layers = [
    image3dInputLayer([28 28 28 3])
    convolution3dLayer(5,16,'Stride',4)
    reluLayer
    maxPooling3dLayer(2,'Stride',4)
    fullyConnectedLayer(10)
    softmaxLayer
    classificationLayer]
layers =
具有以下层的 7x1 Layer 数组:
    1   ''   三维图像输入   28×28×28×3 图像: 'zerocenter' 归一化
    2   ''   卷积          16 5x5x5 卷积: 步幅 [4 4 4],填充 [0 0 0;0 0 0]
    3   ''   ReLU         ReLU
    4   ''   三维最大池化   2x2x2 最大池化: 步幅 [4 4 4],填充 [0 0 0;0 0 0]
    5   ''   全连接        10 全连接层
    6   ''   Softmax      softmax
    7   ''   分类输出      crossentropyex
```

18. averagePooling3dLayer 函数

在 MATLAB 中,提供了 averagePooling3dLayer 函数创建三维平均池化层,它是将三维输入划分为立方体池化区域并计算每个区域的平均值来进行下采样的。函数语法格式为:

layer = averagePooling3dLayer(poolSize):创建平均池化层并设置 poolSize 属性。

layer = averagePooling3dLayer(poolSize,Name,Value):使用名称-值对设置可选的 Stride 和 Name 属性。若要指定输入填充,请使用"padding"名称-值对参数。

【例 14-14】 创建 3-D 平均池化层。

```
>> % 创建一个 3-D 平均池化层,不重叠池化区域,将采样降低 2 倍
>> layer = averagePooling3dLayer(2,'Stride',2)
layer =
  AveragePooling3DLayer - 属性:
           Name: ''
超参数
       PoolSize: [2 2 2]
         Stride: [2 2 2]
    PaddingMode: 'manual'
    PaddingSize: [2x3 double]
>> % 在层阵列中包含一个 3-D 平均池化层
>> layers = [ ...
    image3dInputLayer([28 28 28 3])
    convolution3dLayer(5,20)
    reluLayer
```

```
    averagePooling3dLayer(2,'Stride',2)
    fullyConnectedLayer(10)
    softmaxLayer
    classificationLayer]
layers =
具有以下层的 7x1 Layer 数组:
    1    ''    三维图像输入    28x28x28x3 图像: 'zerocenter' 归一化
    2    ''    卷积           20 5x5x5 卷积: 步幅 [1  1  1],填充 [0  0  0;0  0  0]
    3    ''    ReLU           ReLU
    4    ''    平均三维池化     2x2x2 平均池化: 步幅 [2 2 2],填充 [0  0  0;0  0  0]
    5    ''    全连接          10 全连接层
    6    ''    Softmax        softmax
    7    ''    分类输出         crossentropyex
```

19. convolution2dLayer 函数

在 MATLAB 中,提供了 convolution2dLayer 函数用于创建二维卷积层。二维卷积层将滑动卷积滤波器应用于输入,该层通过沿输入垂直和水平的方向移动过滤器,计算权重和输入的点积,然后添加一个偏差项来对输入进行卷积。函数的语法格式为:

layer = convolution2dLayer(filterSize,numFilters):创建一个二维卷积层,并设置 filterSize 和 numFilters 属性。

layer = convolution2dLayer(filterSize,numFilters,Name,Value):使用名称-值对设置可选参数的初始化、步长、扩展因子、学习速率、正则化、通道数以及命名属性。如果要指定输入填充,请使用"padding"名称-值对参数。

【例 14-15】 创建一个有 96 个过滤器的卷积层,每个过滤器的高度和宽度为 11。在水平和垂直方向上使用步长为 4。

```
>> layer = convolution2dLayer(11,96,'Stride',4)
layer =
  Convolution2DLayer - 属性:
                Name: ''
超参数
           FilterSize: [11 11]
          NumChannels: 'auto'
           NumFilters: 96
               Stride: [4 4]
        DilationFactor: [1 1]
          PaddingMode: 'manual'
          PaddingSize: [0 0 0 0]
可学习参数
              Weights: []
                 Bias: []
显示所有属性
>> % 在层阵列中包括卷积层
>> layers = [
    imageInputLayer([28 28 1])
    convolution2dLayer(5,20)
    reluLayer
    maxPooling2dLayer(2,'Stride',2)
    fullyConnectedLayer(10)
    softmaxLayer
```

```
    classificationLayer]
layers =
具有以下层的 7x1 Layer 数组：
    1   ''   图像输入      28x28x1 图像：'zerocenter' 归一化
    2   ''   卷积          20 5x5 卷积：步幅 [1  1],填充 [0  0  0  0]
    3   ''   ReLU          ReLU
    4   ''   最大池化      2x2 最大池化：步幅 [2  2],填充 [0  0  0  0]
    5   ''   全连接        10 全连接层
    6   ''   Softmax       softmax
    7   ''   分类输出      crossentropyex
```

20．convolution3dLayer 函数

在 MATLAB 中，提供了 convolution3dLayer 函数用于创建三维卷积层。三维卷积层对三维输入使用滑动立方体卷积滤波器。该层通过垂直、水平和深度沿着输入移动过滤器来对输入进行卷积、计算权重和输入的点积，然后添加一个偏置项。函数的语法格式为：

layer = convolution3dLayer(filterSize, numFilters)：创建一个三维卷积层，并设置 filterSize 和 numFilters 属性。

layer = convolution3dLayer(filterSize, numFilters, Name, Value)：使用名称-值对设置可选参数的初始化、步长、扩展因子、学习速率、正则化、通道数以及命名属性。如果要指定输入填充，请使用"padding"名称-值对参数。

【例 14-16】 创建三维卷积层。

```
% 创建一个包含 16 个过滤器的三维卷积层,每个过滤器的高度、宽度和深度都为 5,在三个方向上使用
% 步长为 4
>> layer = convolution3dLayer(5,16,'Stride',4)
layer =
  Convolution3DLayer - 属性:
              Name: ''
超参数
        FilterSize: [5 5 5]
       NumChannels: 'auto'
        NumFilters: 16
            Stride: [4 4 4]
    DilationFactor: [1 1 1]
       PaddingMode: 'manual'
       PaddingSize: [2x3 double]
可学习参数
           Weights: []
              Bias: []
显示所有属性
>> % 在层阵列中包括三维卷积层
>> layers = [ ...
    image3dInputLayer([28 28 28 3])
    convolution3dLayer(5,16,'Stride',4)
    reluLayer
    maxPooling3dLayer(2,'Stride',4)
    fullyConnectedLayer(10)
    softmaxLayer
    classificationLayer]
layers =
具有以下层的 7x1 Layer 数组：
```

1	''	三维图像输入	28x28x28x3 图像：'zerocenter' 归一化
2	''	卷积	16 5x5x5 卷积：步幅 [4　4　4],填充 [0　0　0;0　0　0]
3	''	ReLU	ReLU
4	''	三维最大池化	2x2x2 最大池化：步幅 [4 4 4],填充 [0　0　0;0　0　0]
5	''	全连接	10 全连接层
6	''	Softmax	softmax
7	''	分类输出	crossentropyex

21. fullyConnectedLayer 函数

在 MTALAB 中,提供了 fullyConnectedLayer 函数用于创建全连接层。全连接层将输入乘以一个权值矩阵,然后加上一个偏差向量。函数的语法格式为:

layer = fullyConnectedLayer(outputSize):返回一个完全连接的层,并指定 outputSize 属性。

layer = fullyConnectedLayer(outputSize,Name,Value):使用名称-值对设置可选参数的初始化、学习速率和正则化以及命名属性。例如,fullyConnectedLayer(10,'Name','fc1')创建一个完全连接的层,输出大小为 10,名称为'fc1'。

【例 14-17】 创建一个完全连接的层,输出大小为 10,名称为'fc1'。

```
>> layer = fullyConnectedLayer(10,'Name','fc1')
layer =
  FullyConnectedLayer - 属性:
        Name: 'fc1'
超参数
    InputSize: 'auto'
    OutputSize: 10
可学习参数
      Weights: []
         Bias: []
显示所有属性
>> % 在层阵列中包括完全连接的层
>> layers = [ ...
    imageInputLayer([28 28 1])
    convolution2dLayer(5,20)
    reluLayer
    maxPooling2dLayer(2,'Stride',2)
    fullyConnectedLayer(10)
    softmaxLayer
    classificationLayer]
layers =
```
具有以下层的 7x1 Layer 数组:

1	''	图像输入	28x28x1 图像：'zerocenter' 归一化
2	''	卷积	20 5x5 卷积：步幅 [1　1],填充 [0　0　0　0]
3	''	ReLU	ReLU
4	''	最大池化	2x2 最大池化：步幅 [2　2],填充 [0　0　0　0]
5	''	全连接	10 全连接层
6	''	Softmax	softmax
7	''	分类输出	crossentropyex

22. maxPooling2dLayer 函数

在 MATLAB 中,提供了 maxPooling2dLayer 函数用于创建最大池化层。最大池化层通过将输入划分为矩形池化区域并计算每个区域的最大值来执行下采样。函数的语法格式为:

layer = maxPooling2dLayer(poolSize):创建一个最大池化层并设置 poolSize 属性。

layer = maxPooling2dLayer(poolSize, Name, Value):使用名称-值对设置可选的 Stride、Name 和 HasUnpoolingOutputs 属性。若要指定输入填充,请使用"padding"名称-值对参数。

【例 14-18】 创建一个具有重叠池区域的最大池化层。

```
>> layer = maxPooling2dLayer([3 2],'Stride',2)
layer =
  MaxPooling2DLayer - 属性:
                 Name: ''
    HasUnpoolingOutputs: 0
            NumOutputs: 1
           OutputNames: {'out'}
  超参数
             PoolSize: [3 2]
               Stride: [2 2]
          PaddingMode: 'manual'
          PaddingSize: [0 0 0 0]
```

由结果可看出,这一层创建大小为[3 2]的池区域,并在每个区域中取最大的 6 个元素。池区域重叠是因为有一些跨径维度跨径小于各自的池径维度 PoolSize。

```
>> % 在层数组中包含一个最大的池化层,池化区域重叠
>> layers = [ ...
    imageInputLayer([28 28 1])
    convolution2dLayer(5,20)
    reluLayer
    maxPooling2dLayer([3 2],'Stride',2)
    fullyConnectedLayer(10)
    softmaxLayer
    classificationLayer]
layers =
具有以下层的 7x1 Layer 数组:
    1   ''   图像输入      28x28x1 图像: 'zerocenter'归一化
    2   ''   卷积          20 5x5 卷积:步幅 [1  1],填充 [0  0  0  0]
    3   ''   ReLU         ReLU
    4   ''   最大池化      3x2 最大池化:步幅 [2  2],填充 [0  0  0  0]
    5   ''   全连接        10 全连接层
    6   ''   Softmax      softmax
    7   ''   分类输出      crossentropyex
```

23. ImageDatastore 函数

如果一个图像文件集合中的每个图像可以单独放入内存,但整个集合不一定能放入内存,则可以使用 ImageDatastore 对象来管理。可以使用 imageDatastore 函数创建 ImageDatastore 对象,指定其属性,然后使用对象函数导入和处理数据。imageDatastore 函数的语法格式为:

imds = imageDatastore(location)：根据 location 指定的图像数据集合创建一个数据存储 imds。

imds = imageDatastore(location, Name, Value)：使用一个或多个名称-值对组参数为 imds 指定其他参数和属性。

【例 14-19】　创建一个包含四个图像的 ImageDatastore 对象，并预览第一个图像。

```
>> imds = imageDatastore({'street1.jpg','street2.jpg','peppers.png','corn.tif'})
imds =
  ImageDatastore - 属性:
                        Files: {
                                'C:\Program Files\Polyspace\R2020a\toolbox\matlab\demos\
street1.jpg';
                                'C:\Program Files\Polyspace\R2020a\toolbox\matlab\demos\
street2.jpg';                   ' …\Polyspace\R2020a\examples\deeplearning_
shared\data\peppers.png'
                                … and 1 more
                                }
                      Folders: {
                                'C:\Program Files\Polyspace\R2020a\toolbox\matlab\demos';
                                'C:\Program Files\Polyspace\R2020a\examples\deeplearning_
shared\data';
                                'C:\Program Files\Polyspace\R2020a\toolbox\matlab\imagesci'
                                }
      AlternateFileSystemRoots: {}
                     ReadSize: 1
                       Labels: {}
        SupportedOutputFormats: ["png"    "jpg"    "jpeg"    "tif"    "tiff"]
          DefaultOutputFormat: "png"
                      ReadFcn: @readDatastoreImage
>> imshow(preview(imds));  % 效果如图 14-15 所示。
```

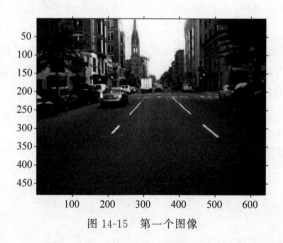

图 14-15　第一个图像

24. countEachLabel 函数

在 MATLAB 中，提供了 countEachLabel 函数对 ImageDatastore 标签中的文件进行计数。函数的语法格式为：

T = countEachLabel(imds)：返回 imds 中的标签汇总表以及与每个标签关联的文件数。

【例14-20】 创建一个 ImageDatastore 对象,并根据每个图像所在的文件夹为其添加标签。

```
>> imds = imageDatastore(fullfile(matlabroot, 'toolbox', 'matlab', {'demos','imagesci'}),…
'LabelSource', 'foldernames', 'FileExtensions', {'.jpg', '.png', '.tif'});
>> % 列出每个标签的文件计数
>> T = countEachLabel(imds)
T =
  2x2 table
    Label      Count
    _____    _____
    demos        6
    imagesci     2
```

25. splitEachLabel 函数

在 MATLAB 中,提供了 splitEachLabel 函数用于按比例拆分 ImageDatastore 标签。函数的语法格式为:

[imds1,imds2] = splitEachLabel(imds,p):将 imds 中的图像文件拆分为两个新的数据存储,imds1 和 imds2。新的数据存储 imds1 包含每个标签的前 p 的文件,imds2 包含每个标签的其余文件。p 可以是 0~1 的数字,指明每个标签分配给 imds1 的文件百分比;也可以是一个整数,指明每个标签分配给 imds1 的绝对文件数。

[imds1,…,imdsM] = splitEachLabel(imds,p1,…,pN):将数据存储拆分为 N+1 个新的数据存储。第一个新的数据存储 imds1 包含每个标签的前 p1 的文件,下一个新的数据存储 imds2 包含接下来的 p2 的文件,以此类推。如果 p1,…,pN 代表文件数量,则它们的总和不能超过原始数据存储 imds 中最小标签的文件数量。

____ = splitEachLabel(____,'randomized'):将每个标签的指定比例的文件随机分配给新的数据存储。

____ = splitEachLabel(____,Name,Value):使用一个或多个名称-值对组参数指定新数据存储的属性。例如,可以通过'Include','labelname'指定要拆分的标签。

【例14-21】 按百分比拆分标签。

```
>> % 创建一个 ImageDatastore 对象,并根据每个图像所在文件夹的名称为其添加
>> % 标签,生成的标签名称为 demos 和 imagesci
>> imds = imageDatastore(fullfile(matlabroot, 'toolbox', 'matlab', {'demos','imagesci'}),…
'LabelSource', 'foldernames', 'FileExtensions', {'.jpg', '.png', '.tif'});
imds.Labels
ans =
  8x1 categorical 数组
    demos
    demos
    demos
    demos
    demos
    demos
imagesci
imagesci
```

用 imds 中的文件创建两个新的数据存储。第一个数据存储 imds60 包含前 60% 的带有

demos 标签的文件以及前 60％的带有 imagesci 标签的文件。第二个数据存储 imds40 包含每个标签上其余 40％ 的文件。如果对标签应用百分比后得出的文件数不是整数，splitEachLabel 会向下舍入到最接近的整数。

```
[imds60,imds40] = splitEachLabel(imds,0.6)
imds60 =
  ImageDatastore - 属性:
          …
                    ReadSize: 1
       SupportedOutputFormats: ["png"    "jpg"    "jpeg"    "tif"    "tiff"]
         DefaultOutputFormat: "png"
                    ReadFcn: @readDatastoreImage
imds40 =
  ImageDatastore - 属性:
          …
                    ReadSize: 1
       SupportedOutputFormats: ["png"    "jpg"    "jpeg"    "tif"    "tiff"]
         DefaultOutputFormat: "png"
                    ReadFcn: @readDatastoreImage
```

26. datastore 函数

在 MATLAB 中，提供了 datastore 函数为大型数据集合创建数据存储。函数的语法格式为：

ds = datastore(location)：根据 location 指定的数据集合创建一个数据存储。数据存储是一个存储库，用于收集由于体积太大而无法载入内存的数据。创建 ds 后，可以读取并处理数据。

ds = datastore(location,Name,Value)：使用一个或多个名称-值对组参数为 ds 指定其他参数。例如，可以通过指定'Type','image' 为图像文件创建数据存储。

【例 14-22】 创建一个与示例文件 airlinesmall.csv 关联的数据存储。此文件包含从 1987 年至 2008 年的航空公司数据。

要控制如何在数值列中导入缺失的数据，可使用'TreatAsMissing'名称-值对组参数。在实例中，为'TreatAsMissing'指定值'NA'，在导入的数据中将'NA'的每个实例替换为 NaN。其中，NaN 是数据存储的'MissingValue'属性中指定的值。

```
>> ds = datastore('airlinesmall.csv', …
                'TreatAsMissing','NA')
ds =
  TabularTextDatastore - 属性:
                      Files: {
                    ' …\Program Files\Polyspace\R2020a\toolbox\matlab\demos\airlinesmall.csv'
                            }
                    Folders: {
                            'C:\Program Files\Polyspace\R2020a\toolbox\matlab\demos'
                            }
                FileEncoding: 'UTF - 8'
    AlternateFileSystemRoots: {}
```

```
              PreserveVariableNames: false
                ReadVariableNames: true
                    VariableNames: {'Year', 'Month', 'DayofMonth' … and 26 more}
                   DatetimeLocale: en_US
    文本格式属性:
                   NumHeaderLines: 0
                        Delimiter: ','
                     RowDelimiter: '\r\n'
                   TreatAsMissing: 'NA'
                     MissingValue: NaN
    高级文本格式属性:
                  TextscanFormats: {'%f', '%f', '%f' … and 26 more}
                         TextType: 'char'
               ExponentCharacters: 'eEdD'
                     CommentStyle: ''
                       Whitespace: '\b\t'
          MultipleDelimitersAsOne: false
    控制 preview、read、readall 返回表的属性:
            SelectedVariableNames: {'Year', 'Month', 'DayofMonth' … and 26 more}
                  SelectedFormats: {'%f', '%f', '%f' … and 26 more}
                         ReadSize: 20000 行
                       OutputType: 'table'
                         RowTimes: []
    特定于写入的属性:
            SupportedOutputFormats: ["txt"    "csv"    "xlsx"    "xls"    "parquet"    "parq"]
              DefaultOutputFormat: "txt"
```

27. transform 函数

在 MATLAB 中,提供了 transform 函数实现转换数据存储。函数的语法格式为:

dsnew = transform(ds,@fcn):使用转换函数 fcn 转换输入数据存储 ds,并返回转换后的数据存储 dsnew。

dsnew = transform(ds,@fcn,'IncludeInfo',IncludeInfo):使用转换函数 fcn 的替代定义。可以通过替代定义使用数据存储的 read 函数返回附加信息。

【例 14-23】 将集合中的所有图像调整到指定的目标大小。

```
>> % 创建一个包含两个图像的 ImageDatastore
imds = imageDatastore({'street1.jpg','peppers.png'});
>> % 读取所有图像,请注意,该数据存储包含不同大小的图像
img1 = read(imds); % 读取第一张图像
img2 = read(imds); % 读取下一张图像
whos img1 img2
  Name        Size                  Bytes  Class      Attributes
  img1        480x640x3            921600  uint8
  img2        384x512x3            589824  uint8
>> % 将数据存储中的所有图像转换为指定的目标大小
targetSize = [224,224];
imdsReSz = transform(imds,@(x) imresize(x,targetSize));
>> % 读取图像并显示其大小
imgReSz1 = read(imdsReSz);
```

```
imgReSz2 = read(imdsReSz);
whos imgReSz1 imgReSz2
  Name          Size                      Bytes    Class    Attributes
  imgReSz1      224x224x3                 150528   uint8
  imgReSz2      224x224x3                 150528   uint8
>> % 显示调整大小后的图像
subplot(121); imshow(imgReSz1);
axis on; title('调整 Street1.jpg 大小');
subplot(122); imshow(imgReSz2);
axis on; title('调整 peppers.png 大小');
```

运行程序,效果如图 14-16 所示。

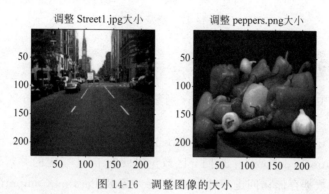

图 14-16　调整图像的大小

28. preview 函数

在 MATLAB 中,提供了 preview 函数用于显示数据存储中的数据子集。函数的语法格式为:

data = preview(ds):返回数据存储 ds 中的一个数据子集而不更改其当前位置。

【例 14-24】　创建两个单独的图像数据存储,然后创建一个表示这两个基础数据存储的合并数据存储。

```
>> 创建一个表示三个图像的集合的图像数据存储 imds1
>> imds1 = imageDatastore({'street1.jpg','street2.jpg','peppers.png'});
>> % 通过将 imds1 的图像转换为灰度再水平翻转图像,创建第二个数据存储 imds2
imds2 = transform(imds1,@(x) fliplr(rgb2gray(x)));
>> % 基于 imds1 和 imds2 创建一个合并的数据存储
imdsCombined = combine(imds1,imds2);
>> % 预览合并的数据存储中的数据,输出是一个 1x2 元胞数组
>> % 两列表示分别来自两个基础数据存储 imds1 和 imds2 的第一个数据子集
dataOut = preview(imdsCombined)
dataOut =
  1 × 2 cell 数组
    {480x640x3 uint8}    {480x640 uint8}
>> % 将预览的数据显示为一对分块图
tile = imtile(dataOut);
imshow(tile)
```

运行程序,效果如图 14-17 所示。

图 14-17　预览分块图

29. numpartitions 函数

在 MATLAB 中，提供了 numpartitions 函数用于获取数据存储分区数。函数的语法格式为：

n = numpartitions(ds)：返回数据存储 ds 的默认分区数。

n = numpartitions(ds,pool)：返回分区数量以便在 pool 指定的并行池上方并行处理数据存储访问。要对数据存储访问进行并行处理，必须安装 Parallel Computing Toolbox。

【例 14-25】　获取多个分区以便在当前平行池上方使数据存储访问平行化。

```
>> %根据示例文件 mapredout.mat(mapreduce 函数的输出文件)创建一个数据存储
>> ds = datastore('mapredout.mat');
>> %获取多个分区以便在当前平行池上方使数据存储访问平行化
n = numpartitions(ds, gcp);
Starting parallel pool (parpool) using the 'local' profile …
%划分数据存储并读取每个部分中的数据
parfor ii = 1:n
subds = partition(ds,n,ii);
    while hasdata(subds)
        data = read(subds);
    end
end
Connected to the parallel pool (number of workers: 4).
```

30. groundTruthDataSource 函数

在 MATLAB 中，提供了 groundTruthDataSource 函数用于存储 ground truth 数据来源的对象。函数的语法格式为：

gtSource = groundTruthDataSource(imageFiles)：返回 imageFile 指定的图像集合的 ground truth 数据源对象。图像必须是 imread 可读的文件格式。

gtSource = groundTruthDataSource(videoName)：为指定的视频文件 videoName 返回一个 ground truth 数据源对象。视频必须是视频阅读器可读的文件格式。

gtSource = groundTruthDataSource(imageSeqFolder)：为位于指定的 imageSeqFolder 文件夹中的图像序列返回一个 ground truth 数据源对象。

gtSource = groundTruthDataSource(imageSeqFolder,timestamps)：为图像序列返回一

个 ground truth 数据源对象,并为指定文件夹中包含的每个图像返回相应的时间戳。

gtSource = groundTruthDataSource(sourceName,readerFcn,timestamps):使用自定义 reader 函数句柄 readerFcn 返回一个 ground truth 数据源对象。

【例 14-26】 从一个视频文件创建一个 ground truth 数据源。

```
>> clear all;
% 读取一个视频文件并创建一个数据源
>> videoName = 'vipunmarkedroad.avi';
dataSource = groundTruthDataSource(videoName)
dataSource =
groundTruthDataSource for a video file with properties
        Source: …020a\toolbox\vision\visiondata\vipunmarkedroad.avi
    TimeStamps: [84×1 duration]
>> % 创建一个视频阅读器来读取视频帧
>> reader = VideoReader(videoName);
>> % 阅读视频中的第 6 帧并显示
>>  timeStamp = seconds(dataSource.TimeStamps(6));
reader.CurrentTime = timeStamp;
I = readFrame(reader);
figure
imshow(I)
```

运行程序,效果如图 14-18 所示。

图 14-18　显示第 6 帧的图像

31. peopleDetectorACF 函数

在 MATLAB 中,提供了 peopleDetectorACF 函数用于检测使用聚合通道特性的用户。函数的语法格式为:

detector = peopleDetectorACF:使用聚合通道特性(ACF)返回一个预先训练好的人员检测器。检测器是一个 acfObjectDetector 对象,使用 INRIA 人员数据集进行训练。

detector = peopleDetectorACF(name):返回一个基于指定模型名的预先训练的直立人员检测器。

【例 14-27】 检测使用聚合通道特性的人员。

```
>> % 装上直立人探测器
>> detector = peopleDetectorACF;
>> % 读一个图像,并检测图像中的人
>> I = imread('visionteam1.jpg');
[bboxes,scores] = detect(detector,I);
```

```
>> % 用边框标注检测到的人及其检测分数
>> I = insertObjectAnnotation(I,'rectangle',bboxes,scores);
figure
imshow(I)
title('检测人员和检测分数')
```

运行程序,效果如图 14-19 所示。

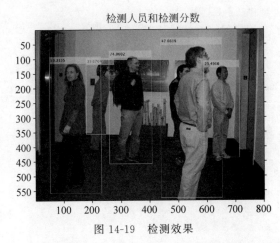

图 14-19   检测效果

32. selectStrongestBbox 函数

在 MATLAB 中,提供了 selectStrongestBbox 函数从重叠的聚类中选择最强的边界框。函数的语法格式为:

[selectedBbox,selectedScore] = selectStrongestBbox(bbox,score):返回具有高置信度得分的选中边界框。该函数使用非最大抑制来消除来自 bbox 输入的重叠边界框。

[selectedBbox,selectedScore,index] = selectStrongestBbox(bbox,score):另外返回与 selectedBbox 关联的索引向量。这个向量包含 bbox 输入中所选框的索引。

[____] = selectStrongestBbox(____,Name,Value):使用由一个或多个名称-值对参数来指定附加选项。

【例 14-28】   使用非最大抑制人员检测器对边界框执行检测。

```
% 加载预训练的聚合通道特征(ACF)人员检测器
peopleDetector = peopleDetectorACF();
% 检测图像中的人物
I = imread('visionteam1.jpg');
[bbox,score] = detect(peopleDetector,I,'SelectStrongest',false);
% 使用自定义阈值运行非最大抑制
I = imread('visionteam1.jpg');
[selectedBbox,selectedScore] = selectStrongestBbox(bbox,score,'OverlapThreshold',0.3);
% 显示结果
I1 = insertObjectAnnotation(I,'rectangle',bbox,score,'Color','r');
I2 = insertObjectAnnotation(I,'rectangle',selectedBbox,selectedScore,'Color','r');
figure, imshow(I1);
title('检测人员和检测分数前抑制'); % 加载预训练的聚合通道特征(ACF)人员检测器
peopleDetector = peopleDetectorACF();
% 检测图像中的人物
I = imread('visionteam1.jpg');
```

```
[bbox,score] = detect(peopleDetector,I,'SelectStrongest',false);
% 使用自定义阈值运行非最大抑制
I = imread('visionteam1.jpg');
[selectedBbox,selectedScore] = selectStrongestBbox(bbox,score,'OverlapThreshold',0.3);
% 显示结果
I1 = insertObjectAnnotation(I,'rectangle',bbox,score,'Color','r');
I2 = insertObjectAnnotation(I,'rectangle',selectedBbox,selectedScore,'Color','r');
figure, imshow(I1);效果如图 14-20 所示
title('检测人员和检测分数前抑制');
>> figure, imshow(I2);    % 效果如图 14-21 所示
>> title('检测人和检测分数后抑制');
```

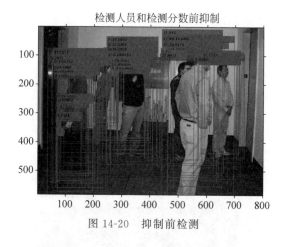

图 14-20　抑制前检测

图 14-21　抑制后检测

33. bboxOverlapRatio 函数

在 MATLAB 中,提供了 bboxOverlapRatio 函数用于计算边界框重叠比。函数的语法格式为:

overlapRatio = bboxOverlapRatio(bboxA,bboxB):返回每对边界框 bboxA 和 bboxB 之间的重叠比率。该函数返回 0~1 范围内的 overlapRatio 值,其中 1 表示完全重叠。

overlapRatio = bboxOverlapRatio(bboxA,bboxB,ratioType):此外,还允许指定用于计算比率的方法,必须将比率类型设置为'Union'或'Min'。

【例 14-29】 计算两个边界框之间的重叠比率。

```
>> % 定义两个边界框,格式为[x, y,宽度,高度]
bboxA = [150,80,100,100];
bboxB = bboxA + 50;
% 在图像上显示边界框
I = imread('peppers.png');
RGB = insertShape(I,'FilledRectangle',bboxA,'Color','green');
RGB = insertShape(RGB,'FilledRectangle',bboxB,'Color','yellow');
imshow(RGB)
% 计算两个边界框之间的重叠比率
overlapRatio = bboxOverlapRatio(bboxA,bboxB)
```

运行程序,输出如下,效果如图 14-22 所示。

```
overlapRatio =
    0.0833
```

图 14-22 图像上显示边界框效果

34. bboxPrecisionRecall 函数

在 MATLAB 中,提供了 bboxPrecisionRecall 函数根据 ground truth 值计算边界框精度和召回率。函数的语法格式为:

[precision,recall] = bboxPrecisionRecall(bboxes,groundTruthBboxes):测量 bboxes 和 groundTruthBboxes 之间边界框重叠的准确性。精度是探测器中真实正实例与所有正实例的比率。

[precision,recall] = bboxPrecisionRecall(bboxes,groundTruthBboxes,threshold):同时指定重叠阈值 threshold。

【例 14-30】 评估三个类的边界框重叠情况。

```
classNames = ["A","B","C"];
% 创建用于评估的边界框
predictedLabels = { …
    categorical("A",classNames); …
    categorical(["C";"B"],classNames)};
bboxes = { …
    [10 10 20 30]; …
    [60 18 20 10; 120 120 5 10]};
boundingBoxes = table(bboxes,predictedLabels,'VariableNames', …
    {'PredictedBoxes','PredictedLabels'});
```

```
% 创建 ground truth 边界框
A = {[10 10 20 28]; []};
B = {[]; [118 120 5 10]};
C = {[]; [59 19 20 10]};
groundTruthData = table(A,B,C);
% 根据 ground truth 数据评估重叠精度
[precision,recall] = bboxPrecisionRecall(boundingBoxes,groundTruthData)
```

运行程序,输出如下:

```
precision =
    1
    0
    1
recall =
    1
    0
    1
```

35. selectStrongestBboxMulticlass 函数

在 MATLAB 中,提供了 selectStrongestBboxMulticlass 函数从重叠的聚类中选择最强的多类边界框。函数的语法格式为:

selectedBboxes = selectStrongestBboxMulticlass(bboxes,scores,labels):返回具有高置信值的选中边界框。当它们具有相同的类标签时,该函数使用贪婪的非最大抑制(NMS)来消除 bboxes 输入中重叠的边界框。

[selectedBboxes, selectedScores, selectedLabels, index] = selectStrongestBboxMulticlass(bboxes,scores,labels):同时返回与所选边界框关联的分数、标签和索引。

[____] = selectStrongestBboxMulticlass(____,Name,Value):使用由一个或多个名称-值对指定相关参数的属性名及属性值。

【例 14-31】 使用人员检测器对边界框进行多类非最大抑制。

```
% 使用两种不同的模型创建检测器,这些将用于生成多类检测结果
detectorInria = peopleDetectorACF('inria-100x41');
detectorCaltech = peopleDetectorACF('caltech-50x21');
% 应用探测器
I = imread('visionteam1.jpg');
[bboxesInria,scoresInria] = detect(detectorInria,I,'SelectStrongest',false);
[bboxesCaltech,scoresCaltech] = detect(detectorCaltech,I,'SelectStrongest',false);
% 为每个检测器的结果创建分类标签
labelsInria = repelem("inria",numel(scoresInria),1);
labelsInria = categorical(labelsInria,{'inria','caltech'});
labelsCaltech = repelem("caltech",numel(scoresCaltech),1);
labelsCaltech = categorical(labelsCaltech,{'inria','caltech'});
% 对所有检测器的结果进行合并,以得到多类检测结果
allBBoxes = [bboxesInria;bboxesCaltech];
allScores = [scoresInria;scoresCaltech];
allLabels = [labelsInria;labelsCaltech];
% 进行多类非最大抑制
[bboxes,scores,labels] = selectStrongestBboxMulticlass(allBBoxes,allScores,allLabels, …
    'RatioType','Min','OverlapThreshold',0.65);
% 标注发现的人
annotations = string(labels) + ": " + string(scores);
```

```
I = insertObjectAnnotation(I,'rectangle',bboxes,cellstr(annotations));
imshow(I)
title('侦测到人、分数和标签')
```

运行程序,效果如图 14-23 所示。

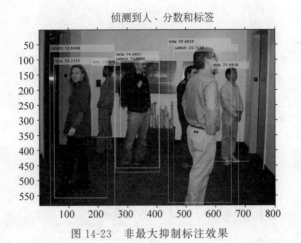

图 14-23　非最大抑制标注效果

36．vision．CascadeObjectDetector 函数

在 MATLAB 中,提供了 vision．CascadeObjectDetector 函数实现使用 Viola-Jones 算法检测对象。Viola-Jones 算法是专门用来检测人的脸、鼻子、眼睛、嘴巴或上半身。函数的语法格式为:

detector ＝ vision．CascadeObjectDetector:创建使用 Viola-Jones 算法检测对象的检测器。

detector ＝ vision．CascadeObjectDetector(model):创建一个检测器,用于检测由输入字符向量 model 定义的对象。

detector ＝ vision．CascadeObjectDetector(XMLFILE):创建检测器并将其配置为由 XMLFILE 输入指定的自定义分类模型。

detector ＝ vision．CascadeObjectDetector(Name,Value):使用一个或多个名称-值对设置参数的属性名及属性值,将每个属性名称用引号括起来。

【例 14-32】　利用上半身分类模型检测图像中的上半身。

```
% 创建一个 body 检测器对象并设置属性
bodyDetector = vision.CascadeObjectDetector('UpperBody');
bodyDetector.MinSize = [60 60];
bodyDetector.MergeThreshold = 10;
% 读取输入图像,检测上半身
I2 = imread('visionteam.jpg');
bboxBody = bodyDetector(I2);
% 标注检测到的上半身
IBody = insertObjectAnnotation(I2,'rectangle',bboxBody,'Upper Body');
figure
imshow(IBody)
title('检测到上半身');
```

运行程序,效果如图 14-24 所示。

图 14-24　检测人体上半身效果

37. vision. PeopleDetector 函数

在 MATLAB 中,提供了 vision. PeopleDetector 函数用于使用人物检测器检测处于直立位置的人。函数的语法格式为:

peopleDetector ＝ vision. PeopleDetector:返回一个人物检测器对象 peopleDetector,它跟踪视频中的一组点。

peopleDetector ＝ vision. PeopleDetector(model):创建一个人物检测器对象,并将 ClassificationModel 属性设置为 model。

peopleDetector ＝ vision. PeopleDetector(Name,Value):使用一个或多个名称-值对设置参数的属性名及属性值。

【例 14-33】　创建一个人体检测器实现人体检测。

```
% 创建一个人体检测器并加载输入图像
peopleDetector = vision.PeopleDetector;
I = imread('visionteam1.jpg');
% 使用人体检测器对象检测人员
[bboxes,scores] = peopleDetector(I);
% 标注发现的人
I = insertObjectAnnotation(I,'rectangle',bboxes,scores);
figure, imshow(I)
title('检测人员和检测分数');
```

运行程序,效果如图 14-25 所示。

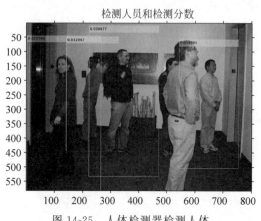

图 14-25　人体检测器检测人体

38．extractHOGFeatures 函数

在 MATLAB 中，提供了 extractHOGFeatures 函数用于提取定向梯度直方图（HOG）特征。函数的语法格式为：

features ＝ extractHOGFeatures(I)：以 1×N 的向量形式返回从真彩色或灰度输入图像中提取的 HOG 特征，其中 N 为 HOG 特征长度。

[features,validPoints] ＝ extractHOGFeatures(I,points)：返回指定点位置附近提取的 HOG 特征。该函数还返回验证点 validPoints，它包含了输入点的位置。

[____, visualization] ＝ extractHOGFeatures(I,____)：返回 HOG 特性可视化。

[____] ＝ extractHOGFeatures(____,Name,Value)：使用一个或多个名称-值对指定参数属性名及属性值。

【例 14-34】 提取并绘制 HOG 特征。

```
% 读入感兴趣的图像
img = imread('cameraman.tif');
% 提取 HOG 特征
[featureVector,hogVisualization] = extractHOGFeatures(img);
% 绘制原始图像的 HOG 特征图
imshow(img);
hold on;
plot(hogVisualization);
```

运行程序，效果如图 14-26 所示。

39．detectFASTFeatures 函数

在 MATLAB 中，提供了 detectFASTFeatures 函数利用快速算法检测角点并返回角点对象。函数的语法格式为：

points ＝ detectFASTFeatures (I)：返回一个二维灰度图像的角点的信息，detectFASTFeatures 函数使用快速（FAST）算法中的特征来寻找特征点。

points ＝ detectFASTFeatures(I,Name,Value)：使用一个或多个名称-值对指定参数的属性名及属性值。

【例 14-35】 使用快速算法找到图像中的角点。

```
>> % 读取图像
>> I = imread('cameraman.tif');
>> % 寻找角点
>> corners = detectFASTFeatures(I);
>> % 绘制结果
>> imshow(I); hold on;
>> plot(corners.selectStrongest(50));
```

运行程序，效果如图 14-27 所示。

图 14-26　HOG 特征图

图 14-27　图像的角点

40. detectHarrisFeatures 函数

在 MATLAB 中,提供了 detectHarrisFeatures 函数利用 Harris-Stephens 算法检测角点,并返回角点对象。函数的语法格式为:

points = detectHarrisFeatures(I):使用 Harris-Stephens 算法对输入的灰度图像进行角点检测并返回相应的角点信息。

points = detectHarrisFeatures(I,Name,Value):使用一个或多个名称-值对指定参数的属性名及属性值。

【例 14-36】 使用 Harris-Stephens 算法寻找图像的角点。

```
>> % 读取图像
>> I = checkerboard;
>> % 寻找角点
>> corners = detectHarrisFeatures(I);
>> % 显示结果
>> imshow(I); hold on;
plot(corners.selectStrongest(50));
```

运行程序,效果如图 14-28 所示。

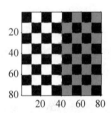
图 14-28　寻找的角点

41. detectMSERFeatures 函数

在 MATLAB 中,提供了 detectMSERFeatures 函数用于检测 MSER 特性并返回 MSERRegions 对象。函数的语法格式为:

regions = detectMSERFeatures(I):使用最大稳定极值区域(MSER)算法来寻找图像特征,并返回 regions 对象。

[regions,cc] = detectMSERFeatures(I):同时返回 MSER 区域 cc。

[____] = detectMSERFeatures(I,Name,Value):使用一个或多个名称-值对指定参数的属性名及属性值。

【例 14-37】 在图像中寻找 MSER 区域。

```
% 读取图像和检测 MSER 区域
I = imread('cameraman.tif');
regions = detectMSERFeatures(I);
% 将存储在返回的"区域"对象中的像素列表的 MSER 区域进行可视化
subplot(121); imshow(I); hold on;
```

```
plot(regions,'showPixelList',true,'showEllipses',false);
% 显示椭圆和中心适合区域,默认情况下,plot 显示椭圆和中心
subplot(122);imshow(I);
hold on;
plot(regions);
```

运行程序,效果如图 14-29 所示。

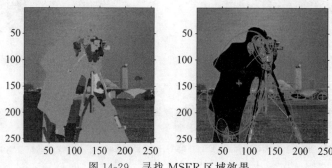

图 14-29　寻找 MSER 区域效果

42. detectMinEigenFeatures 函数

在 MATLAB 中,提供了 detectMinEigenFeatures 函数利用最小特征值算法检测角点,并返回角点对象。函数的语法格式为:

points = detectMinEigenFeatures(I):利用最小特征值算法检测输入图像 I 的角点。

points = detectMinEigenFeatures(I,Name,Value):使用一个或多个名称-值对指定参数的属性名及属性值。

【例 14-38】　利用最小特征值算法寻找图像的角点。

```
>> % 读入棋盘图像
>> I = checkerboard;
>> % 寻找图像角点
>> corners = detectMinEigenFeatures(I);
>> % 显示结果
>> imshow(I); hold on;
plot(corners.selectStrongest(50));
```

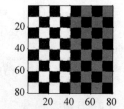

图 14-30　利用最小特征值寻找角点效果

运行程序,效果如图 14-30 所示。

43. detectORBFeatures 函数

在 MATLAB 中,提供了 detectORBFeatures 函数用于检测和存储 ORB 关键点。函数的语法格式为:

points = detectORBFeatures(I):采用面向快速旋转的特征检测方法从输入图像 I 中检测 ORB 关键点,并返回一个包含 ORB 关键点信息的 ORBPoints 对象 points。

points = detectORBFeatures(I,Name,Value):使用一个或多个名称-值对指定参数属性名及属性值。

【例 14-39】　在灰度图像中检测 ORB 关键点。

```
I = imread('businessCard.png');
% 将图像转换为灰度图像
I = rgb2gray(I);
% 显示灰度图像
figure;imshow(I)
% 检测和存储 ORB 关键点
points = detectORBFeatures(I);
% 显示灰度图像并绘制检测到的 ORB 关键点
% ORB 关键点在高强度方差区域进行检测
figure;imshow(I)
hold on
plot(points,'ShowScale',false)
hold off
```

运行程序,效果如图 14-31 及图 14-32 所示。

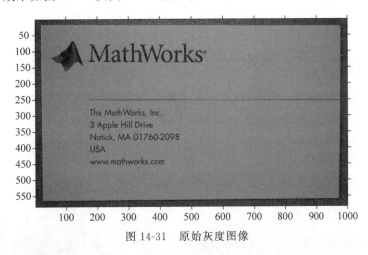

图 14-31　原始灰度图像

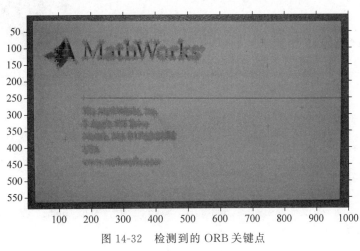

图 14-32　检测到的 ORB 关键点

44. detectSURFFeatures 函数

在 MATLAB 中,提供了 detectSURFFeatures 函数用于检测 SURF 特征并返回 SURFPoints 对象。函数的语法格式为:

points = detectSURFFeatures(I):检测输入图像 I 的 SURF 特征,并返回 SURFPoints 对象 points。

points = detectSURFFeatures(I,Name,Value):使用一个或多个名称-值对指定参数的属性名及属性值。

【例 14-40】 在灰度图像中检测 SURF 特征。

```
>> % 读取图像并检测 SURF 特征
>> I = imread('cameraman.tif');
points = detectSURFFeatures(I);
>> % 显示图像中感兴趣的位置
>> imshow(I); hold on;
plot(points.selectStrongest(10));
```

运行程序,效果如图 14-33 所示。

图 14-33　检测 SURF 特征

45. extractFeatures 函数

在 MATLAB 中,提供了 extraceFeatures 函数用于提取图像邻域的的特征向量。函数的语法格式为:

[features,validPoints] = extractFeatures(I,points):返回输入图像的特征向量及其对应的位置。

[features,validPoints] = extractFeatures(I,points, Name,Value):使用一个或多个名称-值对指定参数的属性名及属性值。

【例 14-41】 从图像中提取邻域的特征向量。

```
% 读取图像
I = imread('cameraman.tif');
% 找到并提取角特征
corners = detectHarrisFeatures(I);
[features, valid_corners] = extractFeatures(I, corners);
% 显示图像,
figure; imshow(I); hold on
plot(valid_corners);   % 画出有效的角点
```

运行程序,效果如图 14-34 所示。

图 14-34　有效角点

46. extractLBPFeatures 函数

在 MATLAB 中,提供了 extractLBPFeatures 函数用于提取局部二值模式(LBP)特征。函数的语法格式为:

features = extractLBPFeatures(I):返回从灰度图像中提取的局部二值模式(LBP)。其中 LBP 为特征编码局部纹理信息。

features = extractLBPFeatures(I,Name,Value):使用一个或多个名称-值对指定参数的

属性名及属性值。

【例 14-42】 利用 LBP 特征对图像进行纹理区分。

```
% 读取图像,包含不同的纹理
brickWall = imread('bricks.jpg');
rotatedBrickWall = imread('bricksRotated.jpg');
carpet = imread('carpet.jpg');
% 显示图像
subplot(221);imshow(brickWall)
title('砖')
subplot(222);imshow(rotatedBrickWall)
title('旋转砖')
subplot(223);imshow(carpet)
title('地毯')
% 从图像中提取 LBP 特征,对其纹理信息进行编码
lbpBricks1 = extractLBPFeatures(brickWall,'Upright',false);
lbpBricks2 = extractLBPFeatures(rotatedBrickWall,'Upright',false);
lbpCarpet = extractLBPFeatures(carpet,'Upright',false);
% 通过计算 LBP 特征之间的平方误差来衡量它们之间的相似性
brickVsBrick = (lbpBricks1 - lbpBricks2).^2;
brickVsCarpet = (lbpBricks1 - lbpCarpet).^2;
% 用平方误差可视化来比较砖块与旋转砖块以及砖块与地毯的相似性(当图像纹理相似时,其平方误差
较小)
figure
bar([brickVsBrick; brickVsCarpet]','grouped')
title('LBP 直方图的平方误差')
xlabel('LBP 直方图的箱')
legend('砖 vs 旋转砖','砖 vs 地毯')
```

运行程序,效果如图 14-35 及图 14-36 所示。

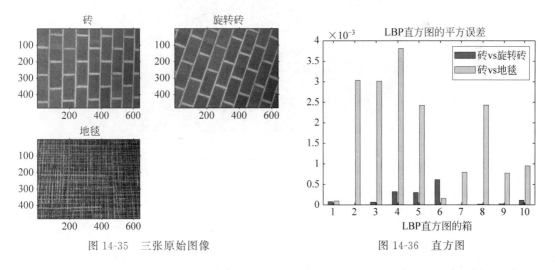

图 14-35　三张原始图像　　　　　图 14-36　直方图

47. matchFeatures 函数

在 MATLAB 中,提供了 matchFeatures 函数找到匹配的特征点。函数的语法格式为:

indexPairs = matchFeatures(features1,features2):返回两个输入特征集中匹配特征的
索引。输入特征必须是 binaryFeatures 对象或矩阵。

[indexPairs, matchmetric] = matchFeatures(features1, features2)：还返回 indexPairs 索引的匹配特征之间的距离。

[indexPairs, matchmetric] = matchFeatures(features1, features2, Name, Value)：使用一个或多个名称-值对指定参数属性名及属性值。

【例 14-43】 利用邻域 Harris 算法在一对图像之间找到相应的匹配特征点。

```matlab
% 读入两张图像
I1 = rgb2gray(imread('viprectification_deskLeft.png'));
I2 = rgb2gray(imread('viprectification_deskRight.png'));
% 寻找角点
points1 = detectHarrisFeatures(I1);
points2 = detectHarrisFeatures(I2);
% 提取邻域特征
[features1, valid_points1] = extractFeatures(I1, points1);
[features2, valid_points2] = extractFeatures(I2, points2);
% 寻找匹配特征
indexPairs = matchFeatures(features1, features2);
% 检索每个图像对应点的位置
matchedPoints1 = valid_points1(indexPairs(:,1),:);
matchedPoints2 = valid_points2(indexPairs(:,2),:);
% 将对应的点形象化
figure; showMatchedFeatures(I1, I2, matchedPoints1, matchedPoints2);
```

运行程序，效果如图 14-37 所示。

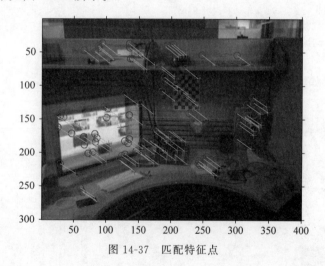

图 14-37　匹配特征点

参 考 文 献

[1] 李明雨,李勇,蒋宝锋.MATLAB R2008 数学和控制实例教程[M].北京:化学工业出版社,2009.

[2] 卓金武,等.MATLAB 在数学建模中的应用[M].2 版.北京:北京航空航天大学出版社,2014.

[3] 王薇.MATLAB 从基础到精通[M].北京:电子工业出版社,2012.

[4] 夏玮,李朝晖,常春藤.MATLAB 控制系统仿真与实例详解[M].北京:人民邮电出版社,2008.

[5] 高成,等.MATLAB 小波分析与应用[M].2 版.北京:国防工业出版社,2007.

[6] 刘衍琦,等.计算机视觉与深度学习实战[M].北京:电子工业出版社,2019.

[7] 刘浩,韩晶.MATLAB R2014a 完全自学一本通[M].北京:电子工业出版社,2015.

[8] 王爱玲,叶明生,邓秋香.MATLAB 图像处理技术与应用[M].北京:电子工业出版社,2007.

[9] 李明.详解 MATLAB 在最优化计算中的应用[M].北京:电子工业出版社,2011.

[10] 赵广元.MATLAB 与控制系统仿真实践[M].3 版.北京:北京航空航天大学出版社,2016.

[11] 赵小川.MATLAB 图像处理——能力提高与应用案例[M].北京:北京航空航天大学出版社,2014.